中华烹饪古籍经典藏书

太平御览

（饮食部·上册）

[宋] 李昉 撰

中国商业出版社

图书在版编目（CIP）数据

太平御览：饮食部：全三册/（宋）李昉撰．—北京：中国商业出版社，2021.6
ISBN 978-7-5208-1553-6

Ⅰ．①太… Ⅱ．①李… Ⅲ．①百科全书—中国—北宋 ②饮食—文化—中国—北宋 Ⅳ．① Z222 ② TS971.2

中国版本图书馆 CIP 数据核字 (2021) 第 074953 号

责任编辑：管明林

中国商业出版社出版发行
010-63180647 www.c-cbook.com
（100053 北京广安门内报国寺 1 号）
新华书店经销
唐山嘉德印刷有限公司印刷
*
710 毫米 ×1000 毫米　16 开　56 印张　500 千字
2021 年 6 月第 1 版　2021 年 6 月第 1 次印刷
定价：238.00 元（全三册）
****
（如有印装质量问题可更换）

《中华烹饪古籍经典藏书》
指导委员会
（排名不分先后）

名誉主任
姜俊贤　魏稳虎

主　任
张新壮

副主任
冯恩援　黄维兵　周晓燕　杨铭铎　许菊云

高炳义　李士靖　邱庞同　赵　珩

委　员
姚伟钧　杜　莉　王义均　艾广富　周继祥

赵仁良　王志强　焦明耀　屈　浩　张立华

二　毛

《中华烹饪古籍经典藏书》
编辑委员会
（排名不分先后）

主 任
刘毕林

秘书长
刘万庆

副主任
王者嵩　郑秀生　余梅胜　沈 巍　李 斌　孙玉成

陈 庆　朱永松　李 冬　刘义春　麻剑平　王万友

孙华盛　林凤和　陈江凤　孙正林　杜 辉　关 鑫

褚宏辚　滕 耘

委 员

林百浚	闫 囡	张可心	尹亲林	彭正康	兰明路
胡 洁	孟连军	马震建	熊望斌	王云璋	梁永军
唐 松	于德江	陈 明	张陆占	张 文	王少刚
杨朝辉	赵家旺	史国旗	向正林	王国政	陈 光
邓振鸿	贺红亮	邸春生	谭学文	王 程	李 宇
李金辉	范玖炘	于 忠	高 明	刘 龙	吕振宁
孔德龙	吴 疆	张 虎	牛楚轩	寇卫华	刘彧殁
王 位	吴 超	侯 涛	赵海军	刘晓燕	孟凡宇
佟 彤	皮玉明	高 岩	杨志权	任 刚	林 清
刘忠丽	刘洪生	赵 林	曹 勇	田张鹏	阴 彬
马东宏	张富岩	王利民	寇卫忠	王月强	俞晓华
张 慧	刘清海	李欣新	赵 鑫	渠永涛	蔡元斌
刘业福	杨英勋	王德朋	王中伟	王延龙	孙家涛
张万忠	种 俊	仲 强	金成稳		

《太平御览（饮食部）》
编辑委员会
（排名不分先后）

主 任
刘万庆

注 释
王仁湘　刘万庆

《中国烹饪古籍丛刊》出版说明

国务院一九八一年十二月十日发出的《关于恢复古籍整理出版规划小组的通知》中指出：古籍整理出版工作"对中华民族文化的继承和发扬，对青年进行传统文化教育，有极大的重要性"。根据这一精神，我们着手整理出版这部丛刊。

我国的烹饪技术，是一份至为珍贵的文化遗产。历代古籍中有大量饮食烹饪方面的著述，春秋战国以来，有名的食单、食谱、食经、食疗经方、饮食史录、饮食掌故等著述不下百种；散见于各种丛书、类书及名家诗文集的材料，更加不胜枚举。为此，发掘、整理、取其精华，运用现代科学加以总结提高，使之更好地为人民生活服务，是很有意义的。

为了方便读者阅读，我们对原书加了一些注释，并把部分文言文译成现代汉语。这些古籍难免杂有不符合现代科学的东西，但是为尽量保持其原貌原意，译注时基本上未加改动；有的地方作了必要的说明。希望读者本着"取其精华，去其糟粕"的精神用以参考。编者水平有限，错误之处，请读者随时指正，以便修订。

中国商业出版社

1982 年 3 月

出版说明

20世纪80年代初,我社根据国务院《关于恢复古籍整理出版规划小组的通知》精神,组织了当时全国优秀的专家学者,整理出版了《中国烹饪古籍丛刊》。这一丛刊出版工作陆续进行了12年,先后整理、出版了36册,包括一本《中国烹饪文献提要》。这一丛刊奠定了我社中华烹饪古籍出版工作的基础,为烹饪古籍出版解决了工作思路、选题范围、内容标准等一系列根本问题。但是囿于当时条件所限,从纸张、版式、体例上都有很大的改善余地。

党的十九大明确提出:"要坚定文化自信,推动社会主义文化繁荣兴盛。推动文化事业和文化产业发展。"中华烹饪文化作为中华优秀传统文化的重要组成部分必须大力加以弘扬和发展。我社作为文化的传播者,就应当坚决响应国家的号召,就应当以传播中华烹饪传统文化为己任。高举起文化自信的大旗。因此,我社经过慎重研究,准备重新系统、全面地梳理中华烹饪古籍,将已经发现的150余种烹饪古籍分40册予以出版,即《中华烹饪古籍经典藏书》。

此套书有所创新，在体例上符合各类读者阅读，除根据前版重新完善了标点、注释之外，增添了白话翻译，增加了厨界大师、名师点评，增设了"烹坛新语林"，附录各类中国烹饪文化爱好者的心得、见解。对古籍中与烹饪文化关系不十分紧密或可作为另一专业研究的内容，例如制酒、饮茶、药方等进行了调整。古籍由于年代久远，难免有一些不符合现代饮食科学的内容，但是，为最大限度地保持原貌，我们未做改动，希望读者在阅读过程中能够"取其精华、去其糟粕"，加以辨别、区分。

我国的烹饪技术，是一份至为珍贵的文化遗产。历代古籍中留下大量有关饮食、烹饪方面的著述，春秋战国以来，有名的食单、食谱、食经、食疗经方、饮食史录、饮食掌故等著述屡不绝书，散见于诗文之中的材料更是不胜枚举。由于编者水平所限，书中难免有错讹之处，欢迎大家批评、指正，以便我们在今后的出版工作中加以修订。

中国商业出版社

2019年9月

本书简介

《太平御览》是北宋初编纂成的一部重要类书。编写工作开始于太平兴国二年（公元977年），完成于太平兴国八年，历时六年有余。开始本书取名《太平总类》，后由宋太宗赵匡义改名为《太平御览》，或简称《御览》。

《太平御览》由李昉和扈蒙领衔主编，先后参与编撰的还有十多人。李昉（公元925—996年），字明远，深州饶阳（今河北饶阳）人。五代时为后汉乾祐进士，后周时，官翰林学士。北宋时任参知政事、平章事，后加中书侍郎。李昉除主编《太平御览》外，还曾参加编撰《旧五代史》《太平广记》《文苑英华》等书。扈蒙，字日用，安次（今属河北）人。后周时为右拾遗、直史馆，入宋充史馆编修，曾参加《旧五代史》及《文苑英华》的编撰，并详定《古今本草》。

《太平御览》共一千卷，分为五十五门，天、地、人、物，包罗万象。《饮食部》为其中一门，分为二十五卷，主要包括酒、食、饭、豉、粥、饼、羹、脍、肉、脂膏、盐、酱、醢、醯、茗等诸方面的内容。涉及各种食物的名称、起源及发展，包括历代饮食风尚与典故，还有历史上食品的烹饪及制作方法，以至于从上古至隋唐的有关饮食烹饪方面的神话与传说，也都尽量收采，资料十分丰富，可以称为一部简明的中国饮食发展史。

《太平御览》全书征引古籍达一千六百余种，虽多转引自其他类书，但搜罗浩博，资料可靠。尤其是书中所引古籍，今日十之八九已经失传，更可见其珍贵。《御览》部分引文，字字句句与流传至今的原书不大一致，有一些为佚文，在译注时能作比对的都尽量注明。另外也有相当一部分内容具有摘录性质，与原文多有不符，不便一一注明。对于一些明显的错讹之处，酌情予以校正。原书绝大部分内容仅注引文书名，译注时尽可能加注篇目，以便读者查对。对于少数内容重复的引文，为保持原貌，依然照录，略加注明。正文括号内的文字为《御览》的夹注，今予以保留。

《太平御览》版本有十多种，多为明清刻本。现在流行的主要是1935年商务印书馆整理影印的宋本，本书采用的便是这个比较完备的本子。

本书分上、中、下三册，自《太平御览》卷第八百四十三至卷第八百六十七，共二十五卷。其中上册五卷，自卷第八百四十三至卷第八百四十七；中册十二卷，自卷第八百四十八至卷第八百五十九；下册八卷，自卷第八百六十至卷第八百六十七。

中国商业出版社
2021年3月

目 录

卷第八百四十三

  饮食部一 酒（上）……………………………………001

卷第八百四十四

  饮食部二 酒（中）……………………………………044

卷第八百四十五

  饮食部三 酒（下）……………………………………094

卷第八百四十六

  饮食部四 嗜酒………………………………………129

      使酒………………………………………162

卷第八百四十七

  饮食部五 食（上）……………………………………188

卷第八百四十三

饮食部一

酒（上）

【0001】《世本》[①]曰：仪狄[②]始作酒醪[③]，变五味[④]。少康[⑤]作秫酒[⑥]。

【0002】《战国策》[⑦]曰：帝女仪狄作酒[⑧]，而进于禹[⑨]。

---

① 《世本》：由汉代刘向校定，原作者及成书年代不明。叙上古至春秋君臣世系，兼述其居处、制作、谥法等事。原本已佚，宋以后有多种辑本，是研究先秦历史的重要参考资料。

② 仪狄：传说为夏禹时人，有关他的事迹记载不多，史称他是酿酒的发明者，此说并不确切，酿酒的发明肯定要早于大禹的时代。

③ 始作酒醪（láo）：最先发明了酿酒。酒醪，汁滓混合的酒，即所谓浊酒。

④ 变五味：调和五味。五味，即咸、苦、酸、辛（即辣）、甘（即甜）。

⑤ 少康：夏朝国王，相之子，母为有仍氏。寒浞（zhuó）杀相，他生于母家，曾为牧正、疱正。后与夏遗臣靡一起，发动有鬲（gé）氏攻杀寒浞，恢复夏统治。史称"少康中兴"。

⑥ 秫酒：用粮食酿制的酒。秫，古称黏性谷物。

⑦ 《战国策》：记载战国时代各国谋臣策士言行的史书。西汉末刘向编定为三十三篇。此节选自《战国策·魏策》。

⑧ 帝女仪狄作酒：今本《战国策》又作"帝女令仪狄作酒"。后人以仪狄为禹之女，不可考。

⑨ 禹：夏后氏部落长，夏朝建立者。治水十年之久，终于战胜洪水，大得民心。

【0003】《春秋纬·命》①曰：凡黍②为酒，阳据阴乃能动③，故以麹④酿黍为酒（麹，阴也）。先是渍麹⑤，黍后入。故曰：阳相感皆据阴也，相得而沸⑥，是其动⑦也。凡物阴阳相感⑧，非唯作酒⑨。

【0004】《释名》⑩曰：酒，酉⑪也。酿之米麹酉泽，久而味美也。亦言踧⑫也，能否皆强相踧持⑬也。又入口咽之，皆踧其面⑭也。

---

① 《春秋纬·命》：《春秋纬》梁时成书，已佚。《命》即《命历序》。
② 黍（shǔ）：一年生草本植物，子实叫黍子。黍子碾成米叫黄米，性黏，可酿酒。
③ 阳据阴乃能动：古代哲学家认为阴阳是贯穿于一切事物的两个对立面，阳与阴在一起便会有变化。
④ 麹（qū）：指含大量活微生物及酶类的糖化剂或糖化发酵剂。一般用麦和豆在一定温度、湿度条件下培养微生物而成，可用于酿酒、制酱。
⑤ 渍麹：浸泡酒曲。
⑥ 相得而沸：指麹与黍在一起会发热。沸，指发热。
⑦ 是其动：这就是阴阳相感变化的结果。
⑧ 凡物阴阳相感：一切事物都会有这种阴阳相感的变化。感，感应。
⑨ 非唯作酒：不止酿酒是如此。非唯，不仅。
⑩ 《释名》：汉代刘熙撰，共八卷。以同声相谐，推论称名辨物之意。书中不仅广记古音所释器物，也有古代典章制度方面的丰富记载。
⑪ 酉：古指一种似壶形的容器，常用于盛酒。
⑫ 踧（cù）：皱。通"蹙"，紧缩。
⑬ 能否皆强相踧持：不论能否饮酒，都强相劝进。
⑭ 踧其面：饮酒时皱眉的样子。

【0005】《说文》①曰：酒，就②也，所以就人性之善恶③也。一曰造④也，吉凶所起造⑤也。

【0006】又曰⑥：酴⑦（音途），酒母⑧也。醴⑨，酒一宿熟⑩也。醪，汁滓酒⑪也。酎⑫，三重之酒⑬也。醨⑭，薄酒⑮也，醑⑯，茜酒⑰也。

---

① 《说文》：《说文解字》，是我国第一部系统地分析字形和考究字源的字典。东汉许慎著，共十四卷，另叙录一卷。收录9353个篆字、1163个异体字。分列540个部首，对每个字的字形、字义都作了分析解释，很多都注了读音。

② 就：接近，趋向。

③ 就人性之善恶：意为酒能使人性的善恶得以体现。

④ 造：造成。

⑤ 吉凶所起造：指吉凶祸福皆可由酒而招致。

⑥ 此节亦见于《说文解字》。

⑦ 酴：酒母，麹。

⑧ 酒母：麹。

⑨ 醴（lǐ）：甜酒。

⑩ 酒一宿熟：酿一宿而成的甜酒。

⑪ 汁滓酒：汁滓不分的酒，如今之米酒。

⑫ 酎（zhòu）：重复酿成的醇酒。多次酿造。

⑬ 三重之酒：经三次酿成的酒。

⑭ 醨（lí）：薄酒。

⑮ 薄酒：味道不甚浓厚的酒。

⑯ 醑（xǔ）：美酒。

⑰ 茜（sù）酒：滤过的酒。茜，在指一种水草时，音yóu。据《说文解字》：礼祭束茅加于裸圭灌鬯（chàng，古代祭祀用的酒，用郁金草酿黑黍而成）酒，是为茜；一说茜为榼上塞。

【0007】《酒经》①曰：空乘秽饭②，醖以稷麦③，以成醇醪，酒之始④也。乌梅女豵⑤（胡板反⑥），甜醹⑦（音乳）九投⑧，澄清百品⑨，酒之终⑩也。

【0008】《周礼·天官下》⑪曰：酒正⑫，掌酒之政令；以式法⑬授酒材⑭，辨五齐⑮之名：一曰泛齐⑯，二曰醴

---

① 《酒经》：唐代王绩撰。叙录古来制酒之法，已佚。本节文字原为徐坚《初学记》所引。
② 空乘秽饭：把变味了的饭中间掏空。秽饭，变质发酵了的剩饭。这是最早的发酵剂。
③ 醖（yùn）以稷麦：把稷麦包埋在剩饭里面。醖，酿。稷麦，谷子和麦子，泛指粮食。
④ 酒之始：酿酒的开始。指开始酿的就是这种汁滓不分的浊酒。
⑤ 乌梅女豵（hún）：乌梅为半黄梅薰干而成，亦称酸梅。女豵，或为酒名，可能指麦芽。这里是说以乌梅女豵作为催化剂。
⑥ 胡板反：这是注音。反、切是古代使用的注音方法，以两字合拼另一字，上取声母，下取韵母和声调。
⑦ 甜醹（rú）：甜酒。醹，指厚酒。
⑧ 九投：不断加料。九，寓多之意。投，又作"酘（dòu）"，音同。
⑨ 澄清百品：酒味在百味之上。百品，百品之味。
⑩ 酒之终：醇酒终成，即酒法完备成功。
⑪ 《周礼·天官下》：亦称《周官》，儒家经典之一。叙述周王室官制及战国各国制度。传为周公所作，可能成书于战国，一说为西汉人伪作。此节选自《周礼·天官·酒正》。
⑫ 酒正：酒官之长，《礼记》称之为"大酋"。
⑬ 式法：做酒之法式。
⑭ 酒材：米、麹等造酒原料。
⑮ 五齐：五种酒。齐，又作"齏"。
⑯ 泛齐：滓浮而不沉的酒。

齐①，三曰盎齐②，四曰醍齐③，五曰沉齐④（以节度⑤作之，故以齐为名。泛者，成而滓泛泛然。如今宜成醪⑥矣。醴，犹体⑦也，成而汁滓相将⑧，如今甜酒矣。盎，犹翁⑨也，成而色翁翁然，葱白色，如今酂白⑩醍者，成而红赤，如今下酒⑪矣。沉者，成而滓沉，如今造清酒⑫矣）。辨三酒⑬之物：一曰事酒⑭，二曰昔酒⑮，三曰清酒（事酒，如今之醳

---

① 醴齐：滓汁混为一体的甜酒。
② 盎齐：又作"醠（àng）齐"，色白的酒。
③ 醍（tí）齐：清酒之一种。醍，又作"缇"。
④ 沉齐：滓下沉的清酒。
⑤ 节度：规则，标准。
⑥ 宜成醪：宜城所产美酒。曹植《酒赋》云："宜成醴醪，苍梧缥清。"宜城为湖北下辖县，在汉水中游地区。县城传有杜康台，古时出美酒。
⑦ 体：一体。
⑧ 汁滓相将：汁与滓相互混合一体。相将，本意为互相扶持。
⑨ 翁：色白。《集韵》：翁翁，葱白貌。酒以颜色为名。
⑩ 酂（zàn）白：指白醛酒，见《释文》。酂或指地名，在今湖北光化旧城北，为汉代萧何后嗣的封地。
⑪ 下酒：滤过的酒。
⑫ 清酒：通指无滓的汁酒，相对浊酒而言。
⑬ 三酒：下文的事酒、昔酒、清酒。
⑭ 事酒：旧酿的醇酒。一说有事所用的酒，事指祭祀之事，就是用于宗庙祭祀的酒，为质量较好的酒。
⑮ 昔酒：陈酒。早就酿好的酒。

酒①也。昔酒，久酒②，今之旧醳③也。清酒，今之冬酿夏成④者也）。

【0009】《礼记·月令·孟冬》⑤曰：是月⑥也，乃命有司⑦：秫稻必齐⑧，麹糵必时⑨，湛炽必洁⑩，水泉必香⑪，陶器必良⑫，火齐必得⑬。兼用六物⑭，酒官监之，无有差贷⑮（有司，谓煮酒之官⑯。六物者，一曰秫稻；二曰麹糵；三曰湛炽；四曰水泉；五曰陶器；六曰火齐。命酒官监之，无

---

① 醳（yì）酒：一种说法是苦酒，或指陈年旧酿。另一种说法指醇酒，见《集韵》。
② 久酒：陈酒。陈放时间较长的酒。
③ 旧醳：指老酒。
④ 冬酿夏成：冬天配料开始酿造，至第二年夏天酒就酿成了。
⑤ 《礼记·月令·孟冬》：一名《小戴礼》，汉代戴圣在《大戴礼》基础上删削而成，后由马融又增益三篇，成传本《礼记》。《月令》即为马融所增的一篇。
⑥ 是月：当月，指孟冬月，即冬季的第一个月，十月。
⑦ 有司：这里指负责酿酒的官吏。
⑧ 秫稻必齐：秫、稻，指酿酒用的粮食。必齐，必备。
⑨ 麹糵必时：不失时节地制备好酒母。麹糵，酒母及麦芽等。
⑩ 湛炽必洁：渍水炊炽必须注意干净清洁。湛，渍。炽，炊。
⑪ 水泉必香：酿酒取用的水质一定要好。这里的香不一定是指香气。
⑫ 陶器必良：酿酒的陶制器具质地要优良。
⑬ 火齐必得：火候要掌握好。
⑭ 六物：指上言的秫稻、麹糵、湛炽、水泉、陶器、火齐。
⑮ 无有差贷（tè）：不能有任何失误。差贷，失误。
⑯ 煮酒之官：负责管理酿酒事务的官员，即酒正。他们并不直接参与制作，只是监制而已。

有差忒,谓失误善恶①)。

【0010】又《曲礼》②曰:侍饮于长者③,酒进则起④,进受于尊所⑤(降席拜受⑥,敬也)。长者辞⑦,少者反席而饮⑧。长者举未釂⑨,少者不敢饮⑩。

【0011】又《檀弓》⑪曰:知悼子⑫卒未葬⑬(悼子,晋大夫荀盈),平公⑭饮酒,师旷⑮、李调⑯侍⑰、鼓钟⑱(乐

---

① 善恶:好坏。这里指差错。
② 《曲礼》:为《礼记》中的一篇。
③ 侍饮于长者:陪侍地位高年龄大的人。长者,即尊者,或指上辈人、地位高的人。
④ 酒进则起:尊者赐侍者酒,酒至侍者不敢即刻饮下,故起立以示敬意。
⑤ 进受于尊所:又作"拜受于尊所",即起身向主人之面拜受所赐之酒。尊所,主人的座席。又说尊指酒樽,即酒杯。
⑥ 降席拜受:起立离开自己的座席拜受所赐的酒,以示尊敬。
⑦ 长者辞:长者辞止侍者的敬意。辞,不接受。
⑧ 少者反席而饮:少者回到座席饮酒。反,通"返"。
⑨ 举未釂(jiào):举酒饮而未尽。釂,饮酒尽杯。
⑩ 不敢饮:不敢先于长者进饮。
⑪ 《檀弓》:为《礼记》中的一篇。
⑫ 悼子:荀盈,为春秋晋国平公时大夫。公元前533年卒于出使齐国途中,此事《左传·昭公九年》亦有记载。
⑬ 卒未葬:死后未及殡葬。
⑭ 平公:春秋晋国君,名彪。在位二十六年。
⑮ 师旷:春秋晋国乐师。字子野,目盲。传说《阳春》《白雪》曲为其所作。
⑯ 李调:晋平公的侍臣。
⑰ 侍:陪饮酒。
⑱ 鼓钟:撞钟。钟即编钟,东周时十分流行的编组乐器。

作①也)。杜蒉②自外来,闻钟声,曰:"安在③?"曰:"在寝④。"(燕⑤于寝)杜蒉入寝,历阶而升⑥,酌曰⑦:"旷饮斯⑧!"又酌⑨曰:"调饮斯⑩。"又酌堂上,北面坐饮之⑪,降趋而出⑫(三酌皆罚⑬)。平公呼而进之⑭,曰:"蒉,曩者尔心或开予⑮,是以不与尔言⑯(谓始来入时,'开'谓谏争有所发)。尔饮旷何也⑰?"曰:"子卯不

---

① 乐作:乐声大作。
② 杜蒉(kuì):《左传》又作"屠蒯(kuǎi)",晋平公膳宰。
③ 安在:在哪儿。问乐声响自何处。
④ 寝:寝宫。
⑤ 燕:通"宴",宴饮。
⑥ 历阶而升:沿阶而上。阶,殿前阶梯。
⑦ 酌曰:酌了一杯酒说。
⑧ 旷饮斯:意为"师旷该饮此杯。"旷,即师旷。斯,这,指酌的那杯酒。
⑨ 又酌:酌第二杯酒。
⑩ 调饮斯:李调该饮此杯酒。
⑪ 北面坐饮之:杜蒉面向北坐,自饮了一杯。
⑫ 降趋而出:降阶而出了寝宫。
⑬ 三酌皆罚:三杯都是罚酒。
⑭ 呼而进之:呼唤杜蒉回到寝宫内。
⑮ 曩(nǎng)者尔心或开予:刚进宫你的用心可能是要规劝我。曩者,从前,这里意指"刚才"。开,开导,谏争。
⑯ 是以不与尔言:所以没同你说话。尔,你。
⑰ 尔饮旷何也:你罚师旷饮酒的用意何在?何,为什么。

乐①（纣以甲子死②，桀以乙卯亡③。王者谓之疾日④不以举乐为吉事⑤，所以自戒惧⑥）。知悼子在堂⑦，斯其为子卯也大矣⑧（言大臣丧重于疾日⑨也）。旷⑩也，大师⑪也，不以诏⑫，是以饮之⑬也（诏，告也。师，典奏乐）。""尔饮调何也⑭？"曰："调也，君之亵臣⑮也。为一饮一食忘君

---

① 子卯不乐：子卯之日不听乐。子卯代指凶日、丧日。古时以干支纪日、纪年，现在农历的纪年便是如此。

② 纣以甲子死：纣即商纣王，周武王联合反商势力发兵讨伐他，在牧野（今河南淇县南）会战中，商兵于阵前起义，倒戈反击，纣王被迫登鹿台自焚。据《尚书》和《史记》推断，这一年是为甲子年，故说纣以甲子死。

③ 桀（jié）以乙卯亡：桀，即夏桀，名履癸（guǐ），夏朝末代暴君。商汤发兵讨夏，桀在鸣条（今河南封丘东）战败，出奔南巢（今安徽巢县东南）而死。据《诗经》推断，此年为乙卯年，故有如是说。

④ 疾日：指凶日、忌日。

⑤ 不以举乐为吉事：不能奏乐以为快事。吉，吉庆。

⑥ 自戒惧：自觉戒除乐事，怕听到乐声。

⑦ 在堂：尸体陈在堂上未葬。

⑧ 斯其为子卯也大矣：这可算得上是个大疾日了。据《礼记·杂记》，大臣丧，君不食肉、不举乐。

⑨ 大臣丧重于疾日：大臣丧而未葬，这就是忌日，也就是所谓"子卯"。重于疾日指在忌日要敬重。

⑩ 旷：师旷。

⑪ 大师：乐师。

⑫ 诏：告诫。这里还有提醒的意思。

⑬ 是以饮之：所以要罚他饮酒。

⑭ 尔饮调何也：你罚李调饮酒又是为什么呢？

⑮ 亵（xiè）臣：内臣，近臣。

之疾①，是以饮之也（言调贪酒食②。亵，嬖③也。近臣亦当规君疾忧④）。""尔饮何也⑤？"曰："蒉也，宰夫⑥也，非刀匕是共⑦，又敢与知防⑧，是以饮之也（防，禁放盗⑨）。"

【0012】又《玉藻》⑩曰：君子⑪之饮酒也，受一爵⑫面色洒如⑬也（洒如，肃敬貌）。二爵而言言⑭斯⑮（言言，和敬貌）。礼已三爵⑯而油油（油油，说敬貌）以退⑰（礼饮过三爵，则敬杀⑱可以去矣）。

① 为一饮一食忘君之疾：因为贪于酒食而忘了君王的忌日。这是说李调贪吃贪喝。

② 调贪酒食：李调贪于酒食。

③ 嬖（bì）：宠爱。嬖臣即宠臣。

④ 规君疾忧：规劝君王勿忘疾忧。

⑤ 尔饮何也：你自己也饮了一杯，又是为什么呢？

⑥ 宰夫：官名，掌治朝之法令。这里实为"膳宰"。

⑦ 非刀匕是共：并非我分内的事。刀匕，为食具，代指饮食。

⑧ 又敢与知防：却敢胆大规谏。自以为越职。

⑨ 禁放盗：今本注作"禁放溢"，不甚解。放溢似有放荡之意。

⑩ 《玉藻》：为《礼记》中的一篇。

⑪ 君子：指贵族、做官的人。

⑫ 受一爵：饮第一杯酒。爵，酒器，当后世之酒杯。

⑬ 色洒如：样子很肃敬。

⑭ 言言：和敬之至。

⑮ 斯：同"耳"，为语气助词。

⑯ 礼已三爵：三爵而礼毕。礼不过三爵。

⑰ 油油以退：悦敬而退席。油油，悦敬之貌。

⑱ 敬杀：敬重之至。杀，用在动词后有"极度"之意。

【0013】又《乐记》①曰：夫豢豕为酒②，非以为祸③也，而狱讼益繁④，则酒之流生祸⑤也（以谷食犬豕曰豢。为，作也。言豢豕作酒，本以飨祀⑥养贤⑦，而小人⑧饮之善醉⑨，以致狱讼）。是故先王⑩因为酒礼⑪，壹献之礼⑫，宾主百拜⑬，终日饮酒而不得醉焉。此先王之所以备酒祸⑭也。（壹献，士⑮饮酒之礼。百拜，以喻多礼）。

【0014】又《坊记》⑯曰：子云⑰："觞酒豆肉⑱，让而

---

① 《乐记》：为《礼记》中的一篇。

② 豢豕为酒：养猪与造酒。豢，饲养。

③ 非以为祸：言养猪与酿酒本为行礼，并非为祸乱而为。

④ 狱讼益繁：诉讼之事越来越多。狱讼，诉讼。意为酗酒生事，告之狱庭。

⑤ 酒之流生祸：酒之流害而生灾祸。流，流传，流布。

⑥ 飨（xiǎng）祀：供奉神灵祖宗。

⑦ 养贤：招养贤士。

⑧ 小人：指无官职的一般平民。

⑨ 饮之善醉：饮酒易醉。一饮即醉。

⑩ 先王：死去了的君王。

⑪ 因为酒礼：为了这个缘故而制定了饮酒之礼。

⑫ 壹献之礼：士饮酒之礼，仅敬酒一次。上公九献，侯伯七献，子男五献，以等级而定。

⑬ 百拜：反复多次敬拜。

⑭ 所以备酒祸：用于预防酒祸的产生。备，防备。

⑮ 士：指贵族中等级最低的一级，后又指读书人。

⑯ 《坊记》：为《礼记》中的一篇。

⑰ 子云：孔子说。这里的"子"指孔子。

⑱ 觞（shāng）酒豆肉：一杯酒和一盘肉。觞，古代饮酒具。豆，古代盛肉的高足盘。

受恶①，民犹犯齿②。"

【0015】《左传③·庄公二十二年》曰：陈公子完④奔齐⑤，桓公⑥使为正卿⑦，辞⑧。使为工正⑨，饮桓公酒⑩，乐⑪。公⑫曰："以火继之⑬。"辞曰："臣卜其昼，未卜其夜⑭，不敢⑮。君子曰：酒以成礼⑯，不继以淫⑰，义⑱也（夜

---

① 让而受恶：谦让而受恶食。让，请别人吃。恶，指不太好的食物。

② 民犹犯齿：民众中还是免不了有僭（jiàn）越年龄的事。犯，僭。齿，年龄。礼曰六十岁以上饮食有加。这里指有享受不适合自己年龄待遇的人。

③ 左传：《春秋左传》。《春秋》本是孔子所撰鲁国史记，记述隐公至哀公共二百四十二年的史实。后由同代人左丘明传注，因称《左传》。庄公二十二年，当公元前672年。

④ 陈公子完：陈完，字敬仲。春秋时陈国公族。原在陈为大夫，因内乱奔齐国，任工正，改陈氏为田氏。传至九世田和，正式代齐。

⑤ 奔齐：逃亡到齐国。

⑥ 桓公：齐桓公（？—公元前643年），即姜小白，春秋齐国君，为春秋第一霸。

⑦ 正卿：古代高级官爵名，在公之下、大夫之上。

⑧ 辞：推辞不受。

⑨ 工正：官名，掌百工之官。

⑩ 饮桓公酒：请桓公饮酒，而不是饮桓公的酒。

⑪ 乐：高兴；欢喜。

⑫ 公：指桓公。

⑬ 以火继之：点起灯火，继续夜饮作乐。

⑭ 臣卜其昼，未卜其夜：臣将宴享国君，必先占卜决定日子。此言陈完宴请桓公，事先只卜白天可不可，未卜夜晚行不行。

⑮ 不敢：不敢饮酒至夜。

⑯ 酒以成礼：饮酒是为了行礼。

⑰ 不继以淫：不能饮得过度。淫，过分，指夜饮。

⑱ 义：合乎礼义。

饮为淫乐也)。以君成礼,弗纳于淫①,仁②也。"

【0016】又《宣公上》③曰:晋侯④饮赵盾⑤酒,伏甲将攻之⑥,其右⑦提弥明⑧知之⑨(右,车右),趋曰⑩:"臣侍君宴过三爵⑪,非礼⑫也。"遂扶以下⑬。

【0017】又《成公下》⑭曰:鄢陵之战⑮,楚王⑯召⑰子

---

① 弗纳于淫:不再越礼过饮。

② 仁:爱之意。

③ 《宣公上》:此节选自《左传·宣公二年》。

④ 晋侯:指春秋晋国君灵公,公元前620—前607年在位。

⑤ 赵盾:春秋时晋国正卿,即赵宣子。公元前607年,晋灵公图谋杀他,他避难出走,未及越境而灵公被杀。他回朝迎立成公,继续执政。

⑥ 伏甲将攻之:暗藏伏兵准备杀害赵盾。

⑦ 右:右车。

⑧ 提弥明:人名,《史记》作"示眯明"。

⑨ 知之:察觉到晋灵公的暗算行为。

⑩ 趋曰:趋身向前说。

⑪ 宴过三爵:已经饮过三杯了。

⑫ 非礼:越礼。过三杯为非礼。

⑬ 扶以下:扶赵盾退下逃出。

⑭ 《成公下》:此节选自《左传·成公十六年》。

⑮ 鄢陵之战:鄢陵为周鄢国故地,春秋时郑武公灭鄢后改为鄢陵,在当今河南鄢陵西北。公元前575年,晋军大败楚军于此,史称"鄢陵之战"。

⑯ 楚王:指楚共王,名审(公元前590—前562年),在位三十一年。

⑰ 召:召见。

反①谋②。谷阳竖③献饮于子反④,子反醉而不能见⑤(谷阳,子反内竖⑥)。王曰:"天败楚也,余不可以待⑦。"乃宵遁⑧。

【0018】又《襄公二十三年》⑨曰:"季武子⑩无适子⑪,公弥长⑫,而爱悼子⑬,欲立之⑭。"访于臧纥⑮,曰:"饮我酒⑯,吾为子立之⑰。"季氏饮大夫酒⑱,臧纥为客⑲

---

① 子反:楚共王时任司马,鄢陵之战饮酒致醉,罪死。

② 谋:谋划,研究作战。

③ 谷阳竖:谷阳,人名。竖,内竖,家僮之谓。据《吕氏春秋》,谷阳竖写作"竖阳谷"。

④ 献饮于子反:献酒给子反饮。

⑤ 不能见:没法去见楚王。

⑥ 内竖:家僮;僮仆。

⑦ 余不可以待:我不能防备敌人了。待,防备。

⑧ 宵遁:连夜撤退逃走。宵,夜。遁,悄悄地逃走。

⑨ 此节选自《左传·襄公二十三年》。襄公二十三年即公元前550年。

⑩ 季武子:又名季孙夙(?—公元前535年),春秋时鲁昭公正卿。

⑪ 适子:正妻所生的儿子。

⑫ 公弥长:公弥的年龄大一些。公弥,即公鉏,季武子庶子。长,年长。

⑬ 而爱悼子:却更宠爱悼子。悼子名纥,亦为季武子庶子。

⑭ 欲立之:想立悼子为适子。

⑮ 访于臧纥(hé):询问臧纥。臧纥,即臧武仲,春秋鲁国大夫,官司寇。后避难于邾(zhū),死于齐国。

⑯ 饮我酒:请我饮酒。

⑰ 吾为子立之:我便为你立适子。

⑱ 季氏饮大夫酒:季武子请大夫们一同饮酒。

⑲ 客:上宾,此处指贵宾、主要客人。

（为上宾）。既献①（已献酒），臧孙②命北面重席③，新樽洁之④（酒樽既新复洁⑤）。召悼子⑥，降逆之⑦。大夫皆起⑧（臧孙下迎悼子）。及旅⑨，而召公鉏⑩（献酬⑪礼毕而通行，为"旅"），使与之齿⑫，季孙⑬失色⑭。

【0019】又《昭公十二年》⑮曰：晋侯⑯以齐侯宴⑰，

---

① 既献：敬酒毕。主人敬客人酒叫作"献"。
② 臧孙：臧纥。
③ 北面重席：向北面重新设一席，以示郑重。
④ 新樽洁之：摆上洗洁干净的新酒杯。樽，又写作"尊"，酒杯。
⑤ 既新复洁：指酒杯本是新的，还要着意洗刷一番。
⑥ 召悼子：把悼子召上堂。
⑦ 降逆之：离开座席迎见悼子。降，降席；离座。逆，迎，迎接。
⑧ 皆起：大家都站起身来。
⑨ 旅：酒礼行毕之后，宾客互相走动为旅。
⑩ 召公鉏：又把公鉏召上堂来。
⑪ 献酬：主敬客酒为献；客人给主人祝酒后，主人再次给客人敬酒为酬。
⑫ 使与之齿：使公鉏与悼子比年龄大小。意下当立者应为公鉏，公鉏年龄大些。齿，这里是比年岁。
⑬ 季孙：季武子。
⑭ 失色：慌了神。
⑮ 此节选自《左传·昭公十二年》。昭公十二年即公元前530年。
⑯ 晋侯：指晋昭公，名夷，立六年卒。
⑰ 以齐侯宴：设宴饮齐侯。齐侯，即齐景公（？—公元前490年），名杵臼。春秋齐国君，公元前547—前490年在位。

中行穆子①相②（穆子，荀吴）投壶③。晋侯先④，穆子曰："有酒如淮⑤，有肉如坻⑥（淮，水名。坻，山名）。寡君中此⑦，为诸侯师⑧。"中之⑨。齐侯举矢⑩曰："有酒如渑⑪，有肉如陵⑫。寡人中此⑬，与君代兴⑭（代，更也）。"亦中之⑮。

【0020】又《哀公下》⑯曰：齐子我⑰夕⑱（夕，视

---

① 中行穆子：荀吴，春秋时晋国大夫。

② 相：礼节仪式主持者。

③ 投壶：古代宴会时的一种娱乐游戏。主人与客人依次在一定距离外把箭投向酒壶口，没有投中的要罚饮一杯酒。

④ 晋侯先：晋侯首先掷箭投壶。

⑤ 有酒如淮：有酒如淮水。淮，淮水，今称淮河。这类句子可能是惯用的酒令用语。

⑥ 有肉如坻：喻肉堆如山丘。坻，或以为水中高地，或以为山之名。

⑦ 寡君中此：我们国君如投中这下。寡君，国君。

⑧ 为诸侯师：就可做诸侯的统帅。师，或解释为老师。

⑨ 中之：投中了。

⑩ 举矢：拿起箭准备投壶。矢，箭。

⑪ 渑（shéng）：渑水，古水名。源出今山东淄博市东北，西北流至博兴东南入时水。

⑫ 陵：山丘，有形容高的意思。

⑬ 寡人中此：我要是投中了这一支。寡人，帝王自称。

⑭ 与君代兴：取代你晋侯为诸侯师。

⑮ 亦中之：也投中了。

⑯ 《哀公下》：此节选自《左传·哀公十四年》。

⑰ 齐子我：齐国的子我，名阚（kàn）止，为齐悼公家臣。

⑱ 夕：巡视。

事），陈逆①杀人，逢之②，遂执以入③。陈氏方睦④，使疾⑤，而遗之潘沐⑥，备酒肉⑦焉（使诈病内⑧潘沐，并得酒肉。潘沐可以沐头⑨）。飨守囚者⑩，醉⑪而杀之而逃⑫。

【0021】又曰⑬：卫侯⑭占梦嬖人⑮（以能占梦见爱⑯）求酒于大叔僖子⑰（僖子，大叔遗），不得⑱。与卜此人

---

① 陈逆：陈子行，事迹无考。

② 逢之：遇见。

③ 执以入：拘捕起来。执，捉拿。

④ 陈氏方睦：陈氏宗族内部正处于和睦时期。陈氏，即陈成子一族。

⑤ 使疾：让陈逆诈病。

⑥ 遗之潘沐：给陈逆送去潘沐。遗，送。潘沐，潘为米汤，用于沐头，故称为潘沐。

⑦ 备酒肉：同时预备了酒和肉。

⑧ 内：今作"纳"，收到。

⑨ 沐头：洗头；洗发。

⑩ 飨守囚者：把酒肉送给看守囚牢的人吃。守囚者，囚犯看守。

⑪ 醉：饮醉守囚者。

⑫ 杀之而逃：趁守囚者醉时，将他杀死后逃跑了。

⑬ 此节选自《左传·哀公十六年》。

⑭ 卫侯：指春秋卫国君卫出公，名辄。前后在位二十一年，内中曾出奔齐国四年。

⑮ 占梦嬖人：掌占梦的内侍。占梦，圆梦。

⑯ 见爱：得到宠爱。

⑰ 求酒于大叔僖子：向大叔僖子讨酒喝。大叔僖子，即大叔遗，事迹无考。

⑱ 不得：没有得到。

比①，而告曰②："君有大臣在西南隅③，弗去④，惧害⑤（讬占卜梦而言）。"乃逐⑥大叔遗，遗奔晋⑦。

【0022】《毛诗·国风》⑧曰："十月获稻⑨，为此春酒⑩，以介眉寿⑪。"

【0023】又《小雅·鱼藻》⑫曰："王在在镐⑬，岂乐饮酒⑭。"（《笺》云：岂亦乐而天下平安，万物得其姓⑮。

---

① 与卜此人比：今《左传》作"与卜人比"，不知道是什么意思。
② 告曰：《左传》今作"告公曰"，即对卫侯说。
③ 君有大臣在西南隅：这句是借卜梦而说。西南隅，西南角。
④ 弗去：如不去掉的话。
⑤ 惧害：恐生祸害。
⑥ 逐：驱逐；赶走。
⑦ 遗奔晋：大叔遗逃奔到了晋国。
⑧ 《毛诗》：《诗经》，为我国第一部古代诗歌总集，因为由汉代毛公（名毛亨）所传，故又称《毛诗》。保存了西周初年到春秋中期的共三百零五篇作品，分《风》《雅》《颂》三部分。《风》即《国风》，主要是各地的民歌。此节选自《诗经·豳（bīn）风·七月》。
⑨ 获稻：收获稻谷。
⑩ 为此春酒：酿造美酒。春酒，冻醪，或指清酒。
⑪ 以介眉寿：给年老人增寿。介，助。祝寿又称"介寿"，本出于此。
⑫ 此节选自《诗经·小雅·鱼藻》。
⑬ 王在在镐：王在哪儿？就在镐京。王，指周幽王，即姬宫湦，公元前781—前771年在位，西周亡在他手里。镐，镐京，与丰京同为西周国都，故址均在今陕西西安市西。
⑭ 岂（kǎi）乐饮酒：在那儿饮酒作乐。岂，后来写作"恺"，快乐之意。
⑮ 姓：名。

武王何所处①乎?处于镐京。乐八音之乐②,与群臣饮酒而已)

【0024】又《小雅》③曰:"伐木许许④,酾酒有藇⑤。"(以筐曰酾⑥,以薮曰湑⑦。藇,美貌)

【0025】又曰⑧:"有酒湑我⑨,无酒酤我⑩。"(湑,茜⑪之也。酤,一宿酒⑫也。《笺》云:酤,买也。此族人⑬陈王之恩⑭也,王有酒则沛茜之,王无酒则酤买之,要欲厚于族人⑮)

---

① 武王何所处:武王在哪里。这里实指幽王。
② 乐八音之乐:欣赏八音和鸣。八音之乐,金、石、丝、竹、匏(páo)、土、革、木,谓之八音。金即钟;石即磬(qìng);丝即琴瑟;竹为箫管之属;匏即笙竽;土为埙(xūn);革指鼓;木即祝圉(yǔ)。
③ 《小雅》:此节选自《诗经·小雅·伐木》。
④ 伐木许许:意为多人共同伐木。许许,许许人也,众多。或言许许为伐木之声。
⑤ 酾(shī)酒有藇(xù):过滤后的酒真美。酾,滤过的酒。藇,美。
⑥ 以筐曰酾:用竹筐过滤的酒叫酾。
⑦ 以薮曰湑(xǔ):用草过滤的酒叫湑。薮,草。湑,同"酾",指滤过的酒。
⑧ 此节亦选自《诗经·小雅·伐木》。
⑨ 有酒湑我:王有酒则分我喝。湑:这里为斟酒之意。
⑩ 无酒酤(gū)我:没酒就去买给我。酤,买。有一种说法为一夜酿成的酒。
⑪ 茜:过滤。
⑫ 一宿酒:一夜酿成的新酒。
⑬ 族人:同族同宗人。这里指周族人。
⑭ 陈王之恩:陈说周王对臣民的恩情。陈,陈说。
⑮ 欲厚于族人:想厚待族人。

【0026】《尚书·酒诰》①曰：

乃穆②考文王③，肇国在西土④，厥⑤诰毖⑥庶邦⑦庶士⑧越⑨少正⑩、御事⑪朝夕曰：祀兹酒⑫（文王告众国众士，朝夕敕之⑬，唯祭祀用此酒⑭，不常饮）。惟天降命⑮，肇我民⑯惟

---

① 《尚书》：十三经之一，又称《书经》。相传由孔子编删而成。本书保存了商周时代的一些重要史料。《酒诰》为其中一篇，内容是周公对康叔的诰词，主要谈的是戒酒的问题。

② 穆：美称，可作尊敬讲。

③ 文王：周文王，商末周族首领。姓姬名昌。周本是商的属国，在今陕西凤翔一带。文王大力发展生产，扩展疆土，为武王灭商打下了基础。

④ 肇国在西土：在西部开国。肇，开始。

⑤ 厥：其，指文王。

⑥ 诰毖（bì）：教训；告诫。

⑦ 庶邦：指诸侯国君。

⑧ 庶士：官吏的总称。

⑨ 越：和。

⑩ 少正：官名。

⑪ 御事：亦指官吏。

⑫ 祀兹酒：祀，祭祀。兹，这。

⑬ 朝夕敕之：三令五申之意。敕，告诫；嘱咐。

⑭ 唯祭祀用此酒：只在祭祀时才动用酒。

⑮ 惟天降命：意为想一想上天降下的旨意。惟，思。降，下达。

⑯ 肇我民：句中有省略，度其意为：我的臣民开始酿酒。

元祀①。天降威②，我民用③大乱④丧德⑤，亦罔非酒惟行⑥，越⑦小大邦用丧⑧，亦罔非酒惟辜⑨。文王诰教小子⑩有正⑪有事⑫，无彝⑬酒。越庶国⑭，饮惟祀⑮，德将无醉⑯。

---

① 惟元祀：指大型祀典。惟，只有。元，大。
② 天降威：上天降下惩罚。威，惩罚。
③ 用：因。
④ 大乱：造反。
⑤ 丧德：丧失德行。
⑥ 亦罔非酒惟行：意为无非也是饮酒带来的恶果。罔，无。非，不。
⑦ 越：于是。
⑧ 丧：灭亡。
⑨ 亦罔非酒惟辜：意为无非是因为饮酒而招致了灾祸。辜，罪。
⑩ 小子：指文王后代。
⑪ 有正：有政，指大臣。
⑫ 有事：指小臣。
⑬ 彝：常。
⑭ 庶国：指诸侯国君。
⑮ 饮惟祀：只在祭祀时饮酒。
⑯ 德将无醉：用道德来要求自己，不要饮醉。德将，以德相扶持。德，道德。将，扶，相扶持。

自成汤①咸②至于帝乙③,成④王⑤畏相⑥,惟御事⑦厥棐⑧有恭⑨,不敢自暇自逸⑩,矧⑪曰其敢崇饮⑫(崇,聚⑬也。自暇自逸犹⑭不敢,况敢聚会饮酒乎?明无)。

厥或诰曰⑮:"群饮⑯。"汝勿佚⑰,尽⑱执拘⑲以归于

---

① 成汤:汤,是商代第一代国王,又称唐、太乙等。先后经十一战而灭夏,在亳建都(今河南商丘)。成,是美称。

② 咸:都。

③ 帝乙:商纣王的父亲。

④ 成:成就。

⑤ 王:王的事业。

⑥ 畏相:畏敬省察。相,省视。

⑦ 御事:办理政务的官吏。

⑧ 棐(fěi):辅。

⑨ 恭:恭谨。

⑩ 逸:安乐。

⑪ 矧(shěn):况且,何况。

⑫ 崇饮:聚饮。崇,又有充满之意,或释崇饮为纵情之饮。

⑬ 聚:聚众。

⑭ 犹:尚且。

⑮ 厥或诰曰:要是有人报告说。

⑯ 群饮:聚众饮酒。

⑰ 汝勿佚:你可别放过了他。佚,放纵。

⑱ 尽:完全。

⑲ 执拘:逮捕。

周①，予②其③杀（尽执拘群饮酒者，以归于京师，我其择罪重者而杀之）。

【0027】《论语》④曰：惟酒无量⑤，不及乱⑥，沽酒市脯不食⑦。

【0028】《礼记外传》⑧曰：五齐⑨三酒⑩，皆供祭祀之用，五齐尊而三酒卑⑪。所以明齐者⑫，酒人⑬和合之分剂⑭之名也。一曰泛齐（酒之初成，滓有泛者，泛泛然，俗为白醪）；二曰醴齐（醴，体也，汁滓未相同体也，今之甜

---

① 归于周：押回到京城来。

② 予：我。

③ 其：将要。

④ 《论语》：儒家经典之一。是由孔子的弟子编纂的有关孔子言行的记录。本书为研究孔子思想的主要资料。全书共二十章。此节选自第十章《乡党》，这一章记录了孔子在鲁国乡党中的言行，多述衣食之礼。

⑤ 惟酒无量：只是饮酒没有什么限量。无量，为多量之意。

⑥ 不及乱：不至于醉。乱，古有醉之意。这里是说，虽然饮酒没什么限量，但不至于多到喝醉了。

⑦ 酤酒市脯不食：不饮买来的酒，不吃买来的熟肉。脯，干肉。

⑧ 《礼记外传》：唐代成伯玙（yú）撰，已佚。清人有两种辑本。

⑨ 五齐：五醆，指五种酒，即泛齐、醴齐、盎齐、醍齐、沉齐。

⑩ 三酒：指事酒、昔酒、清酒之名，见《周礼·天官·酒正》。

⑪ 五齐尊而三酒卑：指用于祭祀时以五齐为尊贵，而三酒则不及。五齐，主要用于祭祀。三酒，一般为常饮之酒。

⑫ 所以明齐者：之所以分辨出不同的酒来。齐，酒。明，分。

⑬ 酒人：酿酒之人。

⑭ 分剂：按不同剂量配方调和。

酒也）；三曰盎齐，一名醆酒①（状如葱白色，今之白醝酒②也）；四曰醍齐（色在白、赤之间③）；五曰沉齐，一名澄④齐（醍⑤之与沉⑥、三酒，与上君夫人⑦及宾长⑧、庙中⑨，酌献⑩尸相酬酢⑪之用）。三酒者列于堂下⑫，臣下相酌酬酢之用。一曰事酒，一名醳酒，新成者酌饮有事⑬（谓庙中助祭亲事也，庙中有事者为荣⑭）；二曰昔酒（久成而色白，谓旧醳之酒，与无事饮之⑮）；三曰清酒（冬酿夏成，味醇厚）。

① 醆（zhǎn）酒：酒浊而微清。
② 白醝（cuō）酒：白色酒。酒色白为醝。
③ 色在白、赤之间：酒色在白、红二色之间。
④ 澄：意与沉同。
⑤ 醍：醍齐。
⑥ 沉：沉齐。
⑦ 上君夫人：王及配偶。
⑧ 宾长：贵宾。
⑨ 庙中：宗庙祭祀之事。
⑩ 酌献：指酒宴上第一次敬酒。
⑪ 酬酢：再次敬酒为酬，客人以酒回敬主人为酢。
⑫ 列于堂下：放在殿堂下面（外边）。
⑬ 有事：祭祀之事。
⑭ 庙中有事者为荣：以在宗庙中行祭礼为荣耀。
⑮ 与无事饮之：在不是祭祀时饮用。

【0029】《史记》①曰：秦缪公②亡善马③，岐下④野人⑤得而食之⑥者三百余人。逐得⑦，欲法之⑧。公⑨曰："君子不以畜害人⑩。"乃赦⑪之。

【0030】又曰⑫：高帝⑬除秦苛法⑭，为简易⑮。群臣饮

---

① 《史记》：汉司马迁撰。原名《太史公书》，是我国第一部通史，记载远古至汉武帝时的历史，共一百三十篇，是二十四史中记载年代最长（约二千多年）的一种。此节选自《史记·秦本纪》。

② 秦缪公：春秋时秦国君，即嬴任好（？—公元前621年），一般写作穆公。公元前659—前621年在位，向西开地千里，益国十二，称霸西戎。

③ 亡善马：丢失了良马。亡，丢失。

④ 岐下：地名，即岐，在岐山下，当今陕西岐山县东北。

⑤ 野人：村野之人。

⑥ 得而食之：得马肉而食之。

⑦ 逐得：追捕到。

⑧ 欲法之：想处罚这些吃到马肉的人。

⑨ 公：秦穆公。

⑩ 不以畜害人：不因为畜牲而殃害人民。

⑪ 赦（shè）：赦免。此处原文为：缪公曰："君子不以畜产害人。吾闻食善马肉不饮酒，伤人。"乃皆赐酒而赦之。《御览》未引"赐酒"，当有讹误。

⑫ 此节选自《史记·叔孙通列传》。

⑬ 高帝：汉高祖刘邦（公元前256—前195年），西汉开国皇帝。字季，沛（今江苏沛县）人。经过楚汉战争，战胜项羽，建立统一的西汉封建王朝。死后庙号高祖。

⑭ 除秦苛法：废除秦王朝的苛刻法规。

⑮ 为简易：使其简便易行。

酒争功，高帝患①之。叔孙通②知上益厌③也，说上④愿与诸弟子共起朝仪⑤。汉七年⑥，长乐宫成⑦，群臣皆朝十月⑧。复置法酒⑨，诸臣侍坐殿上皆伏⑩，以尊卑次起上寿⑪。觞九行⑫，谒者⑬言："罢酒⑭。"御史⑮执法⑯，举不如仪者⑰辄引⑱

---

① 患：忧虑，担忧。

② 叔孙通：西汉初儒者。薛（今山东枣庄薛城北）人。曾为秦博士，后为项羽部属，又归刘邦，仍任博士。汉朝建立，他杂采古礼及秦制，与儒生共立朝仪。不久任太常，转任太子太傅。

③ 知上益厌：察知高帝越来越厌恶（此事）。上指皇上。厌，厌恶。

④ 说（shuì）上：上奏皇上。说，劝说，说服。

⑤ 共起朝仪：共同拟定朝廷的礼仪制度。

⑥ 汉七年：汉高祖七年，即公元前199年。

⑦ 长乐宫成：建成长乐宫。长乐宫，故址在今西安市郊汉长安城故城东部。

⑧ 朝十月：在十月行朝岁之礼。汉代以十月为岁首，故朝十月。

⑨ 复置法酒：又制定酒令之法。法酒，即进酒之礼法。

⑩ 皆伏：今《史记》作"皆伏抑首"，即低头伏地。

⑪ 以尊卑次起上寿：以尊卑贵贱为序，站起来给皇帝祝寿。次起，按顺序一个接一个。上寿，祝寿。

⑫ 觞九行：酒过九巡。觞，酒杯。

⑬ 谒者：司进谒礼仪的官员。

⑭ 罢酒：停止饮酒，饮酒完毕。

⑮ 御史：官名，即侍御史，主管纠察不法。秦以前御史为史官。

⑯ 执法：指执行"酒法"。

⑰ 举不如仪者：察举饮酒不合礼仪的人。

⑱ 引：避开，退却。

去。竟朝置酒①，无敢失礼者②。高帝乃曰："吾今日知为皇帝之贵也③。"

【0031】又曰④：沛公⑤先入关⑥，屯霸上⑦。项羽⑧至，沛公左司马⑨曹无伤⑩使人言于羽⑪曰："沛公欲王关中⑫。"羽大怒，欲击之⑬。沛公因项伯见羽⑭，羽留沛公

---

① 竟朝置酒：满朝文武都进饮。
② 无敢失礼者：没有一个敢违失礼仪乱饮的人。
③ 吾今日知为皇帝之贵也：我今日今时才真正懂得了当皇帝的高贵之处。
④ 此节选自《史记·项羽本纪》。
⑤ 沛公：刘邦称王前称沛公。因家居沛。
⑥ 先入关：先于项羽进军到关中。
⑦ 屯霸上：屯兵霸上。霸上，地名，又作灞上，因地处霸水西高原上而得名，在今西安市东。
⑧ 项羽：名籍（公元前232—前202年），即西楚霸王，下相（今江苏宿迁西）人。推翻秦朝统治后，与刘邦争天下，被困垓（gāi）下（今安徽灵璧东南），后突围至乌江（即安徽和县东北），自刎而死。
⑨ 左司马：官名。司马掌管军政和军赋。
⑩ 曹无伤：刘邦左司马，鸿门宴后被诛。
⑪ 使人言于羽：通过人对项羽说。
⑫ 欲王关中：想在关中称王。
⑬ 欲击之：项羽准备进攻刘邦。击，进击，攻击。
⑭ 因项伯见羽：通过项伯的关系见到项羽。项伯（？—公元前192年），即项缠，为项羽叔父。因与刘邦谋士张良交好，在鸿门宴上保护了刘邦，后被刘邦封为射阳侯。

饮①。项王②、项伯东向坐③,亚父④南向坐。亚父者,范增也。沛公北向坐,张良⑤西向侍⑥。增数目项王⑦,举所佩玉玦⑧示之者三⑨,项王默然⑩。项庄⑪入⑫,以剑舞欲因击沛公⑬。张良至军门⑭,见樊哙⑮,曰:"甚急⑯!今项庄拔剑舞,其意常在沛公也⑰。"哙曰:"此迫⑱矣,臣请入,与之

---

① 羽留沛公饮:项羽留刘邦在帐中宴饮。此即著名的"鸿门宴"。

② 项王:项羽。

③ 东向坐:面向东而坐。

④ 亚父:范增(公元前277—前204年),项羽的谋士,尊为亚父。居鄛(今安徽桐城南)人。屡劝项羽杀刘邦,不被采纳。中刘邦反间计,被削职权,愤然离去。

⑤ 张良:西汉初大臣。字子房(?—公元前189年),传为城父(今安徽亳县东南)人。楚汉战争时为刘邦重要谋士,后封留侯。

⑥ 西向侍:面向西而站立。正好面对项羽。

⑦ 增数目项王:范增数次用眼睛暗示项羽。

⑧ 玉玦(jué):一侧有缺口的玉环。古代常见的一种佩饰。

⑨ 示之者三:提醒了三次。

⑩ 默然:不说话,没有动静。

⑪ 项庄:项羽从弟。

⑫ 入:进帐。

⑬ 以剑舞欲因击沛公:拔剑起舞,想伺机刺杀刘邦。

⑭ 军门:营门。

⑮ 樊哙(kuài):西汉初将领(?—公元前189年),沛(今江苏沛县)人。少时以屠狗为业。在鸿门宴上斥项羽背信弃义,保护刘邦脱险。后任左丞相,封舞阳侯。

⑯ 甚急:十分紧急。

⑰ 今项庄拔剑舞,其意常在沛公也:后人据此句略为"项庄舞剑,意在沛公",作为一句成语被广为使用。

⑱ 迫:紧迫。

同命^①!"哙即带剑拥盾^②入军门,交戟卫士^③欲止不内^④,哙侧其盾以撞^⑤,卫士仆地^⑥,哙遂披帷^⑦西向而立,瞋目^⑧视项王。项王按剑^⑨而跽^⑩曰:"客何为者^⑪?"良曰:"沛公参乘^⑫樊哙也。"王曰:"壮士!赐之卮酒^⑬。"则与斗卮酒^⑭,樊哙饮之。王曰:"赐之彘肩^⑮。"则有^⑯一生彘肩^⑰。哙覆盾于地^⑱,拔剑切而啖之^⑲。王曰:"壮士,能复

---

① 与之同命:与他决一雌雄。
② 带剑拥盾:举着剑,端着盾牌。
③ 交戟卫士:卫士把兵器交叉起来,用于拦阻樊哙。戟,古代的一种长杆兵器,可刺可钩。
④ 欲止不内:想阻止不让进帐。
⑤ 侧其盾以撞:侧过盾牌,以盾牌一侧撞击。
⑥ 仆地:倒在地上。
⑦ 披帷:掀开帷帐。帷,帷幔。
⑧ 瞋(chēn)目:怒目圆睁。
⑨ 按剑:手握着剑。
⑩ 跽(jì):长跪,挺着上身两腿跪着。这是古代常见的一种坐立的姿势。
⑪ 客何为者:来客是干什么的?问樊哙何许人也。
⑫ 参乘:在车右边陪乘的人。又写作"骖(cān)乘"。
⑬ 卮酒:一杯酒。卮,饮酒具。
⑭ 斗卮酒:一大杯酒。斗卮,大卮。
⑮ 彘(zhì)肩:猪腿。彘,猪。
⑯ 有:今《史记》作"与",给也。
⑰ 生彘肩:未烹之猪腿。或指未烹熟的。
⑱ 覆盾于地:把盾牌平扣在地上。
⑲ 拔剑切而啖(dàn)之:拔出剑来切肉吃。啖,吃,古又写作"啗"。

饮乎①?"曰②:"臣死且不避③,卮酒安足辞④?"

【0032】又曰⑤:曹参⑥代萧何⑦为相,一遵何约束⑧,日夜饮淳酒⑨。卿大夫⑩及宾客见参不事事⑪,皆欲言⑫。至者⑬,参辄饮醉之⑭,终莫得言⑮。丞相舍⑯后园近⑰吏舍⑱,

---

① 能复饮乎:能再喝一杯吗?

② 曰:樊哙答曰。

③ 臣死且不避:我连死都不怕。

④ 卮酒安足辞:难道一杯酒还能推辞不受?安,难道。足,够;能。辞,推辞。

⑤ 此节选自《史记·曹相国世家》。

⑥ 曹参:西汉初大臣(?—公元前190年),与刘邦同乡,佐刘邦起义,继丞相萧何职,为汉惠帝丞相。

⑦ 萧何:西汉初大臣(?—公元前193年),与刘邦同乡。佐刘邦起义,为丞相,封酂(zàn)侯。曾参照《秦律》制定《汉律》九章,已佚。

⑧ 一遵何约束:一概遵从萧何旧制,无所变更。史有"萧规曹随"之说。

⑨ 淳酒:醇酒,味厚纯之酒。

⑩ 卿大夫:卿和大夫都是官名,也作爵位名。卿在公之下,大夫之上。

⑪ 见参不事事:见曹参不理政事。不事事,不管事,不理政务。

⑫ 皆欲言:都想劝劝曹参。

⑬ 至者:到曹参那儿去的人。

⑭ 参辄饮醉之:曹参就用酒灌醉他们。

⑮ 终莫得言:最后还是没能劝得了。

⑯ 丞相舍:丞相的宅邸。

⑰ 近:邻近。

⑱ 吏舍:一般官吏的住所。

吏舍日饮歌呼①。从吏恶之②，无如之何③。乃请参游园中④，闻吏醉歌呼，从吏请按之⑤。参乃取酒张坐饮⑥，亦歌呼与相参⑦。

【0033】又曰⑧：高祖⑨过沛⑩，置酒自击筑为歌⑪，使沛子弟佐酒⑫。

【0034】又曰⑬：高后⑭与诸吕⑮、刘氏大臣⑯宴饮，令

---

① 日饮歌呼：大白天一面饮酒，一面喊叫。日，或有每日之意。

② 从吏恶之：从吏很讨厌此事。从吏，侍从官员。恶，厌恶。

③ 无如之何：拿他们没办法。

④ 乃请参游园中：于是请曹参到后园内散步。

⑤ 请按之：请求处置这些酗酒者。按，制止。

⑥ 取酒张坐饮：取来酒，摆上座席开饮。

⑦ 亦歌呼与相参：也一面饮一面高呼，相互呼应。今《史记》作"亦歌呼与相应和"。

⑧ 此节选自《史记·高祖本纪》。

⑨ 高祖：汉高祖刘邦。

⑩ 过沛：经过沛地。沛，古地名，在今江苏沛县。为刘邦故里。

⑪ 自击筑为歌：亲自一面击筑一面唱歌。所歌即为著名的《大风歌》："大风起兮云飞扬，威加海内兮归故乡，安得猛士兮守四方！"击筑，弹筑伴奏。筑，古代一种和筝相近的弦乐器。

⑫ 佐酒：陪着饮酒。据《史记》所载，刘邦此次回到故乡，"悉召故人父老子弟纵酒"，跟着他歌唱的儿童就有一百二十人。

⑬ 此节选自《史记·齐悼惠王世家》。

⑭ 高后：汉高祖皇后吕雉（公元前241—前180年），字娥姁（xū）。刘邦死后不久，她临朝称制，分封诸吕亲族为王侯，前后执政十六年。

⑮ 诸吕：吕氏亲族所封的王侯，主要有吕产、吕禄等人。

⑯ 刘氏大臣：原来刘邦手下的一批老臣，如周勃、陈平等。

朱虚侯章①为酒吏②。章③曰："臣，将种④也，请以军法行酒⑤。"后可之⑥。酒酣⑦，诸吕有一人醉⑧，亡酒⑨，章追斩之⑩，后⑪与左右皆大惊也。

【0035】《汉书》⑫曰：酒者，天之美禄⑬，帝王所以颐养天下⑭，享祀祈福⑮，扶衰养病⑯，百福之会⑰。

---

① 朱虚侯章：刘章，汉高祖之孙，吕后封之为朱虚侯。事见《史记·齐悼惠王世家》。

② 酒吏：掌酒令之人。

③ 章：刘章。

④ 将种：将门出身。

⑤ 以军法行酒：以军法代酒礼。以示严明。

⑥ 后可之：高后表示同意。可，赞可。

⑦ 酒酣：饮酒至欢。酣，酒喝得很畅快。

⑧ 诸吕有一人醉：吕氏中有一人喝酒醉了。

⑨ 亡酒：逃酒。这里指逃离宴席。

⑩ 章追斩之：刘章追上去将其斩首。

⑪ 后：高后吕雉。

⑫ 《汉书》：二十四史之一，东汉班固撰。共一百二十卷，主要记载汉高祖刘邦元年至王莽地皇四年（公元前206—公元23年）二百三十年的历史。是我国第一部纪传体的断代史。此节选自《汉书·食货志》。

⑬ 天之美禄：上天所赐给人的福气。禄，福气。

⑭ 颐养天下：用来保养天下之民。

⑮ 享祀祈福：祭享祖先、神灵，以祈求幸福。

⑯ 扶衰养病：扶养衰老病残者。

⑰ 百福之会：今《史记》作"百礼之会"。

【0036】又曰①：百末旨酒②（百华之末③酒也），布兰生④（芬芳布列若兰之生也）。

【0037】又曰⑤：于定国⑥饮酒，至石不乱⑦，益精明⑧。

【0038】又曰⑨：陈遵⑩，字孟公。每大饮宾客⑪，闭门⑫，取车辖投井中⑬，虽有急⑭，终不得去⑮。

---

① 此节选自《汉书·礼乐志》。

② 百末旨酒：用多种花末为添料酿的美酒。末，花末。旨，味美。

③ 百华（huā）之末：百花之末。华，古通"花"字，花常写作"华"。

④ 布兰生：酒香如兰花开放。兰，兰花，多年生常绿草本植物。花清香，观赏价值很高。

⑤ 此节选自《汉书·于定国传》。

⑥ 于定国：西汉大臣。字曼倩（？—公元前40年），东汉郯（tán）县（今山东郯城西）人。曾任侍御史、御史中丞，后擢（zhuó）任廷尉、迁御史大夫，又代黄霸为丞相，封西平侯。

⑦ 至石（dàn）不乱：饮酒多至一石也不醉。石，古代容量单位，十斗为一石；又作重量单位，一百二十斤为一石。今《史记》为"至数石不乱"。

⑧ 益精明：更加精明。益，更加；越发。

⑨ 此节选自《汉书·陈遵传（游侠）》。

⑩ 陈遵：新莽时的大臣。字孟公，杜陵（今西安市东南）人。曾任河南太守，九江及河内都尉。更始时任大司马护军，奉命前往匈奴，在朔方为人所杀。

⑪ 每大饮宾客：每当大宴宾客的时候。大饮，大宴。

⑫ 闭门：关起大门。

⑬ 取车辖投井中：把客人车轮轴上的车辖取下来投入井中。车辖，车轴上挡住车轮不使脱落的插销。

⑭ 虽有急：尽管有急事。

⑮ 终不得去：怎么也不得脱身。

【0039】又曰①：张让②专权③，孟他④以蒲桃酒⑤一斗遗让⑥，拜他⑦为凉州⑧刺史。

【0040】《后汉书》⑨曰：光武⑩诏冯异⑪归家上冢⑫，使太中大夫⑬赍牛酒⑭，令二百里内太守⑮、都尉⑯以下及宗族

---

① 此节选自《后汉书·张让（宦者）列传》。《御览》误作《汉书》，应予更正。

② 张让：东汉时宦官（？—公元189年）。颍川（今河南禹州）人。汉灵帝时倍受宠信。灵帝死，袁绍与何进谋杀宦官以悦天下，事泄何进被杀。后袁绍举兵大捕宦官，张让投河自杀。

③ 专权：独掌权柄。

④ 孟他：或写作"孟佗"，东汉扶风（今属陕西）人，字伯郎。因贿赂宦官张让，得任凉州刺史。

⑤ 蒲桃酒：葡萄酒。葡萄及酿葡萄酒法都是汉代由西域传进，古代葡萄多写作蒲桃。

⑥ 遗让：送给张让。今《后汉书》无此语，此说见于《三辅决录注》。

⑦ 他：孟他。

⑧ 凉州：东汉时治所在陇县（今甘肃张家川）。辖境相当于今甘肃、宁夏和青海湟水流域及内蒙古部分地区。

⑨ 《后汉书》：二十四史之一。南朝宋范晔撰。共一百二十卷，主要记载了东汉近二百年（公元25—220年）的历史，此节选自《后汉书·冯异列传》。

⑩ 光武：光武帝刘秀（公元前6—公元57年），字文叔，东汉建立者。南阳蔡阳（今湖北枣阳西南）人。公元25年称帝，在位三十二年。

⑪ 冯异：东汉初将领。字公孙（？—公元34年），颍川父城（今河南宝丰东）人。曾任偏将军，封应侯。诸将并坐论功，他退避树下，军中因号为"大树将军"。后封阳夏侯，任征西大将军，进军西北，死于军中。

⑫ 归家上冢：回家为先人祭墓。

⑬ 太中大夫：官名。秦代始置，主掌议论，历代沿用。

⑭ 赍（jī）牛酒：带上牛和酒。赍，携带。

⑮ 太守：官名，主管一郡政务。最初称为郡守。

⑯ 都尉：武官名。职位低于将军。这里指主管一郡军事的长官。

会①焉。

【0041】又曰②：寇恂③数与邓禹谋议④，禹奇之⑤，因奉牛酒交欢⑥。

【0042】又曰⑦：鲁恭兄弟⑧俱为诸儒所称⑨，学士⑩争归之⑪。太尉赵熹⑫慕其志⑬，每岁时⑭遣子问以酒粮⑮，皆辞不受⑯（问，遗⑰也）。

---

① 会：会饮。

② 此节选自《后汉书·寇恂列传》。

③ 寇恂：东汉初将领。字子翼（？—公元36年），上谷昌平（今北京昌平南）人。先后任河内、颍川、汝南太守，封雍奴侯。后代朱浮为执金吾，负责转输军粮。

④ 数与邓禹谋议：数次与邓禹一同商议。邓禹（公元2—58年），东汉初大臣。字仲华，南阳新野（今属河南）人。封高密侯，明帝时任太傅。

⑤ 禹奇之：邓禹很钦佩寇恂。奇，本为惊奇之意，感觉不平常。

⑥ 奉牛酒交欢：进献酒肉与之欢宴。奉，送；献。

⑦ 此节选自《后汉书·鲁恭列传》。

⑧ 鲁恭兄弟：兄鲁恭，字仲康，官至司徒。弟鲁丕，字淑陵，官侍中、左中郎将。

⑨ 俱为诸儒所称：双双都为当时有名的儒者所称道。

⑩ 学士：古为官名，主管典礼、编纂、撰述等事务，通称学士。这里当泛指读书人。

⑪ 争归之：争先恐后归附鲁恭兄弟门下。

⑫ 赵熹：东汉人，字伯阳。官太尉，封节乡侯，后进为太傅。

⑬ 慕其志：爱慕鲁恭兄弟的志向德操。

⑭ 岁时：一岁四时，指春、夏、秋、冬不同节令。或指年节。

⑮ 遣子问以酒粮：派儿子送给酒、粮。问，送。

⑯ 辞不受：推辞不受礼。

⑰ 遗（wèi）：给予；赠送。

【0043】又曰①：汝南太守欧阳歙②请郅恽③为功曹④欧阳。汝南旧俗⑤，十月飨会⑥，百里内⑦县皆赍牛酒到府⑧宴饮。时临飨礼讫⑨，歙教⑩曰："西部督邮⑪繇延⑫，天资忠贞⑬，禀性公方⑭，摧破奸凶⑮，不严而理⑯。今与众儒共论延

---

① 此节选自《后汉书·郅恽列传》。
② 欧阳歙（xī）：东汉官吏。字正思，千乘（今山东高青高苑镇北）人，官至大司徒。
③ 郅（zhì）恽（yùn）：东汉西平（今青海西宁）人，字君章，官至长沙太守。
④ 功曹：官名。
⑤ 旧俗：传统风俗。
⑥ 十月飨（xiǎng）会：在十月间乡人聚会宴饮的风俗。
⑦ 百里内：方圆百里内。
⑧ 府：官府。这里指县衙之类。
⑨ 飨礼讫：宴飨之礼毕。
⑩ 教：官方的文告。
⑪ 西部督邮：官名。督邮为郡守之佐吏，分东、南、西、北、中，谓之"五部督邮"，西部督邮为其中之一。
⑫ 繇（yáo）延：人名。
⑬ 天资忠贞：先天便有忠贞的品格。
⑭ 禀性公方：具有主持公道的本性。禀性，本性。
⑮ 奸凶：不法之徒。
⑯ 不严而理：不用严刑苛法就治理好了政事。

功①,显之于朝②。太守③敬嘉厥休④,牛酒养德⑤。"主簿⑥读书教⑦,户曹⑧引延受赐⑨。恽⑩于下座⑪愀然⑫前曰:"司正⑬举觥⑭(愀,变色貌也。司正,主礼仪者。觥,罚爵⑮也),以君之罪⑯,告谢于天⑰。案⑱延⑲资性贪邪⑳,外方内圆㉑(言延外示方直,而实柔弱也),朋党拘奸㉒,罔上害

---

① 共论延功:共同评说繇延的功德。

② 显之于朝:上奏朝廷得知。

③ 太守:此为欧阳歙自称。

④ 敬嘉厥休:极尽赞美之意。嘉,嘉勉。厥,代词,他的。休,美善。

⑤ 牛酒养德:赐之牛酒以修养德性。

⑥ 主簿:官名。汉代以后,中央及地方官署均设此官,负责文书簿籍,主管印鉴。

⑦ 读书教:宣读书教,书教,尚书之教示。又《孔子家语》云:"疏通知远,书教也。"

⑧ 户曹:官名,郡县掌户籍的属官。

⑨ 引延受赐:引导繇延上前接受赏赐。

⑩ 恽:郅恽。

⑪ 下座:与上座相对而言,非主宾席。

⑫ 愀(qiǎo)然:神色变得严肃,不愉快。

⑬ 司正:宴会主持者,司仪。

⑭ 举觥(gōng):举起酒杯。觥,饮酒具。有时专指罚酒用的酒杯。

⑮ 罚爵:罚酒的酒杯。

⑯ 以君之罪:以太守的罪过。

⑰ 告谢于天:秉告上天得知。

⑱ 案:审视。

⑲ 延:繇延。

⑳ 资性贪邪:本性贪邪。

㉑ 外方内圆:外表好像秉直,内里却极圆滑。形容人表里不一。

㉒ 朋党拘(jū)奸:"朋比为奸",结伙干坏事。

人①,所在荒乱②,怨慝并在③。明府④以恶为善⑤,股肱以直从曲⑥,此既无君⑦,又复无臣⑧。恽敢再拜奉觯⑨。"歆色惭动⑩,不知所言⑪。门下掾⑫郑敬⑬进曰:"君明臣直⑭,功曹⑮言切⑯。明府德也⑰,可无受觯⑱哉!"歆意少解⑲,曰:"实歆罪⑳也,敬奉觯㉑。"

① 罔(wǎng)上害人:欺骗上面,祸害百姓。罔,欺骗。
② 所在荒乱:负责的政务混乱,指不尽职守。
③ 怨慝(tè)并在:同"怨慝并作"。怨慝,怨恶。
④ 明府:对太守的敬称。
⑤ 以恶为善:善恶不分。
⑥ 股肱(gōng)以直从曲:本来耿直的属官也变随和了。股肱,大腿和胳膊,古时用以比喻左右帮手。
⑦ 此既无君:这样做是心目中没有皇帝。
⑧ 又复无臣:也无臣民。指把君臣不放在眼里。
⑨ 恽敢再拜奉觯:郅恽我大胆再次拜请太守你喝了这杯罚酒。
⑩ 歆色惭动:太守欧阳歆的脸上有了惭愧的表情。
⑪ 不知所言:不知该说什么好。即张口无言。
⑫ 门下掾:汉官名。在郡之门下,总录众事,常居门下,故以为名。
⑬ 郑敬:人名。
⑭ 君明臣直:君明察则臣敢直谏。
⑮ 功曹:官名。这里指郅恽。
⑯ 言切:所言恳切。切,实在。
⑰ 明府德也:太守德行高尚。恭维之词。
⑱ 可无受觯:可以免了这杯罚酒。
⑲ 歆意少解:欧阳歆的紧张情绪稍见缓解。
⑳ 实歆罪:确实是我欧阳歆的罪过。
㉑ 敬奉觯:意为该喝这罚酒。

【0044】又曰①：张酺②虽在公位③，而父常居④田里⑤，酺每有迁职⑥，辄一诣⑦京师，尝来候⑧酺。适会岁节⑨，公卿罢朝⑩，俱诣府奉酒上寿⑪，极欢醉⑫，众人皆庆羡⑬之。及父卒，既葬⑭，诏⑮遣使⑯赍牛酒为释服⑰。

---

① 此节选自《后汉书·张酺列传》。
② 张酺（pú）：东汉官吏。汝南细阳（今安徽太和东）人，字孟侯。和帝时官至司徒。
③ 公位：高官之谓。古代以太师、太傅、太保为"三公"，是最高级的官，又以司徒、司马、司空为"三公"。
④ 常居：一直定居在某地。
⑤ 田里：乡下。
⑥ 迁职：升迁；升官。
⑦ 诣（yì）：到……去。
⑧ 候：问候；看望。
⑨ 适会岁节：正巧逢上年节。
⑩ 公卿罢朝：官员们都放了假。公卿，泛指朝中高级官员。罢朝，指停止办公。
⑪ 奉酒上寿：送上酒去祝寿。
⑫ 极欢醉：今《后汉书》作"极欢卒日"，畅饮开怀之意。
⑬ 庆羡：欣慕。
⑭ 既葬：殡葬完毕。
⑮ 诏：皇帝的命令文书。
⑯ 遣使：派人。
⑰ 释服：排解哀伤之情。释，排解。服，古代特指丧服，代指丧朝。释服实是服丧完毕。

【0045】又曰①：大将军袁绍②总兵③冀州④，遣使要⑤郑玄⑥，大会宾客。玄最后至⑦，乃延升上坐⑧，身长八尺⑨，饮酒一斛⑩，秀眉明目，容仪温伟⑪。

【0046】《魏志》⑫曰："徐晃⑬破关羽⑭，振旅⑮还摩

---

① 此节选自《后汉书·郑玄列传》。

② 袁绍：东汉末世族豪强。字本初（？—公元202年），汝南汝阳（今河南商水西南）人。曾为侍御史、虎贲中郎将。割据冀、青、幽、并四州，后败于曹操。

③ 总兵：总帅。

④ 冀州：辖境相当于今河北中南部、山东西端和河南北端，汉魏时治所在邺县、信都（今河北冀县）。

⑤ 要：邀请。

⑥ 郑玄：东汉经学家。字康成（公元127—200年），北海高密（今山东高密西南）人。平生著述达百余万字，所注群经以《毛诗笺》《三礼注》影响最大。

⑦ 后至：后到。

⑧ 延升上坐：步入座席。

⑨ 八尺：古尺与今尺长度不同，汉晋一尺约合今二十三厘米，八尺约为一米八五。

⑩ 斛（hú）：十斗为一斛。南宋末曾改五斗为一斛。

⑪ 容仪温伟：仪态温文大方。

⑫ 《魏志》：指《三国志·魏书》。《三国志》为晋陈寿所撰，共六十五卷，记载魏、蜀、吴三国鼎立时期六十年的历史。此节选自《三国志·魏书·徐晃传》。

⑬ 徐晃：曹操部将，字公明，累官右将军，封阳平侯。

⑭ 关羽：东汉末刘备部将。字云长（？—公元219年），河东解（今山西临猗西南）人。曾为曹操所俘，封汉寿亭侯。后又投刘备，镇荆州，败于孙权被杀。

⑮ 振旅：整顿军队。旅，军队。

陂①。太祖②迎晃七里③，置酒大会。太祖举卮④酒⑤劝晃，且劳⑥之曰："全⑦樊⑧、襄阳⑨，将军之功也"。

【0047】又曰⑩：吕布⑪骑将⑫侯成⑬，遣客收马⑭十五匹，客悉驱马去⑮，向沛城⑯，欲归刘备⑰。成自将骑逐之⑱，

---

① 摩陂：地名，在河南郏县东南，又称"龙陂"。

② 太祖：曹操（公元155—220年），字孟德，沛国谯（今安徽亳州）人。汉末官至丞相，后封魏王，死后追尊为武帝。

③ 迎晃七里：到驻地七里之外去迎接徐晃，以示敬重。

④ 卮：酒杯。

⑤ 劝：劝进酒。

⑥ 劳：慰劳。

⑦ 全：保全，全取之意。

⑧ 樊：樊城，在今湖北襄樊汉水之北。

⑨ 襄阳：郡名，治所在襄阳（今湖北襄樊）。辖境相当于今湖北襄阳、南漳、宜城、当阳、远安等地。

⑩ 此节选自《九州春秋》，《三国志·魏书》无此文。

⑪ 吕布：东汉末董卓部将。字奉先（？—公元198年），五原（今内蒙古包头西）人。任董卓骑都尉，后封温侯。终为曹操所败，被擒杀。

⑫ 骑将：骑兵将领。

⑬ 侯成：人名。

⑭ 收马：今《三国志·魏书》注引作"牧马"。

⑮ 去：《御览》原作"云"，据《魏书》注改。

⑯ 沛城：地名，当今江苏沛县。

⑰ 刘备：三国蜀汉建立者。字玄德（公元161—223年），涿郡涿县（今河北涿州）人。在诸葛亮的辅佐下，联孙攻曹，引兵入蜀，自立为汉中王，不久称帝。后来吴败于彝陵之战，病卒于白帝城。

⑱ 成自将骑逐之：侯成自己骑马去追赶。

悉得马还①。诸将合礼贺②,酿五、六斛酒,猎得十余猪③。未饮食,先持半猪④、五斗酒自入诣布前⑤,跪言⑥:"蒙将军恩,逐得所失马,将来相贺⑦,自酿少酒⑧,未敢饮食,先奉上微意⑨"。

【0048】又曰⑩:邴原⑪初辞家求学⑫,原旧性⑬能饮酒,自行之后⑭,八、九年间,酒不向口⑮。单步负笈⑯,

---

① 悉得马还:把马全都赶了回来。悉,全。

② 诸将合礼贺:将领们聚合一起祝贺侯成。

③ 十余猪:十多头猪。这里指野猪。

④ 半猪:半边猪,半个猪。

⑤ 自入诣布前:亲自送到吕布面前。

⑥ 跪言:跪在地上说。

⑦ 将来相贺:指上文的"诸将合礼贺"。《九州春秋》本作"诸将来相贺"。

⑧ 自酿少酒:自己酿造的新酒。少酒,新酿甜酒,与旧酿、昔酒相对而言。

⑨ 先奉上微意:先送来给将军,表示一点敬意。

⑩ 此节本引自《邴原别传》,《三国志·魏书》的《邴原传》无此文。

⑪ 邴原:字根矩,朱虚(今山东临朐东南)人。归附曹操,迁五官将长史。

⑫ 辞家求学:远离家门去求学。

⑬ 旧性:本性。

⑭ 自行之后:自离家之后。

⑮ 酒不向口:从不饮酒。

⑯ 单步负笈(jí):徒步背着书箱。笈,书箱。

苦身持刀①。至陈②，则师韩子助③；颍川④则宗⑤陈仲弓⑥；汝南⑦则交⑧范孟博⑨；涿郡⑩则亲⑪卢士干⑫。临别，师友以原⑬不饮酒，会米肉送原⑭。原曰："本能饮酒，但以荒思废业⑮，故断之⑯耳。今当远别，因见贶饯⑰，可以饮宴⑱"。于是安坐饮酒⑲，终日不醉。

---

① 苦身持刀：潜心求学。持刀，拿笔，在竹简上写字要用小刀修整，故常以刀言笔。
② 陈：《别传》作"陈留"，郡名，治所在今河南开封东南。
③ 韩子助：人名。
④ 颍川：郡名，汉时汉所在阳翟（今河南禹州）。
⑤ 宗：尊崇。
⑥ 陈仲弓：人名。
⑦ 汝南：郡名，东汉治所在平舆（今河南平舆北）。
⑧ 交：结交。
⑨ 范孟博：人名。
⑩ 涿郡：郡名，治所在涿县（今河北涿州）。
⑪ 亲：友善。
⑫ 卢士干：人名。
⑬ 原：邴原。
⑭ 会米肉送原：聚会时仅以米、肉为邴原送行。
⑮ 但以荒思废业：只是由于酒荒废学业。但，仅，只。荒思，指耽误思考。废业，影响学业。
⑯ 故断之：因此而戒了酒。断，戒。
⑰ 贶（kuàng）饯：厚赠饯行。贶，赐；赠。
⑱ 可以饮宴：可开戒饮酒。意为学业已成，不惧饮醉。
⑲ 安坐饮酒：稳坐畅饮。安，安稳。《别传》作"共坐饮酒"。

卷第八百四十四

饮食部二

酒（中）

【0049】《魏略》①曰："太祖②时禁酒③，而人窃饮④之。故难言"酒"⑤，以白酒为"贤人"⑥，清酒为"圣人"⑦。

【0050】又曰⑧：王陵⑨表⑩满宠⑪年过⑫耽酒⑬，不可居

---

① 《魏略》：魏人鱼豢撰，已佚。叙三国魏国历史，清人有辑本。

② 太祖：指曹操。

③ 禁酒：禁酿酒、饮酒。

④ 窃饮：偷偷饮酒。

⑤ 故难言"酒"：因此而很难说"酒"字。

⑥ 以白酒为"贤人"：以"贤人"二字作为白酒的代称。

⑦ 清酒为"圣人"：以"圣人"代称清酒。

⑧ 此节又见于《世说新语》。

⑨ 王陵：《三国志》本作"王凌"，字彦云，官至太尉。

⑩ 表：奏章。

⑪ 满宠：字伯宁。封昌邑侯，后拜征东将军，迁太尉。

⑫ 年过：年老。

⑬ 耽酒：沉溺于饮酒。

方任①。帝②将召宠③，给事中④郭谋⑤曰："宠为汝南太守、豫州⑥刺史二十余年，有勋方岳⑦。及镇淮南⑧，吴人⑨惮⑩之。若不如所表⑪，将为所斗⑫，可令还朝问以方事⑬，以察⑭之"。帝从之⑮。宠既至，进见⑯，饮酒至一石不乱⑰，帝慰劳遣还⑱。

---

① 不可居方任：不可担当重作。方任，一方之任。

② 帝：魏明帝曹叡（ruì）。

③ 召宠：召回满宠。

④ 给事中：官名。掌侍从规谏，有驳正章奏、封还制敕之权。

⑤ 郭谋：人名。

⑥ 豫州：东汉治所在谯（今安徽亳州），曹魏后屡有迁徙，辖境伸缩无常。

⑦ 有勋方岳：功满海内。方岳，四岳，海内之意。

⑧ 淮南：三国魏改九江郡为淮南国，又改郡，治寿春。

⑨ 吴人：指孙吴之人。

⑩ 惮（dàn）：怕；畏惧。

⑪ 若不如所表：如不照王陵的奏章办。

⑫ 将为所斗：相互可能会生猜忌。本作"将为所窥"。

⑬ 令还朝问以方事：召令回京询问管理地方政事的情形。方事，方任之事。

⑭ 察：看，审视。

⑮ 从之：允许，允从。

⑯ 进见：拜见魏帝。

⑰ 饮酒至一石不乱：饮酒多达一石也没醉。

⑱ 慰劳遣还：好言安抚，依然派其回去复职。

【0051】又曰①：华歆②能剧饮③，至二石余不乱。众人微察④，常以其整衣冠为异⑤。

【0052】又曰⑥：乌桓⑦、东胡⑧俗能作白酒，而不知作麹糵⑨，常仰中国⑩。

【0053】《九州春秋》⑪曰：曹公⑫制禁酒⑬，而孔融⑭书嘲之⑮，曰："夫天有酒旗之星⑯，地列酒泉之郡⑰，人有

---

① 此节选自《魏略》。

② 华歆：三国魏大臣。字子鱼（公元157—231年），平原高唐（今山东禹城西南）人。为军师，辅佐曹操征讨孙权。文帝时拜相国，封安乡侯，为司徒。明帝时任太尉，进封博平侯。

③ 剧饮：剧烈饮酒，酒量很大。

④ 微察：悄悄察看。微，悄悄地，不露声色。

⑤ 常以其整衣冠为异：对他饮酒时始终衣冠整齐感到奇怪。异，惊异。

⑥ 此节选自《魏略》，亦见《三国志·魏书》。

⑦ 乌桓：古民族名，也作"乌凡"，东胡族的一支。秦末东胡遭匈奴击破，部分迁乌桓山，因以为名。

⑧ 东胡：古民族名，因居匈奴（胡）以东而得名，另一支退居鲜卑山的称为"鲜卑"。

⑨ 不知作麹糵：不会做酒母。

⑩ 常仰中国：常依杖中原供给。中国，指中原。

⑪ 《九州春秋》：晋司马彪撰，已佚。清人黄奭（shì）有辑本一卷。

⑫ 曹公：曹操。

⑬ 制禁酒：制禁酒令。制，命令。

⑭ 孔融：东汉末学者，"建安七子"之一。字文举（公元153—208年），鲁国（今山东曲阜）人，孔子二十世孙，历任中军侯、虎贲中郎将等。后被曹操召为将作大匠，迁少府，为曹操所杀。

⑮ 书嘲之：作书嘲笑曹公。

⑯ 酒旗之星：《晋书·天文志》：轩辕右角南三星为酒旗，酒官之旗，主飨宴饮食。

⑰ 地列酒泉之郡：地上还摆着酒泉郡。酒泉郡汉代治所在福禄（今甘肃酒泉）。

旨酒之德①。故尧②不先千钟无以成其圣③。且桀、纣以色亡国④，今令不禁婚姻⑤也"。太祖⑥外虽宽容之⑦，内不能平⑧。御史大夫⑨郗⑩宪知旨⑪，以免融官⑫。

【0054】《吴志》⑬曰：孙权⑭于武昌⑮，临钓台⑯，饮酒大醉。令人以水洒群臣⑰，曰："今日酣饮，唯醉堕台

---

① 人有旨酒之德：人有爱酒的本性。旨有嗜之意。

② 尧：传说为炎黄联盟首领，原居冀方（今河北唐县一带），后迁晋阳（今山西太原），再迁至平阳（今山西临汾）。

③ 不先千钟无以成其圣：若不先饮千钟酒，就不会成为圣王。

④ 桀、纣以色亡国：夏桀、商纣都因贪恋美色而成了亡国之君。传说夏桀得妃名妺喜，十分宠爱。由于他淫侈暴虐，引起汤的讨伐，夏朝因此而亡。商纣有宠妃妲己，怂恿他杀害宗室大臣，武王伐纣，纣自焚而商亡。

⑤ 今令不禁婚姻：现在也不能因此而禁止婚姻行为。

⑥ 太祖：曹操。

⑦ 外虽宽容之：表面上虽宽容了孔融。

⑧ 内不能平：内心十分不满。

⑨ 御史大夫：官名，为御史之长，在丞相之下，与太尉、丞相合称"三公"。

⑩ 郗（xī）宪：人名。

⑪ 知旨：深知曹操的意思。

⑫ 免融官：罢免了孔融的官职。

⑬ 《吴志》：《三国志·吴书》，二十卷，此节选自《三国志·吴书·张昭传》。

⑭ 孙权：三国时吴国建立者。字仲谋（公元182—252年），吴郡富春（今浙江富阳）人。先联刘备破曹操于赤壁，后又败刘备于彝陵。公元229年称帝于武昌，后迁都建业（今江苏省南京市）。

⑮ 武昌：孙权初建都于此，在今湖北鄂城。

⑯ 临钓台：登临钓台。钓台，在武昌县西北江滨，又说在县北门外大江中，见《读史方舆记要》。

⑰ 令人以水洒群臣：叫人把水浇在群臣身上取乐。

中乃当止①。"张昭②正色不言③,出外车中坐。权遣人呼昭还④,谓曰:"为共作乐⑤耳,公亦何为怒乎⑥?"昭对曰:"昔纣为糟丘酒池⑦长夜之饮,当时亦不以为恶也⑧"。权默然有惭色⑨。

【0055】又曰⑩:孙权常令中书郎⑪诣顾雍⑫,有所咨访⑬。若合雍意,事可施行,即与相反覆⑭,究而论之,为设

---

① 唯醉堕台中乃当止:酒要饮醉到倒下台去为止。

② 张昭:三国吴国大臣。字子布(公元156—236年),彭城(今江苏徐州)人。为孙权军师,后拜为绥远将军,封由拳侯,后任辅吴将军,改封娄侯。

③ 正色不言:表情严肃,一言不发。

④ 权遣人呼昭还:孙权派人把张昭叫了回来。

⑤ 为共作乐:为的是大家一起高兴一下。

⑥ 亦何为怒乎:又何必发怒呢?

⑦ 纣为糟丘酒池:商纣王设有糟丘酒地。酒池,掘池盛酒。参见《史记·殷本纪》。

⑧ 当时亦不以为恶也:今《三国志》作"当时亦以为乐,不以为恶也"。意为当时也是为了高兴,不知有何害处。

⑨ 权默然有惭色:孙权口虽无言而脸有惭愧之色。

⑩ 此节选自《江表传》,晋人虞溥撰,已佚,清代有辑本。见《三国志·吴书·顾雍传》注引。

⑪ 中书郎:官名,同中书侍郎,属中书省。

⑫ 顾雍:三国吴国大臣。字元叹(公元168—243年),吴郡吴县(今苏州)人。曾任大理奉常、尚书令,封阳遂乡侯,后改为太常,任丞相。

⑬ 有所咨访:为的是咨询有关事宜。

⑭ 与相反覆:与来人互相讨论。反覆,含来往和论说的意思。

酒席①。如不合意，雍即正色改容②，默然不言，无所施③。郎退造权曰④："顾公欢悦，是事合宜也⑤；其不言者，是事未平也⑥。孤⑦当重思之⑧"。其见敬信如此⑨。

【0056】又曰⑩：孙权尝命诸葛恪⑪行酒⑫，至张昭前，昭先有酒色⑬，不肯饮，曰："此非养老之礼⑭也。"权曰⑮："卿其能令张公辞屈⑯，乃当饮之⑰耳"。恪难昭曰⑱：

---

① 为设酒席：为中书郎设酒席款待。表示高兴之意。
② 雍即正色改容：顾雍马上就变得严肃起来。正色，严肃。改容，变脸。
③ 无所施：毫无施设，指无酒宴招待。
④ 郎退造权曰：中书郎回去报告孙权说。造，到……去。后面本是孙权说的话，此处文字有误。
⑤ 是事合宜也：顾公若是高兴，表明决策是合适的。
⑥ 是事未平也：他若一言不发，说明事情不妥。平，公平。
⑦ 孤：我，帝王的自称之一。
⑧ 重思之：重新考虑。
⑨ 敬信如此：如此敬重信赖。
⑩ 此节选自《三国志·吴书·诸葛恪传》。
⑪ 诸葛恪：三国吴国大臣。字无逊（公元203—253年），琅玡阳都（今山东沂南南）人。曾任丹阳太守，功封都乡侯。后迁大将军，领太子太傅，进封阳都侯。
⑫ 行酒：酌酒敬客。又释为行酒令。
⑬ 昭先有酒色：张昭脸上已显酒色。
⑭ 此非养老之礼：这不符合敬养老者之礼。
⑮ 权曰：孙权对诸葛恪说。
⑯ 卿其能令张公辞屈：你有本事叫张公（昭）无言以对的话。卿，君对臣的爱称。
⑰ 乃当饮之：他就一定会喝的。乃当，就会。
⑱ 恪难昭曰：诸葛恪反驳张昭说。难，反驳；质问。

"昔师尚父①九十，拥旌仪钺②，未告老③也。今军旅之事④，将军在后；酒食之事，将军在先，何谓不养老⑤也"？昭卒无辞⑥，遂为尽爵⑦。

【0057】又曰⑧：曹公⑨出濡须⑩，甘宁⑪为前部督⑫，受敕斫敌营⑬。权特赐米酒众肴⑭，宁⑮乃特赐手下百余人食

---

① 师尚父：姜尚姜太公，字望，一说字子牙。武王伐商时任统兵的师氏，被尊为师尚父。后封于齐，领有征讨五侯九伯的特权。

② 拥旌（jīng）仪钺（yuè）：旌和钺都是军队的仪仗，旌为旗，钺为斧。意为领兵作战。

③ 未告老：还没因年老而请求退休。告老，年老请求退休。

④ 军旅之事：征战之事。

⑤ 何谓不养老：怎么叫作不敬养老者？意思是打仗在后面，酒食在前面，够照顾的了。

⑥ 昭卒无辞：张昭终于无话可说。卒，终于。无辞，无话可说。

⑦ 遂为尽爵：于是就饮了一杯酒。尽爵，喝完一杯，干杯。爵，酒杯。

⑧ 此节选自《三国志·吴书·甘宁传》。

⑨ 曹公：曹操。

⑩ 濡（rú）须：堡坞名，孙权筑以拒曹操。因据濡须水口，故名。濡须水源出安徽巢湖，东南入长江。

⑪ 甘宁：三国时吴国将领。字兴霸，巴郡临江（今四川忠县）人。先后任西陵太守、折冲将军。曹操进军濡须，他以前部督率兵百余人，夜袭曹军，曹操败退。

⑫ 前部督：先锋官。前部，先锋。

⑬ 受敕斫（zhuó）敌营：受命攻击魏营。斫，击。

⑭ 众肴：多种多样的美味佳肴。

⑮ 宁：甘宁。

之。毕①，宁先以银盌②酌酒，自饮两盌。乃酌与其都督③，不时肯持④。宁引刀⑤置膝上，呵⑥谓之曰："卿见之于至尊⑦，孰与⑧？甘宁尚不惜死，卿何以独惜死⑨？"都督见宁色厉⑩，艰险起拜持酒，及通酌⑪兵各一两盌。至二更时，衔枚⑫出斫敌，敌惊动，遂退。宁益贵重⑬。

【0058】又曰⑭：孙皓⑮每飨宴，无不竟日⑯，坐席无能

---

① 毕：分赐酒食完毕。

② 盌：今写作"碗"。

③ 都督：官名。魏晋时为国家最高军事统帅。这里似非指全军都督。

④ 不时肯持：今《三国志》作"都督伏，不肯时持"。意为都督伏在地上，不肯立时接过酒去。

⑤ 引刀：从鞘中抽出刀来。

⑥ 呵：怒责。

⑦ 至尊：天下至尊，指皇帝。此指孙权。全句为：你为皇上所知遇。

⑧ 孰与：谁能比得上？今《三国志》作"孰与甘宁"。

⑨ 甘宁尚不惜死，卿何以独惜死：我甘宁都不怕死，你为什么独独这么怕死？

⑩ 见宁色厉：看到甘宁神情这么严厉。色厉，神情严厉。

⑪ 通酌：遍饮。

⑫ 衔枚：古时秘密行军，常令兵士口衔横枚，以防说话出声，被敌方发觉。枚，形如筷子，两头有带子、可系于颈部。

⑬ 宁益贵重：甘宁更加受到孙权重用。益，更加。

⑭ 此节选自《三国志·吴书·韦曜传》。

⑮ 孙皓：三国吴国皇帝。字元宗（公元242—283年），一名彭祖，吴郡富春（今浙江富阳）人，孙权之孙。后归降于晋，封为归命侯。

⑯ 无不竟日：无不整日饮宴，一饮就是一天。竟日，整日。

不率以七升为限①。虽不悉入口②，皆浇灌③取尽。韦曜④素⑤饮酒不过二升，初见礼异⑥时，常为裁减⑦，或密赐茶茗以当酒⑧。至于宠衰⑨，更见逼强⑩，辄取以为罪⑪。又于酒后使侍臣难折⑫公卿⑬，以嘲弄侵剋⑭，发摘私短⑮以为欢笑⑯焉。

【0059】又曰⑰：笮融⑱督广陵⑲运漕⑳，大起浮图

---

① 坐席无能不率以七升为限：凡坐席上的客人，不论能不能饮酒，一概以七升为限度。不，今《三国志》作"否"。率，大致，一律。

② 虽不悉入口：尽管并不全都喝下去。

③ 浇灌：浇与灌都可用于言饮酒，以酒洒地祭奠亦可言浇灌。

④ 韦曜：人名。

⑤ 素：平时；从来。

⑥ 礼异：礼遇不同。指特别关照。

⑦ 常为裁减：常常少给斟酒，以示照顾。

⑧ 密赐茶茗以当酒：悄悄倒给茶水代酒。

⑨ 至于宠衰：到了不再受宠的时候。宠衰，不怎么受宠了。

⑩ 逼强：强逼，强迫。指强逼韦曜饮酒。

⑪ 辄取以为罪：意为不饮酒的话，动不动还要治罪。辄，总是。

⑫ 难折：作难，给人难堪。

⑬ 公卿：泛指高级官吏。

⑭ 侵剋（kēi）：侵辱申斥。剋，打骂；申斥。

⑮ 发摘私短：揭发隐私和缺点。

⑯ 以为欢笑：作为笑料。

⑰ 此节选自《三国志·吴书·刘繇传》。

⑱ 笮（zé）融：三国时人。依附同郡陶谦，任广陵运漕，先后杀广陵、豫章太守，后为扬州刺史刘繇所破，逃入山中被杀。

⑲ 广陵：郡、国名，治所在广陵（今江苏扬州），三国魏移治淮阴。

⑳ 运漕：水道运输。

祠①。每浴佛②，多设酒饭，布席于路③，经数十里④。民人来观及就食⑤且万人⑥，费以巨万计⑦。

【0060】《蜀志》⑧曰：简雍⑨拜昭德将军时，天旱禁酒，酿者有刑⑩。吏于人家索得酿具⑪，论者欲令与作酒者同罚⑫。雍从先主游观⑬，见一男子行于道⑭，谓先主曰："彼欲淫⑮，何以不缚⑯？"先主曰："卿何以知之⑰？"对曰：

---

① 大起浮图祠：大建佛塔。浮图，也作浮屠，为梵语"佛陀"的旧译名，本指释迦牟尼。古时将佛塔误译为"浮图"，所以也一直称佛塔为浮图。

② 浴佛：佛节。据《荆楚岁时记》：荆楚以四月八日（佛祖生日），诸寺各设会，香汤浴佛，共作龙华会。

③ 布席于路：在大路边摆上坐席。

④ 经数十里：指坐席摆有数十里之远。

⑤ 来观及就食：观看和就餐。观，观看。

⑥ 且万人：近万人。

⑦ 费以巨万计：花费多以万计。今《三国志》作"费以巨亿计"。

⑧ 此节选自《三国志·蜀书·简雍传》。

⑨ 简雍：字宪和，涿郡（今河北涿州）人。为刘备从事中郎，拜昭德将军。或曰雍姓耿。

⑩ 酿者有刑：酿酒者要受刑法制裁。

⑪ 吏于人家索得酿具：官吏在百姓家里搜得酿酒的器具。

⑫ 论者欲令与作酒者同罚：有人想将有酿具的人与酿酒的人一同治罪。

⑬ 雍从先主游观：简雍陪同刘备游玩。先主，刘备。

⑭ 见一男子行于道：看到一个男子在路上走。今《三国志》"男子"作"男女"。

⑮ 彼欲淫：他想奸淫妇女。彼，他。今《三国志》为"彼欲行淫"。

⑯ 何以不缚：为什么不抓起来。

⑰ 何以知之：从何得之（他要行淫）。

"彼有其具①,与欲酿者②同"。先主大笑,而原③欲酿者。

【0061】《晋书》④曰:王戎⑤常如⑥阮籍⑦饮食,兖州刺史刘昶⑧字公荣在坐。籍以酒少⑨,酌不及昶⑩,昶无恨色⑪。戎异之⑫,他日⑬问籍⑭曰:"彼何如人⑮?"答曰:

---

① 彼有其具:他有阳具。具,这里指生殖器。

② 欲酿者:想酿酒的人。

③ 原:原谅;赦免。

④ 《晋书》:二十四史之一。唐房玄龄等撰。全书共一百三十卷,记载了西晋和东晋约二百四十年的历史,包括十六国割据政权的史迹。本节选自《晋书·王戎列传》。

⑤ 王戎:西晋大臣。字濬(jùn)冲(公元234—305年)。琅玡临沂(今山东临沂北)人。"竹林七贤"之一。历官中书令、光禄大夫、尚书左仆射、司徒。到"八王之乱"时,死于出奔途中。

⑥ 如:今《晋书》作"与"。

⑦ 阮籍:三国时魏国文学家、名士。字嗣宗(公元210—263年),陈留尉氏(今河南尉氏)人。为"竹林七贤"之一,与嵇康齐名。曾任步兵校尉,后封关内侯,任散骑侍郎。

⑧ 刘昶(chǎng):字公荣。事迹无考。

⑨ 籍以酒少:阮籍因为酒少。

⑩ 酌不及昶:没有给刘昶斟酒。

⑪ 昶无恨色:刘昶并无怨恨的表情。恨色,怨恨的情绪。

⑫ 戎异之:王戎对此感到很奇怪。

⑬ 他日:后来的一天。

⑭ 籍:指阮籍。

⑮ 彼何如人:他是个怎样的人?何如,怎么样。

"胜公荣①，不可不与饮②；若减公荣③，则不敢不共饮④；惟公荣可不与饮⑤。"

【0062】《晋书》曰⑥：山涛⑦饮酒至八斗方醉。帝欲试之⑧，以酒八斗饮之，密益其酒⑨，涛其本量而止⑩。

【0063】又曰⑪：陆抗⑫与羊祜⑬推侨札之好⑭，抗尝

---

① 胜公荣：酒量超过刘公荣的人。

② 不可不与饮：不能不给这量大的人饮。

③ 减公荣：酒量在刘公荣之下的人。

④ 则不敢不共饮：这样一来，就不会不一起共饮了。

⑤ 惟公荣可不与饮：只有刘公荣一人可以不给饮。此节不甚解，臆断而已。

⑥ 此节选自《晋书·山涛列传》。

⑦ 山涛：西晋名士。字巨源（公元205—283年），河内怀（今河南武陟西南）人。为"竹林七贤"之一。官至吏部尚书、侍中。

⑧ 帝欲试之：武帝想试试他的酒量。帝，西晋武帝司马炎。

⑨ 密益其酒：暗中多倒了酒。

⑩ 涛其本量而止：山涛饮到本量（八斗）就不饮了。

⑪ 此节文字本选自《晋阳秋》，为晋代孙盛撰，已佚。此事《晋书·羊祜列传》略有所载。

⑫ 陆抗：三国时吴国将领。字幼节（公元226—274年），吴郡吴县（今江苏苏州）人。孙皓时任镇军大将军，领益州牧。后击退晋将羊祜进攻，加拜大司马。

⑬ 羊祜：西晋大臣。字叔子（公元221—278年），泰山南城（今山东费县西南）人。司马炎代魏，加散骑常侍、卫将军，迁尚书左仆射。

⑭ 推侨札之好：《御览》本缺"侨札"二字。侨指春秋郑子产，名公孙侨。札指吴国季札。季札聘郑，与子产相见，一见如旧。子产献季札紵（zhù）衣，季札与子产缟带，典称"缟紵"，指朋友馈赠，是为"侨札之好"。

遗祜酒①，祜饮之不疑。抗有疾②，祜馈之药，抗亦推心③服之④。于时以为华元、子反复见于今⑤。

【0064】又曰⑥：阮孚⑦为散骑常侍⑧，以金貂换酒⑨，为有司⑩所弹⑪。

【0065】又曰⑫：谢奕⑬为桓温⑭司马⑮，谓之方外⑯司

---

① 抗尝遗祜酒：陆抗曾送酒给羊祜。遗，送。

② 抗有疾：陆抗有病时。

③ 推心：将心比心。

④ 服之：服药。

⑤ 于时以为华元、子反复见于今：当时人们都认为是华元、子反又现于世。于时，当时。华元，春秋时宋国大夫，任右师。楚兵围宋，五月不解，他夜见楚将子反，劝其罢兵而去。子反，楚共王时任司马。

⑥ 此节选自《晋书·阮籍（阮孚）列传》。

⑦ 阮孚：阮籍兄阮咸之子，字遥集。

⑧ 散骑常侍：官名，掌规谏，不典事。

⑨ 以金貂换酒：用冠上的金貂尾换酒喝。金貂，冠上的貂尾饰。是官阶的象征之一。

⑩ 有司：官名

⑪ 弹：检举，弹劾。因其亵渎官服之制，故弹之。

⑫ 此节选自《晋书·谢奕列传》。

⑬ 谢奕：谢安兄，字无奕。桓温辟为安西司马，后迁安西将军、豫州刺史。

⑭ 桓温：东晋大将。字元子（公元312—373年），谯国（今安徽怀远西北）人。曾任安西将军、征西大将军。北伐失败后立简文帝，意欲受禅自立，未遂而病死。

⑮ 司马：官名，掌军政和军赋，后世又用作兵部尚书的别称。

⑯ 方外：超然世外。

马。因以酒逼温①，走入南康主门②避之。主③曰："君无狂司马④，何由得相见⑤？"奕遂引温一兵卒于厅事共饮⑥，曰："失一老兵⑦，得一老兵⑧，亦何所怪⑨？"

【0066】又曰⑩：陆纳⑪字祖言，为吴兴⑫太守。将之郡⑬，先至姑熟⑭辞桓温⑮。因问温曰："公致酒可饮几升？食肉多少？"温曰："年大来⑯饮三升便醉，白肉⑰不过十

---

① 以酒逼温：谢奕强逼桓温饮酒。

② 南康主门：南康主家。南康主即南康公主，皇帝的女儿称"主"，公主简称为主。南康公主为魏明帝之女，桓温之妻。桓温又曾纳李势妹为妾。

③ 主：南康公主。

④ 君无狂司马：你要是没这么个颠狂的司马。

⑤ 何由得相见：我哪儿有机会见到你？

⑥ 奕遂引温一兵卒于厅事共饮：于是谢奕领着桓温的一个兵士到厅堂一起饮酒。

⑦ 失一老兵：指没逮住桓温。

⑧ 得一老兵：指得到了桓温的一个兵士。

⑨ 亦何所怪：又有什么可惊怪的。

⑩ 此节选自《晋书·陆纳列传》。

⑪ 陆纳：字祖言，迁尚书令。后除左光禄大夫，未拜而卒。

⑫ 吴兴：郡名，三国时置。治所在乌程（今浙江吴兴南，晋时移治今吴兴）。辖境相当于今浙江临安、余杭、德清一线西北，兼有江苏宜兴县地。

⑬ 将之郡：将到郡赴任。

⑭ 姑熟：又写作姑孰，古城名。故城在今安徽当涂，为长江重要渡口。

⑮ 辞桓温：与桓温告别。

⑯ 年大来：年纪大了。

⑰ 白肉：指肥肉。

脔①。卿复云何②？"曰："素不能饮③，正可二升④，肉亦不足言⑤。"后伺温闲⑥，曰："外有微礼⑦，方守远郡⑧，欲与公一醉⑨，以展下情⑩。温欣然纳之⑪。时王坦之⑫、刁协⑬在座，及受礼⑭，唯有酒一斗、鹿肉一柈⑮，座客惊愕⑯。纳徐曰⑰："明公⑱近云⑲饮酒三升⑳，纳正㉑可二升。今有一斗，

---

① 脔（luán）：切成小块的肉。

② 卿复云何：意为你也说说酒食量多少。

③ 素不能饮：向来饮酒不多。

④ 正可二升：顶多饮二升。正，今《晋书》作"止"。

⑤ 肉亦不足言：食肉也不值一提，意为吃得很少。

⑥ 伺温闲：等到桓温有空闲的时候。伺，等候。闲，闲暇。

⑦ 外有微礼：外官有小礼相请。外，外官，地方官。朝廷官吏或称内官。

⑧ 方守远郡：就要去远方郡上任了。方，即将。

⑨ 一醉：畅饮一次。

⑩ 以展下情：以表下属的情意。展，展示；表示。

⑪ 欣然纳之：很高兴地接受了邀请。纳，接受。

⑫ 王坦之：字文度，累官中书令，封蓝田侯。

⑬ 刁协：东晋大臣。字玄亮（？—公元 322 年），渤海饶安（今河北孟村南）人。官至尚书左仆射、尚书令。今《晋书》作"刁彝"。

⑭ 及受礼：等到赴宴时。受礼，接受礼待。

⑮ 一柈（pán）：一盘。柈，同"盘"。

⑯ 座客惊愕：在座的来客都感到意外、惊奇。

⑰ 纳徐曰：陆纳慢慢地说。徐，慢慢。

⑱ 明公：对桓温的敬称。

⑲ 近云：最近说。

⑳ 饮酒三升：指桓温说的只能饮酒三升。

㉑ 正：今《晋书》作"止"。

以便杯酌余沥①。"温及宾客并叹其真率②。温③更敕中厨④设精馔⑤,酣宴极欢而罢。

【0067】又曰⑥:何充⑦字次道,能饮酒,雅为刘惔所贵⑧。惔每云:"见次道饮,令人欲倾家酿⑨。"言其能温克⑩也。

【0068】又曰⑪:陶侃⑫每饮酒有常限⑬,欢有余⑭而限

---

① 今有一斗,以便杯酌余沥:现在有一斗酒,等我们一杯杯喝够后还会有多的。意为一斗酒够多的了。余沥,剩酒。

② 并叹其真率:都叹服陆纳的真率。真率,真诚率直。今《晋书》作"率素",意同。

③ 温:桓温。

④ 中厨:厨中,厨房。

⑤ 精馔:精美的酒食。

⑥ 此节选自《晋书·何充列传》。

⑦ 何充:东晋官吏。字次道,庐江灊(qián,今安徽霍山东北)人。累官吏部尚书,后升宰相。

⑧ 雅为刘惔所贵:很是受刘惔的器重。雅,很;甚。刘惔,相(今河南安阳市西)人,字真长。累迁丹阳尹。

⑨ 令人欲倾家酿:恨不叫人把家里酿的酒全都搬出来。家酿,自家酿的酒。

⑩ 言其能温克:说他酒虽醉,却能蕴藉自持。温克,见于《诗经·小雅·小宛》:"人之齐圣,饮酒温克。"《笺》云:"饮酒虽醉,犹能蕴藉自持以胜。"

⑪ 此节选自《晋书·陶侃列传》。

⑫ 陶侃:东晋大臣。字士行(公元259—334年),庐江寻阳(今湖北黄梅西南)人。曾任广州刺史、征西大将军、侍中、太尉,都督荆、交等八州军事。

⑬ 常限:一定的限度。今《晋书》作"定限"。

⑭ 欢有余:兴致未尽。

已竭①。殷浩②更劝少进③，侃④凄然⑤曰："年少时尝诫之乃已⑥"。

【0069】《宋书》⑦曰：王弘⑧为江州⑨刺史，欲识陶潜⑩，不能致⑪也。潜⑫尝往庐山⑬，弘⑭令潜故人⑮庞通之⑯，

---

① 限已竭：定限已到。

② 殷浩：东晋大臣。字渊源（？—公元356年），一作深源。陈郡长平（今河南西华东北）人。任建武将军、扬州刺史、中军将军。后因作战不力，解职为民。

③ 少进：少饮一些酒。

④ 侃：指陶侃。

⑤ 凄然：悲伤。

⑥ 年少时尝诫之乃已：年轻时曾有过教训。今《晋书》此句为"年少曾有酒失，亡亲见约，故不敢逾"。

⑦ 《宋书》：二十四史之一。梁沈约撰。共一百卷，记载了南朝刘宋一代（公元420—479年）六十年的历史。此节选自《宋书·陶潜（隐逸）列传》。

⑧ 王弘：人名。

⑨ 江州：西晋分荆、扬二州置，治所初在豫章（今江西南昌）。

⑩ 陶潜：东晋文学家、诗人。字渊明（？—公元427年），寻阳柴桑（今江西九江西）人。任至彭泽令，后归隐田园，至死不仕。今存《陶渊明集》。

⑪ 不能致：没机会致意。致，表达。

⑫ 潜：指陶潜。

⑬ 庐山：风景名胜区，在江西省九江市南。

⑭ 弘：指王弘。

⑮ 故人：旧相识。

⑯ 庞通之：人名。

遗酒于半道①栗里②要③之。潜有脚疾④，使一门生⑤二儿⑥举篮舆⑦，及至，欣然⑧便共饮酌。俄顷⑨弘至⑩，亦无忤⑪也。先是⑫颜延之⑬为刘柳⑭后车功曹⑮，在寻阳⑯与潜情款⑰。后为始安郡⑱经过，潜每往必酣饮致醉时。延之临去，留二万

---

① 半道：中途。
② 栗里：地名。在江西九江南陶村西，陶潜曾迁居于此。
③ 要：邀请。要并有"劫"意，这里可释为"截"。
④ 脚疾：脚病，不便行走。
⑤ 门生：古指跟从老师或前辈学习的人。
⑥ 儿：此处指书童。
⑦ 举篮舆：抬着竹编的小笕（dōu）。举，抬。篮舆，即竹笕，今又称滑杆，抬人登山的工具。
⑧ 欣然：高兴愉快的样子。
⑨ 俄顷：顷刻，不一会儿。
⑩ 弘至：王弘也来了。
⑪ 忤（wǔ）：违背，不顺从。
⑫ 先是：早先，过去。
⑬ 颜延之：南朝宋文学家。字延年（公元384—456年），琅邪临沂（今山东临沂北）人。曾任始安太守、中书侍郎、永嘉太守、金紫光禄大夫。今存《颜光禄集》，系明人所辑。
⑭ 刘柳：字叔惠，历官徐、兖、江三州刺史。
⑮ 后车功曹：今《宋书》作"后军功曹"。
⑯ 寻阳：郡名，西晋置，治所在寻阳。东晋移治柴桑（今江西九江西南）。
⑰ 与潜情款：与陶潜交情很深。款，诚恳；恳切。
⑱ 始安郡：三国时置，治所在始安（今广西桂林）。颜延之为始安太守。

钱与潜,潜悉送酒家①,稍就取酒②。尝九月九日③无酒④,出宅边菊丛中坐,久之逢弘⑤送酒至,即便就酌而后归⑥。潜不解音声⑦,而畜素琴一张⑧,每有酒适⑨辄抚弄⑩,以寄其意⑪。贵贱造者⑫,有酒则设。潜若先醉,便语客⑬:"我醉欲眠⑭卿可去⑮"。其真率如此。郡将候潜⑯,逢其酒熟⑰,取

① 悉送酒家:全部给了酒店老板。
② 稍就取酒:以后不断到这酒家去取酒来饮。稍,逐渐,慢慢地。
③ 九月九日:这一日为重阳节。
④ 无酒:酒饮完了。
⑤ 弘:指王弘。
⑥ 即便就酌而后归:马上就地在菊丛中饮酒,而后才进屋。
⑦ 不解音声:不大懂乐律。
⑧ 畜素琴一张:保留着一张没髹漆彩绘的琴。畜,保存。素,白的,没上彩的。
⑨ 适:自得。
⑩ 抚弄:弹琴。据《宋书》本传,陶潜的这张琴并无琴弦,他酒兴发作时只不过抚摩琴而已。
⑪ 以寄其意:以寄托自己的情趣。
⑫ 贵贱造者:来访者不论贵贱高低。造,造访。
⑬ 语客:对来客说。
⑭ 我醉欲眠:我醉了想睡觉。
⑮ 卿可去:你可以离开了。
⑯ 郡将候潜:郡守正要去问候陶潜时。候,问候。
⑰ 酒熟:酒酿成了。

头上葛巾①漉酒②,毕③,还复着之④。

【0070】又曰⑤:顾宪之⑥为建康⑦令,清俭⑧,强力为政⑨,甚得人和⑩。故都下⑪饮酒者,醇旨⑫,则号为"顾建康"⑬,谓其清⑭且美也。

【0071】又曰⑮:孔觊⑯为江夏⑰内史⑱,性便酒⑲,每

---

① 葛巾:葛布头巾。

② 漉(lù)酒:过滤酒滓。漉,滤。

③ 毕:滤完酒。

④ 还复着之:还继续戴在头上。

⑤ 此节选自《梁书·顾宪之列传》,《宋书》无此语。

⑥ 顾宪之:字士思。仕宋为建康令,入齐累迁尚书吏部郎中,梁时为扬州牧。徵为别驾从事,后以病乞归。

⑦ 建康:东晋、南朝都城,即今江苏南京。

⑧ 清俭:清廉俭朴。

⑨ 强力为政:尽力于政事。强力,竭力;尽力。

⑩ 甚得人和:人民相处十分和睦。和,和睦、协调。

⑪ 都下:今《梁书》作"京师",即京城。

⑫ 醇旨:味美醇厚。

⑬ 号为"顾建康":把美酒叫作"顾建康",顾建康即指顾宪之。

⑭ 清:今《梁书》作"漉(lù)清",指滤得干净。

⑮ 此节选自《宋书·孔觊(jì)列传》。

⑯ 孔觊:字思远。先为散骑常侍,后加辅国将军。宋明帝时召为太子詹事,后被诛。

⑰ 江夏:郡名,南朝宋时治所移在夏口(今湖北武昌)。

⑱ 内史:官名。地方封国中的首脑,职责与郡守同。

⑲ 性便酒:便为"使"之误。使酒,因酒而使气。今《宋书》作"为人使酒仗气"。

醉辄弥日不醒①。居常贫罄②，无有丰约③，未尝开怀④。为府长史⑤，典签咨事⑥，不呼前不敢前，不令去不敢去⑦。虽醉日居多，而晓明政事⑧，醒时判决，未尝有拥⑨。众咸云⑩："孔公一月二十九日醉⑪，胜世人二十九日醒⑫也"。

【0072】又曰⑬："颜延之好骑马⑭，遨游里巷⑮，遇旧知⑯辄据鞍索酒⑰，得必倾尽⑱，欣然自得。

---

① 弥日不醒：整日昏睡。弥日，整天。

② 居常贫罄（qìng）：为平民时家境贫穷。罄，空；尽。

③ 无有丰约：没什么积蓄。丰约，富裕充足。

④ 未尝开怀：未曾开怀畅饮过。

⑤ 长史：官名。南朝刺史设长史，兼任首郡太守。

⑥ 典签（qiān）：掌文书之吏。咨事，官名。

⑦ 不呼前不敢前，不令去不敢去：形容俯首帖耳，十分顺从。

⑧ 晓明政事：对政务十分清醒，不因酒醉而有怠误。

⑨ 未尝有拥：今《宋书》拥作"壅（yōng）"。言办案十分公正。

⑩ 众咸云：大家都说。咸，皆；都。

⑪ 一月二十九日醉：一个月醉酒二十九天。

⑫ 胜世人二十九日醒：胜过世上一月有二十九天清醒的人。

⑬ 此节选自《宋书·颜延之列传》。

⑭ 好骑马：喜欢骑马游玩。好，喜爱。

⑮ 里巷：小巷，胡同。

⑯ 旧知：旧相识，曾经共过事的人。

⑰ 据鞍索酒：骑在马鞍上讨酒喝。索，索取。

⑱ 得必倾尽：得到多少酒都喝得一干二净。

【0073】又曰①：沈文季②出③为吴兴太守。文季饮酒至五斗④，妻王氏饮亦至三斗，常对食竟日⑤，而视事不废⑥。

【0074】又曰⑦：袁粲⑧为丹阳⑨尹⑩，尝步屣⑪白扬⑫郊野间。道遇一士大夫⑬，便呼与饮酣⑭。明日此人谓被知顾⑮，到门求进⑯。粲曰："昨饮酒无偶⑰，聊相要⑱耳"。竟⑲不与相见。

---

① 此节见《南齐书·沈文季列传》，《宋书》无此文。

② 沈文季：字仲达，累迁侍中、左仆射，后为齐东昏侯所害。

③ 出：出任。特指由京城赴外任。

④ 饮酒至五斗：指酒量大到能饮五斗。

⑤ 对食竟日：夫妻对饮，一饮一整天。今《南齐书》作"对饮竟日"。

⑥ 视事不废：公务不误。

⑦ 此节选自《南史·袁粲（càn）列传》，《宋书》本传无此文。

⑧ 袁粲：南朝宋大臣。字景倩（公元420—477年），陈郡阳夏（今河南太康）人。历官尚书令、中书监、司徒等。

⑨ 丹阳：郡名，治所在宛陵（今安徽宣城）。

⑩ 尹：这里指郡守。

⑪ 步屣（xiè）：穿着木屐散步。屣，木鞋。

⑫ 白扬：地名。

⑬ 士大夫：古时泛指官僚阶层和有地位的读书人。

⑭ 呼与饮酣：叫在一起畅饮。

⑮ 谓被知顾：以为被赏识。谓，以为。

⑯ 到门求进：登门求见袁粲。

⑰ 昨饮酒无偶：昨日饮酒没有对酌的人。偶，伴。

⑱ 聊相要：姑且相邀而已。聊：姑且。

⑲ 竟：终。

【0075】又曰①：萧思话②尝从③文帝④登钟山⑤北岭，中道⑥有盘石清泉，上使于石上弹琴⑦。因赐以银钟酒，谓曰："相赏有松石间意⑧。"

【0076】又曰⑨：《彭城王义康⑩传》曰："会稽长公主⑪，于兄弟为长⑫，文帝所亲敬⑬。上尝就主宴集甚欢⑭，

---

① 此节选自《宋书·萧思话列传》。

② 萧思话：南兰陵（今江苏常州西北）人。曾任尚书左仆射，后拜郢州刺史。

③ 从：陪同。

④ 文帝：宋文帝刘义隆（公元407—453年），公元424—453年在位，后为子刘劭所杀。

⑤ 钟山：南京东的紫金山，东西长约七公里，南北宽约三公里。

⑥ 中道：半道，中途。

⑦ 上使于石上弹琴：文帝令萧思话在盘石上弹琴。

⑧ 相赏有松石间意：指听琴音有松石间的意境。

⑨ 此节选自《宋书·彭城王义康列传》。

⑩ 彭城王义康：刘义康，宋武帝四子，封彭城王。元嘉年间与王弘共辅政，后授江州刺史，出镇豫州。后因范晔谋反受牵连，免为庶人，不久赐死。

⑪ 会稽长公主：指文帝的姐姐。古代皇帝之女称为公主，皇帝的姐妹称为长公主，皇帝的姑母称为大长公主。战国开始有公主之称，而长公主的称谓是始于汉代。

⑫ 于兄弟为长：在弟兄们当中排行为老大。

⑬ 文帝所亲敬：为文帝所亲敬。今《宋书》作"太祖至所亲敬"。文帝，宋文帝。

⑭ 上尝就主宴集甚欢：文帝有一次赴长公主的宴请，正当十分高兴时。上，皇上。

主①起再拜顿首②，悲不自胜③。上不晓其意④，起自扶之⑤。主曰：车子岁暮⑥，必不见容⑦，特乞其命⑧。因恸哭⑨。上亦流涕⑩，指蒋山⑪曰："必无此虑⑫，若违今誓，便是负初宁陵⑬"。即封所余酒⑭赐义康，曰："会稽姊⑮饮宴忆⑯弟⑰，所余今封送⑱"（车子，义康小字⑲也）。

---

① 主：长公主。

② 顿首：叩头。

③ 悲不自胜：悲伤已极，难于承受。

④ 不晓其意：不知长公主为何悲伤。

⑤ 起自扶之：帝起身亲自扶起长公主。

⑥ 车子岁暮：车子到年纪大的时候。车子，彭城王刘义康的小名。

⑦ 必不见容：必然不被容忍。今《宋书》作："必不为陛下所容。"

⑧ 特乞其命：特此为他（义康）请命。乞，求。今《宋书》作"特请其生命"。

⑨ 恸（tòng）哭：痛哭。

⑩ 流涕：伤感而涕泪下流。

⑪ 蒋山：山名，在今江苏南京江宁县境，属钟山支脉，为南朝宋武帝初宁陵所在地。此处意指宋武帝陵。

⑫ 必无此虑：一定不要有这个担心。虑，忧虑。

⑬ 便是负初宁陵：就是辜负了先父。初宁陵在今江苏江宁蒋山东南，为南朝宋武帝陵名。此处文帝这么说，意思是如果以后慢待了小弟义康，就是辜负了已长眠地下的父皇。

⑭ 即封所余酒：即刻把饮剩的酒封存起来。封，包装。

⑮ 会稽姊：上文会稽长公主。

⑯ 忆：念。

⑰ 弟：刘义康。

⑱ 所余今封送：今《宋书》作"所余酒今封送"。

⑲ 小字：乳名。

【0077】《齐书》①曰："高帝②幸东宫③，召诸王④宴饮。因游玄圃园⑤，长沙王⑥晃⑦捉华盖⑧，临川王⑨暎⑩执雉尾扇⑪，闻喜公子良⑫持酒鎗⑬，南郡王⑭行酒⑮，武帝⑯与豫章王⑰嶷⑱及王敬则⑲自捧肴馔⑳。高帝大饮，赐武帝已下㉑酒，

① 《齐书》：分《南齐书》和《北齐书》两种，这里指的是《南齐书》。《南齐书》为梁萧子显撰。全书六十卷，主要记载了南齐二十余年的历史。此节未详出《南齐书》何卷。
② 高帝：齐高帝萧道成（公元427—482年），南朝齐建立者，字绍伯，南兰陵（今江苏常州西北）人。公元479年废宋顺帝，自立为帝，改国号齐。
③ 东宫：古时太子居所，借指太子。
④ 诸王：指下文长沙王、临川王、南郡王、豫章王及武帝等人。
⑤ 玄圃园：玄圃传为仙人所居，在昆仑山上，后为园囿名。
⑥ 长沙王：封号。
⑦ 晃：萧晃，字宣明，后为镇军将军。
⑧ 捉华盖：握着华盖。华盖，古代指帝王车盖，形如伞。
⑨ 临川王：封号。
⑩ 暎：萧暎，字宣光，封临川王，入为侍中，任骠骑将军。
⑪ 雉尾扇：织雉羽为扇，以翳风尘。见《古今注》。
⑫ 闻喜公子良：萧子良，初封闻喜县公，进封竟陵王，官至司徒，有《南齐竟陵王集》。
⑬ 酒鎗（chēng）：温酒器，即三足鬴（fǔ），又写作"铛"。
⑭ 南郡王：萧子夏，字云广，封南郡王，七岁见杀。
⑮ 行酒：行酒令。
⑯ 武帝：齐武帝萧赜（zé），字宣远，小字龙儿，在位十一年。
⑰ 豫章王：封号。
⑱ 嶷（yí）：萧嶷，字宣俨，后进位大司马。
⑲ 王敬则：仕宋为员外郎，南齐时封寻阳郡公。
⑳ 自捧肴馔：亲自端着菜肴，即未用仆从。
㉑ 已下：指上述六王。

并大醉①尽欢,日暮乃去②。

【0078】又曰③:谢朏④为吴兴太守,与弟瀹⑤于征虏渚⑥送别。朏指瀹口曰⑦:"此中唯宜饮酒⑧"。瀹建武之朝⑨专以长酣为事⑩,与刘瑱⑪、沈昭略⑫交,饮各至数斗。朏既至郡⑬。致瀹数斛酒,遗上⑭曰:"力饮此物⑮,勿豫人

---

① 并大醉:都喝得酩酊大醉。并,都、一并。

② 日暮乃去:到傍晚时分才散去。

③ 此节选自《南史·谢弘微列传》,《南齐书》无此文。

④ 谢朏(fěi):南梁官吏。字敬冲,仕齐任都官尚书,出为吴兴太守。入梁为侍中、司徒、尚书令。

⑤ 瀹:谢瀹,字义洁。南齐时任吏部尚书,明帝时他专以长饮为事,卒官太子詹事。

⑥ 征虏渚:地名。

⑦ 朏指瀹口曰:兄朏指着弟瀹的口说。

⑧ 此中唯宜饮酒:谑(xuè)语。意为你这里只适宜装酒。言外之意,让其不要管别的事,以备不测。

⑨ 建武之朝:建武为齐明帝萧鸾年号之一,为公元494—498年。建武之朝即谓建武年间。

⑩ 专以长酣为事:只知整日饮酒。长酣,竟日酣饮。

⑪ 刘瑱(zhèn):字士温,善绘仕女。官至吏部郎、义兴太守。

⑫ 沈昭略:字茂隆,使酒仗气,初任相国西曹掾,累迁侍中。后为齐东昏侯所杀。

⑬ 至郡:升为郡守。谢朏曾为吴兴太守。

⑭ 遗上:今《南史》作"遗书",即今谓"赠言"。

⑮ 力饮此物:意为只管使劲喝你的酒就行了。

事①。"瀹尝与刘悛②饮,推辞久之,悛曰:"谢庄貌③不可云不能饮④"。瀹曰:"苟得其人⑤,自可沉湎⑥千日⑦"。悛甚惭⑧,无言⑨。

【0079】又曰⑩:王琨⑪俭于财用⑫,酒不过两爵⑬,辄云:"取酒难遇之⑭"。

【0080】《梁书》⑮曰:初,梁武帝⑯总延⑰后进二十

---

① 勿豫人事:不要干预人家的事情。豫,同"预"。

② 刘悛(quān):字士操,封定朔将军,后官至五兵尚书。

③ 谢庄貌:谢庄之貌,同谢庄一个样,指能饮酒。谢庄,谢朓之父,字希逸。历官吏部尚书,吴郡太守,金紫光禄大夫。

④ 不可云不能饮:意为你跟谢庄一个样,怎么能说不会饮酒呢?

⑤ 苟得其人:如能见到合意的人。苟,要是。

⑥ 沉湎(miǎn):沉迷于酒。

⑦ 千日:言时间长之意。这里指以饮酒多为快事。

⑧ 甚惭:十分惭愧。

⑨ 无言:无言以对。

⑩ 此节选自《南史·王华列传》,《南齐书·王琨列传》无此话。

⑪ 王琨:宋时官右光禄大夫,入齐为侍中。生性俭朴,酒不过两杯,菜仅盐、豉、姜、蒜而已。

⑫ 俭于财用:不随便乱花钱。

⑬ 两爵:两杯。喻少之意。今《南史》作"两盏"。

⑭ 取酒难遇之:今《南史》作"此酒难遇之"。

⑮ 《梁书》:二十四史之一。唐姚思廉撰。共五十六卷,主要记载了南朝萧梁一代五十六年的历史。此节选自《梁书·萧介列传》。

⑯ 梁武帝:南朝梁建立者。即萧衍(公元464—549年),字叔达,南兰陵(今江苏常州西北)人。曾任雍州刺史,镇襄阳,后攻入京城建康(今江苏南京),自立为帝,国号梁。

⑰ 总延:聚集之意。或作"招延",即招邀也。

余人,置酒赋诗。臧盾①以诗不成②,罚酒一斗,饮尽颜色不变③,言笑自若④。萧介⑤染翰便成⑥萧,文无加点⑦。帝两美之⑧,曰:"臧盾之饮,萧介之文,席⑨之美也"。

【0081】又曰⑩:"阴铿⑪尝与宾友饮宴,见行觞者⑫,因迴酒⑬炙以授之⑭,众坐⑮皆笑。铿曰:"吾侪⑯终日酣饮。

---

① 臧盾:字宣卿,性至孝。历官尚书中兵郎、江夏太守、领军将军等。

② 以诗不成:因为诗没写成。

③ 颜色不变:脸色未变。

④ 言笑自若:谈笑镇定、自然。

⑤ 萧介:字茂镜。善属文,仕至光禄大夫。酒宴赋诗,文无加点,深得梁武帝赏识。

⑥ 染翰便成:提笔便成文。染翰,即以笔蘸墨。翰,笔。

⑦ 文无加点:诗文都不用圈点修改。点,以笔灭字。

⑧ 两美之:赞美这两人。美,赞美。

⑨ 席:宴席。今《梁书》作"即席"。

⑩ 此节本选自《南史·阴铿列传》,《梁书》无本传。

⑪ 阴铿:字子坚,善五言诗。累迁晋陵太守、员外散骑常侍。

⑫ 行觞者:斟酒的侍从。觞,酒杯。

⑬ 迴(huí)酒:今《南史》作"回酒"。指把斟出的酒又倒回去。

⑭ 炙以授之:温热后送给斟酒者饮。炙,烤,热。

⑮ 众坐:在座的来客。

⑯ 吾侪(chái):我们。侪,同辈或同类的人。

而执爵者不知其味①,非人情②也。及侯景之乱③,铿尝为贼④擒,或救之获免⑤,铿问之⑥,乃前所行觞者⑦。

【0082】又曰⑧:张缵⑨为湘州⑩刺史。初⑪,吴兴⑫、吴规⑬颇有才学,邵陵王⑭纶⑮引为宾客⑯,深相礼遇⑰。及纶

---

① 执爵者不知其味:斟酒者不知酒的味道。指执爵者一口酒也没喝上。

② 非人情:不合人之常情。

③ 侯景之乱:侯景(公元503—552年),为北朝东魏将领。字万景,鲜卑化羯人。东魏时历任尚书左仆射、司空、司徒、大行台等职。后投靠西魏,又转附梁,受封河南王。不久起兵叛梁,攻陷台城,困死梁武帝,纵兵大掠吴会。西征江陵失利后,返回建康(今江苏南京),自立为帝,改国号汉,是为"侯景之乱"。不久在出逃途中被部属诱杀。

④ 贼:指侯景。

⑤ 或救之获免:有人援救他免于一死。或,有人。

⑥ 问之:问救他的人是谁。

⑦ 乃前所行觞者:原来是先前那个行酒的人。

⑧ 此节选自《南史·张缵(zuǎn)列传》,《梁书》本传无此文。

⑨ 张缵:字伯绪,官平北将军、宁蛮校尉。后为岳阳王萧詧(chá)所害。

⑩ 湘州:晋分荆、广两州置,治所在临湘(今湖南长沙)。此处所指为南朝梁置湘州,治所在新化(今湖北大悟东)。

⑪ 初:早先,原来。

⑫ 吴兴:人名。

⑬ 吴规:人名。

⑭ 邵陵王:封号。邵陵本为郡名,晋时为避司马昭讳,改昭陵郡为邵陵郡,治所在邵陵(今湖南邵阳)。

⑮ 纶:萧纶,梁武帝第六子,字世调。封邵陵王,历扬、郢等州刺史,官至司空。

⑯ 引为宾客:召为座上客。引,召引。

⑰ 深相礼遇:厚礼相待。

作牧郢藩①,规随从江夏②,遇缵出之湘镇③,路径郢服④,纶⑤饯之⑥南浦⑦。缵见规在坐⑧,意不能平⑨,忽举杯曰:"吴规,此酒庆汝得陪今宴⑩"。规寻起还⑪。其子翁孺⑫见父不悦,问而知之⑬。翁孺气结⑭,尔夜便卒⑮。规恨缵恸儿⑯,悲恸而愤哭兼至⑰,信次之间⑱又殒⑲。规妻深痛夫、

---

① 及纶作牧郢藩:以至萧纶任郢州牧时。作牧,指作一州之长,州长称牧。郢,郢州,治所在汝南(南朝汝南治夏口,即今湖北武昌)。
② 规随从江夏:吴规跟随到了江夏。江夏,郡名,治所南朝时在夏口。
③ 遇缵出之湘镇:碰到张缵出镇湘州。
④ 服:古时天子威德所至之地谓之服。古有五服、六服、九服之说。
⑤ 纶:萧纶。
⑥ 饯之:指为张缵饯行。
⑦ 南浦:古水名,一名新开港,在今武汉市以南。
⑧ 见规在坐:看见吴规在宴席上。
⑨ 意不能平:心里感到很不自在。
⑩ 此酒庆汝得陪今宴:这杯酒庆贺你能陪伴今天的宴会。此语有讥讽之意。
⑪ 规寻起还:吴规随即起身回家。寻,随即,不久。
⑫ 翁孺:人名,吴规之子。
⑬ 问而知之:问知宴席之事。
⑭ 气结:精神愁闷、郁结。
⑮ 尔夜便卒:当天夜里便死了。尔夜,那夜。
⑯ 恸(tòng)儿:二字《御览》原无,据《南史》补。
⑰ 悲恸而愤哭兼至:加倍的悲痛与愤恨。兼至,加倍而至,双双而至。
⑱ 信次之间:指三日之内。一宿为舍,再宿为信,过信为次。
⑲ 殒:死亡。

子①,翌日②又亡。时人为③"张缵一杯酒杀吴氏三人"。

【0083】《南史》④曰:南海有顿逊国⑤,在海崎⑥上。有酒树⑦,似安石榴⑧,采其花汁停瓮中⑨,数日而成酒。

【0084】《后魏书》⑩曰:太宗⑪引崔浩⑫论事。诏至

---

① 深痛夫、子:因丈夫及爱子去世深感悲痛。

② 翌(yì)日:次日,第二天。翌,明(天、年)。

③ 为:今《南史》作"谓"。

④ 《南史》:二十四史之一。唐李延寿撰。共八十卷,记载南朝宋、齐、梁、陈四朝一百七十年的历史。此节选自《南史·扶南国列传》。

⑤ 顿逊国:古国名,亦称典孙或典逊。故地一说在今缅甸那沙林附近。一说在今泰国洛坤一带,或认为泛指马来半岛北部。

⑥ 海崎:半岛。崎,同"碕",曲岸。

⑦ 酒树:花汁可作酒。

⑧ 安石榴:即石榴。据《博物志》:"张骞使西域,得安石国榴种以归,故名安石榴。"

⑨ 停瓮中:放在瓮中。停,放。

⑩ 《后魏书》:今《魏书》,言"后"以别于《三国志·魏志》。《魏书》为二十四史之一,北齐魏收撰。共一百三十卷,大致记载了公元386—534年鲜卑贵族建立的北魏的历史。此节选自《魏书·崔浩列传》。

⑪ 太宗:北魏太武帝拓跋焘(公元405—452年),小字佛狸(lí),鲜卑族人。即位后灭大夏、凉、北燕,统一北方。后为宦官宗爱所杀。

⑫ 崔浩:北魏大臣。字伯渊(?—公元450年),清河东武城(今河北故城西北)人。以三朝元老受封为东郡公,拜太常卿,后迁司徒。后被杀。

中夜①，太宗大悦，赐浩②缥醪酒③十斛④，水精戎盐⑤一两。曰："朕味卿言⑥，若盐酒⑦，故与卿同其味⑧也"。

【0085】又曰⑨：高允⑩被敕⑪论集⑫往世酒之败德⑬，以为《酒训》⑭，孝文⑮览而悦之⑯。

【0086】又曰⑰：胡叟⑱少孤⑲，每言及父母，则泪下如

---

① 语至中夜：一说说到半夜。中夜，半夜。

② 浩：崔浩。

③ 缥醪酒：浅青色的酒。缥，淡青色。

④ 斛：今《魏书》作"觚（gū）"，一种盛酒的筒形器。

⑤ 水精戎盐：水晶状的戎盐。戎盐，特指西部古代少数民族地区所产的盐，以产地为名。

⑥ 朕味卿言：我很欣赏你的言语。朕，我，帝王的自称。味，体味，体会事物的道理。

⑦ 若盐酒：如同这盐和酒一样。

⑧ 同其味：一同享用美味。

⑨ 此节选自《魏书·高允列传》。

⑩ 高允：北魏大臣、学者。字伯恭（公元390—487年），渤海蓨（tiáo，今河北景县东）人。刘宋时任中领军、总统宿卫，北魏文帝时封建平郡公，后因谋反被杀。

⑪ 敕：命令。

⑫ 论集：集论，搜集。

⑬ 往世酒之败德：指历史上因酒败坏德性的事例。

⑭ 《酒训》：见《魏书·高允列传》。

⑮ 孝文：北魏孝文帝元宏（公元467—499年），五岁即位，在位二十八年。

⑯ 览而悦之：阅览后很高兴。

⑰ 此节选自《魏书·胡叟列传》。

⑱ 胡叟：字伦许，拜虎威将军。不治产业，年八十卒。

⑲ 少孤：年少时父母双亡。

孺子①之号②。春秋当祭之前,则先求旨酒③。时敦煌④氾潜⑤家善酿酒⑥,每节⑦,送一壶与叟⑧,论者⑨以潜为君子⑩。

【0087】又曰⑪:李元忠⑫拜南赵郡⑬太守,好酒无政绩⑭。及庄帝⑮崩⑯,弃官⑰潜图义举⑱。会⑲齐神武⑳东出,

---

① 孺子:小孩。

② 号(háo):大声哭喊。

③ 旨酒:美酒。今《魏书》作"旨酒美膳"。

④ 敦煌:郡名,治所在敦煌(今甘肃敦煌县西),辖境相当于今甘肃疏勒河以西及以南地区。

⑤ 氾(fàn)潜:人名。

⑥ 善酿酒:很会酿酒。

⑦ 每节:每逢节令。

⑧ 叟:胡叟。

⑨ 论者:谈论的人。

⑩ 以潜为君子:说氾潜是正人君子。君子,指人格高尚的人。

⑪ 此节本选自《北史·李元忠列传》,《魏书》无此文。

⑫ 李元忠:北魏时拜南赵郡太守,北齐时官骠骑大将军,封晋阳县伯。

⑬ 南赵郡:魏置南钜鹿郡,又改为南赵郡。治所在今河北隆尧东。

⑭ 好酒无政绩:好饮酒而不理政事。

⑮ 庄帝:北魏庄帝元子攸,初封长乐王,在位三年。

⑯ 崩:帝王毙命曰崩。

⑰ 弃官:自动放弃官位。

⑱ 潜图义举:等待时机图谋反对朝廷。义举,正义的举动。

⑲ 会:正好,恰巧。

⑳ 齐神武:高欢(公元496—547年),东魏大臣。一名贺六浑,渤海蓚人。任及丞相,其子高洋建立北齐后,追尊为神武帝。

元忠便乘露车①载浊酒②以奉迎③。神武闻其酒客④,未即见之⑤。元忠下车独坐酌酒,擘脯⑥食之,谓门者⑦曰:"本言公招延豪杰⑧,今闻国士⑨到门,不能吐哺⑩辍洗⑪,其人可知⑫,还吾刺⑬,勿复通⑭也"。门者以告⑮,神武遽见之⑯。

【0088】又曰⑰:齐神武自太原来朝⑱,见朱游道⑲,

---

① 露车:上无车盖,四周无帷襜(chān)的车子,比喻车子没什么装修。

② 浊酒:未过滤的酒。

③ 奉迎:逢迎、巴结、奉承别人。

④ 闻其酒客:听说他是一个酒徒。

⑤ 未即见之:没有马上同他见面。

⑥ 擘(bò)脯:掰开肉干。擘,分裂开。

⑦ 门者:门卫。

⑧ 招延豪杰:结交豪杰之士。

⑨ 国士:国内共推的特殊才士。

⑩ 吐哺:吐出食物,指中途停止吃饭,起以待士。

⑪ 辍洗:中途停止洗沐,与吐哺义同。《史记·鲁世家》:"周公戒伯禽曰:'我一沐三握发,一饭三吐哺,起以待士,犹恐失天下之贤人。'"

⑫ 其人可知:这人待士之心由此可知了。

⑬ 还吾刺:把名帖还给我。刺,当今之名片。

⑭ 勿复通:不用通禀了。

⑮ 门者以告:门卫者把这话报告了神武帝。

⑯ 遽(jù)见之:马上就接见了他。遽,急速。

⑰ 此节选自《北齐书·酷吏列传》。

⑱ 自太原来朝:从太原来朝见(魏帝)。太原,郡名,治所在晋阳(今山西太原市西南)。

⑲ 朱游道:人名。《北齐书》本作"宋游道",官尚书令。

曰:"此人是游道邪①!常闻其名,今日始识其面"。迁游道别驾②。后日③,神武之司州④,飨朝士,举觞属游道⑤曰:"饮高欢⑥手中酒者大丈夫,卿之为合⑦饮此酒"。

【0089】又曰⑧:魏帝⑨宴华林园⑩。谓神武曰:"自顷⑪所在百司⑫,多有贪暴⑬。朝廷中有能公平直言,弹劾⑭不

---

① 邪(yé):疑问语气词,相当于今"吗""呢"。

② 迁游道别驾:委任朱游道为别驾。迁,调动官职,特指升官。别驾,官名,为州刺史之佐吏,亦称别驾从事使。后世也把通判称为别驾。

③ 后日:后来。

④ 司州:北魏迁都洛阳,改洛州为司州,治所在洛阳(今河南洛阳市东)。

⑤ 举觞属游道:举杯给朱游道。属,同"嘱",交付,委托。

⑥ 高欢:神武帝本名。

⑦ 合:够,应当。

⑧ 此节选自《北齐书·崔暹列传》。

⑨ 魏帝:北魏皇帝,指孝文帝元宏。

⑩ 华林园:在汉魏洛阳故城中,本为东汉芳林园,魏明帝时改建,及齐王芳即位,为避讳改为华林园。

⑪ 顷:近来,刚才,不久前。

⑫ 百司:百官,指各部门。

⑬ 多有贪暴:官吏中很多人都很贪婪残暴。指贪官污吏很多。《北齐书》此句后有"侵削下人"一语。

⑭ 弹劾:检举,揭发。

避亲戚①者，王②可劝酒③。"神武降阶④跪言："唯⑤御史中尉⑥崔暹⑦一人，谨奉明旨，敢以酒劝。并臣所射⑧，赐物千段⑨，乞以迴赐⑩。"帝又褒美⑪之。

【0090】又曰⑫：刘藻⑬字彦先，父宗之⑭庐江⑮太守，涉猎群籍⑯，美谈笑⑰，善与人交⑱。饮酒至一石不乱。藻

---

① 不避亲戚：不因是亲戚而不揭发，大义灭亲。

② 王：指高欢。高欢受封渤海王。

③ 劝酒：进酒。

④ 降阶：走下台阶。以示敬意。

⑤ 唯：只。

⑥ 御史中尉：官名，即御史中丞，北魏改为御史中尉。御史中丞汉代又称中执法，为御史大夫的佐官。内领侍御中，考察文书和劾按章奏；外督部刺史，监察郡国行政。

⑦ 崔暹（xiān）：安平（今山东益都西北）人。字季伦。历任御史中尉、度支尚书、仆射。

⑧ 射：通"厌（yā）"，心服。

⑨ 赐物千段：指魏帝曾给高欢许多赐物。

⑩ 乞以迴赐：请求把赐物转赐给崔暹。迴，转。

⑪ 褒美：赞扬。褒，夸奖。

⑫ 此节选自《魏书·刘藻列传》。

⑬ 刘藻：北魏官吏。易阳人，字彦先。累官雍城镇将，平东别将，后官秦州、岐州二州刺史。

⑭ 宗之：刘宗之，刘藻之父。刘裕时曾任庐江太守。

⑮ 庐江：郡名，治所初在舒（今安徽庐江西南），后治所屡迁。

⑯ 涉猎群籍：博览群书。涉猎，粗略地阅读或研究。

⑰ 美谈笑：巧于言谈笑语。

⑱ 善与人交：很善于交际。

为平东别将①,辞于洛水②之南。孝文曰:"与卿石头③相见"。藻曰:"臣虽才非古人④,度⑤亦不留贼虏⑥,而陛下辄当酾曲阿之酒⑦,以待百姓⑧"。帝大笑曰:"今未至曲阿⑨,且以河东⑩数石赐卿"。

【0091】又曰⑪:《裴粲传》:元颢⑫入洛⑬,以粲⑭为西兖州⑮刺史,寻⑯为濮阳⑰太守崔巨伦⑱所逐,弃州⑲入嵩

---

① 平东别将:四平将军之一,汉魏间置。北魏亦置,即平东、平南、平西、平北将军。

② 洛水:今河南洛阳。

③ 石头:石头城,为南朝建康军事重镇,在今南京清凉山。此处借指建康。

④ 才非古人:才能赶不上古人。

⑤ 度:气度,决心。今《魏书》作"庶"。

⑥ 不留贼虏:不放过一个敌人。表示决胜之心。

⑦ 曲阿之酒:曲阿所产的酒,曲阿即今江苏丹阳。

⑧ 以待百姓:用于犒赏百姓。今《魏书》作"以待百官"。

⑨ 曲阿:古县名,秦置曲阿县,后又有云阳、丹阳之名,治所在今江苏丹阳。

⑩ 河东:郡名,治所先在安邑(今山西夏县东北),东晋移治蒲板(今山西永济蒲州镇)。这里指河东产的酒。

⑪ 此节选自《魏书·裴粲列传》。

⑫ 元颢(hào):字子明,累官相州刺史,袭封北海王。梁武帝封之为魏王,入洛,日夜狂饮,兵败出奔,为临颍县卒所斩杀。

⑬ 洛:洛阳,北魏都城。

⑭ 粲:裴粲,字文亮,好佛学。官骠骑将军、胶州刺史,后为耿翔所杀。

⑮ 西兖州:北魏置,治所在廪(lǐn)邱(今山东范县东南)。

⑯ 寻:随即,不久。

⑰ 濮阳:郡名:北魏时治所在鄄城(今河南旧濮县东)。

⑱ 崔巨伦:字孝宗,先为殷州长史,除东濮阳太守。

⑲ 弃州:弃去州刺史之官。

高山①。节闵帝②初，复为中书令③。后正月晦④，帝⑤出临洛滨⑥，粲起御前再拜，上寿酒。帝曰："昔北海⑦入朝⑧，暂窃神器⑨。闻尔日卿诫之以酒⑩，今欲我饮⑪，何异于往情⑫？"粲曰："北海志在沉湎⑬，故谏其所失⑭。陛下齐圣温克⑮，敢献微诚⑯"。帝曰："甚愧来誉⑰"。仍为命酌⑱。

---

① 入嵩高山：指到嵩高山中岳庙学道。嵩高山，即五岳中的中岳嵩山，在河南省。

② 节闵帝：北魏节闵帝元恭，字修业。在位一年被弑，史称前废帝。

③ 中书令：官名。汉武帝时以宦官充任，掌传宣诏命。南北朝时，任中书令者多为当时有文学名望的人。后世又有内史令、右相、紫微令、令公之称。

④ 正月晦：正月三十日。晦，阴历每月的最后一天。

⑤ 帝：指节闵帝。

⑥ 洛滨：洛水之滨。

⑦ 北海：指元颢，曾袭封为北海王，因以称之。

⑧ 朝：朝廷。

⑨ 暂窃神器：暂时窃取帝位。神器，帝位的代称。《汉书·叙传》："不知神器有命，不可以智力求也。"

⑩ 闻尔日卿诫之以酒：听说从那天起你就告诫他不要饮酒。《御览》本无"闻尔"二字。据《魏书》补。

⑪ 今欲我饮：今天却要饮酒。今《魏书》作"今欲使我饮"。

⑫ 何异于往情：意为"这不是与你往日的主张不符了吗"？

⑬ 沉湎：沉迷于饮酒。

⑭ 谏其所失：规劝他改正所犯的错误。

⑮ 齐圣温克：出自《诗经·小雅·小宛》："人之齐圣，饮酒温克。"

⑯ 微诚：小小的忠诚之意，谦词。

⑰ 甚愧来誉：对这赞誉感到十分惭愧。

⑱ 仍为命酌：命为继续酌酒。

【0092】又曰①：齐郡王简②性好酒，不能理公私之事③。妻常氏，燕郡公常喜④女也，文明太后以赐简⑤。干综家事⑥，颇节简酒⑦，乃至盗窃⑧，求乞婢侍⑨，卒不能禁⑩。

【0093】又曰⑪：阮孚⑫性机辩⑬，好酒⑭，貌短而秃⑮。周文帝⑯偏所眷顾⑰，常于室内置酒十瓶，余一斛，上

---

① 此节选自《魏书·齐郡王列传》。
② 齐郡王简：齐郡王为封号，简即元简，字叔亮，累官太保。性好酒，不能理公私之事。
③ 公私之事：指官事和家事。
④ 燕郡公常喜：常喜，人名。事迹不考。燕郡公为其封号。
⑤ 文明太后以赐简：由文明太后将常喜之女赐给齐郡王简为妻。文明太后，即冯太后，为北魏文成帝拓跋濬皇后，献文帝弘即位后，尊为太后，卒年四十九，谥曰文明。
⑥ 干综家事：总理家务。干综，干预、管束之意。
⑦ 颇节简酒：常限制齐郡王简的酒量。节，节制。简，齐郡王名。
⑧ 乃至盗窃：弄到偷酒饮的地步。这里的盗窃指窃家里的酒，而不是盗人财物。
⑨ 求乞婢侍：乞求婢奴仆侍给酒饮。
⑩ 卒不能禁：终究还是禁不住饮酒。
⑪ 此节选自《北史·太武五王列传》。
⑫ 阮孚：本作元孚，即拓跋孚，为拓跋焘之子，字秀和，历官尚书右丞、冀州刺史，封万年乡男。
⑬ 机辩：机警善辩。
⑭ 好酒：喜好饮酒。
⑮ 貌短而秃：脸部短而且秃发。
⑯ 周文帝：宇文泰（公元507—556年），西魏大臣。字黑獭，代郡武川（今内蒙古武川西）鲜卑人。任丞相、尚书令、大冢宰。其子宇文觉立北周，追尊为文帝。
⑰ 偏所眷顾：特别关怀。

皆加帽①，欲戏孚②。孚适入室③，见即惊喜曰："吾兄弟辈甚无礼，何为窃入王家④，匡坐⑤相对？宜早还家⑥也"。因持酒归⑦，周文⑧抚手⑨大笑。

【0094】《北齐书》⑩曰：段韶⑪尤啬于财⑫，虽亲戚故旧略无施与⑬。其子孙⑭尚公主⑮，并省丞郎⑯在家佐事⑰十余

---

① 帽：以帽作盖，将酒瓶扮作人形。

② 欲戏孚：准备戏弄元孚。戏，玩笑。

③ 孚适入室：元孚刚一进屋。适，恰好。

④ 何为窃入王家：为何偷偷来到王家。王家指宇文泰家。这里指把酒瓶当作人了。

⑤ 匡坐：正坐，端坐。匡，端，正。

⑥ 宜早还家：应当早早回家去。

⑦ 持酒归：拿着酒回去。

⑧ 周文：周文帝宇文泰。

⑨ 抚手：拍手。

⑩ 《北齐书》：二十四史之一。唐李百药撰。共五十卷，记载了公元534年前后北魏分裂、东魏政权建立，中经550年北齐代东魏，到577年齐亡为止的历史。此节选自《北齐书·段韶列传》。

⑪ 段韶：字孝先，除左丞相，封广平郡公，出总军旅。虽功高望重，然雅性温慎。

⑫ 尤啬于财：对钱财特别吝啬。

⑬ 略无施与：一点也不施舍。施与，给予恩惠。

⑭ 孙：段孙，字德孙。累迁侍中、将军。封济北王，入周拜大将军、郡公。

⑮ 尚公主：娶公主为妻。尚，仰攀婚姻，特指娶公主。段孙初尚永昌公主，未婚卒，后又尚东安公主。

⑯ 并省丞郎：一省的丞与郎。丞、郎均为官名，为辅佐官员。

⑰ 佐事：帮助操办婚事。佐，佐助。

日,事毕辞还①,人唯赐一杯酒②。

【0095】又曰③:高季式④豪率⑤好酒,又恃⑥举家勋功⑦,不拘检节⑧。与光州⑨刺史李元忠⑩生平游款⑪,在济州⑫夜饮,忆元忠⑬,开城门,令左右乘驿马⑭,持一壶酒往光州劝⑮元忠,朝廷知而容之。

【0096】又曰⑯:齐河南王孝瑜⑰,武成⑱礼遇特隆。

---

① 事毕辞还:婚事完毕后郎丞们告辞而归。

② 人唯赐一杯酒:每人仅赐饮一杯酒而已。

③ 此节选自《北齐书·高季式列传》。

④ 高季式:字子通,官侍中、冀州大中正,授都督。因破萧明、侯景、王思政有功,加仪同三司。

⑤ 豪率:豪放直率。

⑥ 恃:依靠,依赖。

⑦ 举家勋功:全家的功勋。举,全。

⑧ 不拘检节:不计较小节,不检点。

⑨ 光州:南朝梁置,治所在光城(今河南光山),后移治定城(今河南潢川)。

⑩ 李元忠:人名。

⑪ 生平游款:向来交际很深。游,交际。款,诚恳。

⑫ 济州:北魏置,治所在碻(qiāo)磝(áo)城(今山东茌平西南)。

⑬ 忆元忠:想起李元忠。

⑭ 驿马:驿站所备马匹,供来往官员换乘。

⑮ 劝:劝酒。

⑯ 此节选自《北齐书·河南康舒王孝瑜列传》。

⑰ 孝瑜:高孝瑜,封河南王,历中书令、司州牧,后坐罪投水而死。

⑱ 武成:北齐武成帝高湛,齐神武帝第九子。在位四年,传位给太子高纬,自称为太上皇帝。

帝①在晋阳②，手敕③之曰："吾饮汾清④二杯，劝汝邺酌两盏⑤"。其亲爱如此也。

【0097】又曰⑥：齐皇甫亮⑦性质朴纯厚，终无片言矫饰⑧。属有敕下司⑨，各列其勤堕⑩，亮三日不上省⑪，文宣王⑫亲诘其故⑬。亮曰："一日雨，一日醉，一日病酒⑭"。文宣以其实⑮，优容之⑯。

---

① 帝：武成帝高湛。

② 晋阳：并州治所，在今山西太原南古城营。

③ 手敕：手谕。

④ 汾清：以汾、清二地代指酒名。汾，即汾阳，清指清原（今山西稷山东南），泛指汾河流经地区。

⑤ 邺：北齐都城，故址在今河北临漳和河南安阳县界。意为你到了邺城，别忘了也喝两杯。

⑥ 此节选自《北史·皇甫亮列传》，并非出自《北齐书》。

⑦ 皇甫亮：字君翼，安定朝那（今宁夏固原东南）人。官尚书殿中郎，兼散骑常侍。卒赠骠骑大将军、安州刺史。

⑧ 终无片言矫饰：始终没有一句掩饰之词。矫饰，掩饰。

⑨ 下司：指各办事机构。

⑩ 各列其勤堕：将各个官员的办公勤堕记录在案。犹今之"考勤"。堕，惰。

⑪ 三日不上省：三天没上班。省，官署名，如尚书省。

⑫ 文宣王：北齐文宣帝高洋（公元529—559年），北齐建立者。字子进，渤海蓚人。先为东魏重臣，进封齐王，后废东魏孝静帝自立为帝。酗酒淫暴，在位九年病死。

⑬ 诘其故：问其原因。诘，问。

⑭ 病酒：因酒而致病。

⑮ 文宣以其实：文宣帝鉴于他说的是实话。今《北史》为"文宣以其恕实"。

⑯ 优容之：宽容了他。优容，宽假。今《北史》还有一句"杖胫三十而已"，可见还是很严厉。

【0098】又曰①：周文帝②闻韦夐③养高不仕④，辟之不能屈⑤。明帝⑥即位，礼敬逾⑦重⑧，乃为诗愿时朝谒⑨。帝大悦，敕有司⑩日给河东酒⑪一斗，号之曰"逍遥公"。

【0099】《唐书》⑫曰：定州⑬总管⑭李玄通⑮性刚烈，

---

① 此节选自《北史·韦夐列传》。

② 周文帝：北周宇文泰，追尊为文帝。

③ 韦夐（xiòng）：字敬远，初拜雍州中从事，谢疾去。周明帝赐号为"逍遥公"。

④ 养高不仕：保养高尚之志，不入仕途。任华《寄李白》："养高兼兼闲，可望不可攀。"

⑤ 辟之：今《北史》作"遣使辟之，虽情谕甚至，而竟不能屈"。辟，征召。不能屈，不屈从。指不做官。

⑥ 明帝：北周明帝宇文毓，宇文泰长子，小名统万突。在位三年，后被宇文护毒杀。

⑦ 逾：更加，超过。

⑧ 重：今《北史》作"厚"。

⑨ 愿时朝谒：愿任何时候朝见。谒，拜见。

⑩ 有司：指官府。

⑪ 河东酒：河东郡产的酒。郡治所初在安邑（今山西夏县东北），后移治蒲坂（今山西永济蒲州镇）。

⑫ 《唐书》：有新旧两种，《新唐书》为宋欧阳修、宋祁撰。这里指的是《旧唐书》，后晋刘昫（qú）等撰，共二百卷，记载了唐王朝二百九十年的历史。此节选自《旧唐书·李玄通列传》。

⑬ 定州：治所在安喜（今河北定县）。

⑭ 总管：官名。魏有都督诸州军事，北周起改为总管。

⑮ 李玄通：人名。

无所屈挠①。初城陷②，为刘黑闼③所囚，其故吏④有以酒食馈⑤之者，玄通谓之曰："诸君哀⑥吾困辱，故以酒食来相宽慰耳。吾要当为诸君一醉可乎⑦？"遂与乐饮⑧。因请剑⑨起舞，舞毕以剑溃腹⑩而死。

【0100】又曰⑪：蒲桃酒西域⑫有之，前代或有贡献⑬。及破高昌⑭，收马乳蒲桃实⑮，于苑⑯中种之，并得其酒法⑰。

---

① 无所屈挠：没什么力量能使之屈服。挠，弯曲，屈服。

② 城陷：指定州治被攻陷。

③ 刘黑闼（？—公元623年）：隋末农民起义军首领。清河漳南（今河北故城东北）人。先投瓦岗，后被窦建德俘获，任为将军。曾称汉东王。年号王造，建都洺州（今河北永年东南）。终被部属俘捉送唐军杀死。

④ 故吏：旧日的吏属。

⑤ 馈（kuì）：馈赠，以食物送人。

⑥ 哀：同情，怜悯。

⑦ 可乎：行吗。

⑧ 乐饮：高高兴兴地饮酒。

⑨ 请剑：求剑。指请求故吏给剑一舞。

⑩ 溃腹：破腹。

⑪ 此节疑为《旧唐书》佚文。

⑫ 西域：汉以后对于玉门关（今甘肃敦煌西北）以西地区的总称。狭义指葱岭以东，广义包括亚洲中西部、印度半岛，以至欧洲东部、非洲北部等地。

⑬ 贡献：把物品进献给皇帝。前代指南朝时。

⑭ 高昌：高昌立国在公元442年，国都高昌城（今新疆吐鲁番东），640年为唐所灭，以其地为西州。

⑮ 马乳蒲桃实：马乳为葡萄的一种，马乳又为葡萄代名。实，种子。

⑯ 苑：皇家林苑。

⑰ 并得其酒法：同时得到了酿葡萄酒之法。

上自损益①，造酒酒成，味兼醍、盎②。既颁赐③群臣，京师识其味④。

【0101】又曰⑤：麟德元年⑥九月，壁州⑦刺史邓宏庆⑧制酒令："平索看精"四序⑨。

【0102】又曰⑩：张镇州⑪拜舒州⑫都督。舒州即其本邑⑬，镇州乃多市⑭酒肴，就望江⑮旧宅⑯，尽召故人亲戚与之

---

① 上自损益：皇帝亲自改定酿酒之法。损益，减少和增加。

② 味兼醍、盎：兼有醍、盎两种酒味。醍，清酒的一种。盎，色白的酒。

③ 颁赐：颁发赏赐。

④ 京师识其味：京师人开始认识葡萄酒的味道。

⑤ 此节出自《旧唐书》何卷不详。

⑥ 麟德元年：公元664年。麟德为唐高宗李治年号之一。

⑦ 壁州：唐置，治所在诺水（后改通江，今四川通江）。辖境相当于今四川通江县附近地区。

⑧ 邓宏庆：人名。又作郑弘庆。

⑨ "平索看精"四序：序当为"字"。据窦革《酒谱·酒令》："《国史谱》称郑弘庆始韧'平素精看'四字令，未详其法。"

⑩ 此节为《旧唐书》佚文。

⑪ 张镇州：又写作张镇周，初为寿州都督，后迁舒州都督、刺史。

⑫ 舒州：时名同安郡，又改盛唐郡，治怀宁（今安徽潜山）。

⑬ 本邑：故乡，出生之地。

⑭ 市：买。

⑮ 望江：滨江。

⑯ 旧宅：故居。

酣宴。散发箕踞①，敦②畴昔之欢③十日，赠以钱帛④，既而垂泣谓亲宾曰⑤："比者⑥张镇州与故人为欢，今日以后舒州都督治百姓耳⑦，君民礼隔⑧，不得交游⑨"。因与之诀⑩。自是⑪亲戚有犯法，一无所纵⑫，州境因兹⑬肃然⑭。

【0103】又曰⑮：李景伯⑯，景龙⑰中为谏议大夫⑱，

---

① 散发箕踞：披散头发蹲坐着。箕踞，坐时随意伸开两腿，像个簸箕，在古时为不拘礼节的坐法。

② 敦：通"屯"，此处有逗留之意。

③ 畴昔之欢：往日的欢乐。畴昔，过去，以前，往日。

④ 帛：布帛。

⑤ 垂泣谓亲宾曰：一面哭泣一面对亲友来宾说道。

⑥ 比者：近时。

⑦ 今日以后舒州都督治百姓耳：从今以后我是以舒州都督的身份来治理百姓。

⑧ 君民礼隔：官与民的礼仪有分隔。

⑨ 不得交游：不准互相来往。

⑩ 诀：断绝。

⑪ 自是：自此以后。

⑫ 一无所纵：一个也不包庇宽容。

⑬ 因兹：因此。

⑭ 肃然：指秩序平静，治安状况良好。

⑮ 此节选自《旧唐书·李景伯列传》。

⑯ 李景伯：唐代官吏。历官谏议大夫，终右散骑常侍。

⑰ 景龙：唐中宗李显年号之一，为公元707—710年。

⑱ 谏议大夫：官名。

中宗①尝与宰臣②贵戚内宴③,酒酣递唱④《回波乐》⑤,甚喧杂⑥失礼⑦。次至⑧景伯,歌曰:"回波尔时⑨酒卮⑩,微臣⑪职在箴规⑫,礼饮只合三爵⑬,君臣杂混非宜⑭"。席为之散⑮,时人称⑯之。

【0104】又曰⑰:李适之⑱雅好宾友⑲饮酒一斗不乱。夜

---

① 中宗:唐中宗李显(公元 656—710 年),前后在位六年。其间武则天临朝称制,废他为庐陵王。后由宰相张柬之等率羽林军入宫,逼武则天退位,拥他复辟。公元 710 年被韦皇后毒死。

② 宰臣:大臣,重臣。

③ 内宴:皇帝的家宴。

④ 递唱:轮流歌唱。

⑤ 《回波乐》:《回波辞》,为唐代流行歌曲之一,即兴填词,六言四句。

⑥ 喧杂:喧哗,大声说话或叫喊。

⑦ 失礼:不合礼仪。

⑧ 次至:轮到。

⑨ 回波尔时:四字为《回波辞》的开篇套语。

⑩ 酒卮:酒杯。

⑪ 微臣:小臣,谦词。

⑫ 职在箴(zhēn)规:职务是负责规劝。箴,规劝。

⑬ 礼饮只合三爵:饮酒之礼,献酬只以三杯为限。合,应当。爵,酒杯。

⑭ 非宜:不合适,不雅观。

⑮ 席为之散:宴席因此而散。

⑯ 称:称道。

⑰ 此节选自《旧唐书·李适之列传》。

⑱ 李适之:累官刑部尚书,天室初为左相。后为李林甫所构陷,仰药自杀。

⑲ 雅好宾友:十分好客,对宾客友人很热情。雅,甚;很。

则宴赏，昼决公务①，廷留无事②。

【0105】《管子》③曰：桓公④饮管仲酒⑤，仲⑥弃其半⑦。问其故⑧，对曰："臣闻酒入舌出⑨，舌出言失⑩，言失身弃⑪。臣弃身不如弃酒⑫"。桓公笑焉。

【0106】《晏子》⑬曰：景公⑭饮酒，移⑮于晏子⑯之

---

① 昼决公务：白天处理公务。决，决断。

② 廷留无事：廷无留事，当日事当日完。

③ 《管子》：传为春秋齐国管仲所撰，可能是后人采拾管仲言行，附以他书汇集而成。今存七十六篇。

④ 桓公：齐桓公姜小白（？—公元前643年），任用管仲，九合诸侯，首开春秋时代大国争霸的局面。

⑤ 饮管仲酒：请管仲饮酒。管仲（？—公元前645年），名夷吾，春秋齐人。齐桓公任之为上卿，使自己成为春秋时期第一个霸主。

⑥ 仲：管仲。

⑦ 弃其半：把酒倒了一半，未饮尽。

⑧ 问其故：桓公问管仲为什么要这样做。

⑨ 酒入舌出：意为饮了酒话就多。酒后喜饶舌。

⑩ 舌出言失：意为"言多必失"。言失，失言。不可与言而与之言，失言。见《论语·卫灵公》。

⑪ 言失身弃：言失会招致灭身之祸。弃，抛舍。这是指不被重用或杀身。古有弃市之刑。

⑫ 弃身不如弃酒：意为与其因酒多言失而弃身，不如弃酒不饮。

⑬ 《晏子》：又名《晏子春秋》，记述晏婴言行，由后人编纂而成，题为晏子撰，共存八卷。

⑭ 景公：齐景公姜杵白（？—公元前490）年，公元前547—前490年在位。

⑮ 移：移酒，换一地方以与人共饮酒。

⑯ 晏子：春秋齐国正卿。名婴（？—公元前500年），字平仲，夷维（今山东高密）人。连任灵、庄、景三朝正卿。

家，晏子立于门曰①："国德无有故乎②？君今何为非时而夜辱③"？公曰："酒醴之味，金石之声④，愿与夫子乐之⑤"。晏子曰："臣不敢与⑥焉！"公乃移于司马穰苴⑦之家，穰苴答如晏子⑧。公复移于梁丘据⑨，据⑩左执琴⑪，右拥竽⑫，行歌⑬而至公曰："乐哉！无彼二子何以持国⑭？无此一臣何以乐身⑮？"

---

① 立于门曰：站在门口说。拦阻景公不让进门。

② 国德无有故乎：国家对我们的恩德难道要改变了吗？

③ 何为非时而夜辱：为何在不该饮酒时饮酒，夜饮辱礼。非时，夜宴为非时，指非时之饮。

④ 金石之声：金钟石磬之声，泛指美妙的乐音。

⑤ 与夫子乐之：与你一同饮酒，欣赏雅乐。夫子，这里指晏子。

⑥ 不敢与：不敢答应。与，赞同；同意。

⑦ 司马穰（ráng）苴（jū）：田穰苴，姓田。司马，为官名。春秋齐国大夫，因击败燕晋军队，以功擢（zhuó）任大司马。

⑧ 答如晏子：回答的话与晏子一样。如，同。

⑨ 公复移于梁丘据：景公又把酒宴摆到了梁丘据家。梁丘据，齐景公嬖大夫。

⑩ 据：梁丘据。

⑪ 左执琴：左手捧着琴。

⑫ 右拥竽：右手抱着竽。拥，抱；持。竽，形似笙的乐器。

⑬ 行歌：边走边唱。

⑭ 无彼二子何以持国：没他们二人怎么治理得好国家。二子，指晏子、司马穰苴。

⑮ 无此一臣何以乐身：没有我这个臣子怎么使身心得到快活。

【0107】《孙卿子》①曰：醉者越百步沟②，以为跬步③也；俯而出城门④，以为万丈之门。酒乱其神也⑤。

---

① 《孙卿子》：又名《荀卿子》《荀子》，战国赵人荀况撰，今存三十二篇。
② 醉者越百步沟：饮酒醉了的人跨过百步宽的河沟。百步，约数，宽之意。
③ 以为跬（kuǐ）步：以为是一两步的距离。跬步，古称一举足的距离为跬，两举足的距离为步。
④ 俯而出城门：俯伏着爬出城门。
⑤ 酒乱其神也：酒过量而使其神经错乱，以致高低不辨、大小不分。

卷第八百四十五

饮食部三

酒（下）

【0108】《孟子》①曰：禹②恶旨酒③，而好善言④。

【0109】《孔丛子》⑤曰：平原君⑥与子高⑦饮，强子高酒⑧曰："有谚⑨云：尧、舜千钟⑩，孔子饮百觚⑪，子路⑫嗑

---

① 《孟子》：记录战国思想家孟轲言行之书，由孟子的门徒编纂，共七篇。此节选自《孟子·离娄下》。

② 禹：大禹，传说夏朝的开国之君，因治水有功，舜让位给他。禹死后，将王位传给儿子启。

③ 旨酒：美酒。此指仪狄作酒，禹饮而美，认为酒会乱政，因此疏远仪狄而绝旨酒。见《战国策·魏策》。

④ 好善言：喜好听良言。善言，有"忠言逆耳"意。

⑤ 《孔丛子》：汉孔鲋撰，后附孔臧撰《连丛子》二篇，共三卷二十一篇。全书抑或是后人依托之言。

⑥ 平原君：赵胜（？—公元前251年），战国时赵国宗室大臣。任赵相，为"战国四君"之一。

⑦ 子高：孔穿，字子高。楚魏赵三国交聘不就，与公孙龙辩坚白异同，理胜于辞。

⑧ 强子高酒：强制子高进酒。

⑨ 谚：谚语。

⑩ 尧、舜千钟：尧舜都能饮酒至千钟之多。尧，传说为炎黄联盟首领，名放勋，史称唐尧。舜，名重华，史称虞舜，继尧为炎黄联盟首领，后让位于禹。

⑪ 孔子饮百觚：孔子能饮一百杯。孔子（公元前551—前479年），名丘，字仲尼，春秋鲁国陬（zōu）邑（今山东曲阜）人。儒家学派的创始人，官至司寇。主要思想言论记载于《论语》一书中。

⑫ 子路：名仲由（公元前542—前480年），春秋末鲁国卞（今山东泗水东）人，孔子得意门人。

嗑①尚饮百榼②。古之圣贤无不能饮③，子何辞焉④？"子高曰："以予所闻⑤，圣贤以道德兼人⑥，未闻饮酒⑦"。

【0110】《列子》⑧曰：夫醉者之坠于车⑨也，虽疢⑩不死骨节，与人同犯害⑪，与人异其神⑫，全⑬也。乘亦不知⑭也，坠亦不知⑮也，死生惊惧不入乎其胸⑯，是故⑰遌物而不慴⑱。彼得全于酒⑲，而犹若是况得全于天乎⑳！

---

① 嗑嗑：笑声，又喻多言。
② 榼（kē）：古代的盛酒器皿。
③ 古之圣贤无不能饮：古时的圣人贤人没有不能饮酒的。
④ 子何辞焉：你又何必推辞呢？
⑤ 以予所闻：据我所知。
⑥ 以道德兼人：以道德而胜于常人。兼人，胜人，一人能兼两人之事。
⑦ 未闻饮酒：未听说是因为能饮酒而成其圣贤之名。
⑧ 《列子》：相传为战国郑人列御寇撰，已佚。今本《列子》，一般认为是晋人的作品。
⑨ 醉者之坠于车：喝醉酒的人从车上掉下来。
⑩ 疢：疢（chèn），热病。指醉人摔下虽伤但不会坏了骨头。
⑪ 与人同犯害：与一般人遭受同样的危害。犯，危害。
⑫ 与人异其神：与一般人的精神状态不同。
⑬ 全：保全，指不受损害。
⑭ 乘亦不知：坐在车上并不知道是在车上。
⑮ 坠亦不知：掉下来也并不晓得。
⑯ 死生惊惧不入乎其胸：死生惊惧的感觉在心里都没有。胸，心胸，指神经。
⑰ 是故：因此，所以。
⑱ 遌（è）物而不慴（shè）：遇到什么事情都不害怕。遌，遇到。慴，恐惧害怕。
⑲ 彼得全于酒：他是因酒而得以保全。
⑳ 犹若是况得全于天乎：就好比是得全于天意。

【0111】《韩子》①曰：晋平公②与群臣饮，饮酣，乃喟然③而叹曰："莫乐为人君④，惟其言而莫之违⑤"。师旷⑥侍坐于前，援琴撞之⑦。公⑧披衽而避⑨，琴伤于臂⑩。公曰："大师谁撞⑪？"师旷曰："今者有小人言于侧者⑫，故撞之。"公曰："寡人⑬也"。师旷曰："嘻⑭！是非君人者之言⑮也"。左右请除之⑯，公曰："释之⑰！以为寡人戒⑱。"

---

① 《韩子》：战国末韩非著，共二十卷五十五篇，是集先秦法家学说的代表作。本节选自《韩非子·难一》。

② 晋平公：春秋晋国国君，名彪。在位二十六年。

③ 喟（kuì）然：叹气的样子。喟，叹气。

④ 莫乐为人君：真不乐于当国君。人君，帝王。

⑤ 惟其言而莫之违：只是他的话是不可违背的。指当国君只有这么一点可取之处。

⑥ 师旷：春秋晋国乐师，字子里，目盲。传说曲《阳春》《白雪》为其所作。

⑦ 援琴撞之：拿起琴来撞击晋平公。援，拿。

⑧ 公：晋平公。

⑨ 披衽（rèn）而避：用衣袖挡住，避开撞击。衽，袖，衣襟也称衽。

⑩ 伤于臂：胳臂撞坏了琴。今《韩子》又作"坏于壁"，壁可能为"臂"之误。

⑪ 大师谁撞：大师你撞谁？大师，师旷官名。

⑫ 有小人言于侧者：有一个小人在我旁边说话。小人，不肖之人。

⑬ 寡人：意为不是小人，是我这个国君。寡人为帝王的自称。

⑭ 嘻：叹词，表示惊奇、轻蔑。

⑮ 是非君人者之言：这不是做国君的人所该说的话。君人者，为人君者，国君。

⑯ 左右请除之：左右官员请求惩治师旷。

⑰ 释之：放了他，免其罪。

⑱ 戒：告诫，警告。

【0112】又曰①：齐桓公饮酒醉，遗其冠②，耻之③，三日不朝④。管仲曰："此非有国之耻⑤也，公胡不雪之以政⑥？"公曰："善⑦。"因发仓赐贫穷⑧，论囹圄出薄罪⑨。处三日⑩而民歌之曰："公胡不复遗冠⑪乎？"

【0113】又曰⑫：宋人⑬有少者欲效善⑭，见长者饮无余⑮，亦自饮尽之⑯。

---

① 此节选自《韩非子·难二》。
② 遗其冠：王冠从头上掉了下来。
③ 耻之：为此感到耻辱。
④ 三日不朝：三天没上朝理政。
⑤ 此非有国之耻：今《韩非子》无"非"字，意为这即是做国君的耻辱。有国，国君。
⑥ 胡不雪之以政：为何不在办理政务过程中来雪耻呢？胡，怎么；为什么。雪，雪耻。
⑦ 善：好，表示赞许。
⑧ 发仓赐贫穷：打开粮仓救济贫穷人家。发仓，开仓。仓，指粮仓。
⑨ 论囹（líng）圄（yǔ）出薄罪：判决监狱犯人，赦免轻罪犯人。囹圄，监狱。出薄罪，放出轻罪犯人。
⑩ 处三日：经过三天。
⑪ 胡不复遗冠：怎么不再掉王冠。表示希望再施恩惠的意愿。
⑫ 此节选自《韩非子·外储说左上》。
⑬ 宋人：宋国人。
⑭ 有少者欲效善：有一少年想仿好样子学。效善，仿学好样子。
⑮ 见长者饮无余：看见年长的人一饮而尽。
⑯ 亦自饮尽之：也一饮而尽。今《韩非子》此句作"非堪酒饮也，而欲尽之"，指不能饮酒却想一饮而尽。

【0114】《王孙子新书》①曰：楚庄王②攻宋③，厨有臭肉④，樽有败酒⑤。将军子重⑥谏曰："今君厨肉臭而不可食，樽酒败而不可饮，而三军⑦之士皆有饥色⑧，欲以胜敌不亦难乎⑨？"庄王曰："请有酒投之士⑩，有食馈之贤⑪。"

【0115】《淮南子》⑫曰：楚⑬会诸侯⑭，鲁⑮、赵⑯皆

---

① 《王孙子新书》：东周王孙撰，今佚，有辑本。

② 楚庄王：名芈（mī）旅（？—公元前591年），春秋楚国君，公元前613—前591年在位，任用孙叔敖，使其问鼎周王，成为代晋国而起的霸主。

③ 宋：宋国，周诸侯国，在今河南商丘一带。

④ 厨有臭肉：厨房的肉因吃不完而臭了。

⑤ 樽有败酒：杯子里的酒喝不了坏了。

⑥ 子重：楚公子婴齐，字子重。为楚穆王之子，庄王时为将军。

⑦ 三军：春秋大国军队分中军、上军、下军（或称中军、左军、右军）。

⑧ 饥色：饥饿的脸色。

⑨ 欲以胜敌不亦难乎：意为你这里吃喝不愁，将士们却忍饥挨饿，这个样子要战胜敌人不是太难了吗？

⑩ 有酒投之士：把酒都倒给将士们。投，放。

⑪ 有食馈之贤：把吃的都送给贤士们。

⑫ 《淮南子》：又称《淮南鸿烈》，西汉淮南王刘安及其门客编撰。二十一卷。此节见于《淮南子·缪称训》"鲁酒薄而邯郸围"一语的高诱注，非《淮南子》本文。

⑬ 楚：东周诸侯国之一。在今湖南、湖北一带。公元前223年为秦所灭。

⑭ 诸侯：指商周时由帝王分封并受帝王统辖的列国国君。

⑮ 鲁：周代诸侯国之一，在今山东西南部，后为楚所灭。

⑯ 赵：战国七雄之一，在今河北南部、山西中部一带，后为秦所灭。

献酒于楚王。楚之主酒吏求酒于赵①，赵不与②，吏怒③，乃以赵厚酒易鲁薄酒④者，奏之楚王以赵酒薄⑤，遂围邯郸⑥。

【0116】《抱朴子》⑦曰：郑君⑧酿酒，酒成，因以附子⑨、甘草⑩屠内酒中⑪，暴令干如鸡子大⑫。一丸投一斗水⑬，立成美酒⑭。

【0117】又曰⑮：葛仙公⑯每次酒醉，常入门前陂⑰中，

---

① 求酒于赵：向赵人讨酒，犹索贿。

② 不与：不给。

③ 吏怒：主酒吏发怒。

④ 以赵厚酒易鲁薄酒：把赵国的厚酒换成了鲁国的薄酒。厚酒，味醇浓的酒。薄酒，味淡的酒。

⑤ 奏之楚王以赵酒薄：上奏楚王，说赵国的酒不好。

⑥ 遂围邯郸：于是楚王发兵围攻邯郸。邯郸，赵国都城，故城在今河北邯郸市西南。

⑦ 《抱朴子》：晋葛洪撰。葛洪自号"抱朴子"，因以为书名。共八卷。此节出自《抱朴子·内篇·杂应》。

⑧ 郑君：郑某人，一个姓郑的人。据传为葛洪之师。

⑨ 附子：多年生草本，秋开紫碧色或白色花，子实小而黑。又名乌头，根部多肉，有毒不可食，可入药。

⑩ 甘草：多年生草本，根粗壮，有甜味。入药有润肺止咳和解毒作用。

⑪ 屠内酒中：切碎后放进酒里。屠，切。内，同"纳"。

⑫ 暴（pù）令干如鸡子大：晒干使成鸡蛋大小一丸。暴，晒。鸡子，鸡蛋。

⑬ 一丸投一斗水：做成的酒丸一丸放进一斗水内。

⑭ 立成美酒：水立刻变成美酒。

⑮ 此节为《抱朴子·内篇》佚文。

⑯ 葛仙公：葛洪（公元284—363年），西晋思想家、医药学家。字稚川，自号抱朴子，著《抱朴子》等。

⑰ 陂（bēi）：池塘。

竟日乃出①。曾从吴主②到列州③，还④，大风，仙公舡没⑤。吴主谓其已死⑥，须臾⑦从水上来，衣履不湿，而有酒色，云："昨为伍子胥⑧召，设酒⑨，不能便⑩归，以淹留⑪也。"

【0118】《吕氏春秋》⑫曰：肥肉厚酒，勿以自强⑬，命曰"烂肠之食⑭"。

【0119】《韩诗外传》⑮曰：夫饮食之礼⑯，不脱屦⑰而

---

① 竟日乃出：指在池塘内一泡一整天。

② 吴主：不详何人。或指孙权。

③ 列州：别本作"荆州"，指今湖北江陵。

④ 还：归来。

⑤ 舡（chuán）没：船翻了。舡，船。

⑥ 谓其已死：以为葛仙公已淹死。谓，以为。

⑦ 须臾：片刻，一会儿。

⑧ 伍子胥：名员（？—公元前484年），春秋末吴国大臣。原为楚人，避难奔吴，受封于申，任大夫。后遭诬陷，吴王夫差赐剑令他自杀身死。

⑨ 设酒：设宴款待。

⑩ 便：马上。

⑪ 淹留：长时间逗留。

⑫ 《吕氏春秋》：秦吕不韦宾客集撰。凡十二纪、八览、六论，今本共二十六卷。本节选自《吕氏春秋·孟春纪》。

⑬ 勿以自强：不要强饮强食。

⑭ 烂肠之食：指肥肉厚酒多食多饮有碍肠胃健康。

⑮ 《韩诗外传》：汉韩婴撰，共十卷。

⑯ 饮食之礼：有关饮食的礼节。

⑰ 屦（jù）：用麻、葛等制的鞋。

即序①者谓之礼,跣②而上坐者谓之宴③。能饮者饮之,不能饮者已④,谓之醧⑤。齐颜色⑥、均众寡⑦,谓之沉⑧。闭门不出者⑨,谓之湎⑩。故君子可以宴、可以醧⑪,不可以沉,不可以湎⑫。

【0120】《黄石公记》⑬曰:昔者⑭良将用兵,人有馈一箪醪⑯者,使投之于河⑰,令将士迎流而饮之⑱。夫

---

① 即序:坐到座位上。即,走近,靠近。序,指按规矩排定的座位。
② 跣(xiǎn):赤脚。此处指脱鞋。
③ 宴:宴饮。指有主有宾的礼饮。
④ 已:止,指停饮,不能饮就不饮。
⑤ 醧(ōu):私燕(宴)饮。见《说文解字》。
⑥ 齐颜色:要求脸上的酒色一样,指都喝红了脸。
⑦ 均众寡:指要求饮一样多的酒。
⑧ 沉:沉溺于酒。
⑨ 闭门不出者:指一个人关在家里饮酒。
⑩ 湎:沉迷于酒。
⑪ 可以宴、可以醧:既可以在宴会上饮酒,也可以在家自己饮酒。
⑫ 不可以沉,不可以湎:但不可饮得过多。今一般重言"沉湎",指过量饮酒。
⑬ 《黄石公记》:汉黄石公撰,已佚。清人有辑本一卷。
⑭ 昔者:过去;从前。
⑯ 一箪(dān)醪:一壶酒。箪,盛食的竹器,此处代指壶。醪,酒。
⑰ 使投之于河:叫人将酒倒进河里。
⑱ 迎流而饮之:逆着河流喝倒有酒的河水。迎流,逆流;逆水。此处所指当为越王勾践之事。

一箪醪不能味一河水①,三军思为之死,非滋味及之②也。

【0121】贾谊③《新书》④曰:晋师⑤伐虢⑥,虢公⑦出奔⑧至泽中⑨,曰:"吾饥渴甚⑩。"其御者⑪进清酒腒脯⑫,问御⑬曰:"汝何故謟谀⑭?"曰:"恐君必亡⑮,所以储⑯也。"虢公作色怒⑰。御者曰:"臣言误⑱也,君所以亡者,

---

① 一箪醪不能味一河水:一壶酒倒下去也改变不了河水的味道。

② 非滋味及之:并不是酒的味道起了作用。

③ 贾谊(公元前220—前168年):西汉大臣、政治家。雒(luò)阳(今河南洛阳)人。官至太中大夫,后贬为长沙王太傅,年三十三忧郁而死。

④ 《新书》:汉贾谊撰。十卷,今存五十五篇。今本已非原书面貌。

⑤ 晋师:晋国军队。晋,周代诸侯国,在今山西、河北南部一带,后为韩、赵、魏三家所灭。

⑥ 虢(guó):周代国名,有东、南、西、北四虢,此处指北虢,在今山西平陆。

⑦ 虢公:虢国公。

⑧ 出奔:出逃。

⑨ 泽中:地名。

⑩ 饥渴甚:甚是饥渴。

⑪ 御者:指马车驭手。

⑫ 腒(duàn)脯:肉脯。腒,放有姜、桂等调味品的肉脯。

⑬ 御:指御者。

⑭ 汝何故謟谀:你为什么早准备着要讨好我?謟谀,巴结讨好,一味迎合别人。

⑮ 恐君必亡:担心你必定要逃走。亡,逃。

⑯ 储:储备。

⑰ 作色怒:作怒色,一脸怒气。

⑱ 言误:言之有差,或指没说明白。

天下皆不肖①，疾公贤②也。"虢公喜，据轼③而笑。饥倦④，乃枕御者膝而卧⑤。御以块代其膝而去⑥，虢公因饿死。

【0122】《神异经》⑦曰：西北海外有人长二千里，两脚中间相去千里⑧，腹围⑨一千六百里。但日饮天酒⑩五升，不食五谷、鱼肉，唯饮天酒，忽有饥时向天仍⑪饮。好游山海间，不犯百姓⑫，不干万物⑬，与天地同生。

【0123】又曰⑭：西北荒⑮中有酒泉⑯，此酒美如肉⑰，

---

① 天下皆不肖：天下人都不贤。不肖，这里意为不贤。
② 疾公贤：妒忌你国公的贤明（所以才落到这个地步）。疾，嫉，妒忌。
③ 据轼：依着车厢前的扶手。轼，古代马车车厢前用作扶手的横木。
④ 饥倦：饥饿疲倦。
⑤ 枕御者膝而卧：以御者的腿当枕睡着了。膝，膝盖，泛指腿。
⑥ 以块代其膝而去：用土块代腿作枕，离虢公而去。块，土块。
⑦ 《神异经》：一卷，题作汉东方朔撰，晋张华注。所记皆荒外之言，词藻华丽。
⑧ 两脚中间相去千里：指两只脚叉开站立，相距千里之遥。
⑨ 腹围：胸围，周身的长度。
⑩ 天酒：神话传说，为非人间酿造的酒。
⑪ 仍：仍旧，重复。
⑫ 不犯百姓：不冒犯百姓。犯，侵犯。
⑬ 不干万物：不干预天地万物。干，干涉；干预。
⑭ 此节亦选自《神异经》。
⑮ 西北荒：古代将边远处区分为八荒，西北荒为其一。
⑯ 酒泉：地名，泉水名。有泉味如酒，因以为名。在今甘肃酒泉市东北。
⑰ 酒美如肉：指酒味如肉味之美。

清如镜。其上有玉樽①,取一樽复一樽②,与天地同休③,无干时④。饮此酒,人不死不生⑤。

【0124】《东方朔别传》⑥曰:武帝⑦幸甘泉⑧,长平阪⑨道中有虫赤如肝,头目口齿悉具⑩。先驱⑪驰还以报⑫,上使视之⑬,莫知⑭也。时朔⑮在属车⑯中,令往视⑰焉。朔曰:

---

① 玉樽:玉杯。樽,酒杯。

② 取一樽复一樽:言取饮一杯酒又复生一杯,取之不尽。

③ 与天地同休:与天地同在。休,停止。

④ 无干时:没有干涸的时候。

⑤ 人不死不生:得道成仙。

⑥ 《东方朔别传》:已佚。此节所记略见《汉书·东方朔传》。

⑦ 武帝:汉武帝刘彻(公元前157—前87年)。四岁为胶东王,七岁为皇太子,十六岁即位,在位五十四年。

⑧ 幸甘泉:临幸甘泉宫。幸,特指皇帝到某处去。甘泉,即甘泉宫,在汉长安故城中。

⑨ 长平阪:长安坂,在长安西十五里,有长平馆,即长平陵之观。卫青封长平侯,即指此长平。

⑩ 头目口齿悉具:头、眼睛、嘴和牙齿都很全备。悉,都。具,具备。

⑪ 先驱:前导。

⑫ 驰还以报:驰马回来报告。

⑬ 上使视之:武帝派人前去察看。上,指皇帝。

⑭ 莫知:不知,不明白。

⑮ 朔:东方朔(公元前154—前93年),西汉大臣、文学家。字曼倩,平原厌次(今山东惠民东北)人。上书武帝自荐,任常侍郎、太中大夫等职。

⑯ 属车:随从之车。指跟随皇帝之车的陪同车辆。

⑰ 令往视:武帝令东方朔前去看一看。

"此谓怪气①,是必②秦狱处③也。"上使案地图④,果秦狱地⑤。上问朔何以去之⑥,朔曰:"夫积忧者得酒而解⑦。"乃取虫置酒中,立消⑧。赐朔帛⑨百匹。后属车上盛酒为此故也⑩。

【0125】《说苑》⑪曰:魏文侯⑫与大夫饮,使公乘不仁⑬为觞政⑭,曰:"饮若不尽,浮之大白⑮。"文侯不尽⑯,公乘不仁举白浮君⑰也。

---

① 怪气:妖气。
② 是必:必是;想必。
③ 秦狱处:秦代的监狱所在地。
④ 上使案地图:武帝让人拿地图来查勘。
⑤ 果秦狱地:果然是秦时监狱所在地。
⑥ 何以去之:用什么办法除去这种虫子。
⑦ 积忧者得酒而解:心有积忧,饮酒而得解。言外之意秦狱冤气太大。
⑧ 立消:立刻消化不见。
⑨ 帛:丝织品的总称。
⑩ 后属车上盛酒为此故也:后来属车上随时载有酒,就是这个缘故。
⑪《说苑》:汉刘向撰,凡二十卷,与《新序》体例相同。此节引自《说苑·善说》。
⑫ 魏文侯:名斯(?—公元前396年),战国初魏国建立者。任李悝为相,吴起、乐羊为将,使魏成为战国七雄之一。
⑬ 公乘不仁:战国魏大夫。魏文侯与大夫饮酒不尽,公乘不仁行酒令罚酒。
⑭ 觞政:酒令之意,主持酒宴。
⑮ 浮之大白:罚以一杯酒。浮,罚酒。大白,酒杯名。
⑯ 不尽:未喝完。要求一饮一杯。
⑰ 举白浮君:举酒罚文侯饮。

【0126】又曰①：吴王②从民饮酒③，子胥④谏曰："昔白龙下清冷之渊⑤，化为鱼⑥，渔者⑦射中其目，白龙上告天王⑧。舍万乘从布衣⑨，恐有射目之患⑩也。"

【0127】《论衡》⑪曰：东风至⑫，酒湛溢⑬。按酒味酸从东方木⑭也，味酸，故酒湛溢也。

【0128】又曰⑮：文王⑯饮酒千钟，孔子百觚。圣人胸

---

① 此节选自《说苑·正谏》。

② 吴王：吴王夫差（？—公元前473年），不听忠谏，使吴国亡于越王勾践之手，他也自刭而死。

③ 从民饮酒：与平民一起饮酒。

④ 子胥：伍子胥。

⑤ 白龙下清冷之渊：指龙本生大海，来到僻静的渊潭，比喻贵人微行。

⑥ 化为鱼：变化为鱼身。后人称作"白龙鱼服"。

⑦ 渔者：渔人，打鱼人。

⑧ 天王：天帝。

⑨ 舍万乘从布衣：把帝王的威严丢弃不要，混同一般平民。万乘，指国君。布衣，平民百姓。

⑩ 恐有射目之患：怕会发生白龙被射目那样的不幸。

⑪ 《论衡》：东汉王充撰，全书三十卷，今存八十四篇。此节本出自《论衡》注，又见《淮南子·览冥训》等。

⑫ 东风至：东风吹来。

⑬ 湛溢：盈溢。

⑭ 东方木：五行家认为木属东方，主酸。

⑮ 此节选自《论衡·语增》。

⑯ 文王：周文王姬昌，又称伯昌，西周王朝的奠基者。

腹小大与人均等①，若饮千钟、宜食百牛②；能饮百觚，则能食十羊。使③文王身如防风④，孔子身如长狄⑤，文王、孔子率礼之人⑥，垂誉后世⑦，岂千钟百觚耶⑧？纣⑨车行酒⑩，骑行炙⑪，二十日为一夜⑫。按纣以酒为池，因谓车行酒。以肉为林⑬，因为骑行炙耳。或是滂沱⑭于地，因以为池；酿酒积糟⑮，因以为丘⑯；悬肉似林，因言肉林耳。

---

① 与人均等：与常人一般大小。

② 宜食百牛：应当能吃掉百牛之肉。宜，应该；应当。

③ 使：假如。

④ 防风：防风氏，古代传说中的众神之一，被夏禹戮杀。据说他的个子极高大，后来被人挖出尸骨，一节骨头就须一部车子装运。

⑤ 长狄：古代北狄之一种，身体奇长，有"倍于常人"的说法。

⑥ 率礼之人：遵循礼仪的人。率，表率。

⑦ 垂誉后世：享誉后人。垂，流传。

⑧ 岂千钟百觚耶：难道是因为能喝很多的酒（而垂誉后世）吗？

⑨ 纣：商纣王，商代亡国之君。

⑩ 车行酒：坐在车上一面走一面饮酒。

⑪ 骑行炙：骑在马上一面走一面吃肉。炙，烤，烤肉，泛指肉食。

⑫ 二十日为一夜：喻狂饮长醉不醒。

⑬ 以肉为林：将肉挂起，多如林木一般。

⑭ 滂（pāng）沱（tuó）：滂沱，这里指酒流出很多在地上。

⑮ 糟：酿酒滤出的酒渣。

⑯ 丘：酒渣堆成的小丘。

【0129】《西京杂记》①曰：司马相如②还成都③，以所服鹔鹴裘④就市阳昌⑤贳酒⑥，与卓文君⑦为欢⑧。

【0130】《典论》⑨曰：孝灵末⑩，百司湎酒⑪，酒千文一斗⑫。常侍⑬张让子⑭奉为太医令，与人饮，辄去衣露形⑮为戏乐耳。

---

① 《西京杂记》：不明撰者，或由晋葛洪作，凡六卷。

② 司马相如：西汉文学家。字长卿（公元前179—前118年），蜀郡成都（今四川成都）人。历官武骑常侍、郎、孝文园令。有《子虚》《上林》《大人》等名赋。

③ 成都：蜀郡郡治，即今四川成都。

④ 鹔（sù）鹴（shuāng）裘：雁羽絮的寒服。鹔鹴，大雁的一种，长颈，羽色绿。一说雁皮可为裘。

⑤ 阳昌：人名。

⑥ 贳（shì）酒：赊酒。贳，赊。

⑦ 卓文君：西汉蜀郡临邛（今四川邛崃）人，卓王孙之女。司马相如免官归蜀，在卓家就宴，因鼓琴相知，遂相恋成婚。

⑧ 欢：古常用作相爱男女的互称，有如今之"情人"。

⑨ 《典论》：三国魏文帝撰，又名《典略》，佚。清人有辑本一卷。

⑩ 孝灵末：汉灵帝刘宏末年，指公元185年前后。

⑪ 百司湎酒：百官沉湎于酒。

⑫ 千文一斗：一千文钱买一斗酒。

⑬ 常侍：官名。秦汉有中常侍，魏晋以来有散骑常侍，均简称常侍。东汉中常侍一般由宦官充当。

⑭ 张让子：张让之子。张让，东汉宦官，官中常侍，封列侯。汉灵帝死，袁绍捕宦官，张让却让少帝走河上，让其投河而死。

⑮ 去衣露形：脱衣裸体。

【0131】又曰①：洛阳令郭珍②家有巨亿③，每暑召客④，侍婢数十，盛装饰⑤，罗縠披之⑥，袒裸其中⑦，使进酒⑧。

【0132】又曰⑨：刘表⑩有酒爵三：大曰"伯雅⑪"，次曰"仲雅⑫"，小曰"季雅⑬"。伯雅容七升⑭，仲雅六升，季雅五升。又设大针于杖端⑮，客有酒辄以劖之⑯，验醉醒⑰也。

---

① 此节亦见《典论》。

② 郭珍：人名。

③ 家有巨亿：资产有巨亿之多。

④ 每暑召客：每年夏季宴请客人。

⑤ 盛装饰：浓妆艳抹。

⑥ 罗縠（hú）披之：身上披着罗纱。縠，有皱纹的纱。

⑦ 袒裸其中：言只披罗纱一层，不穿衣，裸体。

⑧ 进酒：斟酒。

⑨ 此节亦出《典论》。

⑩ 刘表：东汉末官吏。字景升（公元142—208年），山阳高平（今山东邹县西南）人。先为荆州刺史，后封成武侯。

⑪ 伯雅：伯为排行第一，即老大。这里指大杯。

⑫ 仲雅：仲为排行第二，第二号杯。

⑬ 季雅：季为排行第三，指小号杯。

⑭ 容七升：容量为七升。

⑮ 设大针于杖端：在手杖一端安上钉子。

⑯ 客有酒辄以劖（chán）之：客人凡有酒色的就用带钉的杖刺。有酒，指有醉意。劖，凿。

⑰ 验醉醒：检验是真醉还是假醉。

【0133】《博物志》①曰：刘玄石②曾于中山③酒家④沽酒⑤，酒家与"千日酒⑥"饮之，至家⑦大醉。其家不知⑧，以为死，葬之。后酒家计向千日⑨，往视之⑩，云已葬⑪。于是开棺，醉始醒。俗云⑫："玄石饮酒，一醉千日"。

【0134】又曰⑬：西域⑭有蒲桃酒，积年不败⑮。彼俗传云："可至十年⑯，欲饮之，醉弥月乃解⑰"。

---

① 《博物志》：晋张华撰，十卷。此节见今《博物志·卷十杂说下》。

② 刘玄石：人名。

③ 中山：郡名，治所在卢奴（今河北定州）。

④ 酒家：酒店。

⑤ 沽酒：买酒。

⑥ 千日酒：一饮醉千日之酒。

⑦ 至家：回到家里。

⑧ 其家不知：他的家人不知他是酒醉。

⑨ 计向千日：算计着将满千日。向，快要；接近。

⑩ 往视之：前往刘玄石家探视。

⑪ 云已葬：说已经葬埋。今《博物志》作"云玄石亡来三年，已葬"。

⑫ 俗云：俗话说。

⑬ 此节见今《博物志·卷五》。

⑭ 西域：汉以后对玉门关以西地区的总称，狭义的西域指葱岭以东。

⑮ 积年不败：存放数年不会变质。

⑯ 可至十年：可存放十年。

⑰ 醉弥月乃解：酒醉后，满一月才解。弥月，满月。

【0135】《古今注》①曰：乌孙国②有青田③，核得水则有酒味④，甚淳美，如好酒。饮尽随更注水随成⑤，不可久⑥，久则苦不可饮。名曰"青田酒"。

【0136】《世说》⑦曰：钟毓⑧、钟会⑨少有令誉⑩，其父昼寝⑪，因共偷服散酒⑫。父时觉⑬，且诧寐以观之⑭。毓拜而后饮⑮，会⑯饮而不拜。父问其故⑰，毓曰："酒以成礼⑱，

---

① 《古今注》：三卷，晋崔豹撰。此节见《古今注·草木》。

② 乌孙国：最初在祁连、敦煌间，后西徙今伊犁河和伊塞克湖一带，都赤谷城。

③ 青田：梨的别名。

④ 核得水则有酒味：青田核大如六升瓠，掏空后盛水，很快水就有了酒味。称为青田酒。

⑤ 饮尽随更注水随成：饮完后随时加进水，酒随即而成。

⑥ 不可久：不可久存，或指不可反复多次加水。

⑦ 《世说》：《世说新语》，南朝宋刘义庆撰。主要记载晋代士人清高放诞的言谈、逸事。凡三卷。此节选自《世说新语·言语》。

⑧ 钟毓：三国魏人，字稚叔，钟繇之子。官都督徐州、荆州诸军事。

⑨ 钟会：三国魏人。字上季（公元225—264年），颍川长社（今河南长葛东）人。官至司隶校尉，为镇西将军。

⑩ 少有令誉：小时候就有很好的名声。令，善；好。

⑪ 昼寝：白天睡觉。

⑫ 散酒：杯中之酒，指饮剩之酒。散，古指能装五升的酒杯。

⑬ 时觉：当时就发觉到了。

⑭ 诧寐以观之：伴睡借以进行观察。

⑮ 毓拜而后饮：钟毓先拜而后饮。有礼在先。

⑯ 会：钟会。

⑰ 问其故：问拜与不拜的原因何在。

⑱ 酒以成礼：饮酒是为了行礼，指要符合礼仪。

不敢不拜。"问会①，会曰："偷酒乃非礼②，所以不拜。"

【0137】又曰③：阮籍④遭母忧⑤，在晋文王⑥座，进酒肉⑦。司隶⑧何曾⑨亦在座，曰："明公⑩方以孝理天下⑪，而阮籍以重哀⑫显于公座⑬，饮酒食肉，宜流之海外⑭，以正风教⑮。"文王曰："嗣宗⑯毁顿如此⑰，君不能共忧之⑱，宜且有疾⑲，而

---

① 问会：转而问钟会。

② 非礼：不符合礼仪。

③ 此节选自《世说新语·任诞》。

④ 阮籍：三国魏文学家、名士。字嗣宗（公元210—263年），陈留尉氏（今河南尉氏）人。为"竹林七贤"之一，曾任步兵校尉，后封关内侯，任散骑侍郎。

⑤ 遭母忧：逢母丧期。忧，特指父母丧事。

⑥ 晋文王：司马昭（公元211—265年），三国魏大臣。字子上，河内温县（今河南温县西）人。任大将军，后自称晋公，为晋王。追尊为晋文帝。

⑦ 进酒肉：饮酒吃肉。

⑧ 司隶：官名，全称司隶校尉。

⑨ 何曾：西晋大臣。字颖考（公元199—278年），陈国阳夏（今河南太康）人。官至司徒、太傅，进位至三公。

⑩ 明公：司马昭。

⑪ 以孝理天下：以孝道治理天下。

⑫ 重哀：母丧。

⑬ 公座：指司马昭的宴席。

⑭ 宜流之海外：应当流放到国外去。宜，应该。

⑮ 以正风教：用以严正风俗教化。

⑯ 嗣宗：阮籍字嗣宗。

⑰ 毁顿如此：如此毁损困顿。

⑱ 共忧之：意即为其分忧。

⑲ 宜且有疾：应当也算处在疾日。疾，丧期。

饮酒食肉,固丧礼也①。"籍②饮啖不辍③,神色自若。步兵校尉④缺⑤,厨中有贮酒数百斛,阮籍乃求为步兵⑥。(或云:籍与刘灵⑦饮步兵厨中⑧,酒未尽并醉⑨而物故⑩,皆好事者为之⑪,籍景元年卒⑫,太始⑬中而灵犹存⑭焉)

【0138】又曰⑮:刘灵纵酒放达⑯,或脱衣倮形⑰在室中,人见讥⑱之。灵曰:"我以天地为栋宇⑲,以室屋为裈

---

① 固丧礼:本来就有损于礼仪。言司马昭自己。

② 籍:阮籍。

③ 饮啖(dàn)不辍:仍然不停地吃喝。辍,停止。

④ 步兵校尉:官名,为八校尉之一,为掌管特种军队的将领。

⑤ 缺:空缺。

⑥ 求为步兵:请求任步兵校尉(因有酒的缘故)。

⑦ 刘灵:刘伶,魏晋间名士。字伯伦,沛国(今江苏沛县)人。"竹林七贤"之一,曾任建威参军。

⑧ 饮步兵厨中:在步兵校尉厨中饮酒。

⑨ 并醉:双双醉倒。

⑩ 物故:指人的死亡。指阮籍、刘灵同时死去。

⑪ 皆好事者为之:都是那些好事者编造出来的。

⑫ 籍景元年卒:阮籍死于景元四年,即公元263年。景元为魏元帝曹奂年号之一。

⑬ 太始:泰始,晋武帝司马炎年号之一,当公元265—274年。

⑭ 灵犹存:刘伶还没死去。意即刘伶后死于阮籍。

⑮ 此节选自《世说新语·任诞》。

⑯ 放达:放荡。

⑰ 倮(luǒ)形:裸体。

⑱ 讥:嘲笑。

⑲ 以天地为栋宇:将天地之间作房室。

衫①，君何以入我裈中②？"

【0139】又曰③：张季鹰④纵任不拘⑤，时人号为"江东步兵⑥"。或谓之曰⑦："卿乃纵适一时⑧，独不为身后名⑨也？"答曰："使我有身后名⑩，不如即时一杯酒⑪。"

【0140】又曰⑫：阮宣子⑬尝步行，以百钱⑭挂杖⑮头，至酒店便独酣畅⑯，虽当世贵盛⑰，不肯诣⑱也。

---

① 裈（kūn）衫：裤子和衣衫。裈，古代有裆的裤子。

② 君何以入我裈中：你怎么钻到我裤子里来了。

③ 此节选自《世说新语·任诞》。

④ 张季鹰：张翰，晋吴郡人。好饮酒，被称为"江东步兵"。借故思莼羹鲈脍，弃官东归，免于战乱。

⑤ 纵任不拘：放纵任性不拘。

⑥ 江东步兵：江东的阮籍。阮籍曾任步兵校尉。

⑦ 或谓之曰：有人对他说。或，有人。

⑧ 卿乃纵适一时：你这样只求一时的舒适。

⑨ 独不为身后名：难道不想想以后的名声如何？独，难道。身后，指死后。

⑩ 使我有身后名：如果我去求死后的好名声。

⑪ 不如即时一杯酒：还不如及时饮一杯酒快活。

⑫ 此节选自《世说新语·任诞》。

⑬ 阮宣子：阮修，阮咸从子，字宣子。好《易》《老》，善清言，后为鸿胪丞，转太子洗马。

⑭ 百钱：一百文钱。

⑮ 杖：手杖。

⑯ 独酣畅：一个人独酌独饮。

⑰ 贵盛：指富贵人家，有权势的人家。

⑱ 诣：到……去。

【0141】又曰①：山季伦②为荆州③，时出酣畅④，人为之歌曰："山公⑤时一醉，迳造⑥高阳池⑦。日暮倒载归⑧，酩酊无所知⑨。时复乘骏马⑩，倒着白接篱⑪。举手语葛强⑫，何如并州儿⑬。"（高阳池在襄阳⑭。是其爱将⑮，并州人也。

---

① 此节选自《世说新语·任诞》。

② 山季伦：山简，字季伦，为山涛幼子。有父风，初为太子舍人，累迁尚书左仆射，领吏部。出为征南将军，镇襄阳。性好酒，卒于官。

③ 为荆州：为荆州刺史。荆州治所屡迁，曾一度治襄阳。

④ 时出酣畅：经常出外畅饮。

⑤ 山公：山季伦。

⑥ 迳造：直奔。

⑦ 高阳池：地名，在襄阳。

⑧ 倒载归：大醉而回。喻东倒西歪的模样。

⑨ 酩酊无所知：醉得不晓人事。酩酊，酒醉后迷迷糊糊的样子。

⑩ 时复乘骏马：有时又骑着骏马。

⑪ 倒着白接篱：倒戴着白头巾。接篱，古时名头巾为"接篱"。

⑫ 举手语葛强：对着葛强打手势。葛强，人名。

⑬ 何如并州儿：又作"何如并州人"。葛强为并州人。并州，治所在晋阳（今山西太原西南）。

⑭ 襄阳：今湖北襄樊。

⑮ 此句前本有"葛强"两字。

《襄阳记》①曰:"汉侍中②习郁③于岘山④南,依范蠡⑤养鱼法作鱼池,池边有高堤,皆种竹及长楸⑥,芙蓉⑦覆水,是游宴各家。山季伦游此边池,未尝不大醉而还⑧。恒曰⑨:'此是我高阳池也'")

【0142】又曰⑩:鸿胪⑪孔群⑫好饮酒,王丞相⑬语云:"卿恒饮酒⑭,不见酒家覆瓶布⑮,日月久则糜烂⑯?"群⑰

---

① 《襄阳记》:《襄阳耆旧传》,东晋习凿齿撰。
② 侍中:官名。秦汉时为丞相属官,侍从皇帝左右。
③ 习郁:字文通,官侍中,曾于襄阳岘山南作鱼池。
④ 岘山:又名岘首山,在湖北襄阳南。
⑤ 范蠡:春秋楚人。曾助越王勾践灭吴,后游齐国,改名为鸱夷子皮,隐居在陶(今山东曹县东北),以经商致富,号陶朱公。
⑥ 长楸:树名,即大梓。
⑦ 芙蓉:荷花。
⑧ 未尝不大醉而还:没有一次不是大醉而回的。
⑨ 恒曰:总是说。此为习郁之语。恒,常常。
⑩ 此节选自《世说新语·任诞》。
⑪ 鸿胪(lú):官名,又称大鸿胪,掌传声赞导。鸿,声。胪,传。
⑫ 孔群:晋官吏,字敬林。嗜酒,官至御史中丞。
⑬ 王丞相:王导(公元276—339年),东晋大臣。字茂弘,琅邪临沂(今山东临沂北)人。官至司徒、进太保。总揽晋元帝、明帝和成帝三朝国政,势终不衰。
⑭ 恒饮酒:经常饮酒。
⑮ 覆瓶布:盖酒坛的布。
⑯ 日月久则糜烂:时间一长就腐烂了。意为布受酒熏尚且如此,何况是人。
⑰ 群:孔群。

曰:"公不见糟中肉,乃更堪久①?"群常与亲旧书②云:"今年田得七百斛秫米③,不了曲糵事④。"

【0143】又曰⑤:周𫖮⑥字伯仁,风德⑦雅重深远。危乱⑧还江东⑨,积年⑩恒大饮酒⑪,尝经三日不醒⑫,人谓之"三日仆射"。

【0144】又曰⑬:诸阮⑭能饮酒,仲容⑮至宗人⑯间若⑰

---

① 乃更堪久:却能存放更长的时间。意思是说,糟过的肉,更能经久不坏。

② 与亲旧书:给亲戚故旧的信。

③ 秫米:性黏的粮食,可用于酿酒。

④ 不了曲糵事:不够酿酒用的。不了,不足。曲糵事,指酿酒之事。

⑤ 此节选自《世说新语·任诞》。

⑥ 周𫖮(yǐ):东晋大臣。字伯仁(公元269—322年),汝南安成(今河南汝南东南)人。官至吏部尚书、尚书左仆射。

⑦ 风德:风度与德行。

⑧ 危乱:王敦在公元322年自武昌举兵东下,攻下建康(今江苏南京)之事。

⑨ 江东:长江中下游南岸地区,又称江左。

⑩ 积年:成年,年年。

⑪ 恒大饮酒:经常开怀畅饮。

⑫ 经三日不醒:指一醉三日。

⑬ 此节选自《世说新语·任诞》。

⑭ 诸阮:阮籍、阮咸等人。

⑮ 仲容:阮咸,字仲容,魏晋间名士。阮籍之侄,曾任建威将军。常乘鹿车,携壶酒,使人荷锸相随,并说:"死便埋我。"

⑯ 宗人:同姓族人。

⑰ 若:又作"共"。

集，不复用常杯①酌，以瓮盛酒②，宾坐③相向④大酌⑤。更饮时有群猪来饮酒，去，上便共饮之⑥。

【0145】又曰⑦：桓公⑧有主簿⑨善别酒⑩，辄令先尝⑪。好者谓"青州从事"⑫，恶者调"平原督邮"⑬。青州有齐郡⑭，平原有鬲县⑮。"从事"言"至齐"⑯，"督邮"

---

① 常杯：指平常用的酒杯。酌前或有"斟"字。

② 以瓮盛酒：直接用瓮盛酒，不用酒杯饮。

③ 宾坐：或作"围坐"。

④ 相向：相对而坐。

⑤ 大酌：大口饮酒。

⑥ 此句今本《世说》作"时有群猪来饮，直接去，上便共饮之。"疑有脱误。

⑦ 此节选自《世说新语·术解》。

⑧ 桓公：桓温。

⑨ 主簿：官名。汉代以后，中央及郡、县官署均设主簿，负责文书簿籍，主管印鉴，为掾（yuàn）吏之首。

⑩ 善别酒：善于分辨酒质的优劣。

⑪ 令先尝：叫主簿先尝酒的好坏。

⑫ 好者谓"青州从事"：好酒便称为"青州从事"。青州，西晋治所在临菑（今山东淄博临淄北）。从事，官名。

⑬ 恶者谓"平原督邮"：坏酒就称为"平原督邮"。平原，郡名，治所在平原（今山东平原西南）。督邮，官名。

⑭ 齐郡：治所在临淄（今山东淄博东北临淄）。

⑮ 鬲县：本作"鬲县"，在今山东平原西北。革与"鬲"同音。

⑯ "从事"言"至齐"：至齐即"至脐"之意，指至肚子里。好酒一下子就咽到肚子里去了。齐谐"脐"，肚脐，指肚子。

言"至革上住①"。

【0146】又曰②：王孝伯③问王大④："阮籍何如司马相如⑤？王大曰："阮籍胸中垒块⑥，故须浇之⑦。"（言同相如⑧，唯有酒异⑨。大，悦⑩小字）。王大叹曰："三日不饮酒，觉形神不复相亲⑪"。（宋明帝⑫《文章志》⑬曰：洸⑭

---

① "督邮"言"至革上住"：至革上住，又作"至鬲上住"，指味不好的酒总咽不下去，老在胸腔打转转。鬲谐"膈"，指膈膜，也叫横膈膜，为体腔中分开胸腔和腹腔的一层肌膜结构。

② 此节选自《世说新语·简傲》。

③ 王孝伯：王恭（？—公元398年），东晋外戚。字孝伯，太原晋阳（今山西太原西南）人。历官中书令、平北将军、兖青二州刺史。

④ 王大：王忱，王坦之子，字元达，自恃才气，纵酒放达。官至荆州刺史。

⑤ 阮籍何如司马相如：意为阮籍比司马相如有何不同。何如，怎样。

⑥ 垒块：块垒，比喻郁积在内心的气愤和忧愁。

⑦ 故须浇之：所以要借酒来浇愁。浇，指饮酒，此言浇胸中块垒。

⑧ 同相如：与司马相如相似。

⑨ 唯有酒异：唯有饮酒不同。指酒趣不同。

⑩ 悦：应为"忱"，王忱小字"大"。

⑪ 觉形神不复相亲：感到精神与身体分离开了。形，体。神，神情。相亲，相合；相符。

⑫ 宋明帝：刘彧（guāng），字休景，小字荣期。原封湘东王。在位八年，末年好鬼神，多忌讳，好诛杀。

⑬ 《文章志》：《江左文章志》，为宋明帝即位前所撰，已佚。所引又见《世说新语·任诞》。

⑭ 洸：应作"忱"，指王忱。

嗜酒，一饮或连日不醒，自号"上顿①"也，谚②以大饮③为"上顿"，起于忱④也）。王孝伯云："名士不须奇才⑤，但使常得无事⑥，痛饮酒，读《离骚》⑦，便可称名士⑧也"。

【0147】《神仙传》⑨曰：孔元方⑩者，专修道术⑪。元方为人恶衣疏食⑫，饮酒不过一斗，年百七十余岁⑬而道成⑭。或⑮请元方同会⑯，人人作酒令⑰。次至⑱元方作令⑲，

---

① 上顿：狂饮。后用称嗜酒者。

② 谚：谚语，俗话。

③ 大饮：过量饮酒。

④ 起于忱：开始于王忱。

⑤ 名士不须奇才：不一定非是奇才才能为名士。

⑥ 常得无事：平时不干什么事情。实指不做官。

⑦ 《离骚》：战国时楚人屈原所作的富有政治色彩的抒情长诗。作品采用比喻夸张的手法，穿插大量神话，充满了积极浪漫主义色彩。

⑧ 名士：古以德行贞绝、道术通明、隐居不仕者为名士。

⑨ 《神仙传》：晋葛洪撰，二十一卷。所录八十四弟子言行，多为问仙人有无之事。

⑩ 孔元方：术士，事迹不详。据《神仙传》，孔元方为今河南许昌人。

⑪ 道术：指道家的学说。道教要人脱离现实，炼丹成仙。

⑫ 恶衣疏食：穿布衣，吃粗食。恶衣，不好的衣服。疏食，粗食。意为不讲究吃穿。

⑬ 百七十余岁：或作"七十余岁"。

⑭ 道成：修道成功。

⑮ 或：有人。

⑯ 会：宴会。

⑰ 人人作酒令：轮流当主酒人。

⑱ 次至：轮到。

⑲ 作令：作酒令。

元方无所说①,直以一杖拄地②,因把杖倒竖③,头在下,足在上,以一手持酒倒饮之④,人莫能为⑤也。

【0148】《列仙传》⑥曰:酒家者梁⑦,市上酒家客⑧也,作酒常美⑨,日售万钱有过⑩。逐之⑪,主人酒便酸败⑫。

【0149】《异苑》⑬曰:有虹⑭食薛愿⑮釜中水尽,愿辇酒饮之⑯,虹吐金满釜⑰,因置丰富⑱也。

---

① 无所说:什么话也没说。

② 以一杖拄地:把一根木杖竖立在地上。

③ 把杖倒竖:一手把着木杖倒立起来。

④ 倒饮之:倒立着把酒饮下去。

⑤ 人莫能为:别人都做不到。

⑥ 《列仙传》:汉刘向撰,二卷。

⑦ 酒家者梁:有一个姓梁的酒家人。依后文,酒家者即酒店店员。

⑧ 酒家客:酒店的佣工,客不指客人。

⑨ 作酒常美:所酿的酒味道一直很好。

⑩ 日售万钱有过:一日卖酒的收入超过一万钱。有过,有余。

⑪ 逐之:指赶走了他(会酿酒的店员)。

⑫ 酸败:变质。

⑬ 《异苑》:十卷,刘宋刘敬叔撰。

⑭ 虹:彩虹。

⑮ 薛愿:人名。

⑯ 辇酒饮之:运酒给虹饮。辇,载运。

⑰ 虹吐金满釜:此为神话。历史上还有虹食酱的传说。

⑱ 丰富:丰足富裕。

【0150】《益部耆旧传》①曰：杨之拒②之妻，刘臣③公女也，字奉汉，有四男二女。拒④早亡⑤。教道闺门⑥，动有法则⑦。长子元珍⑧尝出饮酒，自舆而归⑨，母不见十日，诸弟谢过⑩，乃见数责⑪曰："夫饮酒有节⑫，不至沉湎⑬者，礼⑭也。汝乃沉⑮，荒慢⑯而无礼⑰，自为败首⑱，何以帅先诸弟⑲？"

---

① 《益部耆旧传》：《益都耆旧传》，一卷，晋陈寿撰。

② 杨之拒：人名。

③ 刘臣：人名，杨之拒岳父。

④ 拒：杨之拒。

⑤ 早亡：早年去世。

⑥ 教道闺门：在家潜心教导子女。闺门，闺室，女子居住的地方。

⑦ 动有法则：行动有准则约束。

⑧ 元珍：杨元珍，人名。

⑨ 自舆而归：自己驾着车回来。

⑩ 谢过：告知。指兄弟们将兄嗜饮之事告知母亲。谢，以辞相告。

⑪ 数责：多次责问。

⑫ 饮酒有节：饮酒要有限度。

⑬ 沉湎：沉溺于饮酒。

⑭ 礼：指合乎礼仪。

⑮ 汝乃沉：你这样已算是"沉"了，指饮酒过度。

⑯ 荒慢：行为放荡。

⑰ 无礼：不守礼仪。

⑱ 自为败首：自己开了不好的头。

⑲ 何以帅先诸弟：怎么能作兄弟们的表率？

【0151】郭仲产①《湘州记》②曰：衡阳县③东南有酃湖④，土人⑤取此水以酿酒，其味醇美，所谓"酃酒⑥"。每年尝献之，晋平吴⑦始荐⑧酃酒于太庙⑨是也。

【0152】《时镜新书》⑩曰：晋海西令⑪董勋⑫云："正旦⑬饮酒，先饮小者⑭何⑮也？"勋曰："俗以小者得岁⑯，故先以酒贺之。老者失时⑰，故后饮酒。"

---

① 郭仲产：刘宋时人。

② 《湘州记》：刘宋郭仲产撰，已佚。清人有辑本一卷。

③ 衡阳县：今湖南衡阳市，在衡山之南。

④ 酃（líng）湖：在衡阳东二十里，湖水酿酒甚美，古称酃酒。

⑤ 土人：土著人，当地人。

⑥ 酃酒：酃湖水所酿的酒。因湖水发绿色，所酿的酒又有"酃渌（lù）"之名。

⑦ 晋平吴：指西晋司马炎灭三国吴国，时在公元280年。

⑧ 荐：献，进献祭品。

⑨ 太庙：帝王祭祖的家庙。

⑩ 《时镜新书》：已佚。

⑪ 海西令：海西县令。海西，县名，治所在今江苏东海南。桓温曾封海西公。

⑫ 董勋：人名。

⑬ 正旦：正月初一。

⑭ 先饮小者：年少者先饮酒。

⑮ 何：为何。

⑯ 得岁：增岁。

⑰ 失时：指年老了过一年就少了一年，有减岁之意。

【0153】《十洲记》①曰：瀛州②有玉膏③如酒味，名曰"玉酒"。饮数斗辄醉，令人长生④。

【0154】《南岳夫人传》⑤曰：夫人⑥设⑦王子乔⑧琼苏绿酒⑨。

【0155】《孝子传》⑩曰：蔡顺字君仲，母饮酒吐呕颠倒⑪，恐母中毒，尝母吐验之⑫。

【0156】《楚辞》⑬曰："蕙肴⑭蒸兮兰藉⑮，奠⑯桂

---

① 《十洲记》：一卷，西汉东方朔撰。或说后人托东方朔之名而作。

② 瀛（yíng）州：神话传说中的东海神山。

③ 玉膏：玉之脂膏，道家认为饮之可长生。

④ 长生：永生不老。

⑤ 《南岳夫人传》：《南岳魏夫人传》，一卷。唐颜真卿撰。

⑥ 夫人：南岳夫人，女仙名，传说姓魏，名华存。

⑦ 设：设酒宴。

⑧ 王子乔：周灵王太子，名晋。后废为庶人，作仙人之游。

⑨ 琼苏绿酒：酒名。李商隐《隋宫守岁》诗："沈香甲煎为庭燎，玉液琼苏作寿杯。"

⑩ 《孝子传》：宋躬撰，已佚，清人有辑本一卷。

⑪ 颠倒：昏卧不起。

⑫ 尝母吐验之：亲口尝母亲呕吐之物，以检验是否有毒。

⑬ 《楚辞》：我国古代的一部诗歌总集，西汉刘向辑，收屈原、宋玉等人辞赋，以屈赋为主。作品具有楚地文学特色，故名《楚辞》。这里引用的是《楚辞·九歌·东皇太一》。

⑭ 蕙（huì）肴：以蕙草蒸肉。

⑮ 兰藉：以兰草垫底。意为摆上兰草垫着的用蕙草包蒸的祭肉。

⑯ 奠：放置祭品。

酒①兮椒浆②"。

【0157】又屈原曰③："众人皆醉唯我独醒④。"渔父⑤曰："众人皆醉，何不餔其糟⑥而歠⑦其醨⑧？"

【0158】《梁四公记》⑨曰：高昌⑩遣使献干蒲桃冻酒⑪，帝⑫命杰公⑬迓之⑭。谓其使曰⑮："蒲桃七是洿林⑯，

---

① 桂酒：桂花酒。

② 椒浆：椒酒，置椒酒中。

③ 此节选自《楚辞·渔父》，为楚人作品。屈原（约前340—前278年），战国楚国政治家、文学家。名平，怀王时任左徒。一生遭谗去职，屡被放逐，后自沉汨罗江而死。存《楚辞》二十五篇。

④ 众人皆醉唯我独醒：借言饮酒别人都昏昏庸庸，而自己独十分清醒。

⑤ 渔父：打渔人。

⑥ 餔其糟：吃酒糟。

⑦ 歠（chuò）：饮。

⑧ 醨（lí）：薄酒。

⑨《梁四公记》：一卷，梁沈约撰。又名《梁四公子记》。

⑩ 高昌：高昌国，公元460年柔然灭沮渠氏，立阚（kàn）伯周为高昌王，从此以高昌为国号，后至640年为唐朝所灭。国都高昌城，在今新疆吐鲁番东约二十余公里。

⑪ 干蒲桃冻酒：成凝固状的葡萄酒。冻指凝固的液体。

⑫ 帝：南朝梁武帝萧衍，公元502—550年在位。

⑬ 杰公：梁四公之一。名𩲡（nóu）杰。

⑭ 迓（yà）之：迎接高昌所派的使节。

⑮ 谓其使曰：对高昌国使者说。

⑯ 七是洿（wū）林：七分是洿林。洿林，指成熟的葡萄，皮薄味美。

三是无半①。冻酒非八风谷所冻者②,又无高宁酒③和④之。"使者曰:"其年风灾⑤,蒲桃不熟,故驳杂⑥冻酒。奉王急命⑦,故非时⑧耳。"帝问杰公群物之异⑨,对⑩曰:"蒲桃浐林者,皮薄味美。无半者皮厚味苦。酒是八风谷冻成者,终年不坏。今臭⑪,其气酸⑫。浐林酒滑而色浅⑬,故云然⑭。"

【0159】《岭表录异》⑮曰:南中⑯酝酒⑰,即先用诸药别⑱

---

① 三是无半:三分是无半,酒不纯。无半,指没成熟的葡萄,皮厚味苦。

② 非八风谷所冻者:不是八风谷所冻的酒。八风谷,地名。

③ 高宁酒:酒名。

④ 和:调和。

⑤ 其年风灾:这一年遭受到风灾。

⑥ 驳杂:混杂不纯。

⑦ 奉王急命:指酒是奉高昌王紧急命令酿造的。

⑧ 非时:失时,不合时令。

⑨ 群物之异:各种物品的差异。指杰公语中所提到的物品。

⑩ 对:回答。

⑪ 臭:用鼻子闻味。今作"嗅"。

⑫ 其气酸:酒泛酸味。

⑬ 浐林酒滑而色浅:优质葡萄酿的酒爽口,颜色也浅一些。滑,滑爽。

⑭ 故云然:所以才这么说。意思是高昌所献葡萄冻酒从颜色到味道都不好,说明原料和制法都存在问题。

⑮ 《岭表录异》:唐刘恂撰,三卷。原书已佚,有辑本,记岭南各地风俗和物产等。

⑯ 南中:南方,泛指南部地区。

⑰ 酝(yùn)酒:酿酒。

⑱ 别:另。

淘漉①粳米②,漉干旋③入药,和米捣熟④即绿粉⑤矣。热水溲⑥而团⑦之,形如䭔(bù)䭵(tǒu)⑧,以指中心刺作一窍⑨。布⑩于簟席⑪上,以苟杞⑫、构叶⑬掩之,其体⑭,候好弱,一如造麹法⑮。既而⑯以藤篾贯⑰之,悬于烟火之上⑱。每酿一年用几个饼子⑲,固有恒准⑳矣。南中地暖㉑,春冬七日熟㉒,秋夏五

① 淘漉:淘洗滤干。淘,又作"浊"。
② 粳米:黏性强的稻米。
③ 旋:随即。
④ 捣熟:用碓捣碎。
⑤ 绿粉:《御览》作"绿纷"。
⑥ 溲:发酵。
⑦ 团:揉合。
⑧ 䭔(bù)䭵(tǒu):又写作"䭷(bù)䭽(tǒu)",即面饼,据《广韵》。
⑨ 以指中心刺作一窍:用手指在饼中心捅一个孔洞。
⑩ 布:摆放。
⑪ 簟(diàn)席:竹席。
⑫ 苟杞:枸杞,落叶灌木,浆果红色。药用有滋肝补肾、宁神明目作用。
⑬ 构叶:构树叶,似桑叶而粗糙,可作猪饲料。果圆形,熟时红色。
⑭ 体:酒饼。
⑮ 一如造麹法:与做酒母的法子相同。
⑯ 既而:接着。
⑰ 贯:串起来。
⑱ 悬于烟火之上:为熏之烤之。
⑲ 饼子:做好的米饼。
⑳ 固有恒准:本来有一定的数目。
㉑ 地暖:指气候温暖。
㉒ 熟:指酒成。

日熟。既熟，贮以瓦瓮①，用粪扫火②烧之（亦有不烧者，为清酒③也）。大抵广州人多好酒，晚市散④，男儿女人倒载者⑤日有三、二十辈。生酒行⑥即两面罗列⑦，皆是女人招呼鄙夫⑧，先令尝酒盎⑨上白瓷瓯⑩，谓之"舐刮⑪"，一舐三文⑫。不持一钱⑬，来去尝酒致醉者⑭，当垆妪⑮但笑弄而已⑯，盖酒贱之故⑰也。

---

① 贮以瓦瓮：放在陶罐内。

② 粪扫火：指柴渣烧的火，属文火。

③ 清酒：为过滤酒。

④ 晚市散：夜市结束。

⑤ 倒载者：饮酒大醉的人。

⑥ 生酒行：酒店一个挨一个。

⑦ 罗列：排列。

⑧ 女人招呼鄙夫：指均用女子作店员，招揽顾客。

⑨ 酒盎：酒坛。盎，腹大口小的器皿。

⑩ 瓯：小杯，酒杯。

⑪ 舐（shì）刮：用舌头尝尝。舐，舔也，用舌头接触。

⑫ 一舐三文：舔一次三文钱。

⑬ 不持一钱：随身一文钱不带。

⑭ 来去尝酒致醉者：指在夜市上不花一文钱，在酒摊上尝酒而醉的人。

⑮ 当垆（lú）妪：卖酒的女人。当垆，酒店卖酒的人。垆指酒店安放酒坛的土台，代指酒店。

⑯ 但笑弄而已：只不过笑笑而已，并不较真。

⑰ 盖酒贱之故：这是酒便宜的缘故。

卷第八百四十六

饮食部四

嗜酒

【0160】《传》①曰：齐庆封②好田③而嗜酒，与舍政④（舍，封子⑤。封当国⑥不自为政⑦，以付舍⑧）。则以其内实迁⑨于卢蒲嫳氏⑩，易内⑪而饮酒（内实，宝物妻妾也）。

【0161】《传》曰⑫：郑伯有⑬嗜酒，为窟室（窟，实

---

① 《传》：指《春秋左传》，见前注。此节选自《左传·襄公二十八年》。
② 庆封：春秋齐国大夫，字子家。为景公相，后奔鲁、吴。楚灵王伐吴得庆封而杀之。
③ 好田：喜好田猎之事。田，又写作"畋"，田猎，即打猎。
④ 与舍政：把政事委托给儿子庆舍。舍，庆舍，事迹不详。
⑤ 封子：庆封之子。
⑥ 当国：主持国政。
⑦ 不自为政：自己不亲自处理政务。
⑧ 以付舍：将国政委托给庆舍。
⑨ 迁：搬迁。
⑩ 卢蒲嫳（piè）氏：庆封属下大夫，曾率兵助庆封灭崔杼。
⑪ 易内：互换妻妾。易，交换。内，妻妾。
⑫ 此节选自《左传·襄公三十年》。
⑬ 伯有：良霄，郑穆公庶子，公子去疾之孙。去疾字子良，霄以良字为氏。后为公孙黑所杀。

地室），而夜饮酒，击钟①焉。朝至未已②，朝者③曰："公焉在④？"（家臣，故谓伯有为"公"。）其人⑤曰："吾公蟹谷⑥"（蟹谷，窟室。）皆自朝布路而罢⑦（布路，分散）。既而朝⑧（伯有朝郑君⑨），则又将使⑩子晳⑪如楚⑫，归而饮酒。庚子⑬，子晳以驷氏之甲⑭伐而焚之⑮，伯有奔雍梁⑯（雍梁，郑地），醒而后知之⑰，遂奔许⑱。

---

① 击钟：撞钟。钟，古代一种编组乐器。这里泛指奏乐。夜饮击钟，为非礼之举。

② 朝至未已：到该朝见时还没停止，饮了一通宵。

③ 朝者：来朝见的官员。

④ 公焉在：公在何处？公，指伯有。焉在，在哪儿。

⑤ 其人：伯有的家臣，即前所被问的人。

⑥ 吾公蟹谷：我公在地下室。蟹谷，指前面说的窟室。

⑦ 皆自朝布路而罢：都纷纷走散完事。布路，分散。

⑧ 既而朝：不久去朝郑国君。既而，不久。

⑨ 朝郑君：朝见郑国君。郑君，指郑穆公。

⑩ 将使：准备派遣。

⑪ 子晳：郑穆公公孙驷之子，名黑，字子晳。

⑫ 如楚：出使楚国。

⑬ 庚子：庚子日，指鲁襄公三十年七月的庚子日，即公元前543年农历七月的庚子日。

⑭ 以驷氏之甲：用驷氏的甲兵。郑穆公名驷，后世因以为姓。

⑮ 伐而焚之：进攻伯有并纵火焚烧。

⑯ 雍梁：郑地，在今河南禹县西北。

⑰ 醒而后知之：酒醒后才弄清并没逃出郑国国界。

⑱ 奔许：逃奔到许国。许，周分封诸侯国之一，当时都城在今河南许昌东，后屡迁。

【0162】《传》曰①：齐惠②栾③、高氏④皆嗜酒（栾、高二族皆出惠公⑤）。信内⑥多怨⑦（说妇人言政多怨），疆于陈鲍氏⑧而恶⑨之（恶陈鲍）。夏，有告⑩陈桓子⑪曰："子旗⑫、子良⑬将攻陈鲍氏。"亦告鲍氏⑭。桓子⑮授甲⑯而如⑰鲍氏，遭子良醉而骋⑱（欲及⑲子良，醉⑳，故驱告㉑鲍文

---

① 此节选自《左传·昭公十年》。
② 齐惠：齐惠公，桓公之子，即公子元。
③ 栾：栾氏。齐惠公子坚，字子栾，子孙以栾为姓。
④ 高氏：齐惠公之子公子祁，字子高，后以此为姓。
⑤ 皆出惠公：指都是齐惠公的后代。
⑥ 信内：听信妇人之言。
⑦ 多怨：多有怨言。
⑧ 疆于陈鲍氏：指封地与陈、鲍氏为界。陈鲍氏，指鲍文子和陈桓子二氏。
⑨ 恶：憎恨。
⑩ 有告：有人报告。
⑪ 陈桓子：陈无宇，为须无之子，齐景公时为大夫，卒谥桓子。
⑫ 子旗：栾施，春秋齐大夫。字子旗，为齐桓公之后。
⑬ 子良：亦为齐桓公之后。
⑭ 亦告鲍氏：也报告了鲍氏，即鲍文子。
⑮ 桓子：陈桓子。
⑯ 授甲：授予甲胄。甲，铠甲。
⑰ 如：到……去。
⑱ 醉而骋：酒醉后，行为放纵。
⑲ 及：到。
⑳ 醉：子良饮酒醉。
㉑ 驱告：赶去报告。

子），遂见文子①（文子，鲍国），则亦授甲②矣。使视③二子④（二子，子旗、子良也），则皆将饮酒⑤。桓子曰："彼虽不信⑥（彼，传言者），闻我授甲则必逐我⑦。及其饮酒⑧也，先伐诸⑨。"陈、鲍方睦⑩，遂伐栾、高氏⑪。

【0163】《后汉书》曰⑫：更始⑬韩夫人⑭尤嗜酒，每侍饮⑮，见常侍⑯奏事⑰，辄怒曰："帝⑱方对我饮⑲，正用此时

---

① 文子：鲍国，卒谥文子。
② 亦授甲：也已披挂妥当。皆因听信子良、子旗将进攻的话。
③ 使视：派人去察看。
④ 二子：子旗、子良。
⑤ 皆将饮酒：都正要饮酒。指并无攻击陈鲍氏的准备。
⑥ 彼虽不信：传言者虽不可信。
⑦ 闻我授甲则必逐我：知道我已披挂，一定会赶走我。
⑧ 及其饮酒：趁他们饮酒时。
⑨ 先伐诸：先动手进攻。
⑩ 陈、鲍方睦：陈氏和鲍氏两族正处友好之时。
⑪ 遂伐栾、高氏：于是就去进攻栾、高氏。
⑫ 此节选自《后汉书·刘玄列传》。
⑬ 更始：刘玄（？—公元25年），字圣公，南阳蔡阳（今湖北枣阳西南）人。初为平林兵更始将军，公元23年称帝，年号更始，终被樊崇等攻杀。
⑭ 韩夫人：史载佞诏媚邪，嗜酒无礼。后为赤眉起义军所杀。
⑮ 侍饮：陪侍更始帝饮酒。
⑯ 常侍：官名，又称中常侍，经常在君主左右。东汉专用宦者为中常侍。
⑰ 奏事：报告事务。
⑱ 帝：更始帝刘玄。
⑲ 方对我饮：正同我一起饮酒。

持事来乎①？"起②，抵破书案③。

【0164】又曰④：马氏⑤为人嗜酒，阔达⑥敢言⑦（阔达，大度也。敢言，谓言果言敢，无所隐也）。时醉在御前⑧，面折同列⑨，言其短长⑩，无所避忌⑪。帝⑫故纵⑬之，以为笑乐。

【0165】《魏志》曰⑭：徐邈⑮字景山，魏国⑯初为尚书

---

① 正用此时持事来乎：只有这个时候好来报告事情吗？

② 起：指起立离开座席。

③ 抵破书案：生气得把书案都按破了。

④ 此节选自《后汉书·马武列传》。

⑤ 马氏：马武（？—公元61年），东汉将领。字子张，南阳湖阳（今河南唐河南）人。初入绿林军，后为刘玄侍郎，刘秀时封山都侯、扬虚侯，任捕虏将军、中郎将。

⑥ 阔达：豁达大度。

⑦ 敢言：敢于说话。

⑧ 醉在御前：在皇帝面前饮醉了。当时在位的是光武帝刘秀。

⑨ 面折同列：当面折难文武官员。

⑩ 言其短长：评论百官的优缺点。

⑪ 无所避忌：毫无顾忌。

⑫ 帝：指汉光武帝刘秀。

⑬ 纵之：纵容他。

⑭ 此节选自《三国志·魏书·徐邈传》。

⑮ 徐邈（miǎo）：三国魏官吏。字景山，官尚书郎，后拜司空不就。

⑯ 魏国：三国魏国，曹操之子曹丕所建，都城在洛阳。

郎①。时科禁酒②，而邈私饮③，至于沉醉④。校尉⑤赵达⑥问以曹事⑦，邈曰："中圣人⑧"。达⑨白⑩太祖⑪，太祖甚怒。度辽将军⑫鲜于辅⑬进曰："平日醉客谓酒清者为'圣人'⑭，浊者为'贤人'⑮。邈性慎⑯，偶醉言⑰耳。"坐刑⑱。后车

① 尚书郎：官名。魏晋以后尚书各曹有侍郎、郎中等官，综理职务，通称为尚书郎。

② 禁酒：曹操曾禁止饮酒。

③ 私饮：偷偷饮酒。

④ 至于沉醉：言不只是偷饮，甚至是沉湎不醒。

⑤ 校尉：今《三国志》作"校事"。校事为掌侦察刺探的官。

⑥ 赵达：人名。

⑦ 问以曹事：询问官署的事务。曹，分科办事的官署。

⑧ 中圣人：曹操曾禁酒，当时避讳说酒，所以把酒分清浊两类，以"圣人"代指清酒。中圣人为酒醉之意。

⑨ 达：赵达。

⑩ 白：报告。

⑪ 太祖：指曹操。

⑫ 度辽将军：官名。

⑬ 鲜于辅：渔阳（今北京密云南）人，先为刘虞从事，后归曹操，拜度辽将军，封都亭侯。

⑭ 谓酒清者为"圣人"：以"圣人"代称清酒。因禁止饮酒，所以避讳直言酒字。

⑮ 浊者为"贤人"：以"贤人"代言浊酒。

⑯ 性慎：生性谨慎。

⑰ 偶醉言：偶尔酒醉才说了这种话。

⑱ 坐刑：指受到刑罚的处置。坐，定罪。

驾幸①许昌②,问邈曰:"颇复中圣人不③?"邈对曰:"昔子反毙于谷阳④,御叔⑤罚于饮酒⑥,臣嗜同二子⑦,不能自惩⑧。时复中之⑨。然宿瘤以醜见传⑩,而臣以醉见识⑪"。帝大笑,顾左右曰⑫:"名不虚立⑬。"

【0166】又曰⑭:时苗⑮字德胄,钜鹿⑯人也。少清

---

① 幸:特指皇帝到某处去。这里指曹操。

② 许昌:治所在今河南许昌东。

③ 颇复中圣人不:意为又饮酒乱说了吗?

④ 毙于谷阳:死在谷阳之手。子反因饮了谷阳竖献的酒,贻误了军机,被楚王治死罪。

⑤ 御叔:春秋鲁国御邑大夫。其罚于饮酒之事见《左传·襄公二十二年》。

⑥ 罚于饮酒:因饮酒受罚。

⑦ 臣嗜同二子:我与子反、御叔一样,都嗜酒。同,《御览》本作"酒",据今《三国志》改。二子,指子反、御叔。

⑧ 不能自惩:自己改不了这个毛病。惩,因受打击而引起警戒或不再干。

⑨ 时复中之:有时还饮酒。

⑩ 宿瘤以醜(chǒu)见传:留住瘤子虽丑,却因此而名声远扬。宿,留。醜,同"丑"。

⑪ 臣以醉见识:我是因为醉酒而被您记住了。

⑫ 顾左右曰:对左右的人说。

⑬ 名不虚立:名不虚传。

⑭ 此节选自《魏略·清介(时苗)传》,《三国志》无本文。

⑮ 时苗:字德胄。初为寿春令,官至典农中郎将。

⑯ 钜鹿:治所在今河北平乡西南。

白①,为人疾恶②。建安③中,入丞相府④,出为寿春令⑤。令行风靡⑥。扬州⑦治在其县⑧,时蒋济⑨为治中⑩,苗以初至⑪,欲往谒⑫。济⑬素⑭嗜酒,适会其醉⑮,不能见⑯。苗⑰恚⑱恨还⑲,刻木⑳署㉑曰:"酒徒㉒蒋济",树之于墙下,旦夕

---

① 少清白:自小就很清白,没有污点。
② 疾恶:痛恨坏人坏事。
③ 建安:汉献帝刘协年号之一,公元196—220年。
④ 入丞相府:投奔到曹操门下。曹操任汉丞相。
⑤ 寿春令:寿春县令。寿春县治在今安徽寿县。
⑥ 令行风靡:下令行动便立即行动,执行命令迅速、坚决。
⑦ 扬州:汉末及三国魏时的扬州,治所在寿春。
⑧ 治在其县:扬州州治就在这个县(寿春)。
⑨ 蒋济:东汉末官吏。字子通,官至太尉,进封都乡侯。
⑩ 治中:官名,治中从事史。为州之佐吏,如主簿之职。
⑪ 苗以初至:时苗因刚到县上任。
⑫ 欲往谒:想前去拜访(指拜见蒋济)。谒,拜见。
⑬ 济:蒋济。
⑭ 素:一向。
⑮ 适会其醉:正好遇到蒋济醉酒。
⑯ 不能见:言醉倒见不得客人。
⑰ 苗:时苗。
⑱ 恚(huì)恨:恼恨。恚,发怒。
⑲ 还:返回。
⑳ 刻木:刻木为人形。
㉑ 署:署名,刻上名字。
㉒ 酒徒:嗜酒之人,此有贬义。

射之①,州郡②虽知其所为不恪③。然以其履行过人④,人无若之何⑤。

【0167】《吴书》曰⑥:郑泉⑦字文渊,陈郡⑧人。博学有奇志⑨,而性嗜酒。其闲居⑩每⑪曰:"愿得美酒满五百斛舡⑫,以四时甘脆⑬置两头⑭,反复⑮以饮之,惫即住而啖肴膳⑯。酒有斟升⑰,减即随益之⑱,不亦快乎⑲!"

---

① 旦夕射之:早晚用箭射它(木头人)。

② 州郡:指城里的官员。

③ 所为不恪(kè):行为不恭。恪,谨慎;恭敬。

④ 履行过人:意为来历不凡,与常人不同。指有后台。

⑤ 人无若之何:人们对他也没有办法。即不敢把他怎么样。

⑥ 此节见今《三国志·吴书·吴主传》注引。《吴书》:已佚,清人有辑本一卷。

⑦ 郑泉:字文渊,陈郡人。孙权以为郎中,迁大中大夫。性嗜酒,敢直谏。

⑧ 陈郡:治所在今河南淮阳。

⑨ 奇志:不平凡的志向。

⑩ 闲居:指不为官时。

⑪ 每:常常。

⑫ 五百斛舡:有五百斛载重量的船。

⑬ 四时甘脆:四季美味佳肴。甘脆,甘美爽口之味。又作为人干事痛快之意。

⑭ 置两头:放在船的两头。

⑮ 反复:来回;往返。

⑯ 惫即住而啖肴膳:觉得累时便停下来吃美味佳肴。惫,极度疲倦。

⑰ 斟(dǒu)升:斗、升,两种容器,十升为一斗。

⑱ 减即随益之:酒饮得少了以后随时增加。益,增加。

⑲ 不亦快乎:不亦乐乎。

【0168】《晋书》曰①:"光逸②字孟祖,遇乱③避难渡④依⑤胡毋辅之⑥。初至⑦,属辅之⑧,与谢鲲⑨、阮放⑩、毕卓⑪、羊曼⑫、桓彝⑬、阮孚⑭散发裸衣⑮,闭室⑯酣饮已累

---

① 此节选自《晋书·光逸列传》。

② 光逸:乐安(今山东博兴西南)人。字孟祖,举孝廉,为祭酒,官终给事中。

③ 遇乱:西晋皇族争夺政权的"八王之乱",前后历时十六年。

④ 渡:南渡。

⑤ 依:投靠。

⑥ 胡毋辅之:字彦国。有知人之鉴,被称为后进领袖。辟别驾太尉掾,不就,求任繁昌令。后官湘州刺史。

⑦ 初至:刚到时。

⑧ 属(zhǔ)辅之:看望胡毋辅之。属,通"瞩",看。

⑨ 谢鲲:阳夏(今河南太康)人,字幼舆。官至豫章太守。任达不拘,为政清廉,很受百姓爱戴。

⑩ 阮放:字思度,迁吏部郎。后官至扬威将军、交州刺史。

⑪ 毕卓:鲷阳(今安徽临泉西北鲷城)人,字茂世。生性放达,嗜酒乃至盗饮。初为吏部郎,后官平南长史。

⑫ 羊曼:字祖延,放纵好酒。历晋陵太守,后为丹阳尹。

⑬ 桓彝:东晋官员。字茂伦(公元276—328年),谯国龙亢(今安徽怀远西北)人。桓温之父。历任中书郎、散骑常侍、功封万宁县男,后补宣城内史。

⑭ 阮孚:字遥集,为安东参军,迁黄门常侍。曾以金貂换酒,后除镇南将军、广州刺史,未至而卒。

⑮ 散发裸衣:披散着头发,敞开衣襟。

⑯ 闭室:关起门来。

日①。逸②将③排户④入,守者⑤不听⑥。逸便于户外脱衣露头⑦,于狗窦⑧中窥⑨之而大叫,辅之惊曰:"他人决不能耳⑩!必我孟祖⑪也"。遽呼入⑫遂与饮,不舍昼夜⑬。人谓之"八达⑭"。

【0169】又曰⑮:孟嘉⑯为桓温参军⑰,嘉⑱好酣饮,

---

① 累日:数日;多日。

② 逸:光逸。

③ 将:将要。

④ 排户:推开门。户,门。

⑤ 守者:看守的人。

⑥ 不听:不许光逸进屋。

⑦ 脱衣露头:脱掉衣服,摘去帽子。

⑧ 狗窦:狗洞,供狗出入的通道。

⑨ 窥:看。指从小孔或缝隙里看。

⑩ 他人决不能耳:指别人绝不敢这样做。

⑪ 必我孟祖:必定是我的孟祖。孟祖即光逸,光逸字孟祖。

⑫ 遽呼入:立即叫他进去。

⑬ 不舍昼夜:白天黑夜都不停歇。舍,休息。

⑭ 八达:八位豁达之士。

⑮ 此节选自《晋书·孟嘉列传》。

⑯ 孟嘉:字子度,为刘备宜都太守。降魏后拜散骑常侍、领新城太守。

⑰ 为桓温参军:任桓温的参军。参军,官名,掌参谋军务。

⑱ 嘉:孟嘉。

愈多不乱①。温问嘉②："酒有何好③，而卿嗜之？"嘉曰："未得酒中趣耳④。"

【0170】又曰⑤：孝武⑥末年⑦，嗜酒好肉⑧，而会稽王道子⑨昏酗⑩尤甚，唯狎昵谄邪⑪，于是国宝⑫谗谀之计⑬，稍行于主相之间⑭。

【0171】《宋书》⑮曰：衡阳王义季⑯素嗜酒，自彭城王

---

① 愈多不乱：饮酒再多也不至于醉。
② 温问嘉：桓温问孟嘉。
③ 酒有何好：酒有什么取头。
④ 未得酒中趣耳：意为你如此发问，说明你未曾体会到饮酒的无穷乐趣呀。
⑤ 出自《晋书》何篇不详。此事在《孝武帝纪》《会稽王道子列传》《王国宝列传》均有言及。
⑥ 孝武：东晋孝武帝司马曜，字昌明。溺于酒色，后为张贵人所弑，在位二十四年。
⑦ 末年：晚年。
⑧ 好肉：喜好食肉。
⑨ 会稽王道子：司马道子（公元364—402年），孝武帝之弟，由琅邪王改封会稽王，任至司徒。
⑩ 昏酗（yòng）：酗酒更为厉害。酗，酗酒。
⑪ 唯狎昵谄邪：只知一味地奉承皇上，迎合权奸。狎昵，亲密而不庄重。谄邪，巴结讨好奸邪之人。
⑫ 国宝：王国宝（？—公元397年），东晋大臣，太原晋阳（今山西太原西南）人。官至中书令、尚书左仆射，与司马道子共持朝政，后被诛。
⑬ 谗谀之计：谗陷同僚，阿谀皇帝的计谋。
⑭ 稍行于主相之间：指权势慢慢增长到介乎于皇帝与宰相之间。
⑮ 《宋书》：二十四史之一，梁沈约撰。共一百卷，记载了南朝刘宋一代（公元420—479年）六十年的历史。此节选自《宋书·衡阳文王义季列传》。
⑯ 衡阳王义季：刘义季，宋武帝第七子，封衡阳王，嗜酒。任安西将军、荆州刺史等。

义康①被废②后,遂为长夜饮③。略少醒日④。文帝⑤诘责⑥曰:"此非唯伤事业⑦,亦自损性⑧,皆汝所请⑨。近⑩长沙兄弟⑪,皆缘此致⑫。故将军苏征⑬,耽酒成疾⑭,旦夕待尽⑮。……一门无此酣法⑯,汝于何得之⑰?"义季虽奉旨⑱,酣纵不改⑲成

---

① 彭城王义康:刘义康,宋武帝第四子,封彭城王。后授江州刺史,除镇豫章。受范晔谋反牵连,免为庶人,不久赐死。

② 被废:指废除封王,为庶人,因受范晔谋反的牵连。

③ 长夜饮:饮酒至夜深,喻过量饮酒。

④ 略少醒日:极少有清醒的日子,喻常醉不醒。

⑤ 文帝:宋文帝刘义隆(公元407—453年),字车儿。初封宜都王,少帝遇害后被大臣拥立为帝。后被其子刘劭所弑。

⑥ 诘(jié)责:追问责难。诘,盘问。

⑦ 此非唯伤事业:这样不仅有损于事业。

⑧ 自损性:有损于自己的身体健康。今《宋书》作"自损性命"。

⑨ 皆汝所请:今《宋书》作"皆汝所谙(ān)"。意为这些你都要记住。谙,记住;熟习。

⑩ 近:亲近。

⑪ 长沙兄弟:指长沙王刘道怜之子刘义欣、义融、义宗等。

⑫ 皆缘此致:都是因此而致。

⑬ 苏征:今《宋书》作苏征,人名。

⑭ 耽酒成疾:因沉迷于饮酒而致病。

⑮ 旦夕待尽:很快将死去。旦夕,比喻在很短的时间内。尽,死。

⑯ 一门无此酣法:一家从没有像这样纵酒的。

⑰ 汝于何得之:意为你是从哪儿学来的?

⑱ 奉旨:这里指听了宋文帝的话。

⑲ 酣纵不改:纵酒的习惯不见改正。

疾①，以至于终②。

【0172】又曰③：范泰④初为太学博士⑤，外弟⑥荆州刺史王忱请⑦为天门⑧太守。忱⑨嗜酒，醉辄累旬⑩。及醒⑪，则俨然端肃⑫。泰⑬陈⑭："酒既伤生⑮，所宜深诫⑯"。其言甚切⑰，忱嗟叹久之⑱，曰："见规者众⑲，未有若此⑳也"。

---

① 成疾：因狂饮而致病。

② 终：去世。

③ 此节选自《宋书·范泰列传》。

④ 范泰：南朝宋大臣、学者。字伯伦（公元355—428年），顺阳（今河南淅川东南）人，范晔之父。晋时为太学博士，刘宋历任国子祭酒、侍中、左光禄大夫。

⑤ 太学博士：国学教授官。太学，国学。

⑥ 外弟：姑、舅、姨之子称外兄弟，古时将同母异父的兄弟亦称外兄弟。

⑦ 请：要求。

⑧ 天门：郡名，三国吴置。晋置澧阳县为郡治，陈改郡、县俱曰石门，治所在今湖南石门县。

⑨ 忱：王忱。

⑩ 累旬：十天上下。十日为一旬。

⑪ 醒：酒醒之时。

⑫ 端肃：端正严肃。

⑬ 泰：范泰。

⑭ 陈：陈说。

⑮ 伤生：有害于身体。

⑯ 所宜深诫：应该十分注意告诫自己。

⑰ 甚切：十分恳切。

⑱ 嗟叹久之：感叹良久。嗟叹，叹息；感叹。

⑲ 见规者众：见到规劝戒酒的人很多。

⑳ 未有若此：意为还没见到一个言辞如此恳切的人。

【0173】又曰①：刘邕②，穆之③之子。河东④王歆之⑤与邕俱尝为南康相⑥，素轻邕⑦。后歆之与邕⑧俱豫⑨元会⑩，并坐⑪。邕嗜酒，谓歆之曰："卿昔见臣⑫，今不能见劝一杯酒⑬么？"歆之因敩⑭孙皓歌⑮答曰："昔为汝作臣⑯，今为汝比肩⑰，既不劝汝酒⑱，亦不愿汝年⑲。"

---

① 此节选自《宋书·刘穆之列传》。

② 刘邕（yōng）：刘穆之的孙子，嗣为南康郡公，有嗜痂的怪癖。

③ 穆之：刘穆之，字道和，官尚书右仆射。内总朝政，外供军旅，决断如流。死后追封南康郡公。

④ 河东：郡名，治所在安邑（今山西夏县东北）。

⑤ 王歆之：南朝宋官吏。字叔道，初拜南康国相，官至左民尚书、光禄大夫。

⑥ 俱尝为南康相：都曾任南康王的丞相。南康，郡、国名，先治雩都（今江西雩都东北），后治赣（今江西赣县西南）。

⑦ 素轻邕：一向对刘邕很轻视。

⑧ 邕：刘邕。《御览》本无邕字，据《宋书》补。

⑨ 豫：通"与"，参加。

⑩ 元会：阴历元旦之朝会。《晋书·礼志》："武帝更定元会仪。"

⑪ 并坐：并排而坐，座席挨在一处。

⑫ 卿昔见臣：意为我们是老交情了，指曾为下属。

⑬ 劝一杯酒：斟一杯酒。

⑭ 敩（xué）：同"学"，效仿之意。

⑮ 歌：指后面的诗。

⑯ 昔为汝作臣：过去当你的下属。

⑰ 今为汝比肩：今天与你同起同坐，喻地位不相上下。比肩，并肩。

⑱ 不劝汝酒：不给你斟酒。意为你有何资格要我敬你的酒。

⑲ 亦不愿汝年：也不为你祝寿。年，年岁，这里指长寿。

【0174】《梁书》①曰：王赡②为吏部尚书③，性率亮④。居选⑤，所举其意多行⑥。颇嗜酒，每饮或弥日⑦，而精神朗赡⑧，不废簿领⑨。武帝⑩每称赡⑪有三术⑫：射⑬、棊⑭、酒⑮也。

【0175】《南史》⑯曰：陈暄⑰文才俊逸⑱，尤嗜酒，

① 《梁书》：二十四史之一，唐姚思廉撰。共五十六卷，主要记载了南朝萧梁一代（公元502—557年）五十六年的历史。

② 王赡：今《梁书》作王瞻，字思范，历官晋陵太守、吏部尚书。饮酒弥日，不误政事。

③ 吏部尚书：吏部最高长官。吏部，六部之一，主管全国官吏的任免、考课、升降、调动等。

④ 率亮：率直；亮察。

⑤ 居选：在选部时。选，即选部，官名，汉称吏曹。主管官吏的选拔。

⑥ 所举其意多行：今《梁书》作"所举多行其意"，指多按自己的意愿任选官吏。

⑦ 弥日：一整天。

⑧ 精神朗赡：精神清醒、充沛。朗赡，精神爽朗。

⑨ 不废簿领：不误政事。簿领，谓文簿而记录之。

⑩ 武帝：梁武帝萧衍（公元464—549年），南朝梁建立者。字叔达。后因侯景之乱困饿而死。

⑪ 赡：王赡。

⑫ 三术：三种本领。

⑬ 射：善射。

⑭ 棊（qí）：棋，指善弈。

⑮ 酒：指能饮酒。

⑯ 《南史》：二十四史之一。唐李延寿撰。共八十卷，记载了南朝宋、齐、梁、陈四个朝代共一百七十年的历史。此节选自《南史·陈暄列传》。

⑰ 陈暄：官通直散骑常侍。陈后主曾使倒悬于梁，临之以刃，命使作赋，援笔好成。

⑱ 文才俊逸：文才出众。俊逸，才智高超秀逸。

无节操①。遍历王公室②,沉湎过差非度③。其兄子秀④常忧之⑤,致书⑥于暄友人何胥⑦,冀其讽谏⑧。暄闻之⑨,与秀书⑩曰:"旦见汝书与孝典⑪,陈吾饮酒过差⑫。吾有此好五十余年⑬,昔吴国⑭张公⑮亦称耽嗜⑯,吾见张公时,伊已六十,自言⑰引满⑱大胜少年时⑲。吾今所进亦胜于往日⑳,老而弥笃㉑,

---

① 节操:气节;操守。

② 遍历王公室:王公贵族的家门都走遍了。指饮遍了各家的酒。室又作"门"。

③ 沉湎过差非度:饮酒沉湎过度。过差,过度,无度之意。今《南史》"沉湎"后有"喧浇"两字。

④ 兄子秀:兄之子陈秀,事迹无考。

⑤ 常忧之:常常为之担忧。

⑥ 致书:写信。

⑦ 暄友人何胥:陈暄的友人何胥。何胥,人名。

⑧ 冀其讽谏:希望何胥从中劝阻。冀,希望;请求。

⑨ 暄闻之:陈暄听说这事。

⑩ 与秀书:写信给陈秀。

⑪ 孝典:何胥表字孝典。

⑫ 陈吾饮酒过差:说我饮酒无度。陈,陈说。

⑬ 吾有此好五十余年:我有这个嗜好已有五十多年了。

⑭ 吴国:吴郡。

⑮ 张公:《南史》作"张长公",即张季舒。

⑯ 耽嗜:沉溺于饮酒。

⑰ 自言:亲口说。

⑱ 引满:指饮酒足量。

⑲ 大胜少年时:远远超过年轻时(的酒量)。

⑳ 吾今所进亦胜于往日:我今天的酒量也超过了过去。

㉑ 老而弥笃:越老越是坚定不移,指嗜酒。

唯吾与张季舒①耳，吾方②与此子③交欢于地下④，汝欲夭吾此志耶⑤？昔阮咸、阮籍同游竹林⑥，宣子⑦不闻斯言⑧；王湛⑨能玄言巧骑⑩，武子呼为痴叔⑪。何陈留之风不嗣⑫，太原之气⑬岿然⑭，翻成可怪⑮！吾寂寥当世⑯，朽病残年⑰，产不异

---

① 唯吾与张季舒：只有我和张季舒是如此。

② 方：正要。

③ 此子：指张公张季舒。

④ 交欢于地下：到地府交杯欢饮。

⑤ 汝欲夭吾此志耶：你是想动摇我这个追求吗？夭，灭。

⑥ 同游竹林：魏晋间七名士嵇康、阮籍、阮咸、山涛、向秀、王戎、刘伶常游会于竹林，称"竹林七贤"。

⑦ 宣子：司马懿，死后追尊为宣王。

⑧ 不闻斯言：不听其说教。

⑨ 王湛：字处冲，历官汝南内史，称王汝南。

⑩ 玄言巧骑：玄言即玄谈，深妙之谈，即黄老之道。巧骑，指善于骑术。

⑪ 武子呼为痴叔：武子称王湛为痴叔。兄弟宗族皆以王湛痴，晋武帝曾问王湛侄王济："卿家痴叔死未？"因有其名。武子指晋武帝。

⑫ 何陈留之风不嗣：为什么不能继承陈留之风？陈留之风，即指阮籍风度，阮籍为陈留人。

⑬ 太原之气：指王湛一样的气质，王湛为太原人。

⑭ 岿然：一点也不动摇。

⑮ 翻成可怪：实在是太怪了。

⑯ 寂寥当世：无声无形地活在世上。寂寥，无声无形。

⑰ 朽病残年：喻年老多病。

于颜原①,名未动于卿相②。若不日饮醇酒,复欲安归③?汝以饮酒为非④,吾以不饮为过⑤。昔周伯仁⑥渡江⑦唯三日醒,吾不以为少⑧。郑康成⑨一日三百杯,吾不以为多⑩。然洪醉⑪之后,有得失⑫。成厮养之志⑬,是其得也;使次公之狂⑭,是其

① 产不异于颜原:家产同颜回、原宪没什么区别。喻穷困。颜,指颜回,字子渊,孔子门人。贫居陋巷,箪食瓢饮,不改其乐,后世尊为"复圣"。原,原宪,字子思,孔子门人。家贫穷,蓬户瓮牖,上漏下湿,正坐而弦歌,云:"无财谓之贫,学而不能行谓之病。"

② 名未动于卿相:自己的名位没沾卿、相的边,言做的官不大。

③ 复欲安归:意为这一辈子不就白过了吗?叫人怎么甘心归去呢?

④ 汝以饮酒为非:你认为饮酒不对。

⑤ 吾以不饮为过:我把不饮酒当作一种过错。

⑥ 周伯仁:周顗(公元269—322年),东晋大臣。字伯仁,汝南安成(今河南汝南东南)人。官至吏部尚书、尚书左仆射。长醉不醒,人称"三日仆射"。

⑦ 渡江:入东晋都为官。东晋都城在建康(今江苏南京),在长江之南,故有此言。

⑧ 吾不以为少:指与周伯仁相比,我清醒的时候不比他少。

⑨ 郑康成:郑玄(公元127—200年),东汉著名经学家,北海高密(今山东高密西南)人。他遍注群经,成为汉代经学之集大成者,以《毛诗笺》和《三礼注》影响最大。

⑩ 吾不以为多:言酒量不及郑康成多。

⑪ 洪醉:大醉。

⑫ 有得失:有得有失。

⑬ 厮养之志:指不入仕途的志向。厮养,贱役,杂役。析薪养马者称厮役。

⑭ 使次公之狂:如果成了次公那样的酒狂。次公,即盖宽饶,字次公,西汉魏郡人,官事隶校尉,自称酒狂。后坐怨谤下吏自杀。

失也。吾常譬酒犹水①也，可以济舟②，亦可以覆舟③。故江谘议④有言：'酒犹兵⑤也，可千日而不用，不可一日而不备⑥。酒可千日而不饮，不可一饮而不醉⑦'。美哉江公⑧！可与共论酒⑨矣！汝惊⑩吾堕车⑪侍中⑫之门，陷池⑬武陵⑭之地，遍布朝野⑮，自言憔悴⑯。'丘也幸⑰，苟有过⑱，人必知之⑲'。吾

---

① 譬酒犹水：把酒比作水一样。譬，比喻。

② 济舟：载船。

③ 覆舟：翻船。

④ 江谘（zī）议：《御览》作"江议"。江谘议，未详指何人，谘议，本为官名。

⑤ 酒犹兵：酒如同兵将一样。

⑥ 可千日而不用，不可一日而不备：养兵千日，用兵一时之意。

⑦ 不可一饮而不醉：意即饮酒必得一醉方休。

⑧ 美哉江公：江公说得真精辟。美哉，赞美时的感叹词。

⑨ 可与共论酒：指江公才是可与之共同谈论酒的人。

⑩ 惊：吃惊。

⑪ 堕车：今《南史》作"堕马"，指酒醉后从车马上掉下来。

⑫ 侍中：官名。

⑬ 陷池：言因酒醉掉进池塘里。

⑭ 武陵：郡名，治所在义陵（今湖南叙浦南）。

⑮ 朝野：朝廷和民间，即朝内外。

⑯ 自言憔悴：自言劳苦。憔悴，劳苦，因病。

⑰ 丘也幸：这里的引文出自《论语·述而》。丘，孔丘，孔子的自称。幸，有幸。

⑱ 苟有过：如果再有什么过错。

⑲ 人必知之：指后人由是而明了礼与非礼的道理。

平生所愿①，身没之后②，题吾墓云③：'陈④故酒徒陈君⑤之神道⑥'。若斯志意⑦，岂避南征不覆⑧，贾谊⑨之恸哭⑩哉！何水曹⑪眼不识杯铛⑫，吾口不离觚杓⑬。汝宁⑭与何⑮同日而醒⑯，与吾同日而醉⑰乎？政言⑱其醒可及⑲，其醉不可及⑳也，速营

---

① 平生所愿：一生的一个愿望。平生，一生。指一生所求。
② 身没之后：死去以后。没，死。
③ 题吾墓云：在我墓碑上写道。题，写。
④ 陈：指陈暄的籍贯，即淮阳。
⑤ 陈君：指陈暄。
⑥ 神道：墓前开辟的通路。这里指墓碑，即神道碑。
⑦ 若斯志意：如此追求，即只求如此而已。
⑧ 岂避南征不覆：难道还怕南征回不来？不覆，指死于外乡。
⑨ 贾谊（公元前200—前168年）：西汉初雒阳（今河南洛阳东）人。文帝时任傅士、太中大夫，后谪为长沙王太傅，又为梁怀王太傅。有《新书》十卷。
⑩ 恸哭：指贾谊为梁怀王太傅时，怀王坠马死，贾谊悒郁而死。以此讽刺陈秀。
⑪ 何水曹：人名。
⑫ 眼不识杯铛：看见酒杯不认得。喻不会饮酒。铛，指温酒器。
⑬ 口不离觚杓：意为一生总也离不开酒。觚杓，均为酒具。
⑭ 宁：宁可。
⑮ 何：指上面说的何水曹。
⑯ 醒：指不饮酒。
⑰ 同日而醉：指同样饮酒一醉。
⑱ 政言：正所谓……。政，同"正"。
⑲ 其醒可及：意即要想像何水曹那样不饮酒好办。
⑳ 其醉不可及：要像我这样醉饮可不容易赶上。

糟丘①，吾将老②焉！"

【0176】《后魏书》曰③："夏侯道迁④长子史⑤，字元廷。历⑥镇远将军、南兖州⑦大中正⑧。史⑨性好酒，居丧不戚⑩，醇醪⑪肥鲜⑫不离口⑬。沽买饮啖⑭，多所费用⑮，父时田园⑯，货卖略尽⑰。人间债⑱犹数千余匹⑲，谷食至常不足⑳，

---

① 速营糟丘：赶紧多酿酒。糟丘，酒糟堆如山丘。这里的营糟丘指酿酒。
② 吾将老：我就要老了。意即我老死你就找不着人教你饮酒了。
③ 此节选自《魏书·夏侯道迁列传》。
④ 夏侯道迁：先为南谯太守，归北魏封为濮阳县侯。为政清严，善禁盗贼。
⑤ 史：今《魏书》作"夬（guài）"，即夏侯夬，为夏侯道迁的长子，字元廷，好酒。历前军将军、镇远将军、南兖州大中正。
⑥ 历：历任……职。
⑦ 南兖州：北魏南兖州治所在小黄（今安徽亳州）。
⑧ 大中正：曹魏时，始推选州、郡有声望者任中正官，分九品，称九品中正，后每州设大中正。
⑨ 史：夏侯夬。
⑩ 居丧不戚：虽在父母丧期，但无悲伤之意。丧，服丧。戚，哀愁，悲伤。
⑪ 醇醪：美酒。
⑫ 肥鲜：指鸡鸭鱼肉。
⑬ 不离口：指在服丧期间照吃照饮不误。古礼服丧不饮酒，并素食。
⑭ 沽买饮啖：买酒喝，买肉吃。
⑮ 多所费用：花费很大。
⑯ 父时田园：父辈传留下的田地家产。
⑰ 货卖略尽：典卖一空。略尽，完全没有了。略，丝毫。
⑱ 人间债：指欠别人的债。
⑲ 数千余匹：匹指布帛，指欠有多至数千余匹布帛的债。
⑳ 谷食至常不足：经常连饭也吃不饱。

弟妹不免饥寒，于是昏酣而卒①。……初②，史与南人③辛谌④、庾遵⑤江文遥⑥等，终日游聚⑦。酣饮之际，恒相谓⑧曰："人生局促⑨，何殊朝露⑩？坐上相看，先后间耳⑪。脱⑫有先亡者⑬，当于良辰美景，灵前饮宴⑭。倘或有知⑮，庶⑯其歆飨⑰"。及史⑱亡后，三月上巳⑲，诸人⑳相率㉑至史灵前，仍

---

① 于是昏酣而卒：就这样狂饮而死。昏酣，指一味醉饮。

② 初：起初。

③ 南人：南方人。

④ 辛谌（shèn）：颍川人，历步兵校尉、濮阳上党二郡太守。

⑤ 庾遵：颍川人，仕梁为右中郎将，后为魏饶安全。

⑥ 江文遥：江悦之子，先为咸阳太守，官至安州刺史。

⑦ 游聚：游玩聚会。

⑧ 恒相谓：常常互相说。

⑨ 局促：短促。

⑩ 何殊朝露：与早晨露水又有什么不同？殊，异。

⑪ 先后间耳：意为现在虽在一起，但不知什么时候或先或后地死去。

⑫ 脱：倘若，如果。

⑬ 先亡者：先死的人。

⑭ 灵前饮宴：在灵位前宴饮。

⑮ 倘或有知：要是死者有知的话。

⑯ 庶：表示可能或希望。

⑰ 歆（xīn）飨：同"歆享"，指鬼神享受祭品、香火。

⑱ 史：夏侯夬。

⑲ 三月上巳：三月上旬之巳日，古为悼念死者的招魂之日。后固定在三月初三，即为清明节。

⑳ 诸人：指辛谌、庾遵、江文遥等人。

㉑ 相率：相继，一起。

共酌饮。时日晚天阴,室中微闇①,咸见史在坐②,衣服形容③不异平昔④,时执杯酒⑤,似若献酬⑥,但无语耳⑦。

【0177】《后魏书》曰⑧:李元忠⑨微⑩拜侍中,虽处要任⑪,初不以物务⑫干怀⑬,唯以声⑭酒⑮自娱,大率⑯常醉。家事大小⑰,了不关心⑱。园庭罗种⑲果药⑳,亲朋寻诣㉑,

---

① 闇(àn):同"暗"。

② 咸见史在坐:都看到夏侯史也在酒宴上。

③ 衣服形容:容貌和穿戴。

④ 不异平昔:同过去一样。

⑤ 时执杯酒:有时拿起一杯酒。

⑥ 似若献酬:好似献酬之状。献酬,主人第一次敬宾客酒为献,再敬为酬。

⑦ 但无语耳:只是没听到说话声。

⑧ 《后魏书》无本传,此节本选自《北史·李元忠列传》,亦见于《北齐书·李元忠列传》。

⑨ 李元忠:性仁恕,官拜南赵郡太守,累官骠骑大将军,封晋阳县伯。

⑩ 微:地位低下。

⑪ 要任:要职。

⑫ 物务:事务。

⑬ 干怀:放在心上。

⑭ 声:乐音。

⑮ 酒:饮酒。

⑯ 大率:大概。这里有经常之意。

⑰ 家事大小:家事无论大小。

⑱ 了不关心:一点儿也不关心。

⑲ 罗种:并排种植。罗,排列。

⑳ 果药:水果与药用植物。

㉑ 亲朋寻诣:亲戚朋友来寻访。寻诣,寻访;拜访。

必留连宴赏①。每挟弹携壶②,游遨③里閈④游。每言⑤:"宁无食⑥,不可使我无酒。阮步兵⑦,吾师也。孔少府⑧岂欺我哉⑨!"后自中书令⑩复求为太常⑪,以其有音乐⑫而多美酒⑬故。神武⑭欲用为仆射⑮,文襄⑯言其放达常醉,不可任⑰以台

---

① 留连宴赏:留连指盘桓不忍离去。宴赏指在庭园设宴,一边饮酒,一边欣赏花卉。

② 挟弹携壶:挟着琴,带着酒壶。弹,弹琴,借指琴。弹或指弹弓,言李元忠喜好乐律,此处所指应为"琴"。

③ 遨:遨游;游逛。

④ 里閈(hàn):乡里。閈,巷门。

⑤ 每言:常说,每每说。

⑥ 宁无食:宁可不吃饭。

⑦ 阮步兵:阮籍,曾任步兵校尉,所以称为阮步兵。

⑧ 孔少府:孔融(公元153—208年),东汉末学者,"建安七子"之一。字文举,孔子二十世孙。历中军侯、议郎及北海相,世称孔北海。后曹操召为将作大匠,迁少府,故称孔少府。

⑨ 岂欺我哉:不会欺凌我。孔融本是主张饮酒的,因抨击曹操的禁酒令而被免官。

⑩ 中书令:南北朝时任中书令者多为当时有文学名望的人,掌传宣诏命。

⑪ 求为太常:求任太常之官。太常掌宗庙礼仪。

⑫ 有音乐:祭典时经常听到音乐演奏。

⑬ 多美酒:可以饮到祭仪用的美酒。所以求任太常。

⑭ 神武:东魏大臣高欢,其子高洋建立北齐后追尊为神武帝。

⑮ 仆射:官名。尚书分置左右仆射,权势极重。后左右仆射为宰相之任,辅佐天子议政。

⑯ 文襄:高澄,为高欢长子,字子惠,为魏吏部尚书。高欢卒,代为大丞相,封渤海王。后被膳奴所杀,年二十九岁。北齐初追谥文襄皇帝。

⑰ 任:委任。

阁①。其子揆②闻之③，请节酒④。元忠曰："我言作仆射不胜饮酒乐⑤，尔爱仆射时⑥，宜勿饮酒⑦"。

【0178】《北齐书》曰⑧：黄门郎⑨司马消难⑩，左仆射子知⑪之子，是高祖女婿，势盛当时⑫。因退食之暇⑬，寻高季式⑭与之酣饮。留宿旦日⑮，重门并闭⑯，关钥不通⑰。消难固请⑱云："我是黄门郎，天子侍臣，岂有不参朝⑲之理？

---

① 台阁：尚书之称。因尚书台在宫廷之内，故有此称。这里引伸为重任之意。

② 揆（kuí）：今《北史》作"搔"，即李搔，为李元忠之子，字德况。官尚书仪曹郎。

③ 闻之：听说父亲是因好酒而不得升迁。

④ 请节酒：请求节制饮酒。

⑤ 我言作仆射不胜饮酒乐：我说当仆射不如饮酒快活。

⑥ 尔爱仆射时：你想做仆射的时候。

⑦ 宜勿饮酒：可别饮酒。宜，当；应该。

⑧ 此节选自《北齐书·高季式列传》。

⑨ 黄门郎：官名。散骑之官，属门下省。

⑩ 司马消难：字道融。北齐时为北豫州刺史，降北周授大将军，封荥阳公。

⑪ 子知：司马子知，字遵业，为大行台尚书，后除司空。

⑫ 势盛当时：当时权势盛极。

⑬ 退食之暇：退朝进食的闲空之时。退食，又释为减食，见《诗经·召南·羔羊》："退食自公。"

⑭ 高季式：字子通。仕魏官侍中、冀州大中正。北齐时以功加仪同三司，封乘氏县子。

⑮ 留宿旦日：指高季式要司马消难留住到第二天早上。

⑯ 重门并闭：几重大门一起关闭。

⑰ 关钥不通：指都上了锁。

⑱ 固请：坚持请求。

⑲ 参朝：参拜朝见皇帝。

且一宿不归，家君①必当大怪②。今若又留我狂饮，我得罪无辞③，恐君④亦不免谴责⑤"。季式曰："君自称黄门郎，又言畏⑥家君怪⑦，欲以地势⑧胁⑨我邪⑩？高季式死自有处⑪，初不畏此⑫！"消难拜谢请出⑬，终不见许⑭。酒至⑮，不肯饮，季式云："我留君尽兴⑯，君是何人⑰，不为我饮⑱？"

① 家君：家父，父亲。
② 大怪：大加责怪。
③ 无辞：没有说话。
④ 君：你（指高季式）。
⑤ 不免谴责：免不了受谴责。
⑥ 畏：怕。
⑦ 怪：责怪。
⑧ 地势：地位与势力。
⑨ 胁：威胁。
⑩ 邪（yé）：同"耶"，相当于"吗"。
⑪ 死自有处：自有地方去死。意为不会死在你手，喻不怕死。
⑫ 初不畏此：压根儿就不怕这一套。
⑬ 请出：求放出去。
⑭ 终不见许：始终未得允许。
⑮ 酒至：酒至面前。
⑯ 尽兴：畅饮。
⑰ 君是何人：你是什么人？意为你有什么了不起的？
⑱ 不为我饮：不和我一起饮酒。

命左右赍①车轮括消难颈②，又赍一轮自括颈③，仍命引满④相劝⑤。消难不得已，欣笑而从之⑥，方乃俱脱车轮⑦，更留一宿⑧。是时⑨失消难两宿⑩，莫知所在⑪，内外惊异。及消难出⑫，方具言之⑬。世宗在京辅政⑭，白⑮魏帝⑯赐消难美酒数石，珍羞⑰十舆⑱，并令朝士⑲与高季式亲狎⑳者，就季式宅宴集。其被优遇如此。

① 赍（jī）：取。今《北齐书》作"索"。

② 括消难颈：套在司马消难的脖子上。

③ 自括颈：指高季式也取一车轮套在自己的脖子上。

④ 引满：斟满酒。

⑤ 劝：劝酒。

⑥ 欣笑而从之：笑着答应了高季式的要求。

⑦ 俱脱车轮：两人都要把车轮从脖子上取下来。

⑧ 更留一宿：又留住了一夜。更，又。

⑨ 是时：当时。

⑩ 失消难两宿：两夜不见司马消难。

⑪ 莫知所在：不知他到哪儿去了。

⑫ 出：指从高季式家出归。

⑬ 具言之：如实以告。

⑭ 辅政：辅佐朝政。高洋继父兄控制东魏朝政，后废魏帝自立为帝，建立北齐。

⑮ 白：下对上告诉，陈述。

⑯ 魏帝：东魏孝静帝元善见，后被高洋所废，魏亡。

⑰ 珍羞：美味佳肴。

⑱ 舆：车，本指车厢。

⑲ 朝士：朝官。

⑳ 亲狎（xiá）：亲昵，指感情特别亲近。

【0179】《唐书》曰：王源中①为户部侍郎②、翰林丞旨③、学士④，性颇嗜酒。尝召对⑤，源中方沉醉不能起⑥。及醉醒，同列告之⑦，源中但怀忧⑧，殊无悔恨⑨。他日又以醉，不任赴召⑩，遂终不得大任⑪，以眼病求免所职⑫。

【0180】《列子》⑬曰：子产之兄公孙朝⑭，聚酒⑮千

---

① 王源中：唐代官吏。字正蒙，擢进士弘辞，官左补阙。宪宗时以直谏知名。淡于名利，率身治人，政尚简约。官终天平节度使。《旧唐书》今佚本传。可参见《新唐书·王源中列传》。

② 户部侍郎：官名。汉以后，尚书属官初任称郎中，满一年称尚书郎，三年称侍郎。隋唐以后，侍郎为各部长官的副职，地位很高。户部，六部之一，朝廷里掌管户口、财赋的官署。户部侍郎为仅次于户部尚书的次长官。

③ 翰林丞旨：翰林指翰林院，唐代开始设置。唐玄宗时开始用翰林院官员起草批答文书，掌制书诏敕。后称为翰林学士，专掌由皇帝直接发布的密令。首席学士称承旨（丞旨）。

④ 学士：官名，这里指翰林学士。唐玄宗时由文学侍从官中选任，专掌内命，因参与机要，故有"内相"之称。

⑤ 召对：指皇帝召见有事商议。这里指的是唐宪宗李纯。

⑥ 沉醉不能起：指酒醉起不了床。

⑦ 同列告之：同僚把皇帝要召见的事告诉他。同列，同僚。

⑧ 但怀忧：只是心怀忧虑。

⑨ 殊无悔恨：竟然没有后悔之意。

⑩ 他日又以醉，不任赴召：又因酒醉没能应皇帝的召见。

⑪ 大任：要任，重要职务。

⑫ 求免所职：请求免去所任职务。

⑬ 《列子》：相传为战国郑人列御寇撰，已佚。今本《列子》一般认为是晋人的作品，其中保留了许多民间故事、寓言和神话传说。

⑭ 公孙朝：人名，郑子产之兄。

⑮ 聚酒：积存酒，贮酒。

钟，积麹成封①，望门百步②，糟浆之气逆于人鼻③。方其荒于酒④也，不知正道之安危⑤，人理之悔悕⑥，室内之有无⑦，九族⑧之亲疏，虽水火兵刃交于前不知也⑨。

【0181】《王子年拾遗记》⑩曰：晋有羌人⑪姚馥⑫字世芬，充厩⑬马圉⑭，每醉中好言王者兴亡之事⑮。常云："九

---

① 积麹成封：积存的酒母成堆。封，本指坟堆。

② 望门百步：离家门百步之遥。

③ 糟浆之气逆于人鼻：酒糟的气味直刺人的鼻子。

④ 荒于酒：沉湎于酒。荒，逸乐过度，放纵。

⑤ 正道之安危：国家的安危。正道，国家大事。正，同"政"。

⑥ 人理之悔悕（xī）：悔吝之人情常理。

⑦ 室内之有无：家内财富的多与少。

⑧ 九族：所指不一，一般以上自高祖下至玄孙为九族。即高祖、曾祖、祖父、父、己、子、孙、曾孙、玄孙。

⑨ 虽水火兵刃交于前不知也：言只知有酒，不论水、火和刀兵一齐拥来都不惧怕。

⑩ 《王子年拾遗记》：十卷，前秦王嘉撰。子年为王嘉表字。

⑪ 羌人：羌为我国古代西部的一个民族。东晋时羌人曾建立后秦。

⑫ 姚馥：人名，字世芬，羌人，在晋为马夫，事迹不详。后任至酒泉太守。

⑬ 厩：马厩，马房。

⑭ 马圉（yǔ）：养马的人。古代将养马人称"圉"，牧牛人称"牧"。

⑮ 好言王者兴亡之事：喜欢说道帝王兴亡的故事。

河之水①不足以渍麹糵②,八薮之木③不足以为蒸薪④,七泽⑤之麋⑥不足以充疱俎⑦。"恒言⑧渴于醇酒⑨,群辈⑩呼为"渴羌"。后武帝授以朝歌守⑪,馥辞⑫:"愿且为马圉⑬,时⑭赐美酒,以乐余年⑮。"帝曰:"朝歌,纣之旧都⑯也,地有酒

① 九河之水:古时黄河自孟津而北,分为九道,称为九河。九河之水即指整个黄河的水。

② 不足以渍麹糵:还不够用来泡酒母的。

③ 八薮(sǒu)之木:木指树木。我国古有八薮之称,即鲁之大野,晋之大陆,秦之杨汙(yú),宋之孟诸,楚之云梦,吴越之具区,齐之海隅,郑之圃田。

④ 蒸薪:蒸饭用的柴草。

⑤ 七泽:云梦七泽,在今湖北境内。司马相如《子虚赋》:"楚有七泽,尝见其一(云梦)。"

⑥ 麋:麋鹿。

⑦ 疱俎(zǔ):厨房里的菜板肉案,此处代指肉食。

⑧ 恒言:常说。

⑨ 渴于醇酒:渴望于饮美酒。

⑩ 群辈:同辈,指与姚馥地位职务相近的人。

⑪ 授以朝歌守:委任为朝歌令守。朝歌,县名,西汉置,治所在今河南淇县。

⑫ 辞:辞而不受。

⑬ 愿且为马圉:甘愿继续当马夫。且,还。

⑭ 时:经常。

⑮ 以乐余年:作为一生的享乐。余年,有生之年。

⑯ 旧都:故都。商纣曾以朝歌为别都。

池①，故使②。"老羌③不复呼渴④，固辞⑤。迁酒泉太守⑥，地有清池⑦，其味若酒⑧，馥乘醉而拜受之⑨。

【0182】《世说》⑩曰：刘伶病酒⑪，渴甚⑫，从妇求酒⑬，持器泣谏⑭曰："君⑮饮酒太过⑯，非摄生⑰之道⑱，必

---

① 酒池：指商纣王所营糟丘酒池也。

② 故使：因为这个原因，才派你去那儿做官。

③ 老羌：指姚馥。

④ 不复呼渴：不再说渴望于酒。

⑤ 固辞：坚持不受为朝歌令。

⑥ 迁酒泉太守：升为酒泉郡太守。酒泉，郡名，西汉置郡，治所在福禄（今甘肃酒泉）。

⑦ 清池：指清澈的水池，指酒泉之池。《子虚赋》："其西则有涌泉清池"；夏侯湛《芙蓉赋》："临清池以游览，观芙蓉之丽华。"

⑧ 其味若酒：池水味如酒。

⑨ 乘醉而拜受之：乘着醉意接受任命为酒泉太守。有求之不得之意。

⑩ 《世说》：本节选自《世说新语·任诞》。

⑪ 病酒：因酒而致病，指犯了酒瘾。

⑫ 渴甚：渴得很，指极想饮酒。

⑬ 从妇求酒：向妻子要酒饮。妇，媳妇。古称妻为妇。

⑭ 持器泣谏：拿着酒器，一面哭一面规劝。谏，劝阻。妻劝刘伶节酒。

⑮ 君：夫君。指丈夫。

⑯ 太过：太多，过度了。

⑰ 摄生：养生，保养身体。

⑱ 道：道理，法子。

宜断之①"。伶曰："甚善②！我不能自禁③，唯当祝鬼自誓断之耳④。便可具酒肉⑤。"妇从之⑥。伶⑦跪而呪⑧曰："天生刘伶，以酒为名⑨。一饮一斛，五斗解酲⑩。妇人之言，慎不可听⑪。"便引酒进肉，隗然已醉⑫。

【0183】又曰⑬：毕茂世⑭云："一手持蟹螯⑮，一手持酒杯。拍浮酒池中⑯，便足了一生⑰。"

---

① 必宜断之：一定要断酒。断，戒酒。
② 甚善：好极了。
③ 不能自禁：自己控制不了自己。自禁，自我制导。
④ 唯当祝鬼自誓断之耳：只有祝祷鬼神时发誓戒酒才行。唯，只有。祝鬼，祭鬼神。祝，祝祷。自誓断之，自己发誓断酒。
⑤ 便可具酒肉：现在就准备酒肉吧。伴作要祝鬼立誓戒酒。
⑥ 妇从之：妻子听从了他的话。
⑦ 伶：刘伶。
⑧ 呪（zhòu）：同"咒"。
⑨ 以酒为名：因能饮酒而闻名。
⑩ 解酲（chéng）：解酒病，过酒瘾。酲，指因饮酒而导致的身体不适。
⑪ 慎不可听：千万不能听。慎，表示告诫，相当于"千万"。
⑫ 隗然已醉：不一会就饮醉了。
⑬ 此节选自《世说新语·任诞》。
⑭ 毕茂世：人名。
⑮ 蟹螯：蟹钳，螃蟹的第一对足，肉味鲜美。
⑯ 拍浮酒池中：在酒池内畅游。纵饮之意。拍浮，游泳。
⑰ 便足了一生：就足以了却一生了。意即别无他求。

使酒

【0184】《史记》①曰：季布②为河东守，孝文③时，人有言其贤者④。孝文召⑤，欲以为御史大夫⑥。复有言其勇⑦，使酒⑧难近⑨。至⑩，留邸⑪一月。见罢⑫，布⑬因进⑭曰："臣无功窃宠⑮，待罪河东⑯。陛下无故召臣⑰，此人必有以臣欺陛

---

① 此节选自《史记·季布列传》。

② 季布：西汉初游侠。原为项羽部将，屡困刘邦，后被刘邦追捕。遇赦后任为郎中，汉惠帝时为中郎将，转任河东太守。

③ 孝文：汉文帝刘恒（公元前202—前157年），周勃等诛灭诸吕，迎立为帝，在位二十三年。

④ 人有言其贤者：有人说季布是贤能之士。

⑤ 召：召见。

⑥ 欲以为御史大夫：想任命季布为御史大夫。御史大夫，侍御史长官称御史大夫，掌副丞相之职。

⑦ 复有言其勇：又有人说季布勇猛异常。

⑧ 使酒：酗酒，纵酒。

⑨ 难近：难于接近。

⑩ 至：指季布应召到了京城。

⑪ 留邸：留住官邸。

⑫ 见罢：召见完毕。

⑬ 布：季布。

⑭ 进：进见文帝。

⑮ 无功窃宠：没有功劳而受到宠幸。窃，私下。谦词。

⑯ 待罪河东：待罪在河东尽职。言罪者，指往日数困刘邦之事。

⑰ 无故召臣：没什么事却召见我。

下者①；今臣至，无所受事②，罢去③，此人必有毁臣者④。夫陛下以一人之誉⑤而召臣，一人之毁⑥而去臣，臣恐天下有识闻之有以窥陛下也⑦。"上⑧默然⑨惭，良久⑩曰："河东吾股肱郡⑪，故时召君⑫耳"。布辞之官⑬。

【0185】又曰⑭：孝武⑮建元元年⑯，灌夫⑰入为太仆⑱。

---

① 此人必有以臣欺陛下者：意为必定是有人拿我来欺骗陛下了。

② 无所受事：没有接受什么派遣。

③ 罢去：意为"就这样回去了"。

④ 此人必有毁臣者：这说明一定有人说我的坏话了。毁，诽谤，说别人的坏话。

⑤ 一人之誉：一个人的赞誉。

⑥ 一人之毁：一个人的诽谤。

⑦ 臣恐天下有识闻之有以窥陛下也：我怕天下有识之士听到此事，会由此来度量陛下的见识。有识，有识之士。窥陛下，窥见陛下的深浅（见识）。

⑧ 上：指文帝。

⑨ 默然：沉默。

⑩ 良久：过了好一会。

⑪ 股肱（gōng）郡：得力的郡。股肱，大腿和臂膀。古代常以股肱来比喻辅佐的大臣。

⑫ 故时召君：所以时常召见你。

⑬ 布辞之官：季布辞去了自己的官职。

⑭ 此节选自《史记·魏其武安侯（灌夫）列传》。

⑮ 孝武：汉武帝刘彻（公元前156—前87年），十六岁即皇帝位，在位五十四年。

⑯ 建元元年：公元前140年。建元为汉武帝在位年号之一。

⑰ 灌夫：颍阴人，字仲儒。历淮阴太守、太仆，徙燕相。酗酒，后被田蚡诬杀。

⑱ 太仆：为九卿之一，掌车马及畜牧之事。

二年①，夫②与长乐卫尉③窦甫④饮，轻重不得⑤（饮酒轻重不得其平）。夫醉⑥，搏甫⑦。甫，窦太后⑧昆弟⑨也。上⑩恐太后诛夫⑪，徙为燕相⑫。数岁⑬，坐法去官⑭，家居长安⑮。

灌夫为人刚直使酒⑯，不好面谀⑰。贵戚诸有势在己之

---

① 二年：建元二年，即公元前139年。

② 夫：灌夫。

③ 长乐卫尉：长乐宫卫官。

④ 窦甫：窦太后的兄弟。

⑤ 轻重不得：轻视不得。窦甫为窦太后兄弟，不好伺候。

⑥ 夫醉：灌夫饮酒醉。

⑦ 搏甫：动手打了窦甫。搏，拍；打。

⑧ 窦太后：西汉文帝皇后。清河观津（今河北衡水东）人。景帝即位，尊为皇太后。喜好黄老之学。

⑨ 昆弟：兄弟。昆，兄。

⑩ 上：指汉武帝。

⑪ 恐太后诛夫：怕窦太后会诛杀灌夫。

⑫ 徙为燕相：改任为燕王相国。燕王，即燕剌王刘旦，武帝子。

⑬ 数岁：过了几年。

⑭ 坐法去官：因罪依法免官。

⑮ 长安：西汉都城，在今陕西西安市西北。

⑯ 使酒：纵酒。

⑰ 不好面谀：不喜欢当面奉承讨好别人。

右①，不欲加礼②，必陵③之；诸士④在己之左⑤，愈贫贱，尤益敬⑥……

灌夫家居虽富，然失势⑦，宾客益衰⑧。及魏其侯⑨失势，亦欲倚灌夫引绳批根生平慕之后弃之者⑩。夫亦倚魏其⑪而通列侯宗室⑫为名高⑬。两人相为引重⑭，其游如父子然⑮。相得欢甚⑯，恨相知晚⑰也。

---

① 势在己之右：地位在自己之上。古尊崇右，故以右为较尊贵的地位。

② 不欲加礼：指贵戚如不礼敬灌夫。

③ 陵：凌辱，欺侮。

④ 诸士：指朝中一般官员。

⑤ 在己之左：指地位比自己低。左，古代崇右，以左为较低的地位。

⑥ 尤益敬：更加敬重。

⑦ 失势：指失官，失去地位。

⑧ 宾客益衰：来拜访的客人越来越少。

⑨ 魏其侯：窦婴（？—公元前131年），西汉大臣。字王孙，观津（今河北武邑东）人。窦太后之侄，功封魏其侯。武帝时任丞相。后被窦太后贬斥，不久因罪被杀。

⑩ 亦欲倚灌夫引绳批根生平慕之后弃之者：想依仗灌夫如合绳相引，与那些一向仰慕灌夫后又断交的人不相往来。批根，不相往来。

⑪ 魏其：魏其侯窦婴。

⑫ 通列侯宗室：与列侯宗室相往来。

⑬ 为名高：求盛名。

⑭ 相为引重：相倚而为声势。

⑮ 其游如父子然：交往亲如父子一般。

⑯ 欢甚：甚欢，十分高兴。

⑰ 恨相知晚：相知恨晚。

灌夫有服①，过丞相②。丞相从容③曰："吾欲与仲孺④过魏其侯⑤，会⑥仲孺有服⑦。"灌夫曰："将军⑧乃肯幸临况⑨魏其侯，夫⑩安敢以服为解⑪！请与魏其侯帐具⑫，将军旦日早临⑬。"武安⑭许诺⑮。灌夫具语魏其侯如所谓武安侯⑯。魏其与其夫人益市牛酒⑰，夜洒扫⑱，早帐具⑲，至旦平明⑳，令

① 有服：指在父母丧期。
② 过丞相：探望丞相。过，访；探望。丞相，即田蚡（fén）（？—公元前131年），长陵（今陕西咸阳东北）人。先封武安侯，后迁丞相。曾诬杀窦婴、灌夫。
③ 从容：不慌不忙，镇定沉着。
④ 仲孺：灌夫，字仲孺。
⑤ 过魏其侯：探访魏其侯。
⑥ 会：正巧。
⑦ 有服：有丧事。
⑧ 将军：尊称田蚡。
⑨ 况：造访。
⑩ 夫：灌夫。
⑪ 安敢以服为解：怎敢以丧期来作为推辞的理由。
⑫ 请与魏其侯帐具：告知魏其侯准备宴席。帐具，帷帐与膳具，为酒宴所用，代指宴席。
⑬ 旦日早临：明日一早到达（魏其侯家）。
⑭ 武安：武安侯，即丞相田蚡。
⑮ 许诺：同意。
⑯ 灌夫具语魏其侯如所谓武安侯：灌夫将他与武安侯说定的事都告知了魏其侯。具语，陈述；告知。
⑰ 益市牛酒：买来很多酒肉。市，买。
⑱ 夜洒扫：连夜扫除。洒扫，洒水打扫卫生。
⑲ 早帐具：一大早准备好了酒宴。
⑳ 至旦平明：早晨天刚亮。平明，拂晓。

门下候伺①。至日中②,丞相不来③。魏其谓灌夫曰:"丞相岂忘之哉④?"灌夫不怿⑤,曰:"夫以服请⑥,宜往⑦。"乃驾⑧,自往迎丞相。丞相特⑨前戏许⑩灌夫,殊无意往⑪。及夫至门⑫,丞相尚卧⑬。于是夫入见⑭,曰:"将军昨日幸许⑮过魏其⑯,魏其夫妻治具⑰,自旦至今⑱,未敢尝食⑲。"

---

① 令门下候伺:叫家臣用心等候观望客人的到来。门下,古时豪门养士于家,称作门下。

② 日中:日到中天,午时。

③ 不来:未来(原约定一早就到)。

④ 岂忘之哉:难道是忘了这事吗?岂,难道。

⑤ 不怿(yì):不悦,不高兴。怿,喜悦。

⑥ 夫以服请:灌夫以服丧相请。

⑦ 宜往:应当去请。

⑧ 驾:驾车。

⑨ 特:不过,只。

⑩ 戏许:开玩笑似的答应,不以为真。

⑪ 殊无意往:一点儿也没有准备前往的意思。

⑫ 及夫至门:等到灌夫来至家门时。

⑬ 尚卧:还躺在床上。指并无什么准备。

⑭ 夫入见:灌夫进去见过丞相。

⑮ 幸许:幸得许诺。

⑯ 过魏其:探访魏其侯。

⑰ 治具:准备好了酒宴。

⑱ 自旦至今:自早晨到此刻。今,现在;这会儿。

⑲ 未敢尝食:一点东西也没敢吃。空腹相等。

武安愕①，谢曰："吾昨日醉②，忽③忘与仲孺言④。"乃驾往⑤。及饮酒酣，夫起舞属丞相⑥，丞相不起⑦，夫从坐上语侵之⑧。魏其乃扶灌夫去⑨，谢丞相⑩。丞相卒饮至夜⑪，极欢而去⑫。

丞相尝使籍福⑬请魏其侯城南田⑭。不得⑮，由此怨⑯灌夫、魏其。

后丞相娶燕王女⑰为夫人，有太后诏⑱，召列侯宗室皆往

---

① 愕：惊愕。

② 昨日醉：指昨天饮酒多而致醉。

③ 忽：疏忽。

④ 忘与仲孺言：忘却了同灌夫说过的话。

⑤ 乃驾往：于是驾车前往魏其侯家。

⑥ 夫起舞属丞相：灌夫在席间起舞劝丞相酒。属，此有劝进酒意。

⑦ 不起：没有起立。无礼之谓。

⑧ 夫从坐上语侵之：灌夫在座席上用言语侵侮丞相。

⑨ 去：离去。

⑩ 谢丞相：向丞相道歉。谢，道歉。

⑪ 卒饮至夜：一直饮到夜深。卒，毕。

⑫ 极欢而去：十分高兴地离去。

⑬ 籍福：人名。

⑭ 请魏其侯城南田：求取魏其侯在城南的田庄。

⑮ 不得：未能如愿。

⑯ 怨：恨。

⑰ 燕王女：燕王刘泽子康王刘嘉之女。

⑱ 诏：一般指皇帝的命令和文告。

贺①。魏其侯过灌夫,与俱②。夫③谢④曰:"夫数以酒失得过丞相⑤,丞相今者⑥又与夫有郄⑦。"魏其曰:"事已解⑧。"强与俱⑨。饮酒酣,武安起为寿⑩,坐皆避席伏⑪。已魏其侯为寿⑫,独故人避席⑬耳,余半膝席⑭。灌夫不悦⑮。起行酒⑯,至武安⑰,武安膝席⑱曰:"不能满觞⑲。"夫怒⑳,因嘻笑㉑

---

① 贺:祝贺婚礼。

② 与俱:意为想两人一起去。俱,一起。

③ 夫:灌夫。

④ 谢:推辞。

⑤ 夫数以酒失得过丞相:灌夫数次因为酒后失言得罪了丞相。酒失,酒后过失,又称作酒过。

⑥ 今者:现在。

⑦ 有郄(xì):同"有隙",感情上存在裂痕。

⑧ 事已解:那些事已解释过了。解,有消除之意。

⑨ 强与俱:强迫一起去。

⑩ 起为寿:起立为客人祝酒。寿,敬酒。

⑪ 坐皆避席伏:满坐都离席伏地。以示礼重。

⑫ 已魏其侯为寿:到魏其侯敬酒时。

⑬ 独故人避席:只有那些旧相识离席。

⑭ 余半膝席:其他人都半跪在座席上。不敬之意。

⑮ 不悦:心里不痛快。

⑯ 起行酒:站起来为人斟酒。

⑰ 至武安:到武安侯面前。

⑱ 膝席:跪席上。按礼应站立受酒。

⑲ 能满觞:叫灌夫不要斟满杯。

⑳ 夫怒:灌夫很生气。

㉑ 嘻笑:有轻蔑之意。

曰："将军贵人也！"属之①时武安不肯。行酒次至②临汝侯③，临汝侯方与程不识④耳语⑤，又不避席。夫无所发怒⑥，乃骂临汝侯曰："生平毁⑦程不识不直一钱⑧，今日长者为寿⑨，乃效女儿呫嗫⑩耳语！"武安谓灌夫曰："程⑪、李⑫俱东西宫卫尉⑬，今众辱⑭程将军，仲孺独不为李将军地乎⑮？"灌夫曰："今日斩头陷胸⑯，何知程、李⑰乎？"坐乃起更衣，稍稍去⑱。

---

① 属之：接着斟酒。属，劝请。

② 次至：轮到。

③ 临汝侯：灌贤，灌婴之孙，封临汝侯。

④ 程不识：初为长乐校尉，景帝时以直谏为大中大夫，为人廉明。

⑤ 耳语：小声说话。

⑥ 无所发怒：没有地方发泄怒气。

⑦ 毁：诽谤。

⑧ 不直一钱：一钱不值。直，同"值"。

⑨ 长者为寿：长者为你行酒。长者，年长者。

⑩ 效女儿呫（chè）嗫（niè）：学女人说悄悄话。呫嗫，附耳小语。

⑪ 程：程不识。

⑫ 李：李广（？—公元前119年），陇西成纪（今甘肃秦安西北）人。西汉名将，勇敢善战；先为散骑常侍，后为卫尉。有"飞将军"之称。

⑬ 东西宫卫尉：卫尉，官名，卫官长。李广为东宫卫尉，程不识为西宫卫尉。

⑭ 众辱：当众侮辱。

⑮ 独不为李将军地乎：意为也该为李将军着想，辱了程不识，把李将军往哪儿放？

⑯ 斩头陷胸：砍头剖腹，比喻死都不怕。

⑰ 何知程、李：哪里还知道什么程将军、李将军。

⑱ 稍稍去：慢慢离去。

【0186】《续汉书》曰①：时圣公聚客②，家有酒，请游徼③饮。宾客醉歌，言："朝烹两都尉④，游徼后来⑤，用调羹味⑥。"游徼大怒，缚捶数百⑦。

【0187】《魏志》曰⑧：吴质⑨黄初五年⑩朝京师，诏大将军⑪及特进⑫以下皆会⑬质所⑭，太官⑮给供俱⑯。酒酣，

---

① 此节见《后汉书·刘玄列传》注引《续汉书》。

② 聚客：宴请宾客。

③ 游徼（jiǎo）：古代乡官名。秦代始置，掌一乡的巡察缉捕。

④ 朝烹两都尉：早上煮了两个都尉（戏语）。都尉，官名，战国为武官名，汉后职责多变。

⑤ 后来：来晚了。

⑥ 用调羹味：指用这个游徼来调肉羹的味道。

⑦ 缚捶数百：抓住歌者捶打了几百下。

⑧ 此节本出《吴质别传》，今《三国志·魏书》注引。

⑨ 吴质：三国魏将，洛阳人。官至振武将军，封列侯。

⑩ 黄初五年：公元224年。黄初为三国魏文帝曹丕在位的年号，即公元220—226年。

⑪ 大将军：将军的最高称号，职掌统兵征战。

⑫ 特进：官名。汉制，诸侯功德隆盛为朝廷所敬异者，赐位特进，位在三公之下。

⑬ 会：聚会宴饮。

⑭ 质所：吴质住处。

⑮ 太官：官名。宫廷总掌膳食之官。

⑯ 给供俱：供给酒食。指安排酒宴。

质欲尽欢①。时上将军②曹真③性肥④，中领军⑤朱铄⑥性瘦⑦，质召优⑧，使说肥瘦⑨。真负其贵⑩，耻见贱⑪，怒责质⑫曰："卿欲以部曲⑬将遇⑭我耶？"骠骑将军⑮曹洪⑯、轻车将军⑰王忠⑱言："将军必欲使上将军肥⑲，即自宜为瘦⑳。"真愈

---

① 尽欢：尽情畅饮。

② 上将军：上大将军。位于大将军之上。

③ 曹真：本姓秦，字子丹。父死被曹操收养。以功进大将军、大司马，封邵陵侯。

④ 性肥：生性肥胖。

⑤ 中领军：官名。汉末始设，魏晋至南北朝时，常以亲信大臣为之，与中护军同握统率军队的实权。

⑥ 朱铄：人名。

⑦ 瘦：体消瘦。

⑧ 质召优：吴质召来俳（pái）优。优，古代指演戏的人。

⑨ 使说肥瘦：叫表演有关胖人、瘦人的故事。

⑩ 真负其贵：曹真自认为高贵。

⑪ 耻见贱：被人轻视感到耻辱。贱，轻视，又作"戏"。

⑫ 责质：责怪吴质。

⑬ 部曲：魏晋南北朝时期指地主阶级的私人军队。这里指家奴。

⑭ 将遇：相待。

⑮ 骠骑将军：将军名，骠骑为称号。执掌统兵征战，位在三公上下。

⑯ 曹洪：三国魏将。字子廉（？—公元232年），沛国谯（今安徽亳州）人。曹操堂弟。历任厉锋将军、骠骑将军、后将军。功封野王侯，乐城侯。

⑰ 轻车将军：官名，又为轻车都尉，为勋官，自汉起历代因之。

⑱ 王忠：人名。

⑲ 将军必欲使上将军肥：吴质将军一定是想让上将军（曹真）更胖。

⑳ 自宜为瘦：自该减肥。

恚①，拔刀瞋目②，言："俳③敢轻说④，吾斩尔⑤！"遂骂坐⑥。质案剑⑦曰："曹子丹⑧，汝非屠机⑨上肉，吴质吞尔不啮喉⑩，咀汝不啮牙⑪，何敢恃势骄耶⑫？"铄⑬因起⑭曰："陛下使吾等来乐卿⑮尔，乃至此耶⑯！"质顾叱⑰之曰："朱铄，敢坏坐⑱！"诸将军皆还坐⑲。铄愈恚，还⑳，拔剑

---

① 真愈恚：曹真更加恼恨。
② 瞋（chēn）目：怒目圆瞪。
③ 俳：俳优，演戏的人。
④ 轻说：胡言之意。
⑤ 吾斩尔：我就杀了你。
⑥ 骂坐：在坐席间辱骂。
⑦ 案剑：以手按剑。案，同"按"。
⑧ 曹子丹：曹真，字子丹。
⑨ 屠机：切肉砧案。机，几案。
⑩ 吞尔不啮喉：把你吞下去咽喉都不用动。
⑪ 咀汝不啮牙：嚼你都不用动牙齿。咀，嚼。
⑫ 何敢恃势骄耶：怎敢依仗权势如此骄横呢！
⑬ 铄：朱铄。
⑭ 起：起身。
⑮ 使吾等来乐卿：叫我们来陪你高兴高兴。
⑯ 乃至此耶：怎么是这个样子呀！
⑰ 顾叱：反过来叱责。顾，反而。
⑱ 敢坏坐：你胆敢坏了这酒宴。
⑲ 还坐：重新落坐。
⑳ 还：回到家中。

斩地①，遂使罢②也。

【0188】《吴志》曰③：权既为吴王④，欢宴之末⑤，自起行酒⑥。虞翻⑦伏地佯醉⑧，不起⑨。权去⑩，翻起坐⑪。权于是大怒，手拔剑欲击之。侍坐者莫不惶遽⑫，唯大司农⑬刘基⑭起抱权⑮谏曰："大王以三爵后⑯手⑰杀善士，虽翻有

---

① 斩地：把剑插在地上。

② 使罢：又作"便罢"，作罢也。

③ 此节选自《三国志·吴书·虞翻列传》。

④ 吴王：孙权黄龙元年（公元229年）称帝于武昌，国号吴。

⑤ 欢宴之末：指酒宴结束之前。

⑥ 自起行酒：亲自为人斟酒。

⑦ 虞翻：余姚人，字仲翔。曾任孙权骑都尉，因酒失，徙交州（今广东广州）讲学，有门徒常数百人。

⑧ 佯醉：假装饮醉了。

⑨ 不起：今《三国志》作"不持"，指不受酒。

⑩ 权去：孙权又去劝别人酒。

⑪ 翻起坐：虞翻起身重新落坐。

⑫ 莫不惶遽：没有一个不惊慌失措的。惶遽，惊慌不知所措。

⑬ 大司农：官名。掌租税钱谷盐铁和国家财政收支，为九卿之一。

⑭ 刘基：字敬舆，累官郎中令，改光禄勋，分平章尚书事。

⑮ 抱权：抱住孙权。

⑯ 三爵后：指酒宴将完，古代饮酒以三杯为节。

⑰ 手：亲手。

罪①，天下孰知之②？且大王以能容贤畜众③，故海内望风④。今一朝弃之⑤，可乎⑥？"权曰："曹孟德杀孔文举⑦，孤于虞翻何有哉⑧？"基⑨曰："孟德轻害⑩士人，天下非之⑪。大王躬行德义⑫，欲与尧舜比隆⑬，曾何自喻于彼⑭乎？"翻由是得免⑮。权因敕左右⑯："自今酒后言杀⑰，皆不得杀⑱也！"

① 虽翻有罪：尽管虞翻有罪过。
② 孰知之：谁能知道他犯了什么罪。
③ 容贤畜众：招贤纳士的意思。
④ 望风：仰望风声，人心所向之意。
⑤ 一朝弃之：突然放弃了这个优势。
⑥ 可乎：这样做妥当吗？
⑦ 孔文举：孔融。
⑧ 孤于虞翻何有哉：我杀一个虞翻又有什么关系呢？孤，帝王的自称。
⑨ 基：刘基。
⑩ 轻害：轻杀，随便杀害。
⑪ 天下非之：遭到天下人的非议。
⑫ 躬行德义：身体力行，仁义道德。
⑬ 比隆：比高低。隆，高。
⑭ 曾何自喻于彼：何曾拿自己和曹操相提并论。彼，指曹操。
⑮ 翻由是得免：虞翻因刘基一席话而得免于一死。
⑯ 敕左右：命令左右的人。
⑰ 酒后言杀：饮酒后下令杀人。
⑱ 皆不得杀：都不准杀死。言酒后话不算数。

【0189】又曰①：胡综②性爱酒③，酒后欢呼极意④，或推引杯觞⑤，搏击左右⑥。权爱其才⑦，不备责⑧也。

【0190】又曰⑨：凌统⑩当击贼⑪围，先期⑫，统⑬与督将陈勤⑭会⑮饮酒。勤刚勇任气⑯，因督酒际⑰，陵轹一坐⑱，

---

① 此节选自《三国志·吴书·胡综传》。
② 胡综：固始（今河南固始）人，字伟则，官至偏将军兼左执法。
③ 性爱酒：生性爱饮酒。
④ 欢呼极意：极意欢呼，酒醉时高声叫喊的狂态。
⑤ 推引杯觞：推杯引觞，喻狂饮之态。杯、觞，均指酒杯。
⑥ 搏击左右：拍打坐在旁边的人。
⑦ 权爱其才：孙权喜爱他的才气。
⑧ 不备责：不加指责。
⑨ 此节选自《三国志·吴书·凌统传》。
⑩ 凌统：三国吴国将领。字公绩，由别部司马迁校尉，后拜偏将军。
⑪ 贼：指山越。汉末至隋唐时对分布在今苏、浙、皖、赣、闽、粤等地山区越人通称山越。越人曾不断展开斗争，反抗中原统治者的强征暴敛。
⑫ 先期：大战之前。
⑬ 统：凌统。
⑭ 陈勤：人名。
⑮ 会：聚饮。
⑯ 勤刚勇任气：陈勤刚勇任性。
⑰ 督酒际：督酒之际。督酒，监、行酒令。
⑱ 陵轹（11）一坐：欺凌满坐来客。陵轹，凌轹，凌辱欺压。

举罚不以其道①。统疾其侮慢②,面折不为具酒③。勤怒詈统④及其父操⑤,统流涕不答⑥。众因罢坐⑦。勤乘酒凶悖⑧,又于道路辱统⑨,统不忍⑩,引刀斫勤⑪,数日死⑫。及当攻屯⑬,统曰:"非死无以谢罪⑭!"乃率厉士卒⑮,身当矢石⑯,所攻一面,应时破坏⑰。诸将乘胜,遂大破之。还⑱,自拘于军

---

① 举罚不以其道:罚酒不按常规。道,规矩。
② 统疾其侮慢:凌统厌恶陈勤的轻慢不敬。
③ 面折不为具酒:当面指责陈勤不为自己斟酒。
④ 勤怒詈(lì)统:陈勤破口大骂凌统。詈,骂;责备。
⑤ 操:凌操,凌统之父。
⑥ 统流涕不答:凌统落着泪并不答话。
⑦ 众因罢坐:在座的人不欢而散。罢坐,散席。
⑧ 勤乘酒凶悖(bèi):陈勤借着酒劲更加凶暴无理。
⑨ 于道路辱统:在归途中侮辱凌统。
⑩ 不忍:不忍受辱。
⑪ 引刀斫(zhuó)勤:举刀砍了陈勤。斫,砍。
⑫ 数日死:指陈勤过了几天死去。
⑬ 及当攻屯:等到进攻山越防地的那一天。
⑭ 非死无以谢罪:不死不足以求得谅解。谢罪,向对方承认错误,请求原谅。
⑮ 率厉士卒:身先士卒。率厉,相率同勉。
⑯ 身当矢石:用身体抵挡箭、石。比喻冲锋在前。
⑰ 应时破坏:立即攻克。应时,立刻;马上。
⑱ 还:凯旋而归。

正①。权②壮其果毅③，许④以功赎罪。

【0191】《晋书》曰⑤：庾纯⑥为河南尹⑦，以贾充⑧奸佞⑨，与任恺⑩共举充⑪西镇关中⑫。充由是不平⑬。尝宴朝士⑭，而纯后至⑮，充谓曰⑯："尹⑰行尝居人前⑱，今何以

---

① 自拘于军正：自己把自己拘禁到军正那里。军正，掌军法之官员。

② 权：孙权。

③ 壮其果毅：钦佩凌统的果敢勇毅。

④ 许：允许。

⑤ 此节选自《晋书·庾纯列传》。

⑥ 庾纯：字谋甫，累官黄门侍郎，历中书令、河南尹。免官后又拜少府，卒于官。

⑦ 河南尹：河南郡守。汉置河南郡，治所在雒阳（今河南洛理东北）。

⑧ 贾充：西晋大臣。字公间（公元217—282年），平阳襄陵（今山西临汾东南）人。历任司空、侍中、尚书令、太尉等职。

⑨ 奸佞（nìng）：古代指善吹捧狡诈虚伪的奸臣。

⑩ 任恺：字元褒，尚魏明帝女，官员外散骑常侍。后为侍中，封昌国县侯，迁吏部尚书。一度免官，复太仆，转太常。

⑪ 举充：荐举贾充。

⑫ 关中：今陕西关中地区。

⑬ 充由是不平：贾充因此内心不满。

⑭ 尝宴朝士：指贾充有一次宴请朝官。

⑮ 纯后至：庾纯赴宴晚到。

⑯ 充谓曰：贾充对庾纯说。

⑰ 尹：以河南尹的官衔称庾纯。

⑱ 居人前：在别人前面。

在后①?"纯②曰:"且有小市事不了③,是以④来后⑤。"世言⑥纯之先尝有五百者⑦,充之先有市魁者⑧,故充、纯以此相讥⑨焉。充自以功隆望重⑩,意殊不平⑪。及纯行酒⑫,充不时饮⑬。纯曰:"长者为寿⑭,何敢尔乎⑮。"充⑯曰:"父老不归供养⑰,将何言也⑱?"纯因发怒曰:"贾充,天下凶

---

① 何以在后:怎么落在了后面。

② 纯:庾纯。

③ 有小市事不了:有一点市井上的小事没办完。市事,今《晋书》为"市井事",市场上的事。

④ 是以:因此。

⑤ 来后:晚到。

⑥ 世言:世人说。

⑦ 纯之先尝有五百者:庾纯的祖先曾有当过五百的人。先,先人,祖先。五百,又写作"伍伯"。为卒役之名,即士兵的前导。贾充因此而嘲笑庾纯,即前说"居人前"的本意。

⑧ 充之先有市魁者:贾充祖先中有当过市魁的人。市魁,一市之长,管理市场的官吏,隶于市令之下。

⑨ 相讥:互相讥笑。

⑩ 功隆望重:功高威望大。

⑪ 意殊不平:心里极不满意。殊,甚;很。

⑫ 及纯行酒:到庾纯劝酒时。

⑬ 充不时饮:贾充不立刻饮下。不时,不立即。

⑭ 长者为寿:长者斟酒。长者,年长者。寿,敬酒。

⑮ 何敢尔乎:怎敢如此无礼?尔,这样;如此。

⑯ 充:贾充。

⑰ 父老不归供养:不供养父老。指相对庾纯而言。

⑱ 将何言也:又该当何论呢?

凶①，由尔一人②！"充曰："辅佐二世③，荡平巴蜀④，有何罪而天下谓之凶凶⑤？"纯曰："高贵乡公何在⑥？"众坐因罢⑦。充左右⑧欲执纯⑨，中护军⑩羊琇⑪、侍中王济⑫佐⑬之，因得出⑭。充惭怒⑮，上表解职⑯。纯惧⑰，上⑱河南尹、关中

---

① 天下凶凶：天下一片恐惧。凶凶，形容恐惧之声。

② 由尔一人：都是你一人造成的。

③ 二世：指司马昭，司马炎代魏称帝，追尊司马懿为宣帝，司马昭为文帝，故文帝称二世。

④ 荡平巴蜀：指由司马昭发兵灭蜀汉后，钟会在蜀谋反，贾充前往讨伐，未至而钟会先死。

⑤ 有何罪而天下谓之凶凶：有什么根据说我是罪魁祸首？

⑥ 高贵乡公何在：高贵乡公现在哪里？实问高贵乡公是怎么死的。本为贾充指使成济所杀，所以如此发问。高贵乡公即曹髦（髦 máo，公元241—260年），为三国魏皇帝，曹丕之孙，初封高贵乡公。

⑦ 众坐因罢：来客不欢而散。罢，散席。

⑧ 充左右：贾充手下的人。

⑨ 欲执纯：想捉拿庾纯。执，拘捕；捉拿。

⑩ 中护军：官名，为重要军事长官。

⑪ 羊琇：西晋大臣。字稚舒，泰山南城（今山东费县西南）人。西晋初建，任散骑常侍。

⑫ 王济：字武子，尚武帝女常山公主。后以白衣领太仆。

⑬ 佐：保护。

⑭ 因得出：因此而得以脱身。

⑮ 充惭怒：贾充又是羞愧，又是愤恨。

⑯ 解职：辞职。

⑰ 纯惧：庾纯有些害怕。

⑱ 上：上交。

侯印绶①，上表自劾②。

【0192】《晋书·裴楷传》曰：石崇③以功臣子④有才气，与裴楷⑤志趣各异⑥，不与之交⑦。长水校尉⑧孙季舒⑨尝酣宴⑩，慢傲过度⑪。欲表免之⑫，楷闻之⑬，谓崇曰："足下⑭饮人狂药⑮，责人正礼⑯，不亦乖乎⑰？"乃止⑱。

---

① 印绶（shòu）：官印。绶，拴印的丝带。
② 自劾（hé）：自己承认所犯的错误。劾，揭发罪状。
③ 石崇：西晋大臣。字季伦（公元249—300年），渤海南皮（今河北南皮北）人。官至太仆、征虏将军、都督徐州诸军事。"八王之乱"中被孙秀所杀。
④ 功臣子：功臣之子。
⑤ 裴楷：字叔则，精《老》《易》，美容仪，时称玉人。官吏部郎，拜散骑侍郎，迁侍中，后封临海侯，官至中书令。
⑥ 志趣各异：志趣不同。
⑦ 交：交往；结交。
⑧ 长水校尉：官名。
⑨ 孙秀舒：人名。
⑩ 酣宴：酣饮。
⑪ 慢傲过度：过度傲慢无礼。这里指的是孙季舒。
⑫ 欲表免之：石崇准备上表请免除孙秀舒官职。
⑬ 楷闻之：裴楷听说了此事。
⑭ 足下：本为称呼朋友的敬辞。战国时亦称君主为足下。
⑮ 饮人狂药：给人（指孙季舒）饮酒。狂药，指酒。
⑯ 责人正礼：用正礼来责难人家。
⑰ 不亦乖乎：不是太离奇了吗？乖，不协调。
⑱ 止：指石崇不打算上书了。

【0193】又曰①：裴遐②尝在平东将军③周馥④坐，与人围碁⑤。司马⑥行酒，遐未及饮⑦。司马醉怒，因曳遐堕地⑧。遐徐起⑨，还坐⑩，颜色⑪不变，复碁如故⑫。其性和⑬如是。

【0194】《宋书》曰⑭：谢超宗⑮为人恃才⑯，使酒⑰，多有陵忽⑱。在直省⑲常醉，上⑳召见，语及北方事㉑，超宗

---

① 此节选自《晋书·裴楷传》。

② 裴遐：为南海王司马越主簿，后为其子司马毗所害。

③ 平东将军：官名。

④ 周馥：字祖实，惠帝时为平东将军、都督扬州诸军事，封永宁伯。

⑤ 与人围碁（qí）：和人一起下围棋。碁，同"棋"。

⑥ 司马：官名。魏晋司马为军府之官，在将军之下。

⑦ 遐未及饮：裴遐没顾得上当时喝下去。

⑧ 曳遐堕地：把裴遐拉倒在地上。

⑨ 徐起：慢慢站起身来。

⑩ 还坐：回到坐位上。

⑪ 颜色：脸色。

⑫ 复碁如故：继续像刚才那样下棋。

⑬ 性和：性情温和。今《晋书》作"虚和"。

⑭ 今《宋书》无本传，此节见《南史·谢超宗列传》。

⑮ 谢超宗：入为黄门侍郎，恃才使酒。以失仪出为南郡王中军司马，后免官赐死。

⑯ 恃才：依仗才气。

⑰ 使酒：酗酒。

⑱ 陵忽：欺凌轻辱别人。

⑲ 直省：为天子之直辖省。这里指谢超宗任黄门侍郎之时。

⑳ 上：皇帝。这里指宋顺帝刘准。

㉑ 北方事：谈到北方（北朝）情势。

曰："虏①动来二十年矣,佛出京无如之何②。"以失仪③出为南郡王④中军司马⑤。

【0195】《梁书》曰⑥：萧颖达⑦出为豫章内史⑧，意甚愤愤⑨。未发前⑩，预华林宴⑪。酒后于座辞气不悦⑫。沈约⑬因劝酒，欲以观之⑭。颖达大骂约⑮曰："我今日形容⑯，正是

---

① 虏：对敌人的蔑称。这里的"虏动"指北魏南下对宋的攻伐，未得成功。
② 佛出亦无如之何：即便是佛祖出面也拿他没有办法。
③ 失仪：有失礼仪。
④ 南郡王：萧子夏，字云广，封王七岁见杀。
⑤ 中军司马：官名。
⑥ 《梁书》本传无此文，见于《南史·萧颖达列传》。
⑦ 萧颖达：萧梁时封唐侯，位侍中、卫尉，出为豫章内史，迁江州刺史，卒于左卫将军。
⑧ 豫章内史：豫章郡内史。豫章治所在南昌（今江西南昌）。内史，这里同郡守。
⑨ 意甚愤愤：心里十分烦闷。愤，烦闷，心绪不平。
⑩ 未发前：未赴任之前。
⑪ 预华林宴：参加梁武帝的华林园宴会。华林，华林园，六朝时的官苑，本三国吴建。故址在今南京鸡鸣山南古台城内。
⑫ 辞气不悦：语气显得不高兴。
⑬ 沈约（公元441—513年）：南朝梁大臣、文学家、史学家。字休文，吴兴武康（今浙江德清西）人。官至侍中、中书令、尚书令，有《宋书》一百卷等。
⑭ 欲以观之：今《南史》作"欲以释之"，意为为之排解心中的郁闷。
⑮ 约：沈约。
⑯ 形容：样子，有处境之意。

汝老鼠所为①,何忽复劝我酒②?"举坐惊愕③,帝④谓之曰:"汝是我家阿五⑤。沈公⑥宿望⑦,何以轻脱⑧?若以法绳汝⑨,汝复何理⑩?"达⑪竟无一言,唯⑫大涕泣⑬,心愧之⑭。

【0196】又曰⑮:谢善勋⑯饮酒至数升⑰,醉后辄张眼⑱大骂,虽复贵贱亲疏无所择⑲也。时谓之"谢方眼"。

---

① 正是汝老鼠所为:都是你这老鼠造成的。

② 何忽复劝我酒:怎么忽然又劝我的酒。

③ 举坐:满坐。惊愕,吃惊。

④ 帝:指梁武帝萧衍。

⑤ 阿五:老五。萧颖达为萧赤斧第五子,赤斧为梁武帝从祖弟,故称之为阿五。

⑥ 沈公:对沈约的尊称。

⑦ 宿望:久有重望。宿,素来就有的。

⑧ 何以轻脱:怎么如此轻佻。轻脱,轻佻(tiāo);轻薄。

⑨ 以法绳汝:用法律来制裁你。绳,衡量;纠正。

⑩ 汝复何理:你又有什么道理可讲?

⑪ 达:萧颖达。

⑫ 唯:只。

⑬ 大涕泣:大声哭泣。

⑭ 心愧之:今《南史》作"帝心愧之",指梁武帝为之惭愧。

⑮ 《梁书》无本传,见于《南史·颜协列传》。

⑯ 谢善勋:会稽人,能为八体六文,方寸千言。为湘东王录事参军,胸襟坦夷。饮酒至数斗,醉后总是瞪眼大骂,贵贱亲疏无所择,时称"谢方眼"。

⑰ 饮酒至数升:今《南史》作"数斗",指一次饮酒达数斗之多。十升为一斗。

⑱ 张眼:瞪眼。

⑲ 虽复贵贱亲疏无所择:指骂起人来,不论他地位贵贱及关系亲密与否都没什么选择。

【0197】《陈书》①曰：柳盼②为散骑常侍，性愚憨③，使酒。因醉乘马入殿门④，为有司⑤劾免于家⑥。

【0198】《风俗通》曰⑦：陈国⑧有赵岭⑨者，酒后自⑩相署⑪，或称亭长⑫、督邮⑬。岭⑭复于外骑马，将⑮绛幡⑯

---

① 《陈书》：二十四史之一。唐姚思廉撰。共三十六卷，主要记载了南朝陈代（公元557—589年）三十三年的历史。《陈书》是二十四史中卷帙最小的一种。此节选自《陈书·高宗柳皇后列传》。

② 柳盼：尚陈文帝女富阳公主，拜驸马都尉，后加散骑常侍。性愚使酒，醉乘马入殿门，被劾免。

③ 愚憨：愚笨憨厚。

④ 殿门：宫殿大门。

⑤ 有司：官吏。这里指司法官员。

⑥ 免于家：免官回家。

⑦ 今本《风俗通》无此节文字。此节还见载于《北堂书钞》卷一二〇，文略云："陈国赵岭，酒后与人争，出外将竹马持绛幡云：我使者也。"

⑧ 陈国：东汉改淮阳国为陈国，治所在陈县（今河南淮阳）。

⑨ 赵岭（líng）：汉桓帝时宦官，以清忠闻名，博学多览。

⑩ 自：在。

⑪ 相署：相府，丞相府第。

⑫ 亭长：亭为秦汉时期的一种基层行政单位，大抵十里设一亭，有亭长。十亭为一乡。

⑬ 督邮：官名，为郡之佐吏。分东、南、西、北、中，称为五部督邮。

⑭ 岭：赵岭。

⑮ 将：拿。

⑯ 绛幡：红颜色的条形旗子。

云:"我使者①也!"司徒②鲍昱③决狱④,云:"骑马将幡,起于戏⑤耳,无他恶意⑥。"

【0199】又曰⑦:汝南⑧张妙⑨,酒后相戏⑩,遂缚捶二十下。又悬足指⑪,遂至死。鲍昱决事⑫云:"原其本意无贼心⑬,宜减死⑭。"

【0200】《风俗通》曰⑮:巴郡⑯宋迁⑰,母名静。往阿

---

① 使者:使节。

② 司徒:东汉时为丞相之职。

③ 鲍昱:东汉大臣。字文泉(?—公元81年),上党屯留(今山西屯留南)人。历官司隶校尉、汝南太守、司徒、大尉。

④ 决狱:断案。狱,官司。指判明赵岭行为的性质。

⑤ 起于戏:起因于开玩笑。

⑥ 无他恶意:指没有什么不好的用心。因此不加追究。

⑦ 今本《风俗通义》无此文,另见载于《意林》。

⑧ 汝南:郡名,治所在上蔡(今河南上蔡西南),东汉移治平舆。

⑨ 张妙:人名。

⑩ 相戏:相互开玩笑。

⑪ 悬足指:系足趾倒吊。死者名为杜士,见《意林》所载。

⑫ 决事:判断案件。

⑬ 贼心:贼害之心。

⑭ 减死:免于一死。

⑮ 此节亦不见于今本《风俗通义》。另见载于《永乐大典》卷一二〇四四。

⑯ 巴郡:本为秦所设郡,东汉分为巴郡、永宁、固陵三郡。巴郡治在江州(今重庆)。

⑰ 宋迁:人名。

奴家①饮酒，迁母②坐上失气③，奴谓迁④曰："汝母在坐上，何无仪适⑤？"迁曰："肠痛误⑥耳，人各有气⑦，岂止我母⑧？"迁骂⑨，奴⑩乃持木枕击⑪迁⑫，遂死⑬。

---

① 阿奴家：兄弟家。汉晋时通称弟弟为"阿奴"。这里所指似非亲兄弟。

② 迁母：宋迁之母。

③ 失气：气绝。此处指丧失常态。

④ 奴谓迁：阿奴对宋迁说。

⑤ 何无仪适：何以失仪，怎么仪态不端？

⑥ 误：耽误。

⑦ 气：元气。

⑧ 岂止我母：难道只有我母亲如此吗？

⑨ 迁骂：宋迁大骂阿奴。

⑩ 奴：阿奴。

⑪ 枕击：朝后脑勺处打击。

⑫ 迁：宋迁。

⑬ 遂死：指宋迁被打致死。

卷第八百四十七

饮食部五

食（上）

【0201】《周礼·天官·膳夫》曰：膳夫①掌王之食膳羞②，以养王及后③、世子④（羞，有滋味）。凡王之馈⑤，食用六谷⑥，膳用六牲⑦，饮用六清⑧，羞用百二十品⑨，珍用八物⑩，酱⑪用百二十瓮。王日一举⑫，鼎十有二⑬，物皆有

---

① 膳夫：官名，掌王饮食，为食官之长。后将司烹调之事者，通称为膳夫。

② 食膳羞：泛指饮食。食，饮食。膳，肉食。羞，珍味食品。今《周礼》作"食饮膳羞"，饮指酒浆等。

③ 后：王后。

④ 世子：天子诸侯的嫡生长子。求世世不绝，故有其名。后世称太子。

⑤ 馈：吃饭。

⑥ 六谷：指黍、稷、梁、麦、苽（gū）、稌（tú）。苽，即菰，茎称茭白，籽实叫菰米。稌，即稻。

⑦ 六牲：六种牲畜，即马、牛、羊、豕、犬、鸡。豕，即猪。

⑧ 六清：六种饮料，即水、浆、醴、凉（liáng）、医（jiàn）、酏（yǐ）。醴为甜酒，凉为酸浆，医为梅浆，酏为稀粥。

⑨ 百二十品：一百二十种。比喻很多。

⑩ 珍用八物：指用八种不同的烹饪方式制作食物，即淳熬、淳母、炮豚、炮牂（zāng）、捣（dǎo）珍、渍、熬、肝膋（liáo）。

⑪ 酱：指调味用的醯与醢。

⑫ 日一举：一日一盛宴。举，杀牲为盛馔。

⑬ 鼎十有二：有十二个鼎来盛食物。以鼎盛食是古代统治者地位的象征，故有"钟鸣鼎食"之说。

俎①，以乐侑食②。膳夫用祭品③，尝食④，王乃食⑤。

【0202】又曰⑥：王齐⑦，则玉府⑧供玉食⑨（郑玄注曰：玉，阳之精，御水气⑩也。郑司农云：食玉，犀⑪也）。

【0203】又《天官·食医》曰⑫：掌和王之六膳⑬、百羞⑭、百酱⑮、八珍之齐⑯。凡食齐眡春时⑰（饭宜温⑱），羹

---

① 物皆有俎：食物都放在俎架上。俎，祭祀用以盛牛羊等祭品的木制礼器。
② 以乐侑（yòu）食：用音乐来劝食。侑，用奏乐或献玉帛劝人饮食。
③ 膳夫用祭品：今《周礼》作"膳夫授祭品"，膳夫将祭品授为王之食。
④ 尝食：膳夫须先尝尝食物。
⑤ 王乃食：待膳夫尝过，王才进食。
⑥ 此节选自《周礼·天官·玉府》。原文为："王齐，则共食玉"。
⑦ 齐（zhāi）：通"斋"，斋戒。
⑧ 玉府：官署名。掌玉器制备以及其他金属玩物、兵器等。
⑨ 玉食：食玉屑（粉）。
⑩ 御水气：抵御潮气。
⑪ 犀：指犀牛角。犀牛角是中药中用于解热的珍品。
⑫ 此节选自《周礼·天官·食医》。
⑬ 六膳：二字前本有"六食、六饮"四字。六膳指马、牛、羊、豕、犬、鸡六牲之膳。
⑭ 百羞：百品之馐。比喻很多，不止一百。
⑮ 百酱：指多种调味品。
⑯ 齐：调和。
⑰ 食齐眡（shì）春时：饭食以温为宜。眡，今作"视"，看。春为暖，故以比饭温的程度。
⑱ 饭宜温：食时饭以温为宜。

齐眂夏时①（羹宜热②），酱齐眂秋时③（酱宜凉④），饮齐眂冬时⑤（饮宜寒⑥）。凡和⑦，春多酸⑧，夏多苦⑨，秋多辛⑩，冬多咸⑪，调以滑甘⑫。凡会膳食之宜⑬，牛宜稌⑭，羊宜黍⑮，豕宜稷⑯，犬宜粱⑰，鸟宜麦⑱，鱼宜菰⑲。凡君子⑳之食恒放㉑焉。

① 羹齐眂夏时：羹食以热为度。以夏天比热。

② 羹宜热：羹以热食为宜。

③ 酱齐眂秋时：调味的酱类要凉。以秋天喻凉。

④ 酱宜凉：酱须凉时用。

⑤ 饮齐眂冬时：饮料要以寒为度，以冬寒相比。

⑥ 饮宜寒：四时所饮皆须寒。

⑦ 和：调和。

⑧ 春多酸：春季调制食品易酸。春以东风为主，东方属木，味酸，故言。

⑨ 夏多苦：夏季调制食品易苦。南风属火，火味苦。

⑩ 秋多辛：秋季调制食品易辛辣。秋风属金，金味辛。

⑪ 冬多咸：冬季调制食品易咸。北方属水，水味咸。

⑫ 调以滑甘：以甘调和酸、辛、苦、咸四味。古代以中为土，土味甘。甘，甜。

⑬ 会膳食之宜：言饮食调配要适当。

⑭ 牛宜稌：牛味甘平，稻味苦而温，甘苦相成。

⑮ 羊宜黍：羊味甘热，黍味苦温，同样是甘苦相成。

⑯ 豕宜稷：牝猪味苦，稷米味甘，亦是甘苦相成。稷，谷子。

⑰ 犬宜粱：犬味酸而温，粱味甘而微寒，气味而成。粱，指优良的谷子，不是指高粱。

⑱ 鸟宜麦：鸟指雁，味甘平，大麦味酸而温，小麦味甘而微寒，气味相成。

⑲ 鱼宜菰：鱼与菰同为水产，水物相宜。

⑳ 君子：指王以下、大夫以上的贵族官吏。

㉑ 放：仿照。

【0204】又曰①：内饔②掌王及后、世子膳羞之割③烹煎和④之事，辨体名肉物⑤，辨百品味之物⑥（割，肆解⑦肉也。烹，煮也。煎和，成数⑧）。……选百羞酱物珍物⑨以俟馈⑩（先进其中御者⑪），共⑫后⑬及世子膳羞（膳夫⑭掌之）。

【0205】又曰⑮：小宰⑯凡朝觐⑰会同宾客，以牢礼之

---

① 此节选自《周礼·天官·内饔》。

② 内饔（yōng）：官名，食官之一。饔，熟食。

③ 割：切肉。

④ 煎和：调和五味。

⑤ 辨体名肉物：分辨牲体的部位及各类肉食品。牲体分脊、肋、肩、臂、臑（nào），又分正脊、脡（tǐng）脊、横脊、短肋、正肋、代肋等，名目繁多。

⑥ 百品味之物：百种味的食物。百言其多，非确数。前言"百二十品"亦如是，举其数多而已。

⑦ 肆解：分割。肆，解。

⑧ 成数：二字为所引原注的略语，不是释"煎和"二字，属误引。

⑨ 百羞酱物珍物：百馐、百酱、八珍之物，概言全部食物。

⑩ 俟（sì）馈：以待供王食。俟，等待。馈，吃饭。

⑪ 先进其中御者：指首先送上预选的合乎王意的食物。此句本是郑注，原句为"先进食之时，恒选择其中御者"。

⑫ 共：同"供"。

⑬ 后：王后。

⑭ 膳夫：食官之长。

⑮ 此节选自《周礼·天官·小宰》。

⑯ 小宰：官名。为大宰之副，掌官廷刑罚政令等。

⑰ 朝觐（jìn）：朝见天子。觐，朝见帝王。

法①，掌其牢礼，委积②膳献③，饮食宾④赐之飧⑤牵⑥饮，与其成数⑦。

【0206】又曰⑧：大宗伯⑨以饮食之礼，亲⑩宗族兄弟。

【0207】《大戴礼》⑪曰：食谷者⑫必智慧而巧⑬。

【0208】《礼记·曲礼上》曰：侍食于长者⑭，主人亲馈⑮，则拜而食⑯。主人不亲馈，则不拜而食⑰。共食不

---

① 以牢礼之法：按照牢礼的规定。牢礼有太牢、少牢之分，牛、羊、猪齐全为太牢，只备羊、猪为少牢。

② 委积：在道旁招待客人的处所。《周礼·地官·遗人》云："十里有庐，庐有饮食。三十里有宿，宿有委。五十里有市，市有积。"

③ 膳献：熟食与时鲜食品。

④ 食宾：宴飨宾客。

⑤ 飧（sūn）：指晚餐。

⑥ 牵：指活的祭牲。

⑦ 成数：固定的数目。

⑧ 此节选自《周礼·春官宗伯·大宗伯》。

⑨ 大宗伯：官名。古代六卿之一、主掌礼仪等，相当于后来的礼部尚书。

⑩ 亲：使其亲近和谐。

⑪ 《大戴礼》：相传为西汉戴德所编，原收85篇，称为《大戴礼》，以别于《礼记》。《礼记》又称作《小戴礼》。《大戴礼》今仅存39篇。

⑫ 食谷者：吃粮食的人。谷，即五谷。

⑬ 必智慧而巧：必定聪慧而且机巧。

⑭ 侍食于长者：陪侍年长的人吃饭。

⑮ 亲馈：亲自进献食物。送食为馈。

⑯ 拜而食：先拜谢而后食。拜，拜谢，以示敬意。

⑰ 不拜而食：不必拜谢便可进食。主人待客并不隆重，客人亦省礼。

饱①,……勿流歠②(郑玄注曰:流歠,有似贪③也)。毋咤食④(咤,陟嫁切),毋啮骨⑤,毋反鱼肉⑥,毋投与狗骨⑦,毋固获⑧(饮自得曰固⑨,争自取曰获⑩),……毋刺齿⑪。

【0209】又曰⑫:凡进食之礼,左殽右胾⑬,食居人之左⑭,羹居人之右⑮(皆便食⑯也。殽,骨体⑰也。胾,切肉⑱

---

① 共食不饱:共大器而食,不要吃得太饱。以示谦让。古代同事之间有同器而食之习,故有此说。此句后略去了"共饭不泽手,毋抟饭,毋放饭"几句。

② 勿流歠:不要大口饮食。指进食速度不得太快。

③ 贪:贪吃贪饮。

④ 毋咤食:咤为用舌在口中作声,因嫌主人饮食不美。言不要作啧啧之声。

⑤ 毋啮骨:不要啃咬骨头,一防口齿出声,二防误认为食无肉,主人不悦。

⑥ 毋反鱼肉:未吃完的鱼肉不可放回食器里去,指已污秽,别人不可食。反,同"返",还。

⑦ 毋投与狗骨:不得把吃过的骨头扔给狗啃。这是对客人而言的,否则有轻贱主人食物之嫌。

⑧ 毋固获:不可见好独吃。专取食物曰固,争着取食曰获。

⑨ 固:孔颖达疏:"专取曰固。"

⑩ 获:孔颖达疏:"争取曰获。"

⑪ 毋刺齿:不要摆弄口齿。否则为不敬。此句前略去了"毋扬饭,饭毋馨以箸,毋嚃(tà)羹,毋絮羹"几句。

⑫ 此节亦选自《礼记·曲礼上》。

⑬ 左殽(yáo)右胾(zì):进食时带骨的肉食放在左边,肉块放在右边。殽,同"肴",这里指带骨的肉。胾,切成大块的肉。

⑭ 食居人之左:饭食放在人的左边。

⑮ 羹居人之右:羹食放在人的右边。

⑯ 皆便食:都是为了便于饮食。

⑰ 骨体:带骨的肉。

⑱ 切肉:切肉有大小,这里指大块肉。

也。食，饭属也。居之左右①，明其近②也。殽在俎③，胾在豆④）。脍炙处外⑤，醯酱处内⑥（殽、胾之外内也。近醯酱者，食之主⑦。脍炙皆在豆⑧也）。葱渫处末⑨（渫，蒸葱也。处醯酱之左，言"末"者，殊加⑩也，在豆⑪）。酒浆处右⑫（处羹之右，此言若酒若浆⑬耳，两有之则左酒右浆⑭也）。以脯脩⑮置者，左朐右末⑯（亦便食也。屈中曰朐，其俱切）。

---

① 左右：人的左右两边。

② 近：近前，近旁。

③ 俎：方形的木制盛食器。

④ 豆：高脚木盘食器。

⑤ 脍炙处外：脍炙分别放在殽、胾的外面，指离人稍远。脍，细切肉丝。炙，烤肉。

⑥ 醯酱处内：调味的醯酱放在殽、胾的内边，离人稍近。醯，酸醋。

⑦ 食之主：主要的食物。

⑧ 皆在豆：都放在豆盘内。

⑨ 葱渫处末：葱渫在醯酱左边。渫，同"渫"，蒸烤过的葱。处末，摆在一边。

⑩ 殊加：特地所加。

⑪ 在豆：放在豆盘内。

⑫ 酒浆处右：酒浆等饮料放在羹食之右。浆，《御览》作"酱"，误。

⑬ 若酒若浆：或上酒或上浆。卑客单供酒或浆，贵客有酒又有浆。

⑭ 两有之则左酒右浆：如果有酒又有浆，则酒在左浆在右。《御览》浆误为"酱"。

⑮ 脯脩（xiū）：脯和脩均为干肉，因加工方法不同而异其名。

⑯ 左朐（qú）右末：意即肉脯的弯曲一端朝左放，直端朝右。朐，指肉脯的弯曲部位。末，指中直部位。

【0210】又曰①：齐大饥②，黔敖③为食于路④，以待饿者而食之⑤。有饿者蒙袂⑥辑屦⑦。贸贸然来⑧。黔敖左奉食⑨，右执饮⑩，曰："嗟⑪来食⑫"。扬其目而视之⑬，曰："予唯不食嗟来之食⑭，以至于斯⑮也。"从而谢⑯焉，终不食而死⑰。

【0211】又曰⑱：食于有丧者之侧⑲，未尝饱⑳也（助哀

---

① 此节选自《礼记·檀弓下》。
② 齐大饥：齐国遭到大饥荒。
③ 黔敖：春秋齐国人。曾设食路边以食饥民，因失敬，有不受食而死者。
④ 为食于路：散食于道旁，供行人充饥。
⑤ 以待饿者而食之：等待饥饿的人前来进食。
⑥ 蒙袂（mèi）：用衣袖蒙着脸。不想见人。袂，衣袖。
⑦ 辑屦：提着鞋子。指无力穿鞋行走。
⑧ 贸贸然来：跌跌撞撞而来。贸贸，目不明之状。
⑨ 左奉食：左手端着食物。
⑩ 右执饮：右手拿着饮料。
⑪ 嗟：感叹词，这里有不敬重的意思。
⑫ 来食：来吃吧。
⑬ 扬其目而视之：瞪着眼睛审视黔敖。
⑭ 予唯不食嗟来之食：我就是因为不吃这嗟来无礼之食。
⑮ 以至于斯：才落得如今这般地步。
⑯ 谢：辞谢不食。
⑰ 终不食而死：终因不受"嗟来食"而死。
⑱ 此节选自《礼记·檀弓上》。
⑲ 食于有丧者之侧：同有丧事的人一起吃饭时。
⑳ 未尝饱：没吃饱过。

戚①也）。

【0212】又曰②：庶人③春荐韭④，夏荐麦⑤，秋荐黍⑥，冬荐稻⑦。韭以卵⑧，麦以鱼⑨，黍以豚⑩，稻以雁⑪（庶人无常牲⑫，取与新物⑬相宜而已）。

【0213】又曰⑭：文王⑮之为太子⑯，朝于王季日三⑰。……食上⑱，必在视寒暖之节⑲（在，察也）。食下⑳，

---

① 助哀戚：助其哀伤之情。分担悲哀。
② 此节选自《礼记·王制》。
③ 庶人：士以下的平民。
④ 春荐韭：春祭用韭菜。荐，祭，祭礼无牲畜称作"荐"。或曰："有田则祭，无田则荐。"
⑤ 夏荐麦：夏祭用麦。
⑥ 秋荐黍：秋祭用黍。
⑦ 冬荐稻：冬祭用稻米。四季所荐，均为各季所得新鲜之物，为庶民常食之物。
⑧ 韭以卵：指祭飨以韭菜为主，配以卵。春祭用韭菜和鸡蛋。
⑨ 麦以鱼：夏祭用麦配以鱼。
⑩ 黍以豚：秋祭用黍配以猪肉。
⑪ 稻以雁：冬祭用稻配以飞禽。
⑫ 常牲：常畜之牲。
⑬ 新物：各季节的时鲜之物。
⑭ 此节选自《礼记·文王世子》。
⑮ 文王：周文王姬昌，见前注。
⑯ 太子：《礼记》本作"世子"，义同。
⑰ 朝于王季日三：一日朝见父亲王季三次。王季即季历，周文王之父，后被文丁所杀。
⑱ 食上：上食，指为王季设食。
⑲ 在视寒暖之节：审视食物凉热的程度。
⑳ 食下：进食完毕后撤食。

问所膳①（问所食者）。命上宰②曰："未有原③，"应曰："诺④！"然后退⑤（未，犹勿也。原，再⑥也。勿有所再进，为其失饪⑦臭味恶⑧也。退，反其寝⑨也。）

【0214】又曰⑩：朝夕之食⑪上⑫，世子必在视寒暖之节。食下，问所膳⑬。羞必知所进⑭，以命膳宰，然后退（羞必所进，必知亲所食也）。若内竖⑮言疾⑯，则世子亲齐玄而养⑰（亲，犹自也。养疾者齐。玄冠玄端⑱也）。膳宰之

---

① 问所膳：指文王向膳夫问王季都吃了些什么。
② 上宰：《礼记》原作"膳宰"，食官。
③ 未有原：指再上食不得上吃过的东西，都须新烹的。
④ 诺：是。表示答允。
⑤ 然后退：指文王说完话后退回寝宫。
⑥ 再：再次。指再进已食之食。
⑦ 失饪：剩食再温必熟烂过度，故谓失饪。
⑧ 臭味恶：食物的气和味都不好。臭，气。
⑨ 反其寝：回到自己的私寝。反，同"返"，回也。
⑩ 此节亦选自《礼记·文王世子》。
⑪ 朝夕之食：早餐与晚餐。泛指一天的饮食。
⑫ 上：供食。
⑬ 问所膳：问王吃了些什么膳食。
⑭ 羞必知所进：必定要得知王所吃的东西。
⑮ 内竖：内侍。
⑯ 言疾：报告王有了疾病。
⑰ 亲齐玄而养：亲自斋戒，玄衣玄冠前去养护病人。齐，同"斋"，斋戒。玄，指黑中带红的衣冠。养，指护理病人。
⑱ 端：礼服，有襦裳之衣。

馔①，必敬视②之（疾者之食齐，和所欲或异③）。疾之药④，必亲尝之⑤（试毒也）。尝馔善⑥，则世子⑦亦能食⑧（善，谓多于前⑨）。尝馔寡⑩，世子亦不能饱⑪（又不及武王⑫一饭再饭⑬）。

【0215】又曰⑭：古者未有火化⑮，食草木之实⑯、鸟兽之肉，饮其血，茹其毛⑰。……后圣有作⑱，然后修火之

---

① 之馔：指上食。

② 视：审视。

③ 和所欲或异：所上食与想吃的不一样。

④ 疾之药：治病的药。

⑤ 必亲尝之：文王必定亲自尝药。试是否有毒。

⑥ 善：指膳食多于以前。

⑦ 世子：指文王。

⑧ 亦能食：指也可吃给王送的食物。

⑨ 多于前：饮馔多于以往。

⑩ 寡：少。

⑪ 不能饱：不能吃饱。食少之故。

⑫ 武王：周武王。此篇本言文王，此处注疑有误。《礼记》其他版本有作"文王"者。

⑬ 一饭再饭：指饱食。

⑭ 此节选自《礼记·礼运》。

⑮ 古者未有火化：远古时候还不知道熟食。火化，以火化食，熟食。

⑯ 草木之实：指植物的果实。

⑰ 茹其毛：孔颖达疏：虽食鸟兽之肉，若不能饱，则茹其毛以助饱。今人多释为连肉带毛都吃下去。

⑱ 后圣有作：后来有圣人出现。作，起，出现。

利①,……以炮②,以燔③,以烹④,以炙⑤,以为醴酪⑥。

【0216】又曰⑦：夫礼之初⑧,始诸饮食⑨。其燔黍⑩捭豚⑪（捭,卜麦切）,汙尊⑫而抔饮⑬（汙,乌莘切。抔,步侯切）,蒉桴⑭而土鼓⑮（蒉,苦对切）,犹若可以致其敬于鬼神⑯（言其物虽质⑰,略有齐敬⑱之心,则可以荐羞于鬼神⑲,鬼飨德不飨味⑳也）。

---

① 修火之利：利用火力为人类造福。修,修益,使火的用处增多。
② 以炮：用火来炮食物。炮,将食物裹在泥里,放火里烧熟的一种烹饪方法。
③ 燔（fán）：将肉食放在火上烤的一种烹饪方法。
④ 烹：煮食。
⑤ 炙：将肉切成块串起来放火上烤。
⑥ 以为醴酪：利用火酿造美酒、制作乳酪。酪,或言果汁。
⑦ 此节亦选自《礼记·礼运》。
⑧ 礼之初：礼节最初的产生,礼的起源。
⑨ 始诸饮食：起始于饮食。言礼起源于饮食。
⑩ 燔黍：古无釜甑,将粮食放在烧热的石块上烤烧,故云"燔黍"。
⑪ 捭（bǎi）豚：把猪开膛后放火上烤。捭,通"擘",分开。
⑫ 汙尊：凿地为尊盛酒。尊,酒杯。
⑬ 抔（póu）饮：用手捧酒浆喝。没有陶器,故有此说。
⑭ 蒉桴（fú）：土块做鼓槌。蒉,土块。桴,鼓槌。
⑮ 土鼓：筑土为鼓,或烧陶为鼓。
⑯ 犹若可以致其敬于鬼神：指在这种条件下也能对鬼神表示崇敬之心。犹若,如此。
⑰ 物虽质：物质虽不丰富。
⑱ 齐敬：恭敬。
⑲ 荐羞于鬼神：向鬼神献祭食物。
⑳ 飨德不飨味：接受敬意但并不能吃什么。飨,通"享"。

【0217】又曰①：天子一食②，诸侯再③，大夫三④。

【0218】又曰⑤：不食雏鳖⑥，狼去肠⑦，狗去肾⑧，狸去正脊⑨，兔去尻⑩，狐去首⑪，豚去脑⑫，鱼去乙⑬，鳖去醜⑭（皆为不利人⑮也）。

【0219】又曰⑯：膳⑰（目诸膳也）：臐⑱，膮⑲，

---

① 此节选自《礼记·礼器》。

② 天子一食：古以尊者常以德为饱，不在食味，故一食而告饱，待劝之再食，故云"一食"。

③ 诸侯再：诸侯德不及天子，故再食而告饱，须劝而再食，故云"再"。

④ 大夫三：《礼记》作"大夫士三"，指士、大夫三饭而告饱。

⑤ 此节选自《礼记·内则》。

⑥ 不食雏鳖：不吃小鳖。

⑦ 狼去肠：吃狼不食狼肠。

⑧ 狗去肾：食狗去肾。狗肾有微毒。

⑨ 正脊：通脊，脊椎上的肉。

⑩ 尻（kāo）：本指屁股。兔尻指兔的尾椎部位的肉。

⑪ 狐去首：食狐肉不吃狐头。

⑫ 豚去脑：食猪肉不食其脑髓。脑，指猪脑髓。

⑬ 鱼去乙：食鱼去乙骨。乙，有的鱼眼旁有骨名乙，人食鲠（gěng）而不得出。

⑭ 鳖去醜：食鳖要去掉粪门。醜，同"丑"，指肛门。

⑮ 不利人：不利于人体的健康。指上述的雏鳖、狼肠、狗肾、狸脊、兔尻、狐首、豚脑、鱼乙、鳖醜。

⑯ 此节选自《礼记·内则》。

⑰ 膳：这里指以下列举的各种食物。

⑱ 臐（xiāng）：牛肉羹。

⑲ 膮（xūn）：羊肉羹。

膮①，醢②（腵，音香。膮，许云切）。牛炙③，醢；牛胾④，醢；牛脍⑤；羊炙⑥；羊胾⑦，醢；豕炙⑧，醢；豕胾⑨；芥酱⑩；鱼脍⑪；雉⑫；兔；鹑⑬；鷃⑭（此上大夫⑮礼，庶羞⑯二十豆⑰也。以《公食大夫礼》馔校⑱之，则"膮、牛炙"间不能有"醢"，醢衍字⑲也。又以"鷃"为"鴽"⑳也）。

---

① 膮（xiāo）：猪肉羹。
② 醢（hǎi）：肉酱。郑玄认为此处"醢"为衍字，应删。
③ 牛炙：烤牛肉。
④ 牛胾：牛肉块。切成大块的肉。
⑤ 牛脍：牛肉丝。脍，细切的肉、鱼。
⑥ 羊炙：烤羊肉。
⑦ 羊胾：羊肉块。
⑧ 豕炙：烤猪肉。
⑨ 豕胾：猪肉块。
⑩ 芥酱：芥粉所制的酱，味辛辣，用于调味。芥，芥菜籽，如粟粒，研粉可调味或药用。
⑪ 鱼脍：鱼肉丝。
⑫ 雉：鸟名，俗名野鸡。形状习性与家鸡相似，但栖息山野。
⑬ 鹑：鹌鹑，鸡鹑类鸟，样子像小鸡，头小尾短秃。
⑭ 鷃（yàn）：鸟名，麦收时的候鸟，又名鴾或老扈。
⑮ 上大夫：大夫分上、中、下三等，上大夫比卿低一级。
⑯ 庶羞：众馐，众多的馔品。
⑰ 二十豆：用二十个豆来盛装。即指二十种馔品。
⑱ 校（jiào）：校勘，校正。
⑲ 衍字：因传抄或排版多出的不应有的字。
⑳ 鴽（rú）：同"鴽（rú）"，鸟名，为鴾（móu）母，一说与鹌相类。

【0220】《玉藻》①曰：侍食于先生②，异爵者③，后祭先饭④（谦⑤也）。客祭⑥，主人辞⑦曰：不足祭⑧也（祭者，盛食人馔也）。客飧⑨，主人辞以疏⑩（飧者之言丽⑪也）。

【0221】又曰⑫：父命呼⑬，唯而不诺⑭，手执业则投之⑮，食在口则吐之⑯。

① 《玉藻》：为《礼记》之一篇。
② 先生：泛指年长者，如父兄、老师等。
③ 异爵：不同杯。以示先生比自己尊贵。
④ 后祭先饭：古代饮食必祭，推席中尊者一个祭之。言后祭先饭，指先为尊者尝饭再祭。《御览》祭作"察"，误。
⑤ 谦：谦恭。
⑥ 客祭：客人盛馔后祭尊长者。
⑦ 辞：推辞。
⑧ 不足祭：不用祭。表示客气。
⑨ 客飧：客人赞主人食美。飧，本指晚饭。
⑩ 辞以疏：对客人说饭食粗糙，不能致饱。疏，粗。
⑪ 言丽：称赞馔美。
⑫ 此节亦选自《礼记·玉藻》。
⑬ 父命呼：父招呼子。
⑭ 唯而不诺：只唯不诺。唯，答应的声音。诺，义同"唯"。古代以"唯"恭于"诺"。
⑮ 手执业则投之：手里如果正干着什么事要马上放下。业，事情。投，放。
⑯ 食在口则吐之：口里如果正在吃东西要吐出来。这两句所言即"投业吐食"，表示急应父命的恭敬之貌。

【0222】又曰①：若赐之食②，而君客之③，则命之祭④，然后祭（虽见宾客犹不敢备礼⑤也，侍食则正不祭⑥也）。先饭⑦，辩尝羞⑧，饮而俟⑨（俟君食而后食之，患⑩也。将食⑪，臣先尝，孝也）。若有尝羞者⑫，则俟君之食，然后食，饭饮⑬而俟（不祭侍食不敢备礼也，不尝羞，膳宰存⑭也，饭饮，利将食⑮也）。君命之羞⑯，羞近者⑰（辟贪

---

① 此节亦选自《礼记·玉藻》。
② 赐之食：君赐臣食。
③ 君客之：君以客礼待臣。
④ 命之祭：君命臣祭。饮食之先必祭。
⑤ 备礼：行礼。
⑥ 侍食则正不祭：侍食于君，只须正容而不必行祭。
⑦ 先饭：进食之先。先，前。
⑧ 辩尝羞：辨别品尝馔品的味道。辩，同"辨"。君食之先，臣尝食以示忠孝。
⑨ 饮而俟：尝馐后再进饮，等待君先进食。饮为润喉，利于进食。
⑩ 患：忧虑。郑注无此字。
⑪ 将食：准备进食，进食之前。
⑫ 若有尝羞者：如有专门品尝馔品的人。
⑬ 饭饮：进饮料。
⑭ 膳宰存：膳宰在场。膳宰可尝馐。
⑮ 利将食：利于吞咽食物。
⑯ 君命之羞：君命开始进食。
⑰ 羞近者：只食离自己较近的一种馔品。避贪吃之嫌。

味①也），命之品尝之②，然后唯所欲③（必先遍尝④之）。凡尝远食⑤，必顺近食⑥（从近始也）。君未覆手⑦，不敢飧（覆手以循哑⑧，已食⑨也。飧，劝食⑩也）。君既食⑪，又饭飧（不敢先君饱⑫）。饭飧者，三饭⑬也（臣劝君食，如是可也）。君既彻君⑭，执饭与酱⑮，乃出授从者⑯（食于尊前⑰，亲彻⑱也）。凡侑食⑲，不尽食⑳，食于人不饱㉑（谦也）。

① 辟贪味：避贪食美味之嫌。辟，同"避"。
② 命之品尝之：君命臣遍尝众馔。品，义同"遍"。
③ 唯所欲：吃自己想吃的馔品。
④ 遍尝：尝遍。
⑤ 远食：指离自己稍远的馔品。
⑥ 必顺近食：从离自己较近的馔品开始按顺序品尝。
⑦ 君未覆手：言君还未食毕时。覆手，食饱手覆手顺口边一抹，恐沾有饭粒等。
⑧ 循哑（èr）：抚摩口旁。循，抚摩。哑，口旁，口耳之间。
⑨ 已食：食毕。
⑩ 劝食：劝进食。
⑪ 既食：食毕。既，已经。
⑫ 不敢先君饱：不敢比君先吃饭，不能比君先吃完。
⑬ 三饭：三度饭称飧。
⑭ 既彻：君食毕撤去馔品。彻，通"撤"，撤去。
⑮ 执饭与酱：臣拿着自己没吃完的饭食与酱。饭与酱为主要的食物。
⑯ 出授从者：饭酱拿出给随从食用。
⑰ 食于尊前：在尊长面前进食。
⑱ 亲彻：臣亲自撤食。
⑲ 侑（yòu）食：侍食于尊长。侑，佐；助。
⑳ 不尽食：不要把食物吃光。
㉑ 食于人不饱：作为客人不要吃得过饱。食于人，在别人家吃饭，指作客人。

【0223】又《学记》①曰：虽有嘉肴②，弗食③，不知其旨④也。虽有至道⑤，弗学，不知其善⑥也（旨，美也）。

【0224】又《杂记》⑦曰：孔子曰："吾食于少施氏⑧而饱，少施氏食我以礼⑨（言贵其以礼待己，而为之饱⑩也。时人⑪倨慢⑫，若季氏⑬则不以礼⑭矣。少施氏，鲁惠公⑮子施父⑯之后）。吾祭⑰，作而辞⑱曰：'疏食⑲不足祭⑳也'。

---

① 《学记》：为《礼记》第十八篇。

② 嘉肴：佳肴。

③ 弗食：不吃。弗，不。

④ 不知其旨：不知道这佳肴味道之美。

⑤ 至道：特别好的道理、方法等。

⑥ 善：好。

⑦ 《杂记》：为《礼记》第二十、二十一篇。此节选自《礼记·杂记下》。

⑧ 食于少施氏：在少施氏那里吃饭。少施氏，鲁惠公子施叔之后，有少施氏，以为姓。

⑨ 食我以礼：与我食，以礼相待。

⑩ 而为之饱：因此才觉得吃饱了。

⑪ 时人：当时的人。

⑫ 倨（jù）慢：傲慢无礼。

⑬ 季氏：鲁桓公子季友之后，为季孙氏，亦曰季氏。

⑭ 不以礼：不以礼相待。

⑮ 鲁惠公：春秋鲁国国君，名弗湟，在位四十六年。

⑯ 施父：鲁惠公之子，即施叔，为鲁大夫。

⑰ 吾祭：孔子饭前先祭。

⑱ 作而辞：指少施氏站起来表示推辞。作，起。

⑲ 疏食：粗食，谦词。

⑳ 不足祭：用不着祭。

吾飧，作而辞①曰：'疏食也，不敢以伤吾子②'。纳币③一束④，束五两⑤，两五寻⑥。"

【0225】又《坊记》⑦曰：故食礼⑧，主人亲馈⑨，则客不祭⑩。故君亲馈，则客不祭。故君子苟无礼⑪，虽美不食⑫焉。

【0226】《左传》曰⑬：晋公子重耳⑭过卫⑮，卫文公⑯

---

① 作而辞：亦指少施氏而言。
② 不敢以伤吾子：不敢让这些粗食伤了你的身体。子，这里指孔子。
③ 纳币：古时订婚送礼称纳币。币，泛指各种礼物。这里指绢帛。
④ 一束：一捆。十个为一束。
⑤ 束五两：一束五两，犹说五双、五对，指十个。
⑥ 两五寻：两个为五寻。古代一寻为八尺，五寻即四十尺，亦即四丈，四丈为一匹。可见这里的一束指的就是一匹。
⑦ 《坊记》：为《礼记》第三十篇。
⑧ 食礼：饮食之礼。
⑨ 亲馈：亲自敬食。
⑩ 不祭：不必饭时先祭。
⑪ 君子苟无礼：君子作君进食若遇无礼相待。
⑫ 美不食：馔品再好也不吃。
⑬ 此节选自《左传·僖公二十三年》。
⑭ 重耳：姬重耳（公元前697—前628年），春秋晋国君，即晋文公。因乱在外流亡十九年，后由秦穆公发兵护送回国，立为晋君。
⑮ 过卫：出奔经过卫国。卫国都当时在楚丘（今河南滑县）。
⑯ 卫文公：姬辟疆（？—公元前635年），春秋卫国君。先因内乱出奔于齐，狄灭卫，齐桓公发兵救，筑楚丘城，以遗民五千人立为卫君。

不礼①焉。出于五鹿②（五鹿，郧③地），乞食于野人④，与之块⑤，公子⑥怒，欲鞭之⑦。子犯⑧曰："天赐⑨也！"（得土有天赐⑩）。稽首⑪，受而载之⑫。

【0227】又曰⑬：楚伐庸⑭，出师⑮旬有五日⑯，百濮⑰

① 不礼：不以礼相待，无礼。
② 出于五鹿：出奔至五鹿。五鹿，地名，卫国地，在今河南濮阳东北。
③ 郧（yún）：地名。原注为"卫"，《御览》误。
④ 乞食于野人：向乡野之人讨饭吃。野人，乡人、农人。
⑤ 与之块：乡人给的是土块。块，土块。
⑥ 公子：指重耳。
⑦ 欲鞭之：重耳气得想鞭打乡人。
⑧ 子犯：狐偃，字子犯。为晋文公的舅舅，又称舅犯，跟从文公流亡十九年。
⑨ 天赐：上天所赐。指得土喻得国。
⑩ 得土有天赐：原注语为"得土有国之祥，故以为天赐"。
⑪ 稽首：古时礼节。跪下拱手，手、首至地。稽音起。
⑫ 受而载之：接受土块并载之于车。
⑬ 此节选自《左传·文公十六年》。
⑭ 庸：古国名。春秋时，介于巴、秦、楚之间。今湖北竹山东南有上庸故城，一度为庸的国都。庸在公元前611年被楚所灭。
⑮ 出师：出兵。
⑯ 旬有五日：十五天。一旬为十日。
⑰ 百濮：濮族，古代民族名，殷周时分布在江汉以南，与楚邻近。

乃罢①（濮夷②无屯聚③，见难④则散归）。自庐⑤以往⑥，振廪同食⑦（往，往伐庸也。振，发⑧也。廪，仓也。同食，上下无异馔⑨也）。

【0228】又曰⑩：初，宣子⑪田⑫于首山⑬，舍⑭于翳桑⑮（田，猎也。翳桑⑯，桑之多荫翳⑰者。首山，在河东⑱蒲坂⑲县东南）。见灵辄⑳饿，问其病，曰："不食三日㉑矣！"食

① 罢：散。
② 濮夷：濮指百濮，夷是古代对少数民族的泛称，含有轻侮的意思。
③ 无屯聚：没有村落，不定居。
④ 难：灾难。
⑤ 庐：古邑名，一作卢，在今湖北襄阳西南。本春秋庐戎国，楚灭为邑。
⑥ 往：去，去随同伐庸。
⑦ 振廪（lǐn）同食：打开粮仓一同进食。振，发；打开。廪，粮仓。
⑧ 发：开发；打开。
⑨ 上下无异馔：从上到下吃一样的饮食，没有两样。
⑩ 此节选自《左传·宣公二年》。
⑪ 宣子：赵宣子，即赵盾，春秋晋国正卿。
⑫ 田：打猎。
⑬ 首山：地名，在今山西永济县西蒲州镇东南。
⑭ 舍：住宿。
⑮ 翳（yì）桑：指树叶繁茂的大桑。一说为地名。
⑯ 翳桑：《御览》无"翳"字，据《左传》补。
⑰ 荫翳：指树冠的覆盖面。
⑱ 河东：郡名。
⑲ 蒲坂：《御览》作"蒲板"。蒲坂县治在今山西永济西蒲州镇。
⑳ 灵辄：人名。
㉑ 不食三日：三天没吃饭。

之①，舍其半②。问之③，曰："宦三年④矣（宦⑤，学也），未知母之存否⑥？今近⑦焉（去⑧家近），请以遗之⑨。"使尽之⑩，而为之箪食与肉⑪（箪，笥⑫也），置诸橐⑬，以与之⑭。既而⑮与为公介⑯（灵辄为公甲士⑰），倒戟以御公

---

① 食之：指赵宣子给灵辄饭吃。
② 舍其半：留下一半不吃。舍，放弃。这里为存留之意。
③ 问之：问其原因。问为何不吃完。
④ 宦三年：在外求学三年。宦，游学。《御览》宦作"官"，误。
⑤ 宦：《御览》此处亦作"官"，误。
⑥ 未知母之存否：不知母亲是否还活着。
⑦ 近：离家近了。
⑧ 去：离。
⑨ 请以遗之：请求把没吃完的食物拿回去给母亲吃。
⑩ 使尽之：赵宣子叫灵辄把那些东西吃完。
⑪ 箪食与肉：把饭和肉装在竹篮里。箪，竹篮。
⑫ 笥（sì）：方形竹器。箪一般为圆形。
⑬ 置之橐（tuó）：放在口袋内。橐，一种不封底的口袋。
⑭ 以与之：用来送给灵辄。
⑮ 既而：不久以后。
⑯ 与为公介：灵辄充任晋灵公介士。公，指晋灵公。介，本指铠甲，这里指着铠甲的兵士。
⑰ 甲士：披甲的士兵。

徒①，而免之②。问何故③，对曰："翳桑之饿人④也。"问其名居⑤（问所居），不告而退⑥（不望报⑦也），遂自亡⑧也（辄亦去）。

【0229】又曰⑨：诸侯之师⑩次于郑西⑪，我师⑫次于督杨⑬，不敢过郑⑭（督扬，郑也）。子叔声伯⑮使叔孙豹⑯请逆于晋师⑰。为食于郑郊⑱，师逆以至⑲（声伯戒叔孙以必须

---

① 倒戟以御公徒：倒转兵器阻止灵公步兵的攻击。戟，一种长杆兵器。徒，步兵。晋灵公派兵追杀赵宣子，灵辄反戈而救之。
② 而免之：指赵宣子因此而免于被杀害。
③ 问何故：问为什么这样做。
④ 翳桑之饿人：我就是翳桑饿人。
⑤ 问其名居：问他住在什么地方。
⑥ 不告而退：不告诉住在何处就退下了。《御览》作"不告不退"。"不"字误。
⑦ 不望报：不求报答。
⑧ 自亡：一个人逃亡去了。
⑨ 此节选自《左传·成公十六年》。
⑩ 诸侯之师：指晋、齐、邾（zhū）等国军队，联合伐郑国。
⑪ 次于郑西：驻扎在郑的西面。次，临地驻扎。郑建都新郑，即今河南新郑。
⑫ 我师：鲁国的军队。
⑬ 督杨：地名，又作"督扬"，郑国地，在今河南新郑以东。
⑭ 郑：指都城新郑。
⑮ 子叔声伯：公子婴齐，春秋鲁国大夫。随鲁成公伐郑，还师时卒。
⑯ 叔孙豹：春秋鲁国大夫，谥穆子，又称穆叔。曾与范宣子论"死而不朽"，云有德、功、言久而不废，谓不朽。
⑰ 请逆于晋师：去迎请晋国的军队。逆，迎接。
⑱ 为食于郑郊：在郑都城外准备饭食。
⑲ 师逆以至：晋师被迎至郑郊。

所逆晋师至，乃食），声伯四日不食以待之①，食使者②（使者，豹之介③），而后食④（言其忠⑤也）。

【0230】又曰⑥：晋侯⑦合诸侯⑧，杨干⑨乱行⑩，魏绛⑪戮其仆⑫。晋侯以绛⑬为能⑭，以刑佐民⑮矣，反役与之礼食⑯，使佐新军⑰（群臣族会⑱，礼食也）。

---

① 四日不食以待之：四天没吃饭等候晋师到来。
② 食使者：供食给使者。使者，指叔孙豹派来的人。
③ 豹之介：叔孙豹的甲士。
④ 后食：声伯先食使者，自己后食。
⑤ 忠：忠诚之意。
⑥ 此节选自《左传·襄公十四年》。
⑦ 晋侯：指晋悼公，名周，在位十五年。
⑧ 合诸侯：联合诸侯国。
⑨ 杨干：又作"扬干"，人名，为晋悼公之弟。
⑩ 乱行：扰乱军阵次序。
⑪ 魏绛：春秋晋国卿，即魏庄子。初任中军司马，后将下军，任以政事。
⑫ 戮其仆：杀了扬干的仆御。仆，驾车御手。因乱的是车阵，责任在御手，故杀之。
⑬ 绛：魏绛。
⑭ 能：能干，有能力。
⑮ 以刑佐民：借助刑法治理人民。
⑯ 反役与之礼食：回师后为魏绛设宴，群臣聚会，以示奖赏。
⑰ 使佐新军：令魏绛为新军统帅。
⑱ 族会：聚会，聚宴。族，聚集。

【0231】又曰①：卫献公②戒③孙文子④、甯惠子⑤食（敕戒二子欲共宴食）。皆服而朝⑥，日旰⑦不召⑧，而射鸿于囿⑨。二子从之⑩，不释皮冠⑪而与之言⑫，二子怒⑬。

【0232】又曰⑭：魏献子⑮为政，以魏戊⑯为梗杨⑰大夫。梗杨人有狱⑱，魏戊不能断⑲，以狱上⑳（上魏子㉑也）。

---

① 此节选自《左传·襄公十四年》。

② 卫献公：春秋卫国君，名衎。为孙林父所攻，亡齐十二年，前后在位十五年。

③ 戒：同"诫"，告诫。

④ 孙文子：孙林父，春秋卫大夫，良夫之子。逐卫献公、杀殇公，后如晋。

⑤ 甯（nìng）惠子：甯殖，春秋卫国大夫。与孙文子共逐献公于齐，后悔不及。

⑥ 皆服而朝：孙文子和甯惠子都穿戴整齐待命于朝。

⑦ 日旰（gàn）：时辰很晚。旰，晚。

⑧ 不召：指卫献公不召见孙文子和甯惠子。

⑨ 射鸿于囿（yòu）：在园林中射雁。囿，畜养禽兽的园地。

⑩ 二子从之：指孙文子和甯惠子跟着卫献公到园中射猎。

⑪ 不释皮冠：没摘下皮冠。不敬无礼之意。皮冠，专用于射猎的帽子。

⑫ 与之言：指卫献公与二子谈话。不摘冠而言，是为无礼。

⑬ 怒：对卫献公的无礼表示不高兴。

⑭ 此节选自《左传·昭公二十八年》。

⑮ 魏献子：魏舒，名荼，为魏绛之子（或说为孙）。孔子称他"近不失亲，远不失举"。卒谥献子。

⑯ 魏戊：魏舒庶子。

⑰ 梗杨：又作"梗阳"，地名，在今山西太原古城营南。

⑱ 有狱：有官司，狱指诉讼之事。

⑲ 不能断：决断不了这个案子。断，决断；断案。

⑳ 以狱上：把官司报到魏献子那里。上，上告；上报。

㉑ 魏子：魏献子。

其太宗①赂以女乐②（讼者太宗），魏子将受之③。戊④谓阎没⑤、汝宽⑥（二人魏子大夫）曰："主⑦以不贿闻于诸侯⑧，若受梗杨人贿，莫甚⑨焉！吾子必谏⑩。"皆许诺⑪。退朝待于庭⑫（魏子朝君，退而待于魏子之庭）。馈⑬入召之⑭（召大夫⑮食）。比置三叹⑯，既食⑰使坐⑱。魏子曰："吾闻诸

---

① 太宗：又作"大宗"，指狱讼中的一方。大族也。
② 赂以女乐：向魏献子献歌伎为贿赂。女乐，歌伎（女性）。赂，贿赂。
③ 将受之：准备接受贿赂。
④ 戊：魏戊。
⑤ 阎没：为魏舒大夫，力谏魏舒辞梗阳人的贿赂。
⑥ 汝宽：又作"女宽"，为魏舒家臣，与阎没同谏魏舒拒贿。
⑦ 主：指魏献子。
⑧ 以不贿闻于诸侯：以不接受贿赂而知名于诸侯。闻，闻名。
⑨ 莫甚：不知是为什么，莫名其妙。甚，什么，为什么。对魏献子突然受贿表示不理解。
⑩ 吾子必谏：你们两位必须劝阻才是。吾子，指阎没和汝宽两人。
⑪ 皆许诺：两人都答应去劝阻。
⑫ 退朝待于庭：魏献子朝见国君后，回到自己的住所。
⑬ 馈：吃饭；进餐。
⑭ 召之：召阎没和汝宽两人一同进食。
⑮ 大夫：指阎没、汝宽两人。《御览》作"大失"，误。
⑯ 比置三叹：在进食时叹气再三。比，及，等到。置，置食。
⑰ 既食：食毕。
⑱ 使坐：令两人入坐。

伯叔①谚曰：唯食忘忧②。吾子置食之间③三叹，何④也？"同辞而对⑤曰："或赐二小人酒⑥，不夕食⑦（或，他人也。言饥甚⑧也）。馈之始至⑨，恐其不足⑩，是以叹⑪。中置⑫自咎⑬曰：岂将军食之，而有不足⑭？是以再叹。及馈之毕⑮，愿以小人之腹⑯，为君子之心⑰，属厌而已⑱（属、足。小人腹饱知足也，言君子之心，厌宜亦然⑲）。"献子辞梗杨人⑳。

① 伯叔：似指商代孤竹君两子伯夷与叔齐。

② 唯食忘忧：只有在吃饭时才忘却忧患。

③ 置食之间：进食的时候。

④ 何：为何，这是为什么？

⑤ 同辞而对：用相同的话回答。

⑥ 或赐二小人酒：有人请我们两人饮酒。或，有人。

⑦ 不夕食：没给晚饭吃。夕食，晚餐。

⑧ 饥甚：饥饿得很。甚，《御览》作"其"，误。

⑨ 馈之始至：饭菜刚端上来时。

⑩ 恐其不足：恐怕饭不够吃。

⑪ 是以叹：所以叹了口气。

⑫ 置：指在进食过程中。

⑬ 自咎：自我责备。

⑭ 岂将军食之，而有不足：将军请我们吃饭，哪有不够吃饭的事？岂，难道。将军，指魏献子。

⑮ 及馈之毕：等到吃完饭以后。

⑯ 腹：腹饱。

⑰ 为君子之心：以小人的肚腹来比君子的心。为，当作。

⑱ 属厌而已：知足就行了。属厌，厌足。属、厌均有足意。

⑲ 亦然：一样。

⑳ 辞梗杨人：辞退了梗杨人的贿赂。

【0233】又曰①：叔孙穆子食庆封②。庆封氾祭③（有祭④，示有所先⑤也。氾祭，远散所祭不共⑥），穆子不说⑦，使工为之诵《茅鸱》⑧（工，乐师。《茅鸱》，逸诗⑨，刺不敬⑩），亦不知⑪。

【0234】又曰⑫：晋悼夫人⑬食舆人之城杞者⑭（与⑮，

---

① 此节选自《左传·襄公二十八年》。
② 食庆封：用饮食招待庆封。庆封，春秋齐国大夫，字子家。与崔杼谋杀齐庄公，又杀崔杼家，相齐景公。后出奔鲁、吴，被楚灵王所杀。
③ 氾祭：指不按规定的礼节祭食。古礼食必先祭。
④ 祭：《御览》作"余"，误。
⑤ 示有所先：表示先后之别。食祭以长者先食。
⑥ 远散所祭不共：古祭食礼有严格规定的处所与方式，庆封泛泛而祭，故言"远散不共"。共，通"恭"。
⑦ 不说：不高兴。说，同"悦"。
⑧ 使工为之诵《茅鸱》：叫乐工给庆封朗诵《茅鸱》之诗。工，乐师。《茅鸱》，今《诗经》无。
⑨ 逸诗：佚诗，指没收入《诗经》的诗。
⑩ 刺不敬：讽刺不敬重的举动。刺，讽刺。
⑪ 不知：庆封不理解诗的意境。
⑫ 此节选自《左传·襄公三十年》。
⑬ 晋悼夫人：晋悼公夫人。
⑭ 食舆人之城杞者：以饮食招待众人中修筑过杞城的人。舆人，众人。城杞，修筑杞城，杞为地名，《御览》作"把"，误。
⑮ 与：应为"舆"。

众也。城杞,在往年①)。绛县②人或年长③矣,无子④,而往舆于食⑤。

【0235】又曰⑥:华亥⑦与其妻,必盥⑧而食所质公子⑨者,而后食。公⑩与夫人,每日必适华氏⑪,食公子而后归⑫。

【0236】又曰⑬:昔阖庐⑭在国⑮,天有菑疠⑯。亲巡孤

---

① 往年:前些年。

② 绛县:又称新绛,故址在今山西曲沃西南。

③ 或年长:有一个年纪大的人。

④ 无子:没有后代。

⑤ 往舆于食:到众人那里去求食。

⑥ 此节选自《左传·昭公二十年》。

⑦ 华亥:代兄华合比为右师,后叛宋,兵败出奔楚。

⑧ 盥(guàn):洗手。

⑨ 所质公子:指宋元公太子栾(宋景公)、公子地等,为华亥等人取以为人质。

⑩ 公:指宋元公,春秋宋国君,名佐,在位十五年。

⑪ 每日必适华氏:每天都要到华亥那里去。适,到……去。

⑫ 食公子而后归:待公子栾、公子地吃完饭再回去。

⑬ 此节选自《左传·哀公元年》。

⑭ 阖庐:一作阖闾(?—公元前496年),名姬光,春秋吴国国君。公元前514—前496年在位。后与越王勾践大战而败,受重伤而死。《御览》作"阖庐",误。

⑮ 在国:意为作为国君执政时。

⑯ 菑(zāi)疠(lì):瘟疫之害。菑,灾害。疠,瘟疫。

寡①而共其乏困②。在军③，熟食④者分⑤，而后敢食⑥（必须军士皆分熟食，不敢先食。分，犹编⑦也）。其所尝者⑧，卒乘⑨与⑩焉（所尝甘珍⑪，非常食⑫）。

【0237】又曰⑬：卫侯⑭为虎幄于藉圃⑮（于藉田⑯之圃新造幄幕，皆以虎兽为饰）。成⑰求令名者⑱，而与之始

---

① 亲巡孤寡：亲自巡视孤寡人家。
② 共其乏困：与人民共度困苦。
③ 在军：意为统军在外作战时。
④ 熟食：饭熟了。
⑤ 分：遍分军士。
⑥ 而后敢食：军士都得到饭食后，吴王才进食。
⑦ 编：本为"遍"。
⑧ 其所尝者：吴王所吃的好一点的食物。
⑨ 卒乘：战车御手。
⑩ 与：共，指共食，共享珍馐。
⑪ 甘珍：比平常所食要好的馔品。
⑫ 常食：平常所食。
⑬ 此节选自《左传·哀公十七年》。
⑭ 卫侯：指卫庄公，名杨。
⑮ 为虎幄于藉圃：在藉田的园圃造帷幕，以虎兽图案为装饰。
⑯ 藉田：古代帝王表示亲耕的一种仪式，以动员全民积极开展农业耕作。
⑰ 成：指虎幄建成。
⑱ 求令名者：征求名善的人。令名，善名。

食①焉。太子②请使良夫③（以良夫应为令名）。良夫乘衷甸④，两牡⑤（衷甸，一辕⑥卿车），紫衣⑦狐裘⑧（紫衣，君服⑨）。至⑩，袒裘⑪不释剑而食⑫（食而热，故袒，亦不敬）。太子使牵以退⑬，数之以三罪⑭，而杀之⑮。

【0238】又曰⑯：左师⑰每食击钟⑱。闻钟声，公⑲曰："夫子将食⑳。"

---

① 与之始食：与善名者一起第一次在虎幄进食。

② 太子：又作"大子"，指卫庄公太子，名完。庄公娶齐国女无子，娶陈国女生子早卒，其妹生子完，立为太子。

③ 良夫：卫大夫，即桓子，如晋乞师败齐。

④ 乘衷甸：乘着一辕车，为卿一级所用。衷甸，又作"中佃"，一辕车。

⑤ 两牡：驾车的是两匹雄马。牡，雄性鸟兽。

⑥ 辕：车前驾牲口的牵引直木。

⑦ 紫衣：紫色衣。紫色古时为君王专用，如后来的黄色，是帝位的象征。

⑧ 狐裘：狐皮衣。

⑨ 君服：君王所服用。

⑩ 至：良夫来至虎幄。

⑪ 袒裘：敞开狐皮衣。袒，指解开上衣。《御览》裘作"丧"，误。

⑫ 不释剑而食：不解下佩剑就进食。释，解。

⑬ 使牵以退：叫人牵走良夫车马，令其退坐。

⑭ 数之以三罪：数列良夫的三条罪状。指紫衣、袒裘、带剑。言僭越无礼。

⑮ 杀之：杀了良夫。早有预谋，所列三罪借口而已。

⑯ 此节选自《左传·哀公十四年》。

⑰ 左师：向戌，宋国大夫，为左师。左师为官名，宋国设左师、右师，均为执政官。

⑱ 每食击钟：每到进食时都击钟为乐。钟，古时的一种铜制编组乐器。

⑲ 公：宋景公，名头曼，在位六十四年。

⑳ 夫子将食：左师要吃饭了。夫子，指左师。

【0239】《诗》曰①：民之失德，干餱以愆②（餱，食也。《笺》云：德言过乎③）。

【0240】又曰④：民之质矣⑤，日用饮食⑥（质，成⑦）。

【0241】又《生民》⑧曰：克岐克嶷⑨，以就口食⑩。

【0242】《韩诗外传》⑪曰：子夏⑫过，曾子⑬食之⑭。

---

① 此节选自《诗经·小雅·伐木》。

② 民之失德，干餱（hóu）以愆（qiān）：民众中谤讪之声群起，是因为干粮没分均的差错所致。餱，干粮。愆，差错，过失。

③ 德言过乎：郑《笺》本无此语，《御览》误引。

④ 此节选自《诗经·小雅·天保》。

⑤ 民之质矣：民心平静，相安无事。质，成。

⑥ 日用饮食：日常以饮食为乐。

⑦ 成：和解，不打仗。

⑧ 《生民》：为《诗经·大雅》之一篇。

⑨ 克岐克嶷（nì）：意为婴儿出生逐渐成长，有了感知和识别能力。克，能，能够。岐，指对事物的感知能力。嶷，对事物的识别能力。

⑩ 以就口食：知道从众人口取食。

⑪ 《韩诗外传》：汉代传诗有鲁、齐、韩、毛四家。韩婴推《诗经》之意作"内、外传"，号曰《韩诗》，今唯存《韩诗外传》，共十卷。此节选自卷九。

⑫ 子夏：卜商（公元前507年—？），孔子的得意门人，以文学见称。李悝、吴起等皆出其门下。

⑬ 曾子：曾参（约公元前505—前435年），字子舆。春秋末鲁国人，孔子的得意门人，以孝行见称。

⑭ 食之：指用饮食招待子夏。

子夏曰："不为公费乎①？"曾子曰："有三费。饮食不在其中②，少而学③，长而忘之④，一费。事君而轻负⑤，久交中绝，三费。

【0243】《舜典》⑥曰：咨⑦十有二牧⑧，曰："食哉惟时⑨！"（王肃⑩注曰：食哉者，所以重之民）

【0244】又《洪范》⑪曰：八政⑫，一曰食⑬，……惟辟

---

① 不为公费乎：意为我受了你曾子的款待，这不是让你破费了吗？费，这里有耗费而无收获之意。

② 饮食不在其中：饮食耗费不包括在所说的三费之内。此句后有较多的省略。三费指后文说的忘学、负君、绝友。

③ 少而学：从小开始拜师求学。

④ 长而忘之：长大后忘个精光。言学而不用。

⑤ 事君而轻负：原句为"事君有功而轻负之，此二费也"，本来是侍奉国君的有功之臣，却轻易背弃了。《御览》引文脱漏过甚。

⑥ 《舜典》：附于《尚书·尧典》之内。

⑦ 咨：叹词。

⑧ 牧：长。十二州，各有一长，称为牧，故云"十有二牧"。

⑨ 食哉惟时：要重视人民的饮食，须当颁行历法（以不误农时）。时，历法。

⑩ 王肃：三国时魏国经学家。字子雍（公元195—256年），东海（今山东郯城北）人。官至中领军，加散骑常侍。综贯群经，曾注《尚书》《诗经》《论语》《左传》《国语》等书。

⑪ 《洪范》：为《尚书》之一篇。

⑫ 八政：指食、货、祀、司空、司徒、司寇、宾、师。

⑬ 一曰食：第一就是"食"，食为八政之首，合"民以食为天"之意。

玉食①（孔安国②曰：玉食，美食）。

【0245】《周书》③曰：甘食美衣④，使长贫⑤。

【0246】《尚书大传》⑥曰：八政何以先食⑦？食者万物之始，人之所本⑧者也。

【0247】《易》⑨曰：云上于天⑩，需⑪，君子以饮食宴乐⑫（需，饮食之道也）。九五⑬，需于酒食⑭，贞吉⑮。

---

① 惟辟玉食：只有天子才可以吃美好的饭食。惟，只有。辟，指天子。玉食，美食。此句本列于"三德"（正直、刚克、柔克）之下，不在"八政"之内。

② 孔安国：汉代儒学家，孔子十二世孙。治古文《尚书》，以今文读之。另撰古文《孝经传》《论语训解》，官至谏大夫、临淮太守。

③ 《周书》：又称《逸周书》，连序共七十一篇。有人误认为与《竹书纪年》同时出土，称为"汲冢周书"。今存晋孔晁注本。

④ 甘食美衣：吃好穿好。

⑤ 使长贫：使人永受贫穷。

⑥ 《尚书大传》：五卷，题汉伏胜撰，或说为孔子撰，郑玄作注。

⑦ 八政何以先食："八政"中为何将"食"放在第一位。

⑧ 人之所本：食为人生存的根本。

⑨ 《易》：《易经》，又称《周易》，古代卜筮之书，传为周文王、周公、孔子作。今存九卷。此节选自《易经·需卦》。

⑩ 云上于天：云上升到天空。以示天欲将雨，待时而落。雨象征惠与德。

⑪ 需：等待，指等待下雨。

⑫ 以饮食宴乐：在等待下雨之时行饮食宴乐之事。

⑬ 九五：易卦从下向上数，阳爻居第五位，称为九五。《易经·乾卦》九五为人君之象，后人称帝君之位为"九五"。

⑭ 需于酒食：需待酒食以递相宴乐。

⑮ 贞吉：贞为占卜，贞吉即占卜得吉兆，正吉之意。

【0248】又曰①：噬嗑②，食也③。颐中有物④曰噬嗑。

【0249】又曰⑤：山下有雷⑥，颐⑦，君子慎言语⑧，节饮食⑨。

【0250】《论语》曰⑩：一箪食⑪，一瓢饮⑫，在陋巷⑬，人不堪其忧⑭，回⑮也不改其乐。

【0251】又曰⑯：齐必变食⑰，居必迁坐⑱。食不厌

---

① 此节引自《易经·噬嗑卦》。

② 噬（shì）嗑（kè）：咬合口齿。噬，咬。嗑，合。

③ 食也：《噬嗑卦》无此二字，当是编纂者加的注。

④ 颐中有物：口里有食物。颐，腮，指口腔。

⑤ 此节选自《易经·颐卦》。

⑥ 山下有雷：实指咀嚼饮食时的颌部动态。咀嚼时上颌不移下颌动，故言山下有雷。雷，动。

⑦ 颐：颐养，这里指动颐。言语、咀嚼都要动颐。

⑧ 君子慎言语：君子动嘴说话要谨慎。

⑨ 节饮食：节制饮食。节，控制；节制。

⑩ 此节选自《论语·雍也》。

⑪ 一箪食：一筐子饮食。这里指简单的食物。

⑫ 一瓢饮：一瓢饮料。饮指酒浆之类。

⑬ 在陋巷：《御览》未引此语。陋巷指偏僻破败的街巷。

⑭ 人不堪其忧：他人见了都不堪忍受这种忧苦。

⑮ 回：指颜回，字子渊，春秋末鲁国人。为孔子的得意门人，以德行见称。年三十二岁死。

⑯ 此节选自《论语·乡党》。

⑰ 齐必变食：斋戒时要改变食物种类，不同于平时。齐，同斋。

⑱ 居必迁坐：居处要变易平时的位置。以示敬重。

精①，脍不厌细②。肉虽多，不使胜食气③。食不语④，寝不言⑤。虽蔬食⑥菜羹瓜，祭必齐如⑦也。

【0252】《史记》曰⑧：张苍⑨尝被刑⑩，王陵⑪救免之⑫。……苍常德陵⑬，后为丞相，洗沐⑭，常先朝陵夫人⑮上食，然后敢归家。

---

① 食不厌精：饭食不厌其精细。

② 脍不厌细：肉食不厌切细。

③ 肉虽多，不使胜食气：肉吃得再多，也不能超过饭食。食气，泛指饭食。气，小食；点心。

④ 食不语：进食时不说话。

⑤ 寝不言：就寝时也不说话。

⑥ 蔬食：素食，没有鱼、肉。

⑦ 祭必齐如：祭时必得恭敬严肃。齐，肃敬。

⑧ 此节选自《史记·张丞相列传》

⑨ 张苍（？—公元前152年）：西汉初大臣，历算家。阳武（今河南原阳东南）人。秦时为御史，精通律历。汉文帝时，任丞相。

⑩ 被刑：被治罪。

⑪ 王陵（？—公元前181年）：西汉初大臣。沛（今江苏沛县）人。封安国侯，任右丞相，后免相改任太傅。

⑫ 救免之：张苍伏罪解衣，王陵见他体肥白如瓠，以为美士，因上言刘邦，得以赦免。

⑬ 德陵：颂扬王陵的恩德。

⑭ 洗沐：洗浴。

⑮ 先朝陵夫人：先朝拜王陵夫人。王陵已死，故朝夫人。

【0253】又曰①：韩信②从下乡③南昌④亭长⑤寄食⑥，数月⑦。亭长妻患⑧之，乃晨炊⑨蓐食⑩。食时信往⑪，不为具食⑫。信亦知其意⑬，怒，竟绝去⑭。

乃钓城⑮下，诸母漂⑯，有一母⑰见信饥⑱，饭信⑲，竟

---

① 此节选自《史记·淮阴侯列传》。

② 韩信（？—公元前196年）：西汉初军事家。淮阴（今江苏清江西）人。任大将军，封齐王、楚王，降为淮阴侯，后为吕后所杀。

③ 下乡：地名，属淮阴郡。

④ 南昌：又作"新昌"，地名。

⑤ 亭长：乡下一级机构行政长官。

⑥ 寄食：寄居而食。

⑦ 数月：经数月之久。

⑧ 患：忧患。

⑨ 晨炊：早晨做饭。

⑩ 蓐食：在寝蓐上吃饭，未起床。蓐，本指草垫子。

⑪ 食时信往：到吃饭时韩信前往亭长家。

⑫ 不为具食：亭长妻没有为韩信准备饭食。

⑬ 信亦知其意：韩信也知道亭长妻的用意。

⑭ 绝去：绝交而离去。

⑮ 城：指淮阴城。淮阴城北临淮水。

⑯ 诸母漂：几个女人在漂絮。韦昭注："以水击絮为漂，故曰漂母。"

⑰ 母：漂母。

⑱ 见信饥：看见韩信饥饿的样子。

⑲ 饭信：给韩信饭吃。

漂数十日①。信喜，谓漂母②曰："吾必有以重报母③！"母怒曰："大丈夫不能自食④，吾哀⑤王孙⑥而进食⑦，岂望报乎⑧？"

【0254】又曰⑨：景帝⑩居禁中⑪，召条侯周亚夫⑫，赐食⑬。独置大胾⑭，无切肉⑮，又不置箸⑯。条侯⑰心不平⑱，

---

① 竟漂数十日：一连漂洗了几十天。言下之意为韩信也因此得食数十天。

② 谓漂母：对漂母说。

③ 吾必有以重报母：意为我韩信日后一定重重报答漂母。报，报答。

④ 自食：自食其力，自己挣饭吃。

⑤ 哀：怜悯。

⑥ 王孙：王孙公子，是一种尊称。秦末王孙多沦落，故有此语。

⑦ 进食：献食。

⑧ 岂望报乎：哪里是为了得到报答。

⑨ 此节选自《史记·绛侯周勃世家》。

⑩ 景帝：刘启（公元前188—前141年），公元前157—前141年在位。当时国内安定，经济繁荣，史称"文景之治"。

⑪ 禁中：皇帝居住的地方，又称为"省中"。

⑫ 周亚夫：西汉名将。沛（今江苏沛县）人。太尉周勃之子（？—公元前143年），初封条侯。后为太尉，迁丞相，因罪入狱绝食而死。

⑬ 赐食：景帝赐食给周亚夫。

⑭ 独置大胾：宴席上只放有大块的肉。

⑮ 无切肉：没有切成小块的肉。

⑯ 不置箸：宴席上没有摆筷子。箸，筷子。

⑰ 条侯：周亚夫曾封条侯。

⑱ 心不平：心里很不满意。

顾谓尚席取箸①。景帝视而笑曰:"此不足君所乎②?"条侯免冠谢③。

【0255】又曰④:东方朔⑤诏赐之食于前⑥,饭已⑦,尽怀其余肉持去⑧,衣尽汙⑨。

【0256】《古史考》⑩曰:始有燔炙⑪,人裹肉烧之,曰"炮"⑫,故食取名⑬焉。及神农时⑭,民食谷⑮,释米加于

---

① 顾谓尚席取箸:要主席者取筷子来。顾,看。尚席,宴席主持者。

② 此不足君所乎:《御览》本作"此不足君所食乎",意甚明。

③ 免冠谢:摘冠谢罪。

④ 此节选自《史记·滑稽列传》。

⑤ 东方朔:西汉大臣,文学家。字曼倩(公元前154—前93年),平原厌次(今山东惠民东北)人。汉武帝时他上书自荐,任常侍郎、太中大夫等职。后世称之为"仙人",《神异经》《海内十洲记》托名为他所作。

⑥ 诏赐之食于前:武帝在御前赐食给东方朔。诏,诏见。前,指御前。

⑦ 饭已:饭后。

⑧ 尽怀其余肉持去:把没吃完的肉都揣在怀里拿走了。余肉,指没吃完的肉。

⑨ 衣尽汙:衣服都给弄脏了。汙,同"污"。

⑩ 《古史考》:三国蜀谯周撰。搜罗古籍以补《史记》所载先秦史事之缺,是古史重要参考书之一。原书二十五卷,久佚,今存清人章宗源辑本。

⑪ 始有燔炙:指燧人氏发明用火之后,才开始烧烤熟肉。谯周另著《法训》言:"古者茹毛饮血,燧人初作燧人,人始作燔炙。"二说相近。

⑫ 炮:将食物裹上泥烧烤至熟,称为炮。

⑬ 故食取名:因此食物而得名。因烹饪方式而得名。

⑭ 及神农时:到了神农之时。神农,传说人物,传称他发明了农业。一说神农即炎帝。

⑮ 谷:谷物。神农开始种植五谷,故言食谷。

烧石之上①而食。及黄帝②,始有釜甑③,火食之道成④。

【0257】《战国策》曰⑤:苏秦⑥之楚⑦,三月乃得见王⑧。谈卒⑨,辞行,楚王⑩曰:"先生⑪不远千里而临⑫寡人。曾弗肯留⑬,愿闻其说⑭。"对曰⑮:"楚国食贵于玉⑯,薪贵于桂⑰。谒者⑱难见于鬼⑲,王难见于帝⑳。今令臣食玉炊

---

① 释米加于烧石之上:把米粒放在烧热的石块上烧烤熟。

② 及黄帝:到黄帝时代。黄帝,传说人物,炎黄部落首领,这一时期完成了很多发明。

③ 始有釜甑:开始使用釜、甑烹饪。

④ 火食之道成:熟食之法才得以完善。

⑤ 此节选自《战国策·楚策三》。

⑥ 苏秦:战国时纵横家。东周洛阳(今河南洛阳东)人。字季子(?—公元前284年)。游说六国合纵,同盟拒秦。后纵约为张仪所破,苏秦终遭车裂而死。

⑦ 之楚:到了楚国。之,到……去。

⑧ 三月乃得见王:经三个月才得以见到楚王。三月,或作"三日""三年",各版不同。

⑨ 谈卒:言谈完毕。

⑩ 楚王:楚威王熊商,公元前339—前329年在位。

⑪ 先生:尊称苏秦。《御览》作"先王",误刊。

⑫ 临:到,来到。

⑬ 曾弗肯留:指不肯留在楚国。

⑭ 愿闻其说:愿意听听高见。

⑮ 对曰:回答道。这里指苏秦回答。

⑯ 食贵于玉:粮食比宝玉还昂贵。

⑰ 薪贵于桂:烧柴比桂花树还贵。薪,炊饭的柴草。

⑱ 谒者:传唤进谒的人。

⑲ 难见于鬼:指见谒者比见鬼还难,无由得见。

⑳ 王难见于帝:见楚王比见天帝还难。

桂①，因鬼见帝②，其可得乎③？"

【0258】《汉书》曰④：陆贾⑤劝陈平⑥与太尉绛侯⑦和⑧，以谋诸吕⑨。平⑩乃以奴婢百人、车马五十乘⑪、钱五百万，遗贾为饮食资⑫。

【0259】又曰⑬：万石君⑭上赐侯食于家⑮，必稽首俯伏而食之⑯，如在上前⑰。子孙有过⑱，对案不食⑲。

---

① 食玉炊桂：饮食昂贵。比喻无人招待。

② 因鬼见帝：如同通过鬼见天帝那么难。

③ 其可得乎：这会有什么收获呢？

④ 此节选自《汉书·陆贾传》。

⑤ 陆贾：西汉初大臣，任太中大夫。吕后时来往于周勃、陈平之间，加强将相团结，以谋诸吕。撰《新语》十二篇，今存。

⑥ 陈平（？—公元前178年）：西汉初大臣。阳武（今河南原阳东南）人。封曲逆侯，历任惠帝、吕后、文帝时丞相。

⑦ 绛侯：周勃，封绛侯，官太尉、右丞相。

⑧ 和：和解。

⑨ 以谋诸吕：图谋诛杀吕氏诸王。

⑩ 平：陈平。

⑪ 五十乘：《御览》作"五千乘"，误。

⑫ 遗（wèi）贾为饮食资：赠给陆贾为饮食费用。遗，赠送。资，资费。

⑬ 此节选自《史记·万石君列传》。

⑭ 万石君：本名石奋，因为父及四子皆官至二千石，汉景帝便称之为"万石君"。

⑮ 上赐侯于家：皇上赐王侯之食送到万石君家。上，皇上，《御览》无"上"字。

⑯ 稽首俯伏而食之：以示恭敬。

⑰ 如在上前：就像在皇帝面前吃饭一样。

⑱ 子孙有过：子孙如有罪过。

⑲ 对案不食：面对食案而不欲食。

【0260】又曰①：有司②劾窦婴③矫先帝诏④，弃市⑤。婴阳病⑥，不食欲死⑦。或闻上无意杀婴⑧，复食⑨也。

【0261】又曰⑩：昌邑王⑪在丧⑫，诏太官⑬上乘舆食如故⑭。食监⑮奏⑯未释服⑰未可御故食⑱也。

---

① 此节选自《汉书·灌夫列传》。

② 有司：官名。

③ 窦婴：西汉大臣。字王孙（？—公元前131年），观津（今河北武邑东）人。窦太后之侄。汉景帝时为大将军，功封魏其侯。武帝时任丞相，后为窦太后所贬斥，不久因罪被杀。

④ 矫（jiǎo）先帝诏：假传先帝诏令。矫，假传（命令）。先帝，已死的皇帝，这里指汉文帝刘恒。

⑤ 弃市：在闹市执行死刑并抛尸街头。

⑥ 婴阳病：窦婴伴装有病。阳，表面上，假装。

⑦ 不食欲死：想绝食而死。

⑧ 或闻上无意杀婴：听到有人说皇上并无杀窦婴的打算。

⑨ 复食：又恢复进食，停止绝食。

⑩ 此节选自《汉书·霍光传》。

⑪ 昌邑王：刘髆（bó），汉武帝刘彻第六子，封为昌邑王。

⑫ 在丧：在丧事期间，在服丧时。

⑬ 太官：官名。又称"大官"，宫廷内掌膳食之官。

⑭ 上乘舆食如故：供给像平常一样的帝王之食，指不素食服丧。乘舆，帝王乘的车，又作帝王的代称。

⑮ 食监：食官。

⑯ 奏：奏明。

⑰ 未释服：未解除丧服。

⑱ 未可御故食：不可用常食。

【0262】又曰①：鲍宣②上书曰："陛下③擢④臣岩穴⑤，诚冀有益毫毛⑥，岂徒欲臣美食大官、重高门之地哉⑦！"（晋灼⑧曰：高门，殿名⑨也）

【0263】又曰⑩：太师⑪孔光⑫，圣人之后⑬，先师之子⑭，德行纯淑⑮。……赐殚十七物⑯（服虔⑰曰：食具⑱，

---

① 此节选自《汉书·鲍宣传》。

② 鲍宣：西汉渤海高城（今河北盐山东南）人。字子都（？—公元3年），官至司隶，常上书谏争。王莽时被迫自杀。

③ 陛下：称汉哀帝刘欣。

④ 擢：提拔。

⑤ 岩穴：山洞，比喻地位低下。

⑥ 诚冀有益毫毛：真心希望能为国家做一点微小的贡献。冀，希望。毫毛，形容小。

⑦ 岂徒欲臣美食大官、重高门之地哉：难道只是为了让为臣做大官、食佳肴、居官殿吗？徒，只。高门，宫殿名，在未央宫中。

⑧ 晋灼：河南（今河南洛阳）人，官尚书郎，撰《汉书音义》。

⑨ 殿名：宫殿的名字。

⑩ 此节选自《汉书·孔光传》。

⑪ 太师：官名。为天子所师法，是三公之中最尊者。

⑫ 孔光：西汉大臣，字子夏（公元前65—5年），曲阜（今山东曲阜）人。孔子十四世孙。官至御史大夫、丞相。

⑬ 圣人之后：圣人的后代。圣人，孔子。

⑭ 先师：指孔光父孔霸，元帝为皇太子时曾听他讲授过《尚书》，故称之为"先师"。

⑮ 德行纯淑：德行高尚。纯、淑均有美好之意。

⑯ 赐殚十七物：赏赐十七种餐具。或指十七种食物。

⑰ 服虔：东汉学者，字子慎，河南荥阳（今河南荥阳东北）人。拜九江太守，撰有《春秋左氏传解》等。

⑱ 食具：餐具。具或作"备"意。

十七种①物也）。

【0264】《续汉书》曰②：灵帝③数游于西园④，令后宫⑤采女⑥为客舍主⑦，身为商贾⑧。行至客舍，采女下酒⑨，因共⑩饮食。

【0265】《东观汉记》曰⑪：光武⑫过邓禹营⑬，禹进炙鱼⑭，上大殽啗⑮。百姓聚观⑯，皆言："刘公⑰真天人⑱也。"

---

① 种：《御览》作"动"，误。

② 此节选自《后汉书·五行志》。

③ 灵帝：汉灵帝刘宏（公元156—189年），公元168—189年在位，其任宦官横行，经济凋敝，激发了黄巾军大起义。

④ 西园：汉上林苑的别名，东汉上林苑在今河南洛阳东的汉魏故城以西。

⑤ 后宫：宫中妃嫔居所，代指妃嫔。

⑥ 采女：宫女。汉代宫女选自民家，故曰"采女"。

⑦ 客舍主：《后汉书》作"客舍主人"。客舍，客站，客店。

⑧ 身为商贾：汉灵帝扮成商人模样。商贾，商人。

⑨ 下酒：助酒兴。

⑩ 共：共同。

⑪ 此节选自《东观汉记·世祖光武皇帝纪》。

⑫ 光武：汉光武帝刘秀（公元前6—57年），字文叔，公元25—57年在位。

⑬ 过邓禹营：经过邓禹的营地。邓禹（公元2—58年），东汉初大臣，字仲华。曾任大司徒，封高密侯，后任太傅。

⑭ 禹进炙鱼：邓禹向光武帝进献烤鱼。炙，烤。

⑮ 上大殽啗：光武帝大口吃喝。

⑯ 聚观：围观。

⑰ 刘公：刘秀。

⑱ 天人：容貌出众之称。

【0266】又曰①：汝郁②字叔异，陈国③人。年五岁，母疾不能饮食④，郁亦不肯食，宗亲⑤共奇⑥之，因名曰"异"⑦。

【0267】又曰⑧：赵孝⑨字长平，建武初⑩，天下新定⑪，谷食尚少。孝⑫得谷炊熟⑬，令弟礼⑭夫妻使出⑮，比还⑯，孝夫妻共茹蔬菜⑰。礼夫妻来归⑱，告言已食⑲，则独饭之⑳。积

---

① 此节选自《东观汉记·汝郁列传》。
② 汝郁：字叔异，陈国（今河南淮阳）人，累迁鲁相。
③ 陈国：东汉改淮阳国为陈国，治所在陈县（今河南淮阳），后又改为陈郡。
④ 不能饮食：因病吃不下饭食。
⑤ 宗亲：同宗亲人。
⑥ 奇：奇异。指都觉得他与一般的孩子不同。
⑦ 因名曰"异"：因此取名为"异"。
⑧ 此节选自《东观汉记·赵孝列传》。
⑨ 赵孝：东汉官吏。字长平，居乡有仁德。后拜谏议大夫，官至都尉。其弟赵礼亦同为官，官至御史中丞。
⑩ 建武初：建武初年。建武为东汉光武帝刘秀在位年号之一，即公元25—56年。
⑪ 天下新定：天下刚刚安定不久。
⑫ 孝：赵孝。
⑬ 炊熟：《东观汉记》原作"炊将熟"。
⑭ 礼：赵礼，人名。后官至御史中丞。
⑮ 使出：故意将兄弟支使出去。
⑯ 比还：等到兄弟回来时。比，及。本意应指归来之前。
⑰ 孝夫妻共茹蔬菜：赵孝夫妻共食蔬菜。
⑱ 来归：归来，回到家。
⑲ 告言已食：赵孝告诉赵礼说自己已吃过饭了。
⑳ 独饭之：指赵礼夫妇自个儿吃饭。

久①，礼心怪疑②，后掩伺见之③，亦不肯食④。后出⑤，遂共蔬菜，兄弟怡怡⑥，乡里归德⑦。

【0268】 又曰⑧：梁鸿⑨少孤⑩，以幼童诣太学受业⑪，治《诗》⑫《礼》⑬《春秋》⑭。常独止⑮，不与人同食。

【0269】 又曰⑯：明德皇后⑰既处椒房⑱，太官上饭⑲，

---

① 积久：时间一久。

② 礼心怪疑：赵礼心生疑惑。

③ 掩伺见之：暗中观察得见实情。

④ 亦不肯食：也不肯吃饭了。《御览》此句无"食"字。

⑤ 后出：后来出门之前。

⑥ 兄弟怡怡：兄弟相处愉悦。

⑦ 乡里归德：乡邻之人都归心于德义。不召而民自乘，曰"归德"。

⑧ 此节选自《东观汉记·梁鸿列传》。

⑨ 梁鸿：东汉初隐士，字伯鸾，扶风平陵（今陕西兴平）人。博通群籍，隐居不仕，深得妻孟光敬仰，每归"举案齐眉……奉食"，传为佳话。

⑩ 少孤：小时候便成了孤儿。

⑪ 诣太学受业：到太学接受教育。太学，古代的大学。汉以后是传授儒家经典、培养统治人才的场所。

⑫ 《诗》：《诗经》。

⑬ 《礼》：《周礼》。

⑭ 《春秋》：指孔子删改的鲁国史书，为儒家经书之一。

⑮ 独止：又作"独坐止"，指喜欢一个人独处。

⑯ 此节选自《东观汉记·明德马皇后列传》。

⑰ 明德皇后：汉明帝皇后，马援之女。德冠后宫，帝故，自撰《明帝起居注》。

⑱ 既处椒房：指升为皇后，原为贵人。椒房，汉代指皇后、妃子住的宫殿，因用椒和泥涂壁而得名。后用为后、妃的代称。

⑲ 上饭：供食。

累殽膳①，备副重加幕②，覆辄撤去③。"谴敕令与诸舍相望也④。

【0270】谢承⑤《后汉书》⑥曰：茅容⑦字季伟，陈留⑧人。与等辈⑨避西树下，众皆箕踞⑩相对，容危坐愈恭⑪。郭林宗⑫见而奇之，共与言⑬，因请寓宿旦日⑭，容杀鸡为黍⑮，林宗谓为己设⑯，既而以供其母⑰，自以菜蔬与林

---

① 累殽（yáo）膳：菜肴端上时不用巾覆盖。累，同"裸"。《礼记·曲礼》注"不巾覆"为裸，同"累"。

② 备副重加幕：预备一些巾幕。幕，巾。

③ 覆辄撤去：不食的菜肴覆巾后便撤下。此句今本《东观汉记》作："太官上食，重加幕，覆辄撤去。"

④ 谴敕令与诸舍相望也：今《东观汉记》无此语。与诸舍相望，与其他妃嫔住所为邻。相望，指门户相邻。

⑤ 谢承：三国吴山阴人，字伟平。姊为孙权夫人。拜五官中郎将，迁长沙都尉、武陵太守，著《后汉书》（已佚）。

⑥ 《后汉书》：谢本已佚，清人汪文台辑八卷。

⑦ 茅容：陈留人，字季伟。事母至孝，为郭泰所器重。

⑧ 陈留：郡名，治所在陈留（今河南开封东南）。

⑨ 等辈：同辈。

⑩ 箕踞：随意伸开两腿而坐，像个簸箕，是一种不拘礼节的做法。

⑪ 容危坐愈恭：茅容坐得端端正正，显得更加恭敬。危坐，端坐。危，正，端正。

⑫ 郭林宗：郭泰，字林宗。

⑬ 共与言：一起言谈。

⑭ 请寓宿旦日：求在茅容家住一日。

⑮ 为黍：以黍做饭。

⑯ 谓为己设：以为饭食是为自己准备的。

⑰ 既而以供其母：不一会送给他母亲吃去了。

宗同饭①。林宗起拜之,曰:"卿贤乎哉②!"因劝令学③,卒以成德④也。

【0271】《后列》⑤曰:董宣⑥为洛阳令⑦,杀胡阳公主奴⑧。帝⑨怒,欲杀宣。后原之⑩,敕令诣太官赐食⑪。宣受诏出,饭尽⑫,覆杯食案上⑬。太官以状闻⑭,上问宣⑮,宣对曰:"臣食不敢遗余⑯,如奉职不敢遗力⑰。"

---

① 同饭:一同进食。
② 卿贤乎哉:你真是当今贤士。卿,尊称"你"。
③ 劝令学:劝茅容成其学业。
④ 卒以成德:终于成为一个德行高尚的人。
⑤ 《后列》:不解。疑为《后汉书·列传》之省,但此写法不规范。此节出自谢承《后汉书》,范晔《后汉书·董宣列传》略载。
⑥ 董宣:字少平,历官北海相、江夏太守、洛阳令。
⑦ 令:县令。
⑧ 胡阳公主奴:胡阳公主的家奴。胡阳公主,光武帝刘秀之姊,封为胡阳公主。
⑨ 帝:光武帝刘秀。
⑩ 原之:赦免了董宣。原,赦免。
⑪ 诣太官赐食:到太官那儿去接受赐食。
⑫ 饭尽:饭食吃完。
⑬ 覆杯食案上:把杯反过来扣在食桌上。
⑭ 以状闻:把此事报告了皇上。
⑮ 上问宣:皇上问董宣用意何在。
⑯ 臣食不敢遗余:臣受赐食不敢不吃完。遗余,剩下。
⑰ 如奉职不敢遗力:如同尽职守而不敢留有余力一样。

【0272】又曰①：帝②愍③窦融④年衰，遣中常侍⑤、中谒者⑥即其卧内⑦，强进酒食⑧。

【0273】又曰⑨：赵咨⑩躬率子孙耕农为养⑪，盗尝夜往劫之⑫。咨恐母惊惧，乃先至门迎盗⑬，因请为设食⑭。谢⑮曰："老母八十，疾病须养，居贫⑯，朝夕无储⑰。乞少置衣

---

① 此节见《后汉书·窦融列传》。

② 帝：指光武帝刘秀。

③ 愍（mǐn）：怜恤，怜悯。

④ 窦融：东汉初大臣。字周公（公元前16—62年），扶风平陵（今陕西咸阳西北）人。封安丰侯，累进大司空。

⑤ 中常侍：东汉以宦官为中常侍，掌传达诏令和文书。

⑥ 中谒者：官名，为国君掌官传达。或称中书谒者令。以宦官充任的，称中宫谒者。

⑦ 即其卧内：进到窦融卧房之内。

⑧ 强进酒食：强迫窦融饮酒进食。

⑨ 此节选自《后汉书·赵咨列传》。

⑩ 赵咨：字文楚，累迁敦煌太守，拜东海相，征拜议郎。

⑪ 躬率子孙耕农为养：亲自带领子孙耕种土地维持生活。躬，亲自。养，养活，使能生活下去；也指给养、生活资料。

⑫ 盗尝夜往劫之：强盗曾在夜间往赵咨家抢劫。

⑬ 至门迎盗：到大门口迎接强盗。

⑭ 请为设食：强盗要赵咨准备饭吃。

⑮ 谢：告诉。

⑯ 居贫：居家贫穷。

⑰ 朝夕无储：没有一点积蓄，意为吃了上顿没下顿。

粮①。"妻子物余②，一无所请③。盗皆惭叹④，跪而辞⑤曰："所犯无状⑥，干暴⑦贤者。"言毕奔出⑧，咨追以物与之⑨，由此益知名⑩。

【0274】又曰⑪：郅元义⑫，父伯孝⑬为尚书仆射⑭。元义还乡里⑮，妻留事⑯姑⑰甚谨⑱，姑憎之⑲，幽闭空室⑳，节

---

① 乞少置衣粮：待我为你们（强盗）稍备一些衣服与粮食。

② 物余：余物。

③ 一无所请：别无所求。《御览》无"所"字。

④ 惭叹：因惭愧而叹息。

⑤ 辞：推辞。

⑥ 所犯无状：侵犯你们太不像样。无状，不像样。

⑦ 干暴：冲犯，损害。干，冒犯。暴，欺凌。

⑧ 言毕奔出：指强盗说完话就跑出去了。

⑨ 咨追以物与之：赵咨追上去给了强盗一些东西。

⑩ 益知名：更加知名。

⑪ 此节出谢承《后汉书》，范晔《后汉书·郅伯孝列传》无此文。

⑫ 郅（zhì）元义：人名，郅恽之孙。

⑬ 伯孝：郅寿，字伯孝，郅恽之子。举孝廉，迁冀州刺史，历尚书令、京兆尹、尚书仆射。后遭诬陷自杀。

⑭ 尚书仆射：官名。

⑮ 还乡里：回到故乡。

⑯ 事：侍奉。

⑰ 姑：这里指婆婆。

⑱ 谨：谨慎。

⑲ 憎之：憎恨儿媳妇。

⑳ 幽闭空室：囚拘在一间空房里。

其饮食①。羸困②,妻终无怨言。后伯孝怪而问之③,时义④子郎⑤年数岁。言"母不病,但⑥苦饥⑦耳。"

【0275】又曰⑧:韩卓⑨字子助,腊日⑩奴⑪窃食⑫祭其先⑬,卓⑭义而免之⑮。

---

① 节其饮食:节制儿媳的饮食。

② 羸(léi)困:瘦弱困乏。羸,瘦弱。

③ 怪而问之:因奇怪而责问。

④ 义:郅元义。

⑤ 郎:人名。

⑥ 但:只是。

⑦ 苦饥:苦于饥饿。

⑧ 此节出自袁山松《后汉书》,见范晔《后汉书·笮融列传》注引。

⑨ 韩卓:陈留人,字子助。事迹不详。

⑩ 腊日:《荆楚岁时记》:"十二月八日为腊日。"这一日行祭祖祭神之事。

⑪ 奴:家奴。

⑫ 窃食:偷窃食物。

⑬ 祭其先:祭祀自己的祖先。

⑭ 卓:韩卓。

⑮ 义而免之:宽容原谅了他。

【0276】又曰①：延熹②末③，党事将作④，袁闳⑤遂散发绝代⑥，欲投迹深林⑦。以母老不宜远遁⑧，乃筑土室⑨，四周于庭⑩，不为户⑪，自牖纳食⑫而已。

【0277】《魏志》曰⑬：典韦⑭好酒食，饮啖兼人⑮。每赐食于前，大饮长歠⑯，左右相觑⑰，数人益乃供⑱，太祖⑲

---

① 此节选自《后汉书·袁闳列传》。

② 延熹：东汉桓帝刘志在位年号之一，即公元158—167年。

③ 末：末年。

④ 党事将作：党事即将发生。党事，东汉后期，宦官专权，引起官僚阶层的不满。宦官诬告李膺（yīng）和诸郡生徒结成朋党，诽谤朝廷。桓帝延熹九年下令逮捕李膺等二百多人。释放后禁锢（gù）终身，不许做官。党事即指此事，史称第一次"党锢之祸"。

⑤ 袁闳（hóng）：字夏甫，为避党锢之祸，筑土室而居十八年。

⑥ 散发绝代：披散头发，与世隔绝。绝代，绝世。

⑦ 投迹深林：隐居山林深处。

⑧ 远遁：隐居远方。遁，隐去。

⑨ 土室：土屋。

⑩ 四周于庭：四周指重墙四匝。于庭，土屋在庭院中。

⑪ 不为户：不设门。

⑫ 自牖（yǒu）纳食：从窗户孔递送食物。牖，窗。

⑬ 此节选自《三国志·魏书·典韦传》。

⑭ 典韦：三国魏人，曹操拜为都尉，迁校尉，后战死。

⑮ 饮啖兼人：食量为常人一倍。兼，倍。

⑯ 大饮长歠（chuò）：大吃大喝。歠，饮。

⑰ 左右相觑：左右的人面面相觑。属，同"瞩"，看。

⑱ 数人益乃供：几个人给典韦添饭菜。益，增加。供，指食品。《御览》无"数"字。

⑲ 太祖：指曹操。

壮①之。

【0278】又曰②：汉末③，中常侍④唐衡⑤弟为京兆虎牙都尉⑥。入谒尹⑦，尹欲修主人⑧，敕外市买⑨。功曹⑩赵息⑪启云："左胕子弟⑫，来为虎牙⑬，非德选⑭，不足为持酤买⑮，宜随中⑯舍菜食而已⑰。"

---

① 壮：有称赞的意思。

② 此节见《三国志·魏书·阎温传》注引《魏略·勇侠传》。

③ 汉末：东汉末年。

④ 中常侍：官名。

⑤ 唐衡：初为小黄门吏，迁中常侍，封汝阳侯。

⑥ 虎牙都尉：官名。虎牙为勇猛之意，又有虎牙将军之称。

⑦ 入谒尹：拜见京兆尹。尹，官名，此为京兆尹。

⑧ 欲修主人：准备尽主人之祖。修，治，准备肴馔。

⑨ 敕外市买：派人到街市上采买食物。

⑩ 功曹：官名。

⑪ 赵息：人名。

⑫ 左胕子弟：左胕的人。左胕（？—公元165年），东汉宦官。河南平阴（今河南孟津东北）人。任中常侍，封上蔡侯。得势后骄横贪暴，其兄弟亲戚多出任州郡官，侵夺民产。后被告发，自杀。

⑬ 虎牙：官职，虎牙都尉。

⑭ 非德选：并不是因有德行而选拔的官员。

⑮ 不足为持酤（gū）买：没有必要专门为他去采买。酤买，打酒买肉。

⑯ 随中：随和，随便。

⑰ 舍菜食而已：给他吃点蔬菜就行了。或释"中舍"为官名，即中舍人，本为东宫属官。

【0279】《魏志》曰①：文帝②为太后弟康③起第④，成⑤太后至第⑥，请诸家外亲⑦，设下厨⑧，无异膳⑨。太后左右⑩，菜食粟饭⑪，无鱼肉。其俭约⑫如此。

【0280】又曰⑬：扈累⑭者，嘉平⑮中，年八十九岁⑯，若六七十者⑰。县官⑱以其孤老⑲，日给廪五升⑳。五升不足

---

① 此节《三国志》不见载，见《三国志·魏书·后妃传》注引。

② 文帝：三国魏文帝曹丕。

③ 太后弟康：卞太后弟卞康。卞太后，琅玡（今山东临沂）人，魏文帝曹丕之母。曹操拜为王太后，文帝尊为皇太后。康，卞康，又作卞秉。

④ 起第：建筑府第。

⑤ 成：府第建成。

⑥ 至第：来到新建的府第。

⑦ 外亲：外戚，指皇帝的母族或妻族。这里指的应是卞氏家族。

⑧ 下厨：指一般的厨事。古时还有"中厨"之说。

⑨ 异膳：珍馔，美食。异，珍。

⑩ 太后左右：太后身边的人。

⑪ 菜食粟饭：吃蔬菜和粟米饭。

⑫ 俭约：俭朴；节俭。

⑬ 此节本出《魏略》，见《三国志·魏书·管宁传》注引。

⑭ 扈（hù）累：人名，字伯重。

⑮ 嘉平：三国魏齐王曹芳在位年号之一，当公元249—254年。

⑯ 八十九岁：又作"八九十岁"。

⑰ 若六七十者：好像六七十岁的人一样。又作"若四五十者"，不显年老之意。

⑱ 县官：指州县官吏，也代指朝廷。汉时还指天子。

⑲ 以其孤老：因为他孤且老。

⑳ 日给廪五升：一天供给粮食五升。廪，官方供给粮食。

食①，颇行佣作以裨之②。粮尽复出③，人与不敢④。食不求美⑤，衣弊缊⑥。故⑦后一二年病亡。

【0281】又曰⑧：诸葛亮⑨出斜谷⑩，与司马宣王⑪对垒⑫。宣王见亮使⑬，唯问其寝食⑭及其事之繁简⑮，不问戎

---

① 不足食：不够吃。

② 颇行佣作以裨之：常外出作佣工，以补粮食之不足。裨，补。

③ 粮尽复出：粮食吃完后又出去作佣工。

④ 人与不敢：又作"人与不取"，别人给他粮食他不要。

⑤ 美：好。

⑥ 衣弊缊（yùn）：衣服破烂不堪。弊缊，破烂。

⑦ 故：因此。或无"故"字。

⑧ 此节见《三国志·魏书·明帝纪》注引《魏氏春秋》，大意见载于《晋书·宣帝纪》。

⑨ 诸葛亮：三国时蜀国政治家、军事家。字孔明（公元181—234年）。琅玡阳都（今山东沂南南）人。功拜丞相，封武乡侯。后病死军中，葬定军山。

⑩ 斜谷：古道路名，在今陕西眉县西南。

⑪ 司马宣王：即司马懿（公元179—251年），三国时魏国大臣，字仲达，河内温（今河南温县西南）人。任大将军、丞相。其孙司马炎代魏称帝，追尊为宣帝。

⑫ 对垒：两军作战相持不下。垒，营垒。

⑬ 亮使：诸葛亮派来的使者。

⑭ 唯问其寝食：只问及诸葛亮的睡眠与饮食情况。

⑮ 事之繁简：事情的多少。

事①。使对曰②:"诸葛公③夙兴夜寐④,罚二十以上⑤,皆亲览⑥焉。所啖食不至数升⑦。"宣王曰:"亮体毙矣⑧,其能久乎⑨?"

【0282】又曰⑩:沐并⑪字德信,河间⑫人也,少⑬孤苦。袁绍父子时⑭,始为吏名⑮,有志介⑯。尝过⑰姊⑱,为杀

---

① 戎事:军队之事,战事。

② 使对曰:使者回答说。

③ 诸葛公:诸葛亮。

④ 夙兴夜寐:一向睡得很晚。夙,向来。

⑤ 罚二十以上:指罚打二十以上军棍的案子。《御览》本作"二十罚以上"。

⑥ 亲览:亲自过问。

⑦ 啖食不至数升:一天吃不了几升,指食量减小。

⑧ 亮体毙矣:诸葛亮身体不行了。毙,因病、伤而倒下。

⑨ 其能久乎:他能活多久呢?意为活不长了。

⑩ 此节见《魏略·清介传》,《三国志·魏书·常林传》注引。

⑪ 沐并:河间(今河北献县东南)人,字德言。官三府长史,晚年出为济阴(今山东定陶西北)太守。

⑫ 河间:郡国名,治所在今河北献县东南。

⑬ 少:年少时。

⑭ 袁绍父子时:指袁绍父子割据冀、青、幽、并四州时,大约在建安年间,即公元196年前后。

⑮ 始为吏名:又作"始为名吏",开始做官。

⑯ 志介:志向坚定。

⑰ 过:拜访。

⑱ 姊:姐。

鸡炊黍①而不留②也。正始③中，为三府长史④，时吴⑤使朱然⑥、诸葛瑾⑦攻围樊城⑧，遣舡兵⑨于岘山⑩东斫材⑪。牂舸人兵⑫作食⑬，有先熟者⑭呼⑮后熟者，言"共食来⑯"。后熟者答言："不也⑰。"呼者曰："欲作沐德信耶⑱？"其名流

---

① 杀鸡炊黍：沐并姐为之盛情招待。

② 不留：不留下来接受款待。

③ 正始：为三国魏齐王曹芳年号之一，即公元240—249年。

④ 三府长史：官名。三府即三公之府，东汉时太尉、司徒、司空三公公府长史，号为三公辅佐。

⑤ 吴：三国吴国。

⑥ 朱然：字义封，本姓施。累迁临川太守，封为阳侯。后拜左大司马、右军师。

⑦ 诸葛瑾：三国吴大臣。字子瑜（公元174—241年），诸葛亮之兄。封宛城侯，拜大将军，领豫州牧。

⑧ 樊城：今湖北襄樊樊城。

⑨ 舡（chuán）兵：船兵，水兵。

⑩ 岘山：又名岘首山，在湖北襄阳南，为襄阳南面要塞。

⑪ 斫材：砍木材。斫，砍。

⑫ 牂（zāng）舸（kē）人兵：牂舸兵。牂舸，又作牂舸郡名，原为夜郎地，在今贵州。

⑬ 作食：煮饭。

⑭ 先熟者：先煮熟饭的人。

⑮ 呼：喊，唤。

⑯ 共食来：一起来吃。《御览》作"其食来"。

⑰ 不也：不用了，不必。

⑱ 欲作沐德信耶：你是想当沐德信吧？指不吃别人食。沐并字德信。

布①，播于异域②如此。虽自华夏③，不知者以为前世人④也。

【0283】《江表传》曰⑤：南阳樊伷⑥为武昌⑦部从事⑧，诱导诸夷⑨，叛属刘备⑩。孙权召问潘濬⑪，濬曰："以五千兵往，足擒⑫矣！"权⑬曰："卿何以轻之⑭？"濬曰："伷⑮者，昔为州人⑯设馔⑰，比至⑱日中⑲，食不可得⑳，而

---

① 其名流布：沐德信名字流传开来。
② 播于异域：传播到汉族居地以外。异域，指少数民族居住地区。
③ 虽自华夏：虽然身在中原。华夏，指汉族人。
④ 不知者以为前世人：不知道的还会把沐并当作古人。
⑤ 此节见《三国志·吴书·潘濬传》注引。
⑥ 樊伷（zhòu）：人名。
⑦ 武昌：郡名，治所在武昌（今湖北鄂城），后易名江夏郡。
⑧ 部从事：部郡国从事史，每郡各一人，主管文书，察举非法。
⑨ 诱导诸夷：引诱各少数民族。夷，对少数民族的蔑称。
⑩ 叛属刘备：叛离孙吴，归属刘备。
⑪ 潘濬（jùn）：字承明，先为刘表治中从事，入吴拜辅军中郎将、少府，封浏阳侯，迁太常。
⑫ 足擒：满可以捉住。《御览》作"吴擒"，误。《江表传》作"足可以擒伷"。
⑬ 权：指孙权。
⑭ 何以轻之：为什么这么小看他？
⑮ 伷：指樊伷。
⑯ 州人：同州人，同乡人。
⑰ 设馔：设宴。
⑱ 比至：等到。
⑲ 日中：正午。
⑳ 食不可得：指宴席很晚还没开席。

十余八自起①。此亦侏儒②观一节之验③。"权即遣五千兵往，果平④武昌。

【0284】《吴志》曰⑤：步骘⑥字子山，世乱⑦，避难江东⑧，单身穷困，与广陵⑨卫旌⑩相善⑪，俱以种瓜自给⑫。昼勤四体⑬，夜诵经传⑭。会稽⑮焦征羌⑯，郡之豪族⑰，人客放

---

① 起：起身离席而去。

② 侏儒：身材异常矮小的人，小人。

③ 观一节之验：看一点而及其余。

④ 果平：果然平安。

⑤ 此节选自《三国志·吴书·步骘传》。

⑥ 步骘（zhì）：淮阴人，字子山。避乱江东，种瓜自给。迁右将军左护军，封临湘侯。拜骠骑将军，领冀州牧，官至丞相。

⑦ 世乱：乱世，指地方豪强混战。

⑧ 江东：指孙吴统治的地区。

⑨ 广陵：郡名，汉时治所在今江苏扬州，三国魏时治所在今安徽淮安。

⑩ 卫旌（jīng）：广陵人，字子旗。家贫以种瓜自给，官至尚书。

⑪ 相善：相好，友善。

⑫ 自给：依靠自己的劳动满足衣食之需。

⑬ 昼勤四体：白天从事生产劳动。四体，指双手双腿。

⑭ 经传：古时称儒家的著作为经，解释经文的书为传，合称经传。

⑮ 会稽：郡名，后治所移在山阴（今浙江绍兴）。

⑯ 焦征羌：名矫，曾为征羌令，故称焦征羌。

⑰ 豪族：权势很大、欺压人民的家族。

纵①。骘②与旌③寄食④其地，惧为所侵⑤，乃共修刺⑥奉瓜⑦，以奏⑧征羌。方内卧⑨，驻⑩之移时⑪，旌欲去⑫。骘止⑬之，曰："本所以来，畏其强也⑭。今舍去，欲以为高⑮，只结怨⑯耳。"良久⑰，征羌闻⑱，牖见之⑲，身隐几⑳坐帐中，设

---

① 人客放纵：待人无礼。
② 骘：步骘。
③ 旌：卫旌。
④ 寄食：《三国志》今作"求食"。
⑤ 惧为所侵：怕受焦征羌的欺侮。侵，侵害。
⑥ 修刺：做名帖。刺，相当于名片。
⑦ 奉瓜：送瓜。
⑧ 奏：进献。
⑨ 方内卧：焦征羌正在内房睡觉。方，正。
⑩ 驻：停留。
⑪ 移时：少顷。不多时，一会儿。
⑫ 旌欲去：卫旌想离去，不想等了。
⑬ 止：制止。
⑭ 本所以来，畏其强也：之所以到这里来，就是怕他的强大。
⑮ 欲以为高：想自居清高。
⑯ 结怨：结下怨恨。《御览》本无"结"字。
⑰ 良久：许久。
⑱ 闻：《三国志》作"开"，与下句联为"开牖见之"。
⑲ 牖（yǒu）见之：隔着窗户接见了他们。
⑳ 隐几：倚着几案。隐，倚，靠。几，桌案。

席致地①，坐骘、旌于牖外②，旌愈耻之③，骘辞色自若④。征羌身自烹大案⑤，殽膳重沓⑥。而小盘饭与骘、旌⑦，唯菜茹⑧而已。旌不能食⑨，骘极饮致饱⑩乃辞出，旌怒骘曰⑪："能忍此乎⑫？"骘曰："吾等贫贱⑬，是以主人以贫贱遇之⑭。固其宜⑮也，当何所耻⑯？"

---

① 设席致地：在地上摆上坐席。

② 坐骘、旌于牖外：让步骘和卫旌坐在窗外。

③ 旌愈耻之：卫旌更感耻辱。

④ 辞色自若：言谈和表情都很镇定、自然。辞，言语。自若，遇到变故神情自然、镇定。

⑤ 身自烹大案：自己设了大桌案放食物。

⑥ 殽膳重沓：美味佳肴摆满了案几。重沓，重复；多。

⑦ 小盘饭与骘、旌：用小盘为步骘与卫旌盛食。

⑧ 唯菜茹：只有一种茄子为菜食。

⑨ 不能食：吃不下。心里不痛快。

⑩ 极饮致饱：又作"极饭致饱"，吃得十分饱。

⑪ 旌怒骘曰：卫旌生气地对步骘说。

⑫ 能忍此乎：能忍受得了这种待遇吗？忍，容忍；忍受。

⑬ 吾等贫贱：我们出身贫贱。

⑭ 是以主人以贫贱遇之：所以主人把我们作为贫贱之人对待。遇，待。

⑮ 固其宜：本该如此，本来就很适合。

⑯ 当何所耻：有什么觉得耻辱的？

【0285】《蜀志》曰①：汉献帝②舅③车骑将军④董永⑤辞⑥帝，受帝衣带中密诏⑦，当诛曹公⑧。先主⑨是时与曹公从容⑩，曹公谓先主曰⑪："天下英雄，唯使君与操耳⑫！本初之徒⑬，不足数⑭也！"先主方食⑮，失匕箸⑯。

---

① 此节选自《三国志·蜀志·先主传》。

② 汉献帝：刘协（公元181—234年），公元190—220年在位。先后为董卓和曹操的傀儡。曹操死，曹丕称帝，废献帝为山阳公，东汉亡。

③ 舅：董承为灵帝之母董太后之侄，于献帝为舅。

④ 车骑将军：官名。

⑤ 董永：《三国志》作"董承"。汉献帝之舅，为车骑将军。受衣带诏事泄，被曹操杀害。

⑥ 辞：告别。

⑦ 衣带中密诏：献帝藏密诏于衣带中，称为"衣带诏"。

⑧ 当诛曹公：衣带诏令诛曹操。

⑨ 先主：刘备。

⑩ 从容：指不慌不忙地饮酒。

⑪ 《三国志》本为"先主未发，是时曹公从容谓先主曰"。

⑫ 天下英雄，唯使君与操耳：只有你刘备和我曹操才算得上是当今天下的英雄。使君，刘备曾为豫、徐两州刺史，汉代称刺史为使君，所以刘备别称刘使君。操，指曹操。

⑬ 本初之徒：本初之流。本初，袁绍字本初。

⑭ 不足数：不值一提。

⑮ 方食：正要吃饭。《御览》无"方"字。

⑯ 失匕箸：听此言把匕箸都惊落了。匕，割食的小刀。

【0286】又曰①：关羽②尝为流矢所中③，贯④其左臂。后疮虽愈⑤，每阴雨痛。医曰："矢镞⑥有毒，毒入于骨，当破臂作疮⑦，刮骨⑧去毒，然后此患乃除⑨耳"。羽便伸臂，令医凿⑩之。时羽适⑪请诸将饮食相对⑫，臂血流离⑬，盈于盘器⑭，而羽⑮割炙⑯引酒⑰，言笑自若⑱。

---

① 此节选自《三国志·蜀书·关书传》。

② 关羽：东汉末刘备的部将。字云长（？—公元219年），河东解（今山西临猗西南）人。曹操封之为汉寿亭侯，后为刘备前将军，镇守荆州。

③ 为流矢所中：被飞箭射中。流矢，飞箭。

④ 贯：穿。

⑤ 愈：愈合，伤口长好。

⑥ 矢镞（zú）：箭头。

⑦ 破臂作疮：将中箭的膀子手术开口。

⑧ 刮骨：刮去骨骼表面受毒的部分，即"刮骨疗毒"。

⑨ 除：根治。

⑩ 凿：开。《三国志》又作"劈"。

⑪ 适：恰巧。

⑫ 饮食相对：面对面一起进食。

⑬ 流离：流散。

⑭ 盈于盘器：流血装满了一盘。盈，满。

⑮ 羽：关羽。

⑯ 割炙：用刀割烤肉吃。

⑰ 引酒：引杯饮酒。

⑱ 言笑自若：谈笑自然、镇定。

中华烹饪古籍经典藏书

太平御览

（饮食部·下册）

[宋]李昉 撰

中国商业出版社

图书在版编目（CIP）数据

太平御览：饮食部：全三册 /（宋）李昉撰 . —北京：中国商业出版社，2021.6
ISBN 978-7-5208-1553-6

Ⅰ. ①太… Ⅱ. ①李… Ⅲ. ①百科全书—中国—北宋 ②饮食—文化—中国—北宋 Ⅳ. ① Z222 ② TS971.2

中国版本图书馆 CIP 数据核字 (2021) 第 074953 号

责任编辑：管明林

中国商业出版社出版发行
010-63180647　www.c-cbook.com
（100053 北京广安门内报国寺 1 号）
新华书店经销
唐山嘉德印刷有限公司印刷

*

710 毫米 ×1000 毫米　16 开　56 印张　500 千字
2021 年 6 月第 1 版　2021 年 6 月第 1 次印刷
定价：238.00 元（全三册）
****
（如有印装质量问题可更换）

《中华烹饪古籍经典藏书》
指导委员会
（排名不分先后）

名誉主任
姜俊贤　魏稳虎

主　任
张新壮

副主任
冯恩援　黄维兵　周晓燕　杨铭铎　许菊云
高炳义　李士靖　邱庞同　赵　珩

委　员
姚伟钧　杜　莉　王义均　艾广富　周继祥
赵仁良　王志强　焦明耀　屈　浩　张立华
二　毛

《中华烹饪古籍经典藏书》
编辑委员会
（排名不分先后）

主 任
刘毕林

秘书长
刘万庆

副主任
王者嵩　郑秀生　余梅胜　沈　巍　李　斌　孙玉成

陈　庆　朱永松　李　冬　刘义春　麻剑平　王万友

孙华盛　林凤和　陈江凤　孙正林　杜　辉　关　鑫

褚宏辚　滕　耘

委 员

林百浚	闫 囡	张可心	尹亲林	彭正康	兰明路
胡 洁	孟连军	马震建	熊望斌	王云璋	梁永军
唐 松	于德江	陈 明	张陆占	张 文	王少刚
杨朝辉	赵家旺	史国旗	向正林	王国政	陈 光
邓振鸿	贺红亮	邸春生	谭学文	王 程	李 宇
李金辉	范玖炘	于 忠	高 明	刘 龙	吕振宁
孔德龙	吴 疆	张 虎	牛楚轩	寇卫华	刘彧弢
王 位	吴 超	侯 涛	赵海军	刘晓燕	孟凡宇
佟 彤	皮玉明	高 岩	杨志权	任 刚	林 清
刘忠丽	刘洪生	赵 林	曹 勇	田张鹏	阴 彬
马东宏	张富岩	王利民	寇卫忠	王月强	俞晓华
张 慧	刘清海	李欣新	赵 鑫	渠永涛	蔡元斌
刘业福	杨英勋	王德朋	王中伟	王延龙	孙家涛
张万忠	种 俊	仲 强	金成稳		

《太平御览（饮食部）》
编辑委员会
（排名不分先后）

主 任
刘万庆

注 释
王仁湘　刘万庆

《中国烹饪古籍丛刊》出版说明

国务院一九八一年十二月十日发出的《关于恢复古籍整理出版规划小组的通知》中指出：古籍整理出版工作"对中华民族文化的继承和发扬，对青年进行传统文化教育，有极大的重要性"。根据这一精神，我们着手整理出版这部丛刊。

我国的烹饪技术，是一份至为珍贵的文化遗产。历代古籍中有大量饮食烹饪方面的著述，春秋战国以来，有名的食单、食谱、食经、食疗经方、饮食史录、饮食掌故等著述不下百种；散见于各种丛书、类书及名家诗文集的材料，更加不胜枚举。为此，发掘、整理、取其精华，运用现代科学加以总结提高，使之更好地为人民生活服务，是很有意义的。

为了方便读者阅读，我们对原书加了一些注释，并把部分文言文译成现代汉语。这些古籍难免杂有不符合现代科学的东西，但是为尽量保持其原貌原意，译注时基本上未加改动；有的地方作了必要的说明。希望读者本着"取其精华，去其糟粕"的精神用以参考。编者水平有限，错误之处，请读者随时指正，以便修订。

中国商业出版社
1982 年 3 月

出 版 说 明

20世纪80年代初，我社根据国务院《关于恢复古籍整理出版规划小组的通知》精神，组织了当时全国优秀的专家学者，整理出版了《中国烹饪古籍丛刊》。这一丛刊出版工作陆续进行了12年，先后整理、出版了36册，包括一本《中国烹饪文献提要》。这一丛刊奠定了我社中华烹饪古籍出版工作的基础，为烹饪古籍出版解决了工作思路、选题范围、内容标准等一系列根本问题。但是囿于当时条件所限，从纸张、版式、体例上都有很大的改善余地。

党的十九大明确提出："要坚定文化自信，推动社会主义文化繁荣兴盛。推动文化事业和文化产业发展。"中华烹饪文化作为中华优秀传统文化的重要组成部分必须大力加以弘扬和发展。我社作为文化的传播者，就应当坚决响应国家的号召，就应当以传播中华烹饪传统文化为己任。高举起文化自信的大旗。因此，我社经过慎重研究，准备重新系统、全面地梳理中华烹饪古籍，将已经发现的150余种烹饪古籍分40册予以出版，即《中华烹饪古籍经典藏书》。

此套书有所创新,在体例上符合各类读者阅读,除根据前版重新完善了标点、注释之外,增添了白话翻译,增加了厨界大师、名师点评,增设了"烹坛新语林",附录各类中国烹饪文化爱好者的心得、见解。对古籍中与烹饪文化关系不十分紧密或可作为另一专业研究的内容,例如制酒、饮茶、药方等进行了调整。古籍由于年代久远,难免有一些不符合现代饮食科学的内容,但是,为最大限度地保持原貌,我们未做改动,希望读者在阅读过程中能够"取其精华、去其糟粕",加以辨别、区分。

我国的烹饪技术,是一份至为珍贵的文化遗产。历代古籍中留下大量有关饮食、烹饪方面的著述,春秋战国以来,有名的食单、食谱、食经、食疗经方、饮食史录、饮食掌故等著述屡不绝书,散见于诗文之中的材料更是不胜枚举。由于编者水平所限,书中难免有错讹之处,欢迎大家批评、指正,以便我们在今后的出版工作中加以修订。

中国商业出版社
2019 年 9 月

本书简介

《太平御览》是北宋初编纂成的一部重要类书。编写工作开始于太平兴国二年（公元977年），完成于太平兴国八年，历时六年有余。开始本书取名《太平总类》，后由宋太宗赵匡义改名为《太平御览》，或简称《御览》。

《太平御览》由李昉和扈蒙领衔主编，先后参与编撰的还有十多人。李昉（公元925—996年），字明远，深州饶阳（今河北饶阳）人。五代时为后汉乾祐进士，后周时，官翰林学士。北宋时任参知政事、平章事，后加中书侍郎。李昉除主编《太平御览》外，还曾参加编撰《旧五代史》《太平广记》《文苑英华》等书。扈蒙，字日用，安次（今属河北）人。后周时为右拾遗、直史馆，入宋充史馆编修，曾参加《旧五代史》及《文苑英华》的编撰，并详定《古今本草》。

《太平御览》共一千卷，分为五十五门，天、地、人、物，包罗万象。《饮食部》为其中一门，分为二十五卷，主要包括酒、食、饭、豉、粥、饼、羹、脍、肉、脂膏、盐、酱、醯、醢、茗等诸方面的内容。涉及各种食物的名称、起源及发展，包括历代饮食风尚与典故，还有历史上食品的烹饪及制作方法，以至于从上古至隋唐的有关饮食烹饪方面的神话与传说，也都尽量收采，资料十分丰富，可以称为一部简明的中国饮食发展史。

《太平御览》全书征引古籍达一千六百余种，虽多转引自其他类书，但搜罗浩博，资料可靠。尤其是书中所引古籍，今日十之八九已经失传，更可见其珍贵。《御览》部分引文，字字句句与流传至今的原书不大一致，有一些为佚文，在译注时能作比对的都尽量注明。另外，也有相当一部分内容具有摘录性质，与原文多有不符，不便一一注明。对于一些明显的错讹之处，酌情予以校正。原书绝大部分内容仅注引文书名，译注时尽可能加注篇目，以便读者查对。对于少数内容重复的引文，为保持原貌，依然照录，略加注明。正文括号内的文字为《御览》的夹注，今予以保留。

《太平御览》版本有十多种，多为明清刻本。现在流行的主要是1935年商务印书馆整理影印的宋本，本书采用的便是这个比较完备的本子。

本书分上、中、下三册，自《太平御览》卷第八百四十三至卷第八百六十七，共二十五卷。其中上册五卷，自卷第八百四十三至卷第八百四十七；中册十二卷，自卷第八百四十八至卷第八百五十九；下册八卷，自卷第八百六十至卷第八百六十七。

中国商业出版社
2021年3月

目 录

卷第八百六十
饮食部十八　　饼···001

　　　　　　　糗糒···038

　　　　　　　饵粢···047

　　　　　　　粔籹···052

　　　　　　　寒具···053

卷第八百六十一
饮食部十九　　羹···055

　　　　　　　臛···093

　　　　　　　饮···097

　　　　　　　浆···107

卷第八百六十二
饮食部二十　　脍···119

　　　　　　　脯···137

鲭··············150
鲊··············151
八珍·············157

卷第八百六十三
饮食部二十一　肉··············161
　　　　　　　　炙··············194

卷第八百六十四
饮食部二十二　脂膏·············204
　　　　　　　　油··············208

卷第八百六十五
饮食部二十三　盐··············215
　　　　　　　　酱··············251

卷第八百六十六
饮食部二十四　醢··············256
　　　　　　　　齑··············260

卷第八百六十七
饮食部二十五　茗··············265

卷第八百六十

饮食部十八

饼

【0819】《释名》曰：饼，并①也，溲麦②使合并也。胡饼③，作之大漫汗④，亦言以胡麻⑤着上也。蒸饼⑥、汤饼⑦、体饼⑧之属，皆随形而名之⑨也。

【0820】《汉书》曰⑩：宣帝微时⑪，每买饼，所从买家⑫辄大售⑬，亦以自怪⑭。

---

① 并：合。
② 溲麦：《说文解字》作"溲面"，即和面。溲，浸；泡。
③ 胡饼：烧饼。一说为胡人所食之饼；一说饼上放有胡麻，故名。
④ 漫汗：形容大。
⑤ 胡麻：油用亚麻，茎比之纤维用亚麻粗而短，分枝和果实较多，子粒较大，这里指胡麻子。
⑥ 蒸饼：馒头之类。
⑦ 汤饼：面条之类。
⑧ 体饼：为"髓饼"之误。
⑨ 随形而名之：根据形状而命名。
⑩ 此节选自《汉书·宣帝纪》。
⑪ 微时：未即位时。指居于民间之时，汉宣帝幼育于祖母史氏家。
⑫ 所从买家：买饼所从的店家，即卖主。
⑬ 大售：多售，给得多。
⑭ 自怪：自己感到奇怪。

【0821】《续汉书》曰①：灵帝好胡饼②，京师皆食胡饼。后董卓③拥胡兵④破京师之应⑤。

【0822】《东观汉记》曰⑥：光武问第五伦⑦曰："闻卿为市掾⑧，人有遗⑨卿母一筥饼⑩，卿从外来⑪见之，夺母饲⑫，探口中饼出⑬，有之乎⑭？"伦⑮对曰："实无此⑯，众人以臣愚蔽⑰，故出此言⑱耳。"

① 此节见《后汉书·五行志一》，亦见《风俗通义》。

② 好胡饼：喜欢吃胡饼。

③ 董卓：东汉末年将领。字仲颖（？—公元192年），陇西临洮（今甘肃岷县）人。任并州牧，率兵入洛阳，废少帝立献帝，挟献帝西迁长安，自为太师。后为王允、吕布所杀。

④ 胡兵：北方游牧民族的部队。

⑤ 应：应兆。

⑥ 出自何卷不详。又见《后汉书·第五伦列传》注引。

⑦ 第五伦：东汉大臣，字伯鱼，京兆长陵（今陕西咸阳东北）人。章帝时官至司空。《御览》作"弟五伦"。

⑧ 市掾：官名，即市令，掌管市场。

⑨ 遗：赠给。

⑩ 一筥饼：一篮子饼。

⑪ 从外来：从外面回到家里。

⑫ 夺母饲：夺下母亲手里的食物。饲又作"笥"。

⑬ 探口中饼出：把吃进口里的饼也取了出来。

⑭ 有之乎：有这事吗？

⑮ 伦：第五伦。

⑯ 实无此：其实并无此事。

⑰ 愚蔽：愚昧。

⑱ 故出此言：所以编出这种话来戏弄我。

【0823】《英雄记》曰：李叔节①与弟进先②共在乘氏③城中，吕布④诣⑤乘氏城下，叔节从城中出诣布⑥，进先不肯出⑦，为叔节杀数头肥牛，提数十石酒，作万枚⑧胡饼，先持劳客⑨。

【0824】《魏志》曰⑩：汉末赵岐⑪避难，逃之河间⑫，不知姓字⑬。又转诣北海⑭，着絮巾布袴⑮，常于市中贩⑯胡

---

① 李叔节：人名。

② 进先：李进先，人名。

③ 乘氏：古县名，治所在今山东巨野西南。

④ 吕布：东汉末董卓部将。字奉先（？—公元198年），五原（今内蒙古包头西）人。任奋威将军，封温侯。后为曹操所败，被擒杀。

⑤ 诣：到达。

⑥ 布：吕布。

⑦ 不肯出：不肯出城见吕布。

⑧ 枚：个。

⑨ 劳客：慰劳客人。客指吕布。二字又作"犒军"。

⑩ 此节并见《后汉书·赵岐列传》和《魏略·勇侠传》，见《三国志·魏书·阎温传》注引。

⑪ 赵岐：初名嘉，字台卿，后字邠（bīn）卿。初官司空掾，为皮氏长。得罪中常侍唐衡，避祸变名卖饼。唐衡死后，出为议郎、太常，撰有《三辅决录》等。

⑫ 河间：郡、国名，治所在乐城（今河北献县东南）。

⑬ 不知姓字：隐姓埋名之意，别人不知姓名。

⑭ 北海：郡、国名，东汉治所在剧县（今山东昌乐西）。

⑮ 絮巾布袴（kù）：平民之衣。《御览》脱"布"字。袴，同"裤"。

⑯ 贩：贩买贩卖。

饼。孙宾硕①时年二十余，乘犊车②、将骑入市③。观见岐④，疑其非常人⑤也。因问之："自有饼耶⑥？贩之耶⑦？"岐曰："贩之。"宾硕曰："买几钱⑧？卖几钱⑨？"岐曰："买三十，卖亦三十⑩。"宾硕曰："视处士之望⑪，非卖饼者⑫，殆有故。"乃开车后户⑬，顾所将两骑⑭，令下马扶上

---

① 孙宾硕：《后汉书》作"孙宾石"。名嵩，东汉安丘人，救藏赵岐于壁中，后赵岐走之为青州刺史。

② 犊车：牛车。犊，本指小牛。

③ 将骑入市：带着侍骑来到街市上。

④ 岐：赵岐。

⑤ 非常人：不是平常之人。

⑥ 自有饼耶：是自己做的饼吗？

⑦ 贩之耶：还是贩买的呢？《御览》无此句。

⑧ 买几钱：用多少钱买的？

⑨ 卖几钱：以多少钱卖出？意为问赚得多少。

⑩ 买三十，卖亦三十：用三十文买来，卖出也是三十文。指一文没赚。

⑪ 视处士之望：看您这样子……处士，指隐居的人。望，样子。

⑫ 非卖饼者：并非卖饼之人。卖，《御览》作"买"。

⑬ 车后户：牛车后面的门。

⑭ 顾所将两骑：回头对所带的两个侍骑吩咐。

之①。时岐②以为是唐氏③耳目④也,甚怖⑤,面失色⑥。宾硕闭后户⑦,下前襜⑧谓之曰:"视处士状貌,既非贩饼者,如今面色变动⑨,即不有重怨⑩,则当亡命⑪。我北海孙宾硕,阖门百口⑫,又有百岁老母在堂,势⑬能相度⑭者也,终不相负⑮,必语我以实⑯。"岐乃具告之⑰,宾硕遂载岐以驱归⑱。

① 令下马扶上之:叫侍骑下马将赵岐扶上牛车。
② 岐:赵岐。
③ 唐氏:唐衡,东汉末官吏。初为小黄门史,官至中常侍,封汝阳侯。曾诛杀外戚梁冀等人。
④ 耳目:替人打探消息的人。以为孙嵩是唐衡的探子。
⑤ 甚怖:十分恐惧。
⑥ 面失色:脸上因惊怕变了颜色。
⑦ 闭后户:关上车的后门。
⑧ 下前襜(chān):放下车前的布帘。襜车之帷幔。
⑨ 变动:改变。
⑩ 重怨:深仇大恨。
⑪ 则当亡命:那么就一定是逃亡之人。亡命,逃亡;流亡。
⑫ 阖(hé)门百口:全家有百口人之多。阖,全,总共。
⑬ 势:势力。
⑭ 相度:相与为谋。
⑮ 终不相负:互相永不背弃。
⑯ 必语我以实:应当把实情告诉我。
⑰ 具告之:一五一十地告诉了孙宾硕。具,全部,一五一十地。
⑱ 载岐以驱归:把赵岐载在车内一同回到家中。

【0825】又曰①：严翰②字公仲，学问特善③《春秋公羊》④。司隶⑤钟繇⑥不好《公羊》⑦，而好《左氏》⑧，谓《左氏》为太官⑨，而《公羊》为卖饼家⑩。

【0826】又曰⑪：卢毓⑫为吏部尚书，时举⑬中书郎⑭，

① 此节见《魏略·严翰列传》，见《三国志·魏书·裴潜传》注引。
② 严翰：人名，翰，又作"幹"。
③ 善：精通。
④ 《春秋公羊》：《春秋公羊传》，又称《公羊春秋》，儒家经典之一。传为战国公羊高撰。
⑤ 司隶：官名，全称司隶校尉，掌纠察京师百官及所辖附近各郡，相当于州刺史。
⑥ 钟繇：三国魏大臣、书法家。字元常（公元153—230年），颍川长社（今河南长葛东北）人。官至太傅，封崇高乡侯。
⑦ 《公羊》：《春秋公羊传》。
⑧ 《左氏》：《左氏春秋》，又名《春秋左氏传》，传春秋时左丘明所撰，儒家经典之一。
⑨ 太官：官名，掌管宫廷饮食。借指美味佳肴。
⑩ 卖饼家：这里指《春秋公羊传》如小饭、小菜而已。
⑪ 此节选自《三国志·魏书·卢毓传》。
⑫ 卢毓：三国魏大臣。字子家，魏文帝时拜黄门侍郎，历安平、广平太守，后官至吏部尚书，迁司空，封容城侯。
⑬ 举：推举、推荐。
⑭ 中书郎：官名，中书侍郎，为中书省长官中书监、令的副职。

诏①曰："得其人与否②，在卢生耳③，选举④莫取有名⑤，名如画地作饼⑥，不可啖⑦也。"

【0827】《魏略》曰：丁斐⑧封列侯⑨，坐免官⑩。后太祖⑪嘲⑫曰："斐文侯⑬印绶何在⑭？"斐⑮对⑯曰："以易饼⑰。"太祖大笑。

---

① 诏：《御览》本作"昭"。指文帝之命。

② 与否：《御览》作"与不"。

③ 在卢生耳：全由卢毓决定。卢生，指卢毓。

④ 选举：选任官员。

⑤ 莫取有名：不要以名气取人。

⑥ 名如画地作饼：名气就像是在地上画的大饼。

⑦ 不可啖：不能吃。

⑧ 丁斐：字文侯，事曹操为典军校尉，因以私财易牛被免官，后复官。

⑨ 列侯：在汉代，王子封为侯谓之诸侯，群臣异姓以功封侯者谓之列侯，亦谓之彻侯或通侯。

⑩ 坐免官：因罪被免官。指以私财易牛之事。坐，定罪。

⑪ 太祖：曹操。

⑫ 嘲（zhāo）：通"嘲"，讥讽。

⑬ 斐文侯：丁斐，字文侯。

⑭ 印绶何在：印绶放哪儿去了？印绶，官吏的印信及系印的丝带。问官职丢哪儿了。

⑮ 斐：丁斐。

⑯ 对：回答。

⑰ 以易饼：印绶拿去换饼吃了。

【0828】《晋书》曰①：何曾性奢豪②，务③在华侈④，帷帐⑤车服⑥，穷极绮丽⑦。厨膳滋味，过于王者⑧。每宴见⑨，不食太官所设⑩，帝⑪辄命取其食⑫，蒸饼⑬上不坼十字⑭，不食⑮。

【0829】王隐《晋书》曰⑯：王长文⑰州辟别驾⑱，阳狂

---

① 此节选自《晋书·何曾列传》。

② 奢豪：生活奢侈豪华。

③ 务：致力，追求。

④ 华侈：奢华。

⑤ 帷帐：帷幔，代指居室。

⑥ 车服：郑玄曰：人以车服为荣。车服，指舆车及冠服。

⑦ 绮丽：华丽，鲜艳美丽。

⑧ 过于王者：超过了帝王。

⑨ 每宴见：每每晋帝宴饮群臣时。

⑩ 不食太官所设：不吃官廷太官准备的宴席。

⑪ 帝：西晋武帝司马炎（公元236—290年），字安世，司马昭长子。废魏帝曹奂而自立，建立晋朝，公元265—290年在位。

⑫ 命取其食：让何曾拿出自己带的馔品吃。

⑬ 蒸饼：馒头之类。

⑭ 不坼（chè）十字：蒸饼上没有十字形开裂。坼，分裂；裂开。

⑮ 不食：不吃没裂有十字形的馒头。

⑯ 此节参见房玄龄《晋书·王长文列传》。

⑰ 王长文：字德叡，广汉郪（今四川中江东南）人。初坚决不仕，后任江源令。

⑱ 州辟别驾：被征召为本州别驾。辟，征召。别驾，官名，魏晋诸州置别驾，总理众务，职权甚重。

不诣①,举州追求②。乃于成都市③,见蹲地啮④胡饼。

【0830】又曰⑤:王羲之⑥幼有风操⑦,郗虞卿⑧闻王氏诸子⑨皆俊才⑩,令使选婿⑪,诸子皆饰容⑫以待客⑬。羲之独坦腹⑭东床⑮,啮胡饼,神色自若。具以告虞卿⑯,曰:"此

---

① 阳狂不诣:伴作癫狂,不去就职。

② 举州追求:全州都寻找到了。

③ 市:市场。

④ 啮:咬;吃。

⑤ 参见房玄龄《晋书·王羲之列传》。

⑥ 王羲之:东晋书法家。字逸少,琅邪临沂(今山东临沂北)人。官至江州刺史、右军将军、会稽内史,后辞官,工书法,后世称为"书圣"。

⑦ 幼有风操:少时便有独特的风度,指与众不同。

⑧ 郗虞卿:郗鉴(公元269—339年),东晋大臣。字道微,高平金乡(今山东金乡北)人。初为兖州刺史,历安西将军、车骑大将军、徐州刺史等,后拜司空,进位太尉。

⑨ 王氏诸子:指淮南太守王旷之子王承、王悦、王羲之。

⑩ 俊才:英俊而有才气。俊,《御览》误作"後"。

⑪ 令使选婿:派人去王家选女婿。

⑫ 饰容:神情拘谨。

⑬ 客:前来选婿的客人。

⑭ 坦腹:敞开襟怀。

⑮ 东床:东厢之床。后因这个典故,称女婿为坦腹或东床。

⑯ 具以告虞卿:选女婿的人回去把这事全告诉了郗鉴。

真吾子婿①也。"问为谁②,果是逸少③,乃妻之④。

【0831】《晋阳秋》曰⑤:惠帝崩⑥,由食饼⑦也。

【0832】又曰⑧:王欢⑨躭学⑩贫窭⑪,或人⑫惠⑬蒸饼一轴⑭,以充一日⑮。妻子常有菜色⑯。

【0833】《宋书》曰⑰:王悦之⑱为吏部郎⑲,邻省⑳有

---

① 此真吾子婿:这才真是我的女婿。

② 问为谁:问坦腹东床吃胡饼的是哪一个。

③ 逸少:王羲之,字逸少。

④ 乃妻之:于是便把女儿嫁给了王羲之。

⑤ 此节亦见《晋书·惠帝纪》,云惠帝"因食饼中毒而崩,或云司马越之鸩"。

⑥ 崩:帝王死曰崩。

⑦ 由食饼:因食饼(中毒)而死。

⑧ 此节又见《晋书·王欢列传》。

⑨ 王欢:字君厚,任慕容暐国子博士。

⑩ 躭(dān)学:一心于学业。

⑪ 贫窭(jù):贫困;贫穷。

⑫ 或人:有人。

⑬ 惠:送给。

⑭ 一轴:一串,指几个。

⑮ 以充一日:用作一日之食。

⑯ 菜色:青黄色,形容人营养极为不良的面色。

⑰ 见《南史·王悦之列传》,《宋书》本传无此文。

⑱ 王悦之:字少明,为王羲之曾孙。刘宋时官至侍中。

⑲ 吏部郎:官名,即吏部侍郎,为尚书的属官。

⑳ 邻省:指别的官署。省,官署名。

会同①者，遗②悦之饼一瓯③，辞不受④，曰："此费诚小⑤，然少来不愿当之⑥。"

【0834】萧子显⑦《齐书》⑧曰：永明九年⑨正月，诏太庙⑩四时祭，荐宣皇帝⑪面起饼⑫。

【0835】又曰⑬：何戢⑭为司徒左长史⑮，太祖为领

---

① 会同：朝见皇帝。

② 遗：送给。

③ 瓯：小盆。

④ 辞不受：推辞不受人送的饼。

⑤ 此费诚小：指对方所馈赠的食物尽管很少。《初学记》引作"此费诚复小"。

⑥ 少来不愿当之：从来都不愿接受别人所送的食物。《初学记》引作"少来不欲当人之惠。"

⑦ 萧子显：南朝齐宗室，史学家。字景阳（公元489—537年），任至吏部尚书、侍中，撰《后汉书》一百卷，已佚。今存《南齐书》六十卷。

⑧ 《齐书》：《南齐书》。见《南齐书·礼志上》。

⑨ 永明九年：公元491年。永明为齐武帝萧赜在位年号。

⑩ 太庙：天子的祖庙。

⑪ 宣皇帝：齐高祖之父萧承之，字嗣伯。官右军将军。后追尊为皇帝。

⑫ 面起饼：发面饼。

⑬ 此节选自《南齐书·何戢列传》。

⑭ 何戢（jí）：南齐官吏。字慧景，庐江潜（今安徽霍山）人。官吏部尚书，加骁骑将军。

⑮ 司徒左长史：官名。东汉起，太尉、司徒、司空三公府均设长史，号为三公辅佐。

军①,与戢②来往③,数置欢宴④。上⑤好水引饼⑥,戢令妇⑦、女躬自⑧执事⑨以设⑩上⑪焉。

【0836】《梁书》曰⑫:武帝尝设大臣饼⑬,蔡撙⑭在坐,帝频呼其姓名⑮,撙竟不答⑯,食饼如故⑰。帝觉其负

---

① 领军:官名。统率禁军。与护军同掌中央军队,为重要军事长官之一。萧道成在刘宋时曾任中领军将军,独掌朝廷兵权。

② 戢:何戢。

③ 来往:互相交往。

④ 数置欢宴:几次三番设有宴席。

⑤ 上:萧道成。

⑥ 水引饼:面条。

⑦ 妇:妻。

⑧ 躬自:亲手。

⑨ 执事:操作,指制作面条。

⑩ 设:招待。

⑪ 上:萧道成。

⑫ 此节不见于今《梁书·蔡撙列传》,见载于《南史·蔡撙列传》。

⑬ 设大臣饼:设宴招待大臣吃饼。

⑭ 蔡撙(zǔn):字景节,济阳考城人。官侍中、吴兴和吴郡太守。《御览》作"蔡樽"。

⑮ 频呼其姓名:接连呼喊蔡撙的名字。

⑯ 撙竟不答:蔡撙并不搭理梁武帝。

⑰ 食饼如故:像没事一样吃着饼。

气①，乃改唤"蔡尚书②"，撙始放筯执笏③曰："唯④！"帝曰："卿向聋⑤，今何聪⑥？"对曰："臣预⑦为右戚⑧，且职在纳言⑨，陛下不应以名垂唤⑩。"帝有惭色⑪也。

【0837】《赵录》曰⑫：石勒讳"胡"⑬，胡物⑭皆改名⑮。胡饼曰抟炉⑯，石虎改曰麻饼。

【0838】又曰⑰：石虎好食蒸饼，常以干枣、胡桃瓤⑱

---

① 负气：愤不相下，有气。气，愤。

② 蔡尚书：以官名称蔡撙。

③ 放筯执笏（hù）：放下筷子，拿起笏板。筯，同"箸"，筷子。笏，古代朝见时大臣所执的手板，用以记事。

④ 唯：在，在此。答"到"之词。

⑤ 向聋：一向耳朵不好使。

⑥ 今何聪：这会怎么听清了呢？聪，耳灵。

⑦ 预：与，参加。"身为"之意。

⑧ 右戚：贵戚。《御览》作"右武"。

⑨ 职在纳言：职责是进谏。纳言，官名，北周时俱侍中。

⑩ 以名垂唤：直接以姓名相称。

⑪ 惭色：惭愧之色。

⑫ 此节选自《十六国春秋·前赵录》。

⑬ 讳"胡"：讳说"胡"字。石勒为羯族人，古时将少数民族（西北地区）统称为"胡"。

⑭ 胡物：少数民族所用之物。

⑮ 改名：去掉胡字，改新名。如下文所说的将胡饼改名为"抟炉"。

⑯ 抟炉：又作"博炉"，应以抟炉为正。博，为抟之误。

⑰ 此节选自《十六国春秋·后赵录》。

⑱ 胡桃瓤：胡桃种子。胡桃为落叶乔木，秋结果如桃，熟后沤烂皮肉，取核食其种子。今称核桃。

为心①蒸之，使坼裂方食②。及为冉闵③所篡④，幽废⑤思其不裂者不可得⑥。

【0839】《后魏书》曰⑦：胡叟⑧不治产业⑨，常苦饥贫⑩，然⑪不能为耻。养子⑫字螟蛉⑬，以自结⑭，常作布囊，容三、四斛⑮，饮噉醉饱⑯，则盛肉、饼以付螟蛉。见车马荣华者⑰，视之蔑如⑱也。

---

① 心：馅。

② 使坼裂方食：蒸得使裂开口后才吃。

③ 冉闵：十六国时冉魏建立者。字永曾（？—公元352年），魏郡内黄（今河南内黄西北）人。石虎养孙，趁石虎诸子残杀，夺权称帝，国号魏。后被俘杀。

④ 篡：篡夺后赵政权。

⑤ 幽废：囚禁而废退之。指被篡权后。

⑥ 思其不裂者不可得：连不裂口的蒸饼也想之不到了。

⑦ 此节选自《魏书·胡叟列传》。

⑧ 胡叟：临泾人，字伦许。好属文，拜虎威将军。晚年居密云（今属北京），以酒自适，不治产业。年八十卒。

⑨ 不治产业：不理家产。

⑩ 常苦饥贫：常受饥饿之苦。

⑪ 然：《御览》作"能"。

⑫ 养子：非亲生子。

⑬ 螟（míng）蛉（líng）：《诗·小雅·小宛》："螟蛉有子，蜾蠃负之。"蜾蠃常捕螟蛉喂它的幼虫，古时误认为蜾蠃养螟蛉为子，所以胡叟为养子取字"螟蛉"。

⑭ 以自结：今《魏书》作"以自给养"。指胡叟供给养子饮食。

⑮ 斛：《魏书》作"斗"。

⑯ 饮噉醉饱：饮醉吃饱。

⑰ 车马荣华者：指高车大马的富贵人家。

⑱ 视之蔑如：轻视，看不起。

【0840】《北齐书》曰①：库狄连②冬至③日，亲表④称贺，其妻为设豆饼，连⑤问："此豆饼何处得⑥也？"妻对曰："于食中减。"连大怒。

【0841】《后周书》曰⑦：樊深⑧以父⑨遇害⑩，因避难坠崖伤足⑪，绝食再宿⑫。后遇得一箪⑬饼，欲食之⑭。然念继母年老患痹⑮，或⑯免虏掠⑰，乃弗食⑱。夜中匍匐⑲寻觅母，

---

① 此节选自《北齐书·慕容俨列传》，又见《北史》本传。

② 库狄连：本作"库狄伏连"，人名。库狄为复姓。

③ 冬至：节气名，在每年公历12月22日前后，是北半球白昼最短的一天。

④ 亲表：亲友。

⑤ 连：库狄伏连。

⑥ 何处得：从哪里弄到的？

⑦ 此节选自《周书·儒林列传》。

⑧ 樊深：字文深，河东猗氏（今山西猗氏）人，官国子博士，加车骑大将军、仪同三司。

⑨ 父：樊保周。

⑩ 遇害：指为魏所诛。《御览》作"遇宫"，误。

⑪ 伤足：摔坏了腿。

⑫ 绝食再宿：两天没吃到东西。

⑬ 箪：用于盛饭食的圆形竹器。

⑭ 欲食之：想吃了这些饼。《御览》"欲"误作"饮"。

⑮ 痹（bì）：由风、寒、湿等引起的肢体疼痛或麻木的病。

⑯ 或：也许。

⑰ 免虏掠：没被抓走。

⑱ 弗食：没有吃饼。

⑲ 匍匐：爬行。

偶得相见①，因馈母②，还复遁去③，改易姓名，游学于汾、晋④之间。

【0842】《唐书》曰⑤：僧万迴⑥，阌乡⑦人也，恢谐以狂⑧，发言屡中⑨。其兄戍边⑩五载⑪，母思之。万迴年幼，请诣兄所⑫。策竹马⑬去，经宿而返⑭，白⑮母曰："兄还矣⑯！请办饼⑰，更往迎之⑱。"数日持襆⑲而至，母发襆⑳，戍子

---

① 偶得相见：《御览》作"过得相见"，指见母。
② 馈母：把饼留给老母吃。
③ 还复遁去：复又逃隐而去。
④ 汾、晋：汾州、晋州一带。今山西地区。
⑤ 此节选自《旧唐书·僧万回列传》。
⑥ 僧万迴：唐代高僧，武后诏入内道场，号法云公。
⑦ 阌（wén）乡：县名，今河南灵宝县境。
⑧ 恢谐以狂：指诙谐到有些癫狂的地步。恢谐，诙谐，说话有趣，逗人发笑。
⑨ 发言屡中：所说的话每每有准。
⑩ 戍边：在边疆当兵。
⑪ 五载：五年之久。
⑫ 请诣兄所：请求去兄长戍边的地方看看。
⑬ 策竹马：骑着竹马。竹马，以竹枝置胯下作马。
⑭ 经宿而返：过了一晚返回家来。宿，《御览》作"归"。
⑮ 白：告知。
⑯ 兄还矣：兄长就要回家了。
⑰ 办饼：准备饭菜。
⑱ 更往迎之：再去迎接兄长归来。
⑲ 襆（fú）：同"袱"，包袱。
⑳ 发襆：打开包袱。发，开。

衣①也。寻而子至②，母大惊③。

【0843】《范子》曰：饼出三辅④。

【0844】《墨子》曰⑤："鲁阳文君⑥云：有人于此牧羊，刍豢⑦不可胜食⑧也。见人作饼，即还然窃之⑨。楚⑩四境之田⑪，芜广不可胜辟⑫。见宋、郑之音邑⑬，则还然窃⑭之，与彼异乎⑮？"

【附】《墨子·耕柱》今本原文：子墨子谓鲁阳文君曰："今有一人于此，羊、牛犓豢，维人但割而和之，不可

---

① 戍子衣：里面是当兵儿子的衣物。

② 寻而子至：不一会儿子回来了。寻，不久。

③ 大惊：十分惊异。

④ 三辅：汉代以左、右内史、主爵都尉改置为京兆尹、左冯翊、右扶风三个相当于郡的政区，所辖皆京畿之地，故合称"三辅"，治所同在长安城中。后世习惯上把陕西中部地称为三辅。

⑤ 此节摘自《墨子·耕柱》，本为墨子与鲁阳文君的对话。这里摘引得支离破碎，与原文之意出入甚大，参见本节末重引《墨子》今文。

⑥ 鲁阳文君：人名。鲁阳为姓。

⑦ 刍（chú）豢：喂养的牲畜（羊）。

⑧ 不可胜食：吃之不尽。自己养的牲畜吃不完。

⑨ 还然窃之：还要去偷别人的饼。

⑩ 楚：楚国。

⑪ 四境之田：全部国土。

⑫ 芜广不可胜辟：广大得开垦不过来。芜广，《墨子》今作"旷芜"。辟，开辟；开垦。

⑬ 宋、郑之音邑：宋国和郑国，与楚国为邻。音，《御览》作"门"，误。邑，城池。

⑭ 窃：指侵占。

⑮ 与彼异乎：这与那偷饼吃的放羊人有什么不同呢？

胜食也。见人之作饼，则还然窃之，曰'舍余食。'不知日月安不足乎？其有窃疾乎？"鲁阳文君曰："有窃疾也。"子墨子曰："楚四境之田，旷芜而不可胜辟……见宋、郑之间邑，则还然窃之，此与彼异乎？"鲁阳文君曰："是犹彼也，实有窃疾也。"

【0845】《抱朴子》曰：莽之世①，卖饼小人②皆得等级③，斗筲之徒④兼金累紫⑤，杨子云确然忠贞之节⑥形⑦矣。

【0846】《三辅旧事》⑧曰：太上皇⑨不乐关中⑩，高祖

---

① 莽之世：王莽当政之时。

② 卖饼小人：一般小商贩。

③ 等级：地位。

④ 斗筲（shāo）之徒：指家境贫寒之人。斗，量名，容十升。筲，竹器，容一斗二升。比喻少之意。

⑤ 兼金累紫：发了大财之意。兼金，好金，价值超过平常之金，这里指钱财多。累紫，衣物极多。紫，紫衣，古为贵官公服。

⑥ 节：节操。

⑦ 形：表露出来。

⑧ 《三辅旧事》：唐袁郊撰，已佚。清人有辑本一卷。

⑨ 太上皇：汉高祖刘邦的父亲，名太公。

⑩ 不乐关中：对住在关中感到不愉快，思归故里。

徙①丰②、沛③屠儿④、沽酒卖饼商人⑤，立为新丰县⑥，故一县多小人⑦。

【0847】《李固别传》⑧曰：质帝⑨暴得疾⑩，云食煮饼腹中闷⑪，遂崩。

【0848】《玄晏春秋》⑫曰：卫伦⑬过⑭予⑮而宴，论及

---

① 徙：迁移。

② 丰：丰邑，刘邦祖居沛之丰邑中阳里。

③ 沛：小沛，治所在今江苏沛县。

④ 屠儿：屠夫。

⑤ 商人：小商贩。

⑥ 新丰县：刘邦在秦骊仿祖居丰地街巷筑城，让老父居此，名为新丰，治所在今陕西临潼东北。

⑦ 小人：经商之人，所谓势利者也。

⑧ 《李固别传》：书名，已佚。李固（公元94—147年），东汉大臣，字子坚，汉中南郑（今陕西汉中）人。官至太尉，参录尚书事，后被诬杀。

⑨ 质帝：汉质帝刘缵，被梁冀用毒饼杀死，在位一年。

⑩ 暴得疾：突然得了急症。暴，突然。

⑪ 腹中闷：腹胀。因食毒饼所致。

⑫ 《玄晏春秋》：晋皇甫谧撰，今存一卷。皇甫谧号"玄晏先生"，故以为书名。

⑬ 卫伦：人名。

⑭ 过：访，探望。

⑮ 予：我，即《玄晏春秋》作者自己，指皇甫谧。

于味①,伦②称侍中③刘子杨④食饼知盐生⑤,精味之至⑥也。予⑦曰:"昔师旷识劳薪⑧,易牙别淄渑⑨,子杨之妙⑩抑末⑪乎?"伦曰:"晋旷⑫、齐牙⑬,古之精⑭也。魏⑮之子杨,今之妙⑯也。子何间焉⑰?"

---

① 论及于味:谈到味道一事。

② 伦:卫伦。

③ 侍中:官名。南北朝时往往为宰相,或曰小宰相。

④ 刘子杨:人名,传善辨味。三国魏时官侍中。

⑤ 盐生:盐有生味。

⑥ 精味之至:品味十分精到。

⑦ 予:我,即作者。

⑧ 识劳薪:辨识出用劳薪烧的饭。劳薪,析(劈开)车脚(车轮)为薪,故曰劳薪。

⑨ 别淄渑:分别淄水、渑水味道的不同。二水均在山东。事见《吕氏春秋·精谕》。

⑩ 妙:精于味。

⑪ 抑末:比不上之意。

⑫ 晋旷:晋国的师旷。

⑬ 齐牙:齐国的易牙。

⑭ 古之精:古代之精于味者。

⑮ 魏:三国魏国。

⑯ 今之妙:当今之知味者。妙,精也。

⑰ 子何间焉:您又何必把他们区别看待呢?间,区别。

【0849】《语林》①曰：何平叔②面绝白③，魏文帝疑其着粉④。正夏月⑤，唤来与热汤饼⑥，大汗出⑦，随以朱衣自拭⑧，色转皎然⑨。

【0850】《幽明录》曰：姚泓⑩叔父、大将军绍⑪总司戎政⑫，召胡僧⑬问以休咎⑭。僧乃以面为大胡饼，形径一丈⑮。僧坐其上⑯，先食正西⑰，次⑱食正北，次食正南，所余

---

① 《语林》：晋裴启撰，清人有辑本一卷。此节又见《荆楚岁时记》引《魏氏春秋》。

② 何平叔：何晏（公元190—249年），三国时魏大臣、玄学家。官至侍中尚书，后为司马懿所杀。

③ 面绝白：脸色特白。

④ 疑其着粉：怀疑何平叔脸上扑过白粉。

⑤ 正夏月：正当炎热的夏天。

⑥ 唤来与热汤饼：将何平叔叫来，给他热汤饼吃。此句后本有"既啖之"一句。

⑦ 大汗出：热天吃热食致大汗流出。

⑧ 自拭：自己擦拭汗流。

⑨ 色转皎然：脸色更加洁白。皎然，洁白。

⑩ 姚泓（公元288—417年）：十六国后秦皇帝。字元子，南安赤亭（今甘肃陇西西）羌人。后降于东晋，被杀。

⑪ 绍：姚绍，人名。

⑫ 总司戎政：总理军务。

⑬ 胡僧：少数民族僧人。

⑭ 休咎：吉凶之征。

⑮ 形径一丈：饼径有一丈之大。

⑯ 坐其上：坐于大饼之上。

⑰ 先食正西：先吃了大饼的西边。

⑱ 次：接着。

卷而吞之①。讫便起去②，了无所言③。是岁④五月，杨盛⑤大破姚军⑥于清水⑦；九月，晋师北讨⑧，扫定颍洛⑨；明年遂席卷丰镐⑩，生禽⑪泓⑫焉。

【0851】葛洪《神仙传》曰：壶公⑬者，从远方来卖药，常悬⑭一壶于坐上。每日入⑮后跳入壶中，市掾⑯费长房⑰

---

① 所余卷而吞之：将吃剩下的饼卷起来吞了下去。
② 讫便起去：吃完后就起身走了。
③ 了无所言：一句话也没说。
④ 是岁：当年。
⑤ 杨盛：北魏将领。道武帝拓跋珪时为征南大将军，封仇池王。
⑥ 姚军：后秦军队。
⑦ 清水：今陕西安塞发源的延水。
⑧ 晋师北讨：东晋刘裕的北伐。
⑨ 颍洛：颍水洛水一带，指今河南地区。
⑩ 丰镐：本为周京，指后秦王朝所在的长安。
⑪ 生禽：活捉。禽，同"擒"。
⑫ 泓：姚泓。
⑬ 壶公：东汉术士。有《召军符》《召鬼神治病玉府符》传世，总称《壶公符》。
⑭ 悬：挂（指将一壶悬挂在卖药之处）。
⑮ 日入：日落。
⑯ 市掾（yuàn）：市令，管理市场的官员。
⑰ 费长房：东汉汝南人，为市掾。传从壶公学道术，有符、枚，能鞭笞百鬼。后失其符，为众鬼所杀。

于楼上见之，知非常①也。身为扫除②，并进饼③公④。令长房共跳入壶，但见楼观五色⑤，重门⑥阁道⑦，侍者数十人。

【0852】《京兆旧事》⑧曰：萧彪⑨为巴郡守⑩，父老归供养⑪，父嗜饼，从至市⑫，立车下自进之⑬。

【0853】《廷尉决事》⑭曰：廷尉⑮上士⑯张柱⑰私卖饼⑱，为兰台令史⑲所见。

---

① 非常：指非平常之人。
② 身为扫除：亲自洒扫，准备迎接客人。扫除，收拾屋子或庭院。
③ 并进饼：一同吃饼。
④ 公：壶公。
⑤ 楼观五色：五彩楼台馆舍。
⑥ 重门：几重之门。
⑦ 阁道：复道，在苑囿中架木而成的车道。又指栈道。
⑧ 《京兆旧事》：书名。今不传。
⑨ 萧彪：人名。
⑩ 巴郡守：巴郡太守。
⑪ 父老归供养：老父来到太守身边，由太守赡养。
⑫ 从至市：跟随老父到市面上。
⑬ 立车下自进之：站在车子下边亲自为老父进饼。
⑭ 《廷尉决事》：书名，今不传。
⑮ 廷尉：官名，掌刑狱，为九卿为一。
⑯ 上士：廷尉属官之一。
⑰ 张柱：人名。又作"张桂"。
⑱ 私卖饼：私自做贩卖饼的生意。
⑲ 兰台令史：官名。汉宫藏书处称兰台，以御史中丞掌之，即为兰台令史。唐时改秘书省为兰台。

【0854】《方言》曰：饼谓之饨①（徒昆切），或谓之馄②（音张），或谓之馄③（音浑）。

【0855】《说文》曰：饼，面餈④也。

【0856】《杂五行书》⑤曰：十月亥日⑥食饼，令人无病⑦。《食经》⑧有髓饼法⑨，以髓脂合和面⑩。

【0857】崔寔《四民月令》曰：五月距立秋⑪，无食⑫煮饼⑬及水溲饼⑭（夏月饮水时，此二饼得水即冷坚不消⑮，

---

① 饨（tún）：馄饨，薄面裹肉煮而食之。

② 馄（zhāng）：又作"馄馄"，指面食制品。

③ 馄（hún）：馄饨。

④ 面餈（cí）：面团，和面而成。

⑤ 《杂五行书》：书名，已佚。清马国翰有辑本一卷。

⑥ 十月亥日：十月份亥日那天。古时以干支纪日，六十日一轮，逢"亥"之日为"亥日"，十二天中有一个亥日，一月内可有两个亥日。

⑦ 令人无病：可使人不生病。

⑧ 《食经》：指《齐民要术》所引，已经佚。

⑨ 髓饼法：制作髓饼的方法。见《齐民要术》。

⑩ 以髓脂合和面：用骨髓来和面。髓脂，指骨髓，骨中之脂。

⑪ 五月距立秋：从五月到立秋。指在整个夏日时节。

⑫ 无食：不要吃。

⑬ 煮饼：水煮饼。

⑭ 水溲饼：用水泡饼。

⑮ 冷坚不消：硬结而不易消化。

不幸便为食作伤寒①矣。以饼置水中则渗②,唯酒溲之③,入则烂也④)。

【0858】王郎⑤《上刘纂⑥等樗蒲⑦》曰:左中郎⑧乐林⑨得纂⑩面、肉,共啖汤饼。

【0859】缪袭⑪《祭仪》⑫曰:夏祀以蒸饼。

【0860】《卢谌祭法》曰:四时祠用曼头⑬、餲饼⑭、

---

① 伤寒:因饮食饮水不当所得病症,为肠道急性传染病。古时将多种热性病统称为"伤寒"。

② 渗:本作"验",应验。将饼放进水里验证。

③ 唯酒溲之:只有用酒做的"酒引饼"。指发面饼。

④ 入则烂也:放进水里才会变软。此注引自《齐民要术》。

⑤ 王郎:东汉邯郸人,一名昌。自立为王,后为光武帝刘秀所败,追斩之。

⑥ 刘纂(zuǎn):人名。

⑦ 樗(chū)蒲:古代博戏之一。掷五木观其色彩以决胜负,类似掷色子。

⑧ 左中郎:官名,为近侍官。

⑨ 乐林:人名。

⑩ 纂:刘纂。

⑪ 缪袭:人名。

⑫《祭仪》:书名,已佚。

⑬ 曼头:今之馒头,或指包子。

⑭ 餲(hé)饼:《初学记》引作"饧饼",应为糖饼。"餲"为误刊。

体牢丸①。夏祠别②用乳饼③，冬祠用白环饼④（荀氏⑤《四时列馔注》⑥曰：夏祠以薄液⑦代曼头⑧）。

【0861】徐畅⑨《祭记》⑩曰：旧⑪五月麦熟⑫，荐⑬新麦作起溲白饼⑭。

【0862】《明皇杂录》曰：武惠妃⑮生日，上⑯与诸公

---

① 体牢丸：为"髓饼、牢丸"之误。牢丸，带馅饼食。宋时讹为"牢九"，《御览》亦作牢九。

② 别：另。

③ 乳饼：以乳和面制成的面食。

④ 环饼：做成环状的面食。

⑤ 荀氏：不知何许人。

⑥ 《四时列馔注》：书名，今不见传。

⑦ 薄液：又作"薄夜"，以薄液为正，指面饼之一种。

⑧ 代曼头：代换馒头。

⑨ 徐畅：人名。

⑩ 《祭记》：书名，已佚。

⑪ 旧：从前。

⑫ 麦熟：麦子成熟。

⑬ 荐：献。

⑭ 起溲白饼：起溲应为"起酥"。白饼，白米汤以酒和面所做的饼，见《齐民要术》。

⑮ 武惠妃：本为恒安王攸止之女，唐玄宗立为惠妃，待遇同皇后。死后赠贞顺皇后。

⑯ 上：唐玄宗。

主按舞①于万岁楼②下。上乘③步辇④，从复道⑤窥见卫士食毕，以饼饵弃水窦中⑥。上⑦大怒，命高力士⑧杖杀⑨之。上⑩方⑪震怒，左右莫敢言者⑫。宁王⑬从容谓上曰⑭："从复道窥见获卫士之过⑮，而杀之，恐人臣⑯不能自安⑰，又失大体⑱。

① 按舞：起舞。

② 万岁楼：宫观名。

③ 乘：坐。

④ 步辇：无轮的人力车，汉以后专指皇帝的车子。

⑤ 复道：又称阁道，指苑囿中木架车道。

⑥ 以饼饵弃水窦中：把没吃完的饼食扔下水沟里。水窦，水沟。

⑦ 上：唐玄宗。

⑧ 高力士：唐玄宗宦官。

⑨ 杖杀：杖打致死。

⑩ 上：唐玄宗。

⑪ 方：正当。

⑫ 左右莫敢言者：左右没有一个敢站出来说话的人。

⑬ 宁王：封号。即指李宪，为唐睿宗长子。立为太子，让位于楚王（即玄宗）。死后追赠为让皇帝。

⑭ 从容谓上曰：不慌不忙地对皇上说。

⑮ 过：过错。

⑯ 人臣：朝臣。

⑰ 不能自安：时时不安，感到有危险。

⑱ 又失大体：指唐玄宗这样做有失大局。

陛下志①在勤俭爱物②，恶弃于地③，奈何性命至重④，重于残殆者乎⑤？"上蹶然大悟⑥，遽命赦之⑦。

【0863】《荆楚岁时记》曰：六月伏日⑧，并⑨作汤饼，名为辟恶⑩。

【0864】《时镜新书》曰：四月八日，长沙⑪市肆之人⑫无子⑬者，供⑭寺阁下羊肉薄饼⑮，结愿以乞儿⑯，往往有验⑰。

---

① 志：目的。
② 爱物：爱惜财物。
③ 恶弃于地：对卫士把饼扔在水沟里很厌恶。恶，厌恶；憎恨。
④ 性命至重：性命最是重要。至重，至关重要。
⑤ 重于残殆者乎：意为难道性命不比残羹剩饭重要吗？
⑥ 上蹶然大悟：唐玄宗顿时猛醒。
⑦ 遽（jù）命赦之：立刻命令赦免了那个卫士。
⑧ 伏日：夏日。指天气炎热的时候。
⑨ 并：都。
⑩ 名为辟恶：以此辟除邪恶。可能是用以热攻热的方式来解除热毒。
⑪ 长沙：郡名，治所在临湘（今湖南长沙）。
⑫ 市肆之人：街市上的店主，商人。
⑬ 无子：没有儿子。
⑭ 供：献食。
⑮ 羊肉薄饼：羊肉馅饼。
⑯ 结愿以乞儿：求愿得生儿子。
⑰ 往往有验：常有灵验。

【0865】束皙《饼赋》①曰：《礼》：仲春之月②，天子食麦③。而朝事之笾④，煮麦为麷⑤。《内则》⑥诸馔不说"饼"⑦。然则虽云"食麦"，而未有饼⑧。饼之作也，其来近矣⑨。若夫⑩安乾⑪、粔籹之伦⑫，豚耳⑬、狗舌⑭之属，剑带⑮、案盛⑯，餢飳、髓烛，或名生于里巷⑰，或法出于殊

---

① 《饼赋》：咏饼之赋，并见《北堂书钞》《艺文类聚》《初学记》。

② 仲春之月：指二月，春季的第二个月。

③ 天子食麦：此句引自《礼记·月令》，本作"仲春之月，……天子居青阳，……食麦与羊"。

④ 朝事之笾：早食所用的笾。笾指竹制的高脚盘。

⑤ 煮麦为麷：煮麦为饭，称为麷。麷，《御览》误作"麵"。此句见《周礼·天官·笾人》："朝事之笾，其实麷……"

⑥ 《内则》：《礼记》之一篇。《御览》简作《则》。

⑦ 诸馔不说"饼"：在各种馔品中都没提到饼。"说"一作"设"。

⑧ "食麦"，而未有饼：尽管提到"食麦"但还没有饼。

⑨ 饼之作也，其来近矣：饼的制作，是近世以来的事。

⑩ 若夫：例如。

⑪ 安乾：又称"安乾特"，见前注。

⑫ 伦：类。

⑬ 豚耳：《御览》作"乱（jiū）耳"，乱耳，即纠耳，为饼之一种。

⑭ 狗舌：本为草名，叶似车前草。这里代为面食名称。

⑮ 剑带：系剑之带，比喻细小。这里指面条。

⑯ 案盛：《御览》作"案成"。一种饼名。

⑰ 或名生于里巷：有的名称是老百姓随意取的。

俗①。三春之初②,阴阳交际③,寒气既消④,温不至热⑤。于时⑥享宴⑦,则曼头宜设⑧。吴回司方⑨,纯阳⑩布畅⑪,服绤饮冰⑫,随阴而凉⑬。此时为饼⑭,莫若薄夜⑮。商风⑯既厉⑰,大火西移⑱,鸟兽氄毛⑲,树木疏枝⑳。肴馔尚温㉑,则

---

① 或法出于殊俗:有的则是因为制法与众不同而得名。
② 三春之初:三月之初。三春,指三月,即所谓阳春三月。
③ 阴阳交际:冷热交替,指春夏季节交换。
④ 寒气既消:寒冷的气候已经过去。消,散。
⑤ 温不至热:气候转而温和,但还不很热。至,十分。
⑥ 于时:此时。
⑦ 享宴:设宴待客。
⑧ 曼头宜设:指主食以馒头最宜。曼头,馒头。
⑨ 吴回司方:《初学记》引作"炎律方回"。吴回传为颛顼之后,重黎之弟,为火正。
⑩ 纯阳:火为纯阳,指天气炎热。
⑪ 布畅:遍布。云炎热非常。
⑫ 服绤(chī)饮冰:人们穿起薄布衫,喜饮凉物。绤,本指用葛纤维织成的细布。
⑬ 随阴而凉:总想待在阴凉之处。
⑭ 此时为饼:这时要做饼吃的话。
⑮ 莫若薄夜:最好莫过于"薄夜"。薄夜,指饼的一种,或为"薄液"。
⑯ 商风:秋风。又有金风、西风、索风之称。
⑰ 既厉:猛烈。
⑱ 大火西移:指秋日来到。大火,星名。
⑲ 鸟兽氄(rǒng)毛:飞鸟走兽都长起细软的毛准备御寒。氄,鸟兽贴身细毛。此句出自《尚书·尧典》。
⑳ 树木疏枝:树叶已落尽。指冬日将到。
㉑ 尚温:以温暖为宜。

起溲可施①。玄冬②猛寒③，清晨之会④，涕冻鼻中⑤，霜成口外⑥。充虚⑦解战⑧，汤饼为最⑨。

（然皆用之有时⑩，所适者便⑪。苟错其次⑫，则不能斯善⑬。其可以通冬达夏⑭，终岁常施⑮，四时从用⑯，无所不宜⑰，唯牢丸⑱乎？）

---

① 起溲可施：和面做饼。起溲，或为饼名。

② 玄冬：元冬。冬季的第一个月。

③ 猛寒：十分寒冷。

④ 清晨之会：清早之时。寒冬清早觉得最冷。会，时。

⑤ 涕冻鼻中：鼻涕在鼻孔中冻结。

⑥ 霜成口外：嘴边胡须上都结上了霜，比喻很冷。

⑦ 充虚：充饥。

⑧ 解战：驱寒。战，寒战。

⑨ 汤饼为最：汤饼是最好的食品。

⑩ 然皆用之有时：指各种饼的食用与节令有关。

⑪ 所适者便：适时有益于身体。便，利。

⑫ 苟错其次：如果弄错了季节，指没按节令食不同的饼。苟，如果。次，一定的规则。

⑬ 不能斯善：不可能收到最好的效果。

⑭ 其可以通冬达夏：饼无论冬夏都适宜。

⑮ 终岁常施：一年到头都可以食用。

⑯ 四时从用：早晚都可食用。四时，一日四餐。

⑰ 无所不宜：什么时候都宜食用。

⑱ 牢丸：饼名之一，或指包子。此节"然皆用之有时……唯牢丸乎"为《御览》本无，据《初学记》而增，如此这篇《汤饼赋》就比较完整了。

尔乃重罗之䴷①（丘与切），尘飞雪白②，胶粘筋靭③，䐹渼柔泽④。肉则羊膀豕肋⑤，脂肤相半⑥。脔若绳首⑦，珠连砾散⑧。姜株葱本⑨，䓴（音封）缕切判⑩。辛桂剉末⑪，椒兰是洒⑫。和盐滤豉⑬，揽合樛乱⑭。于是火盛汤涌⑮，猛气蒸作⑯。攘衣振掌⑰，握搦䬪拊⑱，面弥离于指端⑲，手萦

① 重罗之䴷：《初学记》作"重罗之面"，指将面粉反复筛过。罗，筛。以此说明汤饼制法。

② 尘飞雪白：粉尘飞扬如白雪。

③ 胶粘筋靭（nì）：和好的面如胶一般黏，如筋一般有韧性。《御览》作"胶粘靭筋"。

④ 䐹（kào）渼（yǎo）柔泽：《初学记》作"渼液濡泽"。渼，本指水无边无际之貌。

⑤ 羊膀豕肋：羊腿部和猪肋部的肉。

⑥ 脂肤相半：肥瘦肉各一半。猪肉称作"肤"。

⑦ 脔若蝇首：肉切成如蝇头般大小，指剁成馅。《初学记》蝇首作"蜿首"，蜿当指蚯蚓。

⑧ 珠连砾散：制作好的肉馅如同断线而散开的串珠。

⑨ 姜株葱本：《初学记》作"姜枝葱本"，指用姜的芽和葱的根部。

⑩ 䓴（fēng）缕切判：《初学记》作"萃缕切判"，指将葱、姜切碎。《古今图书集成》引作"蓬切瓜判"。

⑪ 辛桂剉（cuò）末：将桂皮研成末。《御览》脱"辛桂"二字，据《初学记》补。《古今图书集成》作"菌桂"。

⑫ 椒兰是洒：再撒上些调味的椒兰。《御览》此句后有"是畔"二字，系衍文。

⑬ 和盐滤豉：加上盐和过滤了的豆豉浆（指酱油）。

⑭ 揽和樛（jiū）乱：把这些调味品搅和在一起。樛，绞结；弯曲。

⑮ 火盛汤涌：大火将锅里的水烧开。涌，翻滚。

⑯ 猛气蒸作：热气腾腾的样子。

⑰ 攘衣振掌：又作"振衣振裳"，指做饼人卷起了衣袖。《御览》作"攘衣服振掌"。

⑱ 握搦（nuò）䬪（fǔ）拊：揉面的几种动作。搦，捏。䬪，拍。

⑲ 面弥离于指端：小面团从指头缝落下。

回而交错①，纷纷駮駮②，星分雹落③。笼无进肉④，饼无流面⑤。姝嫮洯敕⑥，薄而不绽⑦。巂巂和和⑧，朧色外见⑨，柔如春绵⑩，白若秋练⑪。气勃郁以扬布⑫，香飞散而远遍⑬。行人失涎于下风⑭，童仆空嚼而斜盼⑮。擎器者砥唇⑯，立侍者干咽⑰。尔乃换增⑱，濯以玄醴⑲，钞以象箸⑳，伸要虎丈㉑，

---

① 手萦回而交错：两手来回交错地操作。

② 纷纷駮駮（sà）：面团一个跟一个落下锅。駮，相继不断。

③ 星分雹落：如流星和雹子落下一般。

④ 笼无进肉：笼盖上没有进散的肉末。笼，指锅盖。

⑤ 饼无流面：饼上没沾上面粉。

⑥ 姝嫮（yú）洯敕：嫮为美好的样子。

⑦ 薄而不绽：虽薄但不破。

⑧ 巂（xī, guī, juàn）巂和和：《古今图书集成》作"臛味内和"。臛，指肉汁。

⑨ 朧（rǎng）色外见：朧为盛大的样子，好像指汤饼膨胀后的情形。

⑩ 柔如春绵：指汤饼如春天的丝绵一般柔软。

⑪ 白若秋练：如秋天的绢一样洁白。练，白绢。

⑫ 气勃郁以扬布：气味浓郁播散开来。

⑬ 香飞散而远遍：浓香飘散得很远。

⑭ 行人失涎于下风：在下风方向的行人闻香味要流口水。

⑮ 童仆空嚼而斜盼：童仆会不由自主地空嚼并斜眼偷看。盼，看。

⑯ 擎器者砥唇：拿盛汤饼容器的人禁不住要舔嘴唇。砥，别本作"舔"，或作"舐"。

⑰ 立侍者干咽：站在一旁的侍者连口水都咽干了。

⑱ 换增：二字当为下文"手未及换，增礼复至"二句中"换增"二字的衍文，应删。

⑲ 濯以玄醴：吃汤饼前先用水洗洗手。玄醴，或为"玄洒"，指水。

⑳ 钞以象箸：操起象牙筷子。钞，同"抄"。

㉑ 伸要虎丈：伸伸腰。要，通"腰"。虎，犹言阔。

叩膝遍据①。盘案财投而辄尽②,庖人参潭而促遽③。手未及换④,增礼复至⑤。唇齿既调⑥,口习咽利⑦。三笼之后⑧,转更有次⑨。

【0866】庚阐⑩《恶饼赋·序》曰:范子常⑪者造余⑫,宿⑬。臐鸡为饼⑭,迟御之情甚虚⑮,奇嘉之味不实⑯,聊⑰作《恶饼赋》以释⑱之。

---

① 叩膝遍据:敲敲膝部蹲坐下来。据,应作"踞",蹲。
② 盘案财投而辄尽:盘中的铜钱全都投到锅里了,指汤饼煮好了。煮汤饼沸一次投一枚钱,预备的钱投完了就煮好了。财,钱。参见宗吴曾《能改斋漫录·煮汤饼》。
③ 庖人参潭而促遽:比喻厨人匆忙的样子。快速将汤饼一碗碗盛出来。庖人,厨师。参潭,众多相随之貌。促遽,迅急。
④ 手未及换:手还没来得及倒换。
⑤ 增礼复至:一碗还没吃完,第二碗已端上来了。
⑥ 唇齿既调:唇齿都调习好了。
⑦ 口习咽利:口习于嚼,咽利于吞食。指吃饼。习,熟习。
⑧ 三笼之后:应指一口气吃完三碗。
⑨ 转更有次:次又作"吹"。指至此才知稍停一会。
⑩ 庚阐:字仲初。初官司空参军,赐爵吉阳县男。出补零陵太守,征拜给事中。有撰述。
⑪ 范子常:人名。
⑫ 造余:来探望我。余,我。
⑬ 宿:过夜,留止。
⑭ 臐鸡为饼:炖鸡汤煮饼。臐,本指肉羹。
⑮ 迟御之情甚虚:迟御又作"遍食",指人们普遍爱食汤饼的说法是不确切的。迟御之情,意为相见恨晚之情。
⑯ 奇嘉之味不实:称汤饼为"奇嘉之味"是虚有其名。奇嘉之味,特别好的馔品。
⑰ 聊:姑且。
⑱ 释:排解;解除。

【0867】弘君举《食檄》①曰：催厨人作茶饼②，熬油煎葱，例茶以绢③，当用轻羽拂取飞面④。刚软中适⑤，然后水引⑥，细如委綖⑦，白如秋练⑧。羹杯半在⑨，财得一咽⑩。十杯之后⑪，颜解体润⑫。

【0868】梁吴均⑬《饼说》曰：宋公⑭至长安，得姚泓⑮时故太官丞⑯程季者，了了人⑰也。公曰："今日之食，何

---

① 《食檄》：《御览》误作"仓檄"。

② 茶饼：茶与饼。或指以茶水和面做汤饼。将泡煮好的茶用绢帛过滤后，和面擀成面条，煮后食用。

③ 例茶以绢：即用绢帛过滤茶水。例，本作"沥"。

④ 用轻羽拂取飞面：以细羽毛拂取面粉。

⑤ 刚软中适：和面软硬适中。

⑥ 水引：面条做好后浸在水中。

⑦ 细如委綖（xiàn）：细长如弯曲的线。委，曲。綖，同"线"。

⑧ 秋练：秋天煮的丝。煮生丝令柔软洁白为练。

⑨ 羹杯半在：半碗汤面。

⑩ 财得一咽：只一口就吞下去。财，同"才"，仅仅。

⑪ 十杯之后：吃了十碗以后。

⑫ 颜解体润：颜解即"解颜"，开口一笑，比喻满足之态。体润，身体出汗，开始觉得热起来了。

⑬ 吴均：南朝梁吴兴故鄣人，字叔庠。官至奉朝请，有《后汉书注》等。

⑭ 宋公：当指南朝宋武帝刘裕，东晋时官至相国，封宋王。曾出兵关中，消灭后秦。

⑮ 姚泓：十六国后秦皇帝。

⑯ 太官丞：官名，太官令，属少府，掌宫廷的膳食及酿酒，并献四季果实。

⑰ 了了人：明白之人。了了，了然；明白；懂得。有干练之意。

者最先①？"季②曰："仲秋③御景④，离蝉⑤欲静⑥，燮燮⑦晓风⑧，凄凄⑨夜冷。臣当此景⑩，唯能说饼⑪。"公曰⑫："善⑬！"季乃称⑭曰："安定⑮噎鸠之麦⑯，洛阳董德之磨⑰，河东⑱长若之葱⑲，陇西⑳舐背之犊㉑，枹（音夫）罕㉒

---

① 何者最先：什么食物为上品？

② 季：程季。

③ 仲秋：秋季的第二月。

④ 御景：天子之景观。

⑤ 离蝉：秋蝉，知了。

⑥ 静：不再鸣叫。

⑦ 燮（xiè）燮：谐和。

⑧ 晓风：晨风。

⑨ 凄凄：寒冷。

⑩ 此景：《御览》作"此时"。

⑪ 唯能说饼：指这个季节以食饼为最佳。

⑫ 公：刘裕。

⑬ 善：好，赞同之词。

⑭ 称：声言。

⑮ 安定：郡名，东晋治所在今甘肃泾川北。

⑯ 噎（yē）鸠之麦：粒大之麦，大到使斑鸠哽噎。

⑰ 董德之磨：董德所凿的石磨。董德，人名，事迹无考。

⑱ 河东：郡名，东晋起治所在蒲坂（今山西永济蒲州镇）。

⑲ 长若之葱：长大之葱。长若或为地名。

⑳ 陇西：郡名，三国起治所在襄武（今甘肃陇西南）。

㉑ 舐背之犊：犊《御览》作"犊"。指刚生下不久的小牛犊。

㉒ 枹（fú）罕：古县名，故治在今甘肃临夏东北。后置郡。

赤耻之羊①，张掖②北门之豉③。燃以银屑④，煎以银铫⑤。洞庭⑥负霜之桔⑦，仇池⑧连蒂之椒⑨，调⑩以济北⑪之盐，刟⑫以新丰⑬之鸡，细如华山⑭玉屑⑮，白如梁甫⑯银泥⑰。既闻香而口闷⑱，亦见色而心迷⑲。"公曰："善。"

---

① 赤耻之羊：羊之一种，赤耻不甚解。

② 张掖：郡名，治所在觻（lù）得（今甘肃张掖西北）。

③ 北门之豉：城北门地区所产的豆豉。

④ 银屑：不详。疑指以银桂之屑为燃料。

⑤ 银铫（diào）：又作"金铫"。铫，小锅。

⑥ 洞庭：指今洞庭湖地区，在湖南、湖北之间。

⑦ 负霜之桔：经霜打后采的柑橘。

⑧ 仇池：山名，在今甘肃成县西西汉水北岸，曾为郡名。

⑨ 连蒂之椒：连带着小枝柄的椒果。连蒂《御览》作"车带"，误。

⑩ 调：调和。

⑪ 济北：指济州北部，济州治所在碻（qiāo）磝（áo）城［今山东茌（chí）平西南］。

⑫ 刟：剁。

⑬ 新丰：县名，治所在今陕西临潼东北。

⑭ 华山：五岳之一，西岳，在今陕西。

⑮ 玉屑：玉所研之末。

⑯ 梁甫：山名，一作"梁父"，在今山东泰安东南。

⑰ 银泥：银屑，形容饼之白。

⑱ 既闻香而口闷：一闻到饼的香味口里就不自在，想吃它。

⑲ 亦见色而心迷：一见到饼的颜色就令人心迷。

糗①糒②

【0869】《书》曰③：峙乃糗粮④，亡敢弗逐⑤（峙，具⑥。糗，熬稻也）。

【0870】《仪礼》曰⑦：四笾⑧枣糗粟脯⑨。

【0871】《左传》曰⑩：陈辕颇⑪赋公田⑫，以嫁公女⑬。有余⑭，以为己大器⑮。公逐之⑯，出奔郑⑰，道得其

---

① 糗（qiǔ）：干粮，指炒米粉等。

② 糒（bèi）：干粮。

③ 此节选自《尚书·费誓》。

④ 峙（zhì）乃糗粮：准备好你的干粮。峙，备；储备。

⑤ 亡敢弗逐：今本《尚书》作"无敢不逮"，不得延误。逮，达到。

⑥ 具：准备。

⑦ 此节选自《仪礼·既夕礼》。

⑧ 四笾：四个高脚盘。笾，竹制高足盘。

⑨ 枣糗粟脯：分别装上枣、干粮、粟和肉脯。粟当指小米饭。

⑩ 此节选自《左传·哀公十一年》，讹文很多。

⑪ 陈辕颇：鲁哀公时大夫，官至司徒。因贪公赋，出奔于郑。

⑫ 赋公田：又作"赋封田"，封地内的土地全收赋税。

⑬ 以嫁公女：所收赋税用来充作哀公嫁女的费用。《御览》无"以"字。

⑭ 有余：剩下的部分赋税。《御览》无此二字。

⑮ 以为己大器：作为自己的财产。大器，指钟鼎之类。《御览》作"大夫"。

⑯ 公逐之：哀公驱逐了陈辕颇。

⑰ 出奔郑：陈辕颇出逃到郑国。

族①辕颎②，进③稻醴④、粱糗⑤、腶脯⑥焉。曰⑦："何其给⑧也？"对曰⑨："器成而具⑩。"

【0872】《公羊》曰⑪：公⑫出奔齐⑬，国子⑭执壶浆⑮曰："敢⑯致糗于⑰从者⑱。"以衽受⑲。

【0873】《说文》曰：糈（平祕切），干食⑳也。糗，

---

① 道得其族：中途见到自己的同宗人。

② 辕颎（xuān）：陈辕颎。

③ 进：献食。

④ 稻醴：稻米酿的甜酒。

⑤ 粱糗：谷子做的干粮。

⑥ 腶（duàn）脯：腶脩，调有姜桂的干肉。

⑦ 曰：为陈辕颇所说。今本又作"喜曰"，高兴地说。

⑧ 何其给：为何供我食物。

⑨ 对曰：陈辕颎回答说。《御览》省略"对"字。

⑩ 器成而具：意为你为同族宗庙铸器，我们就准备了这些吃的作为礼物。《御览》器作"六"。器指前文说的"大器"。具，指干粮。

⑪ 此节选自《春秋公羊传·昭公二十五年》。

⑫ 公：鲁昭公，鲁襄公庶子，名稠。在位二十五年，三家伐之，出奔齐、晋，死于乾侯。

⑬ 出奔齐：为季孙氏所逐，出奔到齐国。

⑭ 国子：人名。或即"国士"。

⑮ 执壶浆：拿着盛有饮料的壶。

⑯ 敢：谦辞。有冒昧的意思。

⑰ 于：《御览》脱此字。

⑱ 从者：指鲁昭公的侍从。不敢直言昭公，所以说将干粮给从者。

⑲ 以衽（rèn）受：以衣衽接受礼物。依《公羊》原文是说昭公自己亲以衽受。

⑳ 干食：晾干的饭，干粮。

熬米也（也久切）。

【0874】《释名》曰：糗，齲①也，饭而磨散之②，使齲碎③也。餱④，候⑤也，候之饥者以餐之⑥。

【0875】《汉书》曰⑦：李陵⑧击匈奴⑨，兵败，令军士人持二升糒、一片冰相待⑩。

【0876】《东观汉记》曰⑪：严尤⑫击江贼⑬，世祖⑭奉糗一斛、脯三十朐⑮。

---

① 齲（qǔ）：在这里是"碎"的意思。
② 饭而磨散之：饭干后再磨成粉。
③ 齲碎：粉碎之意。
④ 餱（hóu）：或作"猴（hóu）"，干粮。
⑤ 候：等候。
⑥ 候之饥者以餐之：等待饥饿的时候吃它。以此释"餱"之意。
⑦ 此节选自《汉书·李陵传》。
⑧ 李陵：西汉将领。字少卿（？—公元前74年），陇西成纪（今甘肃秦安西北）人。李广之孙。任骑都尉，率五千步兵出居延击匈奴，陷敌骑十万重围，连战九天后投降，后病死于匈奴。
⑨ 匈奴：我国北方古代民族，又称"胡"。
⑩ 相待：等待。指准备突围。
⑪ 此节选自《东观汉记·世祖光武皇帝纪》。
⑫ 严尤：王莽时封武建伯，为大司马。后降钟武侯刘圣，败亡。
⑬ 江贼：指新莽末年绿林农民起义军的一支，称下江兵，以王常、成丹为首，后与新市、平林兵会合。
⑭ 世祖：东汉光武帝刘秀。
⑮ 朐（qú）：本指中间弯曲的肉脯。这里作量词，有条、块之意。

【0877】又曰①：隗嚣②且病饿③，出城餐糗糒，腹胀④，恚愤⑤而死也。

【0878】又曰⑥：张禹⑦巡行守舍⑧，止⑨大树下，食糒、干饭屑，饮水而已⑩。后年⑪贫人⑫来归⑬者千余户。

【0879】又曰⑭：贺玄⑮字文弘，为九江⑯太守，行县

---

① 此节选自《东观汉记·隗（wěi）嚣（áo）列传》，亦见《东观汉记·世祖光武皇帝纪》。

② 隗嚣：东汉名士、地方势力首领。字季孟（？—公元33年），陇西成纪（今甘肃秦安西北）人。先依附刘玄，为御史大夫，又助光武帝镇压赤眉军，后叛归公孙述，为汉军所败，忧愤而死。

③ 且病饿：又病又饿。《东观汉记》又作"病且饿"。

④ 胀：《御览》作"张"。

⑤ 恚（huì）愤：愤恨。《御览》作"悉愤"。

⑥ 此节选自《东观汉记·张禹列传》。

⑦ 张禹：字伯达，拜扬州刺史，累官太傅，封安乡侯。

⑧ 巡行守舍：在徐县蒲阳陂灌溉渠旁守卫。

⑨ 止：歇息。

⑩ 饮水而已：指饮食俭朴。

⑪ 后年：后来。

⑫ 贫人：贫苦人家。

⑬ 归：归依，归属。

⑭ 此节疑为《东观汉记》佚文。

⑮ 贺玄：人名。

⑯ 九江：郡名，治所在寿春（今安徽寿县）。

斋①持干糒，但②就温汤③而已。

【0880】谢承《后汉书》曰：沈景④为河间相⑤，恒⑥食干糒。

【0881】《后汉书》曰①：赵孝⑧兄⑨礼⑩，为饿贼所得⑪，孝闻之⑫，即自缚诣贼⑬，曰："礼⑭久饿羸瘦⑮，不如孝肥饱⑯。"贼大惊，并放之⑰，谓曰："可且归⑱，更⑲持米

---

① 行县斋：行指巡行。县斋，县的馆舍。

② 但：只。

③ 温汤：开水。

④ 沈景：人名。

⑤ 河间相：河间王的相国。河间王即刘开，为汉章帝之子，奉尊法度，吏人敬之。

⑥ 恒：经常。

⑦ 此节选自《后汉书·赵孝列传》。

⑧ 赵孝：字长平。汉明帝拜为谏议大夫，迁卫尉。

⑨ 兄：今《后汉书》作"弟"。

⑩ 礼：赵礼，官至御史中丞。

⑪ 为饿贼所得：指赵礼被饥民逮住。

⑫ 孝闻之：赵孝听到此事。

⑬ 即自缚诣贼：马上把自己捆绑起来去见那帮饥民。

⑭ 礼：赵礼。

⑮ 久饿羸瘦：饿了很久，身体太瘦弱了。

⑯ 不如孝肥饱：不如我赵孝吃得饱养得肥壮。

⑰ 并放之：将赵氏兄弟都松了绑。

⑱ 可且归：你们暂且先回家去。

⑲ 更：再。

糗来。"孝①求不能得②，复往报贼③，愿就烹④。众异之⑤，遂不害⑥，乡党⑦服其义⑧。

【0882】《魏略》曰：贫寒者本姓石⑨，后还⑩长安，车骑将军郭淮⑪以意气呼之⑫，问其所欲⑬，亦不肯言⑭。淮⑮因⑯与⑰脯、糗及衣财，取脯一朐⑱、糗一升而止⑲。

---

① 孝：赵孝。

② 求不能得：求米糗不得。

③ 复往报贼：又前去告诉那些饥民。报，或有报答之意。

④ 愿就烹：情愿让饥民煮自己吃。

⑤ 众异之：饥民深感惊奇。

⑥ 不害：没有加害于赵孝。

⑦ 乡党：同乡邻里。

⑧ 服其义：佩服赵孝义救兄弟的行为。

⑨ 贫寒者本姓石：有个姓石的穷苦人。本名石德林。

⑩ 还：回。

⑪ 郭淮：三国魏阳曲人，字伯济。历官雍州刺史、征西将军，都督雍凉诸军事，后为车骑将军、仪同三司，进封阳曲侯。

⑫ 以意气呼之：指以趾高气扬的神态召呼石德林。

⑬ 问其所欲：问他需要什么。

⑭ 不肯言：不肯回答。

⑮ 淮：郭淮。

⑯ 因：于是，就。

⑰ 与：给。

⑱ 朐：弯曲的肉脯，这里为量词。

⑲ 止：停，以此为限度。通"已"。指多的东西一律不要。

【0883】《唐书》曰①：黄巢②将逼三辅③，僖宗④出幸⑤，途无供顿⑥，卫军⑦不得食⑧。张濬⑨谓汉阴⑩令李康⑪曰："可为糗饵⑫，以供行在⑬。"康⑭乃鸠集⑮骡乘⑯，分道⑰进饔⑱糗。

---

① 此节选自《旧唐书·张濬列传》。
② 黄巢（？—公元884年）：唐末农民大起义领袖。曹州冤句（今山东菏泽东南）人。响应王仙芝起义，仙芝战死后被推为王，曾占领唐都长安，即帝位，国号大齐，年号金统。后兵败自杀而死。
③ 将逼三辅：将进军三辅。三辅，本指长安周围地区，这里代指长安。
④ 僖宗：唐僖宗李儇（xuān，公元862—888年），公元874—888年在位。在位时爆发王仙芝、黄巢农民大起义，死后十多年，唐王朝即告灭亡。
⑤ 出幸：指出逃入川。
⑥ 途无供顿：途中没有了饮食。
⑦ 卫军：禁卫部队。
⑧ 不得食：没有什么吃的。
⑨ 张濬：河间人，字禹川。官太常博士、谏议大夫、尚书右仆射。
⑩ 汉阴：县名，故治在今陕西南郑县南。
⑪ 李康：人名。
⑫ 饵：糕饼。
⑬ 以供行在：作为天子之食。行在，天子行幸所居。天子以四海为家，故所居曰"行在"。
⑭ 康：李康。
⑮ 鸠集：聚集。
⑯ 骡乘：骡马队。
⑰ 分道：分几路。
⑱ 饔（yōng）：熟食。

【0884】《列女传》①曰：勾践伐吴②，有献一囊糗者③。王④以赐车士⑤，甘不逾嗌⑥，而战自十倍⑦。

【0885】《孟子》曰⑧：舜之饭糗茹草⑨也，若将终身⑩焉。

【0886】《玄晏春秋》⑪曰：卫伦过予而宴⑫，论及于味⑬。命仆取糗以进予⑭，予尝之曰⑮："吾知之⑯矣，麦

---

① 《列女传》：汉刘向撰，七卷。另有他人续传一卷。
② 伐吴：进攻吴国。
③ 有献一囊糗者：有人进献一袋干粮。
④ 王：越王勾践。
⑤ 以赐车士：把这干粮赐给了驾车的士兵们。
⑥ 甘不逾嗌（yì）：指干粮分到每人还不够塞咽喉的。嗌，咽喉。
⑦ 战自十倍：战斗力因此而增加了十倍。
⑧ 此节选自《孟子·尽心下》。
⑨ 饭糗茹草：以干饭为食，以草当菜。
⑩ 若将终身：如此辛劳一生。
⑪ 《玄晏春秋》：一卷，晋皇甫谧撰。玄晏为皇甫之号。
⑫ 过予而宴：到我这里来宴请我。过，探访。予，指作者，指皇甫谧。宴，食。
⑬ 论及于味：谈到食物的味道。
⑭ 命仆取糗以进予：叫仆人拿出干粮来给我吃。
⑮ 予尝之曰：我尝了尝说。
⑯ 知之：知道了干粮的味道。

其主者①也，有李②、柰③、杏④味，三果不同⑤，子⑥焉得兼之⑦？"伦曰："吾之将来⑧，家实多故⑨，杏时将发⑩，故糅之以杏汁⑪，李、柰时发，又糅之以李、柰汁，故有三果之味⑫。"

【0887】《物理论》⑬曰：吕子义⑭，清贤⑮之士也，思之⑯宜⑰往存省⑱，怀干糒而往⑲。主人盛为馔食⑳，乃出㉑怀

---

① 麦其主者：麦子是干粮的主体。主，主要成分。
② 李：落叶乔木，果实圆形，成熟时呈黄或紫红色，味略酸。
③ 柰（nài）：沙果，又叫林檎、花红，落叶小乔木。果实似苹果，较小。
④ 杏：落叶乔木，果实圆形，成熟后呈黄色，味淡甘微酸。
⑤ 三果不同：三种水果成熟期不同。
⑥ 子：你，卫伦。
⑦ 焉得兼之：怎么样使这三种味同时集于一体？
⑧ 吾之将来：我在准备出发之前。
⑨ 家实多故：家里栽种的果实很多。
⑩ 杏时将发：在杏即将成熟时。
⑪ 糅之以杏汁：在麦面里糅合进杏汁。糅，杂糅；糅合。
⑫ 有三果之味：干粮里就兼有了三种水果的味道。
⑬ 《物理论》：晋杨泉撰，清人辑一卷。
⑭ 吕子义：人名。
⑮ 清贤：清廉贤明。
⑯ 思之：想起某人来。
⑰ 宜：应当。
⑱ 存省：看望，省察。
⑲ 怀干糒而往：怀揣着干饭前往。
⑳ 盛为馔食：为他盛情设宴招待。
㉑ 出：取出。

中糒，求冷水一杯而食之①。

【0888】《楚辞·九章》②曰：播③江离④与滋菊⑤兮，愿⑥春日以为糗芳⑦。

【0889】崔寔《四民月令》曰：四月可作枣糒⑧。

饵粢

【0890】《周礼》曰⑨：羞笾⑩之实⑪，糗饵⑫粉⑬粢⑭（郑玄曰：二物皆粉稻⑮，稻米、黍米所为也。合蒸曰饵⑯。

---

① 求冷水一杯而食之：只向主人讨了一杯凉水来吃这干饭。

② 《楚辞·九章》：九章，是楚国诗人屈原所作的九篇诗歌，后人辑为一卷，它们是《惜诵》《涉江》《哀郢》《抽思》《怀沙》《思美人》《惜往日》《桔颂》《悲回风》。此节选自《惜诵》。

③ 播：栽种。

④ 江离：又作茳（jiāng）蓠，即蘼芜，草名。今称芎䓖，根茎入药，主治月经不调、头痛等症。

⑤ 滋菊：繁美之菊。

⑥ 愿：希望。

⑦ 春日以为糗芳：到春天为干粮增添芳香。指干粮糅之以江离与菊香的气味。

⑧ 枣糒：拌有枣的干饭。

⑨ 此节选自《周礼·天官·笾人》。

⑩ 笾：用竹篾编制的高脚盘。

⑪ 实：指盘中所盛的食物。

⑫ 糗饵：熬大豆与米为糗，合而为饵。

⑬ 粉：指豆末。

⑭ 粢：指干饵做成的饼。

⑮ 稻：应为衍字。

⑯ 合蒸曰饵：合在一起蒸，蒸成后叫饵。饵，即糕。

饼之曰粢糫者，捣粉熬大豆①为饵，粢之粘著以粉之也。饵言糫，粢言粉，互②相明③也）。

【0891】《广雅》曰④：铎⑤，饡，饵也。

【0892】《方言》曰：饵谓之餻⑥（音恙），或谓之粢，或谓之䭫⑦（音铃），或谓之䬳⑧（乌业切），或谓之䭒⑨（音原）。

【0893】《说文》曰：饵，粉饼⑩也。餈，稻饼⑪也。

【0894】《释名》曰：饵，而⑫也，相粘而⑬也。兖豫⑭

---

① 大豆：《御览》误作"文豆"。

② 互：《御览》误作"牙"。

③ 明：又作"足"。

④ 此节本出《广雅·释器》，原为"饔、餥、饡、䭫（líng）、䬳（yè）、䭒（yuán），饵也"。

⑤ 铎：当为衍字。

⑥ 餻（yàng）：为"餻（gāo）"之误，今作"糕"。后注音"恙"亦为"羔"之误。

⑦ 䭫：《玉篇》："䭫，饵也。"指糕饼类。《集韵》："䭫、䬳，饲也。"

⑧ 䬳：《玉篇》："䬳，餈也。"《广韵》："䬳，饵也，粢也。"

⑨ 䭒：《广雅·释器》："䭒，饵也。"

⑩ 粉饼：糕。

⑪ 稻饼：稻米粉所做，或蒸饭熟后捣而成饼。

⑫ 而：与；及。

⑬ 相粘而：互相黏合在一起。

⑭ 兖豫：兖州和豫州一带，即今鲁、豫一带。

曰溏浃①（或作涋②），就形之名③也。𩱵，渍也，蒸烿④屑使相润渍饼也。

【0895】《韵集》⑤曰：餹䭅⑥，饵也。

【0896】《东观汉记》曰⑦：樊煜⑧字仲华，世祖⑨尝于新野⑩坐⑪文书见拘⑫，时煜⑬为市吏⑭，馈⑮饵一笥⑯。上⑰德

---

① 溏浃（jiā）：《骈雅·释服食》："溏浃，粉饼也。"
② 涋：为"浃"之误。
③ 就形之名：就其形体特征而命名。
④ 烿：今同"燥"。
⑤ 《韵集》：晋吕静撰，清人有辑本一卷。
⑥ 餹（táng）䭅（tí）：《玉篇》释同《韵集》；《广韵》："餹䭅，黍膏。"
⑦ 此节选自《东观汉记·樊煜列传》。
⑧ 樊煜：人名，《御览》作"樊毕"。
⑨ 世祖：东汉光武帝刘秀。
⑩ 新野：县名，治所在今河南新野。
⑪ 坐：犯罪。
⑫ 见拘：被关押。
⑬ 煜：樊煜，《御览》作"毕"。
⑭ 市吏：市令，管理市场的官员。
⑮ 馈（kuì）：赠送食物。
⑯ 饵一笥：一笥糕饼。笥，竹器。
⑰ 上：光武帝。

之①,建武②初拜河东都尉③。引见④云台⑤,上⑥嘲⑦煜⑧曰:"一笥饵得⑨都尉,何如⑩?"

【0897】《风俗通》曰⑪:汝阳⑫彭氏墓近大道⑬,有一石人⑭。田家老母⑮到市⑯买数片饵以归⑰,过荫墓树下⑱,

---

① 德之:很感激樊煜。德,感激。

② 建武:为光武帝在位年号之一,即公元25—55年。

③ 河东都尉:河东郡的都尉。都尉,官名,辅佐郡守并执掌全郡军事。

④ 引见:接见。

⑤ 云台:汉宫高台,在南宫中。汉明帝追念功臣,令画邓禹等二十八将像于其上。

⑥ 上:光武帝。

⑦ 嘲:通"嘲",开玩笑。

⑧ 煜:本作"毕"。

⑨ 得:换得。

⑩ 何如:值不值得?问划算不。

⑪ 此节选自《风俗通义·怪神》,文字大异。

⑫ 汝阳:县名,治所在今河南商水县西北。

⑬ 近大道:在大路边不远。

⑭ 有一石人:墓前立有一石雕人像。

⑮ 田家老母:有一庄户人家的老太太。

⑯ 市:街市。

⑰ 归:回家。

⑱ 过荫墓树下:路过时在墓前树底下乘凉。荫,乘凉。

以饵着石人头①，忽去而忘之②。行道人③见饵，怪④问之⑤。或人⑥调⑦云："此石人有神⑧，能治病，病愈者以饵来谢之⑨。"转以相语⑩云："头痛者磨⑪石人头，腹痛者磨石人腹。"遂千里来就⑫，号曰："贤君⑬。"如此数年，前饵母⑭闻之，为人说之⑮，乃无复往者⑯。

---

① 以饵着石人头：休息时将糕饼放在石像头上。
② 忽去而忘之：离开时慌忙之中忘了拿走这糕饼。
③ 行道人：过路人。
④ 怪：惊奇。
⑤ 问之：去问别人。
⑥ 或人：有人。
⑦ 调：嘲弄。
⑧ 有神：有灵。
⑨ 以饵来谢之：指那石像头上的糕饼是人病好后来谢神而放置的。
⑩ 转以相语：回头又对别人说。
⑪ 磨：通"摩"，即"摸"。
⑫ 千里来就：人们不远千里来求石人治病。
⑬ 贤君：《风俗通义》又作"贤士"。
⑭ 前饵母：先前将糕饼放置在石人上的那妇人。
⑮ 为人说之：对人说出了实情。
⑯ 无复往者：再也没有人去那里求神治病了。

【0898】《梁书》曰①：朱异②好饮食③，极④滋味⑤、声色之娱⑥，子鹅炰鳅⑦，不辍于口⑧。虽⑨朝谒⑩，从车⑪中必赍⑫饴饵⑬。

粔籹⑭

（上巨下汝）⑮

【0899】《通俗文》曰：于䌩⑯者谓之粔籹。

【0900】《杂字解诂》⑰曰：粔籹，膏环⑱也。

---

① 此节与《梁书·朱异列传》文字出入较大，而与《南史·朱异列传》合。

② 朱异：字彦和，累迁散骑常侍，加侍中。通览五经，尤明《礼》《易》，有文集。

③ 好饮食：贪恋吃喝。

④ 极：极尽。

⑤ 滋味：美味。

⑥ 声色之娱：音乐与女色的享乐。

⑦ 子鹅炰（fǒu）鳅（qiū）：把泥鳅放在小鹅腹中烹煮。炰，烹煮。鳅，同"鰍"，泥鳅。

⑧ 不辍于口：经常吃这一类东西。

⑨ 虽：即使。

⑩ 朝谒：朝见皇帝。

⑪ 从车：随带的车乘。

⑫ 赍：带。

⑬ 饴饵：糖糕饼。

⑭ 粔籹：多释为寒具，即今之馓子。实际上是一种黏性甜食制品。

⑮ 上巨下汝：为"粔籹"的注音，横排版改"左巨右汝"。

⑯ 于䌩（zhēng）：纤䌩，曲也。《御览》误为"干䌩"。

⑰ 《杂字解诂》：魏周成撰，存清人辑本一卷。

⑱ 膏环：油炸环形甜点。大多认为指今之馓子。

【0901】《异苑》曰：张骥①永初②中于都③丧亡，司马茂之④往哭⑤，见骥⑥凭几而坐⑦，以箸⑧刺⑨粔籹食之。

【0902】《楚辞·招魂》曰：蜜饵⑩粔籹（言以蜜和米面，熬作粔籹，捣黍作饵）。

寒具

【0903】《周礼》曰⑪：朝事之笾⑫（郑司农云：朝事，谓清朝⑬，未食，先进寒具口实之笾）。

【0904】《通俗文》曰：寒具谓之饸⑭（音曷）。

【0905】桓谭《新论》曰：孔子匹夫⑮耳，而卓然名

---

① 张骥：人名。

② 永初：南朝宋武帝刘裕在位年号，即公元420—422年。

③ 都：京城，指建康，今江苏南京市。

④ 司马茂之：本为司马楚之，字德秀。降刘裕，假荆州刺史。后封琅玡王，拜朔州刺史。

⑤ 往哭：前往哭悼。

⑥ 骥：张骥。

⑦ 凭几而坐：倚着几案坐在席上。指张骥并未死去。

⑧ 箸：筷子。

⑨ 刺：穿。

⑩ 蜜饵：加糖糕饼。

⑪ 此节选自《周礼·天官·笾人》。

⑫ 朝事之笾：早餐之食所用的笾。朝，清晨。笾，竹编的高脚盘。

⑬ 清朝：清晨。

⑭ 饸（hé）：指麻花等油炸类面点。

⑮ 匹夫：泛称平民百姓。这里为"平常人"之意。

著①。至②其冢墓,高者③,牛、羊、鸡、豚而祭之④,下⑤及酒、脯、寒具,致敬⑥而去。

【0906】张逸⑦《遗令》曰:闭口⑧,寒具不得入⑨。

---

① 卓然名著:具有超常的名声。名著,名声很大。

② 至:来到。

③ 高者:身居高位的人。

④ 祭之:祭奠孔子。指有地位的人用牲畜来祭奠孔子。

⑤ 下:一般地位低下的人。

⑥ 致敬:表达景仰之情。

⑦ 张逸:人名。

⑧ 闭口:死后。

⑨ 不得入:指不能入以为祭。

卷第八百六十一

饮食部十九

羹

【0907】《周礼·天官·亨人①》曰：祭祀，共②大羹③、铏羹④，宾客亦如之⑤（大羹，肉湆⑥者。郑司农云：大羹，不致五味⑦也。铏羹，加盐菜⑧也。湆音泣。）。

【0908】《礼》曰⑨：食居人之左⑩，羹居人之右⑪。毋嚃羹⑫（亦嫌欲疾⑬，嚃，不嚼菜⑭也。音敕答切），毋絮⑮羹

---

① 亨人：烹人，官名，食官之一。
② 共：这里同"供"；供备。
③ 大羹：未经调和五味的肉羹。
④ 铏（xíng）羹：调盐加菜盛于铏内的羹。铏，小鼎。
⑤ 宾客亦如之：招待宾客与祭祀一样，也要备办大羹和铏羹。
⑥ 湆（qì）：肉汁。《广韵》："湆，羹汁"。
⑦ 不致五味：不调和五味，指无味。
⑧ 加盐菜：指调味。
⑨ 此节选自《礼记·曲礼上》。
⑩ 食居人之左：饭食放在人的左边。
⑪ 羹居人之右：肉羹放在人的右边。侍者献食，按此规则摆设，为便于饮食之故。
⑫ 毋嚃（tà）羹：不要端起羹来饮。嚃，饮。
⑬ 嫌欲疾：有想快吃多吃之嫌。
⑭ 不嚼菜：饮而不嚼羹中之菜。
⑮ 絮：调味。这里指客人不要自己动手来调羹味。

（为其详于味①。絮犹调②也。絮，敕虑切）。客絮羹，主人辞不能亨③。羹之有菜者用梜④，无菜者⑤不用梜⑥。

【0909】又曰⑦：雉羹⑧，鸡羹，兔羹，芼羹⑨，羹食自诸侯以下至于庶人⑩，不等⑪（羹食⑫，食之主⑬）。

【0910】又曰⑭：子卯⑮，稷食菜羹⑯（忌日⑰贬⑱

---

① 详于味：精于调味。详，审。

② 调：调和。

③ 客絮羹，主人辞不能亨：客人如果自己重新调和羹味，主人就会谦说自己不会烹羹了。意指要尊重主人。亨，即"烹"。

④ 羹之有菜者用梜（jiā）：羹中如果有菜，就用梜夹取来食。梜，竹梜，一端相连，另一端用以夹取食物。或说梜即箸（筷子），但箸是分离的。

⑤ 无菜者：不加菜的羹。

⑥ 不用梜：不必用筷子，指用匙就行了。

⑦ 此节选自《礼记·内则》，文字与原文有所不同。

⑧ 雉羹：野鸡羹。

⑨ 芼（máo）羹：蔬菜羹。

⑩ 自诸侯以下至于庶人：指除天子以外的所有人，但不包括奴婢。

⑪ 不等：又作"无等"，没有区别。指可多可少，礼仪上没有规定。

⑫ 羹食：羹与饭。《御览》脱"食"字。

⑬ 食之主：是膳食的主体。

⑭ 此节选自《礼记·玉藻》。

⑮ 子卯：商纣以甲子日死，夏桀以乙卯日亡，即无道而被诛杀。后来帝王以子卯为忌日。

⑯ 稷食菜羹：以稷为饭，以菜为羹，行素食。稷，谷类，或指谷子。

⑰ 忌日：忌讳之日。

⑱ 贬：贬食，减食。

也),夫人与君同庖①(不特杀②也)。

【0911】又曰③:不能粥食④,羹之以菜可也⑤(谓性不能者,可食饭菜羹⑥)。

【0912】又曰⑦:大饷之礼⑧,尚玄酒⑨,而俎腥鱼⑩。大羹⑪不和⑫,有遗味⑬者矣。

【0913】《左传》曰⑭:颖考叔⑮有献于郑庄公⑯,公赐

---

① 夫人与君同庖:夫妻一起吃同一厨中做的饭。同庖,同一厨中做的饭。

② 不特杀:不杀牲。特,兽三岁曰特。《御览》作"不时杀",时当为"特"之误。

③ 此节选自《礼记·丧大礼》。

④ 不能粥食:吃不了粥的话。服丧要食粥,无酒肉享受。

⑤ 羹之以菜可也:可以用菜羹佐饭。

⑥ 可食饭菜羹:这是对那些不惯于吃粥的服丧者而言。

⑦ 此节选自《礼记·乐记》。

⑧ 大饷之礼:祫祭也,合祭先祖,三年一祫,称大饷之礼。

⑨ 尚玄酒:崇尚玄酒。玄酒指生水。

⑩ 俎(zǔ)腥鱼:俎上摆有生鱼。

⑪ 大羹:未经调味的肉羹。

⑫ 不和:不调味。

⑬ 有遗味:有余味,遗余之味。指本来之味。

⑭ 此节选自《左传·隐公元年》。

⑮ 颖考叔:春秋郑国颖谷封人,后为公孙阏所射杀。

⑯ 有献于郑庄公:有礼品献给郑庄公。郑庄公,名寤(wù)生,郑武公之子。在位四十三年。

之食①，食而舍肉②，公问其故③。对曰："小人④有母，皆尝小人之食⑤矣。未尝君之羹⑥，请以遗之⑦（肉有汁曰羹）。"

【0914】又曰⑧：臧哀伯⑨谏⑩曰："大羹不致⑪（大羹，肉汁也，不致五味，礼不忘本⑫也）。"

【0915】又曰⑬：郑侯⑭伐宋⑮，将战⑯，华元⑰杀羊食士⑱，其御羊斟不与⑲。及郑师与宋师战，曰："畴昔

---

① 公赐之食：郑庄公赐饮食给颍考叔。
② 食而舍肉：把饭吃了，将肉放在一边。
③ 公问其故：郑庄公问其中的原因。
④ 小人：谦称。
⑤ 皆尝小人之食：我吃的食物母亲都吃过。
⑥ 未尝君之羹：但未吃到大王的肉羹。君，指郑庄公。
⑦ 请以遗之：请允许将这肉羹拿去送给母亲吃。遗，赠送。
⑧ 此节选自《左传·桓公二年》。
⑨ 臧哀伯：臧孙达，春秋鲁国大夫。僖伯之子。谥曰哀伯。
⑩ 谏：谏鲁桓公。
⑪ 大羹不致：大羹不调五味。
⑫ 本：本来之味。
⑬ 此节选自《左传·宣公二年》。
⑭ 郑侯：郑穆公，郑文公之子，名蘭，在位22年。
⑮ 伐宋：进攻宋国。郑公子归生受楚国之命伐宋。
⑯ 将战：战斗开始之前。
⑰ 华元：春秋时宋国大夫，任右师。此次战役被俘，后伺机脱逃。曾用私交约晋、楚两大国在宋结盟，平分霸权。
⑱ 食士：给士兵们吃。
⑲ 其御羊斟不与：羊肉没有分给他自己的御手羊斟。御，驾车驭手。羊斟，人名。

之羊①，子为政②（畴昔，犹前日也）。今日之事，我为政③。"与入郑师④，故败⑤。君子⑥谓羊斟非人⑦也，以其私憾⑧，败国殄民⑨（憾，恨也；殄，尽也）。于是刑孰大⑩焉？《诗》所谓"人之无良⑪"者（《诗》义取不良之人，相怨以亡⑫），其羊斟之谓乎⑬！

【0916】又曰⑭：楚献鼋⑮于郑灵公⑯，宋子公⑰与

---

① 畴昔之羊：昨日分羊肉的事。畴昔，往日。

② 子为政：你华元说了算。

③ 今日之事，我为政：今天的战事该看我的了，意为"由不得你华元了"。

④ 与入郑师：赶着华元的马车跑到郑国的军阵里。华元因之被俘。

⑤ 败：指宋国因为这驭手的不平吃了败仗。

⑥ 君子：正直的人。

⑦ 非人：不是人。这里指举动太无道理。

⑧ 私憾：私愤，私恨。

⑨ 败国殄（tiǎn）民：使国家失败人民遭难。殄，灭绝。

⑩ 刑孰大：还有比这大的罪过吗？刑，罪过。孰，哪一样。

⑪ 人之无良：出自《诗经·鄘（yōng）风·鹑之奔奔》。其中二句为："人之无良，我以为兄""人之无良，我以为君"。

⑫ 相怨以亡：互相因怨恨而置人于死地。

⑬ 其羊斟之谓乎：不就是说的羊斟这种人吗？

⑭ 此节选自《左传·宣公四年》。

⑮ 鼋（yuán）：鳖，大鳖。

⑯ 郑灵公：郑穆公之子，子公与子家谋弑之，在位一年。

⑰ 宋子公：公子宋，字子公。因染指于鼎而迁怒于郑灵公，与子家弑郑灵公。

子家①将见（宋子公也。子家，妇人②），子公之食指③动（第二指也），以示④子家曰："他日我如此⑤，必尝异味⑥。"及入⑦，宰夫⑧将解鼋⑨，相视而笑⑩。公问之⑪（问所笑⑫），子家以告⑬。及食大夫鼋⑭，召子公而弗与⑮也（欲使指动无效⑯也）。子公怒，染指于鼎⑰，尝之而去⑱。

---

① 子家：郑公子归生，字子家。与子公弑灵公，子公为主谋。
② 妇人：二字为"归生"之误，即郑公子归生。
③ 食指：二指。
④ 示：示意。
⑤ 他日我如此：日后我要是这样（指动食指）。
⑥ 异味：珍异佳味。
⑦ 入：入宫。
⑧ 宰夫：厨夫。
⑨ 将解鼋：正准备宰杀大鳖。
⑩ 相视而笑：面对面地发笑。
⑪ 公问之：郑灵公问他们为什么发笑。
⑫ 问所笑：问笑什么。
⑬ 子家以告：郑公子归生把宋子公的话告诉了郑灵公。
⑭ 及食大夫鼋：等到给大夫们吃鳖之时。
⑮ 召子公而弗与：把子公也召来，但并不给他鳖吃。
⑯ 欲使指动无効（xiào）：想让子公刚才动食指欲食而吃不到口。効，同"效"。
⑰ 染指于鼎：把手指伸到烹鳖的鼎中。
⑱ 尝之而去：尝了一下鳖汤味就走了。

【0917】又曰①：叔鲋②求货③于卫，淫④刍荛者⑤。卫人使⑥屠伯⑦馈叔向⑧，与一箧锦⑨，叔向受羹而反锦⑩。

【0918】又曰⑪：和如羹⑫焉，水火醯醢盐梅⑬，以烹鱼肉，燀之以薪⑭（燀，炊之）。宰夫和⑮之，齐之以味⑯，济

---

① 此节选自《左传·昭公十三年》。

② 叔鲋（fù）：羊舌鲋。春秋晋大夫。复姓羊舌，为羊舌肸（xī）同父异母的弟弟，字叔鱼。后为邢侯所杀。

③ 求货：求取财物。金玉曰货。

④ 淫：侵犯。

⑤ 刍（chú）荛者：指割草打柴的人。刈草曰刍，析薪曰荛。淫刍荛者为的是迫使卫国备货。

⑥ 使：派遣。

⑦ 屠伯：人名，卫国大夫。

⑧ 叔向：叔鲋，又写作叔响。春秋晋大夫，博议多闻，能以礼让为国。

⑨ 一箧（qiè）锦：一箱锦缎。箧，小箱子。

⑩ 受羹而反锦：接受了肉羹，退回了锦缎。因锦非为货，故不受。古时布帛曰贿，金玉为货。

⑪ 此节选自《左传·昭公二十年》，所记为晏子对昭公的答语。

⑫ 和如羹："和"就如调羹一样。晏子举调羹来解释"和"与"同"之异。

⑬ 水火醯醢盐梅：说调羹之事少不得这水、火、醯、醢、盐、梅。后四种为调味品。

⑭ 燀（chǎn）之以薪：烧柴做饭。燀，炊。薪，柴。

⑮ 和：调和。

⑯ 齐之以味：调和五味，使之酸咸适度。齐，调和。

其不及①,以泄其过②。君子食之,以平君心③。君臣亦然④。以水济水⑤,谁能食之⑥?

【0919】《书》曰⑦:若作和羹⑧,尔唯盐梅⑨(盐咸,梅酢⑩,羹须咸酢和之⑪)。

【0920】《诗·义疏》⑫曰:鸮⑬肉虽⑭美,可以为羹臛⑮。

---

① 济其不及:欠什么味就增进一些。济,增益。
② 以泄其过:什么味重了就减去一些。泄,减。
③ 以平君心:《御览》作"以平其心"。平和君心之意。
④ 君臣亦然:君臣之间也同调羹一样。亦然,同样。
⑤ 以水济水:只用水来调味。
⑥ 谁能食之:谁又会吃得下去呢?
⑦ 此节选自《尚书·说命下》。
⑧ 若作和羹:如同烹制肉羹一样。
⑨ 尔唯盐梅:你就是那不可缺少的盐与梅。
⑩ 酢:酸味。
⑪ 羹须咸酢和之:做羹须用五味调和。咸酢,咸味与酸味,代指五味。
⑫ 《诗·义疏》:唐孔颖达撰,四十卷。
⑬ 鸮(xiāo):猫头鹰,或指猫头鹰一类的猛禽。陆机《疏》:"鸮其肉甚美,可为羹臛,又可为炙。"
⑭ 虽:为"甚"之误。
⑮ 羹臛(huò):肉羹。臛,带汁的肉。

【0921】《语》曰①：虽蔬食②菜羹③瓜，祭④，必齐如也⑤。

【0922】《尔雅》曰⑥：肉谓之羹⑦（郭璞《注》曰：肉，臐也。旧说"肉有汁曰羹"，孙氏⑧以为"肉，作羹之物，因以名云"）。

【0923】《广雅》曰：羹谓之湇⑨。

【0924】《说文》曰：羹，五味和⑩粥也。

【0925】《释名》曰：羹，汪⑪也，汁汪郎⑫也。

【0926】《史记》曰⑬：古者天子常以春秋⑭解祠⑮，

---

① 此节选自《论语·乡党》。

② 蔬食：食无肉，瓜菜而已。

③ 羹：菜羹。

④ 祭：食前祭先，对长辈表示敬意。

⑤ 必齐如也：食物虽不珍贵，但祭时一定要恭恭敬敬。

⑥ 此节见《尔雅·释器》。

⑦ 肉谓之羹：原句为区别鱼、肉所做食物之名，即用肉的叫羹，用鱼的叫鮨（鱼谓之鮨）。

⑧ 孙氏：孙炎。

⑨ 湇：肉汁。

⑩ 和：调和。

⑪ 汪：汪汪。《御览》作"注"。

⑫ 汁汪郎：羹汁盈器之貌。汪郎，汪汪。

⑬ 此节选自《史记·封禅书》，又见《孝武本纪》。

⑭ 春秋：春秋两季。

⑮ 解祠：祠祭以解除灾祸，祈求福祥。

祠黄帝用一枭①破镜②（如淳曰：汉使东郡③送枭，五日④作枭羹，以赐百官也）。

【0927】又曰⑤：项王为高俎⑥，置太公于机上⑦，告汉王⑧，曰："吾与羽俱北面受命怀王⑨，约为弟兄⑩。吾翁即若翁⑪，必欲烹而翁⑫，幸分我一杯羹⑬。"

【0928】又曰⑭：高祖少时，与宾客过丘嫂⑮食，嫂厌⑯

---

① 枭：鸟名，食母。

② 破镜：兽名，食父。镜或作"獍（jìng）"。破镜如貙（chū），虎眼。

③ 东郡：治所在濮阳（今河南濮阳西南）。

④ 五日：《史记》作"五月五日"。

⑤ 此节选自《史记·项羽本纪》。

⑥ 高俎：高案。俎本为切肉的砧。《御览》误作"高祖"。

⑦ 置太公于机上：将太公捆在案子上。机，指上面的俎。

⑧ 告汉王：告知汉王刘邦，原文有告语为："今不急下，吾烹太公。"

⑨ 怀王：秦末农民起义时项梁拥立的楚王，名熊心（？—公元前205年），战国时楚怀王熊槐之孙。熊心先建都盱台（今江苏盱眙东北），后迁彭城，被项羽暗杀。

⑩ 约为弟兄：相约以弟兄相待。拜为兄弟。

⑪ 吾翁即若翁：我的父就是你父。

⑫ 必欲烹而翁：一定要煮你父的话。而，你。

⑬ 幸分我一杯羹：希望也分我一杯肉汤喝。幸，希望。

⑭ 此节选自《史记·楚元王世家》。

⑮ 丘嫂：寡嫂。丘或作"巨"，大，大嫂。

⑯ 厌：怨恨。

叔①与客来，佯为羹尽，栎釜边②，客以故去③，已而视釜中④，尚有羹⑤。由此怨⑥其嫂，封其子⑦羹颉侯⑧。

【0929】《战国策》曰⑨：乐羊⑩为魏将⑪，而攻中山。其子在中山⑫，中山君⑬烹⑭其子，而遗之羹⑮，乐羊啜之，尽一杯⑯。文侯⑰谓褚师赞⑱曰："乐羊以我故⑲，食其子肉。"

---

① 叔：刘邦。

② 佯为羹尽，栎（lì）釜边：假装羹已吃完，用勺刮锅底。栎，刮器使出声。今《史记》句末无"边"字。

③ 客以故去：客人因此而离去。

④ 已而视釜中：后来去看锅里。

⑤ 尚有羹：还有没吃完的羹。

⑥ 怨：恨。

⑦ 其子：嫂之子，即刘信。

⑧ 羹颉侯：刘信封羹颉侯，以其母栎釜，取羹颉山为侯名。刘信封十三年，后因罪削为关内侯。

⑨ 此节选自《战国策·中山策》，又见《魏策一》。

⑩ 乐羊：战国初魏国将领，攻取中山，受封于庆寿（今河北平山东北）。

⑪ 魏将：魏国将领。

⑫ 其子在中山：乐羊的儿子当时正在中山国。

⑬ 中山君：中山国君。

⑭ 烹：煮。

⑮ 遗之羹：把煮乐羊儿子的羹送给乐羊吃。

⑯ 尽一杯：一口喝光了一杯羹。

⑰ 文侯：战国魏文侯魏斯（？—公元前396年），魏国建立者。三家分晋后，任用李悝、吴起、乐羊、西门豹等，称雄诸侯。

⑱ 褚师赞：人名。

⑲ 以我故：为了我们魏国的缘故。

赞①对曰："其子食之，其谁不食②？"羊③下中山④，文侯赏其功而疑其心⑤。

【0930】又曰⑥：中山君飨⑦都士大夫⑧，司马子期⑨在⑩焉。羊羹不遍⑪，子期⑫怒走楚⑬，说⑭王⑮伐中山。中山君亡⑯，有二人挈戈随后⑰。问之⑱，曰："臣父尝饿且死之⑲，

---

① 赞：褚师赞。
② 其子食之，其谁不食：连他的亲子都吃，还有谁不吃呢？
③ 羊：乐羊。
④ 下中山：攻下中山国。
⑤ 赏其功而疑其心：对他的战功进行奖励，但对他的内心却起了疑虑。
⑥ 此节亦选自《战国策·中山策》。
⑦ 飨：执行饮食。
⑧ 都士大夫：泛指文武官员。四字《御览》仅存一"大"字。
⑨ 司马子期：人名。
⑩ 在：在场。
⑪ 羊羹不遍：羊肉羹没有分到。司马子期没吃上。
⑫ 子期：司马子期。
⑬ 怒走楚：生气地跑到楚国去了。
⑭ 说：游说，劝。
⑮ 王：楚怀王芈（mǐ）槐，公元前328—前299年在位。
⑯ 亡：逃走。
⑰ 挈（qiè）戈随后：拿着兵器尾随在后。挈，提着。戈，长杆兵器，一种勾兵。戈或作"子""衣"。
⑱ 问之：问是什么人。
⑲ 饿且死之：因饥饿将至于死亡。

君①下②壶飧③哺臣之父，故来死君④也。"中山君叹曰："吾以一碗羊羹亡国⑤之，以一壶飧得二士死⑥。"

【0931】《后汉书》曰⑦：太尉⑧刘宽⑨性仁恕⑩，不妄喜怒⑪。尝服朝⑫，侍婢奉肉羹，翻汙其衣⑬，婢遽⑭收⑮之。宽⑯神色不异⑰，徐言⑱："羹烂汝手⑲？"

---

① 君：中山君。

② 下：赐下。

③ 壶飧：以壶盛饭，指比较平常的饮食。

④ 故来死君：因此来为君一死。

⑤ 吾以一碗羊羹亡国：我因为一碗羊羹没分匀而使国家遭受灭亡之祸。

⑥ 得二士死：得到两个敢死之士。

⑦ 此节选自《后汉书·刘宽列传》。

⑧ 太尉：官名，为全国军政首脑，东汉时与司徒、司空并称"三公"。

⑨ 刘宽：东汉官吏。华阴人，字文饶。初为南阳太守，典历三郡。灵帝时官至太尉，迁光禄勋，封逯乡侯。

⑩ 性仁恕：性格宽厚，对人友善。

⑪ 不妄喜怒：轻易不生喜怒之情。喜怒不形于色。

⑫ 服朝：穿朝服（官服）。

⑬ 翻汙其衣：肉羹倾翻弄脏了太尉的朝服。

⑭ 遽：急忙。

⑮ 收：收拾。

⑯ 宽：刘宽。

⑰ 神色不异：脸色未变。

⑱ 徐言：慢慢地说。

⑲ 羹烂汝手：热羹烫坏你的手没有？

【0932】《东观汉记》曰①：王涣②为洛阳令③，马市正④数⑤从卖羹饭家⑥乞贷⑦，不得则殴骂之⑧，至忿煞正⑨。捕得⑩，涣⑪问知事实⑫，便讽吏解遣⑬。

【0933】谢承《后汉书》曰⑭：陆续⑮诣诏狱⑯就考⑰，

---

① 此节选自《东观汉记·王涣列传》。

② 王涣：鄚（qī，古地名）人，字稚子。历官洛阳令。少好侠，尚气力。晚而改节，敦儒学，习《尚书》，读律令。善发奸擿（tī）伏，死后民为之立祠。

③ 洛阳令：洛阳丞。

④ 马市正：官名，马市管理官吏。

⑤ 数：多次。

⑥ 卖羹饭家：饮食店。

⑦ 乞贷：指白吃不给钱。

⑧ 不得则殴骂之：得不到吃的就对店家又打又骂。

⑨ 至忿煞正：店家对马市正十分气愤。《东观汉记》无"煞正"二字。正，马市正。

⑩ 捕得：逮捕了马市正。《东观汉记》无此二字。

⑪ 涣：王涣。

⑫ 问知事实：查问情况属实。

⑬ 讽吏解遣：将马市正批评一番，并遣送回家。遣，《御览》作"遽"。讽，指非直接的批评。

⑭ 此节又见范晔《后汉书·独行列传》。

⑮ 陆续：字智初，仕为郡户曹史、郡门下掾。

⑯ 诏狱：诏书所系治之狱。

⑰ 就考：接受审问。指受楚王刘英谋反的牵连。

其母至京师饷食①,续②对饷泣曰③:"续母来④。"使者问其故⑤,答曰:"续母作羹,截肉未尝不方⑥,断葱⑦寸寸无不同⑧,是以知母来⑨。"

【0934】又曰⑩:陶硕⑪字公超,啖芜菁羹⑫,无盐⑬。

【0935】《帝王世纪·文王长子》曰:伯邑考⑭烹以为羹⑮,以赐文王,曰:"圣人不食其子羹⑯。"文王得而食

---

① 饷食:送饮食。
② 续:陆续。
③ 对饷泣曰:面对食物哭着说。
④ 续母来:这是我陆续的母亲送来的。
⑤ 问其故:问他为何知道是母亲来了。
⑥ 截肉未尝不方:切肉从来没说不是方方正正的。
⑦ 断葱:切葱。
⑧ 寸寸无不同:一根根都一般长短。
⑨ 是以知母来:由此得知母亲来了。
⑩ 此节亦选自谢承《后汉书》。
⑪ 陶硕:人名。
⑫ 芜菁羹:芜菁做的菜汤。芜菁,两年生草本植物,块根肉质,白色或红色,呈扁球形或长形,可做蔬菜。
⑬ 无盐:没放盐。别本作"无盐豉"。
⑭ 伯邑考:周文王长子。为人质于商,为纣王驭手。纣王囚文王于羑里,烹伯邑考为羹以赐文王。
⑮ 烹以为羹:将伯邑考煮为肉羹。
⑯ 圣人不食其子羹:圣人不会吃用自己儿子烹的肉羹。

之①。纣曰:"谁谓西伯圣者②?与③食其子羹而不知。"

【0936】《晋书》曰④:桓温⑤表⑥王濬⑦之孙曰:"濬今有二孙⑧,年出六十⑨,室如悬磬⑩,糊口江滨⑪,四节蒸尝⑫,菜羹不给⑬。"

【0937】《宋书》曰⑭:湘州刺史王僧虔⑮引⑯乐颐之⑰

---

① 得而食之:得到纣王送来的肉羹就吃了。

② 谁谓西伯圣者:谁说西伯是圣人?西伯,商纣王给姬昌的封号,意为西方诸侯之长。

③ 与:给。

④ 此节选自《晋书·王濬列传》。

⑤ 桓温:东晋大将。字元子(公元312—373年),晋明帝之婿。官安西将军、荆州刺史、都督荆梁等四州诸军事。后欲受禅自立,未遂而病死。

⑥ 表:上表,上奏章。

⑦ 王濬:西晋将领,字士治(公元206—285年),弘农湖(今河南灵宝西)人。官巴郡太守,益州刺史,后率军浮江东下,取建康灭吴。

⑧ 二孙:《御览》又作"三孙"。

⑨ 年出六十:年过六十。指年龄都很大了。

⑩ 室如悬磬:形容空无所有,非常贫困。磬又作"罄"。语出《左传·僖公二十六年》:"室如悬罄,野无青草,何恃而不恐?"

⑪ 糊口江滨:在江边艰难谋生。

⑫ 四节蒸尝:四季所祭。古秋祭曰尝,冬祭曰蒸。

⑬ 菜羹不给:有时连菜羹都供不上。

⑭ 此节不见于《宋书》,见《南齐书·孝义列传》。

⑮ 王僧虔:善隶书。刘宋时为太子舍人,累迁尚书令。入齐迁侍中、开府仪同三司。

⑯ 引:荐举。

⑰ 乐颐之:字文德。仕为京府参军,性至孝。又为湘州刺史王僧虔主簿,仕至郢州治中。

为主簿,以同僚①非人②,弃官去③。吏部郎庾杲之④尝往候,颐之为设食⑤,唯枯鱼⑥菜菹⑦。杲之曰:"我不能食此⑧。"母闻之⑨,自出常膳⑩鱼羹数种。杲之曰:"卿过⑪于茅季伟⑫,我非郭林宗⑬。"

【0938】又曰⑭:淳⑮子孚⑯,有父风⑰,尝与侍中何

---

① 同僚:同事。

② 非人:非廉正之人。

③ 弃官去:辞官而去。

④ 庾杲之:字景行。萧齐时为尚书驾部郎,累迁尚书左丞。出为王俭卫军长史,官至太子右卫率。

⑤ 设食:招以饮食。

⑥ 枯鱼:干鱼。

⑦ 菜菹:酸菜。

⑧ 不能食此:吃不了这些东西。

⑨ 母闻之:庾母得知此事。

⑩ 常膳:平时所用膳食。

⑪ 过:超过。

⑫ 茅季伟:茅容,东汉陈留人。年四十余耕田避雨树下,别人都随便坐地,他正坐愈恭。郭林宗见后感到奇怪,当晚留住茅家。第二天早晨茅客杀了鸡供母食,自己与客人一起吃平常菜蔬。这里是以乐颐之来比茅容,见《后汉书·茅容列传》。

⑬ 我非郭林宗:我可不是郭林宗那样的人。受不了刻薄待遇。郭林宗,郭泰,东汉名士,太原界休(今山西介休东南)人。一生不仕,闭门教授,弟子数千。

⑭ 此节选自《南史·殷景仁列传》,《宋书》本传无此文。

⑮ 淳:殷淳,人名。

⑯ 孚:殷孚。

⑰ 有父风:有父亲的风度。

勖①共食。孚羹尽②，勖云："益殷莼羹③。"勖，司空无忌④子也。孚徐辍箸⑤曰："何无忌讳⑥？"

【0939】又曰⑦：朱脩之⑧为荆州刺史，姊在乡里⑨，饥寒不立⑩。脩之贵为刺史，未曾供赡⑪。往姊家，姊为设菜羹粗饭以激⑫之。

【0940】又曰⑬：毛脩之⑭被禽⑮入魏⑯，敬事嵩山道士

---

① 何勖（xù）：人名。

② 孚羹尽：殷孚碗里的羹吃完了。

③ 益殷莼羹：给殷某添莼羹。莼羹，莼菜羹。

④ 无忌：何无忌，郯（tán，古国名）人。初为广武将军，以功封安城郡开国公，后被卢循战败。

⑤ 辍箸：慢慢地放下筷子。

⑥ 何无忌讳：怎么一点忌讳都没有？以"何无忌"之忌攻"殷莼"之忌。殷莼谐"殷淳"。

⑦ 此节选自《宋书·朱脩之列传》。

⑧ 朱脩之：字恭祖。初为司徒从事中郎，陷魏以为云中镇将，妻以宗室女。后潜归刘宋，为宁蛮校尉，封南昌县侯，位至太仆。

⑨ 姊在乡里：姐姐在乡间居住。

⑩ 饥寒不立：饥寒交迫。

⑪ 未曾供赡：没有赡养姐姐。

⑫ 激：刺激。

⑬ 此节选自《宋书·毛脩之列传》。

⑭ 毛脩之：字敬文，阳武人。初为宋东秦州刺史刘义真司马，入魏官吴兵将军，封南郡公，累迁特进抚军大将军、外都大官。

⑮ 禽：通"擒"。

⑯ 魏：拓跋魏，指北魏王朝，又称后魏、元魏，后分裂为东魏、西魏，分别为北齐、北周所灭。

寇谦之①（谦之在魏）。太武帝信敬②，营护③之，故不死。脩之尝为羊羹，荐④魏尚书⑤，以为绝味⑥。献之武帝⑦，大悦⑧，以脩之为太官令⑨。被宠⑩，遂为尚书，封南郡公，太官令如故⑪。

【0941】又曰⑫：宋末⑬，齐高帝辅政⑭。刘彦节⑮知运祚将迁⑯，密怀异图⑰。及沈攸之举兵反，齐高入屯朝堂⑱，

---

① 寇谦之（公元365—448年）：北魏道教徒，字辅真，上谷昌平（今北京昌平南）人。隐居嵩山，受魏太武帝与大臣崔浩崇信，称为"新天师道"创始人。

② 信敬：崇信敬重。

③ 营护：营救。

④ 荐：进献食物。

⑤ 魏尚书：北魏尚书令。

⑥ 绝味：绝美的食物。

⑦ 武帝：太武帝拓跋焘。

⑧ 大悦：十分高兴。

⑨ 太官令：官名，掌管宫廷膳食等。

⑩ 被宠：受到宠信。

⑪ 太官令如故：虽封南郡公，但仍旧任太官令。

⑫ 此节选自《宋书·宗室列传》，又见《南史·宋宗室列传》。

⑬ 宋末：南朝刘宋末年。刘宋灭于公元477年。

⑭ 辅政：指辅佐宋后废帝、顺帝，独揽朝政。

⑮ 刘彦节：刘秉，人名。

⑯ 运祚将迁：国家权力将易手。祚，帝位。

⑰ 异图：别有所图。

⑱ 入屯朝堂：专擅朝政。

袁粲①镇石头②，潜③与彦节及诸大将黄回④等谋，夜会⑤石头，诘旦乃发⑥。彦节素怯⑦，搔扰不自安⑧。再脯⑨后，便自丹阳郡⑩车载妇女，尽室⑪奔石头。临去⑫，妇⑬萧氏⑭强劝令食⑮，彦节歠羹泻胸中，手振不自禁⑯。

【0942】《齐书》曰⑰：高祖即为齐王⑱，置酒为乐。

---

① 袁粲（公元 420—477 年）：南朝宋大臣，字景倩，陈郡阳夏（今河南太康）人。历官侍中、尚书令、中书监、司徒等职。拟发兵诛萧道成，事泄被杀。

② 石头：又名石城、石首城，故址在今江苏南京清凉山。

③ 潜：秘密地。

④ 黄回：竟陵郡人，勇力兼人。擢至队主，迁右将军。后为齐高帝萧道成所杀。

⑤ 会：会合军队。

⑥ 诘（jié）旦乃发：第二天早晨就发兵（诛萧道成）。诘旦，次日清晨。

⑦ 素怯：一向胆小。

⑧ 搔扰不自安：情绪激动不镇定。

⑨ 再脯：吃晚饭。脯言进餐。

⑩ 丹阳郡：治所在建业（今江苏南京）。

⑪ 尽室：全家老少。

⑫ 临去：出发之前。

⑬ 妇：妻子。

⑭ 萧氏：萧思话之女。

⑮ 强劝令食：强逼刘秉吃东西。丈夫因胆怯吃不下，故强劝之。

⑯ 手振不自禁：两只手不由自主地发抖。

⑰ 《南齐书》无此文，见《南史·崔祖思列传》。

⑱ 即为齐王：封为齐王。这齐王本是自封。

羹脍既至①，崔祖思②曰："此味故为南北所推③。"侍中沈文季④曰："羹脍吴食⑤，非祖思所解⑥。"祖思曰："'炰鳖鲙鲤⑦'，似非勾吴之《诗》⑧。"文季曰："'千里莼羹⑨'，岂关鲁卫之说⑩！"帝甚悦，曰："莼羹故应还沈⑪。"

【0943】又曰⑫：朱绪⑬无行⑭，母病积年⑮，忽思菰

---

① 羹脍既至：肉羹鱼脍上席之后。

② 崔祖思：字敬元。初为都昌令，迁齐国内史，除黄门侍郎。后为青、冀两州刺史卒。

③ 此味故为南北所推：这羹脍一向为南北所推崇。

④ 沈文季：字仲达。为冠军将军，督吴兴钱塘军事。累迁侍中、左仆射，为齐东昏侯所害。

⑤ 羹脍吴食：这羹脍本是吴地传统食物。

⑥ 非祖思所解：并不是崔祖思听说的那样。

⑦ 炰鳖鲙鲤：诗句出自《诗经·小雅·六月》。炰，烹煮。

⑧ 似非勾吴之《诗》：好像并不是咏吴地风物的《诗》。勾吴，指吴国，又称攻吴、干。

⑨ 千里莼羹：典出《世说新语·言语》。西晋时王武子在洛都以羊酪招待陆机，问陆机江东什么比这羊酪的味美，陆机说"有千里莼羹"。千里为地名，或说为"吴都千里湖"。

⑩ 岂关鲁卫之说：难道与"鲁风、卫风"有什么相干？鲁卫，指《诗经》中的《卫风》等，但无"鲁风"。这里泛指北方。

⑪ 莼羹故应还沈：莼羹之说还是沈文季对。

⑫ 此节不见于《南齐书》，见《南史·萧叡（ruì）明列传》。

⑬ 朱绪：人名。

⑭ 无行：没有德行。

⑮ 积年：多年。

羹①。绪妻到市买菰为羹，欲奉②母，绪曰："病复安能食③？"先尝之，遂并食尽④。母怒曰："我病欲⑤此羹，汝何必併啖尽⑥？天若有知⑦，当令汝哽怨⑧。"绪闻⑨，心中介介然⑩，即吐血，明日而死。

【0944】《梁书》曰⑪：萧励⑫为广州刺史，徵⑬为太子左卫率⑭。励⑮性率俭⑯，而器度宽裕⑰，左右⑱尝将羹至胸前

---

① 忽思菰羹：忽然想到要吃茭白。菰，多年生草本植物，生于浅水中。嫩茎叫茭白，果实叫菰米，均可食用。

② 奉：敬献。

③ 病复安能食：病得这么厉害还怎么能吃这东西。

④ 并食尽：一下子都吃光了。

⑤ 欲：想吃。

⑥ 汝何必併啖尽：你为什么全都吃完了？

⑦ 天若有知：老天爷要是知人情的话。

⑧ 令汝哽怨：让你塞住喉咙噎死。

⑨ 绪闻：朱绪听了这话。

⑩ 心中介介然：耿耿于怀。介介然，耿耿，心绪不安。

⑪ 此节出《南史·梁宗室列传上》，《梁书》无本传。

⑫ 萧励：字文约，封吴平侯，官广州刺史。

⑬ 徵：征召。

⑭ 太子左卫率：官名，太子属官，主领兵卒，监卫东宫。

⑮ 励：萧励。

⑯ 率俭：真率俭朴。

⑰ 器度宽裕：气量宽厚，待人友善。

⑱ 左右：侍仆。

翻之①，颜色不异②，徐呼更衣③。

【0945】《后魏书》曰④：赵琰⑤字叔起，尝送子应⑥冀州⑦娉室⑧。过路旁，主人设羊羹，琰访知盗杀⑨，卒辞不食⑩。

【0946】又曰⑪：彭城王⑫浟⑬为沧州⑭刺史，有湿沃县⑮主簿⑯张达⑰尝诣州⑱，投入舍⑲食鸡羹。浟察⑳知之，守

---

① 将羹至胸前翻之：把羹汤翻洒在萧励胸部。

② 颜色不变：萧励连脸色都没改变。指没生气。

③ 徐呼更衣：慢慢地叫人把衣服换了。

④ 此节选自《魏书·孝感列传》。

⑤ 赵琰：字叔起，天水（今甘肃礼县东）人。累官淮南王长史。食素守父母之丧。年八十卒。

⑥ 应：赵应，赵琰之子。《御览》无此字。

⑦ 冀州：北魏治所在信都（今河北冀州）。

⑧ 娉室：聘妻。

⑨ 访知盗杀：访查得知羊是偷来宰杀的。

⑩ 卒辞不食：辞谢不吃这羊羹。

⑪ 此节选自《齐书·彭城王缞列传》。

⑫ 彭城王：封号。

⑬ 浟（yóu）：高浟，字子深，齐神武帝第五子，封彭城王，任沧州刺史等。

⑭ 沧州：治所唐以前在饶安（今河北沧州东南）。

⑮ 湿沃县：在今山东蒲台西北。

⑯ 主簿：官名，县丞佐吏，以典领文书，办理事务。

⑰ 张达：人名。

⑱ 诣州：到州府办理事务。

⑲ 投入舍：《北齐书》作"夜投人舍"，住店。

⑳ 察：访查。

令毕集①，澈对众谓达曰②："食羹何不还价直③也？"达即伏罪④，合境⑤号⑥为"神明"。

【0947】《唐书》曰⑦：魏元忠⑧前后三坐弃市⑨，偶得不死⑩。武后⑪尝问之⑫，对曰："臣犹鹿⑬耳，罗织之徒⑭，有如猎者⑮，苟须⑯臣肉作羹耳！"

【0948】《荀卿子》曰⑰：孔子厄⑱于陈蔡⑲，藜羹

---

① 守令毕集：把太守县令等官员都集合起来。

② 澈对众谓达曰：高澈当着众位官吏的面，指责张达说。

③ 何不还价直：为什么不给钱？价直，钱币。直，同"值"。

④ 达即伏罪：张达马上服罪。

⑤ 合境：全境，指全州。

⑥ 号：称号。

⑦ 此节选自《旧唐书·魏元忠列传》。

⑧ 魏元忠（？—公元707年）：唐朝大臣。宋州宋城（今河南商丘）人。历官监察御史、殿中侍御史、凤阁侍郎、同凤阁鸾台平章事，多次遭诬陷流放。

⑨ 三坐弃市：三次因罪判以死刑。弃市，在闹市执行死刑，暴尸街头。

⑩ 偶得不死：碰巧没死了。魏元忠三次遭诬陷被判死刑，后都被赦免，改为流放南方。

⑪ 武后：武则天皇后。

⑫ 问之：问为何总是遭诬陷。

⑬ 臣犹鹿：我就像是一头美味的鹿。

⑭ 罗织之徒：虚构罪名的人。罗织，为陷害无辜的人而虚构罪名。

⑮ 有如猎者：就像猎人一样。

⑯ 苟须：苟得，不该得而得之。

⑰ 此节选自《荀子·宥（yòu）坐》。又见《墨子·非儒下》《庄子·让王》《吕氏春秋·慎人》。

⑱ 厄：困阻。

⑲ 陈蔡：春秋时的陈国与蔡国，在今河南东部。

不糁①。

【0949】《韩子》曰②：尧有天下③，粝粢④之食，藜藿⑤之羹。

【0950】又曰⑥：昭、僖侯⑦之时，宰人⑧上食⑨，而羹中有生肝⑩焉。昭侯召宰人以次而诮之⑪曰："汝何为⑫置生肝羹中⑬？"众宰人曰："窃以为⑭有欲去上食宰也⑮。"

---

① 藜羹不糁（shēn）：野菜汤中连米粒都没有。藜，一年生草本植物，叶嫩可食。糁，谷类磨成的碎粒。
② 此节选自《韩非子·五蠹（dù）》。
③ 尧有天下：尧帝任（炎黄联盟）首领。
④ 粝粢：粗糙的粮食。
⑤ 藜藿：泛称蔬菜，多指野菜。
⑥ 此节选自《韩非子·内储说下》。
⑦ 昭、僖侯：战国时韩国的昭侯和僖侯。昭侯为哀侯之孙，以申不害为相，国内大治，诸侯不敢侵伐。在位二十六年卒。僖侯为襄王之子，名咎。时秦国势强，屡次侵伐韩国，国土日削。在位二十三年卒。
⑧ 宰人：厨人。
⑨ 上食：献食。
⑩ 生肝：肝没烹熟。
⑪ 召宰人以次而诮（qiào）之：把厨夫召来，一个个地训斥。次，挨个。诮，责备，谴责。
⑫ 何为：为何。
⑬ 置生肝羹中：在羹中放上生肝。
⑭ 窃以为：自己揣测。窃，谦词，私下里。
⑮ 有欲去上食宰也：有人想把食宰搞倒。上，指昭侯。食宰，官名，管理膳食。

【0951】《淮南子》曰①：鼓造②辟兵③，寿尽五月④（高炎⑤曰：鼓造谓枭⑥，今世人五月作枭羹，亦作虾蟆⑦羹）。

【0952】又曰⑧：楚人⑨有烹猴者，而召其邻人⑩，以为狗羹⑪也而甘⑫之。后闻猴者⑬，据地而吐之⑭，尽泻其食⑮。此不知味⑯也。

---

① 此节选自《淮南子·说林训》。

② 鼓造：枭，猛禽，一说为蛤蟆。

③ 辟兵：又作"避兵"。避兵害也。古时认为蟾蜍也能避兵，见《文子·上德》。《淮南子·万毕术》："蟾蜍五月中杀涂五兵，入军阵而不伤。"

④ 寿尽五月：死在五月。指五月杀枭。

⑤ 高炎：应为"高诱"，东汉人，曾注《淮南子》《战国策》《吕氏春秋》等书。

⑥ 枭：猫头鹰一类的猛禽。

⑦ 虾蟆：蛙类的统称。

⑧ 此节选自《淮南子·修务训》。

⑨ 楚人：楚国人、楚地人。

⑩ 召其邻人：请自己的邻居来吃。召，请。邻人，街坊邻居。

⑪ 以为狗羹：邻居把猴羹当作狗羹。

⑫ 甘：吃起来觉得很香甜。

⑬ 后闻猴者：后来听到说是猴羹。

⑭ 据地而吐之：伏在地上呕吐起来。

⑮ 尽泻其食：把肚子里吃的食物都吐光了。

⑯ 此不知味：这是一种不知滋味的人。

【0953】又曰①：太宰②子朱③侍食④于令尹⑤子国⑥，子国啜羹而热⑦，援浆以汜⑧。明日，子朱辞官⑨，曰："令尹⑩轻行⑪而简礼⑫，其辱人⑬不难⑭。"明日，伏郎尹⑮怒而笞⑯之三百⑰。

【0954】《秦子》曰⑱：五味者，各称一族⑲之名，合

---

① 此节选自《淮南子·人间训》。

② 太宰：官名，掌王家内外事务。

③ 子朱：楚国大夫。

④ 侍食：陪席吃饭。

⑤ 令尹：官名，楚国最高官职，掌管军政大权。

⑥ 子国：蒍（wěi）国，子西之子，为楚惠王时令尹。

⑦ 啜羹而热：喝了一口肉羹觉得太烫。

⑧ 援浆以汜：拿起凉水倒进羹里。此句《淮南子》又作"投卮浆而沃之"。

⑨ 辞官：辞掉太宰之职。

⑩ 令尹：令尹子国。

⑪ 轻行：行为轻慢。

⑫ 简礼：少礼，不遵礼仪。

⑬ 辱人：侮辱人格。

⑭ 不难：容易，指常常如此。

⑮ 伏郎尹：官名，主郎官之尹。《御览》作"主节尹"。

⑯ 笞（chī）：古代刑罚之一，用板子抽打。

⑰ 三百：打三百下。此文不明施刑于谁，据《淮南子》本文，可能是指子朱的一位仆人。

⑱ 《秦子》：吴秦菁撰，已佚。清人有辑本一卷。

⑲ 族：种；类。

和一鼎①，名曰羹。犹威②、重③、廉④、平⑤、恩⑥，合而为信⑦也。

【0955】《郭子》曰⑧：陆士衡⑨诣⑩王武子⑪，武子有数斛羊酪，指以示陆⑫曰："卿东吴何以敌此⑬？"陆云："千里莼羹⑭，未下盐豉⑮。"

【0956】刘向《新序》曰⑯：纣王天下，熊羹不熟⑰，

---

① 合和一鼎：调和在一起。

② 威：尊严。

③ 重：高位。

④ 廉：廉明。

⑤ 平：公道。

⑥ 恩：恩惠。

⑦ 合而为信：（使这五个方面）紧密结合，用以治国治民，国民则信敬之。信，信从。

⑧ 《郭子》：晋郭澄之撰，清马国翰有辑本一卷。

⑨ 陆士衡：陆机（公元261—303年），西晋文学家。历任相国参军、中书郎、后将军、河北大都督。后人辑有《陆士衡集》。

⑩ 诣：拜访。

⑪ 王武子：人名。

⑫ 指以示陆：指着羊酪对陆机说。

⑬ 卿东吴何以敌此：你们东吴之地有什么东西可以和羊酪相比？

⑭ 千里莼羹：有说"千里"为地名，指吴地千里湖。

⑮ 未下盐豉：有说"未下"为地名，或以为非。

⑯ 刘向：西汉经学家、目录学家、文学家。本名更生（公元前77—前6年），字子政，沛（今江苏沛县）人。官至中垒校尉，著《新序》《说苑》《别录》等。此节选自《新序·刺奢》。

⑰ 熊羹不熟：熊掌没有烹熟。

而杀庖人①。

【0957】又曰②：平公③问叔向④曰："齐桓公⑤九合诸侯⑥，一匡天下⑦。不识其君之力乎？其臣之力乎⑧？"师旷侍曰："臣请以喻五味⑨。管仲善断割之⑩，隰朋⑪善煎熬⑫之，宾胥无⑬善齐和⑭之。羹已熟矣，奉而进之⑮。"

【0958】又曰⑯：魏文侯见箕季子⑰曰："宴进粝餐瓜

---

① 庖人：厨师。
② 此节选自《新序·杂事》。
③ 平公：春秋晋平公，悼公之子，多彪。政归赵、韩、魏三家，在位二十六年。
④ 叔向：羊舌肸，春秋晋国卿，任太傅。
⑤ 齐桓公：姜小白（？—公元前643年），任用管仲，九合诸侯，首开春秋大国争霸局面。
⑥ 九合诸侯：九次主诸侯之盟会。据《史记》云：兵车之会三，乘车之会六。
⑦ 一匡天下：号令天下之意。匡，正。
⑧ 不识其君之力乎？其臣之力乎：不知是国君的力量，还是臣下的力量？《御览》本作："如是君不知臣力，何也？"
⑨ 请以喻五味：请求用五味来作比喻。
⑩ 善断割之：很善于切肉。比喻多谋善断。
⑪ 隰（xī）朋：助管仲相齐桓公成霸业，死谥成子。
⑫ 煎熬：烹饪也。
⑬ 宾胥无：齐国大夫，桓公时的贤臣。
⑭ 齐和：调味。
⑮ 奉而进之：齐桓公稳得美食。《新序》此句后还有"而君不食，谁能强之？亦君之力也"一语。
⑯ 此节选自《新序·刺奢》，取其大意而已。
⑰ 箕季子：箕季，以行谏魏文侯，文侯云："吾一见季而得四（指受四点启发）。"

瓠之羹①，日岂不能具五味②，都我无多敛③于百姓，以省④饮食之养⑤也。"

【0959】《风俗通》曰⑥：昭帝⑦时，太官⑧上食，羹中有发⑨，切⑩中有土，令丞⑪坐不谨敬⑫，皆论⑬。

【0960】刘桢⑭《毛诗义问》⑮曰：铏羹⑯有菜，盐豉其中⑰，菜⑱为其形象可食，以铏⑲为名。

---

① 宴进粝餐瓜瓠之羹：饮食是粗饭菜羹。粝，粗米。

② 日岂不能具五味：一日之中五味都不见。五味，指肉食。

③ 敛：征收赋税。

④ 省：减少。

⑤ 养：生活资料。

⑥ 此节为《风俗通义》佚文。

⑦ 昭帝：汉昭帝刘弗陵（公元前94—前74年），武帝少子，公元前87—前74年在位。

⑧ 太官：又作大官，官名。

⑨ 发：头发丝。

⑩ 切：肉丝。

⑪ 令丞：太官令、太官丞。

⑫ 坐不谨敬：按渎职罪论处。

⑬ 皆论：食官都被判罪。论，判罪。

⑭ 刘桢：东汉末文学家。字公翰（？—公元217年），东平（今山东东平东）人。"建安七子"之一。官丞相掾属。

⑮ 《毛诗义问》：已佚，清马国翰辑一卷。

⑯ 铏羹：羹之五味调和并盛于铏鼎者。

⑰ 盐豉其中：用盐豉调味。

⑱ 菜：盐菜（《周礼》注：铏羹加盐菜）。

⑲ 铏：铏鼎，受一斗。

【0961】陆机《毛诗草木疏》①曰：梅②，杏类③也。其子④赤而酢⑤，不可生啖⑥。煮而曝干为苏⑦，可着⑧羹臛中。

【0962】《广志》⑨曰：大渡蜂⑩取其子⑪，得数升为羹，亦可蒸食。

【0963】《临海水物志》⑫曰：民皆好啖猴头⑬羹，虽五肉⑭臛膳不能及之⑮。其俗言："宁负千石之粟⑯，不愿负猴头羹臛⑰。"

---

① 《毛诗草木疏》：西晋陆机撰，两卷。

② 梅：落叶乔木，果实球形，味酸可食。

③ 杏类：味与杏同。

④ 子：果实。

⑤ 赤而酢：红且味酸。

⑥ 不可生啖：生的梅果不好吃。

⑦ 苏：通"稣"，这里指"杏干"。

⑧ 着：放。指可放在羹中调味。

⑨ 《广志》：晋郭义恭撰，已佚。清马国翰有辑本二卷。

⑩ 大渡蜂：蜂之一种。大渡或指地名。

⑪ 子：指蜂蛹。

⑫ 《临海水物志》：《临海异物志》，吴沈莹撰，清人辑一卷。

⑬ 猴头：猴头菌，为食用菌之一种。或指猴脑。

⑭ 五肉：五畜之肉。

⑮ 不能及之：也赶不上它。

⑯ 宁负千石之粟：宁可不食那千石之粟。千石，比喻有很多。

⑰ 不愿负猴头羹臛：也不愿错过一次吃猴头羹的机会。

【0964】《笑林》曰：人有和羹者①，以勺尝之②，少盐便益之③。后复尝之向勺中者④，故云盐不足⑤。如此数益升许盐⑥，故不咸⑦，因以为怪⑧。

【0965】《食经》曰：有猪蹄酸羹法⑨、胡羹法⑩、笋笴鸭羹法⑪。

【0966】《楚辞·天问》⑫曰：缘鹄饰玉⑬，后帝是飨⑭

---

① 人有和羹者：有一个调和羹味的人。

② 以勺尝之：用勺舀起来尝味的咸淡。

③ 少盐便益之：觉得盐少一点，便添了些盐到锅里。

④ 后复尝之向勺中者：尝来尝去尝的始终是舀起的第一勺羹。

⑤ 故云盐不足：所以总是说盐还不够。

⑥ 如此数益升许盐：就这样几次三番加进去了一升多的盐。

⑦ 故不咸：所以味道不咸。

⑧ 怪：感到奇怪。

⑨ 猪蹄酸羹法：据《齐民要术》，其方法为："猪蹄三具煮令烂，擘去大骨，乃下葱头、豉汁、苦酒、盐，口调其味。"

⑩ 胡羹法：胡人所食羹称胡羹。据《齐民要术》，其方法为："用羊肋六斤，又肉四斤，水四升，煮，出肋切之。葱头一斤，胡荽一两，安石榴汁数合，口调其味。"

⑪ 笋笴鸭羹法：笋笴即笋菹。据《齐民要术》，其方法为："肥鸭一只，净治如糁羹法；脔亦如此。笴四升，洗令极净；盐尽，别水煮数沸，出之，更洗。小蒜白及葱白、豉汁等下之。令沸，便熟也。"

⑫ 《楚辞·天问》：楚国屈原所作长诗，诗中提出了涉及天地万物、人神史话、政治哲学、伦理道德方面的170多个问题，表现了诗人思想的博大精深和探索真理的强烈愿望。

⑬ 缘鹄饰玉：用以玉为装饰的鼎盛上天鹅烹的羹。鹄，天鹅，游禽类鸟，肉可食。饰玉，以玉为装饰。

⑭ 后帝是飨：献给后帝享用。后帝，旧注指商汤王，一说指夏禹。是，《御览》作"食"。

（后帝，殷汤也。言伊尹始仕①，缘因②烹鹄鸟之羹，修饰玉鼎以事于汤③。汤贤之④，遂相⑤也）。彭铿⑥斟雉⑦，尧帝饷何⑧（彭铿，彭祖也。好和滋味⑨，善斟雉羹事⑩帝尧，尧美而饷食之⑪也）？受寿永多⑫，夫何久长⑬（言彭祖进雉羹于尧，尧饷之以寿⑭之也）？

【0967】又《九章》⑮曰：惩于羹者⑯而吹齑⑰（言人有

---

① 始仕：开始任官职。《御览》作"始伏"。

② 缘因：又作"因缘"，原因。

③ 汤：商汤。

④ 贤之：爱其贤能之才。

⑤ 遂相：因以为相。

⑥ 彭铿：彭祖，传说为尧帝的臣属，封于彭城。据《论语·述而》疏引《世本》，说他在商为守藏史，在周为柱下史，活到800岁（另说有700岁）。

⑦ 斟雉：烹调野鸡羹。

⑧ 尧帝饷何：又作"帝何饷"，尧帝为何乐于享用？

⑨ 好和滋味：善于烹调美味。

⑩ 事：侍奉。

⑪ 美而饷食之：觉得味美而乐于享用。

⑫ 受寿永多：彭祖得以长寿。

⑬ 夫何久长：为何又有如此长寿？

⑭ 寿：长寿。（《天问》这几句可译为：用饰玉的大鼎盛上鲜美的天鹅羹，献给尊贵的尧帝享用。彭铿献上野鸡羹，尧帝为何也乐于品尝？彭铿的寿命真是不短，他为何活得那么久长？）

⑮ 此句选自《楚辞·九章·惜诵》。

⑯ 惩于羹者：被热羹烫过的人。

⑰ 吹齑：见了凉菜也要吹一吹，怕烫着。齑，代指凉菜。

歠而热中惩艾①之，见齑则吹之）。

【0968】又《招魂》曰：和酸若苦②，陈吴羹③（吴人工④作羹）。

【0969】又《大招》⑤曰：鲜蠵甘鸡⑥，和楚酪⑦（酪，酢酨⑧也。言取生大鳖⑨，烹之作羹，调饴蜜⑩。复⑪用肥鸡肉，和⑫以酢酪，其味清烈⑬也）。

【0970】又曰⑭：内鸧鸽鹄⑮，味豺羹⑯（鸧，鸧鹤。鸽

---

① 惩艾：惩治。艾，惩戒。
② 和酸若苦：调和以酸、苦之味。
③ 陈吴羹：陈放有吴国风味的肉羹。吴人善调酸咸之味。
④ 工：善于；精于。
⑤ 《大招》：《楚辞·大招》，一说为屈原所作，一说为景差所作，与《招魂》意境相同。
⑥ 鲜蠵（xī）甘鸡：鲜龟肉与鸡合烹做羹。蠵，大龟。
⑦ 和楚酪：调和以楚国的奶酪。
⑧ 酢酨（zì）：腌制的肉块。酢，《御览》作"昨"。
⑨ 生大鳖：鲜活大鳖。大，《御览》作"丈"。
⑩ 调饴蜜：调以蜜糖。饴，《御览》作"赂"。
⑪ 复：再。
⑫ 和：调和。
⑬ 清烈：清香至极。《御览》脱"烈"字。
⑭ 此节亦选自《楚辞·大招》。
⑮ 内鸧鸽鹄：肥美的仓庚、鹁鸠、天鹅肉。内，通"肭（nà）"，肥也。鸧，仓庚，即黄莺。鸽，即鹁鸠。鹄，即天鹅。
⑯ 味豺羹：调和以豺肉为羹。

似鸠而青小①。鹄,黄鹄也。豻,似狗。言宰夫巧于调和②,先定甘酸③,乃内④鸽鹄肉,重以豻肉⑤,故羹美也)。

【0971】《唐明皇杂录》曰:李林甫⑥子婿⑦郑平⑧为户部员外⑨,尝与林甫同处⑩。一日,林甫就⑪院⑫省其女⑬,遇平⑭栉发⑮,见林甫至处⑯,遽欲退藏⑰。林甫固⑱邀⑲之,见

---

① 青小:色发青,体小。

② 巧于调和:善于烹调。

③ 先定甘酸:先将汤味调好。甘酸,泛指五味。

④ 乃内:《御览》脱此二字。内,放入。

⑤ 重以豻肉:再放进豻肉。《御览》脱此句。

⑥ 李林甫:唐朝权臣。唐宗室,小字哥奴(公元683—752年),任礼部尚书,同中书门下三品。厚结宦官、嫔妃,口蜜腹剑,排斥异己,酿成"安史之乱"。

⑦ 子婿:女婿。《御览》婿作"壻"。

⑧ 郑平:人名,李林甫女婿。

⑨ 户部员外:官名,户部员外郎。

⑩ 同处:住在一起。

⑪ 就:往。

⑫ 院:住宅。

⑬ 省其女:看望他自己的女儿。

⑭ 平:郑平。

⑮ 栉发:梳头理发。

⑯ 至处:到了此处。

⑰ 遽欲退藏:想快些退下藏身。不想让李林甫见到。

⑱ 固:坚持。

⑲ 邀:请。

其鬓发皆白①,谓平②曰:"上③当赐甘露羹④,郎其食之⑤,纵当华皓⑥,必当鬒黑⑦。"明日,果⑧有中使⑨至,赐林甫食,中有甘露羹⑩,遂以与平⑪。平食讫⑫,一旦发毛如瑿⑬。

【0972】《岭表录异》⑭曰:交阯⑮之人重⑯不禄羹⑰,羹以羊、鹿、鸡、猪肉和骨同一釜煮之,令极肥浓⑱,滤去

---

① 见其鬓发皆白:看到郑平鬓发全都花白了。

② 平:郑平。

③ 上:皇上,指唐玄宗李隆基。

④ 甘露羹:甘露,古时指天降在树上的霜露等,以为吉祥之兆。宋人也认为是树本身的分泌物。

⑤ 郎其食之:你要是吃了它。郎,以官衔称郑平。

⑥ 纵当华皓:即使头发全都白了。

⑦ 必当鬒(zhěn)黑:也定会变得漆黑。鬒,头发黑而稠密。

⑧ 果:果然。

⑨ 中使:宫庭之使,天子私使称中使。

⑩ 中有甘露羹:所赐食物中就有甘露羹。

⑪ 以与平:把这甘露羹给予郑平。

⑫ 平食讫:郑平吃完以后。

⑬ 一旦发毛如瑿(yì):有一天忽然发现头发变得如同黑色美石。一旦,有那么一天。瑿,黑色美石,见《集韵》。

⑭ 《岭表录异》:唐刘恂撰,三卷,今存辑本。《御览》作《岭表异录》。

⑮ 交阯(zhǐ):郡名,东汉治所在龙编(今越南河内东)。这里泛指五岭以南地区。

⑯ 重:推崇。

⑰ 不禄羹:指肉汁汤。禄,又作"录"。

⑱ 令极肥浓:把汁熬得特别稠。浓,厚;稠。

肉①，进之葱姜，调以五味，贮以盆器，置之盘中②。羹中有觜银勺③，可受一升，即更相揖让④。多自主人先举⑤，即满斟一勺，内觜入鼻⑥，仰首徐倾之⑦，饮尽传勺⑧，如酒巡行之⑨。喫羹了然⑩，续以诸馔⑪，谓之"不禄会"（亦呼为先脑⑫也）。交阯人或经营事务，弥才缝推要⑬，但备此会⑭，

---

① 滤去肉：把羹中的肉过滤出来。
② 置之盘中：把盛有羹的盆再放在大盘中。
③ 有觜银勺：带吸嘴的银勺。觜，同"嘴"。
④ 揖（yī）让：礼让。揖，拱手行礼。
⑤ 多自主人先举：常是由主人首先吃羹。举，进食。
⑥ 内觜入鼻：将银勺的嘴放在鼻孔中。内，通"纳"。此种风俗称为"鼻饮"。
⑦ 仰首徐倾之：抬起头，慢慢将银勺倾斜。
⑧ 饮尽传勺：一人饮完一勺后，再传至下一人。
⑨ 如酒巡行之：如同饮酒行酒一样。
⑩ 了然：完毕。
⑪ 续以诸馔：接着再吃别的馔品。
⑫ 先脑：指也有把这种"不禄会"称为"先脑会"的。
⑬ 弥才缝推要：才，为衍文。弥缝，弥合裂缝，两相重归于好。推要，又作"权要"，指民族内传统的秘密仪式等。
⑭ 但备此会：只准备这种不禄会。

无不谐者①（《安南录异》②图凿③、穿心④、飞头⑤、鼻饮⑥者，皆遗风也）。

【0973】张翰《豆羹赋》曰：乃有孟秋⑦，嘉⑧菽⑨垂枝挺荚⑩。是刈是获⑪，充箪盈箧。香铄和调⑫，同疾赴急⑬。

【0974】桓鳞⑭《七说》曰：河鼋⑮之羹，齐以兰梅⑯，芬芳甘旨⑰，未咽先滋⑱。

---

① 无不谐者：没有哪一次不是妙趣横生的。谐，逗趣。

② 《安南录异》：书名，已佚。

③ 图凿：又称为"雕题"，指南方古代民族的文身风俗。这里特指有文身习俗的民族。

④ 穿心：又称"穿胸""贯胸"，古代认为有胸前穿孔达背的民族，故名。

⑤ 飞头：南方古代民族之一。人项颈部有痕如缕，云头欲飞，故以为名。

⑥ 鼻饮：以鼻进饮，为古代越人民族风俗。《汉书·贾捐之传》骆越之人，"相习以鼻饮"。

⑦ 孟秋：秋季的首月，即七月。

⑧ 嘉：美。

⑨ 菽：豆类的总称。

⑩ 垂枝挺荚：豆枝弯垂，豆荚饱满。

⑪ 是刈是获：将豆子收获起来。

⑫ 香铄（shuò）和调：调和成香美的味道。铄，美。和调，烹调。

⑬ 同疾赴急：又作"周疾赴急"，指周济饥苦之急。《豆羹赋》写的是作者艰难时食豆羹的心情。

⑭ 桓鳞：桓麟，东汉人，字元凤。桓帝时为议郎，侍讲禁中。出为许令，母终不胜丧，未几而卒。有著述凡二十一篇。

⑮ 河鼋：大河鳖。

⑯ 齐以兰梅：调和以兰的香味、梅的酸味。

⑰ 芬芳甘旨：香甜可口。

⑱ 未咽先滋：还没咽下去，咽喉里就滋润了。未，《御览》刊为"禾"。

【0975】卫洪①《七开》曰：馨羹芬臊②，凝色生华③。

【0976】《皇象书》④曰：想必醉⑤，令作醴梅羹⑥相待。

【0977】缪袭《祭仪》曰：夏祀调和羹，芼以葵⑦；秋祀羹⑧，芼以葱；春祀和羹，芼以韭。

臊

【0978】《苍颉解诂》曰：臇⑨，少汁臊也。膹⑩，臊多泽⑪（膹，房丈切）。

【0979】《说文》曰：臊，肉羹。

【0980】《释名》曰：臊曰蒿⑫也，香气蒿高也。

---

① 卫洪：卫宏，东汉人，字敬仲。光武时为议郎，著《汉旧仪》等。

② 馨羹芬臊：馨香的肉羹。臊，指肉羹。

③ 凝色生华：指羹如同凝结的花朵，又香又美。凝《御览》作"疑"。华，古通"花"。

④ 《皇象书》：书名。今不传。

⑤ 想必醉：大概是醉了。

⑥ 醴梅羹：酸甜之羹。用以解酒。

⑦ 芼以葵：菜用葵叶。葵，指冬葵叶，嫩时可食。

⑧ 秋祀羹：应为"秋祀和羹"。

⑨ 臇（juǎn）：少汁的羹。

⑩ 膹（fèn）：多汁的肉羹。又指切肉。

⑪ 多泽：汁多。

⑫ 蒿：气蒸出的样子。

【0981】《齐书》曰①：虞悰②家富于财③，而善为滋味④。豫章王⑤嶷⑥盛馔享宾⑦，谓悰⑧曰："肴羞有所遗否⑨？"悰曰："何曾《食疏》⑩，有黄颔⑪臛，恨无之⑫。"

【0982】《广志》曰：晨凫⑬肥而耐寒，宜⑭为臛。

【0983】刘欣期⑮《交州记》⑯曰：九真⑰太守刘璜⑱立郡筑城⑲，于土穴中得一白色形似蚕蛹⑳，无头，长数十丈，

---

① 此节选自《南齐书·虞悰列传》。

② 虞悰：字景豫。少以孝闻，善烹调之事。累迁祠部尚书。

③ 富于财：钱财很多。

④ 善为滋味：善于烹饪之事。

⑤ 豫章王：封号。

⑥ 嶷（yí）：萧嶷，齐高帝第二子，字宣俨，封豫章王，进位大司马。

⑦ 盛馔享宾：盛宴招待宾客。

⑧ 悰：虞悰。

⑨ 肴羞有所遗否：这些肴馔中还缺少些什么？

⑩ 《食疏》：今不传。

⑪ 黄颔：可能指黄颔蛇，又名桑根蛇，无毒。

⑫ 恨无之：遗憾的是没有这道菜。

⑬ 晨凫：野鸭。常于晨间飞翔，故名。

⑭ 宜：适合。

⑮ 刘欣期：人名。

⑯ 《交州记》：已佚，清人曾钊有辑本两卷。

⑰ 九真：郡名，辖境在今越南清化、河静及附近地区。

⑱ 刘璜：人名。

⑲ 立郡筑城：修筑郡城。

⑳ 蚕蛹：蚕所化的虫蛹。

大余围①,软软动,莫能名②。剖腹有肉如猪肪③,遂以为臛,甚香美。璜④啖一杯,三军尽食⑤。

【0984】《食经》曰:有芋子酢臛法⑥。

【0985】《楚辞·招魂》曰:臑鳖炮羔⑦,有柘浆⑧(言以饴蜜臑⑨鳖炮羔,或曰"臑鳖炰羔",和牛五脏为羔臑也)。鹄酸⑩臇凫⑪(臇,小臛也),煎鸿⑫鸧(鸿,鸿雁也;鸧,鸧鹤⑬也。言复以酸酢,将烹鹄为羹,小臇臛凫,煎熬鸿鸧,令肥美羹也)。露鸡⑭臛蠵(露鸡,露栖鸡也。

---

① 围:两臂合抱的圆周长。

② 莫能名:叫不上名字来。

③ 猪肪:猪的肥膘。

④ 璜:刘璜。

⑤ 三军尽食:三军将士都吃了这肉羹。

⑥ 芋子酢臛法:芋子酸臛法。据《齐民要术》,其法为:猪羊肉各一斤,水一斗,煮令熟。成治芋子一升,别蒸之。葱白一升,著肉中合煮,使熟。粳米三合,盐一合,豉汁一合,苦酒(醋)五合,口调其味。生姜十两,得臛一斗。

⑦ 臑鳖炮羔:臑当为胹,炖也。炮,合毛裹物而烧之。羔,小羊。

⑧ 柘浆:甘蔗汁。柘,通"蔗"。

⑨ 臑:胹。

⑩ 鹄酸:酸鹄,加醋烹的天鹅肉。

⑪ 凫:野鸭。

⑫ 鸿:雁。

⑬ 鸧鹤:似雁且黑,一名鸧鸡,或称灰鹤及鸧鸹。《御览》此处引作"鹄"。

⑭ 露鸡:露栖之鸡。

有菜曰羹，无菜曰臐①。蠵，大龟也），厉而不爽②（厉，烈③也；爽，败④也。楚人名羹败曰"爽"。言乃复烹露栖之肥鸡，鸡臐鳖肉，其味清烈⑤，而不知败⑥也）。

【0986】又《大招》曰：煎鰿臐爵⑦（言煎鲋鱼⑧，臐黄雀⑨也）。

【0987】崔骃⑩《博徒论》曰：鹜⑪臐羊残⑫。

【0988】陈思王⑬《七启》曰：臐江界之潜鼋⑭。

【0989】王粲《七释》曰：鼋羹蠙⑮臐。

---

① 无菜曰臐：肉羹中不加菜称为臐。臐实为近似红烧烹法。

② 厉而不爽：羹香浓烈但又不伤胃口。厉，香味酷烈。不爽，即不败胃口。爽，楚人称羹败为"爽"。

③ 烈：强烈。

④ 败：坏。

⑤ 清烈：清香之味浓烈。烈《御览》作"列"。

⑥ 败：《御览》本作"贬"。

⑦ 煎鰿臐爵：《大招》又作"煎鰿臐雀"。鰿，小鱼，即鲫鱼。爵，通"雀"，即黄雀。

⑧ 鲋鱼：古代指鲫鱼。

⑨ 黄雀：形似雀而稍小。腹白色，雄的颈部黑色，雌不黑。

⑩ 崔骃（yīn）：东汉文学家。字亭伯（？—公元92年），涿郡安平（今河北安平）人。任主簿。原有集十卷，已佚。明人辑有《崔亭伯集》。

⑪ 鹜（wù）：野鸭。

⑫ 羊残：羊羹。残，煮肉。

⑬ 陈思王：曹植，曹操之子。封陈王，卒谥思，世称陈思王。

⑭ 潜鼋：冬眠的大鳖。

⑮ 蠙（bīn）：蚌中之珠。这里可能指蚌肉。

饮

【0990】《周礼·天官·膳夫》曰:饮用六清①(六清:水、浆②、醴③、凉④、醫⑤、酏⑥也。醫,于美切;酏,以支切)。

【0991】又《食医》⑦曰:饮齐视冬时⑧(饮宜寒⑨也)。

【0992】又《酒正》⑩曰:酒正⑪辨四饮之物⑫,一曰

---

① 六清:六种饮料。
② 浆:带酸味的饮料。有时指酒。
③ 醴:甜酒。
④ 凉(liáng):又作"酏",即"凉"。《礼记》为"滥",为果汁。《广雅·释器》:"凉,浆也。"
⑤ 醫:应为"医",酿粥为醴称为"医",实指米酒。《周礼·天官·酒正》:辨四饮之物,二曰"医"。
⑥ 酏(yí):稀粥,或指米酒。
⑦ 《食医》:为《周礼·天官》之一篇。
⑧ 饮齐视冬时:四季之饮,调和以寒为宜,如冬之寒。
⑨ 饮宜寒:饮料以寒进为宜。
⑩ 《酒正》:为《周礼·天官》之一篇。
⑪ 酒正:官名,掌酒之政令。
⑫ 四饮之物:清、医、浆、酏。

清①，二曰醷②，三曰浆③，四曰酏④（清，谓醴之泲⑤者也。醷，《内则》⑥所谓或以酏为醴者。凡醴浊酿酏⑦为之，则少清⑧矣。醴者，酏粥清也⑨）。

【0993】又曰⑩：浆人⑪掌共⑫王⑬之六饮⑭，水、浆⑮、醴、凉⑯、醷、酏⑰，入于酒府⑱（醴者，清也。郑司农云：

---

① 清：醴酒之清者。

② 醷（yì）：又作"医"，梅浆，酸性饮料。

③ 浆：微酸的饮料，酿糟为之，汉时称"截（zài）浆"。

④ 酏：稀粥。

⑤ 泲（jǐ）：酒之清者曰泲。

⑥ 《内则》：《礼记》之一篇。

⑦ 酿酏：以粥酿醴浆。

⑧ 少清：与醴稍异，更清一些。少，稍。

⑨ 酏粥清也：《周礼》原注无此语。或以酏为醴，所解不一。

⑩ 此节选自《周礼·天官·浆人》。

⑪ 浆人：官名，掌供王室饮料之事。

⑫ 共：供奉。

⑬ 王：周王。

⑭ 六饮：《膳夫》所谓"六清"。

⑮ 浆：《御览》作"酱"。

⑯ 凉：郑司农解为"以水和酒"，但不可饮。

⑰ 酏：《御览》作"驰"。

⑱ 入于酒府：入于酒正之府，与酒一起由酒正奉之于王。

凉，以水和酒①也。玄②谓：凉，今寒粥③，若糗饭④杂水⑤也）。

【0994】《礼·王制》曰：天子五饮⑥：上水⑦，浆⑧、酒、醴、酏（上，以水为上⑨）。

【0995】又《郊特牲》⑩曰：饮，养阳气⑪，故有乐⑫。

【0996】又《内则》⑬曰：饮（曰诸饮⑭也）重醴⑮，稻

---

① 以水和酒：《御览》脱"和"字。
② 玄：郑玄，《御览》误作"方"。
③ 寒粥：水泡干饭。
④ 糗饭：干饭。饭，《御览》误作"节"。
⑤ 杂水：掺水。杂，《御览》误作"鸡"。
⑥ 五饮：《周礼》记王有六饮，此处为五饮，大略言之。
⑦ 上水：第一是水。《周礼》"六饮"也是将水放在第一位。
⑧ 浆：《御览》作"酱"。酱不包括在饮料之列，当作"浆"。
⑨ 上：指次序排在首位。
⑩ 《郊特牲》：为《礼记》之一篇。
⑪ 饮，养阳气：指饮助养阳气。又以食养阴气。
⑫ 有乐：有音乐助饮。
⑬ 《内则》：为《礼记》之一篇。
⑭ 诸饮：各类饮料。
⑮ 重醴：陪设之醴。

醴①清②糟③、黍醴④清糟、粱醴⑤清糟（重，陪⑥也。糟，醇⑦也。清，沛也。致饮有醇者，有沛者，陪设之也）。或以酏为醴⑧（酿粥为醴），黍酏（酏，粥）。

【0997】又《外传》⑨曰：共王⑩及后⑪与世子⑫食后所进之六饮⑬，水居其上⑭，其次月浆，三曰醴（酿粥为之，净而清⑮），四曰凉⑯（暑月⑰以杂⑱糗为和水者），五曰醷⑲

---

① 稻醴：有清、糟两种。

② 清：沛。

③ 糟：醇。

④ 黍醴：黍所酿的醴。

⑤ 粱醴：高粱所酿的醴。

⑥ 陪：陪设。

⑦ 醇：厚酒，味浓、纯之酒。

⑧ 以酏为醴：酿粥为甜酒，现在的醪糟。此处指以酏代醴。

⑨ 《外传》：《礼记外传》，唐成伯璵撰，已佚。清人有两种辑本，各一卷。

⑩ 王：帝王，周王。

⑪ 后：王后。

⑫ 世子：太子。

⑬ 六饮：六种饮料。

⑭ 水居其上：水在六种饮料中是主要的、第一位的。

⑮ 净而清：过滤得很干净。

⑯ 凉：凉水泡干饭。

⑰ 暑月：夏季。

⑱ 杂：掺杂；掺和。

⑲ 醷：《御览》误作"醴"，与"三曰醴"重，当改作"醷"或"医"。

（以干梅、干木瓜①相和水，一名滥凉②），六曰酏（以黍为粥之薄③者）。

【0998】《左传》曰④：丑父⑤使公⑥下如华泉⑦取饮，郑周父⑧御⑨佐车⑩，宛茷⑪为右⑫，载齐侯⑬以免⑭（佐车，副车）。

【0999】又曰⑮：鄢陵之战⑯，栾鍼⑰见子重⑱之旌，请

---

① 木瓜：落叶灌木或小乔木，果实香圆，味涩而酸，蜜渍可食。
② 滥凉：渍果。《礼记·内则》"醴滥"注：干果和水也。
③ 薄：稀。
④ 此节选自《左传·成公二年》。
⑤ 丑父：人名。
⑥ 公：鲁成公，宣公之子，名黑肱，在位十八年。
⑦ 华泉：地名。
⑧ 郑周父：人名。
⑨ 御：驾驭。
⑩ 佐车：副车。
⑪ 宛茷：人名。
⑫ 右：指驾车的副手。
⑬ 齐侯：齐顷公，桓公之孙，名无野，在位十七年。
⑭ 免：免于伤亡。
⑮ 此节选自《左传·成公十六年》。
⑯ 鄢陵之战：公元575年，晋军大败楚军于鄢陵，称鄢陵之战。鄢陵为郑国地，在今河南鄢陵西北。
⑰ 栾鍼（zhēn）：春秋晋大夫。晋人伐秦，栾鍼耻于无功，使车驰入秦师。
⑱ 子重：公子婴齐，楚庄王之弟，为楚之令尹。

曰:"楚人曰:'夫旌,子重之麾①也'。彼其子重②也。日③臣之使于楚④也,子重问晋国之勇⑤。臣对曰:'好以众整⑥'。曰⑦:'又何如⑧?'(又问其余⑨)臣对曰:'好以暇⑩'(暇,闲暇)。今两国治戎⑪,行人不使⑫,不可谓整⑬。临事而食言⑭,不可谓暇(食好整之言⑮)。请摄饮⑯焉"(摄,持也。持饮往饮子重⑰也),公许之⑱。使行人执

---

① 麾(huī):指挥作战用的旗子。

② 彼其子重:见到旗便知那就是子重。

③ 日:昔日。

④ 使于楚:出使楚国。

⑤ 问晋国之勇:问晋国哪些地方超过别国。

⑥ 众整:军容整齐。或为众正之意,犹正事、正途。

⑦ 曰:子重又问。

⑧ 又何如:还有别的呢?指除此以外而言。

⑨ 其余:其他方面的情况。

⑩ 暇:闲暇。

⑪ 两国治戎:两国交战。戎,战事。

⑫ 行人不使:互相不派使臣问候。行人,官名,管朝觐聘问。使,派遣。

⑬ 不可谓整:如此算不得"整"。

⑭ 临事而食言:事到临头说了话又不算数。食言,失信,说话不算数。

⑮ 食好整之言:过去说的"好以众整"之言没有实施。

⑯ 摄饮:准备饮料,去问候子重。

⑰ 饮子重:请子重饮。

⑱ 公许之:晋厉公允从。厉公为景公之子,名寿曼。败楚于鄢陵,后被栾书等囚而杀之。

榼承饮①,造于子重②(承,奉也)。曰:"寡君③乏使④,使鍼御持矛⑤,是以⑥不得犒从者⑦,使某摄饮⑧。"子重曰:"夫子⑨尝与吾言于楚⑩,必是故⑪也,不亦识乎⑫!"(知其以往言⑬"好暇",故致饮⑭)。受而饮之⑮,免使者⑯而复鼓⑰(免,脱也)。

① 执榼(kē)承饮:拿着盛饮料的壶。榼,盛饮料的器具。承,奉。
② 造于子重:前去拜访子重。造,探访。
③ 寡君:称自己的国君,即晋厉公。
④ 乏使:缺少使节。谦辞。
⑤ 使鍼御持矛:派我栾鍼前来问候。持矛,护从。
⑥ 是以:因此。
⑦ 不得犒从者:不能犒劳随从。
⑧ 使某摄饮:派我给将军送饮料来。
⑨ 夫子:尊称,即栾鍼。
⑩ 尝与吾言于楚:在楚国时曾同我说起过。
⑪ 必是故:必定是这个原因。指前言"好以众整,好以暇"之语。
⑫ 不亦识乎:这不是很明白吗?
⑬ 往言:昔日之言。
⑭ 致饮:送饮致问。
⑮ 受而饮之:子重接受并喝了栾鍼送来的饮料。
⑯ 免使者:放回使者。即没有杀。
⑰ 复鼓:继续进军,准备战斗。此句后本接有"旦而战"一语。

【1000】又曰①：郑师②入陈③，子展④执絷⑤而见（见陈侯⑥）。再拜稽首⑦，承⑧饮而进献（承饮，奉觞⑨，示不失臣敬）。子美⑩入，数俘⑪而出（子美，子产⑫也。但数其所获⑬人数，不将以归⑭也）。

【1001】又曰⑮：吴入楚⑯，申包胥⑰乞师于秦⑱，立依

---

① 此节选自《左传·襄公二十五年》。

② 郑师：郑国的军队。

③ 入陈：到了陈国。

④ 子展：郑子展，公孙舍之，字子展，为春秋晋大夫。

⑤ 执絷（zhí）：牵着马缰。絷，马缰。

⑥ 陈侯：陈哀公，名弱。后为其弟司徒招所围，自刎身死。陈终为楚所灭。

⑦ 稽首：古代一种跪拜礼，叩头到地。

⑧ 承：奉。

⑨ 奉觞（shāng）：捧上酒杯。觞，酒杯。

⑩ 子美：郑子产。

⑪ 数俘：点数所得俘虏。

⑫ 子产：郑子产。

⑬ 获：俘获。只点所俘获的人数。

⑭ 不将以归：不准备带走。

⑮ 此节选自《左传·定公四年》。

⑯ 吴入楚：指公元前506年，吴王阖（hé）闾（lú）大举伐楚，攻破楚都郢（今湖北江陵北）。

⑰ 申包胥：春秋末楚国公族，又名蚡（fén）冒勃苏。吴国破楚，他到秦哭求救兵，援楚复国。

⑱ 乞师于秦：到秦国讨救兵。师，军队。

于庭墙①而哭,日夜不绝声②,勺饮不入口七日③。

【1002】《论语》曰④:一箪食,一瓢饮⑤。

【1003】《穆天子传》⑥曰:天子⑦渴于中⑧,求饮未至⑨。七萃之士⑩曰高奔戎⑪,割其左骖⑫之颈,取其清血⑬以饮天子(今西方之羌⑭,故刺马咽取血饮之,疮示寻愈⑮也)。天子美之⑯,赐佩玉⑰一支。

---

① 庭墙:秦廷的墙外。

② 不绝声:不停地哭。

③ 勺饮不入口七日:七天七夜一点水也不喝。秦哀公感动后出车五百乘,前往援楚。

④ 此节选自《论语·雍也》。

⑤ 一箪食,一瓢饮:此句是孔子夸赞弟子颜回生活虽苦而不改其乐的话。所引文意不全。

⑥ 《穆天子传》:为西晋时汲冢所出竹书之一,记周穆王西行事。晋郭璞为之注,凡六卷。

⑦ 天子:周穆王。

⑧ 渴于中:在途中饥渴。

⑨ 求饮未至:派去寻找饮料的人还没回来。

⑩ 七萃之士:扈从士兵。七萃,周代禁卫军名,七队也。

⑪ 高奔戎:人名。

⑫ 左骖:驾车辕马左边的马。

⑬ 清血:鲜血。

⑭ 羌:我国古代西部的一个少数民族,东晋时曾建立后秦王朝。

⑮ 疮示寻愈:马颈取血后的创口很快就会愈合起来。

⑯ 美之:称赞七萃之士高奔戎。

⑰ 佩玉:随身佩带的玉饰品。

【1004】《神仙传》曰：蔡经①尸解②去十余年，忽还家③，言："七月七日王君④当来，过到其日⑤，可多作数百斛饮，以供从官⑥。"乃去⑦。到期⑧假⑨瓮器，作饮数百斛，罗列⑩覆置庭⑪中。其日方平⑫果⑬来。

【1005】《语林》曰：陆士衡在洛⑭，夏月⑮忽思竹篠⑯饮，语刘实⑰云："吾乡曲⑱之思转深，今来东归⑲，恐无复

① 蔡经：人名。遇王方平，得道遁去。

② 尸解：埋葬。

③ 忽还家：突然回到家中。

④ 王君：王方平，东汉峄人，名远。官至中散大夫。后弃官入山得道，桓帝时累徵不出。

⑤ 过到其日：等到了那一天，指七月七日。

⑥ 从官：随从官员。

⑦ 乃去：说完就走了。

⑧ 到期：到了七月七日之期。

⑨ 假：借。

⑩ 罗列：排列。

⑪ 庭：庭院。

⑫ 方平：王方平。

⑬ 果：果然。

⑭ 洛：洛阳。

⑮ 夏月：夏季。

⑯ 竹篠（xiǎo）：小细竹。篠，今作筱，或指竹笋。

⑰ 刘实：人名。

⑱ 乡曲：指穷乡僻壤之处。以其偏处一隅，故称乡曲。这里是陆机谦称故乡，其乡在吴郡。

⑲ 今来东归：此次东归回乡。

相见理①。"言此,已复生三叹②。

浆

【1006】《诗》曰③:或以其酒,不以其浆④(或醉其酒者,或不得浆者)。

【1007】《礼记·曲礼》曰:酒浆处右⑤。

【1008】又《檀弓》曰⑥:曾子谓子思⑦曰:"伋⑧,吾执亲之丧⑨也,水浆不入于口者七日⑩。"

【1009】又《内则》曰:浆(酢载也)、水(清新⑪)、醷(梅浆⑫)、滥(以诸⑬和水也,以《周礼》"六饮"校⑭

---

① 恐无复相见理:恐怕再没有相见的机会了。

② 复生三叹:连着叹了三口气。《御览》引作"复之生感",误甚。

③ 此节选自《诗经·小雅·大东》。

④ 或以其酒,不以其浆:指官方任用的人都是些好酒之徒,而不任用那些连水浆都得不到的人。

⑤ 酒浆处右:饮食时饮料都放置在人的右边,为便于饮食。

⑥ 此节选自《礼记·檀弓上》。《檀弓》为《礼记》之一篇。

⑦ 子思:孔伋(公元前483—前402年),战国初思想家,孔子之孙。相传他受业于曾参,再传至弟子孟轲,形成了思孟学派。

⑧ 伋:子思名伋,子思为字。

⑨ 执亲之丧:为亲人服丧。

⑩ 水浆不入于口者七日:按礼制,跟丧三日不入水浆,曾子过矣。

⑪ 清新:新鲜之水。

⑫ 梅浆:干梅所泡水浆,微酸。

⑬ 诸:杂,指各种干果等。

⑭ 校:比照。

之，则滥——凉①也。纪莒之间②名诸为滥③）。

【1010】《汉释名》④曰：桃，滥水⑤也，水清⑥而藏⑦之，其味滥滥然⑧酢⑨也。

【1011】《史记》曰⑩：浆⑪千儋⑫（儋，甖⑬），此亦比⑭千乘⑮之家。

【1012】又曰⑯：薛公⑰藏于卖浆家⑱。

---

① 凉：以干果和水。郑司农解为"以水和酒"。郑玄以为是凉粥。并见前注。

② 纪莒之间：今山东半岛西部一带。纪，古国名，春秋时为齐国所灭。故地在今山东寿光县南。莒，古国名，西周建都介根（今山东胶州西南），春秋迁于莒（今山东莒县），为楚国所灭。

③ 名诸为滥：把"诸"称为"滥"。

④ 《汉释名》：汉刘熙所撰《释名》。

⑤ 滥水：以果干和水。

⑥ 清：清新。

⑦ 藏：收集。

⑧ 滥滥然：溢满之状。

⑨ 酢：酸味。

⑩ 此节选自《史记·货殖列传》。

⑪ 浆：《史记》作"酱"。

⑫ 儋：《史记》作"甔"（dān），陶制坛子。下同。

⑬ 甖（yīng）：小口坛子。

⑭ 比：同，指同样富有。

⑮ 千乘：诸侯。万乘指天子。

⑯ 此节选自《史记·信陵君列传》。

⑰ 薛公：孟尝君田文，战国齐宗室大臣，袭封于薛（今山东滕州南），故称薛公。曾出任秦、齐、魏国相，为"战国四君子"之一。

⑱ 藏于卖浆家：孟尝君在越国时，曾住在一卖浆饮的店家。

【1013】《汉书·郊祀歌》①曰：奉②尊柘浆③析④朝酲⑤（应劭曰：取甘柘⑥汁以为饮也。析⑦，解；酲⑧，病酒⑨。言柘浆可以解朝酲⑩也）。

【1014】《吴书》曰⑪：袁术去寿春⑫时，方⑬盛夏，欲得蜜浆⑭，又无蜜，遂呕⑮血死。

【1015】《后魏书》曰⑯：游明根⑰幼年遭乱⑱，为栎

---

① 此节选自《汉书·礼乐志》，所录《郊祀歌》共十九章，此为第十二章《景星》。

② 奉：《汉书》作"泰"。

③ 柘浆：甘蔗汁。

④ 析：解。《御览》作"折"。

⑤ 酲（chéng）：酒醒后神志不清之感。《御览》作"醒"。

⑥ 甘柘：甘蔗。

⑦ 析：《御览》作"折"。

⑧ 酲：《御览》作"醒"。

⑨ 病酒：酒后不适。

⑩ 酲：《御览》作"醒"。

⑪ 此节见《三国志·魏书·袁术传》注引。

⑫ 寿春：今安徽寿县。袁术称帝时建都于此。

⑬ 方：正当；正逢。

⑭ 蜜浆：糖水。

⑮ 呕：吐。《御览》作"欧"。

⑯ 此节不见于今《魏书》，出自《北史·游明根列传》。

⑰ 游明根：北魏官吏，字志远。历议部尚书，迁大鸿胪卿，赐爵新泰侯。历官五十年，处身仁和，接物礼让，时论贵之。

⑱ 遭乱：遭逢战乱。

阳①王氏②奴③。主④使⑤牧羊,明根以浆壶倩人书字路边⑥,书地学之⑦。

【1016】又曰⑧:咸阳王⑨禧⑩谋逆⑪被禽⑫,送华林⑬都亭⑭。着千斤锁格⑮龙虎⑯,羽林⑰掌卫之。时热甚,禧⑱渴闷

---

① 栎阳:秦置县,故治在今陕西临潼北渭水北岸。

② 王氏:王某人。

③ 奴:奴仆。

④ 主:主人。

⑤ 使:派。

⑥ 倩人书字路边:请人在路边写上字。倩,借。

⑦ 书地学之:自己在地上仿照学写。

⑧ 此节略见于《魏书·咸阳王列传》,全文见于《北史·献文六王列传》。

⑨ 咸阳王:封号。

⑩ 禧:元禧(?—公元501年),北魏宗室大臣。字永寿。任太尉,封咸阳王,谋反被杀。

⑪ 谋逆:阴谋反叛。

⑫ 禽:通"擒"。

⑬ 华林:官囿名,在洛阳。

⑭ 都亭:城内之亭。

⑮ 千斤锁格:用千斤重的镣铐锁住。锁格《御览》作"鏁(suǒ)格"。

⑯ 龙虎:又作"龙武",即尹龙虎,为元禧的侍从,随禧出逃被擒。

⑰ 羽林:皇帝禁卫军,取"为国羽翼,如林之盛"之意。

⑱ 禧:元禧。

垂死①，敕②断水浆③。侍中崔光④令左右送酪浆⑤升余，禧一饮而尽。

【1017】《管子》曰：左酒右浆⑥（蔡邕⑦注曰：事尚书左右，酒近体⑧也；右浆上远⑨）。

【1018】《列子》曰⑩：列子之齐⑪，中道而返⑫，遇伯昏瞀人⑬。瞀人曰："奚方而反⑭？"曰："吾惊⑮焉。""恶乎惊⑯？"曰："吾食于十浆，而五浆先馈⑰

---

① 垂死：奄奄一息。

② 敕：皇帝的命令。

③ 断水浆：不许给元禧水喝。

④ 崔光：本名孝伯，字长仁，魏孝文帝赐名光。为太子傅，以奉迎功封博平县开国公。

⑤ 酪浆：乳浆。或指果汁。

⑥ 左酒右浆：左边放酒，右边置浆。此语又见《易林》《礼记》等。

⑦ 蔡邕（公元133—192年）：东汉文学家、书法家。字伯喈（jiē），官左中郎将，封高阳乡侯。

⑧ 近体：靠近身边。

⑨ 远：略远于身边。

⑩ 此节选自《列子·黄帝》。

⑪ 之齐：去齐国。

⑫ 中道而返：走到半路又回来了。

⑬ 伯昏瞀（mào）人：人名。

⑭ 奚方而反：为何又要回去？奚，为什么。为疑问代词。

⑮ 惊：惊怕。

⑯ 恶乎惊：在哪里受惊了？这是伯昏瞀人问的话。恶乎，从哪里；在哪里。

⑰ 吾食于十浆，而五浆先馈：我在店家饮了十杯浆，而店主先送给我五杯。

（馈，遗①也）。"伯昏瞀人曰："若是②，则汝何为己惊③？（遗汝之浆，何故惊也？）"曰："夫内诚不解④（内无诚实，外无释然⑤），形谍成光⑥（谍饰其形，身之光⑦也），以外镇人心⑧（外以谍形镇人，则其内实不足⑨也），使人轻乎贵老⑩（重少轻老⑪由乎形谍⑫），而察其所患⑬（形饰⑭而心乱，乱必患生⑮，故当察也）。夫浆人⑯持为食羹之货⑰，无多余之赢⑱（浆人之馈我者，非贵我赢⑲也，盖货我

---

① 遗（wèi）：赠送。

② 若是：如此。

③ 汝何为己惊：你自己为什么会受惊呢？

④ 内诚不解：内心诚恳没有表现。

⑤ 释然：疑虑消除而心情舒畅。

⑥ 形谍成光：举动有威仪。指表里不一。

⑦ 光：光仪；威仪。

⑧ 以外镇人心：用外表来镇服人心。

⑨ 内实不足：内实不足以服人。

⑩ 使人轻乎贵老：使人轻易尊敬长者老者。贵，尊重。

⑪ 重少轻老：尊重年轻的，轻视年老的。

⑫ 由乎形谍：由人外表的假象造成。

⑬ 察其所患：《列子》又作"鳌其所患"，鳌或作"斋"。

⑭ 形饰：前所言"形谍"。

⑮ 乱必患生：心乱必生后患。

⑯ 浆人：卖浆店家。

⑰ 持为食羹之货：特此以食羹来贿赂我。持，又作"特"。货，行贿。

⑱ 无多余之赢：得不到什么赢利。一说无"无"字。

⑲ 非贵我赢：不是为了让我得到什么利益。

以自盈①耳）。其为利也薄②，其为权也轻③，而犹若是④（食羹之利薄，所利之权轻，相犹谋我⑤，况有国者⑥，效我以功事⑦乎？我道中而返⑧），而况万乘之主⑨，身劳于国⑩，而智尽乎事⑪，彼将我任以事⑫，而效我以功，吾是以⑬惊也。"

【1019】《孟子》曰⑭：《书》曰⑮："徯我后⑯，后来其无罚⑰。"其君子实玄黄于篚⑱，以迎其君子⑲，其小人箪

---

① 货我以自盈：通过对我的贿赂使他自己得利。
② 其为利也薄：店家所得赢利很少。
③ 其为权也轻：所得权势也微乎其微。
④ 而犹若是：还要如此地尊重客人。若是，如此，指行贿。
⑤ 相犹谋我：对我施以谋略。
⑥ 有国者：帝王。拿帝王与店家相类比。
⑦ 效我以功事：我得尽力效劳于帝王。
⑧ 我道中而返：由于认识帝王和店家都是为盈利，所以我决定不去齐国，半途而回。
⑨ 万乘之主：国君。万乘，本指国君拥有的兵车数量，代指国君。
⑩ 身劳于国：身体在为国尽力。
⑪ 智尽乎事：大脑在为国尽智。
⑫ 彼将我任以事：又作"彼将任我以事"，指齐王要委派我职责。
⑬ 是以：因此。
⑭ 此节选自《孟子·滕文公下》。
⑮ 引文出自《尚书·仲虺（huī）之诰》。原文为："徯（xī）予后，后来其苏。"
⑯ 徯我后：等待我们帝王的到来。徯，等待。后，帝王，《尚书》所指为商汤王。
⑰ 后来其无罚：帝王来了就不会有诛罚之事了。
⑱ 其君子实玄黄于篚（fěi）：周武王伐纣，殷民君子、小人都极其欢迎，统治者们将玄黄色布帛装在篚里来迎接。一说，玄指天，黄指地。篚，竹筐。
⑲ 迎其君子：商之君子迎接周之君子。

食壶浆，以迎其小人①。

【1020】《袁子正书》②曰：岁在申酉③，乞浆得酒④。岁在辰巳⑤，嫁妻卖子⑥。

【1021】《顾子》⑦曰：非其道⑧，壶浆不可受⑨；是其道⑩，虽天下不可让⑪。

【1022】《山海经》曰⑫：高前之山⑬，上有水焉，甚寒而清⑭，帝台⑮，之浆也，饮者不心痛⑯。

---

① 以迎其小人：指商之小民迎接周之小民。

② 《袁子正书》：晋袁准撰，清人有辑本一卷。

③ 岁在申酉：申、酉这两年，指每逢这两年。

④ 乞浆得酒：乞讨浆水却能得到美酒。指年景好。

⑤ 岁在辰巳：每逢辰、巳年。

⑥ 嫁妻卖子：年景不好，发生卖妻卖子的现象。

⑦ 《顾子》：吴顾谭撰，又名《顾子新言》，清人辑一卷。

⑧ 非其道：不合道理的事。道，道德规范。

⑨ 壶浆不可受：即便是小到一壶水的馈赠，也不能接受。

⑩ 是其道：顺乎其理的事。

⑪ 虽天下不可让：即使得天下也不可谦让。

⑫ 此节选自《山海经·中山经》。

⑬ 高前之山：又名高泉山、天池山。在今河南内乡县西南十里。山顶有池，池水清冷。

⑭ 甚寒而清：特别凉，而且很清甜。

⑮ 帝台：高前山地名。又为神人名。

⑯ 饮者不心痛：饮了以后可治心痛之疾。

【1023】《汉武故事》曰：西王母曰："太上之药①有玉津金浆②，其次药有五云之浆③。"

【1024】《神异经》曰④：东南有人名黄父⑤，以雾露⑥为浆。

【1025】《广志》曰：酨⑦：醇⑧浆也（酨，初槛切）。

【1026】《穆天子传》⑨曰：盛姬⑩病，求饮，天子命取浆而给（得之速⑪），是曰壶輲⑫（壶，器名。輲，速也，速也，音遄）。

【1027】焦赣《易林》曰：登上桥堂⑬，饮万岁浆⑭。

---

① 太上之药：上好的药物。

② 玉津金浆：美味饮料。津，液。

③ 五云之浆：指雾露之类的饮料。

④ 此节前已引述。

⑤ 黄父：名赤郭，又名食邪，传说中的鬼，称黄父鬼。

⑥ 雾露：雾气露水。

⑦ 酨（yàn）：果浆。

⑧ 醇（liáng）：杂味。又称清浆醇。

⑨ 《穆天子传》：西晋时汲冢所出竹书之一，记周穆王西行事，晋郭璞为之注，凡六卷。

⑩ 盛姬：周穆王妃。穆王赐为长姬，又为之筑台，曰重璧之台。

⑪ 速：快。

⑫ 輲（chuán）：借为遄（chuán），迅急。

⑬ 桥堂：意不详。或指高台一类的建筑。

⑭ 万岁浆：长寿之浆。

【1028】《华山记》①曰：华山上有明星玉女持玉浆②。

【1029】《孝子传》③曰：洛阳阳公④辇义浆以给过客⑤。

【1030】《世说》曰⑥：嵩山⑦北有大穴，晋初有一人误堕穴中，缘行十许日⑧，有草屋区中⑨，有二人对坐围棋⑩，局下⑪有一杯白饮⑫。堕者⑬告以饥渴⑭，棋者⑮曰：

---

① 《华山记》：今不见传。

② 玉浆：玉液。道家认为饮玉浆能长生不老。

③ 《孝子传》：汉刘向撰，已佚。清人有辑本一卷。

④ 阳公：人名，阳公某人。

⑤ 辇义浆以给过客：用车装着浆水供来往客人饮用。义浆，指免费饮料。

⑥ 此节出自《世说新语》何篇不详。

⑦ 嵩山：五岳中的中岳，在今河南登封。

⑧ 缘行十许日：沿着山洞走了十几天。

⑨ 区中：处在当中。

⑩ 围棋（qí）：下围棋。棋，同"棋"。

⑪ 局下：棋盘下。局，棋盘。

⑫ 白饮：白色饮料。

⑬ 堕者：掉进洞的那个人。

⑭ 告以饥渴：对下棋的人说自己又渴又饿。

⑮ 棋者：下棋的人。

"可饮此①。"坠②者饮之,气力十倍③。归问张华④,华曰:"所饮者玉浆。"

【1031】《典术》⑤曰:饵⑥桃胶⑦五十日后饮玉浆。

【1032】《楚辞·九歌》⑧曰:奠桂酒兮椒浆⑨(以椒置浆中也),援北斗兮酌桂浆⑩。

【1033】《西京杂记》⑪曰:枚乘《柳赋》曰:"樽⑫

---

① 可饮此:叫他喝了那杯白色饮料。

② 坠:落下,掉下。此字当同前改为"堕",义同。

③ 气力十倍:饮浆之后身体顿时增加了十倍的力量。

④ 归问张华:回来后去问张华这是怎么回事。张华(公元232—300年),西晋大臣,著作家。字茂先,范阳方城(今河北固安西南)人。位至司空,著有《博物志》十篇等。

⑤ 《典术》:今不见传。

⑥ 饵:吃。

⑦ 桃胶:桃树枝干分泌的脂胶。《抱朴子·仙药》:"桃胶以桑灰汁渍服之,百病愈。久服之,身轻、体有光明。"

⑧ 《楚辞·九歌》:屈原作。

⑨ 奠桂酒兮椒浆:此句出自《九歌·东皇太一》。奠,放。桂酒,桂花酒。椒浆,掺有椒的饮料。

⑩ 援北斗兮酌桂浆:此句出自《九歌·东君》。援,举起。北斗,北斗七星,排列如勺形。酌,舀。

⑪ 《西京杂记》:凡六卷,作者不明。或以为晋葛洪所作。

⑫ 樽:酒杯。

盈①缥玉②之酒，爵③献金浆之醑④"（梁人⑤作诸柘⑥酒，名曰金浆）。

【1034】张衡《思玄赋》曰：斟白水以为浆。

---

① 盈：盛满。

② 缥玉：月白玉之色。

③ 爵：酒杯。

④ 醑：甜酒。

⑤ 梁人：指今河南开封一带的人。战国时魏国迁都大梁（今河南开封）后，改称梁。

⑥ 诸柘：甘蔗。

卷第八百六十二

饮食部二十

脍①

【1035】《周礼·天官·笾人》曰：朝事之笾，其实膴②鲍③（郑玄曰：膴，胅④生鱼为大脔也。鲍者，于楅室⑤中糗干之，出⑥于江淮⑦也。燕人脍鱼方寸⑧，切其腴以啖所贵⑨也）。

【1036】《礼·内则》⑩曰：牛脍羊炙⑪，鱼脍芥酱⑫。

【1037】又曰⑬：大夫燕会⑭，有脍无脯⑮，有脯无脍。

---

① 脍（kuài）：细切的肉

② 膴（hū）：切成大块的鱼肉。

③ 鲍：腌咸鱼。

④ 胅（zhé）：切。

⑤ 楅（bī）室：烘房、暖室。楅，《集韵》："以火干肉，或作煏（bì）。"

⑥ 出：出产。

⑦ 江淮：江淮一带，指江苏和安徽北部地区。

⑧ 方寸：一寸见方。

⑨ 切其腴以啖（dàn）所贵：把最肥美的部位切下来，给所尊敬的客人吃。

⑩ 此节选自《礼记·内则》。

⑪ 牛脍羊炙：脍牛肉和烤羊肉。

⑫ 芥酱：今之芥末酱，味极辛烈，为调味品，亦可入药。

⑬ 此节亦选自《礼记·内则》。

⑭ 燕会：宴会。

⑮ 有脍无脯：脍、脯只备一种，不能两种同用。

士不贰羹胾①，庶人②耆老③不徒食④（尊卑差⑤也）。脍，春用葱，秋用芥。豚⑥，春用韭，秋用蓼⑦（芥，芥酱也）。肉腥⑧，细者为脍⑨，大者为轩⑩（脍者，先轩之⑪，所谓聂而切之⑫也）。

【1038】又《少仪》曰⑬：牛与羊、鱼之腥⑭，聂而切之为脍（聂之言⑮牒⑯，先藿叶切之⑰，复报切之⑱，则成脍也）。

---

① 士不贰羹胾：士兵平日的伙食羹肉只限有一种。

② 庶人：一般平民。

③ 耆老：年老者。

④ 不徒食：须有佐餐馔品。

⑤ 尊卑差：地位尊卑表现在饮食上的不同之处。

⑥ 豚：这里说明以豚为食的调和方法，指春天宜用韭，秋天适用蓼。

⑦ 蓼：一年或多年生草本植物，多开白色或浅红色花。味辛辣，古用以调味。

⑧ 肉腥：生肉。

⑨ 细者为脍：肉切成细丝的叫脍。

⑩ 轩：大肉片。

⑪ 先轩之：切脍须先切成大片。

⑫ 聂而切之：细切之聂，薄切肉片。切，细切（为丝）。

⑬ 《少仪》：为《礼记》之一篇。

⑭ 此句《御览》未录"牛"字。

⑮ 言：《御览》作"口"。

⑯ 牒：通"聂"。

⑰ 先藿叶切之：首先切成豆叶样的薄片。藿叶，豆类之叶片。

⑱ 复报切之：然后再细切成丝。报，细也。又指细切肉。

【1039】《诗》曰①：来归自镐②，我行永久③。饮御诸友④，炰鳖脍鲤⑤（鲤，鱼。御，进也。《笺》云：御，侍也。王⑥以吉甫⑦远从镐地来，又曰日月长久，今饮之酒⑧，使其诸友恩旧者侍⑨之。又加其珍美之馔，所以极劝之也）。

【1040】《论语·乡党》曰：脍不厌细⑩。

【1041】《春秋佐助期》⑪曰：八月雨后，菰菜⑫生于洿⑬下地中，作羹臛甚美。吴中⑭以鲈鱼作鲈菰菜为羹，鱼白

---

① 此节选自《诗经·小雅·南山》。

② 镐：与"丰"同为西周国都，故址在今陕西西安西。

③ 我行永久：远征归来，走了很长时间。

④ 饮御诸友：请来许多旧友一起饮酒庆贺胜利。御，陪侍。

⑤ 炰鳖脍鲤：红烧鳖肉，脍鲤鱼丝。指美味之食。

⑥ 王：周宣王姬靖，公元前828—前782年在位。

⑦ 吉甫：尹吉甫，宣王辅佐。奉命北逐玁（xiǎn）狁（yǔn），南征淮夷，深受倚重。吉甫《御览》误作"告甫"。

⑧ 饮之酒：周王请尹吉甫饮酒。

⑨ 侍：陪同。

⑩ 脍不厌细：脍越细越好。厌，满足。这是孔子饮食思想的一个表现，即"食不厌精，脍不厌细"。

⑪ 《春秋佐助期》：魏宋均注，已佚。明清有辑本数种。

⑫ 菰菜：多年生草本植物，生在浅水，嫩茎叫茭白，菰菜即指此。所结子叫菰米，可食用。

⑬ 洿：水停聚的地方。

⑭ 吴中：吴地，今江苏苏州一带。

如玉，菜黄若金，称为"金羹玉鲈①"，一时珍美。

【1042】《说文》曰：鲈②，细切肉也。

【1043】《释名》曰：脍，会也，细切肉，散分其赤、白③异④切之，乃会和⑤之也。

【1044】《东观汉记》曰⑥：章帝⑦与舅马光⑧诏曰："朝送鹿脍⑨，宁用饭⑩也。"

【1045】《魏志》曰⑪：陈登⑫得胸中烦懑⑬，面赤不食⑭，华佗为脉⑮曰："府君⑯胃中有虫数升，欲成肉疽⑰，食

---

① 金羹玉鲈：这是指鲈鱼菰羹。吴中亦尚菰菜鲈羹，用石首鱼与菰菜为羹，称"金羹玉饭"。见《初学记·鳞介部》。

② 鲈：《御览》此字误，应为"脍"。《说文》无"鲈"字。

③ 赤、白：瘦肉和肥肉。

④ 异：分别；分开。

⑤ 会和：将肥瘦肉拌和在一起。

⑥ 此节选自《东观汉记·马光列传》。

⑦ 章帝：东汉章帝刘炟，公元76—87年在位。

⑧ 马光：汉章帝时封许阳侯，及窦宪被诛，其奴诬马光与窦宪谋逆，自杀。

⑨ 朝送鹿脍：早上令人送去鹿肉脍。

⑩ 宁用饭：请进饭的意思。

⑪ 此节选自《三国志·魏书·华佗传》。

⑫ 陈登：三国魏官吏。字元龙，为广陵太守，加伏波将军。

⑬ 烦懑：烦闷。

⑭ 面赤不食：面发红，不想吃饭。

⑮ 为脉：为陈登诊脉。

⑯ 府君：汉时称太守为府君。后人述先祖，亦称府君。

⑰ 肉疽（jū）：又作"内疽"。疽，一种毒疮。内疽指溃疡。

腥物所为①也"。即作汤②二升，先服一升，斯须③尽服④之。食顷⑤，吐出三升许虫，赤头皆动⑥，半身犹是生鱼脍⑦也。

【1046】沈约⑧《宋书》曰⑨：张枚⑩为猘犬⑪所伤，人云宜食虾蟆，枚难之⑫。兄畅⑬含笑先尝，枚⑭乃食，疮即愈⑮。

【1047】又曰⑯：沈攸之举兵围郢城⑰，获范云⑱，令送

---

① 食腥物所为：吃了生腥食物造成的。腥，生肉之类。

② 汤：药汤。

③ 斯须：不一会儿。

④ 尽服：将汤药饮尽。

⑤ 食顷：一顿饭的工夫。指时间短暂。

⑥ 赤头皆动：吐出的虫红头还在动弹。

⑦ 生鱼脍：生鱼丝。

⑧ 沈约：南朝梁大臣、文学家、史学家。字休文（公元441—513年），吴兴武康（今浙江德清西）人。为"竟陵八友"之一，官至尚书令。首创"四声"之说，撰《宋书》一百卷等。

⑨ 此节选自《宋书·张畅列传》。

⑩ 张枚：人名。

⑪ 猘（zhì）犬：狂犬。

⑫ 枚难之：张枚对此感到很为难。指不愿吃蛤蟆。

⑬ 畅：张畅，字少微，官沛郡太守、吏部尚书，封夷道县侯。

⑭ 枚：张枚。此节《御览》并作"张收"。

⑮ 疮即愈：吃了蛤蟆后，狂犬咬的伤口就愈合了。

⑯ 此节不见于《宋书》，见《南史·范云列传》。

⑰ 郢城：这里指江陵（今湖北江陵）。

⑱ 范云：南朝梁诗人。字彦龙（公元451—503年），南乡舞阳（今河南泌阳北）人。为"竟陵八友"之一，官至尚书右仆射，封霄城县侯。原有集三十卷，已佚。

书入城①,饷柳世隆②鲙鱼二十头。

【1048】《梁书》曰③:萧颖胄④素⑤能饮酒,啖白肉脍⑥至三升。

【1049】葛洪《神仙传》曰:仙人介象⑦字元则,会稽⑧人,有诸方术⑨。吴主⑩闻之,征⑪象⑫到武昌⑬,甚敬贵之⑭,称为"介君"。与吴主共论鲙鱼何者最美⑮,象曰:

---

① 送书入城:进邺城送信。

② 柳世隆:字彦绪,南朝宋时封贞阳县侯,入齐进爵为公,官终尚书令、左光禄大夫、侍中。

③ 此节不见于《梁书》,见于《南史·齐宗室列传》。

④ 萧颖胄:萧梁官吏,字云长。官侍中、尚书令,追封巴东郡公。

⑤ 素:向来;一向。

⑥ 白肉脍:肥肉脍。白肉,肥肉,肉膘。瘦肉称红肉。

⑦ 介象:三国吴术士,会稽人,字元则。通五经百家之言。传能隐形变化,屡试幻术。

⑧ 会稽:郡名,晋时治所在山阴(今浙江绍兴)。

⑨ 诸方术:各种各样的幻术。方术,道仙之人的幻术。

⑩ 吴主:孙权。

⑪ 征:征召;召见。

⑫ 象:介象。

⑬ 武昌:东吴曾都武昌,即今湖北鄂城。

⑭ 甚敬贵之:对介象十分敬重。

⑮ 何者最美:什么样的鱼味道最佳。

"鲻鱼①为上。"吴主曰:"论近鱼②耳,此海中出③,安可得耶④?"象曰:"可得耳。"乃令人于殿庭中作方埳⑤,汲水满之⑥,并求钓⑦。象起饵之⑧,垂纶⑨于埳中。不食顷⑩,果得鲻鱼。吴主惊喜,问象曰:"可食否⑪?"象曰:"故为陛下取以作生⑫,安敢取不可食之物⑬?"乃使厨下切之。吴主闻蜀使⑭来,有蜀姜⑮作齑甚好,恨时无此⑯。象曰:"蜀姜岂不易得⑰?愿羌⑱所使者,并付直⑲。"吴主指左

---

① 鲻(zī)鱼:体侧扁,长可达50厘米,银灰色,产于沿海地区。

② 近鱼:附近所能得到的鱼。

③ 此海中出:鲻鱼为海中所产。

④ 安可得耶:怎么能弄得到呢?

⑤ 方埳(kǎn):方形小池。埳,今作"坎",小坑。

⑥ 汲水满之:汲水来把小坎装满。

⑦ 钓:钓鱼竿。

⑧ 象起饵之:介象起身放好钓饵。

⑨ 垂纶:垂下钓钩。纶,钓丝,指钓钩。

⑩ 不食顷:不到一顿饭的时间。

⑪ 可食否:问介象钓的鱼能不能吃。

⑫ 故为陛下取以作生:这是专门钓来给陛下做鱼脍的。故,本来。作生,指做鱼脍。

⑬ 安敢取不可食之物:怎么敢弄不能食用的东西来呢?

⑭ 蜀使:西蜀的使者。

⑮ 蜀姜:蜀地所产的生姜。

⑯ 恨时无此:遗憾眼下没有蜀姜。

⑰ 岂不易得:难道还不容易得到吗?

⑱ 羌:度意,有发遣的意思。

⑲ 付直:付钱。直,同"值",钱也。

右一人，以钱五十付之，象书一符①，以着青竹杖中，使行人②闭目骑竹③，竹止④，便买姜。讫⑤，复闭目。此人承其言⑥，骑竹须臾⑦已至成都⑧，不知是何处，问人，人言"蜀市⑨"，乃买姜。于时⑩吴使⑪张温⑫先在蜀⑬，既于市中相识，甚惊⑭，便作书⑮寄其家人。此人买姜毕，投书负姜⑯，骑杖闭目，须臾已还至吴。厨下切鲙亦适了⑰。

① 书一符：写了一道符咒。

② 行人：官名，掌管朝觐聘问之事。这里指所派的使者。

③ 闭目骑竹：闭眼骑在竹杖上，以竹当马。

④ 竹止：竹杖停止不行。

⑤ 讫：买姜完毕。

⑥ 承其言：按介象所说的话行事。

⑦ 须臾：不一会儿。

⑧ 成都：为西蜀所都。

⑨ 蜀市：西蜀的市场。

⑩ 于时：当时。

⑪ 吴使：东吴使臣。

⑫ 张温：人名。

⑬ 先在蜀：指先到达成都。

⑭ 甚惊：十分惊异。

⑮ 作书：写信。

⑯ 投书负姜：带着张温的家信、背着蜀姜。

⑰ 厨下切鲙亦适了：厨师刚把鱼鲙切好。形容时间之短。

【1050】《搜神记》曰①：左慈②字元放，在曹操坐，操③谓众宾④曰："高会⑤所少⑥，吴松江⑦鲈鱼耳。"放⑧曰："此可得也。"因求铜藻盘⑨贮水，以竿饵钓于盘中，须臾引一鲈出。操拊手⑩笑曰："可更得不⑪？"放⑫乃更引饵沉之⑬，须臾复引出⑭，皆长二尺余⑮，生鲜⑯可爱。操令目前切脍⑰。

【1051】《孝子传》曰：曾参食生鱼甚美，因吐之⑱，

---

① 此节选自《搜神记·卷一》，与上节雷同。

② 左慈：东汉末方士，字元放，庐江（今安徽庐江西南）人。相传为葛洪祖父葛玄之师，善幻化之事。后得罪曹操，操欲杀之。他隐身遁形，终难捕获。

③ 操：曹操。

④ 众宾：各位宾客。

⑤ 高会：高雅之会。

⑥ 所少：所少的馔品。

⑦ 吴松江：东吴的松江。松江，今吴淞江。

⑧ 放：左慈。

⑨ 铜藻盘：刻花铜盘。藻，装饰。

⑩ 拊（fǔ）手：拍手。

⑪ 可更得不：还能再钓上来吗？

⑫ 放：左元放。

⑬ 更引饵沉之：又举起钓毕将鱼钩沉到盘中。

⑭ 复引出：又钓出鱼来。

⑮ 二尺余：或作"三尺余"。

⑯ 生鲜：鲜活。

⑰ 操令目前切脍：曹操命人当面将鱼切成脍。目前，当着面，或作"自前"。

⑱ 吐之：觉得味美而吐了出来。

人问其故①。参曰:"母在之日②,不知生食味③。今我美吐之④,终身不食。"

【1052】《异物记》⑤曰:鳍鱼作脍,味珍无辈⑥。

【1053】《列女传》曰:姜诗⑦妻事姑⑧嗜鱼脍,又不能独味⑨,妻与诗⑩常力作供脍⑪,呼⑫邻母⑬共食。其舍⑭侧忽有泉⑮,常出鲤鱼一双⑯,以供二母之膳。

【1054】《吴越春秋》曰:伍子胥⑰伐楚⑱未还⑲,阖

---

① 人问其故:别人问其中的缘故。

② 母在之日:母亲活着的时候。

③ 不知生食味:没有尝到生鱼是什么滋味。

④ 今我美吐之:所以今天我尝到味美而吐出。指至孝之情。

⑤ 《异物记》:汉杨孚撰,清人有辑本一卷。

⑥ 味珍无辈:味道珍美无比。无辈,无比。

⑦ 姜诗:广汉人,事母至孝,除江阴令。其妻为庞盛之女,事婆婆亦孝。

⑧ 事姑:侍奉婆婆。姑,指婆婆。

⑨ 独味:独自进食。

⑩ 诗:姜诗。

⑪ 力作供脍:尽力设法供母食鱼脍。

⑫ 呼:呼唤。

⑬ 邻母:邻居老母。

⑭ 舍:房舍。

⑮ 忽有泉:忽然冒出一眼泉水。

⑯ 常出鲤鱼一双:(从泉眼里)常常跳出一对鲤鱼来。

⑰ 伍子胥:伍员(?—公元前484年),春秋末吴国大臣。本楚人,避难奔吴,辅吴国阖闾、夫差,受任为大夫。后受诬赐死。

⑱ 伐楚:攻伐楚国。

⑲ 未还:未有回师。

间①治鱼作脍②。作脍过时不至③，鱼臭，犹须子胥之至也④。三师到⑤、阖闾脍而食之⑥，不知其臭⑦也。后王重作⑧之，其味如故⑨。人作鱼须脍者，阖闾之时造⑩也。

【1055】《博物志》曰⑪：吴王⑫江行⑬食鲙有余⑭，弃之于中流⑮，化而为异鱼⑯。今呼"王余鱼"⑰，长数寸，大如箸⑱，犹有脍形⑲。

---

① 阖闾：吴王姬光（？—公元前496年），任用伍子胥、孙武，国力强盛。后败于越王勾践，重伤而死。

② 治鱼作脍：准备鱼切成脍。

③ 过时不至：过了时辰，伍子胥还没来到。过了原已约定的时辰。

④ 鱼臭，犹须子胥之至也：尽管鱼都臭了，还要等待伍子胥到来。

⑤ 三师到：伍子胥率领的三师来到。三师，即三军。

⑥ 脍而食之：鱼脍做成了就吃。

⑦ 不知其臭：没有觉察到鱼已臭了。

⑧ 重作：做鱼脍。

⑨ 其味如故：味道还是臭的。

⑩ 造：始造；始做。

⑪ 此节见今本《博物志·卷三》。

⑫ 吴王：吴国国君，指何人不详。依吴曾说，或指吴主孙权。

⑬ 江行：乘船江中而行。

⑭ 食鲙有余：吃鱼脍剩下一些。鲙，同"脍"。

⑮ 弃之于中流：倒在了江中。

⑯ 化而为异鱼：变成一种怪鱼。实指为银鱼，又名面条鱼。

⑰ 王余鱼：王所吃剩的鱼。

⑱ 箸：筷子。

⑲ 犹有脍形：还保留鱼脍的样子。

【1056】《齐谐记》曰：江南①有麻姑治②者，为人好噉鲙。江北岸③有华本④者，得一大蛇，唤麻为鲙⑤，得食甚美，苦索鱼名⑥。华本因醉唤"取蛇"，及余肉出⑦，麻姑治见之大吐，呕血而死。

【1057】又曰：周子⑧有女噉鲙不知足⑨，家为之贫⑩。至长桥⑪南，见罟者⑫挫鱼⑬作鲊⑭，以钱一千求一饱⑮。食五斛便大吐，有蟾蜍⑯从吐出⑰，婢以鱼置口中即成水⑱，女遂

---

① 江南：这里指长江南岸。

② 麻姑治：人名。

③ 江北岸：长江北岸。

④ 华本：人名。

⑤ 唤麻为鲙：唤麻姑治来吃脍。

⑥ 苦索鱼名：追问做鲙的鱼叫什么名字。

⑦ 及余肉出：等到把剩下的蛇肉拿出来时。

⑧ 周子：周姓某人。

⑨ 不知足：总也吃不够。

⑩ 家为之贫：家里都被她吃穷了。

⑪ 长桥：地名。

⑫ 罟（gū）者：打鱼人。罟，古代一种大渔网。

⑬ 挫鱼：切鱼。

⑭ 鲊：干鱼。

⑮ 以钱一千求一饱：拿出一千文钱来只求饱餐鱼一顿。

⑯ 蟾蜍：癞蛤蟆。

⑰ 从吐出：从吐出的食物中跳出来。

⑱ 婢以鱼置口中即成水：婢女将鱼放在蟾蜍口中，蟾蜍马上化成水。

不复噉脍①。

【1058】《世说》曰②：张季鹰③辟齐王④东曹掾⑤。在洛⑥见秋风起，因思吴中莼羹鲈鱼⑦脍，曰："人生贵得适意⑧，何能羁官数千里⑨，以要名爵⑩？"遂命驾便归⑪。俄而⑫齐王败⑬，时人谓为"见机⑭"。

【1059】又曰⑮：桓车骑冲⑯在荆州，张玄⑰为侍中，

---

① 不复噉脍：再也不吃鱼脍了。

② 此节选自《世说新语·识赏》。

③ 张季鹰：张翰。

④ 齐王：司马冏，袭封齐王，司马昭之孙。晋惠帝拜为大司马，后被司马颙和司马乂（yì）合谋讨杀。

⑤ 东曹掾：官名。

⑥ 洛：洛阳。

⑦ 鲈鱼：体侧扁，长可达60厘米，栖息于近海。

⑧ 适意：合意。

⑨ 何能羁（jī）官数千里：何苦远离家乡几千里做什么官。羁官，又作"羁宦"，羁旅远官也。

⑩ 要名爵：追求名利爵位。

⑪ 遂命驾便归：于是坐上车就回家乡去了。命驾，命仆人驾马出发。

⑫ 俄而：突然间，一会儿。这里为"不久"之意。

⑬ 齐王败：齐王司马冏被讨杀。

⑭ 见机：祸福利害，遇事能先见趋避之。

⑮ 此节选自《世说新语·任诞》。

⑯ 桓车骑冲：车骑为官名，即车骑将军。桓冲（公元328—384年），东晋将领。字幼子，谯国龙亢（今安徽怀远西北）人。桓温之弟。与谢安共佐晋室，后迁荆州刺史，镇江陵。

⑰ 张玄：人名。

使至江陵①，路经阳岐②，俄见③一人持半小笼生鱼④，迳来造舡⑤，云："有鱼欲寄作脍⑥。"张⑦乃维舟⑧而纳⑨之。问其姓字⑩，云是刘遗民⑪（刘驎之字遗民）。张素闻其名⑫，大相欣待⑬。既知张衔命⑭，问："谢安⑮、王文度⑯并佳不⑰？"张甚欲语言⑱，刘了无停意⑲，既进脍便去⑳，云："向得此

---

① 使至江陵：受命去江陵见桓玄。
② 阳岐：村名。离江陵二百里。
③ 俄见：忽然看见。
④ 生鱼：活鱼。
⑤ 迳来造舡：径直朝张玄乘坐的船走来。
⑥ 寄作脍：借船上的厨具做鱼脍。寄，托。
⑦ 张：张玄。
⑧ 维舟：将船靠岸系住。维，系。
⑨ 纳：接纳。
⑩ 问其姓字：问提鱼人的姓名。
⑪ 刘遗民：刘驎（lín）之，字遗民。
⑫ 张素闻其名：张玄久闻刘遗民的名字。
⑬ 欣待：热情相待。
⑭ 既知张衔命：刘遗民得知张玄受命于朝廷之后。衔命，接受使命。
⑮ 谢安：东晋大臣。字安石（公元320—385年），陈郡阳夏（今河南太康）人。历官尚书仆射、中书监、骠骑将军、录尚书事，官至司徒。
⑯ 王文度：王坦之，字文度，与郗超并为桓温长史，累官中书令，兼徐、兖都督，封蓝田侯。与谢安同辅朝政。
⑰ 并佳不：都好吗？问候语。
⑱ 甚欲语言：很想多谈谈。
⑲ 刘了无停意：刘遗民一点想停留的意思也没有。了，《御览》作"子"。
⑳ 既进脍便去：吃完鱼脍便下船而去。

鱼①，观君舡上当有脍具②，是故③来耳。"于是便去。

【1060】杜宝《大业拾遗录》④曰：六年⑤，吴郡⑥献海
鮸⑦（音免）干脍⑧四瓶，瓶容一斗⑨，浸⑩一斗可得径尺⑪面
盘。并奏作干脍法⑫。帝⑬以示群臣⑭，云："昔术人⑮介象⑯
于殿庭钓得海鱼，此幻化⑰耳，亦何是珍异⑱？今日之脍，是
海真鱼⑲所作，求自数千里，亦是一时奇味。"即出数盘以

---

① 向得此鱼：刚刚得到这些鱼。

② 脍具：厨具。

③ 是故：因此。

④ 杜宝：人名。《大业拾遗录》：今存一卷。

⑤ 六年：隋炀帝大业六年，即公元611年。

⑥ 吴郡：治所在今江苏苏州。

⑦ 海鮸（miǎn）：也叫米鱼，长50厘米以上，头尖上，口大，产于我国沿海。

⑧ 干脍：干鱼丝。

⑨ 瓶容一斗：一瓶装有一斗鱼干。

⑩ 浸：渍，泡。

⑪ 径尺：直径一尺。

⑫ 并奏作干脍法：同时奏知做干脍的方法。

⑬ 帝：隋炀帝杨广（公元569—618年），弑父文帝自立，公元604—618年在位。公元618年，左屯卫将军宇文化及等发动兵变，他被缢杀。

⑭ 以示群臣：把鮸鱼干脍给文武百官看。

⑮ 术人：会方术的人。

⑯ 介象：人名。

⑰ 幻化：幻术变化。

⑱ 亦何是珍异：那又算得是珍异吗？

⑲ 海真鱼：是真的海鱼，而非变化得来。

赐近臣。作干脍法：当五、六月盛热之日，于海取得鮸鱼，其鱼大者长四、五尺，鳞细，紫色，无细骨①，不腥②。捕得之，即去其皮③，取其精肉④缕切⑤随成。晒三、四日，须极干。以新白瓷瓶未经水者⑥盛之，密封泥⑦，勿令风入⑧。经五、六十日，不异新者⑨。后取噉时，以新布裹，于水中渍三刻⑩久，取出洒却水⑪，则皦然⑫矣。

【1061】《广五行记》⑬曰：唐咸亨四年⑭，洛州⑮司

---

① 细骨：小刺。

② 不腥：没有腥气。

③ 去其皮：剥去鮸鱼的皮。

④ 精肉：细肉。

⑤ 缕切：切成丝。

⑥ 未经水者：未盛着水的新瓶。

⑦ 密封泥：用泥把瓶口密封起来。

⑧ 勿令风入：不要让外面的气透进去。

⑨ 不异新者：与新晒的鱼干没什么区别。

⑩ 三刻：刻为计时单位，古时用漏壶计时，一昼夜共一百刻。三刻，约现在的40分钟。

⑪ 洒却水：将水沥干。

⑫ 皦（jiǎo）然：皎白之色。

⑬ 《广五行记》：作《唐五行记》，今存一卷。

⑭ 咸亨四年：咸亨为唐高宗李治在位年号之一，即公元670—674年。

⑮ 洛州：治所在河北永平，唐改为广平郡。

户①唐望之②各集计至五品③，进止未出④。间有僧来觅⑤，初不相识。延之⑥共坐少顷⑦，曰："贫道⑧出家人，得饮食亦以少⑨。公名人⑩，故闇⑪相托，能设一顿鲙否⑫？"司户欣然⑬，即处分买鱼⑭。此僧云："看有蒜否？"家人云："蒜尽⑮也"。僧即起⑯，司户留⑰之，曰："蒜尽遣买⑱即得。"

---

① 司户：官名，司户参军，掌理州之户口、籍账、婚嫁、田宅等。

② 唐望之：人名。

③ 五品：古时官阶九品三十等，知县一般为正七品。

④ 进止未出：受处分闭门不出。进止，处分。

⑤ 间有僧来觅：不久有一僧人来访。

⑥ 延之：引进；迎接。

⑦ 少顷：顷刻；一会儿。

⑧ 贫道：僧人谦称之词。

⑨ 得饮食亦以少：所得饮食不须太多。

⑩ 公名人：公是尊称唐望之。称唐望之是名人。

⑪ 闇（àn）：同"暗"，悄悄。

⑫ 能设一顿鲙否：能为我准备一顿鱼鲙吃吗？

⑬ 司户欣然：唐望之很爽快地答应了。

⑭ 处分买鱼：吩咐人去买鱼。处分，本指官吏执行事务。这里有分派之意。

⑮ 蒜尽：家里的蒜吃完了。

⑯ 僧即起：僧人立即起身告辞。

⑰ 留：挽留。

⑱ 遣买：派人去买。

僧云："既①蒜尽，不可更住②。"苦留不止③，望之④果无疾暴卒⑤。

【1062】《明皇杂录》曰：邢州⑥人和璞⑦尝谓房琯⑧曰："君殁⑨之时，必因食鱼脍⑩。既殁以后。当以梓⑪木为棺，然不得殁于君之私第⑫，不处公馆⑬，不处玄坛⑭佛寺，不处亲友之家⑮。"其后谴⑯于阆州⑰，寄居州之紫极宫⑱，

---

① 既：既然。

② 不可更住：不必再待下去了。

③ 苦留不止：尽管苦苦挽留，僧人依然要走。

④ 望之：唐望之。

⑤ 果无疾暴卒：果然无病暴死。指引"蒜尽"（算尽）之兆。

⑥ 邢州：治所在龙冈（今河北邢台）。

⑦ 和璞：人名。

⑧ 房琯（guǎn）：字次律。初隐居陆浑山十年，召为卢氏令。唐玄宗时拜为吏部尚书、同平章事，终刑部尚书。

⑨ 殁：死。

⑩ 必因食鱼脍：一定是因吃了鱼脍而死。

⑪ 梓：落叶乔木，与楸树同类，木材较好。

⑫ 然不得殁于君之私第：不会死在你自己的府第中。

⑬ 不处公馆：也不会死在公馆。

⑭ 玄坛：道观场所。《书言故事·道教类》："称道观曰玄坛。"

⑮ 不处亲友之家：也不会死于亲戚朋友家里。

⑯ 谴：指官吏谪降。

⑰ 阆州：治所在今四川阆中。

⑱ 紫极宫：建筑名。应不是指道观，紫极常用作帝居宫名。

卧疾①数日。刺史②忽具鲙③，邀房④于郡斋⑤，房亦欣然命驾⑥。既归暴卒⑦。州主⑧命攒椟于宫中⑨，棺得梓木为之⑩。

脯

【1063】《释名》曰：脯，抟也，干燥相抟着也。脩⑪，缩也，干燥缩⑫也。

【1064】《说文》曰：脯，干肉也。脩，脯也（补莫切）。薄⑬，膊⑭之屋上也。腕⑮，骨脯也。朐⑯，脯挺⑰也。

---

① 卧疾：病卧不起。
② 刺史：官名。一州最高长官。
③ 具鲙：准备好鱼鲙。具，备膳。
④ 房：房琯。
⑤ 郡斋：郡守的居所。
⑥ 欣然命驾：高兴地前往赴宴。
⑦ 既归暴卒：赴宴回来便突然死了。
⑧ 州主：指刺史。
⑨ 攒椟（dú）于宫中：暂殡在紫极宫中。天子暂殡之所，谓之"攒宫"。此处攒椟之意同。椟，指棺材。
⑩ 棺得梓木为之：棺材正是用梓木做成的。所云应和璞之语。
⑪ 脩：干肉。
⑫ 缩：干缩。
⑬ 薄：《说文解字》本为："膊，薄脯，膊之屋上。"《御览》错讹过甚。
⑭ 膊：晾干肉。
⑮ 腕：应为"脘"之误，《说文解字》无腕字。《说文解字》："脘，胃府也，……旧云脯。"《御览》"骨脯"当为"胃府"之误。
⑯ 朐：中间弯曲的肉脯。
⑰ 脯挺：脯的弯曲部位。

【1065】《周礼》曰①：脯人②掌干肉也。凡田兽③之脯腊④膴⑤胖⑥之事（大物⑦解肆⑧干之，谓之干肉。薄切曰脯；捶⑨之而施姜、桂曰腶脩⑩，腊，小物而干⑪者）。凡祭祀，共⑫豆脯、膴胖。

【1066】又曰⑬：膳夫⑭，凡王⑮之稍事⑯，设荐⑰脯醢（郑司农云：稍事，谓非日中大举⑱。时而间食⑲，谓之稍

---

① 此节选自《周礼·天官·腊人》。
② 脯人：《周礼》本作"腊人"，食官名，掌制干肉。
③ 田兽：野兽，指猎获物。
④ 腊：干肉。
⑤ 膴：不带骨头的腊肉。
⑥ 胖：本指半体牲肉，这里指整块半体牲肉做的腊肉。胖，《御览》作"胖（zǎng）"。
⑦ 大物：体形大的野兽。《御览》作"夫物"。
⑧ 解肆：分解，切割开。
⑨ 捶：捣，制干肉一法。《御览》误作"睡"。
⑩ 腶（duàn）脩：经捶捣并佐以姜、桂的干肉。
⑪ 小物而干：郑注为"小物全干"，即小个的兽肉整体晒干，而不再切开。
⑫ 共：供奉。
⑬ 此节选自《周礼·天官·膳夫》。
⑭ 膳夫：食官之一，掌王宫饮食。
⑮ 王：周王。
⑯ 稍事：大宴之间的加餐。
⑰ 荐：献食。
⑱ 日中大举：一日之中的正餐大宴。
⑲ 时而间食：间或小食，比较随便的加餐。

事。膳夫，主设荐脯醢。玄①谓：稍事，有小事而饮酒②）。

【1067】《仪礼》曰③《乡饮酒》④，主人⑤立于西阶东，荐⑥脯。使行⑦，出祖⑧释軷⑨，祭脯⑩。《士冠》⑪：宾东面，荐脯。

【1068】《礼》曰⑫：脯脩置者，左朐右末⑬。

【1069】又曰⑭：妇人之挚⑮，脯、脩⑯。大夫宴礼，有脍无脯⑰。

---

① 玄：郑玄。《御览》误为"云"。
② 此句《御览》作"云谓稍有小而事饮酒也"。
③ 此节选自《仪礼·乡饮酒礼》及《聘礼》《士冠礼》。
④ 《乡饮酒》：《仪礼·乡饮酒礼》，亦为本篇开篇语。指诸侯乡大夫宴饮之礼。
⑤ 主人：诸侯之乡大夫。
⑥ 荐：献食。原作"荐脯醢"。
⑦ 使行：本作"使者既受行，曰朝同位……"
⑧ 出祖：出行之始。祖，始。
⑨ 释軷：祭祀道路之神。
⑩ 祭脯：原作"祭脯醢"。由"使行"至此，选自《仪礼·聘礼》。
⑪ 《士冠》：《仪礼·士冠礼》。
⑫ 此节选自《礼记·曲礼》。
⑬ 左朐右末：肉脯弯曲的一端朝左，中直的一端向右。末，肢体，此处指火腿的中直部位。
⑭ 此节选自《礼记》的《曲礼》和《内则》。
⑮ 挚：同"贽"，指相见时所执的礼物。
⑯ 脯、脩：《礼记·曲礼》所记妇人之贽除这两样外，还有椇、榛、枣、栗，共六种，《御览》略而录之。
⑰ 有脍无脯：脍与脯只用一种。

【1070】又《礼·特牲》①曰：大飨②尚③腶脩④而已矣。

【1071】《谷梁传》曰⑤：束脩⑥之肉，不行境中⑦，有至尊⑧者，不贰之⑨也。

【1072】《公羊传》曰⑩：鲁昭公出奔⑪，齐侯⑫使高子⑬执箪食，与四脡⑭脯。公⑮稽首，以衽受⑯。

---

① 《礼·特牲》：《礼记·效特牲》。

② 大飨：天子飨诸侯。

③ 尚：重视。

④ 腶脩：捶制并加了姜、桂的干肉。

⑤ 此节选自《春秋谷梁传·隐公元年》。

⑥ 束脩：干肉。

⑦ 不行境中：此言外交之礼，诸侯非有天子之命，不得相盟会。所以作为聘问之礼的干肉，诸侯也不得背着天子私相赠送。

⑧ 至尊：天子。

⑨ 不贰之：诸侯不得自专，须报与天子。

⑩ 此节选自《春秋公羊传·昭公二十五年》。

⑪ 出奔：为季氏所逐，出奔齐国。

⑫ 齐侯：齐景公姜杵臼（？—公元前490年），公元前547—前490年在位。

⑬ 高子：人名，齐景公大夫。

⑭ 脡（tǐng）：条状的干肉。

⑮ 公：鲁昭公。

⑯ 以衽受：以衣前襟受下食物，以示谦恭。衽，衣襟。

【1073】《易》曰①：噬②干胏③，得金矢④（王肃⑤注曰：四体离⑥阴卦，骨之象，骨在干肉脯之象。金象，所以获野禽以⑦食之，反得金矢⑧。君子于味必思其毒⑨，于利必备其难⑩）。

【1074】《论语》曰⑪：子⑫曰："自行束脩已上⑬，吾未尝无诲⑭焉"（孔⑮曰：言人奉礼自行束脩以上，则皆教诲之也）。

---

① 此节选自《易经·噬嗑》。

② 噬：吃。

③ 干胏（zǐ）：带骨的肉干。

④ 得金矢：吃出来一个箭头。矢，箭头。金矢为刚直之意。

⑤ 王肃：三国时魏国经学家。字子雍（公元195—256年），东海（今山东郯城北）人。官至中领军，加散骑常侍。曾注《尚书》《易经》《论语》《左传》等，原有集五卷，已佚。

⑥ 离：《初学记》引作"纯"。此节王弼注为：虽体阳爻以阴为主，履不获中而居其非位，以斯噬物，物亦不服，故曰噬干之也。金，刚也；矢，直也。噬干胏而得刚直，可以利于艰贞之吉，未足以尽通理之道也。

⑦ 以：《御览》本作"故"。

⑧ 金矢：铜箭头。

⑨ 于味必思其毒：吃东西时要想到其中的害处。毒，害。

⑩ 于利必备其难：对于利益的获得须有遇到艰难的思想准备。

⑪ 此节选自《论语·述而》。

⑫ 子：孔子。

⑬ 自行束脩已上：凡能奉束脩为礼的人。束脩，十脡脯，言礼之薄。

⑭ 吾未尝无诲：我没有不教诲他们的。

⑮ 孔：孔安国，孔子十二世孙，汉代儒学家。官至谏大夫、临淮太守。撰有《论语训解》等。

【1075】又曰①：沽酒市脯②，不食③。

【1076】《尚书大传》曰：散宜生④、闳夭⑤、南宫适⑥三子⑦者，学乎太公⑧。见三子，知三子之为贤人，遂酌酒切脯⑨，约⑩为朋友。

【1077】《汉书》曰⑪：浊氏⑫以卖而连骑⑬。

【1078】《东观汉记》曰⑭：光武初起兵⑮，叔父良⑯

---

① 此节选自《论语·乡党》。

② 沽酒市脯：从店铺里买来的酒和干肉。

③ 不食：忌酒非自酿不干净、脯不晓什么肉所做，故不吃。

④ 散宜生：西周开国功臣，曾辅佐武王灭商。

⑤ 闳（hóng）夭：商纣囚文王于羑（yǒu）里，闳夭以美女、骏马、奇物献纣王，纣王赦免文王。后随武王灭商。

⑥ 南宫适：南宫括。周武王来殷后，命括散鹿台之财、发钜鹿之粟，以赈贫弱。

⑦ 三子：指散宜生、闳夭、南宫适。

⑧ 学乎太公：从太公而学。太公，姜太公姜尚，见前注。

⑨ 酌酒切脯：以酒肉相待。

⑩ 约：结成；约定。指姜太公对三子以朋友相待。

⑪ 此节选自《汉书·货殖传》。

⑫ 浊氏：浊氏家族，浊为姓。

⑬ 以卖而连骑：《汉书》作"以冒脯而连骑"，指因贩卖干肉而成巨富。冒，贩卖的意思。连骑，结驷连骑，指四马驾车。比喻富贵阔绰。

⑭ 此节选自《东观汉记·赵孝王良列传》，见《后汉书·宗室列传》注引。

⑮ 初起兵：最初起兵之时。

⑯ 良：刘良，刘秀叔父，字次伯。刘秀封之为广阳王。

搏手①大呼曰："我欲诣纳言②严将军③！"叱上起去④。出阁⑤，令人视之，还白⑥："方坐啗脯⑦。"

【1079】《晋书》曰⑧：桑虞⑨尝行⑩，宿寄⑪逆旅⑫。同舍客⑬失脯⑭，疑虞为盗⑮。虞⑯默无言⑰，便解衣偿之⑱。主人⑲曰："此舍⑳数失㉑鱼肉鸡鸭，多是狐狸偷，君㉒何以疑

---

① 搏手：拍手。搏，拍；打。

② 纳言：进言。

③ 严将军：严尤，刘秀封为武阳伯，进位大司马。后降钟武侯刘圣，兵败身死。

④ 叱上起去：大声呵斥刘秀离开。上，指光武帝刘秀。

⑤ 出阁：指刘秀离开刘良的住所。阁，本指办公的场所。

⑥ 还白：派去察看的人回来报告。白，陈述。

⑦ 方坐啗脯：正坐在那里吃肉脯。指刘良吃独食，不愿给刘秀吃，所以把他先撵走。

⑧ 此节选自《晋书·孝友列传》。

⑨ 桑虞：人名。

⑩ 行：旅行。

⑪ 宿寄：寄宿。

⑫ 逆旅：客舍，即旅店、招待所。

⑬ 同舍客：同住一室的客人。

⑭ 失脯：肉脯丢失了。

⑮ 疑虞为盗：怀疑是桑虞所盗。

⑯ 虞：桑虞。

⑰ 默无言：默不作声。并不分辩。

⑱ 解衣偿之：脱下衣服赔偿给那丢脯的客人。

⑲ 主人：客店老板。

⑳ 此舍：指这所客店。

㉑ 数失：多次丢失。

㉒ 君：指丢脯人。

人①?"乃将脯主②往山冢间寻求,果得之③。客求还衣④,虞投之不顾⑤。

【1080】《北齐书》曰⑥:彭城王⑦浟⑧为沧州⑨刺史。有一人从幽州⑩来,驴驮鹿脯⑪。至沧州界,脚痛行迟⑫,偶会一人为伴,遂盗驴及脯去。明旦⑬,告州⑭,浟⑮乃令左右及府僚吏⑯,分市鹿脯⑰,不限其价⑱。主⑲见脯识之⑳,推㉑

---

① 何以疑人:为何要怀疑别人呢?

② 将脯主:带领着肉脯的主人。将,带领。

③ 果得之:果然在野外找到了丢失的肉脯。

④ 客求还衣:失脯的客人请求将衣服还给桑虞。

⑤ 虞投之不顾:桑虞将衣服扔下,理也没理那人。气愤之至。

⑥ 此节选自《北齐书·高祖十一王列传》。

⑦ 彭城王:为封号。

⑧ 浟:高浟,齐神武帝第五子,封彭城王,任沧州刺史。《御览》作"攸"。

⑨ 沧州:治所在饶安(今河北盐山西南)。

⑩ 幽州:治所在蓟县(今北京城西南)。

⑪ 鹿脯:鹿肉干。

⑫ 行迟:走慢了,指落在同路人的后边。

⑬ 明旦:次日一早。

⑭ 告州:上州衙报了案。

⑮ 浟:高浟。

⑯ 僚吏:官吏。

⑰ 分市鹿脯:到街市上分头购买鹿脯。市,购买。

⑱ 不限其价:不论卖多大价钱都买。《御览》价作"至"。

⑲ 主:失主。

⑳ 见脯识之:从买回的肉脯中认出了自己的。

㉑ 推:推究。

获盗者。

【1081】《唐书》曰①：太宗②狩③于济源④之凌山⑤。上⑥曰："古者王⑦先驱⑧以供宗庙⑨，今所获鹿宜令所司⑩造脯醢⑪，以充荐享⑫。

【1082】《国语》曰⑬：楚成王⑭闻子文⑮之朝⑯，不及夕⑰也（成王，楚文王之子，成王頵⑱），于是乎每朝⑲设⑳

---

① 此节为《旧唐书》佚文。
② 太宗：唐太宗李世民。
③ 狩：围猎。
④ 济源：县名，今河南济源。
⑤ 凌山：山名。
⑥ 上：唐太宗。
⑦ 王：《御览》误为"三"。
⑧ 先驱：先导。
⑨ 以供宗庙：猎兽用作祭祀宗庙的牺牲。
⑩ 所司：有司，管理宫廷膳食的官署。
⑪ 造脯醢：做成肉干肉酱。
⑫ 荐享：献祭。
⑬ 此节选自《国语·楚语下》。
⑭ 楚成王：名熊恽，又名頵（yūn），公元前671—前626年在位。
⑮ 子文：楚令尹子文，名斗穀（hú）於菟。相传从小有虎送乳哺养，楚称乳为"穀"、虎为"於菟"，因而得名。
⑯ 之朝：上朝办理政务。
⑰ 不及夕：支持不到晚上。
⑱ 頵：楚成王的名。頵，头大的样子。
⑲ 每朝：每当令尹子文上朝时。
⑳ 设：摆上。

脯一束、糗一筐①，以羞子文②。至于今，令尹秩之③（秩，常）。

【1083】《吕氏春秋》曰④：赵宣子⑤将之绛⑥，见翳桑⑦之下，有饿人⑧。宣孟⑨与脯二胊⑩，拜受不敢食⑪。问其故⑫，曰："臣有母，持以遗之⑬。"宣孟更⑭赐之脯二束，遂去。

【1084】东方朔⑮《神异经》曰：北方有增水⑯万里，

---

① 筐：小饭篮。

② 以羞子文：用来预备给令尹子文吃。羞，指进食，同"馐"。

③ 至于今，令尹秩之：直到现在，令尹常常都是如此。

④ 此节选自《吕氏春秋·下贤》。

⑤ 赵宣子：赵盾，春秋晋国正卿。

⑥ 将之绛：准备到绛邑去。绛，古邑，春秋晋国地，在今山西翼城东。

⑦ 翳桑：桑树。翳指树冠。

⑧ 饿人：饥饿之人，名灵辄。见《左传·宣公二年》。

⑨ 宣孟：赵宣子。

⑩ 与脯二胊：给了他两条肉干。

⑪ 拜受不敢食：虽然接受，但不敢立即吃下。

⑫ 问其故：问他为何饿而不食。

⑬ 持以遗之：准备带回去给母亲吃。

⑭ 更：再；又。

⑮ 东方朔：西汉大臣，文学家。字曼倩（公元前154—前93年），平原厌次（今山东惠民东北）人。性诙谐滑稽，善辞赋。官常侍郎、太中大夫等职。《神异经》等书为后人托名所作。

⑯ 增水：冰面。

厚百文。有鼷鼠①在冰下土中，食冰下草木，肉重万斤，可以作脯。

【1085】又曰②：西北荒有遗酒③、追复脯④焉，其味如麖⑤，食一片复一片⑥。

【1086】葛洪《神仙传》曰：王远⑦至蔡经家，与麻姑⑧共设肴膳，擘脯⑨而行，云是麒麟⑩脯。

【1087】又曰⑪：左慈⑫诣刘表⑬，请犒军⑭，有酒一

---

① 鼷鼠：鼷，本指小鼠。此处疑另有所指。
② 此节选自《神异经》。
③ 遗酒：传说杯中饮之不尽的酒，饮毕复生。
④ 追复脯：取之不尽、取而复生的肉脯。
⑤ 麖：也称牙獐，一种无角小鹿。雄獐有獠牙露出嘴外。
⑥ 食一片复一片：吃了一块，接着又长出一块来。片，又作"斤"。
⑦ 王远：字方平，东汉峄（yì）人。官至中散大夫，后弃官入山得道。
⑧ 麻姑：古之女仙，建昌（今江西南城）人，修道于牟州东南姑余山。
⑨ 擘脯：切肉脯。擘，本指用手掰。
⑩ 麒麟：传说中的一种神兽，体像鹿，头有角，身有鳞，尾如牛尾。古时作为祥瑞的象征。
⑪ 此节选自《神仙传》。
⑫ 左慈：东汉末方士，字元放，庐江（今安徽庐江西南）人。
⑬ 刘表：东汉末官吏。字景升（公元142—208年），山阳高平（今山东邹县西南）人。曾官荆州刺史，封成武侯。
⑭ 请犒军：请求犒劳军队。

器①，脯一盘。百人捷酒②，赐兵人三杯酒③、一片脯，万人皆同，而酒器如故④，脯亦不减⑤。

【1088】《世语》曰⑥：初，太祖⑦乏食⑧，程昱⑨掠其本县⑩，供三旬粮⑪，颇杂以人脯⑫。由是失朝望⑬，故位不至公⑭也。

【1089】《续齐谐记》曰：刘晨⑮、阮肇⑯入天台山⑰，有女仙人为设胡麻⑱饭、山羊脯，因留连⑲之。

---

① 一器：一壶或一坛。

② 捷酒：本作"奉酒"，行酒也。

③ 赐兵人三杯酒：分酌给每个兵士三杯酒。

④ 酒器如故：酒器里的酒还同先前一样多，不见减少。

⑤ 脯亦不减：一盘脯一点也不见减少。

⑥ 此节出自《世说新语》何篇不详。疑为佚文。

⑦ 太祖：曹操。

⑧ 乏食：军队断了粮。

⑨ 程昱：三国魏东阿人，字仲德。累迁都督兖州事，官至卫尉，封安乡侯。

⑩ 掠其本县：在本县（东阿）收掠军粮。

⑪ 供三旬粮：送给曹操人马一个月的军粮。

⑫ 颇杂以人脯：其中杂有不少人肉脯。

⑬ 由是失朝望：因此使他在朝中的威望大减。

⑭ 位不至公：官位没到三公。三公是（东汉时）最高的官位，指太尉、司徒、司空。

⑮ 刘晨：东汉剡溪人。入天台山采药，传说路遇仙女。后归家中，子孙已出七代。

⑯ 阮肇：与刘晨同入天台采药，同遇仙女。

⑰ 天台山：在浙江西部。

⑱ 胡麻：芝麻。

⑲ 留连：因留恋而舍不得离开。即流连忘返。

【1090】《楚辞》曰①：折琼枝以为羞②（王逸③注曰：羞，脯也）。

【1091】卢谌《祭法》曰：春祠用脯，夏用煏④（凭逼反）。

【1092】杜育⑤《菽赋》曰：脯则正膂通干⑥，粗鹿肥麇⑦。

【1093】梁刘孝威⑧《谢东宫赉⑨鹿脯等启》曰：上林⑩绝胡人之搏⑪，禁地⑫无张京之犯⑬，而犹有班超⑭之游

---

① 此句选自《楚辞·离骚》。

② 折琼枝以为羞：折下玉树枝做肉脯。羞，肉脯。

③ 王逸：东汉文学家。字叔师，南郡宜城（今湖北宜城南）人，官至侍中。今传有《楚辞章句》，其他文、论，多已散佚。

④ 煏（bì）：烘干。这里指烘干的肉。

⑤ 杜育：字方叔。美姿仪，有才藻。晋人号为"杜圣"。

⑥ 正膂（lǚ）通干：带肉的脊骨，今谓之腔骨。这里是说用腔骨做脯，或是用里脊做肉脯。膂，脊骨。

⑦ 粗鹿肥麇：粗糙的鹿肉，肥美的麇肉。麇，古指"四不像"。

⑧ 刘孝威：萧梁官吏。历任法曹、主簿、太子洗马、中舍人、中庶子、兼通事舍人。

⑨ 赉（lài）：赏赐，给。《御览》作"赓（gēng）"，赏也。

⑩ 上林：汉代上林苑。

⑪ 胡人之搏：少数民族（匈奴）的摔跤之戏。

⑫ 禁地：帝王居住游乐的场所。

⑬ 张京之犯：这里可能指强人的侵掠行为，张京疑为人名。

⑭ 班超：东汉外交家、军事家。字仲升（公元32—102年），扶风安陵（今陕西咸阳东北）人。任西域都尉，封定远侯。

猎①、李广之驰射。远归于厨吏②，入贡于腊人③。形图三事之车④，影入九仙之镜⑤。

鲭

【1094】《西京杂记》曰：五侯⑥不相能⑦，宾客不得往来⑧。娄护⑨丰辨⑩，传会⑪五侯间，各得其意⑫，竞致奇膳⑬。护⑭乃合以为鲭⑮，世称"五侯鲭"，以为奇味⑯焉。

---

① 游猎：班超在西域的作战。

② 远归于厨吏：将远方的珍味运回至皇官的厨中。厨吏，膳食管理官员。

③ 入贡于腊人：把外族贡奉的野味运回做成肉脯。

④ 形图三事之车：形体（身体）进了丞相的高车，指做了大官。三事，三公之位，指丞相。

⑤ 影入九仙之镜：得道欲仙。镜又作"境"。九仙，九种仙人，即上仙、高仙、大仙、元仙、天仙、真仙、神仙、灵仙、重仙。

⑥ 五侯：汉成帝时封舅王谭为平阿侯、商为成都侯、立为红阳侯、根为曲阳侯、逢时为高平侯。五人同日而封，世谓之"五侯"。

⑦ 不相能：互不往来。能，和睦。

⑧ 往来：交际。

⑨ 娄护：人名。

⑩ 丰辨：丰于辩词，能说会道。辨，通"辩"。

⑪ 传会：又作"传食"。

⑫ 各得其意：五侯对娄护都很敬信。

⑬ 竞致奇膳：争着将好吃的东西送给娄护。

⑭ 护：娄护。

⑮ 合以为鲭：将五侯喜爱的佳肴合成一样。如今之杂烩。鲭当为杂烩最早的称谓。

⑯ 奇味：奇美之味。

【1095】《齐书》曰①：武帝就②虞悰③求诸饮食方④，悰秘不出⑤。上⑥醉后体不快⑦，悰乃献醒酒鲭鲊一方而已⑧。

鲊

【1096】《释名》曰：鲊⑨，菹⑩也。以盐米酿之如菹，熟而食之⑪也。

【1097】《吴志》曰⑫：孟仁⑬为监池司马⑭，自能结网，手⑮以捕鱼。作鲊寄母⑯，母还⑰之，曰："汝为鱼官⑱，

---

① 此节选自《南齐书·虞悰列传》。

② 就：从。

③ 虞悰：字景豫。善饮食烹饪之术，官至祠部尚书。

④ 饮食方：食谱、菜谱之类。

⑤ 秘不出：藏着，不拿出来。

⑥ 上：齐武帝。

⑦ 醉后体不快：酒醉后身体不适。

⑧ 悰乃献醒酒鲭鲊一方而已：虞悰仅献出用于醒酒的鲭鲊一方而止。鲭鲊，鲭鱼所做的鲊。鲭又叫鲐、油筒鱼或青花鱼，为海产经济鱼类。

⑨ 鲊：食品制作法之一，用米粉腌制肉、鱼等，或特指腌鱼。

⑩ 菹：本作"滓"。

⑪ 熟而食之：腌好后吃时还要火熟。

⑫ 此节见《三国志·吴书·三嗣主传》注引《吴录》。

⑬ 孟仁：本名孟宗，字恭武。事母孝，迁监池司马，拜吴县令，官至司空。

⑭ 监池司马：官名，掌养鱼池等。监，《御览》及《古今图书集成》均作"盐"。

⑮ 手：亲手；亲自。

⑯ 作鲊寄母：做成鱼鲊，寄与母食。

⑰ 还：退回了鱼鲊。

⑱ 鱼官：鱼池管理官吏。

而以鲊寄我，非避嫌①也。"

【1098】《宋书》曰②：王莹③代④谢超宗⑤为义兴太守，与谢交恶⑥。超宗到都⑦后，莹父懋⑧往超宗处，超宗设精白鲍⑨、美鲊⑩、獐巴⑪。懋问："哪得佳味⑫？"超宗诡言⑬莹始见饷⑭，佯惊⑮曰："大人⑯岂应不得⑰耶？"懋大

---

① 非避嫌：应当避嫌，不做监守自盗之事。

② 此节不见今本《宋书》，见于《南史·王诞列传》。

③ 王莹：字奉光，尚宋临淮公主，拜附马都尉。历守东阳、吴兴诸郡，皆有惠政。齐明帝时为中领军，武帝时迁丹阳尹。

④ 代：取代。

⑤ 谢超宗：南齐官吏。初为黄门令，出为中军司马。后赐自尽。

⑥ 与谢交恶：王、谢二人彼此不和。交恶，彼此相恶成隙。

⑦ 到都：回到京城。都指建康（今江苏南京）。

⑧ 懋：王懋，王莹之父，字小兴。累迁右卫将军，历领军将军，终小司寇。

⑨ 精白鲍：上等鳗鱼。鲍，又作"鳆"，义同。

⑩ 美鲊：美味鱼鲊。

⑪ 獐巴：又作"獐肶"，獐巴，即指獐头肉。巴，指嘴巴、下巴。

⑫ 哪得佳味：从哪儿弄到的这些美味？

⑬ 诡言：欺诈之言。

⑭ 莹始见饷：王莹原来送给我的。饷，送食。

⑮ 佯惊：假作惊异。

⑯ 大人：又作"文人"，尊称王懋。

⑰ 岂应不得：难道没得到这些食物？

忿①,言于朝廷②,称莹供养不足③,坐失郡④,废弃久之⑤。

【1099】《博物志》曰:仲秋月⑥,取折头鲤子⑦去鳞,破腹,使脊割为渐米烂燥之⑧,以赤秫米⑨饭、盐、酒令糁⑩之,镇不苦重⑪,逾月乃熟⑫,是谓秋鲭⑬。

【1100】王子年《拾遗记》曰:汉元凤二年⑭,于淋

---

① 大忿:大怒。

② 言于朝廷:到朝廷告了一状。

③ 称莹供养不足:告说王莹对老人供养不够。

④ 坐失郡:判罪削去郡守之职。《御览》无"郡"字。

⑤ 废弃久之:指王莹被废置后,很久没做官。

⑥ 仲秋月:秋季的第二月,即八月。《北堂书钞》引作"西羌仲秋月",表明此节所言为古羌民风俗。

⑦ 折头鲤子:又作"赤头鲤子",红头小鲤。

⑧ 使脊割为渐米烂燥之:意为将鱼脊切开,浸在米粥中,然后晾干。脊割,切开脊背。渐,浸渍。米烂,熬过度的米粥。燥,《御览》又作"藻"。

⑨ 秫(11)米:又作秫米,指黏米。

⑩ 糁:拌合。

⑪ 镇不苦重:用重物压上,但不可压得过紧。

⑫ 逾月乃熟:过一个月就腌好了。

⑬ 秋鲭:秋天所做的鲊。鲭,即为鲊。

⑭ 元凤二年:公元前79年。元凤为西汉昭帝刘弗陵在位年号之一,公元前80—前75年。

池①之南起桂台，以望远②。帝③常以季秋④之月，泛⑤冲澜云鹢之舟⑥，穷晷系夜⑦钓于台下。以香金为钩⑧，縓丝为纶⑨，丹鲤⑩为饵，得白蛟⑪长三丈，若大蛇，无鳞甲⑫。帝曰："非瑞⑬也！"命太官为鲊⑭，肉紫骨青⑮，味绝香美，班赐群臣⑯。帝后思其美⑰，渔者不复得⑱，知为神异。

---

① 淋池：在今陕西长安西北，为汉昭帝所凿，东引太液池之水而成。池中植菱荷，令宫人采菱作歌。

② 望远：眺望远方。为望远而建桂台。

③ 帝：汉昭帝刘弗陵（公元前94—前74年），武帝少子。年幼即位，由侍中奉车都尉、大司马大将军霍光辅政。公元前87—前74年在位。

④ 季秋：秋季末月，即九月。

⑤ 泛：《御览》误作"沉"。

⑥ 冲澜云鹢（yì）之舟：又作"楮（zhī）兰云鹢之舟"。楮、兰均为香草。云鹢，善飞不怕风的水鸟，常绘在船头，所以又称舟为鹢，或曰鹢首。

⑦ 穷晷（guǐ）系夜：从白天到黑夜。

⑧ 以香金为钩：用散发香味的金属做成鱼钩。

⑨ 縓（shuāng）丝为纶：浅绿的丝线做钓丝。《御览》作"霜丝"。

⑩ 丹鲤：红鲤鱼。

⑪ 白蛟：白鱼。蛟。在古时指蛟龙。

⑫ 鳞甲：鳞片。

⑬ 非瑞：不吉利。指所钓白蛟不是祥瑞之物。

⑭ 命太官为鲊：命令太官将白蛟做成鲊。

⑮ 肉紫骨青：肉呈紫色，骨刺发青黑色。

⑯ 班赐群臣：分赐给文武百官。班，分。

⑰ 思其美：想起白蛟的美味。

⑱ 渔者不复得：再去怎么也钓不着了。

【1101】《列异传》曰：费长房①又能缩地脉②，坐客在家③，至市买鲊④。一日之间，人见之千里外者数处⑤。

【1102】《世说》曰⑥：有人⑦遗⑧张华⑨鲊，见之谓客云："此龙肉也！肉鲊中则有五色光。"试之果如其言⑩。后问其主⑪，云于茅积下⑫得白鱼所作也。

【1103】又曰⑬：陶侃⑭少时作鱼梁吏⑮，常以一坩⑯

---

① 费长房：东汉方士。汝南（今河南平舆北）人。曾为市掾，传说于市上与卖药老翁相识，翁自称神仙，把他带到山中学道，未成而归。临回前，老翁给他竹杖神符，凭此医疗众病。

② 缩地脉：缩地之术，传能把很远的距离缩得很近。

③ 坐客在家：让客人坐等在家。

④ 至市买鲊：到街市上买鱼鲊。

⑤ 一日之间，人见之千里外者数处：在一天的时间里，人们看到他到过千里之外的几个地方。

⑥ 此节未详出《世说新语》何篇，又见《晋书·张华列传》。

⑦ 有人：据《晋书·张华列传》，此人为陆机。

⑧ 遗：送，赠。

⑨ 张华：西晋大臣、著作家。字茂先（公元232—300年），范阳方城（今河北固安西南）人。官至太子少傅，迁司空，著《博物志》十篇等。

⑩ 试之果如其言：据《晋书·张华列传》，是用苦酒试之，果见五色之光。

⑪ 问其主：问原来制鲊的主人。

⑫ 茅积下：草堆下面。

⑬ 此节选自《世说新语·贤媛》。

⑭ 陶侃：东晋大臣。字士行（公元259—334年），庐江寻阳（今湖北黄梅西南）人。任侍中、太尉，都督荆、交等八州军事。

⑮ 鱼梁吏：管理渔业的官吏。梁，堰水为关孔以捕鱼之处称"梁"。

⑯ 坩（gān）：陶器，缸、坛之类。

（苦甘切）鲊饷母，母封鲊付反①，书责②侃曰："汝为吏，以官物见饷③，非唯不能益吾④，乃以增吾忧⑤也。"

【1104】谢玄⑥《与妇书》曰：昨出钓，获鱼作一坩鲊，今奉送。

【1105】《大业拾遗记》曰：十二年⑦六月，吴郡献太湖鲤鱼腴膳⑧四十坩，纯⑨以鲤腴⑩为之。计一坩鲝⑪，用鲤鱼三百头，肥美之极，冠于鳣鲔⑫。

---

① 封鲊付反：把鱼鲊封好又送还给陶侃。反，同"返"。

② 书责：写信责难。

③ 以官物见饷：把官府的食物送给我吃。

④ 非唯不能益吾：非但对我一点好处也没有。

⑤ 乃以增吾忧：还反会增加我的忧虑。

⑥ 谢玄：东晋将领。字幼度（公元343—388年），陈郡阳夏（今河南太康）人。历官兖州刺史、广陵相，都督徐、兖、青三州军事，后拜会稽内史。

⑦ 十二年：大业十二年，即公元616年。大业为隋炀帝杨广在位年号，为公元605—617年。

⑧ 鲤鱼腴膳：用鲤鱼肚、腹部所做的食品。

⑨ 纯：全。

⑩ 鲤腴：鲤腹之肉，无刺而肥。

⑪ 鲝（zhǎ）：同"鲊"。

⑫ 冠于鳣（zhān）鲔（wěi）：味美超过了鳣鲔。鳣鲔，指鲟鱼，软骨硬鳞，体长大可达3米，筒形，青黄色，腹白色，沿海及江河均产。

八珍

【1106】《周礼·天官》曰[①]：食医[②]掌王[③]之八珍[④]。

【1107】《礼》曰[⑤]：淳熬[⑥]，煎醢加于陆稻之上[⑦]，沃之以膏[⑧]，曰淳熬（沃煎成之以为名[⑨]）。淳母[⑩]，煎醢加于黍食[⑪]之上，沃之以膏，曰淳母（母读曰"模"。模，象也，作此象淳熬也）。炮，取豚若将[⑫]，刲之刳之[⑬]，实枣于其腹中[⑭]，编萑以苴之[⑮]，涂之以墐（音堇）涂[⑯]。炮之，涂

---

① 此节选自《周礼·天官·食医》。

② 食医：官名，掌王官饮食配伍调和之事。

③ 王：周王。

④ 八珍：指以八种不同烹调法所制的馔品，名为淳熬、淳母、炮豚、炮牂、捣珍、渍、熬、肝膋（liáo）。

⑤ 此节选自《礼记·内则》。

⑥ 淳熬：淳，沃也，渍也，即下言"沃之以膏"；熬，煎也，即下言"煎醢"也。

⑦ 煎醢加于陆稻之上：煎热肉醢加在稻米饭上。陆稻，陆产稻米，或指旱稻。

⑧ 沃之以膏：浇上一些油。

⑨ 沃煎成之以为名：食物由煎熬而成，故名为"淳熬"。

⑩ 淳母：像淳熬之模样。母，模样。

⑪ 黍食：黄米饭。淳母制法同淳熬，仅主料不同。

⑫ 取豚若将：取一小猪，或取别的小牲畜。将，见后注。

⑬ 刲（kuī）之刳（kū）之：宰杀后将腹内掏空。刲，宰杀取血。刳，剖开挖空。

⑭ 实枣于其腹中：在小猪肚内装上枣。

⑮ 编萑（huán）以苴之：搓草绳将小猪捆裹起来。萑，乱草。苴，裹。

⑯ 涂之以墐涂：最后在外面抹上一层泥。墐涂，抹泥。墐，即涂。

皆干①。擘之②，濯手以摩之③，去其皽④（章⑤善切），为稻粉⑥，糔⑦溲之以为酏，以付豚⑧。煎诸膏⑨，膏必灭之⑩，矩镬汤⑪，以小鼎芗脯于其中⑫，使其汤毋灭鼎⑬。三日三夜毋绝火⑭，而后调之以醯醢⑮（炮者，以为涂烧⑯之名。将，当为牂⑰；牂，牡羊⑱也）。捣珍⑲，取牛、羊、麋、麕⑳之肉，

① 涂皆干：烧使外面的泥都烤干。
② 擘之：掰掉烤干的泥块。
③ 濯手以摩之：洗净手后，磨去表皮的脏物。摩，同"磨"。
④ 皽（zhāo）：皮肉上的死皮。指烤焦的一层皮。
⑤ 章：《御览》误作"音"。
⑥ 稻粉：米粉。
⑦ 糔（xiǔ）：汁，溲。
⑧ 以付豚：也放在豚腹中。
⑨ 煎诸膏：放在油里煎。
⑩ 膏必灭之：油须多，使肉没之。灭，淹没。
⑪ 矩镬（huò）汤：用大锅烧开水。镬，大锅。
⑫ 芗脯于其中：用小鼎装上香脯，再放到大锅之中。芗，同"香"。
⑬ 使其汤毋灭鼎：大锅中的开水不能淹没了小鼎。
⑭ 毋绝火：不断火，连续烧三天三夜。
⑮ 调之以醯醢：吃时再用调料调味。
⑯ 涂烧：指涂抹上泥后再烧，谓之"炮"。
⑰ 将，当为牂：将字为牂之误。牂，母羊。
⑱ 牡羊：公羊。牡羊，应为"牝羊"之误，牝羊，即母羊。
⑲ 捣珍：肉食制法之名，所制肉食亦以为名。
⑳ 麕（jūn）：獐子。

必脢①，每物与牛若一②，捶反侧之③，去其饵④。熟出之⑤，去其皽，柔其肉⑥（脢，脊侧肉⑦）。渍⑧，取牛肉，必新杀者⑨，薄切之⑩，必绝其理⑪。湛（音尖）诸美酒⑫，期朝而食之⑬，以醢若醯醷⑭（湛亦渍也）。为熬⑮，捶⑯之，去其皽，编萑，布牛肉⑰焉。屑桂与姜⑱，以洒诸上而盐之⑲，干而食

---

① 脢（méi）：同"脢"，夹脊肉，即里脊。
② 每物与牛若一：各类肉的制法与牛肉相同，举牛为例。
③ 捶反侧之：把肉反复捶捣。
④ 去其饵：去掉肉内的筋。饵，筋腱。
⑤ 熟出之：烹熟后取出来。
⑥ 柔其肉：用调料调和后食用。柔，调汁和之。
⑦ 脊侧肉：里脊。
⑧ 渍：为烹饪之一法，实是以生肉片蘸调料后吃。
⑨ 必新杀者：一定要用新鲜的肉。
⑩ 薄切之：肉须切得薄薄的。
⑪ 必绝其理：要切断肉的纹理，指要垂直于肉理下刀。
⑫ 湛诸美酒：将肉片泡在美酒里。湛，渍也。
⑬ 期朝而食之：过一天便可食用。期朝，一昼夜。
⑭ 以醢若醯醷：指吃时调以各种调料。醷，梅浆，酸味。
⑮ 熬：烹饪方法之一。但此处所说并非火熬之法。
⑯ 捶：捶捣。
⑰ 布牛肉：将牛肉放在草垫上。
⑱ 屑桂与姜：把姜、桂等调料研成末。
⑲ 以洒诸上而盐之：将调料及盐撒在肉上。

之①。施羊亦如之②，施麋、施鹿、施麕，皆如牛、羊③。欲濡肉④，则释而煎之以醢⑤。欲干肉⑥，则捶而食之⑦（熬，取火上为之⑧，今火脯⑨似之。此七者，《周礼》"八珍"，其一肝膋是也⑩）。肝膋⑪，取狗肝一，幪之以其膋⑫，濡炙之⑬。举焦其膋⑭，不蓼⑮（膋，肠间脂也）。

---

① 干而食之：肉腌干就能吃了。

② 施羊亦如之：做羊肉也是如此，同牛肉一样。

③ 皆如牛、羊：做其他各种肉与牛、羊肉相同。

④ 濡肉：湿肉，带汁肉。

⑤ 释而煎之以醢：将"熬"泡在水中，然后在肉醢内煎一下。

⑥ 欲干肉：如想吃干肉。

⑦ 捶而食之：捶捣一下便可食用。捶《御览》作"摇"。

⑧ 取火上为之：这一节所介绍的实为一种干腌之法，并非火熬。此节熬似非前指"淳熬"之熬。

⑨ 火脯：火腿之类。

⑩ 此七者，《周礼》"八珍"，其一肝膋是也：指前注所列为《周礼》"八珍"中的七种，再加肝膋一种，全为八珍。

⑪ 肝膋：烤狗肝。膋，肠上的脂肪，俗称"花油"。

⑫ 幪（méng）之以其膋：用肠间的花油将狗肝包裹好。此句《御览》脱"膋"字。幪，覆盖；包裹。

⑬ 濡炙之：沾湿后放在火上烧烤。

⑭ 举焦其膋：将裹在外面的油皮烧焦。举，皆。

⑮ 不蓼：不必加辣蓼调味。

卷第八百六十三

饮食部二十一

肉

【1108】《礼》曰①：毋反鱼肉②（为已历口③，人所秽④也）。濡肉齿决⑤，干肉不齿决⑥。

【1109】又曰⑦：六十宿肉⑧。六十非肉不饱⑨。

【1110】又曰⑩：觞酒豆肉⑪，让⑫而受恶⑬。

---

① 此节选自《礼记·曲礼上》。

② 毋反鱼肉：不要将自己吃过的鱼肉再放回去。

③ 历口：已经用嘴咬过、吃过。

④ 人所秽：别人会觉得脏。所，《御览》作"可"。

⑤ 濡肉齿决：带汁肉可用牙咬断。决，断。

⑥ 干肉不齿决：吃干肉可用手撕断。

⑦ 此节选自《礼记·王制》。所言为养老之礼。

⑧ 六十宿肉：六十岁起居处常设肉食，以免求时不得。原文尚有"七十贰膳、八十常珍"等。

⑨ 非肉不饱：没有肉等于没吃饱。

⑩ 此节选自《礼记·坊记》。

⑪ 觞酒豆肉：杯酒盘肉，泛指饮食。

⑫ 让：谦让。

⑬ 恶：厌恶；怨恨。

【1111】《传》曰①：公②将如棠观鱼③，臧僖伯④谏曰："鸟兽之肉，不登于俎⑤，则公⑥不射⑦，古之制⑧也。"

【1112】又曰⑨：齐师伐我⑩，曹刿请见⑪。其乡人曰："肉食者谋之⑫（肉食，谓朝大夫）。"刿曰："肉食者鄙⑬，未能远谋⑭。"

【1113】又曰⑮：公膳⑯日双鸡⑰（卿大夫之膳食）。饔

---

① 此节选自《左传·隐公五年》。

② 公：鲁隐公。

③ 如棠观鱼：到棠地去看捕鱼。棠，春秋鲁地，在今山东金乡东。鱼，同"渔"。

④ 臧僖伯：臧驱，鲁大夫，字子臧。谏隐公如棠观鱼，卒谥僖伯。

⑤ 不登于俎：不用于宗庙祭祀。俎，祭器。

⑥ 公：指鲁隐公。

⑦ 不射：不亲自过问。指都是区区小事。以此谏阻隐公不必去看捕鱼。

⑧ 古之制：古有的礼制。

⑨ 此节选自《左传·庄公十年》。

⑩ 齐师伐我：齐国军队进攻我鲁国。

⑪ 曹刿（guì）请见：曹刿请求见鲁庄公。曹刿，即曹沫，鲁国大夫。曾指挥长勺之战。

⑫ 肉食者谋之：打仗的事归那些当官的人去操心。肉食者，指当政的官员。

⑬ 鄙：浅薄。

⑭ 未能远谋：想不出什么好主意。

⑮ 此节选自《左传·襄公二十八年》。

⑯ 公膳：公家供应卿大夫日常的膳食。

⑰ 日双鸡：一天两只鸡。

人窃更之以鹜①，御者知之②，则去其肉而以其洎馈③（御，进食者④。饔人、御者欲使诸大夫怨⑤庆氏⑥，减其膳⑦。盖卢蒲癸⑧、王何⑨之谋也）。

【1114】又曰⑩：有酒如淮⑪，有肉如坻⑫。有酒如渑⑬，有肉如陵⑭（亦具酒门⑮）。

【1115】《谷梁传》曰⑯：公曰⑰："天王使石尚来归

---

① 窃更之以鹜：悄悄地把鸡换成野鸭。鹜，野鸭。
② 御者知之：进献馔品的人知道了此事。御者，献食之人。
③ 则去其肉而以其洎馈：把（野鸭里的）肉去掉，添水做成肉汁献上去。洎，加汁水。《御览》作"洎"。
④ 御，进食者：《御览》倒作"进，御食者"。
⑤ 怨：恨。
⑥ 庆氏：庆封，春秋齐国大夫，字子家。
⑦ 减其膳：减损膳食。
⑧ 卢蒲癸：人名。
⑨ 王何：人名。
⑩ 此节选自《左传·传昭公十二年》。
⑪ 淮：淮水，或以为潍水，在今山东。
⑫ 坻：山名。
⑬ 渑：水名。在今山东省。
⑭ 陵：大阜。
⑮ 亦具酒门：此注不见于《左传正义》，不明。
⑯ 此节选自《春秋谷梁传·定公十四年》。
⑰ 公曰：《谷梁传》本无二字。

脤①。脤者,何也②?俎实③也,祭肉④也。生⑤曰脤,熟⑥曰俎。

【1116】《论语》曰⑦:子在齐⑧闻《韶》⑨,三月不知肉味⑩。

【1117】又《乡党》⑪曰:鱼馁而肉败⑫,不食。肉虽多,不使胜食气⑬。祭于君⑭,不宿肉⑮(助祭于君,所得牲

---

① 天王使石尚来归脤(shèn):天子(祭毕)派石尚将祭肉分赐诸侯共福。这祭肉或本是诸侯特献,所以言"归"。天王,周天子。石尚,人名,周王之士。脤,祭礼用过的肉。

② 何也:释何为脤也。

③ 俎实:祭器中的祭品。

④ 祭肉:祭礼所用牲肉。

⑤ 生:生肉。

⑥ 熟:熟肉。

⑦ 此节选自《论语·述而》。

⑧ 子在齐:孔子在齐国时。

⑨ 闻《韶》:听了《韶》乐。《韶》,虞舜古乐。

⑩ 三月不知肉味:三个月忘却肉的美味。形容乐声美极了。

⑪ 《乡党》:为《论语》之一篇。

⑫ 鱼馁(něi)而肉败:鱼肉腐败变质。馁,鱼腐烂不新鲜。

⑬ 肉虽多,不使胜食气:肉虽可多吃,不可超过主食的量。食气,或泛指饭食。气,小食,点心,指粮食制品。

⑭ 祭于君:又作"祭于公"。助祭于君。

⑮ 不宿肉:祭牲之肉不经夜,很快分赐完毕。

体归①,即以班赐②,不留③神惠④也)。祭肉,不出三日,出三日,不食之矣⑤(自家其食肉⑥也,过三日不食之,亵鬼神之余⑦)。

【1118】《尔雅》曰⑧:肉臭谓之败(臭,坏⑨)。

【1119】又曰⑩:肉,曰脱⑪之(剥其皮也,今江东呼麋鹿之属通为肉⑫)。

【1120】又曰⑬:鲍宣⑭上书:"奈何独私养外亲⑮与幸

---

① 归:回到自己住处。

② 班赐:分赐。

③ 不留:不过夜。

④ 神惠:把祭品视作神灵的恩惠。

⑤ 祭肉,不出三日,出三日,不食之矣:所分得的祭肉存放不超过三天,过了三天就不吃了。

⑥ 自家其食肉:郑注本作"自其家祭肉"。

⑦ 亵鬼神之余:糟蹋了祭品。亵,亵渎。鬼神之余,神鬼享用过的祭品。

⑧ 此节选自《尔雅·释器》。

⑨ 坏:《御览》误作"怀"。

⑩ 此节选自《尔雅·释器》。

⑪ 脱:指剥兽皮。

⑫ 此注为《御览》错讹,刊为"剥其皮家奈肉束鹿之属呼麋通"。疑此处有缺文,下节作"又曰",但并非出自《尔雅》。

⑬ 此节选自《汉书·鲍宣传》。此处作"又曰",疑至少脱一节《汉书》引文。

⑭ 鲍宣:西汉渤海高城(今河北盐山东南)人,字子都。历官谏议大夫、豫州牧、司隶。常上书谏争,王莽执政时被迫自杀。

⑮ 外亲:母系血统的亲族,此指帝王母党、妻党。

臣①董贤②，使奴从宾客③浆酒藿肉④？"

【1121】《史记》曰⑤：廉颇奔魏⑥，赵王使者视颇尚可得用不⑦。赵使见颇⑧，颇为之一饭斗米、肉十斤⑨。

【1122】又曰⑩：公孙弘⑪为丞相，食一肉⑫。

【1123】《帝王世纪》曰：夏桀⑬为肉山脯林⑭。

【1124】《汉书》曰⑮：黄霸⑯为颍川⑰太守，使⑱吏

---

① 幸臣：宠臣。

② 董贤：字圣卿，汉哀帝幸臣。与帝同卧起。封高安侯，官至大司马、卫将军。

③ 使奴从宾客：让奴仆与宾客一起大吃大喝。

④ 浆酒藿肉：视酒如水浆，视肉如菜叶，奢侈之极。《御览》无此四字。

⑤ 此节选自《史记·廉颇蔺相如列传》。

⑥ 奔魏：逃奔到魏国。

⑦ 视颇尚可得用不：看看廉颇还能担当得了重任不。指廉颇年纪太大了。

⑧ 赵使见颇：赵国使者拜见廉颇。

⑨ 颇为之一饭斗米、肉十斤：廉颇在使者面前一顿就吃了一斗饭、十斤肉。以示可用。

⑩ 又曰：《御览》刊作"八曰"。此节选自《史记·平津侯主父列传》。

⑪ 公孙弘（公元前200—前121年）：西汉大臣。菑川（今山东寿光南）人。六十岁时以贤良征为博士，身行俭约，轻财重义。官至丞相，封平津侯。

⑫ 食一肉：没有多的菜肴，俭朴的说法。

⑬ 夏桀：夏朝末代暴君，名履癸。被商汤击败，出奔南巢（今安徽巢县东南）而死。

⑭ 肉山脯林：肉堆如山，脯挂如林。比喻奢侈。

⑮ 此节选自《汉书·黄霸传》。

⑯ 黄霸：西汉大臣。字次公，淮阳阳夏（今河南太康）人。官至丞相，封建成侯。

⑰ 颍川：郡名，治所初在阳翟（今河南禹州）。

⑱ 使：派遣。

出，不敢舍邮亭①，食于道旁②，乌攫其肉③。民有欲诣府口④言事者，适见霸⑤，与语道此⑥。后日⑦吏谒见霸⑧，迎劳⑨之，曰："甚苦⑩！食于道旁，乃为乌所盗肉。"吏大惊⑪。

【1125】又曰⑫：武帝为酒池肉林⑬，令外国客遍观⑭。

【1126】又曰⑮：陈平为里社宰⑯，分其肉均⑰。父老

---

① 舍邮亭：住宿在邮亭。邮亭，即邮驿、道馆，传送文书之所。

② 食于道旁：在大道旁吃饭。

③ 乌攫（jué）其肉：乌鸦抢叼了他要吃的肉。

④ 府口：郡府。

⑤ 适见霸：正好见到黄霸。

⑥ 与语道此：对黄霸谈及乌叼那官吏肉的事。

⑦ 后日：后来。

⑧ 吏谒（yè）见霸：那个官吏拜见了黄霸。谒见，拜见；请见。

⑨ 迎劳：会见并慰问。

⑩ 甚苦：太辛苦了。

⑪ 吏大惊：官吏感到十分吃惊。惊的是黄霸怎么会得知自己的举止呢？

⑫ 此节选自《汉书·张骞传》。

⑬ 酒池肉林：指不同于商纣王的酒池肉林，取其名而已。

⑭ 遍观：《汉书》原文为"遍观各仓库府藏之积"。

⑮ 此节选自《汉书·陈平传》。

⑯ 里社宰：里为汉代的一种基层居民组织，几十家为一里。社，祭祀。宰，主持分肉。

⑰ 分其肉均：将祭肉分发各户很公平。

曰:"善! 陈孺子之为宰①!"平②曰:"嗟乎③, 使平宰天下④, 亦当如此肉⑤矣!"

【1127】又曰⑥: 张汤⑦父为长安丞⑧, 出⑨, 汤为儿守舍⑩。父还, 鼠盗肉⑪。父怒, 笞汤⑫。汤⑬掘室得鼠及余肉⑭, 劾鼠掠治⑮。

【1128】又曰⑯: 伏日⑰, 诏赐从官肉⑱。大官丞⑲日

---

① 陈孺子之为宰：大意为姓陈的小伙当社宰称职。陈孺子, 称陈平, 好比说"这孩子"。宰, 即分肉之宰。

② 平：陈平。

③ 嗟乎：叹词。

④ 使平宰天下：假如我陈平主宰天下。使, 假使。

⑤ 亦当如此肉：也要像分这肉一样平等待人。

⑥ 此节选自《汉书·张汤传》。

⑦ 张汤(? —公元前115年)：西汉大臣。杜陵(今陕西西安东南)人, 官廷尉、御史大夫, 后遭诬陷而自杀。

⑧ 长安丞：长安城的行政长官。

⑨ 出：有事出门。

⑩ 汤为儿守舍：张汤年纪小留在家中。

⑪ 鼠盗肉：老鼠偷走了肉。

⑫ 笞汤：鞭打张汤。以为肉被张汤偷吃了。

⑬ 汤：张汤。

⑭ 掘室得鼠及余肉：在屋里挖老鼠洞, 逮到了老鼠并发现了剩下的肉。

⑮ 劾鼠掠治：数落老鼠的罪状并施刑惩治。

⑯ 此节选自《汉书·东方朔传》。

⑰ 伏日：伏天, 炎热的夏日。

⑱ 赐从官肉：赏赐随从官吏食肉。从官, 侍从官吏。

⑲ 大官丞：即太官, 官廷食官总宰。

晏不来①，东方朔独拔剑切肉②，怀肉归③。大官奏之④，朔入⑤，免冠谢⑥。上⑦曰："先生⑧起自责⑨也。"朔再拜曰："朔来⑩，受赐不待诏⑪，何无礼⑫也！拔剑切肉，亦何壮⑬也！割之不多⑭，亦何廉⑮也！归遗细君⑯，又何仁⑰也！"上笑曰："使先生自责，乃反自誉⑱。"赐酒一石，肉百斤，归遗细君［客浆酒霍肉（视酒如浆，视肉如霍）⑲］。

---

① 日晏不来：天很晚还没到来。晏，天晚。

② 独拔剑切肉：独自拔出佩剑割肉，等不及了。

③ 怀肉归：割下肉揣起就回去了。

④ 奏之：奏与皇上。

⑤ 朔入：东方朔上朝。

⑥ 免冠谢：摘下官帽以领罪。谢，自认罪过。

⑦ 上：汉武帝刘彻。

⑧ 先生：尊称东方朔。

⑨ 自责：自我批评。

⑩ 朔来：我东方朔来此。指到了赐肉的场所。

⑪ 受赐不待诏：接受赏赐，但没等候皇上诏令。诏，皇上的命令。

⑫ 何无礼：多么无礼。

⑬ 亦何壮：又是多么壮勇。

⑭ 割之不多：割下的肉并不太多。

⑮ 亦何廉：又是多么廉洁。

⑯ 归遗细君：拿回去送给细君吃。细君，东方朔妻名。后人因之多称妻为细君。

⑰ 又何仁：又是多么仁爱。

⑱ 使先生自责，乃反自誉：让先生自己认个错，先生反倒自夸起来了。

⑲ 客浆酒霍肉（视酒如浆，视肉如霍）：这几句为串文，《汉书·东方朔传》本无。据查证，这几句应是前引第1120条《汉书·鲍宣传》的脱文，接"使奴从宾"之后。

【1129】又曰①：成帝②许后③上疏曰："故时④酒肉有所赐外家⑤，辄上表乃决⑥。"

【1130】《东观汉记》曰⑦：太尉⑧赵熹⑨闻鲁恭⑩志行，每岁时遣子送米肉⑪，辞让不敢当⑫。

【1131】又曰⑬：卓茂⑭为密令⑮，民有言亭长受其米

---

① 此节选自《汉书·外戚传》。

② 成帝：西汉成帝刘骜，公元前32—前8年在位。

③ 许后：许皇后，不知名，为大司马车骑将军、平思侯许嘉之女。

④ 故时：过去。

⑤ 外家：外戚之家，指母族、妻族。

⑥ 决：决定。

⑦ 此节选自《东观汉记·鲁恭列传》。

⑧ 太尉：官名，秦汉时为全国军政首脑，为三公之一。

⑨ 赵熹：字伯阳，官郎中，行偏将军事。累迁郡刺史，封节乡侯，汉章帝时进位太傅。

⑩ 鲁恭：字仲康，官至司徒，以老病罢归卒。

⑪ 每岁时遣子送米肉：指（赵熹）每到年节，都派人送米肉给鲁恭。岁时，年节；节令。子，又作"人"。

⑫ 辞让不敢当：推辞不受。

⑬ 此节选自《东观汉记·卓茂列传》。

⑭ 卓茂：人名。

⑮ 密令：密县县令。密县即河南密县。

肉遗者①，茂②问之："亭长从汝求乎③？为汝有事与之④？自以恩意遗人乎⑤？"民曰："自遗之⑥。"茂曰："人异⑦于禽兽者，以有仁爱⑧也。亭长素为善吏⑨，岁时遗之⑩，礼⑪也。"

【1132】又曰⑫：贼⑬径姜诗⑭墓⑮，不敢惊⑯。孝子⑰致米肉，诗埋之⑱。后吏谴诗⑲，诗掘出示之⑳。

---

① 民有言亭长受其米肉遗者：有一个老百姓说亭长接受了他送的米肉。亭长，秦汉时十里一亭，亭有长。

② 茂：卓茂。

③ 亭长从汝求乎：是亭长跟你强要的吗？

④ 为汝有事与之：还是因为你有事相求才送他礼的？

⑤ 自以恩意遗人乎：或者是你自己为感恩而特意送给他的？

⑥ 自遗之：自愿送去的。

⑦ 异：区别。

⑧ 以有仁爱：人有仁爱之心，由此区别于动物。

⑨ 素为善吏：一直都是好官吏。

⑩ 岁时遗之：年节送点礼品。

⑪ 礼：合乎礼义，在情理之中。

⑫ 此节选自《东观汉记·姜诗列传》。

⑬ 贼：赤眉军。

⑭ 姜诗：字士游，广汉雒（今四川广汉）人。为汉代著名孝子。

⑮ 墓：《东观汉记》本作"里"，指村居。当是"里"为正。

⑯ 不敢惊：不敢惊动村里人。

⑰ 孝子：《御览》作"考子"，误。

⑱ 诗埋之：姜诗将米肉埋起来。

⑲ 谴诗：责备姜诗。谴，责备。

⑳ 诗掘出示之：姜诗挖出埋的米肉给官吏看。

【1133】又曰①：闵仲叔②客居安邑③，老病家贫。不能买肉④，日⑤买猪肝一片。

【1134】谢承《后汉书》曰：李苌家⑥昼则躬耕⑦，夜则读书，日为母市⑧斤肉⑨粱米作食。

【1135】《后汉书》曰⑩：桓任⑪字仪辽，后母生时⑫不食猪羊肉，故终身不以猪羊肉入口⑬。

【1136】又曰⑭：李充⑮延平⑯年中，诏公卿⑰、中二千

---

① 此节选自《东观汉记·闵贡列传》。
② 闵仲叔：名贡，字仲叔。本山西太原人。
③ 客居安邑：寄居在安邑。客居，寄居他乡。安邑，县名，治所在今山西夏县西北。
④ 不能买肉：买不起肉吃。
⑤ 日：每天。
⑥ 李苌家：人名。
⑦ 躬耕：致力于种田。躬，亲自。
⑧ 市：买。
⑨ 斤肉：又作"片肉"。
⑩ 此节选自谢承《后汉书》。
⑪ 桓任：人名，字仪辽。
⑫ 生时：活着的时候。
⑬ 故终身不以猪羊肉入口：意为一辈子都不吃猪羊肉。
⑭ 此节选自《后汉书·独行列传》。
⑮ 李充：东汉陈留人，字大逊。官至侍中、左中郎将。年八十，以为国三老。汉安帝常特进见，赐以几杖。
⑯ 延平：为东汉殇帝刘隆在位年号，仅一年，即公元106年。
⑰ 公卿：三公九卿，泛指朝中高级官员。

石①，各举②隐士③大儒④，务取高行⑤，以劝后进⑥，特徵⑦充⑧为博士⑨、侍中。大将军邓骘⑩贵戚倾时⑪，无所下借⑫（下音假，借音子夜反），以充高节⑬，每卑敬之⑭。尝置酒请充⑮，宾客满堂。酒酣⑯，骘⑰跪⑱曰："幸讬椒房⑲，位列

① 中二千石：汉官名。汉代郡守通称二千名，指俸禄为二千石，即月俸百二十斛，一岁实得一千四百四十石。中二千石者，一岁得二千一百六十石。中者，满也。

② 举：推荐。

③ 隐士：隐居的高士。

④ 大儒：儒学大家。

⑤ 务取高行：务必选取德行高尚者。

⑥ 以劝后进：用于鼓励后来的人。劝，勉励。

⑦ 徵：征召。

⑧ 充：李充。

⑨ 博士：官名。汉武帝后博士专掌经学传授，即为五经博士。

⑩ 邓骘（zhì）：东汉大臣。字昭伯（？—公元121年），南阳新野（河南新野）人。妹为和帝皇后，封上蔡侯。太后临朝，任大将军，专断朝政。后被迫自杀。

⑪ 贵戚倾时：因身为贵戚而倾轧一时。

⑫ 无所下借：对文武官员一点都不放在眼里。下借，即"假借"。

⑬ 以充高节：由于李充的高风亮节。

⑭ 每卑敬之：常常对李充表示一点点敬意。

⑮ 请充：请李充赴宴。

⑯ 酒酣：饮酒兴致正高的时候。

⑰ 骘：邓骘。

⑱ 跪：跪立，并非下跪。古时常以跪当坐。

⑲ 椒房：汉代指皇后、妃子居住的宫殿，因以椒泥涂壁而得名，又用作后妃的代称。这里所指为邓骘之妹邓绥，此时为皇太后。

上将①。幕府初开，欲辟②天下奇伟③，以匡不逮④，惟诸君博求其器⑤。"充⑥乃为陈⑦海内隐居怀道⑧之士，颇有不合⑨。骘欲绝其论⑩，以肉啖之⑪。充抵肉于地⑫，曰："说士犹甘于肉⑬！"遂出，径去⑭，骘甚望之⑮。

【1137】《汉旧仪》曰：齐⑯法食肉三十六两。

---

① 位列上将：官至上将军。

② 辟：征召。

③ 奇伟：奇士伟才。

④ 以匡不逮：用来弥补能力的不足。匡，辅助。不逮，不及。

⑤ 博求其器：广求有才之士。器，才能。

⑥ 充：李充。

⑦ 陈：陈述。

⑧ 怀道：怀抱道德、本领。

⑨ 不合：不合邓骘之意。

⑩ 欲绝其论：想打断李充的话。论，又作"说"。

⑪ 以肉啖之：用肉给李充吃，塞住嘴。

⑫ 充抵肉于地：李充把肉扔在地上。抵，掷；扔。

⑬ 说士犹甘于肉：给你推荐高士何用得着吃肉（指宴请）。说士，指推举隐居怀道之士。

⑭ 径去：径直离去。

⑮ 骘甚望之：邓骘因此十分怨恨李充。望，有怨责之意。

⑯ 齐：通"斋"，斋戒。

【1138】《英雄记》曰①：冀州刺史韩馥②问诸从事③曰："馥④有何长何短⑤？"治中⑥刘子⑦曰："前劳赐⑧有余肉百斤，卖之一州调度⑨，奢俭不复在⑩，是犹可劳赐勤劳吏士⑪，卖之可示俭⑫。"

【1139】《吴志》曰⑬：赵达⑭尝过⑮故知⑯，取盘中支箸⑰，再三纵横⑱之，乃言："卿东壁⑲下有美酒一斛，又有

---

① 此节见《三国志·魏书·武帝纪》注引，文字不同。

② 韩馥：《御览》本作韩复。字文节，颍川（今河南禹州）人。为御史中丞，董卓举为冀州刺史，后自杀于厕中。

③ 诸从事：各位从事。从事，为官名，为州刺史的助理，有治中从事、从事史、别驾从事等。

④ 馥：韩馥。《御览》误作"收"，或为"牧"之误。

⑤ 何长何短：意即何去何从。此句《三国志》又引作"今当助袁氏耶，助董卓耶"？

⑥ 治中：治中从事史。

⑦ 刘子：《三国志》引作刘子惠。

⑧ 劳赐：犒赏。

⑨ 调度：征敛租税。

⑩ 不复在：不再存在。

⑪ 勤劳吏士：勤谨的官吏军士们。

⑫ 俭：又作"狭"。此节文意不顺，当有错讹。

⑬ 此节选自《三国志·吴书·赵达传》。

⑭ 赵达：三国吴术士。治九宫一算之术，传能计飞蝗，射隐伏，术不传人。

⑮ 过：探访。

⑯ 故知：旧知，老朋友。

⑰ 箸：筷子。

⑱ 再三纵横：将筷子反复摆弄。指在施什么道术。

⑲ 东壁：房东的墙壁。

鹿肉三斤，何以辞无①？"

【1140】王隐《晋书》曰②：愍怀太子③令人屠肉，已自分齐手揣轻重④，斤两不差⑤，云其母⑥本屠家女⑦也。

【1141】《太康起居注》曰⑧：尚书郭奕⑨有疾，日⑩赐酒米各伍升，猪、羊肉各一斤。

【1142】石崇、崔亮⑪母疾，日赐清酒、粳米各伍升。猪羊肉各一斤半⑫。

---

① 何以辞无：怎么说是没有酒肉？

② 此节又见房氏《晋书·愍怀太子列传》。

③ 愍怀太子：司马遹（yù），字熙祖，晋惠帝长子。立为太子，贾后使大医令毒害未成，黄门孙虑以药杵椎杀之。谥愍怀太子。

④ 齐手揣轻重：凭手掂量肉的分量。

⑤ 斤两不差：指肉分得很均匀。

⑥ 母：愍怀太子之母即谢才人，名玖。入官为惠帝才人，生愍怀太子三四岁而惠帝尚不知。后立为太子，拜谢才人为淑媛。太子遇害后，玖亦被害。

⑦ 屠家女：谢玖家本贫贱，父以屠羊为业。

⑧ 《太康起居注》：书名。已佚。太康为晋武帝司马炎在位年号之一，当公元280—289年。

⑨ 郭奕：字大业，太原阳曲（今山西太原北）人，官至尚书。

⑩ 日：每天。

⑪ 崔亮：字敬儒，累迁尚书二千石，兼吏部郎，官至度支尚书。

⑫ 石崇……猪羊肉各一斤半：此节出自《太康起居注》。《御览》未注明。

【1143】臧荣绪①《晋书》②曰：赵高③为丞相，指鹿为马④，持蒲作肉⑤。

【1144】《晋中兴书》曰：陆纳为吴兴太守，辞大司马⑥桓温⑦，因问桓公⑧："醉可饮几酒？肉食多少？"温⑨曰："温酒不过三升便醉⑩，白肉⑪不过十脔⑫。"纳⑬后伺闲求入⑭，自言外有微礼⑮，温勅而受⑯，止有酒一斗、鹿肉一

---

① 臧荣绪（公元 415—488 年）：南朝齐史学家。东莞莒（今山东莒县）人。朝廷屡征不仕，潜心著述，撰成《晋书》一百一十卷，为唐代官修《晋书》的主要依据。
② 《晋书》：臧荣绪所撰百余卷，今存辑本。
③ 赵高（？—公元前 207 年）：秦朝宦官。秦始皇死后，私立胡亥为二世皇帝，后杀丞相李斯，自任丞相。又杀二世立子婴，终为子婴所杀。
④ 指鹿为马：把鹿说成是马，比喻颠倒是非。事又见《史记·秦始皇本纪》。
⑤ 持蒲作肉：拿出香蒲当作肉。蒲，香蒲，嫩茎可食。
⑥ 大司马：官名。
⑦ 桓温：东晋大将。
⑧ 桓公：尊称桓温。
⑨ 温：桓温。
⑩ 温酒不过三升便醉：桓温我喝不到三升酒就会醉倒。
⑪ 白肉：肥肉。
⑫ 脔（luán）：肉块。
⑬ 纳：陆纳。
⑭ 伺闲求入：趁空隙求见桓温。伺闲，同"伺隙"。侦察可乘之机。
⑮ 外有微礼：在外宴请之意。微礼，小礼；薄礼，谦辞。
⑯ 温勅（chì）而受：桓温接受了邀请。

盘，一坐愕然①。纳②曰："公近云③：'饮三升'，民④止可二升⑤。今有一斗，以备杯勺余沥⑥。"温叹服⑦。

【1145】《晋书》曰⑧：周访⑨，乡人盗访⑩牛于冢⑪间杀之，访得之⑫，密埋其肉⑪，不使人知⑫。

【1146】《宋书》曰⑬：衡阳王⑭义季⑮镇荆州，队主⑯

---

① 一坐愕然：满坐的客人都很惊讶。愕然，吃惊。当坐的还有王坦之、刁彝等人。

② 纳：陆纳。

③ 公近云：桓公不久前说过。

④ 民：陆纳自称，小民的意思。

⑤ 止可二升：只能饮两升酒。

⑥ 以备杯勺余沥：意为足够饮的了，杯勺里还得剩许多。余沥，剩余的酒。《御览》"以"字作"似"。

⑦ 温叹服：桓温十分叹服，叹陆纳之真率。

⑧ 此节选自《晋书·周访列传》。

⑨ 周访：人名。

⑩ 访：周访。

⑪ 冢：坟墓。

⑫ 访得之：周访得到了被杀死的牛。

⑪ 密埋其肉：悄悄地把死牛埋起来。

⑫ 不使人知：不让别人知道牛是谁杀的。当时有禁杀牛之法，周访此举明有仁爱之心。

⑬ 此节选自《宋书·武三王列传》。

⑭ 衡阳王：封号。

⑮ 义季：刘义季，宋武帝第七子，封衡阳王，官安西将军、荆州刺史等。

⑯ 队主：官名。

续丰①母老家贫,无以充养②,遂不食肉。义季③哀④其志,以钱、米给丰⑤母,并制丰啖肉⑥。

【1147】《齐书》曰⑦:高帝⑧虽从官⑨,而家业本贫。为建康令⑩时,明帝⑪等冬月犹无缣纩⑫,而奉赡⑬甚厚。后⑭母⑮撤去兼肉⑯,曰:"于我过足矣⑰!"

---

① 续丰:荆州人,事母至孝。
② 无以充养:无法赡养老人。
③ 义季:刘义季。《御览》作"仪季"。
④ 哀:哀怜。
⑤ 丰:续丰。
⑥ 并制丰啖肉:同时命令续丰也要吃肉。制,命令。
⑦ 此节选自《南齐书·皇后列传》。
⑧ 高帝:南朝齐高帝萧道成。
⑨ 从官:做官。官,又作"宦"。
⑩ 建康令:建康即今江苏南京。令,官名。
⑪ 明帝:南齐明帝萧鸾。
⑫ 缣(jiān)纩(kuàng):寒衣。缣,细密的绢。纩,绵絮。
⑬ 奉赡:《南齐书》又作"奉膳"。
⑭ 后:指齐宣帝陈道止皇后。
⑮ 母:又作"每"。
⑯ 撤去兼肉:从餐桌上撤下过多的馔品。兼肉,指多余的肉食。
⑰ 于我过足矣:对我来说馔品过于丰盛了。过足,超过所需。

【1148】《梁书》曰①：傅昭②性尤笃慎③，子妇④尝得家饷牛肉⑤，以进昭⑥，昭召其子⑦曰："食之则犯法⑧，告之则不可⑨，取而埋之⑩。"

【1149】《隋书》曰⑪：王劭⑫笃好经史⑬，遗落世事⑭。用思既专⑮，性颇怳忽⑯。至对食⑰，闭目疑思⑱，盘

---

① 此节选自《梁书·傅昭列传》。

② 傅昭：字茂远，灵州（今宁夏宁武西南）人。仕南齐为尚书左丞，入梁累迁散骑常侍、金紫光禄大夫。

③ 笃慎：十分谨慎。

④ 子妇：儿媳。

⑤ 得家饷牛肉：得到娘家送来的牛肉。

⑥ 以进昭：把牛肉进给傅昭吃。

⑦ 昭召其子：傅昭把儿子叫到跟前。

⑧ 食之则犯法：吃了这牛肉就犯了禁杀牛之法。

⑨ 告之则不可：去报案也不行，因是亲家。

⑩ 取而埋之：只好悄悄地把牛肉拿去埋掉。

⑪ 此节选自《隋书·王劭列传》。

⑫ 王劭：《御览》作"王邵"。王劭字君懋，隋文帝时为著作郎，炀帝时官终秘书少监，撰《隋书》八十卷等。

⑬ 笃好经史：潜心于经史典籍的研究。

⑭ 遗落世事：不大关心身外之事。

⑮ 用思既专：精力专注于学问时。

⑯ 怳（huǎng）忽：恍惚，神志不清。

⑰ 至对食：在吃饭之时。对食，面对食物，指进餐。

⑱ 疑思：凝思，聚精会神地思考。

中之肉，辄为仆从所食。劭弗之觉①，唯责肉少②，数罚③厨人。厨人以情白劭④，劭依前闭目⑤，伺候而获之⑥，厨人方免笞辱⑦。

【1150】《墨子》曰⑧：孔子厄于陈蔡⑨，子路⑩烹豚，孔子不问肉所由来⑪，食之。

【1151】《晏子春秋》曰：梁丘据⑫见晏子⑬，中食⑭而肉不足⑮。

---

① 弗之觉：没有发觉。

② 唯责肉少：只是责备厨夫肉做得太少。

③ 罚：训斥之意。

④ 以情白劭：将仆从偷吃盘中肉的实情告知了王劭。白，告诉。

⑤ 依前闭目：吃饭时还像以前那样闭上眼睛。

⑥ 伺候而获之：等待时机逮住了偷吃的仆人。

⑦ 笞辱：鞭打之刑。

⑧ 此节选自《墨子·非儒下》。

⑨ 厄于陈蔡：在陈蔡时陷入困境。陈蔡指陈国和蔡国，在今河南境内。

⑩ 子路：仲由（公元前542—前480年），春秋末鲁国卞（今山东泗水东）人。孔子的得意门人，以政事见称。后为卫大夫孔悝家宰，被杀。

⑪ 不问肉所由来：不问明这猪肉是从哪里弄来的。

⑫ 梁丘据：春秋齐景公嬖大夫。

⑬ 晏子：晏婴。

⑭ 中食：饮食。或言午餐。

⑮ 肉不足：肉不够吃。

【1152】《王孙子》①曰：楚庄②伐宋③，厨有臭肉④，将军子重⑤谏王以肉馈于贤公孙⑥。

【1153】《尼子》⑦曰：殷纣为肉圃⑧。

【1154】《孟子》曰⑨：孔子为鲁司寇⑩，从而祭⑪，燔肉不至⑫，不税冕而行⑬。不知者以为为肉也⑭，其知者以为为无礼也⑮。

【1155】又曰⑯：庖⑰有肥肉，厩⑱有肥马，民有饥

---

① 《王孙子》：周王孙撰，已佚。清人有辑本一卷。
② 楚庄：春秋楚庄王芈旅，公元前613—前591年在位。
③ 伐宋：进攻宋国。事在庄王六年（公元前608年）。
④ 臭肉：腐败之肉。
⑤ 子重：楚公子婴齐，庄王之弟，楚共王时任令尹。
⑥ 贤公孙：指何人不详。
⑦ 《尼子》：《公孙尼子》，周公孙尼撰，清人辑一卷。
⑧ 肉圃：肉林。
⑨ 此节选自《孟子·告子》。
⑩ 司寇：官名。西周始置，东周沿用。掌管刑狱、纠察等事。南方楚、陈等国称为"司败"，后世以大司寇作为刑部尚书的别称。孔子曾任鲁国司寇之职。
⑪ 从而祭：侍随鲁国国君祭祀宗庙。当指鲁定公之时。
⑫ 燔肉不至：鲁国君没把祭肉分赐给官员。不合礼制，故孔子愤而离鲁。燔肉，祭祀用的肉，或作"膰（fán）"。
⑬ 不税冕而行：连祭祀时戴的帽子都没摘下就走了。以无礼对无礼。税，放置。
⑭ 不知者以为为肉也：不了解孔子的人以为孔子是为了没分到肉的事。
⑮ 其知者以为为无礼也：了解孔子的人明白他是因为鲁君无礼才这样做的。
⑯ 此节选自《孟子·梁惠王上》。
⑰ 庖：厨房。
⑱ 厩：马棚。

色①,野②有饿莩③。此率兽而食人④也。

【1156】又曰⑤:鸡、豚⑥、狗、彘⑦之畜⑧,无失其时⑨,七十者可以食肉矣⑩。

【1157】《韩子》⑪:夫百日不食,以待粱肉⑫,饿者不育⑬。今待尧舜之贤⑭,乃治当世之民⑮,是犹待粱肉而救饿之说也⑯。

【1158】又曰⑰:晏子对景公曰:"田成子⑱杀一牛,

---

① 饥色:饥饿的样子。

② 野:乡村。

③ 饿莩(piǎo):饿死的人。莩,饿死的人。又写作"殍"。

④ 此率兽而食人:驱使野兽食人,比喻暴政害民。

⑤ 此节亦选自《孟子·梁惠王上》。

⑥ 豚:小猪。

⑦ 彘:猪。

⑧ 畜:家畜;六畜。

⑨ 无失其时:掌握好家畜的繁育季节。

⑩ 七十者可以食肉矣:(这样)七十岁的人便可吃到肉了。古以六十无肉不饱。

⑪ 此节选自《韩非子·难势》。

⑫ 夫百日不食,以待粱肉:一百天没吃着食物,却非等有了美味才吃。粱肉,米和肉,指佳肴。

⑬ 饿者不育:饥饿的人就会活不下去。育,生,又作"活"。

⑭ 今待尧舜之贤:现在等待尧舜那样的贤能之王降世。

⑮ 乃治当世之民:来统治管理当代的民众。

⑯ 是犹待粱肉而救饿之说也:就好像是非等有了美味才救援饥民的那种论调。

⑰ 此节选自《韩非子·外储说右上》。

⑱ 田成子:春秋时齐国正卿。即田常,一作陈恒、陈成子。以大斗贷小斗收,笼络人心。杀齐简公,独揽朝政。三传至太公和,正式代齐。

取一豆①肉，余以食士②。"

【1159】《燕丹子》③曰：荆轲④入秦，过阳翟⑤买肉争轻重⑥，屠辱轲⑦。武阳⑧欲击⑨，轲止之⑩。

【1160】《淮南子》曰⑪：今屠牛而烹其肉，或以酸，或以甘⑫，煎熬燎炙⑬，和有万方⑭，其本一牛之体⑮。

【1161】《吕氏春秋》⑯曰：肉之美者，猩猩之唇⑰，

---

① 豆：高足的盘。

② 余以食士：剩下的牛肉都分给下属吃了。

③ 《燕丹子》：今存辑本三卷，清孙星衍校辑。

④ 荆轲（？—公元前227年）：战国末卫国人。入燕被太子丹拜为上卿。被派往秦借献地图行刺秦始皇，未遂被杀。

⑤ 阳翟：古邑名，春秋战国时属韩，在今河南禹州。

⑥ 争轻重：指买的肉分量不够。

⑦ 屠辱轲：屠夫开口辱骂荆轲。

⑧ 武阳：秦舞阳，燕国勇士，为陪同荆轲前往刺杀秦始皇的副手。

⑨ 欲击：想打杀屠夫。

⑩ 轲止之：荆轲制止了秦武阳，怕误了大计。

⑪ 此节选自《淮南子·齐俗训》。

⑫ 或以酸，或以甘：调和酸甜口味。

⑬ 煎熬燎炙：各种各样的烹饪方法。

⑭ 和有万方：又作"齐味万方"，指做成各种各样的美味。和，调和。万方，各种方法。

⑮ 其本一牛之体：这些美味都来自同一头牛。

⑯ 此节选自《吕氏春秋·本味》。

⑰ 唇：唇部的肉。

貛貛①之炙②，鵁燕③之翠④，述荡之挈⑤（音牵，兽名），旄象⑥之约⑦（旄象，牛兽⑧也。旄牛肉羹贵⑨之也）。

【1162】又曰⑩：尝一脔而知一镬之味⑪、一鼎之调⑫。

【1163】又曰⑬：肥肉厚酒⑭务以相强⑮，命之曰"烂肠之食⑯"。

---

① 貛（huān）貛：野兽，有猪貛、狗貛之分。貛，同"獾"。

② 炙：烤肉。这里并列提到的都是禽兽某个部位的肉，所以炙当不解作烤肉。王念孙以炙为"跖"，甚是。

③ 鵁（guī）燕：飞燕之一种。

④ 翠：鸟尾之肉。

⑤ 述荡之挈：或即熊掌。述荡，传说中的双头兽。挈，"腕"的本字。这里注作"牵"，与"挈"字混淆了，更不是指兽名。

⑥ 旄象：旄牛，或指旄牛和大象。

⑦ 约：尾上的肉。或谓约即"要"，腰也。

⑧ 牛兽：指旄牛。

⑨ 贵：珍贵。

⑩ 此节选自《吕氏春秋·察今》。

⑪ 尝一脔而知一镬之味：尝一块肉就知道一锅肉的味道了。镬，大锅。

⑫ 一鼎之调：意同"一镬之味"。鼎，锅。调，烹调，指味道。

⑬ 此节选自《吕氏春秋·本生》。

⑭ 厚酒：醇酒。

⑮ 务以相强：不要强饮强食。务，同"勿"。

⑯ 烂肠之食：吃了对身体没好处。

【1164】刘向①《新序》②曰：赵简子③使使者④聘⑤孔子于鲁⑥，以胖牛肉⑦迎于河⑧上。使者谓舡人⑨曰："孔子即上舡，中河⑩安流而杀之⑪。"孔子至⑫，使者致命⑬进胖牛之肉，孔子仰天而叹曰："美哉，水乎洋洋⑭也！使丘不济此水者，命也夫⑮！"

【1165】桓谭⑯《新论》曰：九江太守庞真⑰，案⑱县令

① 刘向：西汉经学家、文学家。本名更生（公元前77—前6年），字子政，沛（今江苏沛县）人。官至中垒校尉，撰《新序》《说苑》《别录》等。

② 《新序》：刘向撰，今本十卷。所录为春秋至汉初逸事。

③ 赵简子：春秋末晋国正卿，即赵鞅，后名志父。曾将范宣子《刑书》铸之于鼎。

④ 使使者：派遣使节。

⑤ 聘：以礼相请。

⑥ 鲁：鲁国。

⑦ 胖牛肉：半头牛肉。胖，半体牲肉。

⑧ 河：黄河。

⑨ 舡人：船夫。

⑩ 中河：河中央。

⑪ 安流而杀之：扔到河里溺杀。

⑫ 至：指上了船。

⑬ 致命：授命。

⑭ 水乎洋洋：多么大的水啊！

⑮ 使丘不济此水者，命也夫：意为若是我孔丘过不了这条河，定是天意的安排（天命）。丘，孔丘，孔子以名自称。济水，渡河。

⑯ 桓谭：东汉初哲学家。字君山，沛国相（今安徽淮北）人。光武时任议郎给事中，有《新论》二十九篇，早佚，今存辑本。

⑰ 庞真：人名。

⑱ 案：巡行；巡视。

高曾①受②社祭③釁④,有生牛肉二十斤,劾以主守盗⑤,上⑥请逮捕,诏釁不赃天下⑦。缘是诸府县社腊祠⑧祭灶⑨,不但进熟食⑩,皆复多肉、米、酒、脯、腊⑪,诸奇珍益盛⑫,是故⑬诸君府至⑭杀牛数十头。

【1166】又曰⑮:闻关东⑯鄙语⑰:"世人闻长安乐⑱,

---

① 高曾:人名。

② 受:收受。

③ 社祭:祭祀土地神。

④ 釁(xī):祭余的肉。

⑤ 劾以主守盗:论以监守自盗之罪。

⑥ 上:皇帝。

⑦ 釁不赃天下:所有的人都不得贪得祭肉。赃,《广韵》:"纳贿曰赃。"

⑧ 腊祠:古代阴历十二月的一种祭祀活动。所祭百神、先祖,内容庞杂。

⑨ 祭灶:古时为五祀之一,先为夏祭,后在汉改为冬祭,一般在阴历十二月二十三日,俗称送灶王爷。

⑩ 不但进熟食:不仅献祭熟食制品。

⑪ 腊:腊肉。

⑫ 诸奇珍益盛:各种精美馔品越来越多。

⑬ 是故:因此。

⑭ 至:甚至。

⑮ 此节亦选自《新论》。

⑯ 关东:大致指今陕西潼关以东的黄河下游地区。

⑰ 鄙语:俚语;俗话。

⑱ 长安乐:长安的音乐,指宫廷音乐,形容音乐之美。

出门西向笑①。知肉味美，则对屠门而嚼②。"

【1167】《风俗通》曰③：陈伯敬④目有所见⑤，不食其肉⑥。

【1168】王充《论衡》曰⑦：仲子⑧兄禄⑨万钟⑩，以兄之禄为不义⑪而不食之。避兄离母处于陵⑫，他日归⑬，有馈其兄生鹅者⑭，曰："恶用是鶂鶂者⑮。"他日其母杀是

---

① 出门西向笑：出门向西望着长安发笑。

② 对屠门而嚼：面对屠户门前咂嘴。嚼，又作"哨""噍"，当以嚼为正。曹植有"过屠门而大嚼"一语。

③ 此节为今《风俗通义》佚文。大意见《后汉书·郭躬列传》。

④ 陈伯敬：人名。

⑤ 目有所见：如果亲眼看到宰牲。

⑥ 不食其肉：就不吃这些肉。据《后汉书》为："呵叱狗马，终不言死；目有所见，不食其肉。"

⑦ 此节出自《论衡》何篇不详。

⑧ 仲子：人名。

⑨ 禄：俸禄。

⑩ 万钟：形容俸禄之多。十斛为一钟。

⑪ 不义：不义之禄，不该得的俸禄。

⑫ 避兄离母处于陵：离开兄弟和母亲，自己住到山里去了。

⑬ 他日归：有一天回到家里。

⑭ 有馈其兄生鹅者：（有一人）送给他的兄长一只活鹅。馈，赠送食物。

⑮ 恶用是鶂（yì）鶂者：语出《孟子·滕文公》。讨厌鹅叫之意。鶂鶂，鹅叫之声。

鹅①，与之食②，其兄自外来至③，曰："鶃鶃者之肉④！"而仲子耻负前言⑤，即吐而出之⑥。

【1169】《典略》曰：凡宗庙⑦三岁大祫⑧，每大牢⑨分之左辩⑩上帝⑪、后辩上后⑫；俎余委肉⑬积于前⑭数千斤，名"堆俎⑮"。

【1170】《博物志》曰⑯：食鷰肉⑰不可入水，为蛟⑱所

---

① 杀是鹅：宰了这只别人送来的鹅。

② 与之食：给仲子鹅肉吃。

③ 自外来至：从外面回至家中。

④ 鶃鶃者之肉：这不是鶃鶃叫的那东西的肉吗？为讥讽其弟之语。

⑤ 耻负前言：为忘却过去说过的话感到羞愧。

⑥ 吐而出之：将正在吃的鹅肉吐了出来。

⑦ 宗庙：供奉祭祀祖先的场所。

⑧ 三岁大祫（xiá）：三年一大祭。祫，古时天子或诸侯把远近祖先的牌位集合在太祖庙举行大合祭，称为祫。

⑨ 牢：祭祀用的牲。牛为太牢，羊为少牢。

⑩ 左辩：辩，别本又作"辨"，指牲体的左半边。

⑪ 上帝：祭献帝王。

⑫ 上后：祭献帝后。

⑬ 俎余委肉：祭器里没盛完的肉。俎，盛祭品的祭器。委，舍弃。

⑭ 积于前：堆积在宗庙前面。

⑮ 堆俎：堆肉作祭的意思。

⑯ 此节见今《博物志·卷四》。

⑰ 鷰（yàn）肉：燕肉。

⑱ 蛟：蛟龙，传说中的动物。也有指穿山甲。

吞。龙肉以醯①渍，则文章②生。

【1171】《文言》曰：燕之北郊③，朝鲜洌水④间，凡异肉及披牛羊五脏，谓之膊⑤（音博）。

【1172】《说文》曰：殽⑥，杂肉也。腌，渍肉也（一劫反）。脯，切肉也（之荚反）。

【1173】《广志》曰：北方有牧草，便于其畜⑦，故北方出美肉。

【1174】《异苑》曰：山阴⑧有人尝食牛肉，便作牛鸣⑨，食菜乃止⑩。

【1175】《广州先贤传》⑪曰：丁密⑫不食有目之肉⑬。

---

① 醯：又作"醯"，指醋。

② 文章：纹饰。意为龙肉放醋里一浸，就会出现纹彩。

③ 燕之北郊：指燕国故地以北的地区。

④ 洌水：今朝鲜大同江。

⑤ 膊：晾干肉。

⑥ 殽（xiáo）：同"肴"，带骨切成块的肉。

⑦ 便于其畜：有利于畜牧。

⑧ 山阴：县名，治所在今浙江绍兴。

⑨ 牛鸣：像牛一样叫唤。

⑩ 食菜乃止：吃菜后就不叫了。

⑪ 《广州先贤传》：邹闳甫撰，今存辑本一卷。

⑫ 丁密：人名。

⑬ 有目之肉：有眼禽兽的肉。

【1176】《桂阳先贤画赞》①曰：程曾②字孝孙，七岁亡母③，号慕毁悴④。王母⑤哀怜，嚼食哺之⑥，知有肉味，遂吐不食⑦。

【1177】《华阳国志》⑧曰：孝子狼偶⑨二亲⑩病时，不以食肉，遂终身不食肉⑪。

【1178】《董卓别传》⑫曰：吕布杀卓，百姓欣庆相贺，长安酒肉为⑬暴贵⑭。

【1179】《江氏家传》⑮曰：蕤⑯年七岁葬父，有酒肉

---

① 《桂阳先贤画赞》：吴张胜撰，清陈运溶辑一卷。

② 程曾：人名，字孝孙。《御览》作"子孝孙"。

③ 亡母：母亲亡故。

④ 号慕毁悴：号啕痛哭损害了身体。毁，哀痛过度而伤害身体。

⑤ 王母：王氏之母。

⑥ 嚼食哺之：用嘴将食物嚼碎后再喂给他吃。

⑦ 知有肉味，遂吐不食：吃出食物里有肉味，就吐了出来。古丧礼不食酒肉。

⑧ 《华阳国志》：东晋常璩撰，十二卷。为研究我国西南历史地理的重要著作。

⑨ 狼偶：人名，又作"郎偶"。

⑩ 二亲：父母双亲。

⑪ 不以食肉，遂终身不食肉：（因守丧）不食肉，以致一辈子都不吃肉。

⑫ 《董卓别传》：书名，已佚。

⑬ 为：因此。

⑭ 暴贵：物价暴涨。

⑮ 《江氏家传》：书名，已佚。

⑯ 蕤（ruí）：江蕤，人名。

食之，左右①或戏②曰："郎③为孝④，何肉食⑤？"蕤瞿然敛容⑥，遂不食。

【1180】《十洲记》⑦曰：昆仑⑧铜柱⑨下有回屋焉，壁万丈⑩。上有鸟，名曰"希有"，左翼覆东王公⑪，右翼覆西王母。其肉若醢，仙人甘之。

【1181】《笑林》曰：甲买肉过入都厕⑫，挂肉在外⑬。乙偷之，未得去⑭，甲出觅肉⑮。因诈⑯，便口衔肉⑰

---

① 左右：身边的人。

② 戏：开玩笑。

③ 郎：称江蕤，孩子之意。

④ 为孝：戴孝。

⑤ 何肉食：为什么还吃肉？

⑥ 瞿然敛容：突然改变了脸色。瞿然，心惊的样子。

⑦ 《十洲记》：又名《海内十洲记》，托名东方朔作。

⑧ 昆仑：昆仑山。

⑨ 铜柱：铜所铸长柱。

⑩ 壁万丈：屋壁高万丈。

⑪ 东王公：仙人名，与西王母并称，又称东华帝君，传为男仙领袖。

⑫ 都厕：大厕，指城内公厕。

⑬ 挂肉在外：把肉挂在厕所门外。

⑭ 未得去：没来得及离开。

⑮ 觅肉：寻找挂在门外的肉。

⑯ 因诈：乙趁机诈骗。

⑰ 口衔肉：把肉用口衔住，当作自己的。

曰："挂著外门，何不得失①？若如我衔肉着口②，岂有失理③？"

【1182】《世说》曰④：罗友⑤作荆州从事⑥，桓宣武⑦为王车骑集⑧别⑨，有求⑩，友进坐良久⑪，辞出⑫。宣武曰："卿向欲谘事⑬，今何以去⑭？"答曰："友⑮闻白羊白肉⑯美，一生未尝得吃，故来求食。食了，无事可谘⑰。"

---

① 何不得失：怎么能不丢失呢？

② 若如我衔肉着口：如像我这样把肉衔在口边。

③ 岂有失理：难道会丢失不成？

④ 此节选自《世说新语·任诞》。

⑤ 罗友：字它仁，襄阳人。初官从事，桓温表为襄阳太守，历广、益等州刺史。

⑥ 从事：官名。汉以后三公及州郡长官皆自辟僚属，多以从事为称，如从事史、从事中郎、别驾从事、治中从事。

⑦ 桓宣武：桓温。

⑧ 王车骑集：王集，即王洽。车骑为官名。

⑨ 别：饯别、饯行。

⑩ 有求：二字或为衍文。

⑪ 友进坐良久：罗友在宴席上坐了许久。《御览》此句作"集坐良久"。

⑫ 辞出：告辞离席而去。

⑬ 卿向欲谘事：你一向都是有事才来见我。谘事，议事；商议。

⑭ 今何以去：今天怎么一句话不说就要去了。

⑮ 友：罗友以名自称。

⑯ 白羊白肉：又作"白羊肉"。

⑰ 无事可谘：没有什么要商量的事。

【1183】魏文帝《与吴质①书》曰：举太山以为肉②，竭东海以为酒③。

【1184】陆凯④表⑤曰：吕蒙⑥、凌统⑦早亡，先帝⑧痛悼不已。子并幼稚⑨，皆内⑩省中⑪，称肉食之客⑫。

炙

【1185】《释名》曰：炙⑬，炙也，炙于火上也。脯炙，以脯饧蜜豉汁淹⑭之，脯脯然也。釜炙，于釜中汁和熟

---

① 吴质：字季重，三国魏济阳人。初为五官将，出为朝歌长，迁元城令。文帝时官震威将军，封列侯，为"建安七子"之一。

② 举太山以为肉：把泰山拿来当肉吃。太山，即泰山。

③ 竭东海以为酒：舀干东海水酿酒喝。

④ 陆凯：三国吴人，字敬风。拜建武都尉，迁左丞相，封嘉兴侯。

⑤ 表：给皇帝上奏章。

⑥ 吕蒙：孙权部将，字子明（公元178—219年），汝南富陂（今安徽阜阳）人。官至南郡太守，封屏陵侯。

⑦ 凌统：字公绩。年十五拜别部司马，迁校尉。因救孙权，功拜偏将军。

⑧ 先帝：三国吴大帝孙权。

⑨ 子并幼稚：孩子都很幼小。

⑩ 内：收养。

⑪ 省中：府中。

⑫ 此句又作"先帝省肉食之"。

⑬ 炙：烤好的肉。

⑭ 淹：同"腌"，渍也。

之也①。衔炙，细蜜肉②和以姜、椒、盐豉，已乃以肉衔裹③其表而炙之衔。衔炙④，全体⑤炙之，各自以刀割⑥，出于胡貊⑦之为也。

【1186】《礼》曰⑧：脍炙处外⑨。毋嚽炙⑩（嚽音切夬⑪切）。

【1187】《诗》曰⑫：执爨⑬踖踖⑭，为俎孔硕⑮，或燔或炙⑯。

---

① 这里所说釜炙实为红烧的方法。
② 细蜜肉：拌糖的肉馅。
③ 裹：包裹。
④ 衔炙：《御览》误作"豹炙"。貊（mò）炙，为整个牲畜炙烤，如烤全羊。因出自北方民族，北方民族名貊，故名。
⑤ 全体：整体。
⑥ 各自以刀割：吃时各人自己用刀切下。《御览》作"各自方割"。
⑦ 胡貊：古时对北方游牧民族的称呼。
⑧ 此节选自《礼记·曲礼上》。
⑨ 脍炙处外：原文为"脍炙处外，醯酱处内"，指肉脍肉炙摆在调味品的外边，便于食用。
⑩ 毋嚽炙：不要一口把烤肉吞下去，避贪吃之嫌。嚽，吮吸，这里指不细嚼便咽下去。
⑪ 切夬：应为"初快"之误。
⑫ 此节选自《诗经·小雅·谷风·楚茨》。
⑬ 爨（jì）：烹饪之人。
⑭ 踖踖：谨慎恭敬的样子。
⑮ 为俎孔硕：准备的祭肉十分肥美。孔，很；甚。硕，本意为大。
⑯ 或燔或炙：有燔肉，也有炙肉。燔、炙本同义，或分释炙为肝炙。

【1188】又曰①：有兔斯首②，炮之燔之。君子③有酒，酌言献④之（毛曰炮⑤，加火曰燔）。

【1189】《传》曰⑥：栾宁⑦将饮酒，炙未熟⑧，闻乱⑨，使告季子。季子，子路也，为孔氏⑩邑宰⑪也。召获⑫驾乘车⑬（召获，卫大夫。驾乘车，言不欲战也），行爵食炙⑭，奉卫侯辄⑮来奔。

【1190】《韩子》曰⑯：晋平公⑰时，少庶子⑱进炙而

---

① 此节选自《诗经·小雅·鱼藻·瓠叶》。

② 斯首：白首，指小兔。斯，白。

③ 君子：旧释以为周幽王。

④ 献：主人敬宾客酒。

⑤ 毛曰炮：兽未煺毛而烤叫"炮"。"八珍"称涂泥烤之为炮。

⑥ 此节选自《左传·哀公十五年》。

⑦ 栾宁：人名。卫国大夫。

⑧ 炙未熟：肉还没烤熟。

⑨ 闻乱：良夫等人劫持孔悝于厕强逼为盟，欲逐卫国君。

⑩ 孔氏：孔悝，春秋卫国大夫。

⑪ 邑宰：封邑的总管。《御览》作"宰邑"。

⑫ 召获：春秋卫国大夫。

⑬ 乘车：对战车而言。

⑭ 行爵食炙：饮酒吃烤肉。此句与上下文义不顺，应有错乱。

⑮ 卫侯辄：春秋卫出公，名辄。

⑯ 此节选自《韩非子·内储说下》。

⑰ 晋平公：春秋晋国君。

⑱ 少庶子：小儿子。庶子，古代指非正妻生的儿子。《御览》本无此三字。

发绕之①，平公使②杀庖人。庖人呼天③曰："嗟乎！臣有三罪，而死不自知④乎！"平公曰："何谓⑤也？"对曰："臣刀之利⑥，风靡骨断而发不截⑦，是臣之一死⑧。桑炭⑨炙之，肉红白⑩而发不烧⑪，是臣之二死也。炙熟，又重睫而视之⑫，发绕炙而目不见⑬，是臣三死也。意者⑭堂下有憎臣者⑮乎？杀臣不亦枉乎⑯？"

【1191】谢承《后汉书》曰⑰：陈正⑱字叔方，为太

---

① 发绕之：有头发缠绕在烤肉上。

② 使：命令。

③ 呼天：喊天叫地，喊冤的意思。

④ 死不自知：死到临头，自己还不知道。

⑤ 何谓：什么意思？

⑥ 利：锋利。

⑦ 截：断。

⑧ 一死：第一条死罪。

⑨ 桑炭：桑木炭。《御览》炭作"灰"。

⑩ 肉红白：又作"肉腐"，指烂熟。

⑪ 发不烧：头发没烧化。

⑫ 重睫而视之：两只眼睛瞪着看。重睫，一双眼睛。

⑬ 发绕炙而目不见：头发缠在烤肉上而眼睛却没看见。

⑭ 意者：怀疑；疑心。

⑮ 有憎臣者：有恨我的人，指有意陷害我。憎又作"譖"。

⑯ 杀臣不亦枉乎：这样就把我杀了，不是太冤枉了吗？

⑰ 此节所载并见《独异记》。

⑱ 陈正：人名。

官令①，与黄门侍郎有隙②。因进御食以发内炙中③，光武④见之，怒将斩正⑤。正曰："臣当万死者三⑥：一，山炭⑦增冶吐炎⑧，焦肤烂肉，而发不销⑨，臣罪一也。匣⑩出佩刀⑪（匠也），砥砺⑫而亏肌截骨⑬，曾不能断发，臣罪二也。臣少事⑭眼目，书奏章表⑮，犹读表五经⑯，具⑰供御食，与丞⑱

---

① 太官令：宫廷膳食主管官员。

② 有隙：彼此不合睦。隙，感情上有裂痕。

③ 因进御食以发内炙中：（黄门侍郎）趁给皇帝献食时放了根头发在烤肉内。因，趁。御食，皇帝所食。内，同"纳"。

④ 光武：汉光武帝刘秀。

⑤ 正：陈正。

⑥ 三：三条罪状。

⑦ 山炭：煤。

⑧ 吐炎：吐焰。

⑨ 销：化，指烧毁。

⑩ 匣：刀鞘。

⑪ 佩刀：随身佩带的刀剑。

⑫ 砥砺：磨砺。

⑬ 亏肌截骨：切肉断骨，形容刀之锋利。亏，毁坏。

⑭ 少事：稍事。

⑮ 书奏章表：眼睛写起奏章都没什么问题之意。

⑯ 五经：儒家经典，指《易经》《尚书》《诗经》《春秋》《礼经》。

⑰ 具：备办膳食。

⑱ 丞：指食官之一，《御览》作"承"。

及①庖人六目齐视②，岂不如黄门两目③，臣罪三也。"制④赦⑤之。

【1192】《晋书》曰⑥：王羲之年十三，谒⑦周𫖮⑧，𫖮异⑨之。时重牛心炙⑩，座客未啖，𫖮割啖羲之⑪，于是始知名。

【1193】《齐书》曰⑫：桂杨之役⑬，诏檄⑭久之未

---

① 及：《御览》作"反"。

② 六目齐视：三个人六只眼睛都看过。

③ 岂不如黄门两目：难道还不如黄门待郎的两只眼睛顶事吗？

④ 制：命令。

⑤ 赦：免罪。

⑥ 此节选自《晋书·王羲之列传》。

⑦ 谒：拜见；拜访。

⑧ 周𫖮：东晋大臣。字伯仁（公元269—322年），汝南安成（今河南汝南东南）人。官至吏部尚书、尚书左仆射，性嗜酒。

⑨ 异：惊奇。

⑩ 时重牛心炙：当时很看重烤牛心。

⑪ 座客未啖，𫖮割啖羲之：客人们都没吃，周𫖮先切下牛心炙给王羲之吃，以示敬重。

⑫ 查《南齐书》无此文，此节见《南史·江淹列传》。

⑬ 桂杨之役：桂杨即桂阳，郡名，治所在郴县（今湖南郴州）。役，战事。

⑭ 诏檄：皇帝的声讨文书。

就①。齐高帝②引江淹③入中书省",先④赐酒食,淹⑤素能饮啖。食鹅炙垂尽⑥,进酒数升讫,文诰亦办⑦。

【1194】《隋书》曰⑧:炀帝⑨初在藩⑩,鱼俱罗⑪弟赞⑫,以左右从⑬,累迁大都督⑭。及帝即位⑮,拜车骑将军⑯。赞⑰性凶暴,虐其部下。令左右炙肉,遇不中意⑱,以

---

① 久之未就:长时间没写成。

② 齐高帝:南朝齐高帝萧道成。

③ 江淹:南朝梁官吏,字文通。官至金紫光禄大夫。年轻时以能文著名,晚年稍逊,谓之"才尽"。

④ 先:《御览》作"光"。

⑤ 淹:江淹。

⑥ 垂尽:快吃光了。

⑦ 文诰亦办:吃了喝了,文诰也写好了。

⑧ 此节选自《隋书·鱼俱罗列传》。

⑨ 炀帝:隋炀帝杨广。

⑩ 藩:中央王朝分给诸侯王的封国。杨广曾为并州总管,封晋王。

⑪ 鱼俱罗:下邽人,膂力绝人。拜柱国,从杨素征突厥。因弟赞以凶暴获罪,隋炀帝思其有异志,命将兵会稽。后遣将巢米京洛,事发被斩于东都。

⑫ 赞:鱼赞,累迁大都督,拜车骑将军。后饮药而死。

⑬ 以左右从:因为跟随左右。

⑭ 大都督:官名。隋文帝时,府兵制的各军府中,以大都督、帅都督、都督为团、旅、队的官长。

⑮ 即位:指隋炀帝即皇帝位时。

⑯ 车骑将军:官名,见前注。

⑰ 赞:鱼赞。

⑱ 遇不中意:逢烤的肉不合胃口时。

签①刺瞎其眼②。有温酒不适③者，立断其舌④。

【1195】《孟子》曰⑤：嗜⑥秦人⑦之炙，无以异于嗜吾炙⑧。夫物则亦有然者也⑨，然则⑩嗜炙亦有外⑪欤？

【1196】又曰⑫：曾皙⑬嗜羊枣⑭，而曾子不忍食⑮羊枣。公孙丑⑯问曰："脍炙与羊枣孰美⑰？"孟子曰："脍炙哉⑱！"公孙丑曰："然则曾子何为食脍炙而不食羊枣

---

① 签：烤肉串用的签。

② 刺瞎其眼：刺瞎烤肉人的眼睛。

③ 不适：指冷暖失度。

④ 立断其舌：立即割断温酒人的舌头。

⑤ 此节选自《孟子·告子上》。

⑥ 嗜：吃。嗜，又作"耆"。

⑦ 秦人：秦国人。

⑧ 无以异于嗜吾炙：与我们吃鲁国的肉炙没什么不同。

⑨ 夫物则亦有然者也：其他事物同食炙的道理也是一样的。然，如此。

⑩ 然则：那么。

⑪ 外：孟子此言辩内外之意，批评诸子的"仁内义外"之说。

⑫ 此节选自《孟子·尽心下》。

⑬ 曾皙：曾子之父。名点，孔子弟子。

⑭ 羊枣：枣的一种。

⑮ 不忍食：不忍心吃。因父亲爱吃，父亲死后不忍再吃。

⑯ 公孙丑：战国齐国人，为孟子弟子之一。

⑰ 孰美：哪一样好吃？

⑱ 脍炙哉：当然是脍炙好吃。

乎①？"曰②："脍炙所同也③，羊枣所独④也。"

【1197】《孝子传》曰：王祥⑤后母病，欲黄雀炙⑥，乃有黄雀数枚飞入其幕⑦，因以供母⑧。

【1198】《说苑》曰⑨：智伯⑩以庖人忘炙簨⑪，而不知韩魏炙⑫，知小而不忘知大也⑬。

【1199】《世说》曰⑭：顾荣⑮字彦先，觉行炙人有欲

---

① 然则曾子何为食脍炙而不食羊枣乎：那么曾子怎么专吃好的而不吃次的？然则，那么。

② 曰：孟子说。

③ 脍炙所同也：脍炙是人们都爱吃的美味。

④ 羊枣所独：羊枣独为曾子之父所喜欢。所以曾子食脍炙而不食羊枣。

⑤ 王祥：临沂人，字休征。破冰求鱼事母。三国魏时迁太尉，晋初拜太保，封睢陵公。

⑥ 黄雀炙：烤黄雀。

⑦ 幕：布帐。

⑧ 因以供母：黄雀自己飞入布帐中，用来给母亲做黄雀炙吃。

⑨ 此节选自《说苑·杂言》。原文为："智伯厨人忘炙簨，而知之韩魏，反而不知邯郸。——不知务小者亦忘大也。"与《御览》引文不同。

⑩ 智伯：春秋末晋四卿之一，即知瑶、智襄子。

⑪ 簨（xuǎn）：竹签。

⑫ 韩魏炙：韩魏指晋国韩氏、魏氏，后与赵氏灭智氏，三家分晋。炙，肉炙。

⑬ 知小而不忘知大也：原意为务小者忘大，此句引文不合。

⑭ 此节选自《世说新语·德行》。

⑮ 顾荣：东晋官吏。字彦先（？—公元312年），吴（今江苏苏州）人。历官军司、散骑常侍。

炙之色①，辍己炙啖行炙者②，曰："岂有终日执之，而不知其味也耶③？"

【1200】《明皇杂录》曰：杜甫④后漂寓⑤湘潭⑥间，羁旅⑦鷦鸺⑧，于衡州⑨耒阳县，颇为令长⑩所厌⑪。甫⑫投诗于宰⑬，宰遂致牛炙、白酒以遗甫⑭。甫饮过多，一夕而卒⑮。集⑯中尤有《赠聂耒阳⑰诗》也。

---

① 觉行炙人有欲炙之色：看到献肉炙的仆人有想吃肉炙的表情。《御览》本未录此句。行炙人，分献肉炙的仆人。

② 辍己炙啖行炙者：自己不吃，把肉炙给这仆人吃。

③ 岂有终日执之，而不知其味也耶：哪有整天拿着肉炙而又不晓其味的道理？不知其味，不晓肉炙之味，指从不吃它。终日执之，整天拿着肉炙。

④ 杜甫：唐朝大诗人。字子美（公元712—770年），祖籍襄阳（今湖北襄樊）。曾任左拾遗、检校工部员外郎，死于耒阳湘江舟中。有《杜少陵集》。

⑤ 漂寓：漂泊流离。

⑥ 湘潭：指潭州之境，隋前为湘州，治所在今湖南长沙。

⑦ 羁旅：长久在他乡客居。

⑧ 鷦（jiāo）鸺（sù）：此处通"憔悴"。

⑨ 衡州：治所在衡阳（今湖南衡阳）。

⑩ 令长：耒阳县令，姓聂。

⑪ 厌：厌恶。

⑫ 甫：杜甫。

⑬ 投诗于宰：写诗赠给县令。宰，这里指县令。

⑭ 遗甫：送给杜甫。《御览》作"甫遗"。

⑮ 一夕而卒：当晚就死了。

⑯ 集：杜甫诗集。

⑰ 聂耒阳：耒阳县令聂某。

卷第八百六十四

饮食部二十二

脂膏

【1201】《周礼·庖人》曰①：凡用禽兽②，春行羔豚膳膏香③，夏行腒鱐（音搜）膳膏臊④，秋行犊⑤麛⑥膳膏腥⑦，冬行鱻⑧羽⑨膳膏膻⑩（用禽兽⑪，为煎和之以献王⑫也。郑司农云：膏香，牛脂⑬也。臊，豕膏⑭也。杜子春⑮云：膏臊，犬膏；膏腥，豕膏。鲜⑯，生鱼也。羽，雁也。

---

① 此节选自《周礼·天官·庖人》。

② 禽兽：《周礼》作"禽献"，原注为"煎和之以献王"，禽不当禽鸟解。

③ 春行羔豚膳膏香：春季以猪、羊为肴馔须用牛脂煎和。春，春季。羔豚，小羊和猪。膏香，牛脂。

④ 夏行腒鱐膳膏臊：要用犬膏来烹调干鱼干雉。腒，干雉。鱐，干鱼。膏臊，犬膏。

⑤ 犊：小牛。

⑥ 麛（mí）：小鹿，又作"麑"。

⑦ 膏腥：猪膏，也有说鸡膏。

⑧ 鱻（xiān）：生鱼，今作"鲜"。

⑨ 羽：大雁。

⑩ 膏膻：羊脂。

⑪ 禽兽：为"禽献"之误。

⑫ 献王：奉献给帝王食用。王，指周王。

⑬ 牛脂：牛油。

⑭ 豕膏：猪油

⑮ 杜子春：《御览》误为"杜子美"。东汉缑氏人，受学于刘歆。

⑯ 鲜：鲜鱼。

膏羶，羊脂也。玄①谓：膏腥，鸡膏也。八物②者，得四时之气尤盛③，为人食之弗盛④，是以用休废之脂膏⑤，煎和膳之⑥）。

【1202】又《冬官·梓人》曰⑦：天下之兽五⑧：脂者⑨，膏者⑩，赢者⑪，羽者⑫，鳞者⑬（脂，牛羊之属。膏，豕之膏也）。宗庙之事⑭，脂者、膏者以为牲⑮（致美味也）。

---

① 玄：郑玄。

② 八物：羔、豚、腒、鱐、犊、麛、鱼、雁。

③ 得四时之气尤盛：古时五行之说，认为动物各有所象，如春天猪、羊得草肥美，所谓得春之气更盛，故须用象征土的牛脂来制其"盛"。

④ 为人食之弗盛：人吃了后承受不了。

⑤ 休废之脂膏：与所烹动物不同的动物油，用以克其"盛"。休废，死之意。

⑥ 煎和膳之：烹饪而食之。《御览》原所引注错落很多，未一一注明。

⑦ 此节选自《周礼·冬官·梓人》。

⑧ 天下之兽五：原作"大兽"。五，指五种。

⑨ 脂者：指牛、羊之类。

⑩ 膏者：指猪。

⑪ 赢（luǒ）者：虎、豹一类的短毛动物。又写作"裸"。

⑫ 羽者：飞禽。

⑬ 鳞者：蛇、鱼之类。

⑭ 宗庙之事：祭祀之事。

⑮ 脂者、膏者以为牲：用牛、羊、猪为祭牲。

【1203】《礼》曰①：脂用葱②，膏③用薤④（脂，肥凝者，释⑤者曰膏）。煎诸膏，膏必灭之⑥。肝膋⑦，取狗肝一，幪⑧之以其膋⑨（膋，肠间脂。幪音蒙）。小切⑩狼臅膏⑪，以与稻米为酏⑫（狼臅，臆⑬中膏，之然反）。

【1204】《尔雅》曰⑭：冰，脂也⑮，肌肤若冰雪⑯。（冰雪，脂膏也）。

【1205】《说文》曰：膫⑰，牛肠脂（膫，音力彫反）。

---

① 此节选自《礼记·内则》。仅为摘句，文意不全。

② 脂用葱：用肥脂时以葱调味。

③ 膏：经过稀释的脂。

④ 薤（xiè）：藠头，多年生蔬菜作物，鳞茎如蒜瓣。

⑤ 释：液化。《御览》作"泽"。

⑥ 此句所引本为"八珍·炮豚之法"中的一个程序。膏必灭之，油一定要没过肉。实为油炸。

⑦ 肝膋：炙狗肝，为"八珍"之一。

⑧ 幪：蒙也，包裹覆盖。

⑨ 膋：肠边生长的板油。

⑩ 小切：碎切。

⑪ 狼臅（chù）膏：狼胸前的脂肪。臅，胸中之膏。

⑫ 酏：稀粥。

⑬ 臆：胸。

⑭ 此句选自《尔雅·释器》。

⑮ 冰，脂也：意为冰亦为脂之名。

⑯ 肌肤若冰雪：肌体同脂膏般润滑。指姑射之山的神人，如处子之貌。

⑰ 膫（liáo）：古同"膋"，此处为牛肠边生长的脂肪。

【1206】《通俗文》曰：脂在脊曰肪①，在骨曰𦙍②（音珊）。兽脂聚曰䐒③（音窘）。

【1207】《史记》曰④：贩脂⑤辱处⑥也，而公伯⑦千金⑧。

【1208】《后汉书》曰⑨：孔奋⑩为姑臧长⑪，力行清洁⑫，为众人所笑⑬。以为身处脂膏⑭，不能自润⑮，徒益苦辛耳⑯。

---

① 脂在脊曰肪：生长在脊椎部位的脂叫肪。

② 𦙍（shān）：长生在骨头附近的脂肪。

③ 䐒（jiǒng）：集结的动物脂肪。

④ 此节选自《史记·货殖列传》。

⑤ 贩脂：贩卖动物脂膏。贩，《御览》误作"败"。

⑥ 辱处：指地位低下。

⑦ 公伯：人名，《史记》本作"雍伯"，《汉书》作"翁伯"。

⑧ 千金：积财甚多之意。指翁伯因卖脂而成为巨富。汉代以一斤金当千金，即一万钱。

⑨ 此节选自《后汉书·孔奋列传》。

⑩ 孔奋：字君鱼，官至武都太守。

⑪ 姑臧长：姑臧县令。姑臧治所在今甘肃武威。

⑫ 清洁：为官廉洁。

⑬ 笑：耻笑；讥笑。

⑭ 身处脂膏：身在脂油中，指当官必得沾光。

⑮ 自润：为自己谋利的意思。

⑯ 徒益苦辛耳：白白操劳的意思。

【1209】《淮南子》曰①：无角者膏而无前②，有角者脂③而无后④。

油

【1210】《魏志》曰⑤：孙权至合肥新城⑥，满宠⑦驰往赴⑧，募⑨壮士数十人，折松为炬⑩灌以麻油⑪，以上风放火，烧贼⑫攻具⑬。

【1211】又曰⑭：黄初三年⑮，车驾幸宛⑯，使夏侯尚⑰

---

① 此节选自《淮南子·坠形训》。

② 无角者膏而无前：《说文解字》："脂，戴角者脂，无角者膏。"无角者膏指猪一类牲畜。无前，原注"肥从前起"，不知道是什么意思。

③ 有角者脂：牛、羊、麋之类。凝者为脂，释者为膏。

④ 无后：原注"肥从后起"，不知道是什么意思。

⑤ 此节选自《三国志·魏书·满宠传》。

⑥ 合肥新城：新筑的合肥城。

⑦ 满宠：三国魏大臣，字伯宁，昌邑人。拜伏波将军，历封昌邑侯，官终太尉。

⑧ 赴：赴战。

⑨ 募：招募；募集。

⑩ 折松为炬：砍下松枝做火炬。

⑪ 麻油：蓖麻油。

⑫ 贼：指孙权军队。

⑬ 攻具：攻城器械。

⑭ 此节选自《三国志·魏书·夏侯尚传》。

⑮ 黄初三年：公元222年。黄初为三国魏文帝曹丕在位年号。

⑯ 车驾幸宛：曹丕驾临宛县（今河南南阳）。

⑰ 夏侯尚：字伯仁。累官五官将文学，迁黄门侍郎，官至征南将军、荆州刺史，封平陵乡侯。

率诸军,与曹真①共围江陵②。权③将诸葛瑾④与尚军对江,瑾⑤渡入江中渚⑥,而分水军⑦于江中。尚⑧夜多持油舡⑨,将⑩步骑⑪万余人,于下流⑫潜渡⑬,攻瑾诸军,夹江⑭烧其舟舡,水陆并攻⑮,破之。

【1212】王隐《晋书》曰:元康三年⑯武库火⑰,检校⑱是工匠盗库中,恐罪⑲,乃投烛着麻膏⑳中火燃。

---

① 曹真:曹操义子,进位大司马,封邵陵侯。

② 江陵:今湖北江陵。

③ 权:孙权。

④ 诸葛瑾:三国吴大臣,诸葛亮之兄。见前注。

⑤ 瑾:诸葛瑾。

⑥ 江中渚:江心陆洲。

⑦ 水军:舟兵。

⑧ 尚:夏侯尚。

⑨ 油舡:载有油的船。

⑩ 将:带领。

⑪ 步骑:步兵与骑兵。

⑫ 下流:下游。

⑬ 潜渡:偷偷渡水。

⑭ 夹江:由江两岸向江心进攻。

⑮ 水陆并攻:水军、陆路一齐进攻。

⑯ 元康三年:公元293年,元康为西晋惠帝在位年号之一,公元291—300年。

⑰ 武库火:武库失火。武库指存放各种物品的库房。

⑱ 检校:检察;调查。

⑲ 恐罪:害怕罪行暴露。

⑳ 麻膏:芝麻油。

【1213】又曰①：齐王②冏③起义④，孙秀⑤多敛⑥苇炬⑦，益储⑧麻油⑨于殿省⑩，为纵火具⑪。

【1214】《东宫旧事》⑫曰：月给⑬油六升。

【1215】《宋书》曰⑭：朱脩之为荆州刺史，去镇之日⑮，秋毫无犯⑯。计⑰在州以来⑱，燃油及秣⑲牛、马食官⑳

---

① 此节亦选自王隐《晋书》。

② 齐王：封号。

③ 冏：司马冏，西晋宗室，字景治，司马昭之孙。"八王之乱"中，先参与废杀贾后，又讨伐赵王伦，拜大司马，后被讨杀。

④ 起义：指与赵王司马伦密结，废杀贾后。

⑤ 孙秀：西晋司马伦僭位，为侍中、中书监。齐王司马冏等起兵讨伦，孙秀被诛。

⑥ 敛：收拾。

⑦ 苇炬：苇子绑扎的火把。

⑧ 储：储备。

⑨ 麻油：蓖麻子油。

⑩ 殿省：殿中省，官署名，掌诸供奉。

⑪ 纵火具：放火的器具。

⑫ 《东宫旧事》：晋张敞撰，今存一卷。

⑬ 给：供给。

⑭ 此节选自《宋书·朱脩之列传》。

⑮ 去镇之日：离任之时。

⑯ 秋毫无犯：形容对百姓的财物一点儿也没多占。秋毫，兽类秋天新长的细毛，形容小到极点。

⑰ 计：算计。

⑱ 在州以来：自任州刺史以来。

⑲ 秣：喂牲口。

⑳ 官：公家；官府。

谷草，以私钱①六十万②偿③之。

【1216】《梁书》曰④：沈约年十三而遭家难⑤，潜窜⑥，会赦乃免⑦。既而流寓⑧孤贫，笃志好学，昼夜不释卷⑨。母恐其以劳生疾⑩，常遣⑪减油⑫灭火⑬。

【1217】又曰⑭：张缵⑮为湘州刺史，州境大宁⑯。晚好积聚⑰，多写图书数万卷⑱。有油二百斛、米四千石，佗物称是⑲。

---

① 私钱：自己的俸禄。

② 六十万：又作"十六万"。

③ 偿：偿还；抵偿。

④ 此节选自《梁书·沈约列传》。

⑤ 家难：指其父沈璞为淮南太守被诛。

⑥ 潜窜：潜逃在外。

⑦ 会赦乃免：朝廷发布赦令免罪。会，逢。

⑧ 流寓：流落他乡。

⑨ 不释卷：手不离书。

⑩ 以劳生疾：因劳累过度而得病。

⑪ 遣：令。

⑫ 油：灯油。

⑬ 灭火：熄灯。

⑭ 此节选自《南史·张弘策列传》，《梁书》本传无此文。

⑮ 张缵：字伯绪。累官平北将军，宁蛮校尉。后被岳阳王萧詧所害。

⑯ 州境大宁：因治政有方，全州境内十分安定。

⑰ 晚好积聚：到晚年时喜好积蓄钱财。

⑱ 多写图书数万卷：此句《御览》无"图"字。

⑲ 佗物称是：其他物品应有尽有。佗，通"他"。

【1218】又曰①：侯景攻台城②，为曲项③木驴攻城，矢石不能制④。羊侃⑤作雉尾炬⑥，施铁镞⑦，以油灌之，掷驴上焚之，俄尽⑧。

【1219】又曰⑨：初⑩，侯景既南奔⑪，魏相⑫高澄⑬命先剥景⑭妻子⑮面皮，悉⑯以油煎杀⑰之。

---

① 此节选自《梁书·羊侃列传》。

② 台城：本三国吴后苑城，为东晋、南朝政府所在地。侯景攻台城，梁武帝困死其中。

③ 曲项：曲颈，又作"尖顶"。

④ 矢石不能制：箭和石块都无法阻止。

⑤ 羊侃：字祖忻，梁甫人。授徐州刺史，累迁都官尚书。卒赠侍中军师将军。

⑥ 雉尾炬：像野鸡尾一样的火把。

⑦ 铁镞（zú）：安装上铁箭头。镞，箭头。

⑧ 俄尽：很快便烧光了。

⑨ 此节选自《南史·贼臣列传》，《梁书》本传无此文。

⑩ 初：起初，原先。

⑪ 南奔：侯景投奔南梁政权，受封河南王。

⑫ 魏相：东魏丞相。

⑬ 高澄：高欢长子，字子惠。摄吏部尚书，高欢此后代为大丞相，封渤海王。二十九岁被杀，后追谥文襄皇帝。

⑭ 景：侯景。

⑮ 妻子：妻与子。

⑯ 悉：全部。

⑰ 以油煎杀：放油锅里煮死。

【1220】《后周书》曰①：卫剌王②直③作乱，率其党④袭肃章门⑤，不得入⑥，乃纵火烧之。尉迟运⑦惧火尽⑧，直党得进⑨，乃取油灌木以溢火⑩，火势转盛⑪，直⑫不得进，乃退。

【1221】《博物志》曰⑬：煎油水气尽⑭，无烟，不复沸则还冷⑮，得水而焰起飞散⑯。

---

① 此节选自《周书·尉迟运列传》，又见《周书·卫剌王直列传》。
② 卫剌王：封号。
③ 直：字文直，周文帝十三子，字豆罗突，官至大司空。因反乱被囚杀。
④ 党：党徒，指乱党。
⑤ 肃章门：宫门名。
⑥ 不得入：攻不进去。
⑦ 尉迟运：初以功进爵广业郡公，因败卫剌王宇文直进爵卢国公。
⑧ 惧火尽：害怕大火熄灭后。
⑨ 直党得进：宇文直的人趁机冲进来。
⑩ 溢火：助长火势。
⑪ 盛：猛烈。
⑫ 直：字文直。《御览》作"真"。
⑬ 此节见今《博物志·卷四》。
⑭ 煎油水气尽：煎油时水气挥发完以后。《博物志》作"煎麻油"。
⑮ 还冷：转而变凉。《博物志》此句后还有"可内（纳）手搅之"一语。
⑯ 得水而焰起飞散：《博物志》作"得水则焰起，散辛而灭"，指沸油中加水便起火，水气散完火就灭了。

【1222】《释名》曰：柰油①，捣柰实和之②，以涂③缯④上。燥而发之⑤，形⑥似油也。杏油亦如之⑦。

---

① 柰油：沙果制的油。
② 捣柰实和之：把沙果捣碎呈泥状，以水和之。
③ 涂：抹。
④ 缯（zēng）：丝织品的总称。
⑤ 燥而发之：干燥后揭下来。发，揭开。
⑥ 形：样子。
⑦ 杏油亦如之：制杏油与此一样。

卷第八百六十五

饮食部二十三

盐

【1223】《书》曰①：青州②，厥③贡④盐絺⑤。

【1224】《周礼·天官·笾人》曰：朝事之笾⑥，其实形盐⑦（按盐谓为虎形，谓之形盐）。

【1225】又曰⑧：掌盐之政令⑨，以共⑩百事⑪之盐。祭祀，共其苦盐⑫、散盐⑬（杜子春读苦为盬⑭，谓出盐直用⑮不

---

① 此节选自《尚书·禹贡》。

② 青州：古"九州"之一。《禹贡》："海、岱惟青州。"《周礼·职方》："正东曰青州。"大致指今山东和辽东地区。

③ 厥：乃；就。

④ 贡：进贡。

⑤ 絺（chī）：细葛布。

⑥ 朝事之笾：早食所用的食盘。笾，竹编的高足盘。或指朝事为祭仪之一。

⑦ 其实形盐：里面盛着虎形盐粒。《春秋》："盐，虎形。"或说堆盐为虎形，或铸压为虎形。

⑧ 此节选自《周礼·天官·盐人》。

⑨ 政令：法令。

⑩ 共：供。

⑪ 百事：各种事情。

⑫ 苦盐：盐池所出的颗粒盐，不必熬煮便可食用。

⑬ 散盐：煮海水所得盐。

⑭ 盬（gǔ）：盐池。又专指今山西临猗南的盐池。

⑮ 直用：直接取用。

冻治①也。郑司农云：散盐，冻治者②。玄谓：散盐，煮水为盐也）。宾客③，共其形盐④散盐。王⑤之膳羞共饴盐⑥（饴，盐之怡⑦者，今戎盐⑧有也）。凡齐事⑨，鬻盬⑩以待戒令（齐事，和⑪五味之事。鬻盐，冻治之。鬻音煮）。

【1226】《记》曰⑫：祭宗庙盐曰咸鹾⑬（大咸⑭曰鹾）。

【1227】又曰⑮：醯醢之美，而煎盐之尚⑯，贵天产⑰也。

---

① 冻治：熬煮。

② 冻治者：海水煮的盐。

③ 宾客：招待客人。

④ 形盐：虎形盐。

⑤ 王：周王。

⑥ 饴盐：这里指石盐，戎地所产，味淡之盐。

⑦ 怡：原注作"恬"，借为淡之意，指味不咸而微甜的盐。

⑧ 戎盐：古代少数民族所产的盐。

⑨ 齐事：烹调之事。

⑩ 鬻盬：煮盐。鬻，同"煮"，《御览》此节通作"鬻"。

⑪ 和：调味。

⑫ 此节选自《礼记·曲礼》。

⑬ 咸鹾（cuó）：专称祭祀用的盐。

⑭ 大咸：特别咸。

⑮ 此节选自《礼记·郊特牲》。

⑯ 煎盐之尚：盐胜于醯醢之美。尚，超过。

⑰ 贵天产：其贵为自然所产，非人力所为。

【1228】又曰①：桃诸②卵盐③（大盐）。

【1229】又曰④：功⑤衰⑥食菜果，饮水浆，无盐酪⑦，不能食食⑧，盐酪可也⑨（功衰，齐斩⑩之末也。酪，酢截⑪）。

【1230】《左传》曰⑫：王⑬使⑭周公阅⑮来聘⑯，饷⑰有昌歜⑱，白⑲、黑⑳、形盐。辞㉑曰："国君文足昭㉒也，武可

---

① 此节选自《礼记·内则》。
② 桃诸：桃做菹。
③ 卵盐：大盐。
④ 此节选自《礼记·杂记》。
⑤ 功：丧服，有大功、小功之分，指织布之功细密。
⑥ 衰：指丧服，有齐衰、斩衰之分。
⑦ 无盐酪：不加盐和果汁。酪，果实所得浆，具甜酸之味。
⑧ 不能食食：如果吃不下饭。
⑨ 盐酪可也：可以加点盐酪。
⑩ 齐斩：齐衰和斩衰，均为丧服之名。
⑪ 酢截（zài）：酸果汁。截，又为醋之名。
⑫ 此节选自《左传·僖公三十年》。
⑬ 王：周襄王姬郑，在位三十三年。
⑭ 使：派遣。
⑮ 周公阅：人名，为周襄王冢宰。
⑯ 聘：问候。古代诸侯之间或诸侯与天子之间派使节问候，称为"聘"。
⑰ 饷：招待周公阅。
⑱ 昌歜：昌蒲菹。
⑲ 白：稻米。指熬稻米。
⑳ 黑：黍。指熬黄米。
㉑ 辞：谢。指周公阅辞谢鲁僖公的盛情招待。
㉒ 文足昭：文治足以昭显于诸侯。昭，归显，显著。

畏①也，则有备物之饷②，以象其德③。荐五味④、羞嘉谷⑤、盐虎形（盐，五味之酱⑥，故刻尽虎形以象其武），以献其功⑦，吾何以堪之⑧？"

【1231】又曰⑨：晋人谋去故绛⑩，诸大夫⑪皆曰："必居郇瑕氏⑫之地，沃饶而近盬⑬（盬，猗氏县⑭有盐池是也）。"

【1232】又曰⑮：齐晏子曰："山木如市⑯，弗加于

---

① 武可畏：武备足以使人畏惧。畏，畏惧，敬畏。
② 备物之饷：以全备的食物来招待。备物，指下言"以象其德"之物。
③ 以象其德：作为德行的象征。
④ 荐五味：五味之馔。荐，肴；馔。
⑤ 羞嘉谷：以嘉谷为饭食。嘉谷，指稻黍。
⑥ 酱：同"将"。指盐为五味之主。
⑦ 以献其功：用于表显功德。
⑧ 吾何以堪之：我怎么能与国君相比？自谦不敢当。
⑨ 此节选自《左传·成公六年》。
⑩ 谋去故绛：计划着离开故绛。故绛，在今山西翼城东。后晋景公迁于新田，在今山西曲沃西南，亦称绛，为新绛，旧都因称故绛。
⑪ 诸大夫：朝中各位官员。
⑫ 郇（huán）瑕氏：郇瑕为古国名，故城在今山西解县。
⑬ 沃饶而近盬：土地肥沃而且邻近盐池。盬，指今山西临猗的盐池。
⑭ 猗（yī）氏县：故城在今山西西南部猗氏南。
⑮ 此节选自《左传·昭公三年》。
⑯ 山木如市：将山上的树木运到市场上去卖。如，往。

山①。鱼盐蜃蛤②，弗加于海③。"

【1233】《说文》曰：盐，咸也。鹽池，河东盐池④袤⑤五千里、广⑥六里，周一百十四里⑦（戴延之⑧《西京记》⑨曰：盐生水中，夕取朝复⑩，千车万驴，适意多少⑪）。卤⑫，西方咸地也，东方谓之斥⑬，西方谓之卤。鹺，咸也，河内⑭谓之咸。

【1234】《广雅》曰：䴛⑮（音消），䴗⑯（七豆切），䴟⑰（音温），䴠⑱（步典切），盐也。

---

① 弗加于山：对高山并无损害，指山木取之不尽。加，影响。

② 鱼盐蜃蛤：海产品也运至市场出卖。

③ 弗加于海：对大海不会有影响。海资源取之不尽。

④ 河东盐池：今山西临猗境内盐池。

⑤ 袤（mào）：面积的长度。本作五十一里。

⑥ 广：面积的宽度。通常又把东西的距离叫广，南北的距离叫袤。本作广七里。

⑦ 周一百十四里：本作"周一百十六里"。

⑧ 戴延之：人名。

⑨ 《西京记》：今不见传。

⑩ 夕取朝复：晚上取了，次日晨又有了，取之不尽之意。

⑪ 适意多少：随意要多少有多少。

⑫ 卤：盐碱地。

⑬ 斥：地咸曰斥。斥卤即指不易耕种的盐碱地。

⑭ 河内：古指河南境黄河以北地区。又为郡名。

⑮ 䴛（xiāo）：煎盐，见《集韵》。

⑯ 䴗（zòu）：盐。

⑰ 䴟（wēn）：盐。又特指戎盐，见《玉篇》。

⑱ 䴠（biǎn）：盐。

【1235】《史记》曰①：募民自给费②，因官器作煮盐③，官与牢盆④（如淳⑤曰：牢，廪食⑥也。盆，煮盐之盆）。

【1236】《汉书》曰⑦：王莽诏曰："盐，食肴之将⑧。"

【1237】又曰⑨：吴⑩东煮海水为盐，国用饶足⑪（《吴录·地理志》曰：吴王⑫煮海水为盐，今海盐县⑬是也）。

【1238】《续汉书》曰⑭：虞翊⑮为武都⑯太守，始到

---

① 此节选自《史记·平准书》。
② 自给费：《御览》作"月给费"，依下文不当作"自给"，而是由政府提供费用。
③ 因官器作煮盐：用政府提供的器具煮盐。
④ 官与牢盆：政府提供饮食之资。牢，官府供给的粮食，或说牢为盆之名。
⑤ 如淳：三国魏冯翊郡人，官陈郡太守，有《汉书注》。
⑥ 廪（lǐn）食：古称廪为牢，指官府提供的粮食。
⑦ 此节选自《汉书·食货志》。
⑧ 食肴之将：饮食最主要的物质。将，即大，或说为将帅之将。《御览》肴作"者"。
⑨ 此节选自《汉书·吴王濞传》。
⑩ 吴：刘濞所封之吴，为周吴国故地。
⑪ 国用饶足：国府充盈富足。
⑫ 吴王：春秋吴国国王。
⑬ 海盐县：今浙江海盐。
⑭ 此节见《后汉书·虞诩列传》注引。
⑮ 虞翊：又作虞诩，人名。
⑯ 武都：郡名，汉代治所在武都。东汉移治下辨道，在今甘肃成县西。

郡①，谷石千五百②，盐石八千③。视事三岁④，谷石八十，盐四百⑤。

【1239】又曰⑥：天竺国⑦出黑盐⑧。

【1240】《东观汉记》曰⑨：贾复⑩为县掾⑪，迎盐河东⑫，会盗贼⑬起，等辈⑭放散其盐⑮，复⑯独完还致县中⑰。

---

① 始到郡：刚到郡府上任时。
② 谷石千五百：谷一石卖一千五百钱。
③ 石八千：一石价八千钱。
④ 视事三岁：在任治政三年之后。视事，指管理政务。
⑤ 盐四百：盐一石价四百钱，《御览》作"盐百"。物价下跌许多。
⑥ 此节又见《后汉书·西域列传》。
⑦ 天竺国：古印度别称，古籍上又写作身毒、贤豆，《大唐西域记》正"印度"之名。
⑧ 黑盐：色黑之盐。
⑨ 此节选自《东观汉记·贾复列传》。
⑩ 贾复：东汉官吏，字君文，南阳冠军（今河南邓州西北）人。初封冠军侯，光武帝时封胶东侯，拜左将军。
⑪ 县掾：官名。
⑫ 迎盐河东：到河东盐池去运盐。
⑬ 盗贼：指当时的农民起义军。
⑭ 等辈：同去的运盐人。
⑮ 放散其盐：把盐扔下后跑了。放散，扔下不管。又作"欺没"。
⑯ 复：贾复。
⑰ 独完还致县中：就他一人如数将盐运回到冠军县。完，指没丢失。

【1241】《后汉书》曰①：第五伦②自以久为官不达③，遂将家属客河东④，变名姓⑤，自称王伯齐，载盐往来⑥太原、上党⑦，所过⑧，辄为粪除⑨而去。

【1242】又王符论曰⑩：且攻玉以石⑪，洗金以盐⑫（《诗·小雅》曰⑬：他山之石，可以攻玉。今之金工⑭发金色⑮者，皆淬⑯之以盐水也）。

---

① 此节选自《后汉书·第五伦列传》。

② 第五伦：东汉大臣，字伯鱼，京兆长陵（今陕西咸阳东北）人。历官医工长、会稽太守、大司农、司空等；以正直廉洁著称。

③ 为官不达：做的官不大。达，显达。

④ 遂将家属客河东：于是带着全家客居河东郡。将，带领。

⑤ 变名姓：改名换姓。

⑥ 载盐往来：来往贩盐。

⑦ 上党：郡名，两汉时治所在长子（今山西长子西）。

⑧ 所过：所到之处。

⑨ 粪除：扫除，形容自为修洁。指凡是所经之地，都留下了好名声。

⑩ 此语出自王符所撰《实贡篇》，原载于《后汉书·王符列传》。

⑪ 攻玉以石：用石琢玉。

⑫ 洗金以盐：用盐水洗金饰，使其光亮。

⑬ 此句出自《诗经·小雅·鹤鸣》。

⑭ 金工：金匠。

⑮ 发金色：使金色发亮。

⑯ 淬：淬火。指用盐水淬火。

【1243】《魏志》曰①：卫觊②《与荀彧③书》曰："夫盐，国之大宝④也。自乱以来⑤放散⑥，宜如旧⑦置使者监卖⑧，以其直益市犁牛⑨。若有归民⑩，以供给之⑪。"

【1244】又曰⑫：邓艾⑬平蜀⑭后，言于司马文王⑮："留陇右⑯兵二万人、蜀兵⑰二万人，煮盐兴冶⑱，为军农要用⑲"。

---

① 此节选自《三国志·魏书·卫觊（jì）传》。

② 卫觊：三国魏安邑人，字伯儒。汉末累迁尚书，入魏拜侍中，封闅（wén）乡侯。

③ 荀彧（yù）：东汉末曹操谋士。字文若（公元163—212年），颍川颍阴（今河南许昌）人。归曹操任司马，擢任尚书令。因反对曹操称魏公，被迫自杀。

④ 大宝：巨大的财富。

⑤ 自乱以来：自汉末战乱以来。

⑥ 放散：放任，没有进行管理。

⑦ 如旧：同过去的做法一样。

⑧ 置使者监卖：设置盐官监管盐的买卖。曹操于是遣谒者仆射为监盐官。

⑨ 以其直益市犁牛：用盐业所得赋税多买些犁和耕牛。直，钱，同"值"。

⑩ 归民：归乡的流散之民。

⑪ 以供给之：用这些农具、牲畜等供给归民做生产之需。

⑫ 此节选自《三国志·魏书·邓艾传》。

⑬ 邓艾：三国魏国将领。字士载（公元179—264年），义阳棘阳（今河南新野东北）人。官镇西将军，封邓侯。钟会诬以谋反罪，被杀。

⑭ 平蜀：公元263年，邓艾率军偷渡阴平险道，直迫成都，遂灭蜀汉。

⑮ 司马文王：即三国魏大臣司马昭。

⑯ 陇右：泛指陇山以西地区。

⑰ 蜀兵：原蜀汉军兵。

⑱ 兴冶：冶铁炼铜。

⑲ 要用：需用。

【1245】《魏略》曰：汉令哀牢民①家出盐一斛以为赋②。

【1246】《吴志》曰③：朱桓④卒，家无余财⑤。孙权赐盐五千斛，以周丧事⑥。

【1247】《蜀志》曰⑦：先主⑧定⑨益州⑩，置盐府校尉⑪，校盐铁之利⑫。

【1248】《晋书》曰⑬：肃慎国⑭无盐铁⑮，烧木作灰，取汁而食之⑯。

---

① 哀牢民：汉代分布在云南西部地区的民族之一，农业发达，产丝、毛、木棉等。

② 赋：军赋，赋税。

③ 此节选自《三国志·吴书·朱桓传》。

④ 朱桓：吴郡人，字休穆。除余姚长，后为濡须督，封新城侯，迁奋武将军。

⑤ 家无余财：家中没有足够的钱。

⑥ 以周丧事：用于接济丧事费用。周，周济，救济。

⑦ 此节选自《三国志·蜀书·吕乂传》。

⑧ 先主：刘备。

⑨ 定：平定，占领。

⑩ 益州：东汉末治所在成都。

⑪ 盐府校尉：官名，管理盐铁生产。

⑫ 校盐铁之利：管理盐铁专卖。

⑬ 此节选自《晋书·四夷列传》。

⑭ 肃慎国：东北地区古代民族，又作息慎、稷慎。后来的女真、满族等都和肃慎有渊源关系。

⑮ 无盐铁：当地不生产盐和铁。

⑯ 取汁而食之：用木灰制汁食用。灰含碱，权当盐食。

【1249】又曰①：郭文②字文举，隐居吴兴③余杭④大辟山⑤中，恒着鹿裘葛巾⑥，不饮酒食肉⑦。区种菽麦⑧，采草叶⑨木实⑩，贸盐以自供⑪。人或酬下价者⑫，亦即与之⑬。

【1250】《宋书》曰⑭：豫章王⑮大会宾僚⑯，张融⑰

---

① 此节选自《晋书·隐逸列传》。

② 郭文：字文举，晋隐士。

③ 吴兴：郡名，晋治所在今浙江吴兴。

④ 余杭：今浙江余杭。

⑤ 大辟山：山名。

⑥ 恒着鹿裘葛巾：常穿着鹿皮服，戴葛布巾。恒，常常。

⑦ 不饮酒食肉：指以素食为生。

⑧ 区种菽麦：错杂着种些豆子、麦子。

⑨ 草叶：野菜。

⑩ 木实：野果。

⑪ 贸盐以自供：换取一些盐来供食用之需。

⑫ 人或酬下价者：有时别人对他卖的果品作价很低。

⑬ 亦即与之：也不还价就卖给别人。

⑭ 此节本出《南史·张邵列传》，又见《南齐书·张融列传》。

⑮ 豫章王：萧嶷，齐高帝次子，字宣俨。封豫章王，进位大司马。

⑯ 大会宾僚：盛宴招待僚属。僚，属官。

⑰ 张融：张畅之子，字思光。累官太子中庶子、司徒左长史。作《海赋》，有文集《玉海》。

食炙，始行毕①，行炙人②便去③。融④欲求盐蒜⑤，口终不言⑥，方食捶指⑦，半日乃息⑧。

【1251】又曰⑨：张融作《海赋》⑩，文辞诡激⑪，独与众异⑫。后以示镇军将军顾觊之⑬，曰⑭："卿此赋实超玄虚⑮，但恨不道盐耳⑯！"融⑰即求笔注曰："滤沙构白，熬

---

① 始行毕：仆人分送肉炙完毕。

② 行炙人：送肉炙的仆人。

③ 便去：很快就离去了。

④ 融：张融。

⑤ 盐蒜：腌好的蒜果。

⑥ 口终不言：口里始终没说出来。

⑦ 方食捶指：《南史》作"方摇食指"。

⑧ 半日乃息：食指晃动了很长时间才停止。

⑨ 此节亦选自《南齐书·张融列传》。

⑩ 《海赋》：全文见《南齐书·张融列传》。

⑪ 文辞诡激：文句奇异激越。

⑫ 独与众异：与他人写海的赋十分不同。

⑬ 后以示镇军将军顾觊之：后来把这《海赋》送给顾觊之看。镇军将军，官名。顾觊之，即东晋画家顾恺之，字长康，晋陵无锡（今江苏无锡）人。官散骑常待，时称为"三绝"（才绝、画绝、痴绝）。

⑭ 曰：顾恺之说。

⑮ 卿此赋实超玄虚：你这《海赋》实在已超过于木玄虚了。玄虚，即木华，广川（今河北景县）人，字玄虚。为杨骏主簿，作《海赋》，文辞雅丽。此处是以两篇《海赋》相提并论。

⑯ 但恨不道盐耳：有一点遗憾的是赋中没说到盐。恨，遗憾。

⑰ 融：张融。

波出素,积雪中春,飞霜暑路①。"

【1252】《齐书》曰②:崔慰祖③父丧,不食盐。母曰:"既无兄弟,又未有子息④,毁不灭性⑤,政当不进肴羞耳⑥,如何绝盐⑦?吾今亦不食⑧矣!"慰祖不得已从⑨之。

【1253】《梁书》曰⑩:侯景陷台城⑪,宴集其党⑫。又召僧通⑬,僧通取肉揾盐⑭,以进景⑮,问曰:"好不⑯?"景答:"所恨大咸⑰。"僧通曰:"不咸则烂⑱。"及景死⑲,

---

① 这几句都是写海水制盐的事。

② 此节选自《南齐书·文学列传》。

③ 崔慰祖:人名。

④ 既无兄弟,又未有子息:本身是独根苗,自己又还没有后代。

⑤ 毁不灭性:悲哀也不能损害身体。毁,哀痛过度而伤害身体。

⑥ 政当不进肴羞耳:按礼不吃荤食就可以了。肴羞,这里指鱼肉之类。

⑦ 如何绝盐:怎么能连盐都不吃呢?

⑧ 吾今亦不食:你要是不吃,那我现在也不吃了。

⑨ 从:从命。

⑩ 此节选自《梁书·侯景列传》,后段见《南史·侯景列传》。

⑪ 陷台城:攻陷台城。台城,指萧梁政权所在地。

⑫ 党:党徒;党羽。

⑬ 僧通:人名,高僧。

⑭ 揾(wèn)盐:揉上盐。

⑮ 进景:进献给侯景。

⑯ 好不:问味道好不好。

⑰ 所恨大咸:遗憾的是味太咸了。

⑱ 不咸则烂:不咸些就要腐烂了。

⑲ 景死:侯景死后。在逃亡中被部属诱杀。

王僧辩①截其二手送齐宣②，又传首③往江陵。果以盐五斛置腹中④，送于建康⑤，暴之于市⑥。百姓争取屠脍羹食皆尽⑦。

【1254】《后魏书》曰⑧：世祖⑨南伐⑩，遗⑪李伯⑫赐刘义恭⑬等盐各九种，并胡豉⑭。孝伯曰："有后诏：凡此诸盐，各有所宜⑮。白盐，食盐，主上⑯自所食；黑盐，治腹胀

---

① 王僧辩：南朝梁将领。字君才（？—公元555年），太原祁（今山西祁县东）人。本乌丸氏，属鲜卑族。与陈霸先共同讨平侯景，梁元帝即位，以太尉出镇石头（今江苏南京西）。后被陈霸先袭杀。

② 齐宣：北齐文宣王高洋（公元529—559年），北齐建立者，公元550—559年在位。字子进，渤海蓨（今河北景县东）人。

③ 传首：把首级割下示众。

④ 果以盐五斛置腹中：在侯景尸腹中放上盐，防尸烂。

⑤ 建康：今江苏南京，为东晋和南朝宋、齐、梁、陈政权所在地。

⑥ 暴之于市：将尸体放到城内示众。

⑦ 百姓争取屠脍羹食皆尽：侯景尸体让城中百姓争先恐后地割去吃光了。

⑧ 此节选自《魏书·李孝伯列传》。

⑨ 世祖：北魏皇帝拓跋焘，拓跋珪之孙。

⑩ 南伐：南下进攻刘宋，事在太平真君十一年（公元450年）。

⑪ 遣：为"遗"之误。

⑫ 李伯：本作李孝伯，官至光禄大夫，进爵宣城公，终秦州刺史。

⑬ 刘义恭：刘宋宗室。

⑭ 胡豉：胡人之豉，指北方民族制作的豆豉。

⑮ 各有所宜：各有各的用处。

⑯ 主上：拓跋焘。

气满，末之六铢①，以酒而服②；胡盐③，治目痛④；戎盐⑤，治诸疮⑥；赤盐、驳盐⑦、臭盐⑧、马齿盐⑨四种，并非食盐。"

【1255】又曰⑩：忽吉⑪国水气咸凝，盐生树上。

【1256】又曰⑫：沮渠蒙逊⑬平酒泉⑭，于宋繇⑮堂得书数千卷，盐、米数十斛而已。蒙逊叹曰："孤⑯不喜尅李氏⑰，欣得宋繇耳！"

---

① 末之六铢：将六铢盐磨成粉末。二十四铢为一两。

② 以酒而服：用酒泡着服用。

③ 胡盐：胡地所产盐。

④ 治目痛：可治眼睛肿痛。

⑤ 戎盐：戎地（西部地区）所产的盐。

⑥ 诸疮：各种各样的疮疤。

⑦ 驳盐：混合盐，颜色不纯的盐。

⑧ 臭盐：气味异常的盐。

⑨ 马齿盐：颗粒如马齿大小的盐。

⑩ 此节选自《魏书·勿吉列传》。

⑪ 忽吉：勿吉，东北地区古代民族之一，来源于肃慎。北魏称勿吉，隋唐称"靺（mò）鞨（hé）"。

⑫ 此节选自《魏书·宗繇列传》。

⑬ 沮渠蒙逊（公元368—433年）：十六国时北凉国王，临松（今甘肃张掖南）卢水胡人，公元401—433年在位。

⑭ 酒泉：郡名，治所在福禄（今甘肃酒泉）。

⑮ 宋繇（yáo）：敦煌人，字处业。博通经史子集，沮渠蒙逊拜为尚书吏部郎中，进右丞。魏太武帝拜为河西王、左丞相。

⑯ 孤：沮渠蒙逊称王，故称"孤"。

⑰ 李氏：李歆，字士业，史称凉后主（西凉），战败为沮渠蒙逊所杀，在位四年。

【1257】《北齐书》曰①：房景伯②性至孝。母亡，居丧不食盐菜，因此遂为水病③，积年不愈④。

【1258】又曰⑤：崔暹⑥奏请海沂⑦煮盐，有利军国⑧。文襄⑨以问崔昂⑩，昂曰："亦既官煮⑪，须断人灶⑫，官力虽多⑬，不及人广⑭。请准关市⑮，薄为灶税⑯，私馆官给⑰，彼此有宜⑱。"朝廷从之。

---

① 此节本见《北史·房法寿列传》，《北齐书》无本传。
② 房景伯：字长晖，官清河太守，迁司空长史。
③ 水病：浮肿的病症。
④ 积年不愈：多年都没痊愈。
⑤ 此节本见《北史·崔挺列传》。《北齐书》无本传。
⑥ 崔暹（xiān）：安平（今河北安平）人，字季伦。官北齐御史中尉、度支尚书，至右仆射。
⑦ 海沂：海涂地区。
⑧ 有利军国：利军利国。
⑨ 文襄：高澄。
⑩ 以问崔昂：将此事与崔昂商议。崔昂，字怀远，官散骑常侍，兼大司农卿。后策拜仪同兼右仆射，坐事除名。
⑪ 亦既官煮：一旦官府开始煮盐。
⑫ 须断人灶：就必定会影响百姓煮盐的收入。指禁断私人煮盐。
⑬ 官力虽多：政府尽管有很大力量。
⑭ 不及人广：也不及百姓人多势众。
⑮ 请准关市：《御览》作"诸淮开市"。关市，关税之所。
⑯ 薄为灶税：少收一点盐民的税。灶税，熬盐之税。
⑰ 私馆官给：《御览》作"秣馆给"。
⑱ 彼此有宜：于官于民都有好处。

【1259】《唐书》曰①：武德②中，长安古城盐渠水生盐，色红白，味甘，状如方印③。

【1260】又曰④：左右神策⑤，盐州⑥行营节度使⑦胡坚昌⑧皆表奏："初城盐州⑨，卤中获壤土⑩，又置烽堡⑪，水路回远⑫。即时有雨，废盐井悉生盐⑬，事扶圣德⑭，可谓天讚⑮。请宣付史馆⑯。"制可⑰。

---

① 此节为《旧唐书》佚文。

② 武德：为唐高祖李渊在位年号，公元618—627年。

③ 状如方印：指盐粒形状如小方印。

④ 此节疑为《旧唐书》佚文，载何卷不详。

⑤ 左右神策：唐有六军，左右神策为其中二军，此处指神策将军。

⑥ 盐州：治所在五原（今陕西定边），因境内有盐池而得名。盐池今属宁夏，在盐池县北。

⑦ 行营节度使：官名。

⑧ 胡坚昌：人名。

⑨ 初城盐州：开始修筑盐州城时。

⑩ 卤中获壤土：在盐碱地中发现了肥沃的土壤。卤，盐碱地。

⑪ 烽堡：烽火台。

⑫ 回远：回转绕弯，距离很远。

⑬ 即时有雨，废盐井悉生盐：下雨后，废弃的盐井又都生出盐来。

⑭ 事扶圣德：是皇帝圣德所感。

⑮ 天讚（zàn）：天助。讚，同"赞"，赞助。

⑯ 史馆：官署名，掌监修国史。

⑰ 制可：准奏。

【1261】又曰①：代宗②时，河中府③盐池④生瑞盐，韩滉⑤奏曰："土德之瑞⑥。"

【1262】又曰⑦：李晟⑧毙后，德宗⑨以初城⑩盐州，复盐池⑪，上⑫赐宰相新盐⑬，恻然⑭思之⑮，命置盐于灵座⑯。

【1263】又曰⑰：流鬼国⑱去京师⑲万五千里，边于北

---

① 此节为《旧唐书·食货志》佚文。

② 代宗：唐代宗李豫（公元726—779年），原名俶，公元762—779年在位。

③ 河中府：以在黄河中游得名，治所在河东（今山西永济蒲州镇）。

④ 盐池：今山西临猗境盐池。

⑤ 韩滉（huàng）：唐朝大臣、画家。字太冲（公元723—787年），长安（今陕西西安）人。官至检校左仆射、同中书门下平章事、江淮转运使。存世有《文苑图》《五牛图》名作。

⑥ 土德之瑞：象征土德的祥瑞之兆。

⑦ 此节选自《旧唐书·李晟列传》。

⑧ 李晟：唐朝将领。字良器（公元727—793年），洮州临潭（今甘肃临潭）人。官至太尉、中书令。

⑨ 德宗：唐德宗李适，公元779—805年在位。

⑩ 初城：首次筑城。

⑪ 盐池：在今宁夏盐池。

⑫ 上：德宗。

⑬ 新盐：盐池新产的盐。

⑭ 恻然：悲伤；伤感。

⑮ 思之：想念李晟。

⑯ 灵座：灵台。

⑰ 此节为《旧唐书》佚文。

⑱ 流鬼国：古国名，在今俄罗斯堪察加半岛一带。

⑲ 京师：指长安。

海①，有鱼盐之利。

【1264】又曰②：初榷盐③，起于第五琦④，及刘晏⑤代其任⑥，法术精密⑦，官无遗利⑧。初，岁入钱六十万贯⑨，季岁⑩十倍其初⑪，而人无厌苦⑫。大历⑬末，通计一岁征赋所入⑭，总一千二百万贯⑮，而盐利当天下太半之赋⑯。

---

① 边于北海：在北海之滨。北海，古时没有确指，北方大泽均有此称。这里当指西伯利亚附近海域。

② 此节选自《旧唐书·刘晏列传》。

③ 初榷（què）盐：政府首次实行盐业的专营。榷，专营、专卖。

④ 第五琦：唐朝理财家。字禹圭，长安（今陕西西安）人。官京兆尹、户部侍郎判度支等，前后管理财政十余年。

⑤ 刘晏：唐朝理财家。字士安，曹州南华（今山东东明）人。官吏部尚书、同平章事，领度支盐铁转运租庸使。理财达二十年，后被杨炎构陷而死。

⑥ 代其任：接任。

⑦ 法术精密：法令更为严密。

⑧ 官无遗利：政府所得营利一点也没漏掉。

⑨ 岁入钱六十万贯：一年所得税款为六十万贯钱。一千钱为一贯。

⑩ 季岁：末年。

⑪ 十倍其初：所得钱超出最初十倍。

⑫ 人无厌苦：盐民并无怨言。

⑬ 大历：唐代宗在位年号之一，公元766—780年。

⑭ 通计一岁征赋所入：总计全国一年所征赋税的收入。

⑮ 此句《御览》未引。

⑯ 当天下太半之赋：顶全国赋税的一多半。

【1265】《管子》曰①：齐②有渠展③之盐，燕有辽东之煮④。十口之家，十人舐⑤盐。百口之家，百人舐盐。凡食盐之数，一月，丈夫⑥五升少半⑦，妇人三升少半，婴儿二升少半。盐之重，升加分耗，而釜五十⑧，升加一耗⑨，而釜百⑩；升加十耗，而釜千。君⑪伐⑫沮薪⑬，煮沸水⑭之盐，正而积⑮之三万钟⑯。至阳春⑰，农事方作⑱，令民无得筑垣

---

① 此节选自《管子·地数》。

② 齐：齐国。

③ 渠展：齐国古地名，即海滨。《御览》脱"展"字。

④ 辽东之煮：辽东煮盐。辽东，郡名，治所在襄平（今辽宁辽阳）。

⑤ 舐（shì）：舔，食用的意思。

⑥ 丈夫：成年男子。

⑦ 五升少半：不足五升。

⑧ 升加分耗，而釜五十：要多得分耗之盐，釜中水就得多五十分耗。耗，应为"毫"，十毫为一厘，分耗似指"半毫"。"而釜五十"《御览》本无。

⑨ 升加一耗：《御览》无此句。

⑩ 百：指百毫。

⑪ 君：指齐桓公。

⑫ 伐：砍伐。

⑬ 沮薪：枯柴，又作"菹薪"。

⑭ 沸水：古指济水。《御览》作"浦水"，小河入海处为浦。

⑮ 积：累积。

⑯ 钟：六石四斗为一钟。

⑰ 阳春：指春暖花开的三月。

⑱ 农事方作：春耕开始了。

墙①，毋得缮冢墓②；大夫③无得治宫室④，毋得立台榭⑤；北海之众⑥，无得聚⑦庸⑧而煮盐。然盐之价，必四什倍⑨。君以四什之贾⑩，循河济之流⑪，南输梁⑫、赵⑬、宋⑭、卫⑮、濮阳⑯。恶食无盐则肿⑰，守圉⑱之本，其用盐独重。君伐菹薪，煮沸水⑲以藉⑳于天下，然则天下不减矣㉑。

---

① 无得筑垣墙：不要修筑院墙。
② 毋得缮冢墓：不要修缮祖先的坟墓。此节"无毋"并用，其意同。
③ 大夫：泛指一般官吏。
④ 治宫室：修建宫室。
⑤ 立台榭：建楼台水榭。榭，建在台上的房子。
⑥ 北海之众：北海指今渤海。
⑦ 聚：聚集。
⑧ 庸：为受雇用。
⑨ 四什倍：超过原来四十倍。
⑩ 贾（gǔ）：做买卖。
⑪ 循河济之流：顺着河水济水运输。河，指黄河。
⑫ 梁：魏国在战国迁都大梁后方称"梁"。
⑬ 赵：赵建国在战国，此时应没有赵。
⑭ 宋：春秋时都城在商丘（今河南商丘）。
⑮ 卫：当时都城在楚丘（今河南滑县）。
⑯ 濮阳：卫国地，后卫迁都于此，治所在今河南濮阳。
⑰ 恶食无盐则肿：食物不好又没有盐，人就会患水肿症。
⑱ 守圉（yǔ）：守御。
⑲ 沸水：《御览》本作"沛水"。
⑳ 藉：凭借。指取之于天下。
㉑ 然则天下不减矣：此句有取之不尽的意思。减，少。

【1266】又曰①：桓公成盐三万六千钟，令吏粜之②，得成金③万一千余斤。

【1267】《尸子》④曰：南海之辇⑤，北海之盐⑥。

【1268】《鲁连子》⑦曰：连伯⑧宿沙瞿子⑨善煮盐，使煮渍沙⑩，虽十宿，沙不能得也⑪。

【1269】《抱朴子》曰⑫：作赤盐法，用寒盐⑬一斤，雨泥⑭一斤，内⑮铁器⑯中，以炭火火之⑰，皆消而赤⑱也。

---

① 此节选自《管子·轻重甲》。

② 令吏粜之：令官吏把这些盐卖了。粜，卖，卖粮食。《御览》作"籴"，买之意。

③ 成金：黄金。

④ 《尸子》：周尸佼撰，已佚，清人有辑本多种，二卷。

⑤ 南海之辇（niǎn）：指南海的辇最好。辇，用人拉挽的车。

⑥ 北海之盐：指北海产的盐最好。北海指今渤海。

⑦ 《鲁连子》：战国鲁仲连撰，已佚，清马国翰有辑本一卷。

⑧ 连伯：当指人名，别本无此二字。

⑨ 宿沙瞿子：人名，或以为齐灵公时大臣，又作宿沙司子。《说文》："古者宿沙，初作煮海盐。"《世本》："宿沙作煮盐。"

⑩ 使煮渍沙：让他熬沙子。渍，又作"渍"。

⑪ 虽十宿，沙不能得也：即使煮十晚上，这沙子也煮不成盐。

⑫ 此节选自《抱朴子·内篇·黄白》，语句略有不同。

⑬ 寒盐：指自然生成的盐。

⑭ 雨泥：泥水，指雨水。

⑮ 内：同"纳"，放入。

⑯ 铁器：铁锅。

⑰ 以炭火火之：用火烧。《御览》作"以为水烧"。

⑱ 皆消而赤：水都熬干了，盐就变红了。

【1270】《金楼子》①曰：白盐，小小峰洞，皦如有水精②，及其映日光，似琥珀③。胡人④扣之，以供国厨⑤，名为"君王盐"，亦名玉华盐。

【1271】又曰⑥：有清池盐，正四方，广半寸⑦。其形挟疎⑧，似⑨有人耕池旁地，取池水波种⑩之，去勿回顾⑪，即生此盐⑫。

【1272】《国语》曰⑬：桓公通齐国之鱼盐于东莱⑭（言通者，先时禁人⑮。东莱、齐之东莱夷⑯也）。

---

① 《金楼子》：梁元帝撰，六卷。梁元帝曾自号"金楼子"，故取为书名。

② 小小峰洞，皦如有水精：此句又作："小小有峰洞，皦如水精。"皦，同"皎"。

③ 琥珀：指一种树脂化石，色一般透明，常做饰品。

④ 胡人：北方游牧民族。

⑤ 国厨：皇帝的膳房。

⑥ 此节亦见《金楼子》。

⑦ 正四方，广半寸：半寸见方大小。

⑧ 挟疎（shū）：又作"扶疏"。本是繁茂的意思。此处应指清池形状之美。

⑨ 似：或为"传"之误。

⑩ 种：此处是浇水的意思。

⑪ 去勿回顾：浇完水后，必须头也不回地离开。

⑫ 即生此盐：地里就会长出这种方方正正的清池盐来。

⑬ 此节选自《国语·齐语》。

⑭ 东莱：指今山东半岛东部地区。

⑮ 先时禁人：过去禁止渔盐之事。

⑯ 东莱夷：东莱民。夷，古代对东部各民族的统称。

【1273】《山海经》曰①：景山②南望盐败（败或皈字）之池③，北望少泽④，其草多藷藇⑤、秦菽⑥。其阴⑦多赭⑧，其阳多玉⑨（郭景纯⑩云：盐败⑪泽即解县⑫盐池也）。

【1274】《吕氏春秋》曰⑬：和之美者，大夏之盐⑭（高诱曰：大夏，泽名或山名）。

【1275】《春秋后语》⑮曰：张仪说⑯赵王⑰曰："今日

---

① 此节选自《山海经·北山经》。

② 景山：山名。在今山西闻喜东南十八里。

③ 盐败之池：盐池，在今山西临猗。或作"盐皈"。

④ 少泽：地名。

⑤ 藷（zhū）藇（yù）：薯蓣，俗称山药。

⑥ 秦菽：又作"秦椒"，子似椒而叶细。

⑦ 阴：山的背阴面。

⑧ 赭：赭石。赤铁矿，色红，可作颜料，又可入药。

⑨ 其阳多玉：山的向阳坡多玉石。阳，指向阳面。

⑩ 郭景纯：郭璞，字景纯。

⑪ 败：应为"皈"之误。

⑫ 解县：治所在今山西运城西南解州。

⑬ 此节选自《吕氏春秋·本味》。

⑭ 和之美者，大夏之盐：调和味道最好的盐要数大夏所产。大夏，一说山名，一说泽名，为古晋地，应为今山西临猗盐池。

⑮ 《春秋后语》：晋孔衍撰，已佚。清人有辑本一卷。

⑯ 说：游说。

⑰ 赵王：赵武灵王赵雍，公元前325—前299年在位。

楚与秦为兄弟①之国，韩、魏称为藩臣②，齐③献鱼盐之地，断赵之右臂④（齐负海⑤，有鱼盐之利，今云献鱼盐之地，矫辞以胁赵也⑥）。"

【1276】《淮南子·万毕术》曰：盐能累卵⑦（取戎盐涂卵，取他卵置其上，即累⑧也）。

【1277】《盐铁论》曰：古者豪强大家⑨，煮海为盐，民皆依⑩为奸⑪之业也。

【1278】《世说》曰⑫：秦缪公⑬使贾人⑭载盐⑮，百里

---

① 兄弟：亲密的意思。

② 藩臣：这里为"属国"的意思。

③ 齐：齐国。

④ 右臂：齐国。

⑤ 负海：背靠大海。

⑥ 此节所记亦见于《史记·张仪列传》，语为："今楚与秦为昆弟之国，而韩、梁称为东藩之臣，齐献鱼盐之地，此断赵之右臂也。夫断右臂而与人斗，失其党而孤居，求欲毋危，岂可得乎？"矫辞，诡言；假话。胁，胁迫。

⑦ 盐能累卵：盐可使一个鸡蛋立在另一鸡蛋上。

⑧ 累：堆叠。

⑨ 豪强大家：地方豪族。

⑩ 依：归依。

⑪ 奸：奸巧。

⑫ 此节出自《世说新语》何篇不详。

⑬ 秦缪公：秦穆公。

⑭ 贾人：商人。

⑮ 载盐：运盐。见前注。

奚①使将军②。

【1279】《风俗通》曰③：咸如炭④。俗说，咸亦与热正等⑤，炭火不可入口⑥，人食得大咸亦吐之⑦。谨按，东海朐人⑧晓知盐法⑨者云："揽盐木⑩多日，每焦黑如炭"，非谓灶中火炭也。

【1280】《吴时外国传》⑪曰：涨海州⑫有湾，湾中常出自然白盐，峄峄⑬如细石子。天竺国⑭有新陶水⑮，水甘

---

① 百里奚：春秋秦国大夫。初以养牛为生，后为楚人所执，秦穆公用五张黑羊皮将他赎回，故号"五羖大夫"。

② 将军：领兵。

③ 此节为《风俗通义》佚文。

④ 咸如炭：咸与火炭同。

⑤ 等：等同。

⑥ 炭火不可入口：人不能吃炭火。

⑦ 人食得大咸亦吐之：人在吃到太咸的食物时也会吐出来。以咸比火。

⑧ 朐人：指今江苏连云港一带的人。市西南之锦屏山右为朐山。

⑨ 盐法：煮盐之法。

⑩ 揽盐木：揽盐的木棒。

⑪ 《吴时外国传》：三国吴时康泰撰，记述他与朱应出使南海时经历和传闻的各国情况，已佚。

⑫ 涨海州：古海名，相当于今我国南海至爪哇海一带。

⑬ 峄峄（yì）：何意不详。峄，连山为峄。

⑭ 天竺国：古印度。

⑮ 新陶水：江河名，疑指印度河。

美，下有石盐，白如水精①（《南州异物志》②云：盐如石英③）。

【1281】《晋令》④曰：凡民不得私煮盐，犯者四岁刑⑤，主吏⑥二岁刑。

【1282】《蜀王本纪》⑦曰：宣帝⑧地节⑨中，始穿⑩盐井数十所⑪。

【1283】《世本》⑫曰：宿沙⑬作⑭煮盐（《宋志》⑮曰：宿沙卫，齐灵公⑯臣。齐滨海，故卫⑰为鱼盐之所）。

---

① 水精：水晶，石英的透明晶体。
② 《南州异物志》：吴万震撰，清人辑一卷。
③ 石英：白色或无色透明矿物，是做玻璃的主要原料。
④ 《晋令》：晋王朝的禁令。
⑤ 犯者四岁刑：违犯者判刑四年。
⑥ 主吏：主管的官吏。
⑦ 《蜀王本纪》：汉扬雄撰，已佚。清人有辑本一卷。
⑧ 宣帝：汉宣帝刘询，公元前73—前48年在位。
⑨ 地节：汉宣帝在位年号之一，当公元前69—前65年。
⑩ 穿：开凿。
⑪ 所：处。
⑫ 《世本》：战国史官所撰，原书约在宋代散佚，清人有辑本八种。
⑬ 宿沙：传为发明煮盐的人。
⑭ 作：发明的意思。
⑮ 《宋志》：《宋书·地理志》。
⑯ 齐灵公：春秋齐国君，在位二十八年。
⑰ 卫：卫所。说卫所之名起于宿沙卫，不一定准确。

【1284】《晋太康地记》①曰：梓潼县②出伞子盐③。

【1285】《广志》④曰：盐体因⑤于水故，或水且生于盐⑥故，或与土杂⑦产于地，多侧⑧于海滨。但未必千里相比⑨耳。煮盐与海同⑩，河东⑪有印成盐⑫，西方有石子盐⑬，皆生于水。北海湖中⑭有青盐⑮，五原⑯有紫盐，波斯国⑰有白盐如细石子。

【1286】《玄晏春秋》曰：故侍中刘子扬⑱食饼知盐

---

① 《晋太康地记》：又名《晋太康三年地记》，清人辑一卷。

② 梓潼县：治所在今四川梓潼。

③ 伞子盐：据《荆州记》："海盐水自凝，生伞子盐，大者方寸、中央隆起，形如张伞。"

④ 《广志》：晋郭义恭撰，已佚。清人有辑本二卷。

⑤ 因：凭借；依靠。

⑥ 盐：《御览》作"水"。

⑦ 杂：混合。

⑧ 侧：邻近。

⑨ 比：连续。

⑩ 煮盐与海同：煮盐池水与煮海水方法相同。盐为"鹽"之误。

⑪ 河东：河东郡，这里指今山西临猗的盐池。

⑫ 印成盐：印成当为地名。

⑬ 石子盐：形状如小石子的盐。

⑭ 北海湖中：又作"胡中"，指北方。

⑮ 青盐：黑邑的盐。

⑯ 五原：地名，在今陕西定边，实指今宁夏盐池。

⑰ 波斯国：伊朗。或指苏木都剌国，古称西南海上波斯国，在今印度尼西亚苏门答腊岛。

⑱ 刘子扬：人名。

生①，精味之至②（《秦记》③曰：会稽王④道子⑤为苻朗⑥设盛馔，朗云："盐味小生⑦。）

【1287】《博物志》曰⑧：临邛⑨火井⑩，诸葛亮往视之。后火益盛⑪，以盆贮水煮之则盐⑫。后人以火⑬投井中，火即灭，至今不然。

【1288】《梁四公子记》⑭曰：高昌国⑮遣使贡盐二颗，颗大如斗状，白似玉。帝⑯以其自万里绝域⑰而来献，数

---

① 盐生：盐不熟，指为自然盐。

② 精味之至：极为知味。

③ 《秦记》：刘宋裴景仁撰，清人辑一卷。所记又见《晋书·苻坚载记》。

④ 会稽王：封号。

⑤ 道子：司马道子。

⑥ 苻朗：人名。《御览》作"符郎"。

⑦ 小生：稍微生。

⑧ 此节见今《博物志·卷二》。

⑨ 临邛：治所在今四川邛崃。

⑩ 火井：《博物志》记在临邛县南百里，深两三丈。指天然气井。

⑪ 火益盛：火越来越旺。

⑫ 则盐：则成盐。

⑬ 火：指家火，柴火。

⑭ 《梁四公子记》：一卷，又作《梁四公记》《四公记》。

⑮ 高昌国：古国名，都在今新疆吐鲁番东约二十余公里处。

⑯ 帝：指梁武帝。

⑰ 绝域：天涯的意思。

年方达①，命杰（音竭）公②迓③之杰。谓其使曰④："盐一颗是南烧羊山⑤，月望⑥收之者；一是北烧羊山，非月望⑦收之者。"使者具陈⑧："盐奉王急命⑨，故非时尔⑩。"因问紫盐磬碧珀⑪，云⑫："中路⑬遭北凉⑭所夺，不敢言之。"帝问杰公群物之异⑮，对曰："南烧羊山，盐文理⑯粗。北烧羊山，盐文理密。月望收之者，明彻如冰⑰，以毡索⑱煮之可

---

① 数年方达：走几年才到，形容路途之远。

② 公：四公之一。

③ 迓（yà）：迎接。

④ 谓其使曰：指杰公对高昌国使者说。

⑤ 羊山：地名。

⑥ 月望：指月光满盈时，指农历每月十五日。

⑦ 非月望：不在月半之时。

⑧ 具陈：详细陈述。

⑨ 盐奉王急命：盐是奉高昌王的紧急命令赶制的。

⑩ 故非时尔：所以不合时令。

⑪ 因问紫盐磬碧珀：又问为何没有紫盐和磬碧珀。磬碧珀，指盐石，如墨绿琥珀。

⑫ 云：使者说。

⑬ 中路：途中。

⑭ 北凉：十六国之一，在今甘肃西部，建都张掖，后为北魏所灭。

⑮ 群物之异：各种盐的不同之处。

⑯ 文理：颗粒结构。

⑰ 明彻如冰：如冰一般明亮。

⑱ 毡索：毡袋。

验。交河①之间，平碛②中掘深数尺，有末盐③如红如紫，色鲜味甘，食之止痛。更深一丈④，下有碧珀，黑逾纯漆⑤，或大如车轮，末⑥而食之，攻⑦妇人小腹症瘕⑧诸疾。彼国⑨珍异，必当致贡⑩，是以知之⑪。"

【1289】《凉州异物志》⑫曰：姜赖⑬之墟⑭，今称龙

---

① 交河：古城名，故址在新疆吐鲁番西北约五公里处，在两条小河交叉环抱的一个小岛上。

② 平碛（qì）：沙漠。

③ 末盐：粉末状盐粒。

④ 更深一丈：再往下深掘一丈。

⑤ 黑逾纯漆：比纯净的黑漆还要黑。

⑥ 末：研成粉末。

⑦ 攻：治。

⑧ 症瘕（jiǎ）：腹中结块，坚者曰症，或聚或散者称瘕。

⑨ 彼国：高昌国。

⑩ 贡：朝贡。

⑪ 是以知之：过去常来朝贡，所以我知道这其中的奥秘。

⑫《凉州异物志》：已佚，清张澍辑一卷。

⑬ 姜赖：北方古代少数民族建立的政权，历史不详。

⑭ 墟：故城。

城①。恒溪②无道，以感③天庭④。上帝⑤赫怒⑥，溢海澂倾⑦（姜赖，胡国名也。恒溪，其王字⑧也，矜贪无厌⑨。上帝化为沙门⑩，游于观其政⑪，遂从溪乞之⑫。以盐与帝⑬，帝乃震怒，使蒲昌⑭溢以澂覆也）。刭卤千里⑮，蒺藜之形，其下有盐⑯，累棊而生⑰（其地化为卤⑱，而刭坚嶷如蒺藜，拨发其

---

① 龙城：漠北塔米尔河等处皆有龙城，为古匈奴会祭之所。此处所指当在新疆罗布泊附近。
② 恒溪：姜赖国王的名字。
③ 感：惊动。
④ 天庭：天官。
⑤ 上帝：天帝。
⑥ 赫怒：大怒。
⑦ 溢海澂（dàng）倾：让海水漫过大陆。海应指罗布泊。
⑧ 字：名字。
⑨ 矜贪无厌：贪得无厌。矜，骄横。
⑩ 化为沙门：变成一个僧人模样。沙门，梵语音译，指出家的佛教徒。
⑪ 观其政：考察恒溪的政绩。
⑫ 从溪乞之：向恒溪讨乞。
⑬ 以盐与帝：恒溪只给了一点盐给上帝。
⑭ 蒲昌：湖名，又名盐泽，即新疆婼羌之罗布泊。
⑮ 刭（gāng）卤千里：千里盐碱地。刭卤，即刚卤，也就是咸卤。
⑯ 蒺藜之形，其下有盐：在坚如蒺藜的地方，下面有盐。
⑰ 累棊而生：盐就像垒起来的一个个棋子。棊，棋子。
⑱ 化为卤：变成盐碱地。

底①，盐方大如棊，以次相累②也。坐以盐乞天帝③，故使此地化生盐也）。

【1290】又曰④：盐山⑤二岳三色，为质赤者如丹，黑者如漆，小大从意⑥镂之写物⑦（赤与黑者皆小，惟白大⑧，或如箧箱⑨，从人⑩所为形也）。作兽辟恶⑪，佩之为吉⑫（或治⑬为鸟兽以佩之）。戎盐可以疗疾⑭（四方皆用白者，作散⑮以除头风，以其出胡国，故言戎盐也）。

【1291】《凉州记》⑯曰：有青盐池，出盐正方半寸，其形似石，甚甜美。

---

① 拨发其底：揭开地表的硬盖。

② 以次相累：盐粒有次序地一个个堆在一起。

③ 坐以盐乞天帝：犯了用盐糊弄天帝的罪。

④ 此节亦选自《凉州异物志》。

⑤ 盐山：在今新疆温宿东北。

⑥ 从意：随人的意思。

⑦ 镂之写物：雕镂成某些形象。

⑧ 惟白大：只白色的形体大一些。

⑨ 或如箧箱：有的像箱箧一般大小。

⑩ 从人：随人的意思。

⑪ 辟恶：辟邪，指能驱邪的神兽。这里是说将盐块雕成神兽辟恶的形状。

⑫ 佩之为吉：佩戴在身上，当作吉祥之物。

⑬ 治：琢治。

⑭ 疗疾：治疗疾患。

⑮ 散：指药粉，为中成药的一种剂型。

⑯ 《凉州记》：北凉段龟龙撰，清人辑一卷。

【1292】《益州记》①曰：汶山②、越巂③煮盐法各异。汶山有咸石，先以水渍，既而煎之④。越巂先烧炭，以盐井水沃炭⑤，刮取盐⑥。

【1293】《荆州记》⑦曰：盐水自凝⑧，生伞子盐，方寸⑨，中央隆起，形如张伞⑩。

【1294】《本草经》⑪曰：卤盐⑫一名寒石，味苦。戎盐主明目⑬，大盐一名胡盐（《吕氏春秋》曰：《本草》云："盐，一名胡盐"）。

【1295】崔骃《博徒论》曰：江阳六盐⑭。

---

① 《益州记》：一卷，晋任豫撰。

② 汶山：郡名，治所在汶江（今四川茂汶北）。

③ 越巂：郡名，治所在邛都（今四川西昌东南）。

④ 汶山有咸石，先以水渍，既而煎之：把咸石放水里先泡一泡，然后把这水放在锅里煮。咸石，有咸味的石块。

⑤ 以盐井水沃炭：把盐井的水浇在火炭上。

⑥ 刮取盐：把凝固在木炭上的盐粒刮下来。

⑦ 《荆州记》：两晋南北朝有五人撰，同名。

⑧ 自凝：自然凝固，指不经火煮。

⑨ 方寸：一寸见方大小。

⑩ 形如张伞：盐粒形状如张开的伞盖一样。

⑪ 《本草经》：《神农本草经》。

⑫ 卤盐：通作卤咸，指质次的盐或卤水。卤盐凝结如石，故名寒石，或为石硷。

⑬ 主明目：主治明目，有明目之功。

⑭ 江阳六盐：江北产六种盐。

【1296】《笑林》曰：姚彪①至武昌②。遇风③，与沈浙④江渚⑤守风⑥，粮用尽，遣人从彪贷盐百斛⑦。彪⑧得书不答⑨，勅左右倒盐百斛着江水中⑩，曰："明吾不惜⑪，惜所与耳⑫。"

【1297】《岭表录异》：野煎盐⑬：广南⑭煮海⑮，其无限商人⑯，纳榷⑰计价极微⑱。数内有恩州场⑲，石桥⑳场，

---

① 姚彪：人名。此节错讹很多，文意不通。
② 至武昌：本作"在武昌"。
③ 遇风：本作"沈珍至武昌遇风"。沈珍，人名。
④ 沈浙：人名，又作"沈珍"。
⑤ 江渚：江心洲。
⑥ 守风：等候风势过去。
⑦ 遣人从彪贷盐百斛：派人向姚彪借盐一百斛。
⑧ 彪：姚彪。
⑨ 得书不答：收到沈某的信后没有作答。
⑩ 勅左右倒盐百斛着江水中：只叫手下的人把一百斛盐倒在了江水中。
⑪ 明吾不惜：以此表明自己并不是吝啬之人。惜，舍不得，吝啬。
⑫ 惜所与耳：只是舍不得给这种人。
⑬ 野煎盐：在野外熬的盐。
⑭ 广南：岭南地区。
⑮ 煮海：煮海水为盐。
⑯ 无限商人：对盐商没什么限制。
⑰ 纳榷：纳税。
⑱ 计价极微：税额极低。
⑲ 恩州场：恩州盐场。恩州，地名。
⑳ 石桥：地名。

俯迩沧溟①，去府最远。商人于所司，给一百石，榷课止销杂货三二千②。及往本场③，盐并无官者给遣④，商人但将人力收聚咸沙⑤，掘地为坑，坑口稀布竹木⑥，铺蓬簟⑦，于其上堆沙，潮来投沙⑧，咸卤淋在坑内。伺候⑨潮退，以火炬照之，气冲火灭⑩，则取卤汁⑪用竹盘⑫煎之，顷尅⑬而就。竹盘者，以篾细织竹镘，表里以牡砺灰泥之⑭。自收海水煎盐，谓之"野煎"，易得如此也（江淮试卤浓淡，即置饭粒于卤中，粒浮者即是纯卤也⑮）。

① 俯迩沧溟：临近海滨。沧溟，指大海。

② 商人于所司，给一百石，榷课止销杂货三二千：此句意为盐商在政府管理盐课的机构，如果报准贩盐一百石，只须用价值两三千钱的杂货纳税就可以了。所司，官署名，此处指管理盐课的机构。榷课，课税。三二千，即两三千钱。

③ 场：盐场，煮盐的场所。

④ 盐并无官者给遣：盐场并没有官员直接管理盐务。

⑤ 咸沙：海水浸泡过的沙粒。

⑥ 坑口稀布竹木：在海边挖好的坑上摆好竹木条。

⑦ 铺蓬簟：铺上竹席茅草等。簟，竹席。

⑧ 潮来投沙：潮水上涨淹没了沙堆。

⑨ 伺候：等候。

⑩ 气冲火灭：指坑内卤水散发的气味把火炬熄灭了。

⑪ 卤汁：准备熬盐的卤水。《御览》作"卤计"。

⑫ 竹盘：竹编的锅盘。

⑬ 顷尅：顷刻；很快。

⑭ 竹盘者，以篾细织竹镘，表里以牡砺灰泥之：在竹锅盘内、外，用牡蛎壳烧的灰涂抹上一层。牡砺，即牡蛎。

⑮ 此为试卤的方法，各地不同。江浙一带是用莲子试卤，浮起的莲子多，卤汁就更纯。

酱

【1298】《礼记》曰①：脍炙处外②，醯酱③处内④。

【1299】又曰⑤：献熟食者操酱齐⑥。

【1300】又曰⑦：濡鸡⑧，醢酱实蓼⑨；濡鱼，卵酱⑩实蓼；濡鳖，醢酱实蓼；鱼脍，芥酱；麋腥⑪，醢酱。

【1301】《论语》曰⑫：不得其酱不食⑬。

【1302】《汉书》⑭曰：刘歆谓扬雄云："今学者有禄利⑮，然尚不能明《易》⑯，又如《玄》何⑰？吾恐后人覆酱

---

① 此节选自《礼记·曲礼上》。

② 脍炙处外：肉脍肉炙要摆在调味品外边。

③ 醯酱：泛指调味品。

④ 处内：放在靠人近一些的地方，便于食用。

⑤ 此节亦选自《礼记·曲礼上》。

⑥ 献熟食者操酱齐：古代以酱为食之主，见酱必知所献为肉鱼之类。

⑦ 此节选自《礼记·内则》。

⑧ 濡鸡：以汁调和烹鸡。濡，烹时以汁调和。

⑨ 醢酱实蓼：烹鸡时加醢、酱及蓼。

⑩ 卵酱：鱼子酱。

⑪ 麋腥：生麋肉。

⑫ 此节选自《论语·乡党》。

⑬ 不得其酱不食：肉鱼有专备的酱品，指没有配伍的酱品就不吃。

⑭ 此节选自《汉书·扬雄传》。

⑮ 禄利：官俸。指读书可做官。

⑯ 尚不能明《易》：对《易经》不大精通。

⑰ 又如《玄》何：对这《太玄经》又会抱怎样的态度呢？《玄》即指扬雄所撰《太玄经》，晋范望注，十卷。系拟《易经》而作，故与之相提并论。

瓿①也！"（瓿音部，罋②各也）。

【1303】《风俗通》曰③：酱成于盐而咸于盐④，夫物之变⑤，有时而重⑥。

【1304】又曰⑦：雷不作酱⑧。俗说令人腹内雷声⑨。按子路感雷精⑩而生，尚刚好勇⑪。死，卫人醢之⑫，孔子覆醢⑬。每闻雷，心恻怛⑭耳。

【1305】桓谭《新论》曰：鄙人⑮得鯷⑯（音羶）酱丽美，与人共食，少唾其中⑰。因弃之，俱不得食⑱。

---

① 覆酱瓿（bù）：将文章拿去盖酱缸。瓿，小坛。

② 罋：小口大腹的瓶。

③ 此节为《风俗通义》佚文。

④ 酱成于盐而咸于盐：酱虽由盐酿成，却比盐要咸。

⑤ 变：变化。

⑥ 重：更进一步。这个道理同"青出于蓝而胜于蓝"。

⑦ 此节为《风俗通义》佚文。

⑧ 雷不作酱：打雷时不能制酱。

⑨ 令人腹内雷声：会叫人食酱后腹内发出雷鸣之声。后人认为雷喜食酱。

⑩ 雷精：雷神。

⑪ 尚刚好勇：秉性刚勇。

⑫ 卫人醢之：子路后为卫国大夫孔悝家宰，在内讧中被杀，卫人把他剁为肉酱。

⑬ 孔子覆醢：孔子得知后，就把肉酱倒掉不食了。

⑭ 恻怛（dá）：伤感；忧伤。

⑮ 鄙人：乡人，某个乡下人。鄙，古指小镇、郊外、边鄙等。

⑯ 鯷：又作"膻"，《说文解字》："膻，生肉酱。"《广韵》以膻为鱼醢。

⑰ 少唾其中：吐了一点唾沫到鱼酱内。

⑱ 俱不得食：别人都没法吃了。

【1306】《论衡》曰①：世讳作豆酱②恶闻雷③，此欲使人急作④，不欲积久⑤也。

【1307】《世说》曰⑥：陆机入洛⑦，欲为《三都赋》⑧，闻左司⑨作之，抚掌⑩而笑，与弟云⑪书云："此间有伧父⑫，欲作《三都赋》，须其成⑬，当以覆酱瓮⑭耳。"

【1308】《宋书》曰⑮：孝武⑯尝为王玄谟⑰作《四时

---

① 此节选自《论衡·四讳》。

② 豆酱：豆豉。

③ 恶闻雷：怕听到雷声。

④ 此欲使人急作：之所以这样说，是为了让人们抓紧时间制酱。

⑤ 不欲积久：不要耽搁太久，不能过了春天。此句又作"不欲积家逾至春也"。

⑥ 此节未详出《世说新语》何篇。

⑦ 入洛：到了洛阳。

⑧ 欲为《三都赋》：想写一部《三都赋》。三都，指三国魏、蜀、吴的都城邺、成都和建业。

⑨ 左司：左思，西晋文学家，作有《三都赋》。

⑩ 抚掌：拍手。

⑪ 云：陆云，陆机之弟。

⑫ 伧父：鄙贱之人，指左思。南人贱称中原人为"伧""伧鬼"。

⑬ 须其成：等他写成以后。

⑭ 当以覆酱瓮：只值当拿去盖酱缸。估量左思的《三都赋》写得不会好。

⑮ 此节选自《宋书·王玄谟列传》。

⑯ 孝武：南朝宋孝武帝刘骏。

⑰ 王玄谟：南朝宋将领。字彦德（公元388—468年），太原祁（今山西祁县）人。官至车骑将军、南豫州刺史，加都督。

书》①云："匏酱调秋菜，白醝解冬寒②。"

【1309】又曰③：阮孝绪④外兄⑤王晏⑥贵显，屡至其门。孝绪度⑦之必至颠覆⑧，闻其笳管⑨，穿篱逃匿⑩，不与相见。曾食酱美⑪，问之，云是王家所得⑫，便吐餐覆酱⑬。及晏诛⑭，其亲戚咸为之惧⑮，孝绪曰："亲而不党⑯，何坐之及⑰？"竟获免⑱。

---

① 《四时书》：又作《四时茹诗》。

② 所引诗共四句，前两句为："堇荼供者膳，粟浆充夏笋飡。"匏酱，葫芦酱。白醝，白酒。

③ 此节见《南史·隐逸列传》和《梁书·处士列传》，《宋书》无本传。

④ 阮孝绪：南朝梁目录学家。字士宗（公元479—536年），陈留尉氏（今河南尉氏）人。一生不逐富贵，撰《七录》，将图书分为经典、纪传、子兵、文集、术技、佛法、仙道七类。

⑤ 外兄：表兄。

⑥ 王晏：字休默，一字士彦。领齐太子少傅，后被诛。

⑦ 度：推度。

⑧ 必至颠覆：必然会倒台。

⑨ 笳管：乐器，类似笛子。

⑩ 穿篱逃匿：跑出院墙躲避起来。

⑪ 曾食酱美：有一次吃酱觉得味道很好。

⑫ 问之，云是王家所得：一打听，说是从王晏家得来的酱。

⑬ 吐餐覆酱：吐出嘴里的食物，把酱倒掉。

⑭ 及晏诛：到王晏被诛杀时。

⑮ 其亲戚咸为之惧：阮孝绪的亲戚都为他担心，怕遭诛连之祸。

⑯ 亲而不党：虽为亲戚，但并非同党。

⑰ 何坐之及：怎么能把罪名加到我身上呢？

⑱ 免：未被诛连。

【1310】梁刘孝仪①《谢晋安王赉②虾酱启》曰：龙酱③传甘，退成可陋④。蚿醢⑤称贵，追觉失言。上圣闻雷，未之能覆⑥。嘉宾⑦流歠⑧，羞无辞窭⑨。

---

① 刘孝仪：刘潜。晋安王，梁简文帝萧纲，初封晋安王。《御览》作"智安王"。

② 赉：赠送食物。

③ 龙酱：指所受虾酱。

④ 退成可陋："成"本作"诚"。陋，见识浅薄，孤陋寡闻。

⑤ 蚿（xián）醢：马蚿醢。蚿，又名百足、马陆，俗称香油虫，体似蜈蚣略小，无毒。蚿，又作蚳，蚁卵。

⑥ 上圣闻雷，未之能覆：虽听到雷声，也舍不得把酱倒掉。

⑦ 嘉宾：贵客。

⑧ 流歠（chuò）：比喻吞咽很快，表示味道很好。

⑨ 羞无辞窭（jù）：《御览》作"差以无辞"。感激得说不出话来，不知说什么好。

卷第八百六十六

饮食部二十四

醯

【1311】《释名》曰①：苦酒②，淳毒甚者，酢且苦③也。

【1312】《周礼》曰④：醯人⑤掌共五齐⑥七菹⑦，凡醯物以共祭祀之齐菹⑧，凡醯酱之物，宾客亦如之⑨（齐菹，酱属。醯人者，皆须⑩醯成味）。王举⑪，则共齐菹醯物六十瓮⑫；共后⑬及世子⑭之酱、齐、菹；宾客之礼⑮，共醯五十

---

① 此节选自《释名·释饮食》。

② 苦酒：醋。《食经》有做苦酒法："用乌梅以苦酒渍之，曝干作屑，欲食辄投水内。""卒成苦酒，其法取黍米一斛，以热粥浇其上，二日便成酢。"

③ 酢且苦：又酸又苦。酢，酸，亦为醋之名。

④ 此节选自《周礼·天官·醯人》。

⑤ 醯人：官名，掌管醯酱。

⑥ 五齐：五齑，即昌本、脾析、蜃、豚拍、深蒲。

⑦ 七菹：韭、菁、茆、葵、芹、菭（tái）、笋菹。

⑧ 齐菹：齑和菹。

⑨ 宾客亦如之：招待宾客与祭祀用的醯酱一样。

⑩ 须：《御览》作"酒"。

⑪ 王举：帝王进食。杀牲盛馔曰"举"。

⑫ 瓮：又作"缶"。

⑬ 后：王后。

⑭ 世子：太子。

⑮ 宾客之礼：指接待宾客。

瓮。凡事共醯①。

【1313】《仪礼》曰②：醯醢百瓮，夹碑③十以为列④。

【1314】《礼》曰⑤：宋襄公⑥葬其夫人⑦，醯醢百瓮。

【1315】又曰⑧：大功之丧⑨，不食醯酱⑩。父母之丧，又期而大祥⑪，有醯酱⑫。

【1316】《论语》曰⑬：子曰："孰谓微生高直⑭？或乞醯焉⑮！乞诸其邻而与之⑯。"

---

① 凡事共醯：有事所需即供以醯。

② 此节选自《仪礼·聘礼》。

③ 夹碑：在鼎中央。

④ 十以为列：十瓮为一排。

⑤ 此节选自《礼记·檀公上》。

⑥ 宋襄公：子兹甫（？—公元前637年），公元前650—前637年在位。公元前638年，领兵与楚战，言要先礼后兵，屡失战机，在溃败中受重伤，困辱而死。

⑦ 夫人：《御览》作"大人"，误。

⑧ 此节选自《礼记·间传》。

⑨ 大功之丧：功指丧服，有大功小功之分，系指布的精密程度而言，小功精于大功。

⑩ 不食醯酱：指不加调味品，淡食服丧。

⑪ 期而大祥：祥为丧祭之名，有小祥大祥之分。《礼记·间传》此句前有"期而小祥，食菜果"一语。父母丧时，蔬食饮水，不食菜果。至小祥之期，可食菜果。大祥之期，便可用醯酱。半月之后，便可饮醴酒、食干肉。

⑫ 有醯酱：不必淡食，可用醯酱调味。

⑬ 此节选自《论语·公冶长》。

⑭ 孰谓微生高直：谁说微生高品行正直？孰，谁。微生高，鲁人，姓微生，名高。

⑮ 或乞醯焉：有时还跟别人讨醋吃呢。

⑯ 乞诸其邻而与之：向他的邻居讨醋，邻居给了他。

【1317】《史记》曰①：通邑大都②，酤千酿醯③。

【1318】《汉武内传》曰：西王母仙上药有风林鸣酢。

【1319】《魏名臣奏》④曰：刘放⑤奏云："今官贩苦酒，与百姓争锥刀之末⑥，宜其息绝⑦。"

【1320】《吴录·地理志》曰：吴王⑧筑城以贮醯醯，今人俗呼"苦酒城"。

【1321】《晏子春秋》曰：兰⑨本三年而成⑩，湛之苦酒⑪，则君子不近⑫，庶人不佩⑬。

【1322】《风俗通》曰⑭：酢如蓂荚⑮，按萤味酸，工

---

① 此节选自《史记·货殖列传》。

② 通邑大都：四通八达的都市。

③ 酤千酿醯：《史记》本作"酤一岁千酿，醯酱千瓨（xiáng）"，指在一个都市里，一年卖出的酒有千瓮、醯酱有千瓶之多。酤，卖。酿，酒。瓨，长颈的瓮坛类容器。

④ 《魏名臣奏》：今不见传。

⑤ 刘放：人名。

⑥ 锥刀之末：微小的利益。《左传·昭公六年》："锥刀之末，将尽争之。"

⑦ 宜其息绝：应当停止。停止官贩，让百姓自由买卖。

⑧ 吴王：春秋吴王夫差。

⑨ 兰：兰草，香品。

⑩ 三年而成：生长三年而香气怡人。

⑪ 湛之苦酒：把醋洒在兰草上。

⑫ 不近：不会靠近。言这样的兰草就无人欣赏了。

⑬ 庶人不佩：平常的人也不会佩戴它了。

⑭ 此节为《风俗通义》佚文，本引自《孝经》。

⑮ 蓂（míng）荚：古指瑞草。

者取以调味①。

【1323】《博物志》曰②：酒暴熟③者酢、醶酸者宜臭④。

【1324】又曰⑤：龙肉以醯渍，则文章生。

【1325】葛洪《肘后方⑥》曰：治齿痛用三年酿酢⑦"。

【1326】《唐书》曰⑧：初，薛仁杲⑨拔⑩秦州⑪，召富人磔于猛火之上，或以醯灌鼻求其金宝⑫。

【1327】又曰⑬：任迪简⑭万年⑮人，举进士，初为天德

---

① 工者取以调味：此句后本有"后以醯醢代之"一语。工者，或作"王者"。调味，调作酸味。

② 此节为《博物志》佚文。

③ 暴熟：酿造时间很短。

④ 臭：腐败。

⑤ 此节见今《博物志·卷四》。

⑥ 《肘后方》：又名《肘后备急方》，八卷。晋葛洪撰。

⑦ 三年酿（yàn）酢：放了三年的陈醋。三年，又作"多年"。酿，酢浆。《集韵》云："或云卤味，或云酸味。"

⑧ 此节选自《旧唐书·薛举列传》。

⑨ 薛仁杲（？—公元618年）：《御览》作薛仁果。为隋末地方割据首领，河东汾阴（今山西万荣西）人。与其父薛举起兵，父称帝，他为太子，后被杀于长安。

⑩ 拔：攻占。

⑪ 秦州：隋时治所在上邽（今甘肃天水）。

⑫ 召富人磔（zhé）于猛火之上，或以醯灌鼻求其金宝：《唐书》作"取富人倒悬以酢注鼻以求财"。磔，古代分裂肢体的酷刑。

⑬ 此节选自《旧唐书·良吏列传》。

⑭ 任迪简：人名。

⑮ 万年：县名，治所在长安城内。

军使①李景略②判官③，性重厚④。常有宴，行酒者误以醯进⑤，迪简知误，以景略性严，虑⑥坐主酒者⑦，乃勉强饮尽之⑧，而伪容其过⑨，以酒薄⑩白景略，请换⑪之。于是军中感悦⑫。

醢

【1328】《周礼》曰⑬：醢人⑭掌四豆⑮之实。朝事之豆⑯，其实韭菹、醓醢⑰、昌本⑱、麋臡⑲、菁⑳菹、鹿臡，

① 天德军使：官名。
② 李景略：人名。
③ 判官：官名。
④ 性重厚：秉性率直。
⑤ 行酒者误以醯进：斟酒的人误把醋当酒斟给了任迪简。
⑥ 虑：考虑；估计。
⑦ 坐主酒者：治斟酒者的罪。
⑧ 乃勉强饮尽之：勉强将醋当酒喝了下去。据《唐国史补》，"李景略严暴，发之则死者多矣"，为免行酒人一死，不得已喝醋。
⑨ 伪容其过：掩饰主酒者的过错。伪容，掩饰。
⑩ 酒薄：酒味不醇。
⑪ 换：更换酒。其实是换醋。
⑫ 军中感悦：军士们听说后都十分感动。据《唐国史补》，任迪简饮醋后吐血而归。
⑬ 此节选自《周礼·天官·醢人》。
⑭ 醢人：食官名。
⑮ 四豆：朝事之豆、馈食之豆、加豆、羞豆。豆为高足盘。
⑯ 朝事之豆：指早食所需食物。
⑰ 醓（tǎn）醢：古时指带汁的肉酱。醓，肉汁。
⑱ 昌本：菖蒲之根。
⑲ 麋臡（ní）：麋鹿醢。臡，有骨的肉醢。
⑳ 菁：蔓菁。

茆①菹、麇②臡。馈食之豆③，其实葵④菹、蠃⑤醢、脾析⑥、蠯⑦醢、蜃⑧、蚳⑨醢、豚拍⑩、鱼醢。加豆之实⑪，芹⑫菹、兔醢，深蒲⑬、醓醢、箈⑭菹、雁醢、笋⑮菹、鱼醢。

【1329】又曰⑯：醢人为王⑰及后⑱、世子⑲共其内

---

① 茆：莼菜。或解释为初生之茅。

② 麇（jūn）：獐子。

③ 馈食之豆：馈食，献祭熟食制品。豆，高足盘。

④ 葵：冬葵。

⑤ 蠃（luǒ）：软体动物，即螺蛳。

⑥ 脾析：牛百叶。

⑦ 蠯（pí）：小蛤，窄而长。

⑧ 蜃：蚌。

⑨ 蚳：蚁卵。或解释为蛾子，即蚕蛹。

⑩ 豚拍：豚肩，猪腿。

⑪ 加豆之实：主人进食后又献的馔品（盛在豆内）。

⑫ 芹：楚葵。

⑬ 深蒲：蒲初生水中，故称深蒲。

⑭ 箈：小竹笋。

⑮ 笋：大竹笋。

⑯ 此节亦选自《周礼·天官·醢人》。

⑰ 王：帝王。

⑱ 后：王后。

⑲ 世子：太子。

羞①，王举②则共醢六十瓮。以五齐③、七醢④、七菹⑤、三臡⑥实之（齐⑦当为齑。五齑：昌本、脾析、蜃、豚拍、深蒲也。七⑧醢：醓⑨、蠃、蠯、蚳、鱼、兔、雁醢。七菹：韭、菁、茆、葵、芹、箈、笋菹。三臡：麋、鹿、麕臡也。凡⑩醢酱所和，细切为齑，全物若脺⑪为菹也）。宾客之礼，共醢五十瓮（致饔饩⑫时），凡事⑬共醢。

【1330】《礼》曰⑭：孔子哭子路于中庭⑮（寝，中庭也。与哭师同，亲也）。有人吊⑯者，而夫子⑰拜⑱之（为之

---

① 内羞：王室所用的食物。

② 举：进食。

③ 五齐：五齑，指昌本、脾析、蜃、豚拍、深蒲。

④ 七醢：醓、蠃、蠯、蚳、鱼、兔、雁醢。《御览》误作"十醢"。醓误作"醢"。

⑤ 七菹：韭、菁、茆、葵、芹、箈、笋菹。

⑥ 三臡：麋、鹿、麕臡。

⑦ 齐：为齑之误，区别于酒之五齐。

⑧ 七：《御览》误为"十"。

⑨ 醓：《御览》误为"醢"。

⑩ 凡：《御览》误为"九"。

⑪ 脺：薄切肉。

⑫ 饔（yōng）饩（xì）：泛指用于祭祀的食物。饔，指熟食，又指午前吃的饭。饩，指生肉和粮食等。

⑬ 事：祭祀和宾客之事等。

⑭ 此节选自《礼记·檀弓上》。

⑮ 哭子路于中庭：听说子路死了，在寝中痛哭。子路为孔子门人。

⑯ 吊：吊唁。

⑰ 夫子：孔子。

⑱ 拜：谢。

主①也)。既哭②,进使者③而问故④(使者,自卫⑤来讣者。故,谓死之意状⑥),使者曰:"醢之矣⑦。"(时卫世子⑧蒯聩⑨篡辄⑩而立,子路死之。醢之者,示欲啗食以怖众⑪)遂命覆醢⑫(覆,弃之,不忍食)。

【1331】《礼记外传》曰:祭礼、宾客,菹醢之用⑬(醢,肉酱之通名)。醢,汁也;湆⑭,亦汁也(此等皆在豆⑮,以其湿故⑯也)。笾⑰,竹器(可盛干⑱也)。豆,木⑲

---

① 主:主持丧事。

② 既哭:哭罢以后。既,完了,毕,尽。

③ 使者:从卫国来的使者。

④ 问故:询问子路死亡的情形。子路为卫国大夫孔悝家宰,在卫国政变中被杀。

⑤ 卫:卫国。

⑥ 意状:情形。

⑦ 醢之矣:子路受醢刑而死。醢,古代的一种酷刑,把人杀死后剁成肉酱。

⑧ 卫世子:卫国的太子,指蒯聩。为灵公之子。

⑨ 蒯聩:卫庄公,聩又作"聩"。后为晋人所杀,在位三年。

⑩ 辄:卫出公,名辄。

⑪ 怖众:恐吓大众。

⑫ 遂命覆醢:孔子于是命人倒掉了肉醢,不忍心再食之。

⑬ 祭礼、宾客,菹醢之用:祭礼与宴客都须用菹醢。宾客,招待客人。

⑭ 湆:肉汁。

⑮ 此等皆在豆:这些都放在豆盘内。

⑯ 以其湿故:因为这些都是湿物的缘故。湿,指有汁。

⑰ 笾:竹编的高足盘。

⑱ 可盛干:可盛放干燥的食物。《御览》可作"何"。

⑲ 木:木质的高足盘称为"豆"。

也，皆跌足①（取其去址高絜②）。有陆产③（畜之所生在陆者），有水物④，天地阴阳之氛⑤。所生（水草之品，非人力所种⑥，自然絜）。齏者，骨肉相杂⑦为之，有麋、鹿、麇之齏（麇，大麕也，字或作麏⑧）。兔醢、蚳醢（皆陆产也，蚳⑨，蚁卵也），有鱼、雁、蠃、蠯之醢⑩（蠯，蛤之类也，蠯似蚌而长也。五者⑪水物）。

【1332】崔寔《四民月令》曰：五月一日可作醢。

【1333】弘君举⑫《食檄》⑬东里⑬独姥⑭之醢。

---

① 跌足：高圈足。形似高脚杯。
② 取其去址高絜（jié）：要的是豆盘高离地面，比较卫生。絜，同"洁"。
③ 陆产：陆地生长的禽兽等。
④ 水物：水生动、植物。
⑤ 氛（qì）：是一种形而上的神秘能量，不同于"气"，"氛"是道教专用的哲学概念。
⑥ 种：栽植。
⑦ 杂：混合。
⑧ 麏：音与"麇"同。
⑨ 蚳：《御览》误作"砥"。
⑩ 这里仅列四种水物，缺"蠯"一种。
⑪ 五者：鱼、雁、蠯、蠃、蠯。
⑫ 弘君举：人名。
⑬ 东里：地名。
⑭ 独姥：单身老太太。

卷第八百六十七

饮食部二十五

茗

【1334】《尔雅》曰①：槚②，苦荼③（树小似栀子④，冬至生叶，可煮作羹饭。今早采者⑤为荼，晚采者⑥为茗，一名荈⑦，蜀人名为苦荼⑧）。

【1335】《吴志》曰⑨：孙晧⑩每宴席，无不能酒⑪，率以七升为限⑫。虽不悉入口，皆浇灌⑬取尽。韦曜⑭饮酒不过二升，初见礼异⑮，密赐茶茗以当酒⑯。

---

① 此句选自《尔雅·释木》。

② 槚（jiǎ）：茶之古名。

③ 苦荼（tú）：借指茶，古无茶字，以荼代之。

④ 栀子：常绿灌木，花白色，叶长椭圆形。

⑤ 早采者：嫩茶。

⑥ 晚采者：晚季所采。

⑦ 荈：为"荈（chuǎn）"之误。荈，茶之古名。

⑧ 苦荼：为"苦荼"之误。

⑨ 此节选自《三国志·吴书·韦曜传》。

⑩ 孙晧：三国吴国皇帝，孙权之孙。

⑪ 无不能酒：不论会不会饮酒。无不能，《三国志》本作"无能否"。

⑫ 率以七升为限：每人都要以七升酒为限度。

⑬ 浇灌：浇与灌都可用于指饮酒。以酒洒地祭奠亦可说浇灌。

⑭ 韦曜：人名。

⑮ 初见礼异：开始时还特别照顾。

⑯ 密赐茶茗以当酒：悄悄倒上茶水（给韦曜）当酒喝。

【1336】《晋中兴书》曰①：陆纳为吴兴太守时，卫将军②谢安尝欲诣纳③。纳兄子俶④怪纳无所备⑤，不敢问之，乃私蓄十数人馔⑥。安既至⑦，纳⑧所设唯茶果而已⑨。俶遂陈盛馔⑩，珍羞毕具⑪。及安去⑫，纳杖俶四十⑬，云："汝既不能光益叔父⑭，奈何秽吾素业⑮？"

【1337】《晋书》曰⑯：夏侯恺⑰亡，后形见家人求茶⑱。

---

① 此节又见《晋书·陆纳列传》。

② 卫将军：官名。

③ 诣纳：到陆纳那儿去。

④ 纳兄子俶：陆纳的侄子陆俶。兄子，指哥哥的儿子，即侄子。

⑤ 怪纳无所备：怪罪陆纳毫无准备。

⑥ 乃私蓄十数人馔：于是自作主张准备了十几人吃的肴馔。

⑦ 安既至：谢安到来以后。

⑧ 纳：陆纳。

⑨ 所设唯茶果而已：摆上桌的只有茶和果品。茶果，又指点心。

⑩ 俶遂陈盛馔：陆俶于是将自己准备的盛馔摆了上来。

⑪ 珍羞毕具：各种山珍海味应有尽有。

⑫ 及安去：等到谢安离去之后。

⑬ 纳杖俶四十：陆纳叫人打了陆俶四十大板。

⑭ 光益叔父：为叔父增光。光益，增添光彩。

⑮ 奈何秽吾素业：为何要坏了我的名声？

⑯ 此节见王隐《晋书》。《陆子茶经》引作："夏侯恺（kǎi）字万仁，因病死。宗人兒（mào）苟奴，素见鬼。见恺数归，欲取马，并病其妻，著平帻（zé），单衣，入坐生时西壁大床，就人觅茶饮。"

⑰ 夏侯恺：人名。

⑱ 后形见家人求茶：后来现形出来向家里人要茶饮。

【1338】 又曰①：桓温为扬州牧，性俭素。每宴唯下漆盘扑茶果而已②。

【1339】《宋录》③曰：新安王④子鸾⑤、豫章王⑥子尚⑦诣县济⑧道人于八公山⑨。道人设茶茗，尚⑩味之⑪曰："此甘露也！何言茶茗焉⑫？"

【1340】《南齐书》曰⑬：武帝⑭遗诏⑮："灵坐⑯上慎勿以牲为祭⑰，唯设饼果、茶饮、干饭、酒脯而已。"

---

① 此节选自《晋书·桓温列传》。

② 每宴唯下漆盘（fù）扑茶果而已：每次进餐只有用七子盘装的点心而已。漆盘扑，《晋书》作"七奠籨"，指七个小盘合成的大盘，可称"七子盘"。

③《宋录》：今不见传。

④ 新安王：封号。

⑤ 子鸾：刘子鸾，宋孝武帝第八子，字孝羽，封新安王。官至中书令，领司徒。后赐死，追封始平王。

⑥ 豫章王：封号。

⑦ 子尚：刘子尚，宋孝武帝之子，字孝师。封西阳王，官至尚书令，后改封豫章王。终赐死。

⑧ 县济：道人名。

⑨ 八公山：在今安徽淮南西。

⑩ 尚：刘子尚。

⑪ 味之：品了品茶。

⑫ 何言茶茗焉：这不就是甘露嘛！怎么叫茶水呢？

⑬ 此节选自《南齐书·武帝纪》。

⑭ 武帝：指齐武帝萧赜。

⑮ 遗诏：皇帝的遗书。《御览》作"遗诰"。

⑯ 灵坐：灵堂的供桌。

⑰ 慎勿以牲为祭：千万不要用牲畜作祭品。牲，祭祀用的牲畜。

【1341】《唐史》①曰：风俗贵茶，茶之名品益众②，剑南③有蒙顶④石花或散牙⑤，号为第一⑥。湖州⑦顾渚⑧之紫笋⑨，东川⑩有神泉⑪昌明⑫，硖州⑬有碧涧明月⑭、房⑮𦽥𦬊寮⑯，福州⑰有方山⑱之生牙⑲，夔州⑳有香山㉑，江陵有南

① 《唐史》：《唐国史补》。
② 益众：越来越多。
③ 剑南：道名，以在剑阁南得名，治所在四川成都。
④ 蒙顶：蒙顶山在今四川雅安境内。
⑤ 石花或散牙：为蒙山所产茶名。牙，通"芽"。
⑥ 号为第一：称第一，最好。
⑦ 湖州：治所在乌程（今浙江吴兴）。
⑧ 顾渚：山名，在今浙江长兴西北。
⑨ 紫笋：茶名。
⑩ 东川：唐方镇名，即剑南东川，治所在梓州（今四川三台）。
⑪ 神泉：地名。
⑫ 昌明：县名，代为茶名。昌明县治在今四川盐源西南。神泉茶名为小团，昌明茶名为兽目。
⑬ 硖（xiá）州：治所在夷陵（今湖北宜昌）。
⑭ 碧涧明月：硖州产茶之名。
⑮ 房：指房州，治所在房陵（今湖北房县）。
⑯ 𦽥𦬊寮：应指茶名。
⑰ 福州：治所在闽县（今福建福州）。
⑱ 方山：山名。
⑲ 生牙：生芽，茶名，又名露芽。
⑳ 夔（kuí）州：治所在奉节（今四川奉节东）。
㉑ 香山：又作"真香"，茶名。

木①，湖南有衡山②，岳州③有㵲湖④之含膏⑤，常州⑥有义兴之紫笋⑦，婺州⑧有东白⑨，睦州⑩有鸠坑⑪，洪州⑫有西山之白露⑬，寿州⑭有霍山⑮之黄芽⑯，圻门之商货不在焉⑰。

【1342】又曰⑱：竟陵⑲僧⑳有于水滨㉑得婴儿者，育为

---

① 南木：茶名。江陵名茶又名"仙人掌"。
② 衡山：茶名。衡山在今湖南衡阳，有七十二峰。
③ 岳州：治所在巴陵（今湖南岳阳）。
④ 㵲湖：湖名，又称翁湖，在今湖南岳阳南。
⑤ 含膏：茶名，或作"含膏"。
⑥ 常州：治所在晋陵（今江苏常州）。
⑦ 义兴之紫笋：阳羡茶。义兴，郡名，治所在阳羡（今江苏宜兴）。
⑧ 婺州：治所在金华（今浙江金华）。
⑨ 东白：茶名。
⑩ 睦州：唐时治所在建德（今浙江建德）。
⑪ 鸠坑：地名，作茶名。即指建茶。
⑫ 洪州：治所在豫章（今江西南昌）。
⑬ 白露：茶名。
⑭ 寿州：治所在寿春（今安徽寿县）。
⑮ 霍山：县名。又为山名，即天柱山，在安徽霍山西。
⑯ 黄芽：霍山所产茶名。
⑰ 圻（qí）门之商货不在焉：此句本为"蕲州有蕲门团黄，而浮梁之商货不在焉"。圻门，即蕲（qí）门，在蕲州。不在，不包括在内。
⑱ 此节亦选自《唐国史补》。又见于《新唐书·隐逸列传》。
⑲ 竟陵：县名，今湖北天门。
⑳ 僧：佛教徒，和尚。
㉑ 水滨：指湖边。

弟子①。稍长②，自筮③遇《蹇》④之《渐》⑤，繇⑥曰："鸿渐于陆，羽可用为仪⑦。"乃姓陆氏，字鸿渐，名羽⑧。羽有文学⑨，多意思⑩，耻一物不尽其妙⑪，茶术最著⑫。巩县⑬为瓷偶人号陆鸿渐⑭，买十器得一鸿渐⑮。市人沽茗不利⑯，辄灌之⑰。羽于江湖称"竟陵人"⑱，于南越⑲称"桑苎翁"⑳。

---

① 育为弟子：哺养并收为弟子。

② 稍长：长大一些以后。

③ 自筮：自己用《易经》占卦。筮，占卜；卜卦。

④ 《蹇》：卦名。《易经·蹇》："蹇，难也，险在前也。"

⑤ 《渐》：卦名。徐而不速谓之渐。

⑥ 繇：卦兆的占词。

⑦ 鸿渐于陆，羽可用为仪：鸿雁落在陆地，雁羽可用为仪仗。

⑧ 名羽：取名为羽。据《新唐书·隐逸列传》，陆羽字鸿渐，又名疾，字季疵（cī）。

⑨ 羽有文学：指陆羽喜爱文学。

⑩ 多意思：勤于思考。

⑪ 耻一物不尽其妙：某一事没完全弄明白即感到耻辱。

⑫ 茶术最著：陆羽嗜茶，著《茶经》三卷，被后世尊为茶神、茶圣。

⑬ 巩县：今河南巩县。

⑭ 为瓷偶人号陆鸿渐：塑成瓷像，取名陆鸿渐。

⑮ 买十器得一鸿渐：购买十件陶瓷的人可以得到一尊陆鸿渐塑像。

⑯ 市人沽茗不利：商人卖茶叶生意不好。沽，买；卖。

⑰ 灌之：把陆羽塑像沉到水里。

⑱ 羽于江湖称"竟陵人"：陆羽在湖州称自己是竟陵人。江湖，意指湖州。陆羽曾隐居苕溪（今浙江吴兴）。

⑲ 南越：岭南。陆羽可能游历过岭南。

⑳ 桑苎翁：陆羽晚年的自称。

贞元①末卒。

【1343】又曰②：韩滉③闻奉天之难④，以采练囊⑤缄茶末⑥、健步⑦其以进⑧也。

【1344】又曰⑨：贞元九年⑩，初税茶⑪。先是⑫，诸道⑬盐铁使⑭张滂⑮奏曰："伏⑯以去秋水灾，诏令减税。今之国用须有供备⑰，伏请出茶州县⑱，及茶山外商人要路⑲，委

---

① 贞元：唐德宗李适在位年号之一。陆羽卒年在贞元二十年，即公元804年。

② 此节亦见《唐国史补》。

③ 韩滉（公元723—787年）：唐朝大臣、画家。

④ 奉天之难：唐德宗李适时，以朱泚为首的泾原兵占领长安，李适仓皇逃至奉天（今陕西乾县），称"奉天之难"。

⑤ 采练囊：彩绢做的口袋。

⑥ 缄茶末：装上茶叶，封上袋口。

⑦ 健步：快步，脚步轻捷有力。

⑧ 进：进献给皇上。

⑨ 此节又见《旧唐书·食货志下》。

⑩ 贞元九年：公元793年。贞元为唐德宗在位年号之一。

⑪ 初税茶：首次开始纳茶税。

⑫ 先是：早先。

⑬ 诸道：唐代因山河形势之便，分全国为十道，后又增至十五道，置采访处置使。

⑭ 盐铁使：官名，唐代特置，以管理食盐专卖为主，兼掌矿冶。多派大臣充任或由淮南节度使兼领，常驻扬州。

⑮ 张滂：唐代官吏。

⑯ 伏：对皇帝陈述想法时的敬辞，常作"伏惟"。

⑰ 供备：又作"供储"。

⑱ 出茶州县：令州县征取茶税。

⑲ 要路：《御览》作"要略"。

所由定二等①时估，每十税一②，价钱充所放两税③。其明年已后，所得税，外收贮④。若诸州遭水旱，赋税不办⑤，以此代之⑥。"诏曰："可。"仍委⑦张滂具处置条奏⑧。自是每岁得钱四十万贯⑨，茶之有税自此始⑩也。然税茶无虚岁⑪，遭水旱处未尝以茶税钱拯赡⑫。

【1345】又曰⑬：大和七年⑭正月，吴、蜀⑮贡新茶，皆

---

① 二等：《旧唐书》作"三等"。

② 每十税一：征税利率为十分之一。

③ 价钱充所放两税：所收茶税用于抵偿减免的"两税"所得。两税，唐德宗推行"两税法"，分夏、秋两季收税，按地亩征税，以实物折钱计算。

④ 外收贮：将税茶所得单独存蓄。

⑤ 赋税不办：减免赋税。

⑥ 以此代之：以茶税所得代替减税的土地税。

⑦ 委：指派。

⑧ 具处置条奏：起草税茶的法令条款。

⑨ 自是每岁得钱四十万贯：从此每年税茶收入为四十万贯钱。一千钱为一贯。

⑩ 茶之有税自此始：对茶实行纳税起自张滂之时。此说与后面的引文不符，又说税茶始于王涯。

⑪ 税茶无虚岁：年年都能征到茶税。

⑫ 遭水旱处未尝以茶税钱拯赡：遇水旱灾害的茶农却没有得到过茶税钱的救济。拯赡，救济。

⑬ 此节又见《旧唐书·文宗纪下》。

⑭ 大和七年：公元832年。大和为唐文宗李昂在位年号之一，即公元827—836年。

⑮ 吴、蜀：今江浙、四川一带。

于冬中作法为之①。上②务恭俭③，不欲逆其物性④，诏所贡新茶，宜于立春后造⑤。

【1346】又曰⑥：大和九年⑦十月，王涯⑧献榷茶之利⑨，以涯为榷茶使⑩。茶之有榷税⑪，自涯始⑫。

【1347】又曰⑬：大和九年十二月，诸道盐铁转运榷茶使⑭令狐楚⑮奏曰："榷茶不便于民，请停⑯。"从之⑰。

---

① 皆于冬中作法为之：都是采用在冬季人工加温的方法完成的。似建有温室，促进茶叶早成。

② 上：唐文宗李昂，公元826—836年在位。

③ 务恭俭：倡导节俭恭谨之风。

④ 不欲逆其物性：不想违背茶叶生长的本来规律。

⑤ 诏所贡新茶，宜于立春后造：令所贡新茶，都在春暖后采制。

⑥ 此节亦见《旧唐书·文宗纪下》，《王涯列传》略载。

⑦ 大和九年：公元834年。

⑧ 王涯：唐朝大臣。字文津（？—公元835年），太原人。历官翰林学士、中书侍郎同平章事、度支盐铁转运使。在"甘露之变"中被诬谋反，全家遭诛。

⑨ 献榷茶之利：奏说茶叶专卖的好处。《御览》作"献茶"。

⑩ 以涯为榷茶使：以王涯任榷茶使。榷茶使，官名，管理茶叶专卖事务。

⑪ 榷税：榷即为税。榷又指专利。《御览》无"榷"字。

⑫ 自涯始：自王涯开始实行茶业官收官卖。

⑬ 此节亦见《旧唐书·文宗纪下》。

⑭ 诸道盐铁转运榷茶使：官名，即盐铁转运使兼榷茶使。

⑮ 令狐楚：唐朝大臣、诗人。字壳士（公元765—836年），宜州华原（今陕西耀州）人。官至尚书仆射、诸镇节度使。《全唐诗》存诗一卷。

⑯ 停：停止官卖茶叶。榷茶仅两个月。

⑰ 从之：准奏。

【1348】又曰①：元和十四年②，归③光州④茶园于百姓，从刺史房克让之请⑤。

【1349】又曰⑥：初，常鲁⑦使西番⑧，烹茶⑨帐中，蕃人⑩问曰："何为者⑪？"鲁曰："涤烦疗浊⑫，所谓茶也。"蕃人曰："我此亦有⑬。"命取以出⑭，指曰："此寿州⑮者，此顾渚⑯者，此圻门⑰者。"

---

① 此节选自《唐国史补》。

② 元和十四年：公元820年。元和为唐宪宗李纯在位年号，即公元806—821年。

③ 归：归还百姓。

④ 光州：治所在定城（今河南潢川）。

⑤ 从刺史房克让之请：是依从刺史房克让的请求所办。刺吏，官名，一州长官。房克让，人名。唐宪宗时任光州刺史。

⑥ 此节亦见《唐国史补》。

⑦ 常鲁：人名。又作"常鲁公"。

⑧ 西番：吐蕃的别称，为古代藏族在青藏高原建立的军事奴隶制政权，定都逻娑（今西藏拉萨）。

⑨ 烹茶：煮茶。唐时饮茶盛行烹煮后再饮。

⑩ 蕃人：古代对藏民的称呼。《唐国史补》作"赞普"，即国王。

⑪ 何为者：问煮的是什么。

⑫ 涤烦疗浊：本作"涤烦疗渴"，即清心解渴的意思。

⑬ 我此亦有：我这里也有这东西。

⑭ 命取以出：叫人把茶叶拿出来看。

⑮ 寿州：寿州所产的茶，即安徽霍山黄芽。

⑯ 顾渚：顾渚所产的茶，为紫笋。

⑰ 圻门：蕲州蕲门茶。原文列举的还有舒州、昌明、洹湖三地所产的茶。

【1350】《晏子春秋》曰①：婴②相齐景公③时，食脱粟之饭④，炙三弋⑤、五卵⑥、茗菜⑦而已。

【1351】《广雅》曰：荆巴间⑧采茶作饼⑨，成以米膏⑩出之。若饮，先炙⑪，令色赤。捣末⑫置瓷器中，以汤⑬浇覆之，用葱姜芼⑭之。其饮醒酒⑮，令人不眠⑯。

【1352】《博物志》⑰：饮真茶⑱令少眠睡。

【1353】《神农食经》⑲曰：茶茗宜久服，令人有力悦

---

① 此节选自《晏子春秋》卷六。

② 婴：晏婴。

③ 相齐景公：为齐景公相。

④ 脱粟之饭：粗糙的饭食。

⑤ 炙三弋：烤野禽三种。弋，弋射，指射猎所获的野禽。

⑥ 五卵：五种蔬菜。卵，即茆，指菜。

⑦ 茗菜：茗为茶，作"菜"不明白是什么意思。茗，又作"苕"，地衣之类。或说苕亦指茶。

⑧ 荆巴间：荆州至巴州之间，指今鄂西至川东一带。

⑨ 饼：茶饼。

⑩ 米膏：米汤。

⑪ 先炙：茶饼饮前先烤一烤。

⑫ 捣末：茶饼烤变红后，再捣碎成末。

⑬ 汤：开水。

⑭ 芼：本指羹中添加的菜。这里指用葱、姜作为作料煮茶。

⑮ 其饮醒酒：这样的茶水可解酒。

⑯ 令人不眠：喝了后使人不想睡觉。

⑰ 此节见今《博物志》卷四。

⑱ 真茶：《茶经》云，"真茶性极冷"。或说真茶为"羹茶"之误。

⑲ 《神农食经》：西汉人托名神农氏作。今不传。

志①。

【1354】又曰②：茗，苦荼，味甘苦，微寒，无毒。主③瘘疮，利④小便，少睡，去痰渴，消宿食⑤。冬生益州⑥川谷、山陵、道傍，凌冬不死⑦。三月二日⑧采，干⑨。

【1355】华佗《食论》⑩曰：苦荼久食，益意思⑪。

【1356】壶居士⑫《食志》⑬曰：苦荼久食羽化⑭；与韭同食令人身重⑮。

---

① 悦志：神情爽快。

② 此节出自《神农本草经》。

③ 主：主治。

④ 利：通。

⑤ 消宿食：有助于消化积食。

⑥ 益州：治所在今；四川成都。这里泛指川西地区。

⑦ 凌冬不死：至了冬天照样生长。凌冬，越冬。

⑧ 三月二日：本作三月三日，指春暖时。

⑨ 干：干燥茶叶。

⑩ 《食论》：又作《食经》。今不传。

⑪ 益意思：增进人的思维能力。

⑫ 壶居士：可能指壶公。

⑬ 《食志》：又作《食忌》。已佚。

⑭ 羽化：变成羽人（仙人），如长出羽翼。这里指成仙。《晋书·许迈列传》："好道者，皆谓之羽化矣。"

⑮ 与韭同食令人身重：韭菜同茶一起吃，使人体重增加。

【1357】陶弘景①《新录》②曰：茗茶轻身换骨，丹丘子③、黄山君④服之。

【1358】王浮⑤《神异记》曰：余姚⑥人虞洪⑦入山采茗⑧，遇一道士牵三青牛，引洪⑨至瀑布山⑩曰："吾丹丘子⑪也，闻子善具饮⑫，常思见惠⑬。山中有大茗⑭，可以相给⑮。祈子他日有瓯蚁之余⑯，乞相遗⑰也。"因立奠祀⑱。后令家

---

① 陶弘景：南朝齐梁间道教徒、医药学家。字通明（公元156—536年），丹阳秣陵（今江苏南京南）人。所撰《真诰》二十卷，被看作道教经典。另有《本草经集注》《肘后百一方》等。

② 《新录》：又名《杂录》，已佚。

③ 丹丘子：仙人名。唐代亦有丹丘子，即元丹丘，慕仙人之术。

④ 黄山君：仙人名。

⑤ 王浮：西晋术士。

⑥ 余姚：县名，在今浙江余姚。

⑦ 虞洪：人名。

⑧ 采茗：采茶。

⑨ 洪：虞洪。

⑩ 瀑布山：山名。

⑪ 丹丘子：仙人名。

⑫ 闻子善具饮：听说你很会煮茶。饮，《御览》作"饭"。

⑬ 常思见惠：经常想讨点你的茶喝。惠，给予好处。

⑭ 大茗：大茶树。

⑮ 给：供采摘的意思。

⑯ 祈子他日有瓯蚁之余：请你来日如有多余的茶。瓯蚁，又作"瓯牺"，大意为杯中剩茶沫，实指茶。

⑰ 乞相遗：请送给我一点喝。

⑱ 因立奠祀：回家后便祭祀这位丹丘子。

人入山，获大茗焉。

【1359】《广陵耆老传》①曰：晋元帝②时，有一老姥③，每旦擎一器茗往市鬻之④，市人竞买⑤。自旦至暮⑥，其器不减茗⑦。所得钱散路傍孤贫乞人，人或异之⑧，执而系之于狱⑨。夜擎所卖茗器⑩，自牖飞去⑪。

【1360】《广志》曰：茶丛生⑫，直⑬煮饮为茗。茶茱萸⑭，檄子⑮之属，膏⑯煎之，或以茱萸⑰煮脯，冒⑱汁为之曰

---

① 《广陵耆老传》：已佚。

② 晋元帝：东晋皇帝司马睿，字景文（公元276—322年），司马懿曾孙。公元317—322年在位。袭封琅琊王，西晋灭亡后称晋王，继而称帝，后忧愤而死。

③ 老姥：老太太。

④ 每旦擎一器茗往市鬻之：每天早晨端着一盘茶叶到市上去卖。

⑤ 竞买：争相购买。

⑥ 自旦至暮：从早到晚。

⑦ 其器不减茗：卖了一天，盘中茶叶不见减少。

⑧ 人或异之：有的人感到很奇怪。

⑨ 执而系之于狱：抓起来关到监狱中。

⑩ 夜擎所卖茗器：半夜，拿着卖茶叶的盘子。

⑪ 自牖（yǒu）飞去：从监狱的窗户飞走了。牖，窗户。

⑫ 茶丛生：指呈灌木状的茶树。

⑬ 直：别本又作"真"。

⑭ 茶茱萸：灌木，枝细长丛生，叶椭圆形。南方或以叶当茶。

⑮ 檄子：本指无枝树木。

⑯ 膏：油。

⑰ 茱萸：灌木或小乔木，果实可入药。

⑱ 冒：别本作"胃"。

茶。有赤色者，亦米和膏煎①，曰"无酒茶②"。

【1361】《晋书·艺术传》曰：敦煌③人单道开④，不畏寒暑，常服⑤小石子，所服者有心气⑥，兼服茶、酥而已。

【1362】《续搜神记》曰：晋孝武⑦世，宣城⑧人秦精⑨，入武昌山中采茗。忽见一人，身长一丈，通体毛。精见之大怖⑩，自谓必死⑪。毛人牵其臂⑫，将⑬至山中大丛茗处，放之便去⑭，精因留采⑮。须臾复来⑯，乃采怀中桔与

---

① 煎：煮。

② 无酒茶：代酒之饮。

③ 敦煌：郡县名，治所在今甘肃敦煌西。

④ 单道开：晋术士。敦煌人。传能吞服小石子，可昼夜不眠，一日行七百里。后入罗浮山，百余岁卒。

⑤ 服：服食。

⑥ 心气：中医称心脏的生理功能为心气。意服小石子可增强心力。

⑦ 晋孝武：东晋孝武帝司马曜，公元373—396年在位。

⑧ 宣城：郡名，治所在宛陵（今安徽宣城）。

⑨ 秦精：人名。

⑩ 精见之大怖：秦精看见后十分害怕。

⑪ 自谓必死：自以为活不成了。

⑫ 牵其臂：牵着秦精的手臂。

⑬ 将：带；引。

⑭ 放之便去：毛人放开秦精就离开了。

⑮ 精因留采：秦精于是便留下来采茶。

⑯ 须臾复来：毛人不一会又回来了。

精①，精甚怖②，负茗而归③。

【1363】又曰④：桓宣武⑤有一督将⑥，因时行病⑦后虚热⑧，更能饮复茗⑨，必一斛二斗乃饱⑩。裁减升合⑪，便以为大不足⑫。非复一日⑬，家贫⑭。后有客造之⑮，正遇其饮复茗。亦先闻世有此病⑯，仍令更进五升⑰，乃大吐⑱，有一物出如升大⑲，有口，形质缩绉⑳，状似牛肚㉑。客乃令置之

---

① 乃采怀中桔与精：把怀里的橘子递给秦精吃。采，又作"探"，取也。

② 精甚怖：秦精非常害怕。

③ 负茗而归：背起茶叶就回家去了。

④ 此节亦选自《续搜神记》。

⑤ 桓宣武：桓温，东晋大将，晋明帝之婿。

⑥ 督将：大将。

⑦ 时行病：流行病。

⑧ 虚热：虚火，一种内热的病症。

⑨ 更能饮复茗：比原来更加能饮茶。

⑩ 必一斛二斗乃饱：一次得饮一斛二斗才够。

⑪ 裁减升合：稍稍减少一点。十合为一升。

⑫ 大不足：差得很远。

⑬ 非复一日：如此一天又一天地饮茶。

⑭ 家贫：家产因饮茶用光了。

⑮ 后有客造之：后来有一个客人来探望这个将军。造，探访。

⑯ 亦先闻世有此病：他原来就听说过世上有这种病症。

⑰ 仍令更进五升：让他再多饮五升。

⑱ 大吐：大口大口地呕吐。

⑲ 有一物出如升大：吐出一个像升一样大小的东西。

⑳ 形质缩绉：形体皱皱巴巴的。绉，同"皱"。

㉑ 牛肚：指牛胃。

于盆中①，以一斛二斗复茗浇之，此物嗡之都尽而止②。觉小胀③，又增五升，便悉混然从口中涌出。既吐此物，病遂差④。或问之此何病⑤，答云："此病名斛茗瘕⑥。"

【1364】《异苑》曰：剡县⑦陈矜⑧妻少寡⑨，与二子同居⑩，好饮茶，家有古冢⑪，每饮辄先祠之⑫。二子欲掘之⑬，母止⑭之。夜梦人云："吾止⑮此冢三百余年，今二子恒欲见毁⑯，赖相保护⑰，又享吾佳茗⑱，虽潜朽壤⑲，岂忘翳桑之

---

① 客乃令置之于盆中：客人让人把吐出的物体放在一个盆里。

② 此物嗡之都尽而止：这东西很快就消化完了。

③ 觉小胀：还觉得肚子有点发胀。《御览》胀作"腹"。

④ 差：病痊愈称"差"。

⑤ 或问之此何病：有人问这是一种什么病。

⑥ 瘕：肚里有结块的病。

⑦ 剡县：古县名，治所在今浙江嵊县西南。

⑧ 陈矜：人名。又作"陈务"。

⑨ 少寡：年轻守寡。

⑩ 与二子同居：同两个儿子住在一起。

⑪ 家有古冢：宅院中原有一座古墓。

⑫ 每饮辄先祠之：每次饮茶之前都要向古墓祭祀。祠，又作"祀"。

⑬ 欲掘之：想把古墓挖开。

⑭ 止：制止。

⑮ 止：在。

⑯ 毁：毁坏，这里指掘墓。

⑰ 赖相保护：有赖母亲的保护。

⑱ 享吾佳茗：又用美茶祭奠我。

⑲ 潜朽壤：又作"潜壤朽骨"。

报①?"及晓②,于庭③中获钱十万,似久埋者,唯贯新④。母告二子,祷祠愈功⑤。

【1365】《世说》曰⑥:任瞻⑦少时有令名⑧,自过江失志⑨。既不饮茗⑩,问人云:"此为茶?为茗?⑪"觉人有怪色⑫,乃自申明之曰:"向问饮为热为冷耳⑬?"

【1366】又曰⑭:晋司徒长史⑮王濛⑯好饮茶,人至则

---

① 翳桑之报:春秋时,晋人灵辄在翳桑挨饿,被赵盾遇见,给他吃的并接济其母。后来灵辄当了晋灵公的卫士,在晋灵公追杀赵盾时救了他,报翳桑之食。见《左传·宣公二年》。

② 晓:天亮。

③ 庭:庭院。

④ 似久埋者,唯贯新:钱像是在地下埋了多年,但穿钱的绳却是新的。贯,古时指穿铜钱的绳。

⑤ 祷祠愈功:祭祷更加用心。

⑥ 此节见《世说新语·纰漏》。

⑦ 任瞻:字育长。少有令名,神情可爱。

⑧ 令名:美名。令,美好。

⑨ 过江失志:指原为晋武帝所看重,东晋时不得志。

⑩ 既不饮茗:又作"既下饮"。指不再饮茶了。

⑪ 此为茶?为茗:这是茶,还是茗?

⑫ 觉人有怪色:察觉到别人有惊怪的神色。

⑬ 向问饮为热为冷耳:我问的是茶是热的还是凉的。

⑭ 此节亦见《洛阳伽蓝记》。

⑮ 司徒长史:司徒府的长史,官名。

⑯ 王濛:字仲祖,晋阳人。哀靖皇后之父。喜怒不形于色,以清约见称。官终左长吏。

命饮之①。士大夫②皆患③之,每欲往候④,必云:"今日有水厄⑤。"

【1367】《江氏传》⑥曰:统⑦迁愍怀太子⑧洗马⑨,尝上疏⑩谏曰:"今西园⑪卖醯、面、茶、菜、蓝子⑫之属,亏败国体⑬。"

【1368】《晋四王起事》曰:惠帝⑭蒙尘洛阳⑮,黄门⑯以瓦盂⑰盛茶上至尊。

① 人至则命饮之:要是有客人来便叫饮茶。

② 士大夫:泛称官吏。

③ 患:害怕。

④ 每欲往候:每当要前去探望之时。

⑤ 水厄:水祸。指过量饮茶。厄,灾难。

⑥ 《江氏传》:《江统别传》。

⑦ 统:江统,西晋官吏。字应元(?—公元310年),陈留圉(今河南开封)人。历官山阴令、太子洗马、尚书郎、散骑常侍。

⑧ 愍怀太子:晋惠帝长子,字愍祖。立为太子,为黄门孙虑以药杵椎杀,死后追谥为愍怀太子。

⑨ 洗马:官名,又作"先马",为东宫属官,太子出则为前导。晋代改掌图籍。

⑩ 疏:给皇帝的奏议。

⑪ 西园:上林苑别名,在今河南洛阳。

⑫ 蓝子:蓼蓝,一年生草本。

⑬ 亏败国体:有损于国家的体面。

⑭ 惠帝:晋惠帝司马衷,字正度(公元259—306年),公元290—306年在位。

⑮ 蒙尘洛阳:指惠帝被赵王司马伦篡位自立之事。"八王之乱"中,惠帝被诸王辗转挟持,受尽凌辱,终被东海王司马越毒死。

⑯ 黄门:黄门侍郎,官名。

⑰ 瓦盂:陶钵。

【1369】晋刘琨①《与兄子南兖州刺史演②书》曰："前得安州③干茶二斤、姜一斤、桂一斤，皆所需也。吾体中烦闷，恒假真茶④，汝可信信致之⑤。"

【1370】傅咸《司隶教》⑥曰：闻南方有蜀妪⑦，作茶粥⑧卖，廉事⑨欧其器具⑩。无为⑪，又卖饼于市。而禁茶粥以困⑫蜀姥，何哉⑬？

【1371】《坤元录》⑭曰：辰州⑮溆浦县⑯山⑰上多茶树。

---

① 刘琨：晋将领、诗人。字越石（公元271—318年），中山魏昌（今河北安国西南）人。官至并州刺史。

② 演：刘演，刘琨之侄。

③ 安州：治所在今湖北安陆。

④ 恒假真茶：常要借助茶水来涤烦解闷。《御览》真茶作"负茶"。

⑤ 汝可信信致之：你可以在方便时常送我一些。

⑥ 《司隶教》：见《傅中丞集》。

⑦ 蜀妪：蜀郡老太太。

⑧ 茶粥：茶米合煮的稀饭。或释粥为"䴙"。

⑨ 廉事：官名，应为市令之类。

⑩ 欧其器具：打烂了老太太卖茶粥使用的器具。欧，同"殴"，打。

⑪ 无为：没有办法。

⑫ 困：应为"困"，为难；作难。

⑬ 何哉：道理何在？

⑭ 《坤元录》：今不见传。

⑮ 辰州：治所在沅陵（今湖南沅陵）。

⑯ 溆浦县：治在今湖南溆浦。

⑰ 山：名为无射山。

【1372】《括地图》①曰：临城县②东北一百四十里有茶山、茶溪。

【1373】《天台记》③曰：丹丘山④出大茗，服之生羽翼⑤。

【1374】《夷陵图经》⑥曰：黄木⑦、女观⑧、望州⑨等山，茶茗出⑩焉。

【1375】杨衒之⑪《洛阳伽蓝记》⑫曰：彭城王⑬勰⑭戏

---

① 《括地图》：《括地志》，唐肖德言等撰，已佚，后有辑本。

② 临城县：治所在今安徽青阳南临城镇。《茶经》引作"临遂县"。

③ 《天台记》：《天台山记》，一卷。唐徐灵府撰。

④ 丹丘山：在浙江宁海南九里狮山附近。

⑤ 服之生羽翼：饮了这茶能成仙。

⑥ 《夷陵图经》：已佚。

⑦ 黄木：《茶经》引作"黄牛"，山名，在今湖北宜昌境内。

⑧ 女观：山名。

⑨ 望州：山名。

⑩ 出：出产。

⑪ 杨衒之：生年不详，约卒于北齐文宣帝天保中。北魏时北平（今河北定州）人，作过期城（今河南泌阳）太守、抚军府司马、秘书监等官职。

⑫ 《洛阳伽蓝记》：北魏杨衒之撰，分五篇，追叙洛阳盛时伽蓝（佛寺）的兴隆景象等。

⑬ 彭城王：封号。

⑭ 勰（xié）：元勰，北魏献文帝之子，字元和。封始平王，除侍中，转中书令，改封彭城王。被诛，追号文穆皇帝。

谓王肃^①曰:"卿不重齐鲁大邦^②,而爱邾莒小国^③。"肃^④对曰:"乡曲^⑤所美,不得不好^⑥。"勰复谓曰:"明日顾我^⑦,为卿设邾莒之餐^⑧,亦有酪奴^⑨。"因此复号茗取饮为"酪奴"。时给事中刘镐^⑩慕肃之风^⑪,专习茗饮^⑫。彭城王谓镐^⑬曰:"卿不慕王侯八珍^⑭,如好苍头^⑮水厄。海上有逐

---

① 王肃:北魏大臣。字恭懿(公元464—501年),琅琊临沂(今山东临沂北)人。王导之后,投奔北魏,任豫州刺史、扬州大中正。

② 齐鲁大邦:羊。前本有一句"羊比齐鲁大邦"。

③ 邾莒小国:鱼。前称"鱼比邾莒小国"。邾、莒均为山东境内的古国。

④ 肃:王肃。

⑤ 乡曲:指穷乡僻壤之处,偏处一隅。

⑥ 不得不好:自然而然地喜欢。好食鱼。

⑦ 顾我:到我这里来。顾,探望;拜访。

⑧ 为卿设邾莒之餐:意为用鱼来招待你。指无肉。

⑨ 酪奴:茶。此节本有王肃所云"唯茗不中与酪作奴"一语,因名茶为酪奴。

⑩ 刘镐:人名。官给事中。

⑪ 慕肃之风:仰慕王肃的风范。

⑫ 专习茗饮:一心研习茶饮之事。

⑬ 镐:刘镐。

⑭ 八珍:《周礼》"八珍",泛称美味佳肴。

⑮ 苍头:古时指私家所属的奴隶,用作仆隶的代称。这里是称茶为下贱者的饮料。

臭之夫①，里②内有学颦之妇③，以卿言之，即是也④。"其彭城王家有吴妪⑤，以此言戏⑥之。自是朝贵⑦宴会，虽设茗饮，皆耻不复食⑧。虽江表⑨残民⑩远来降者，饮焉⑪。侍中元义⑫欲为之设茗⑬，先问："卿于水厄多少⑭？"萧正德⑮不晓人意⑯，答："下官⑰虽生水乡，立身已来⑱，不遭阳侯之

---

① 海上有逐臭之夫：比喻嗜好的偏僻。《吕氏春秋·遇合》："人有大臭者，其兄弟妻妾知识，无能与居者，自苦而居海上。人有悦其臭者，昼夜随而不去。"曹植《与杨德祖书》："海畔有逐臭之夫。"

② 里：里巷。

③ 学颦（pín）之妇：形容不切实际的效仿。《庄子·天运》："故西施病心而颦（pín）其里，其里之丑人见而美之，归亦捧心而颦其里。其里之富人见之，坚闭门而不出；贫人见之，挈妻子而去之走。彼知颦美，而不知颦之所以美。"

④ 以卿言之，即是也：拿你来说，可以算是这种人。

⑤ 吴妪：吴地的老太太。指也好饮茶。

⑥ 戏：讥笑，笑嗜茶。

⑦ 朝贵：朝臣贵戚。

⑧ 皆耻不复食：都不屑于再饮茶了。

⑨ 江表：长江以南地区。中原人以其地在长江之外，因此这样说。

⑩ 残民：南朝的沦落者。

⑪ 饮焉：《御览》脱此二字。

⑫ 元义：人名。

⑬ 为之设茗：为萧正德备茶。此句前《御览》脱"萧正德归降时"一语。

⑭ 卿于水厄多少：意思是问能喝多少茶。水厄，指茶量。

⑮ 萧正德：字公和。梁武帝养子，后封西丰侯，被侯景推为梁帝。又降为大司马，被侯景矫诏杀之。

⑯ 不晓人意：不明白元义话里的意思，以为问的是被水淹过几次。

⑰ 下官：官吏对上司的自称。

⑱ 立身已来：长大以来。

乱①。"举坐皆笑焉。

【1376】《桐君录》②曰：西阳③、武昌、晋陵④皆出好茗。巴东⑤别有真香茗⑥，煎饮令人不眠。

【1377】又曰⑦：茶花状如栀子，其色稍白。

【1378】《永嘉图经》⑧曰：县⑨东有白茶山。

【1379】《吴兴记》⑩曰：乌程县⑪西有温山，出御茆⑫。

【1380】《淮阴图经》⑬曰：山阳县⑭南三十里有茶坡。

---

① 阳侯之乱：溺水之祸。阳侯，水神名。《淮南子·览冥训》："武王伐纣，渡于孟津，阳侯之波，逆流而击。"高诱注："阳侯，陵阳国侯也。其国近水。溺水而死，其神能为大波。有所伤害，因谓之阳侯之波。"

② 《桐君录》：今不见传。

③ 西阳：郡名，治所在西阳（今湖北黄冈东）。

④ 晋陵：治所在晋陵（今江苏常州）。

⑤ 巴东：郡名，治所在鱼复（今四川奉节东）。

⑥ 真香茗：指前述之"真茶"。

⑦ 此节亦见《桐君录》。

⑧ 《永嘉图经》：已佚。

⑨ 县：永嘉县，今浙江永嘉。

⑩ 《吴兴记》：刘宋山谦之撰，已佚。今存辑本一卷。

⑪ 乌程县：相传有善酿酒的乌、程二姓居此，故名。治所在今浙江吴兴南，后移吴兴。

⑫ 御茆：专用于贡奉朝廷的御茶。茆，别本或作"荈"。

⑬ 《淮阴图经》：已佚。

⑭ 山阳县：治所在今江苏淮安。

【1381】《茶陵县图经》①曰：茶陵②者，谓陵谷③生茶茗。

【1382】《本草拾遗》④曰：皋卢茗⑤作饮，止渴除疫⑥，不睡⑦，利水道⑧，明目。生南海⑨诸山中，南人极⑩重⑪之。

【1383】《广州记》⑫曰：酉平县⑬出皋卢茗之利，茗叶大而涩⑭，南人以为饮。

【1384】《南越志》⑮曰：茗⑯，苦涩，亦谓之"过

---

① 《茶陵县图经》：已佚。

② 茶陵：今湖南茶陵，因产茶而得名。

③ 陵谷：山谷。

④ 《本草拾遗》：十卷，唐陈藏器撰。

⑤ 皋卢茗：即大叶茶，又名瓜芦。叶似茶而大，味略苦，古代南方人用作饮料，如长江流域一带饮茶一样。

⑥ 疫：病。

⑦ 不睡：令人少睡眠。

⑧ 利水道：利尿。

⑨ 南海：泛指南方各族人民居住地区。有南海郡，治所在番禺（今广东广州）。

⑩ 极：特别。

⑪ 重：看重。

⑫ 《广州记》：晋顾微撰，清人有辑本一卷。

⑬ 酉平县：治所在广东惠阳西。

⑭ 涩：味苦涩。

⑮ 《南越志》：沈怀远撰，已佚。清人有辑本一卷。

⑯ 茗：原指皋卢茗。

罗①"。

【1385】陆羽②《茶经》③曰：茶者，南方嘉木④。自尺，二尺，至数十尺⑤。其巴川峡山⑥有两人⑦，合抱者，伐而掇之⑧。

其树如瓜芦⑨，叶如栀子，花如白蔷薇⑩，叶如栟榈⑪，蒂⑫如丁香⑬，根如胡桃⑭。

其名⑮：一曰茶；二曰槚；三曰蔎⑯；四曰茗；五曰荈

---

① 过罗：皋卢的音译。《南越志》原文为："龙川有皋芦，叶似茗，土人谓之过罗，或曰物罗，皆夷语也。"夷语，少数民族语言。

② 陆羽：唐代茶学家，著《茶经》三卷，被后世尊为"茶神""茶圣"。

③ 《茶经》：三卷，十章。分述茶之源、具、造、器、煮、饮、事、出、略、图，对茶的源流、种植、制法、饮法、茶具论述特别详细。

④ 嘉木：优良的树木。

⑤ 尺：树的高度。一两尺为丛生者，数十尺者为大茶树。

⑥ 巴川峡山：又作"巴山峡川"，指今川东鄂西的长江附近一带。

⑦ 两人：《御览》脱"人"字。

⑧ 伐而掇之：大茶树是砍下枝条来采摘茶叶。

⑨ 瓜芦：皋芦。

⑩ 白蔷薇：开白花的蔷薇。蔷薇为落叶灌木，茎有刺，夏初开花，有红、黄、白等色。

⑪ 栟（bīng）榈：棕榈，常绿乔木，不分枝，大叶在杆顶。种子似茶子，略小。

⑫ 蒂：别本或作"蕊""茎"。

⑬ 丁香：又称紫丁香，为小乔木或小灌木，四五月开花，花香浓郁。

⑭ 胡桃：核桃，落叶乔木，核果球形。

⑮ 此前略去"其字，或从草，或从木，或草木并"一语。

⑯ 蔎（shè）：原指香草，借作茶名。

（周公云①：槚，苦荼。扬执戟②云：蜀③西南人谓荼曰蔎。郭弘农④云：早取⑤为荼，晚取为茗，一曰荈。蔎音设，荈音昌兖切）。

其上者⑥生烂石⑦，中者生栎壤⑧，下者生黄土⑨。凡艺而不茂⑩，法如种瓜⑪，三岁可采⑫。阳崖阴林⑬，紫者上⑭，绿者次⑮；笋者上⑯，牙者次⑰；叶卷者上⑱，叶舒者次⑲。

---

① 周公：此处所引出自《尔雅》。传《尔雅》为周公所撰，故曰"周公云"。

② 扬执戟：扬雄，详见前注。此处所引，出自扬雄所撰《方言》。

③ 蜀：蜀郡。蜀西南指今四川成都西南方向的蒙山茶产区。

④ 郭弘农：郭璞。此处所引，出自郭璞《尔雅注》。

⑤ 取：摘采。

⑥ 上者：生长好的茶树。

⑦ 烂石：夹杂有风化石碎块的土壤，透气性能较好。

⑧ 栎壤：本作"砾壤"，指夹杂有相当多石块的土壤。

⑨ 黄土：黄黏土，肥力很差，透气性能也不好，不利于茶树根系的生长。所以说在黄土上生长的茶树属下品。

⑩ 艺而不茂：《茶经》本作"艺而不实，植而罕茂"。指种植不用茶子直接播种，而用苗移栽的话，茶树就很难生长茂盛。艺，种植。

⑪ 法如种瓜：种茶之法如种瓜。

⑫ 三岁可采：茶树生长三年之后便可采叶。

⑬ 阳崖阴林：在山坡向阳、林阴覆盖之处。

⑭ 紫者上：茶叶呈紫色的为上品。唐代便以紫笋为上品。

⑮ 绿者次：绿色的茶叶品质略次。

⑯ 笋者上：茶叶未长开如笋状的最好。

⑰ 牙者次：笋长成叶芽后品质略次。

⑱ 叶卷者上：叶片卷起的为上品。

⑲ 叶舒者次：叶片完全舒展开的略次。此前均选自《茶经·一之源》。

凡采茶在二月、三月、四月之间。茶之笋者，生烂石沃土①，长四、五寸。若薇蕨始抽②，凌露采③焉。茶之芽者，发④于藂薄⑤之上，有三枝、四枝、五枝者，选中枝颖枝⑥者采焉。其日雨不采⑦，晴有云不采⑧。蒸、拍⑨、焙、穿⑩、封⑪、干矣⑫。

茶有千类万状⑬，卤莽而言之⑭，如胡人靴⑮者，蹙缩

---

① 烂石沃土：含有风化石的肥沃土壤。

② 若薇蕨始抽：在茶笋就像薇、蕨开始抽芽时。薇，一两年生草本植物，叶同蕨类似，可食。又称野豌豆。蕨，多年生草本植物，嫩茎叶可食。

③ 凌露采：在晨露未干时采摘。

④ 发：萌芽。

⑤ 藂（cóng）薄：丛薄，灌木称"丛"，草丛生称"薄"。

⑥ 颖枝：又作"颖拔"，即挺拔。

⑦ 其日雨不采：白天下雨时不采茶。

⑧ 晴有云不采：非大晴天不采茶。

⑨ 拍：字前原本有"捣"字，所云皆造茶的几种工艺。拍，即指将蒸制好的茶叶拍打成形。

⑩ 穿：将烘烤干的茶饼穿成串。

⑪ 封：包装。

⑫ 干矣：原本作"茶之干矣"，指茶叶制作就此完成。

⑬ 千类万状：各种各样的品种。

⑭ 卤莽而言之：大体来说。卤莽，粗略。

⑮ 胡人靴：胡人的靴子，大马靴。

然①；犎牛臆②者，廉襜然③；浮云出山④者，轮囷然⑤；轻飙拂水⑥者，涵澹然⑦；有如陶家之子⑧，罗膏土以水澄泚之⑨；又如新治田⑩者，过暴雨流潦⑪之所经。此皆茶之精腴⑫也。有如竹箨⑬者，枝干坚实，艰于蒸捣⑭，故其形籭簁⑮然（上音离⑯，下音师）；如霜荷⑰者，茎叶凋沮⑱，易其状貌⑲，故

---

① 蹙（cù）缩然：皱缩之状。

② 犎（fēng）牛臆：犎牛胸下的肉。犎牛，野牛之一种。臆，胸。

③ 廉襜（chān）然：像挂起的帘子一样。

④ 浮云出山：山间升起的浮云。

⑤ 轮囷然：一团一团的。轮，转盘。囷，古指圆形谷仓。

⑥ 轻飙（biāo）拂水：微风拂动水波。

⑦ 涵澹然：水流波动的样子。

⑧ 陶家之子：制陶工的孩子。

⑨ 罗膏土以水澄泚之：把过筛的陶土用水再进行淘洗。

⑩ 新治田：新耕翻的土地。

⑪ 流潦：冲刷。

⑫ 精腴：精美，指上品的茶。

⑬ 竹箨（tuò）：竹笋叶，笋壳。

⑭ 艰于蒸捣：不易蒸烂捣碎。

⑮ 籭簁：竹筛。《正韵》："筛，亦作簁、籭。"

⑯ 离：注"籭"音为"离"，离上古又音"丽"。如《礼记·月令》注"宿离不贷"，云"离读如俪偶之丽"。

⑰ 霜荷：霜打的荷叶。

⑱ 凋沮（qiè）：凋败。沮，倾斜。

⑲ 易其状貌：改变了本来的面貌。

其萎萃然①。此皆茶之瘠老②也。

自采至于封七经目③，自胡人④至于霜荷八等⑤。

【1386】《榶新语》曰：右补阙⑥母景⑦博学，有著述才⑧。性不饮茶，著《代茶饮序》，其略曰："释滞消壅⑨，一日之利暂佳⑩；瘠气侵精⑪，终身之累斯大⑫。获益则归功茶力，贻患则不谓茶灾⑬。岂非⑭福近易知⑮，祸远难见⑯者乎？"

【1387】《云南记》⑰曰：名山县⑱出茶，有山曰蒙

---

① 萎萃然：枯萎之状。萃，应为"悴"。

② 瘠老：粗老的茶，次等茶。

③ 自采至于封七经目：造茶的七道工序，即采、蒸、捣、拍、焙、穿、封。

④ 胡人：前说胡人靴，代指茶的品级。

⑤ 八等：八个品级的茶，即胡人靴、犎牛臆、浮云出山、轻飙拂水、陶家膏土、新治田、竹箨、霜荷。此前选自《茶经·三之造》。

⑥ 右补阙：官名。唐武则天时置补阙一官，职掌规谏皇帝，并举荐人员。左补阙属门下省，右补阙属中书省。

⑦ 母景：本为毋煚（jiǒng），洛阳人，官右补阙，撰《古今诗录》四十八卷。

⑧ 有著述才：有著书写作的本领。

⑨ 释滞消壅：茶能利水提神清心。

⑩ 一日之利暂佳：只不过是一时感觉舒坦。

⑪ 瘠气侵精：对人体有害的物质慢慢侵入。瘠，损；害。

⑫ 终身之累斯大：茶对人一辈子的害处太大了。

⑬ 茶灾：茶的害处。

⑭ 岂非：难道不是。

⑮ 福近易知：收益在近前，人们容易看见。就是说只看到茶一时的功效。

⑯ 祸远难见：对未来的灾祸想象不到。祸，《御览》误作"福"。

⑰ 《云南记》：已佚。

⑱ 名山县：今四川名山。

山，联延数十里，在县西南。按《拾遗志》①：《尚书》所谓"蔡蒙旅平②"者，蒙山也，在雅州③。凡蜀茶尽出此④。

【1388】《魏王花木志》⑤曰：茶叶似栀子，可煮为饮。其老叶谓之荈，细叶⑥谓之茗。

【1389】杜育⑦《荈赋》曰：调神和内⑧，倦懈康除⑨。

【1390】张孟阳⑩《登成都楼诗》⑪云：芳茶冠六清⑫。溢味播九区⑬。人生苟安乐，兹土聊可娱⑭。

【1391】左思《娇女诗》曰：吾家有好女⑮，皎皎常⑯

---

① 《拾遗志》：《拾遗记》，前秦王嘉撰，今存十卷。

② 蔡蒙旅平：语出《尚书·禹贡》。蔡、蒙为二山名，或以为蔡山即今峨眉山，蒙即四川雅安、名山、芦山交界处的蒙山。旅，治理。

③ 雅州：治所在严道（今四川雅安）。

④ 凡蜀茶尽出此：蜀地所产的茶都是出在这里，指蒙山茶。

⑤ 《魏王花木志》：今存一卷。

⑥ 细叶：又作"嫩叶"。

⑦ 杜育：杜毓，字方叔。美姿仪，有才藻，当时人号为"杜圣"。

⑧ 调神和内：茶可调节人的精神。

⑨ 倦懈康除：饮茶可解疲乏懈怠。

⑩ 张孟阳：张载，西晋文学家。官至中书侍郎、佐著作郎等职。明人辑有《张孟阳集》。

⑪ 《登成都楼诗》：全名为《登成都白菟楼》。诗中描写了成都及地理态势，特别提到物产佳肴，包括蜀茶在内。

⑫ 芳茶冠六清：蜀地产香茶在所有饮料中称第一。六清，即《周礼》所记水、浆、醴、醇、医、酏六种饮料，详见前注。这里泛指一切饮料。

⑬ 溢味播九区：茶香播散全国。指各地都知蜀茶之美。九区，九域；九州，指全国。

⑭ 人生苟安乐，兹土聊可娱：如果一生只求享乐，这倒是一块好地方。

⑮ 好女：又作"娇女"。

⑯ 常：又作"颜"。

白皙。小字①为纨素,口齿自清历②。其姊③字蕙芳,眉目灿④如画。驰骛翔园林⑤,草木⑥皆生摘。贪走风雨中⑦,倏忽数百适⑧。心为茶荈剧⑨,吹嘘对鼎䥶⑩。

【1392】孙楚⑪《出歌》曰:茱萸⑫出芳树⑬颠⑭,鲤鱼出洛水泉,白盐出河东⑮,美豉出鲁川⑯。姜、桂、茶、荈出巴蜀,椒、桔、木兰出高山。蓼、苏⑰出沟渠,精稗出中田⑱。

---

① 小字:小名。

② 清历:口齿伶俐。

③ 姊:《御览》误为"始"。

④ 灿:美。

⑤ 驰骛(wù)翔园林:就像鸟一样在园林里跑来跑去。骛,奔跑。

⑥ 草木:又作"果下"。

⑦ 贪走风雨中:蹦蹦跳跳,连风雨都不顾。贪走,又作"贪华"。

⑧ 倏(shū)忽数百适:很快就出出进进上百次。倏忽,忽然,一眨眼。

⑨ 心为茶荈剧:一到煮茶时心里就犯难。

⑩ 吹嘘对鼎䥶(lì):对着茶炉吹火。鼎䥶,锅。

⑪ 孙楚:西晋文学家。字子荆(约公元218—293年),太原中都(今山西平遥西北)人。官至冯翊太守,明人辑有《孙冯翊集》。

⑫ 茱萸:茶。

⑬ 芳树:茶树。

⑭ 颠:树梢。

⑮ 白盐出河东:白盐出产在河东郡,指今山西临猗南盐池产的盐。

⑯ 鲁川:又作"鲁渊"。《古艳歌》:"美豉出鲁门。"所指为一,指鲁地产的豆豉最好。

⑰ 蓼、苏:蓼与紫苏,两种草本植物。

⑱ 精稗(bài)出中田:上等的米出产在良田中。稗,指精米。或误作"稗"。

中华烹饪古籍经典藏书

太平御览

（饮食部·中册）

[宋] 李昉 撰

中国商业出版社

图书在版编目（CIP）数据

太平御览：饮食部：全三册/（宋）李昉撰．—
北京：中国商业出版社，2021.6
ISBN 978-7-5208-1553-6

Ⅰ.①太… Ⅱ.①李… Ⅲ.①百科全书—中国—北宋
②饮食—文化—中国—北宋 Ⅳ.① Z222 ② TS971.2

中国版本图书馆 CIP 数据核字 (2021) 第 074953 号

责任编辑：管明林

中国商业出版社出版发行
010-63180647 www.c-cbook.com
（100053 北京广安门内报国寺 1 号）
新华书店经销
唐山嘉德印刷有限公司印刷

*

710 毫米 ×1000 毫米　16 开　56 印张　500 千字
2021 年 6 月第 1 版　2021 年 6 月第 1 次印刷
定价：238.00 元（全三册）

****

（如有印装质量问题可更换）

《中华烹饪古籍经典藏书》
指导委员会
（排名不分先后）

名誉主任
姜俊贤　魏稳虎

主　任
张新壮

副主任
冯恩援　黄维兵　周晓燕　杨铭铎　许菊云
高炳义　李士靖　邱庞同　赵　珩

委　员
姚伟钧　杜　莉　王义均　艾广富　周继祥
赵仁良　王志强　焦明耀　屈　浩　张立华
二　毛

《中华烹饪古籍经典藏书》编辑委员会

（排名不分先后）

主 任
刘毕林

秘书长
刘万庆

副主任
王者嵩　郑秀生　余梅胜　沈 巍　李 斌　孙玉成

陈 庆　朱永松　李 冬　刘义春　麻剑平　王万友

孙华盛　林凤和　陈江凤　孙正林　杜 辉　关 鑫

褚宏辚　滕 耘

委 员

林百浚	闫 囡	张可心	尹亲林	彭正康	兰明路
胡 洁	孟连军	马震建	熊望斌	王云璋	梁永军
唐 松	于德江	陈 明	张陆占	张 文	王少刚
杨朝辉	赵家旺	史国旗	向正林	王国政	陈 光
邓振鸿	贺红亮	邸春生	谭学文	王 程	李 宇
李金辉	范玖炘	于 忠	高 明	刘 龙	吕振宁
孔德龙	吴 疆	张 虎	牛楚轩	寇卫华	刘彧殹
王 位	吴 超	侯 涛	赵海军	刘晓燕	孟凡宇
佟 彤	皮玉明	高 岩	杨志权	任 刚	林 清
刘忠丽	刘洪生	赵 林	曹 勇	田张鹏	阴 彬
马东宏	张富岩	王利民	寇卫忠	王月强	俞晓华
张 慧	刘清海	李欣新	赵 鑫	渠永涛	蔡元斌
刘业福	杨英勋	王德朋	王中伟	王延龙	孙家涛
张万忠	种 俊	仲 强	金成稳		

《太平御览（饮食部）》
编辑委员会

（排名不分先后）

主 任
刘万庆

注 释
王仁湘　刘万庆

《中国烹饪古籍丛刊》出版说明

国务院一九八一年十二月十日发出的《关于恢复古籍整理出版规划小组的通知》中指出：古籍整理出版工作"对中华民族文化的继承和发扬，对青年进行传统文化教育，有极大的重要性"。根据这一精神，我们着手整理出版这部丛刊。

我国的烹饪技术，是一份至为珍贵的文化遗产。历代古籍中有大量饮食烹饪方面的著述，春秋战国以来，有名的食单、食谱、食经、食疗经方、饮食史录、饮食掌故等著述不下百种；散见于各种丛书、类书及名家诗文集的材料，更加不胜枚举。为此，发掘、整理、取其精华，运用现代科学加以总结提高，使之更好地为人民生活服务，是很有意义的。

为了方便读者阅读，我们对原书加了一些注释，并把部分文言文译成现代汉语。这些古籍难免杂有不符合现代科学的东西，但是为尽量保持其原貌原意，译注时基本上未加改动；有的地方作了必要的说明。希望读者本着"取其精华，去其糟粕"的精神用以参考。编者水平有限，错误之处，请读者随时指正，以便修订。

中国商业出版社
1982 年 3 月

出版说明

20世纪80年代初，我社根据国务院《关于恢复古籍整理出版规划小组的通知》精神，组织了当时全国优秀的专家学者，整理出版了《中国烹饪古籍丛刊》。这一丛刊出版工作陆续进行了12年，先后整理、出版了36册，包括一本《中国烹饪文献提要》。这一丛刊奠定了我社中华烹饪古籍出版工作的基础，为烹饪古籍出版解决了工作思路、选题范围、内容标准等一系列根本问题。但是囿于当时条件所限，从纸张、版式、体例上都有很大的改善余地。

党的十九大明确提出："要坚定文化自信，推动社会主义文化繁荣兴盛。推动文化事业和文化产业发展。"中华烹饪文化作为中华优秀传统文化的重要组成部分必须大力加以弘扬和发展。我社作为文化的传播者，就应当坚决响应国家的号召，就应当以传播中华烹饪传统文化为己任。高举起文化自信的大旗。因此，我社经过慎重研究，准备重新系统、全面地梳理中华烹饪古籍，将已经发现的150余种烹饪古籍分40册予以出版，即《中华烹饪古籍经典藏书》。

此套书有所创新，在体例上符合各类读者阅读，除根据前版重新完善了标点、注释之外，增添了白话翻译，增加了厨界大师、名师点评，增设了"烹坛新语林"，附录各类中国烹饪文化爱好者的心得、见解。对古籍中与烹饪文化关系不十分紧密或可作为另一专业研究的内容，例如制酒、饮茶、药方等进行了调整。古籍由于年代久远，难免有一些不符合现代饮食科学的内容，但是，为最大限度地保持原貌，我们未做改动，希望读者在阅读过程中能够"取其精华、去其糟粕"，加以辨别、区分。

我国的烹饪技术，是一份至为珍贵的文化遗产。历代古籍中留下大量有关饮食、烹饪方面的著述，春秋战国以来，有名的食单、食谱、食经、食疗经方、饮食史录、饮食掌故等著述屡不绝书，散见于诗文之中的材料更是不胜枚举。由于编者水平所限，书中难免有错讹之处，欢迎大家批评、指正，以便我们在今后的出版工作中加以修订。

中国商业出版社
2019年9月

本书简介

《太平御览》是北宋初编纂成的一部重要类书。编写工作开始于太平兴国二年（公元977年），完成于太平兴国八年，历时六年有余。开始本书取名《太平总类》，后由宋太宗赵匡义改名为《太平御览》，或简称《御览》。

《太平御览》由李昉和扈蒙领衔主编，先后参与编撰的还有十多人。李昉（公元925—996年），字明远，深州饶阳（今河北饶阳）人。五代时为后汉乾祐进士，后周时，官翰林学士。北宋时任参知政事、平章事，后加中书侍郎。李昉除主编《太平御览》外，还曾参加编撰《旧五代史》《太平广记》《文苑英华》等书。扈蒙，字日用，安次（今属河北）人。后周时为右拾遗、直史馆，入宋充史馆编修，曾参加《旧五代史》及《文苑英华》的编撰，并详定《古今本草》。

《太平御览》共一千卷，分为五十五门，天、地、人、物，包罗万象。《饮食部》为其中一门，分为二十五卷，主要包括酒、食、饭、豉、粥、饼、羹、脍、肉、脂膏、盐、酱、醯、醢、茗等诸方面的内容。涉及各种食物的名称、起源及发展，包括历代饮食风尚与典故，还有历史上食品的烹饪及制作方法，以至于从上古至隋唐的有关饮食烹饪方面的神话与传说，也都尽量收采，资料十分丰富，可以称为一部简明的中国饮食发展史。

《太平御览》全书征引古籍达一千六百余种，虽多转引自其他类书，但搜罗浩博，资料可靠。尤其是书中所引古籍，今日十之八九已经失传，更可见其珍贵。《御览》部分引文，字字句句与流传至今的原书不大一致，有一些为佚文，在译注时能作比对的都尽量注明。另外也有相当一部分内容具有摘录性质，与原文多有不符，不便一一注明。对于一些明显的错讹之处，酌情予以校正。原书绝大部分内容仅注引文书名，译注时尽可能加注篇目，以便读者查对。对于少数内容重复的引文，为保持原貌，依然照录，略加注明。正文括号内的文字为《御览》的夹注，今予以保留。

《太平御览》版本有十多种，多为明清刻本。现在流行的主要是1935年商务印书馆整理影印的宋本，本书采用的便是这个比较完备的本子。

本书分上、中、下三册，自《太平御览》卷第八百四十三至卷第八百六十七，共二十五卷。其中上册五卷，自卷第八百四十三至卷第八百四十七；中册十二卷，自卷第八百四十八至卷第八百五十九；下册八卷，自卷第八百六十至卷第八百六十七。

中国商业出版社
2021年3月

目 录

卷第八百四十八
　　饮食部六　食（中）····················001

卷第八百四十九
　　饮食部七　食（下）····················061

卷第八百五十
　　饮食部八　饭························113
　　　　　　　飱························155
　　　　　　　黍························161

卷第八百五十一
　　饮食部九　粽························170
　　　　　　　粆························175
　　　　　　　餬························178

卷第八百五十二

饮食部十　䬵麨 …………………………179

　　　　　甘脆 …………………………179

　　　　　安乾特 ………………………179

　　　　　饧 …………………………180

卷第八百五十三

饮食部十一　饘 ………………………186

　　　　　　饊 ………………………186

　　　　　　麴蘗 ……………………187

　　　　　　麸 ………………………192

卷第八百五十四

饮食部十二　糟 ………………………195

　　　　　　糠 ………………………199

卷第八百五十五

饮食部十三　豉 ………………………204

　　　　　　䩛 ………………………208

卷第八百五十六

饮食部十四　茹 ………………………214

　　　　　　菹 ………………………216

　　　　　　瓮 ………………………225

卷第八百五十七

饮食部十五　蜜 ································· 226

　　　　　　沙饧 ································ 237

卷第八百五十八

饮食部十六　酪酥附飥餬 ··························· 238

卷第八百五十九

饮食部十七　糜粥 ································ 249

　　　　　　膏糜 ································ 291

　　　　　　糁 ·································· 293

　　　　　　糗 ·································· 296

　　　　　　麷䵄 ································ 296

　　　　　　麨 ·································· 298

　　　　　　肺䐝 ································ 299

　　　　　　血䐃 ································ 299

　　　　　　热洛河 ······························ 300

　　　　　　羌煮 ································ 301

　　　　　　胡饭 ································ 302

卷第八百四十八

饮食部六

食（中）

【0287】王隐①《晋书》②曰：何曾③食，日近万钱，犹④曰："无下箸处⑤。"子劭⑥骄奢简贵⑦有父风，衣裘服玩⑧，新故巨积⑨。食必尽四方珍异⑩，一日之供⑪以二万为限。时论以为太常御膳⑫，无以加之⑬。

---

① 王隐：字处叔，官著作郎。后在庾亮的支持下撰成《晋书》，今存辑本。

② 《晋书》：晋王隐所撰《晋书》已佚，清人有四种辑本。此节亦见于房玄龄《晋书·何曾列传》。

③ 何曾：西晋大臣。字颖（yǐng）考（公元199—278年），陈国阳夏（今河南太康）人。官至司徒、太傅，进位至三公。父子生活奢侈豪华，一日饮食所费一两万钱。

④ 犹：还。

⑤ 无下箸处：筷子无处可下。意为没什么可吃的。

⑥ 劭：何劭，何曾之子，字敬祖。迁侍中尚书、左仆射。虽骄奢简贵，但不贪恋权势。

⑦ 骄奢简贵：骄横奢侈，傲慢过度。

⑧ 衣裘服玩：华美的衣物和珍奇的饰品。玩，饰物。

⑨ 新故巨积：新旧衣物积攒了无数。

⑩ 尽四方珍异：摆满各地所产珍味异馔。

⑪ 一日之供：一日食用的花费。

⑫ 太常御膳：太常为官名，掌宗庙礼仪。御膳，皇帝所用膳食。

⑬ 无以加之：指即使皇帝所食也不会比这更甚了。

【0288】又曰①：皇甫谧②姑子③梁柳④为城阳⑤太守，或⑥劝谧送⑦，谧曰："柳为布衣⑧，过吾⑨，送迎不出门，食不过盐菜⑩，贫不以酒肉为礼⑪也。今作郡⑫而送，岂古人之道⑬哉！"

【0289】《晋书》曰⑭：王导⑮子悦⑯疾笃⑰，导⑱忧念

---

① 此节又见《晋书·皇甫谧（mì）列传》。

② 皇甫谧：晋代史学家。字士安，自号玄晏先生。撰述甚丰，有《帝王世纪》《玄晏春秋》《列女传》等。

③ 姑子：《晋书》今作"从姑子"，堂姑之子。

④ 梁柳：人名。

⑤ 城阳：郡、国名，治所在莒县（今山东莒县），晋起改名东莞。

⑥ 或：有人。

⑦ 劝谧送：告诫皇甫谧为梁柳送行。

⑧ 柳为布衣：梁柳为老百姓时。布衣，平民。

⑨ 过吾：来探访我。过，拜访。

⑩ 盐菜：咸菜。

⑪ 贫不以酒肉为礼：贫贱而不用酒肉招待。

⑫ 作郡：升为郡太守。

⑬ 岂古人之道：《晋书》今作"岂合古人之道"，道，习惯。

⑭ 此节选自《晋书·王导列传》。

⑮ 王导：东晋大臣。字茂弘（公元276—329年），琅玡临沂（今山东临沂北）人。联合南北士族拥立司马睿为帝，建立东晋政权。官至司徒、太保。

⑯ 悦：王悦，王导之子，字长豫。官至中书侍郎。

⑰ 疾笃：病重。

⑱ 导：王导。

特至①，不食积日②。忽见一人，形状甚伟③，披甲持刀④。导⑤问："君是何人？"曰："仆⑥是蒋侯⑦也，公儿⑧不佳⑨，欲为请命⑩，故来耳。公勿复忧⑪。"因求食⑫，遂噉⑬数斗⑭。食毕，勃然⑮谓导曰⑯："中书患⑰，非可救者⑱！"言讫不见⑲，悦⑳亦殒绝㉑。

---

① 忧念特至：忧思至极。
② 不食积日：好几天没吃下饭去。
③ 形状甚伟：个子相当高大。
④ 披甲持刀：披着铠甲拿着大刀。
⑤ 导：王导。
⑥ 仆：奴仆，自称。
⑦ 蒋侯：人名。
⑧ 公儿：您的儿子。公是对王导的尊称。
⑨ 不佳：身体欠安。
⑩ 请命：代人祈请求保全其性命。
⑪ 勿复忧：不必再忧虑了。
⑫ 求食：蒋侯向王导求取饮食。
⑬ 噉：同"啖"，吃。
⑭ 数斗：《晋书》今又作"数升"。言其吃得多，当以"数斗"为正。
⑮ 勃然：形容突然（生气等）。
⑯ 谓导曰：指蒋侯对王导说。
⑰ 中书患：中书之病。中书指王悦，王悦拜官中书侍郎。
⑱ 非可救者：没有办法挽救了。
⑲ 言讫不见：说完踪影不见。讫，毕，完毕。所云当是幻觉。
⑳ 悦：王悦。
㉑ 殒绝：断气，死亡。

【0290】又曰①：卫将军②谢安③欲诣陆纳④，纳⑤兄子⑥俶⑦怪纳无办⑧，乃密作数十人馔⑨。安至⑩，纳设菜果⑪，而俶下精饮食⑫。纳怒，客去⑬，杖俶四十⑭。

【0291】又曰⑮：郗鉴⑯字道微，永嘉乱⑰，在乡里穷

---

① 此节选自《晋书·陆纳列传》。取其大意而已。

② 卫将军：官名。

③ 谢安：东晋大臣。字安石（公元320—385年），陈郡阳夏（今河南太康）人。历任尚书仆射、中书监、骠骑将军、录尚书事，官至司徒。

④ 欲诣陆纳：准备去拜访陆纳。陆纳，字祖言，累迁尚书令。除左光禄大夫，开府仪同三司，未拜而卒。

⑤ 纳：陆纳。

⑥ 兄子：侄子。

⑦ 俶（chù）：陆俶，陆纳之侄。

⑧ 怪纳无办：责怪陆纳没有准备盛馔。

⑨ 密作数十人馔：悄悄地准备了几十人的饭菜。

⑩ 安至：谢安来到陆纳家。

⑪ 纳设菜果：陆纳摆上席的只有蔬菜水果。

⑫ 下精饮食：《晋书》本作"陈盛馔"。言以珍馐招待谢安。

⑬ 客去：指谢安告辞而去。

⑭ 杖俶四十：打了陆俶四十板子。

⑮ 此节选自《晋书·郗鉴列传》。

⑯ 郗鉴：东晋大臣。字道微（公元269—339年），高平金乡（今山东金乡北）人。历任车骑将军、徐州刺史，拜司空，进位太尉。

⑰ 永嘉乱：晋怀帝永嘉四年（公元310年），刘聪遣石勒歼灭晋军十余万人于苦县宁平（今河南鹿邑西南），俘杀太尉王衍等，又派兵破洛阳，俘怀帝，杀王公士民三万余人，史称这一时期为"永嘉之乱"。

馁①。乡人②以鉴名德③,传共饷之④。时兄子⑤迈⑥、外生⑦周翼⑧并小⑨,常携之就食⑩。乡人曰:"恐不兼有所存⑪。"鉴乃独往⑫,食讫,饭着两颊边⑬。含还⑭,吐与二小儿⑮,后并得存⑯。同过江⑰,迈⑱位至护军⑲,翼为剡令⑳。鉴毙,翼㉑

---

① 穷馁(něi):穷困饥饿。馁,饥饿。

② 乡人:同乡人。

③ 以鉴名德:因为郗鉴名声好。

④ 传共饷之:轮流供给他食物。

⑤ 兄子:侄子。

⑥ 迈:郗迈,历官晋陵内史,位至护军。

⑦ 外生:外甥。

⑧ 周翼:郗鉴的外甥,为剡(shàn)县令,官至少府卿。

⑨ 并小:年龄都很小。

⑩ 携之就食:带着他们一起去吃饭。一起吃乡亲们供给的食物。

⑪ 恐不兼有所存:意思是恐怕除你外不可能再养活别人。

⑫ 鉴乃独往:郗鉴于是独自去就食,不带孩子。

⑬ 饭着两颊边:将饭含在两腮部位。

⑭ 含还:把饭一直含回家。

⑮ 吐与二小儿:把含着的饭吐出来给俩孩子吃。

⑯ 并得存:一并得以活下来。

⑰ 同过江:指一同投奔东晋王朝。

⑱ 迈:郗迈。

⑲ 护军:官名。

⑳ 翼为剡令:周翼当了剡县令。剡,晋时又作"郯",故治在今浙江嵊县。

㉑ 翼:周翼。《御览》本无此字。

追①抚育之恩，解职②而归，席苫③心丧④三年。

【0292】又曰⑤：庾衮⑥父亡，作筥⑦卖以养母。母见其勤⑧，曰："我无所食⑨。"对曰："母食不甘⑩，衮将何居⑪？"母感而安⑫之。

【0293】《宋书》曰⑬：谢景仁⑭为桓玄⑮骁骑将军⑯，

---

① 追：追念。

② 解职：卸职，辞职。

③ 席苫：指在墓旁用席搭棚，服丧于其中。

④ 心丧：丧无服称为心丧。

⑤ 此节选自《晋书·庾衮列传》。

⑥ 庾衮：鄢陵（今河南鄢陵）人，字叔褒。事母至孝，世号"庾异行"。

⑦ 作筥（jǔ）：编竹筐。筥，圆形的竹筐、竹篮。

⑧ 勤：辛劳，辛苦。

⑨ 我无所食：我不用吃什么太好的饭食。

⑩ 食不甘：吃得不好。

⑪ 衮将何居：意为叫我当儿子的脸往哪儿放。

⑫ 安：心安。

⑬ 此节选自《宋书·谢景仁列传》。

⑭ 谢景仁：名裕，谢安从孙。桓玄为之黄门侍郎，领骁骑将军。宋武帝时引为镇军司马，位至左仆射。

⑮ 桓玄：东晋将领。字敬道（公元369—404年），谯国龙亢（今安徽怀远西北）人。桓温之子。公元403年自立为帝，改国号楚。不久被迫出走，兵败被杀。

⑯ 骁骑将军：将军名。

时宋武帝①为桓循②抚事军中兵参军③，尝诣景仁谘事④，景仁与语悦⑤，因留帝食⑥。食未办⑦，而景仁为玄所召⑧，玄累召⑨，俄顷间⑩，骑诏⑪续至⑫。帝⑬屡求去⑭，景仁不许，曰"主上⑮见待⑯，要应有方⑰。我欲与客食，岂当不得待⑱？"

---

① 宋武帝：刘裕（公元363—422年），南朝宋建立者。字德舆，祖籍彭城（今江苏徐州）。公元420年，代晋称帝，建国号宋，在位三年死。

② 桓循：《宋书》作"桓修"。

③ 抚事军中兵参军：又作抚军中兵参军，官名。抚军指抚军大将军，又太子从君出征为抚军。参军，汉末曹操以丞相总揽军政，其僚属往往用参丞相军事的名义。至南北朝，凡诸王及将军开府者，皆置参军，为重要幕僚。

④ 谘事：咨询事务。谘，同"咨"。

⑤ 与语悦：同宋武帝谈得很高兴。

⑥ 留帝食：留宋武帝吃饭。

⑦ 食未办：宴席还没准备妥当。

⑧ 为玄所召：被桓玄召见。

⑨ 玄累召：桓玄累次召见。

⑩ 俄顷间：不一会儿。

⑪ 骑诏：骑兵传令。

⑫ 续至：跟着来到。续，《御览》作"绩"。

⑬ 帝：宋武帝。

⑭ 屡求去：几次要求谢景仁去应召。

⑮ 主上：主子，指桓玄。

⑯ 见待：对待。

⑰ 有方：合宜。指该有个一定的时候。

⑱ 岂当不得待：难道不能等候一下吗？待，等待。《御览》此句无"当"字。

竟安坐饱食①,然后应召②。帝③甚感之。

【0294】又曰④:谢景仁爱⑤弟䴙⑥(音酣),而憎弟述⑦,尝设馔请宋武帝,希帝命䴙豫坐⑧,而帝⑨召述⑩。述知非景仁夙意⑪,又虑非帝命之⑫,请急⑬不从。帝驰遣⑭呼述,须至乃飡⑮,其见重⑯如此。及景仁疾⑰,述尽心营视⑱,汤药

---

① 安坐饱食:稳坐饱餐一顿。《御览》无"坐"字。

② 然后应召:吃饭后才去见桓玄。

③ 帝:宋武帝。

④ 此节选自《宋书·谢景仁列传》。

⑤ 爱:喜欢。

⑥ 䴙:《宋书》又作"魌(hán)",为谢景仁三弟。

⑦ 述:谢述,字景先,谢景仁之弟。官司徒长史、左卫将军、吴兴太守。

⑧ 希帝命䴙豫坐:希望宋武帝叫谢䴙入座同饮。豫,与。

⑨ 帝:宋武帝。

⑩ 召述:召唤谢述入座。

⑪ 夙意:本意,一向的做法。

⑫ 虑非帝命之:又怕并不是宋武帝所唤。

⑬ 请急:请假。急,假,休息日。

⑭ 驰遣:派遣。

⑮ 须至乃飡:等谢述到座才进餐。

⑯ 重:重视;敬重。

⑰ 疾:患病。

⑱ 营视:看护。《御览》此处脱"营"字。

饮食，必尝而后进①，衣不解带②，不盥栉③者累旬④，景仁深感愧⑤焉。

【0295】又曰⑥：刘穆之⑦少时⑧家贫，诞节⑨嗜酒食，不修拘检⑩。好往妻兄弟⑪乞食⑫，多见辱⑬，不以为耻⑭。其妻江嗣女⑮甚明识⑯，每禁不令往⑰。江氏⑱后有庆会⑲，

---

① 尝而后进：先亲口尝尝，然后才给谢景仁送上。

② 衣不解带：睡觉不脱衣的意思。

③ 不盥（guàn）栉（zhì）：不洗漱不梳头发。栉，梳头。

④ 累旬：几十天。一旬为十天。

⑤ 愧：惭愧。

⑥ 此节见《宋书·刘穆之列传》。今本《宋书》无"少时家贫……穆之宦达"等语。

⑦ 刘穆之：字道和，累官尚书右仆射。性豪侈，食必方丈，必使多人同食，习以为常。卒赠南康郡公。

⑧ 少时：幼年时。

⑨ 诞节：生日。

⑩ 不修拘检：不受拘束。拘检，约束；拘束。

⑪ 妻兄弟：指内弟。

⑫ 乞食：讨食。

⑬ 多见辱：经常受到侮辱。

⑭ 耻（chǐ）：同"耻"。

⑮ 江嗣女：江嗣之女，刘穆之的妻子。

⑯ 甚明识：极有见识。

⑰ 每禁不令往：每次都不让刘穆之去娘家。

⑱ 江氏：刘穆之妻家。

⑲ 庆会：喜庆宴会。

嘱勿来①。穆之犹往②,食毕求槟榔③。江氏兄弟戏④之曰:"槟榔消食⑤,君乃常饥⑥,何忽须此⑦?"妻复截发⑧市肴馔⑨,为其兄弟以饷穆之⑩,自此不对穆之梳沐⑪。后穆之宦达⑫,而性更奢豪⑬。食必方丈⑭,且辄为十人馔⑮,未尝独飧⑯。每至食时,客止十人已还⑰,帐下⑱依常⑲下食⑳,以此

---

① 嘱勿来:叮嘱刘穆之别来。

② 犹往:还是去了。

③ 槟榔:热带常绿乔木。种子叫槟榔子,供药用,有帮助消化和驱虫等作用。

④ 戏:戏言。

⑤ 消食:消化食物。南方一些民族常咀嚼槟榔,用以帮助消化。

⑥ 常饥:经常吃不饱。

⑦ 何忽须此:怎么突然需要槟榔。言饭都吃不饱的人,要槟榔有什么用。

⑧ 截发:截断头发。

⑨ 市肴馔:用头发去换菜肴。

⑩ 为其兄弟以饷穆之:因为兄弟们侮没了丈夫而卖发买食给丈夫吃。

⑪ 自此不对穆之梳沐:从此以后不再当着刘穆之的面梳洗。

⑫ 宦达:做了官。

⑬ 奢豪:过分不拘常规,奢侈过度。

⑭ 食必方丈:一吃饭就摆满一大桌菜肴。方丈,方丈之桌,形容肴馔丰盛。

⑮ 为十人馔:准备十个人吃的馔品。

⑯ 未尝独飧:从不独自一个人吃饭。

⑰ 还:通"环",围绕成一圈。

⑱ 帐下:部属。

⑲ 依常:仍然。

⑳ 下食:进食。

为常①。尝白②帝③曰:"穆之家本贫贱,赡生④多阙⑤,自叨忝⑥已来,虽每存约损⑦,而朝夕所须⑧,微为过丰⑨,此外无一毫负公⑩。"

【0296】又曰⑪:王仲德⑫与兄叡⑬同起义兵,与慕容垂⑭战,败。仲德被重创⑮走,与家属相失⑯。路经大泽⑰,困未能去,卧林中。有一小儿,青衣⑱,年可七、八岁⑲,骑牛

---

① 以此为常:如此为平常之事,常常如此。

② 白:告诉,说,下对上陈述。

③ 帝:南朝宋武帝刘裕。

④ 赡生:生活资料。

⑤ 阙:通"缺",少。

⑥ 叨忝(tiǎn):叨为谦词;忝,愧居高位曰忝。

⑦ 约损:节余。

⑧ 朝夕所须:日常花费。

⑨ 微为过丰:稍稍多了一些。

⑩ 无一毫负公:没占有公家一点便宜。

⑪ 此节选自《宋书·王懿列传》。

⑫ 王仲德:即王懿,为王叡(ruì)之弟。从宋武帝伐卢循,功边诸将,官徐州刺史。

⑬ 叡:王叡,字元德。果敢有智略,与弟王懿共起义兵,后为桓玄所害。

⑭ 慕容垂:十六国时后燕建立者。字道明(公元326—396年),昌黎棘城(今辽宁义县西)白部鲜卑人。自立为皇帝,定都中山(今河北定州)。

⑮ 重创:严重地伤害。

⑯ 失:失散。

⑰ 大泽:大沼泽。

⑱ 青衣:蓝色衣服。

⑲ 年可七、八岁:《宋书》今本无此句。可,大约。

行,见仲德,惊曰:"汉已食未①?"仲德言:"饥。"小儿去,须臾②复来,得饭与之食。

【0297】又曰③:庐陵王④义真⑤居武帝忧⑥,使帐下⑦备膳⑧。刘湛⑨禁⑩之。义真乃使左右人⑪买鱼肉珍羞,于齐内⑫别立厨帐⑬。会湛入⑭,因命臑酒⑮炙车螯⑯。湛⑰正色⑱

---

① 汉已食未:汉子你吃饭了吗?

② 须臾:一会儿,很快。

③ 此节选自《宋书·刘湛列传》。

④ 庐陵王:封号。

⑤ 义真:刘义真,宋武帝第二子,封庐陵王,迁南豫州(今湖北黄冈西北)刺史。

⑥ 居武帝忧:正处在宋武帝的丧期。武帝,宋武帝刘裕,见前注。忧,古代指父母之丧。

⑦ 帐下:下属。

⑧ 备膳:准备膳食(指肉食)。

⑨ 刘湛:字弘仁,为宋武帝王府长史,少帝时召为太子詹事,后被诛。

⑩ 禁:制止。

⑪ 左右人:手下人。

⑫ 齐内:书房或学舍。齐,"斋"。

⑬ 别立厨帐:另设一个厨房。

⑭ 会湛入:适逢刘湛进来。

⑮ 臑(ér)酒:烫酒。臑,煮。

⑯ 炙车螯:烤车螯。车螯为介壳类软体动物之一种。

⑰ 湛:刘湛。

⑱ 正色:神情严肃、严厉。

曰:"公当今日①不宜有此设②!"义真曰:"旦寒甚③!杯酒亦何伤④?长史⑤事同一家⑥,望不为异⑦。"酒至⑧,湛起⑨,曰:"既不能以礼自处⑩,又不能以礼处人⑪。"

【0298】又曰⑫:江夏王⑬义恭⑭幼为武帝⑮特所钟爱⑯。帝性俭⑰,诸子⑱饮食不过五盏盘⑲。义恭须求果⑳食,

---

① 今日:丧日。

② 不宜有此设:不该吃这些东西。古礼,服丧素食,无酒肉。

③ 旦寒甚:早晨太冷。《御览》本无"旦"字。

④ 杯酒亦何伤:一杯酒又有什么关系。伤,损害。

⑤ 长史:以官职称呼刘湛。南朝长史兼一州首郡的太守。

⑥ 事同一家:如同一家。

⑦ 望不为异:请不要见外。意即请刘湛同饮。

⑧ 酒至:酒斟到刘湛面前。

⑨ 湛起:刘湛起身站立。

⑩ 以礼自处:以礼仪规定要求自己。

⑪ 处人:要求别人。这都是责怪刘义真的话。

⑫ 此节选自《宋书·江夏文献王义恭列传》。

⑬ 江夏王:封号。

⑭ 义恭:刘义恭,宋武帝第五子,封江夏王。进位司空,后授太尉,录尚书六条事。前废帝狂悖无道,义恭谋废立,事泄被害。

⑮ 武帝:宋武帝刘裕。

⑯ 特所钟爱:特别疼爱。

⑰ 帝性俭:宋武帝生性俭朴。

⑱ 诸子:儿子们。

⑲ 不过五盏盘:指每顿菜肴不超过五种。

⑳ 果:果品。

日中无算①，得未尝啖，悉以与傍人②。诸王③未尝敢求，求亦不得④。

【0299】又曰⑤：文帝⑥宴于武帐堂上⑦，将行⑧，敕诸子"且勿食⑨，至会所赐馔⑩。"日旰⑪，食不至⑫，有饥色⑬。上⑭诫⑮之曰："汝曹⑯少长丰佚⑰，不见⑱百姓艰难，今使尔识饥苦⑲。"

---

① 日中无算：一天之中不知要了多少次。无算，不计其数。

② 悉以与傍人：都给周围的人吃了。

③ 诸王：诸子中封王者。

④ 求亦不得：要也要不到手。

⑤ 此节出自《宋书》何卷不详。

⑥ 文帝：宋文帝刘义隆（公元407—453年），小字车儿，武帝刘裕的第三子。初封宜都王，被大臣拥立为皇帝。后为其子刘劭所杀。

⑦ 宴于武帐堂上：在武帐堂举行宴会。武帐堂，放置有五兵的处所，又省称为"武帐"，存兵器的地方。

⑧ 将行：就要出发时，行前。

⑨ 且勿食：暂且不要吃饭。

⑩ 至会所赐馔：意即从宴会上赐食，派人送来给你们吃。

⑪ 日旰（gàn）：天色很晚了。

⑫ 食不至：赐馔还没送来。

⑬ 有饥色：文帝诸子面有饥饿之色。

⑭ 上：文帝。

⑮ 诫：教训。

⑯ 汝曹：汝辈，你们。

⑰ 少长丰佚：从小在富足安逸的环境下长大。

⑱ 不见：没见到，不知。

⑲ 使尔识饥苦：让你们尝尝饥饿之苦。

【0300】又曰①：文帝②以谢弘微③能营膳羞④，每就求食⑤，弘微与亲旧⑥经营⑦。乃敬⑧之后，亲人问上所御⑨，弘微不答，别以余语酬之⑩。时人比之汉世⑪孔光⑫。

【0301】又曰⑬：谢弘微兄曜⑭卒⑮，弘微哀戚过礼⑯，服虽除⑰，犹不啖鱼肉⑱。沙门⑲释惠琳⑳尝与之共食㉑，见其

---

① 此节选自《宋书·谢弘微列传》。

② 文帝：宋文帝刘义隆。

③ 谢弘微：本名密，官至尚书吏部郎，领中庶子卒。

④ 能营膳羞：擅长烹饪之事。《御览》无"营"字。

⑤ 每就求食：常到谢弘微家去吃饭。

⑥ 亲旧：亲属故旧。

⑦ 经营：做饭。

⑧ 敬：给文帝奉上馔品。

⑨ 问上所御：问文帝吃了哪些菜肴。

⑩ 别以余语酬之：用其他的话来回答。酬，应付。

⑪ 汉世：汉代。

⑫ 孔光：西汉大臣，字子夏（公元前65—5年），孔子十世孙。官至御史大夫、丞相。

⑬ 此节亦见《宋书·谢弘微列传》。

⑭ 曜：谢曜，谢弘微之兄。

⑮ 卒：亡故。

⑯ 哀戚过礼：悲哀过度。过礼，超过了礼仪规定的限度。

⑰ 服虽除：丧期虽满。服除，除服，服丧已满。

⑱ 犹不啖鱼肉：还不吃鱼肉，仍素食。

⑲ 沙门：梵语音译词，即出家的佛教徒。

⑳ 释惠琳：刘宋时僧人。惠琳又作"慧琳"。秦县刘氏之子。住南涧寺，宋武帝时为僧正。

㉑ 共食：一起吃饭。《御览》脱"共"字。

犹蔬菜①,谓曰:"檀越②素既多疾③,即吉④犹未复膳⑤。若以无益伤生⑥,岂所望于得理⑦?"弘微曰:"衣冠之变⑧,礼不可逾⑨,在心之哀⑩,实未能已⑪。"遂废食⑫,歔欷⑬不自胜⑭。

【0302】又曰⑮:前废帝⑯常以木槽⑰盛饭,内⑱诸杂

---

① 犹蔬素:还只吃蔬菜素食。

② 檀越:又作"檀那",即施主。梵语"陀那钵底",即施主,后"陀"讹为"檀",留"那"去"钵底",称檀那。这里指谢弘微。

③ 素既多疾:平时本来就多病。

④ 即吉:满了丧期。

⑤ 犹未复膳:还没恢复平常膳食。

⑥ 以无益伤生:用无益的举动伤害身体。

⑦ 岂所望于得理:这难道是所希求的合乎情理的事吗?

⑧ 衣冠之变:衣冠可以改变,指由丧服变吉服。

⑨ 礼不可逾:不能超越礼仪的规范。

⑩ 在心之哀:心里的悲哀,指无服的心丧。

⑪ 实未能已:悲伤之情还没有终止。

⑫ 废食:停止吃饭。

⑬ 歔(xū)欷(xī):哭泣时抽噎。

⑭ 不自胜:自己控制不了自己而抽噎起来。

⑮ 此节出自《宋书》何卷不详。

⑯ 前废帝:刘子业,小字法师,为孝武帝长子,在位一年。

⑰ 木槽:木制食槽。

⑱ 内:纳。

食①，搅②令和合③。掘地为坑井，实④之以泥水，以槽食⑤置前，令以口就槽中食之⑥，用为欢笑⑦。

【0303】又曰⑧：宗悫⑨累迁⑩豫州⑪刺史，监五州诸军事⑫。先是⑬，乡人庾业⑭，家富豪侈，侯服玉食⑮，与宾客相对，膳必方丈⑯，而为悫⑰设粟饭菜菹⑱，谓客曰："宗⑲上

---

① 杂食：各种各样的食物。

② 搅：搅拌。

③ 和合：搅和在一起。

④ 实：灌满。

⑤ 槽食：放有食物的木槽。

⑥ 令以口就槽中食之：命人用口直接在木槽中取食，若牲畜一般。

⑦ 用为欢笑：以此取乐。

⑧ 此节选自《宋书·宗悫列传》。

⑨ 宗悫（què）：字元干，封洮阳侯。

⑩ 迁：升官。

⑪ 豫州：南朝时治所屡更，在今河南、湖北境内。

⑫ 监五州诸军事：官名，五州军事总监。

⑬ 先是：起初。

⑭ 庾业：人名。

⑮ 侯服玉食：服食如王侯。玉食，或为"王食"。

⑯ 膳必方丈：同"食必方丈"，方丈指大案。意即膳食十分丰富。

⑰ 悫：宗悫。

⑱ 粟饭菜菹（zū）：粟米饭加咸菜。菹，咸菜，酸菜。《御览》菹作"俎（zǔ）"，误。

⑲ 宗：指宗悫。

军[1]，串（古患切）噉粗食[2]。"慤致饱而退，初无异辞[3]。至是业[4]为慤长史[5]，带梁郡[6]，慤待之甚厚，不以昔事为嫌[7]。

【0304】 又曰[8]：沈攸之[9]战败[10]，与第二子[11]中书侍郎[12]文和[13]，至华容[14]之鲫头村[15]，投[16]州吏[17]家。此吏尝为攸之所鞭[18]，待攸之甚厚，不以往罚为怨[19]，杀豚荐食[20]。既而

---

[1] 上军：军人之意。

[2] 串噉粗食：吃惯了粗食。串，通"惯"。

[3] 初无异辞：当初也没说什么不满意的话。

[4] 业：庾业。

[5] 长史：官名。

[6] 带梁郡：兼梁郡郡守。梁郡，南朝宋时治所在下邑（今安徽砀山县）。

[7] 不以昔事为嫌：不因为过去的事情（指以粗食相待）而生怨恨。嫌，仇怨；仇恨。

[8] 此节全文见《南史·沈攸之列传》，《宋书》本传无此文，仅记大意。

[9] 沈攸：字仲达，封贞阳县公，进开府仪同三司，时萧道成专政，遂举兵反叛，被诛。

[10] 战败：为萧道成所败。

[11] 第二子：《南史》作"第三子"。

[12] 中书侍郎：官名。

[13] 文和：沈文和，沈攸之之子。

[14] 华容：县名，治所在今湖北潜江县西南。

[15] 鲫头村：《南史》作"鳋头村"。

[16] 投：投奔。

[17] 州吏：在州中当过小官。指在沈攸之属下。

[18] 鞭：鞭打。

[19] 不以往罚为怨：不因过去受过罚而生怨恨。

[20] 荐食：进献饭食。

村人欲取①，攸之于栎林②与文和俱自经死③。

【0305】又曰④：袁愍孙⑤为吏部郎⑥。孝建元年⑦，文帝⑧诏曰："群臣并于中兴寺⑨八关齐⑩。"中食⑪竟⑫，愍孙别与黄门郎⑬张淹⑭更⑮进鱼肉食。尚书令⑯何尚之⑰奉法⑱素

---

① 欲取：想逮住沈攸之父子。

② 栎（lì）林：栎树林。栎，即橡树，通称青㭎（gāng）。

③ 自经死：上吊而死。

④ 此节选自《宋书·袁粲列传》。

⑤ 袁愍（mǐn）孙：袁粲，初名愍孙，刘宋时官至司徒。

⑥ 吏部郎：官名，吏部属官。

⑦ 孝建元年：孝建为南朝宋孝武帝刘骏在位年号之一，元年为公元454年。

⑧ 文帝：此处为"孝武帝"之误。孝建为孝武帝年号，文帝已死。

⑨ 中兴寺：又名中兴亭，宋孝武帝即位之所，本名新亭。

⑩ 齐：通"斋"，《宋书》本作斋，斋戒也。

⑪ 中食：午餐。

⑫ 竟：食毕。

⑬ 黄门郎：黄门侍郎，官名。其职为侍从皇帝，传达诏命。南朝为皇帝顾问。

⑭ 张淹：张畅之子，初为黄门郎，封广晋县子。历官太子右卫率、东阳太守。后起为光禄勋、临川内史。

⑮ 更：再。因寺中所食为素，不足饱，故又吃鱼肉。

⑯ 尚书令：尚书省官员，又称尚书郎。

⑰ 何尚之：字彦德，宋武帝时为左卫，领太子中庶子。文帝时为尚书令，累官左光禄，开府仪同三司。

⑱ 奉法：执法。

谨①,密以白孝武②,孝武使御史中丞③王谦之④纠奏⑤,并免官⑥。

【0306】又曰⑦:阮佃夫⑧奢侈,中书舍人⑨刘休⑩尝诣之,遇佃夫出行⑪,中路⑫相逢,要⑬休⑭同返⑮,就席,便命施设⑯,一时珍肴,莫不毕备⑰。凡诸火齐⑱,并皆始熟⑲,肴

---

① 素谨:向来严谨。

② 密以白孝武:悄悄地报告了孝武帝。孝武,宋孝武帝刘骏,为文帝第三子。字休龙,小字道人。初封武陵王,在位十一年。

③ 御史中丞:御史台长官,负责察举非法。

④ 王谦之:字休光,历骁骑将军、御史中丞、吴兴太守,封石阳县子。

⑤ 纠奏:督察并上告皇帝。纠,督察。

⑥ 免官:罢免官职。

⑦ 此节选自《宋书·阮佃夫列传》。

⑧ 阮佃夫:宋明帝时任世子师,封建城县侯,迁龙骧将军、司徒参军。曾任豫州刺史,历阳太守,后谋废立,被赐死。

⑨ 中书舍人:官名,为中书省的属官,主管文书,职位低于中书侍郎。

⑩ 刘休:字弘明,宋孝武帝时为驸马都尉,袭祖爵为南乡侯。官至御史中丞,后出为豫章内史。

⑪ 出行:外出。

⑫ 中路:半路,中途。

⑬ 要:同"邀"。

⑭ 休:刘休。

⑮ 返:返回家中。

⑯ 施设:准备酒宴。

⑰ 莫不毕备:没有不全备的,应有尽有。

⑱ 火齐:火剂,指烹饪菜肴。

⑲ 并皆始熟:全都同时做熟。

肴胾①数十种。佃夫常②作数十人馔，以待宾客③，故造次④便办，类⑤皆如此。虽晋世⑥王、石⑦，不能过⑧也。

【0307】又曰⑨：郭原平⑩养亲⑪，必以己力⑫，佣赁以给供养⑬。主人⑭设食，原平以家贫，父母不办有肴味⑮，唯湌盐饭⑯而已。若家或无食⑰，则虚中竟日⑱，义不独饱⑲，须

---

① 肴胾（zì）：泛指肉食类馔品。

② 常：平时。

③ 以待宾客：随时准备接待来客。

④ 造次：急促；匆忙。

⑤ 类：大致；大抵。

⑥ 晋世：晋代。

⑦ 王、石：指王恺和石崇。王恺，为西晋贵戚，得晋武帝之助，与石崇比富。石崇，为西晋大臣，任荆州刺史期间，拦劫远方贡使商客，致成巨富。

⑧ 不能过：超不过。

⑨ 此节选自《宋书·郭原平列传》。

⑩ 郭原平：人名。

⑪ 养亲：赡养亲属。

⑫ 必以己力：必用自己的力量。

⑬ 佣赁以给供养：以做佣工供养家人。赁，给人做雇工。

⑭ 主人：指雇用郭原平的人家。

⑮ 不办有肴味：饮食不见肉味。

⑯ 唯湌盐饭：只用咸菜下饭。

⑰ 或无食：有时没饭吃。

⑱ 虚中竟日：中午不吃饭过一整天。虚中，空腹过午。中指午饭。

⑲ 不独饱：家中无饭，自己也不吃。

日暮①作毕②，受直③归家，于里④籴⑤买，然后举爨⑥。

【0308】《齐书》曰⑦：陈显达⑧，高帝即位⑨拜护军将军⑩。后御膳⑪不宰牲⑫，显达上熊蒸⑬一盘，上⑭即以充饭⑮。

【0309】又曰⑯：武帝⑰收沙门⑱宝誌⑲在狱中，语狱

---

① 日暮：傍晚。

② 作毕：指受雇做工完毕。

③ 受直：领到工钱。直，同"值"，钱。

④ 里：古代的一种居民组织，若干家为一里。这里指乡间店铺。

⑤ 籴（dí）：买进粮食。

⑥ 举爨（cuàn）：升火做饭。

⑦ 此节选自《南齐书·陈显达列传》。

⑧ 陈显达：刘宋时为羽林监，入萧齐时官至太尉。

⑨ 高帝即位：齐高帝自立为帝在公元479年。高帝，萧道成（公元427—482年），字绍伯，公元479—482年在位。

⑩ 护军将军：《御览》本作"护将军"，官名。

⑪ 御膳：称皇帝的饭食，即御用之膳。

⑫ 不宰牲：不杀牲，为素食。

⑬ 熊蒸：蒸熊肉或熊掌。

⑭ 上：皇上。

⑮ 充饭：当饭吃。

⑯ 此节选自《南史·隐逸列传》。

⑰ 武帝：齐武帝萧赜，齐高帝长子，字宣远，小字龙儿。在位十一年。

⑱ 沙门：梵语音译，即出家的佛教徒。

⑲ 宝誌：又称释宝誌，南朝梁高僧，一作保誌。世称宝公、誌公。为金城朱氏子。齐武帝禁之华林园，梁武帝解其禁，尤敬事之。

吏①曰："门外有两舆②食，金钵盛饭，汝可取之"。果是文惠太子③及竟陵王④子良⑤所供养。

【0310】又曰⑥：王俭⑦尝诣武陵王⑧晔⑨，晔留俭设食，盘中菘菜⑩、鲍鱼⑪而已。俭⑫重⑬其率直⑭，为饱食尽欢⑮而去。

【0311】又曰⑯：周颙⑰隐居钟山⑱，卫将军⑲王俭谓颙

---

① 语狱吏：宝誌对狱吏说。狱吏，监狱看守。

② 舆：车厢，泛指车。这是指以车载食。

③ 文惠太子：齐武帝长子，即萧长懋，字云乔。立为皇太子，卒谥文惠，因称文惠太子，后追尊为文帝。

④ 竟陵王：封号。

⑤ 子良：萧子良（公元460—496年），南朝齐宗室大臣。字云英，齐武帝次子，封竟陵王，官至司徒，有《南齐竟陵王集》。

⑥ 此节选自《南史·齐高帝诸子列传》。

⑦ 王俭：字仲宝，南齐时迁尚书左仆射，领吏部。封南昌县公，有著述。

⑧ 武陵王：封号，全称武陵昭王。

⑨ 晔：萧晔，齐高帝第五子，字宣照。封武陵王，历官会稽太守、中书令、祠部尚书。

⑩ 菘菜：古时对白菜类蔬菜的通称。

⑪ 鲍鱼：又作"鳆（yān）鱼"，鲍鱼在古时指有臭味的咸鱼。鳆鱼，同鲍鱼，均为咸鱼。

⑫ 俭：王俭。

⑬ 重：敬重。

⑭ 率直：直率。

⑮ 尽欢：高兴至极。

⑯ 此节选自《南齐书·周颙（yóng）列传》。

⑰ 周颙：字彦伦，官终国子博士。著有《三宗论》《四声切韵》等。

⑱ 钟山：江苏南京东的紫金山。

⑲ 卫将军：官名。

曰:"卿山中何所食①?"颙曰:"赤米②、白盐、绿葵③、紫蓼④。"文惠太子⑤问颙:"菜食⑥何味最胜⑦?"颙曰:"春初早韭⑧,秋末⑨晚菘⑩。"

【0312】又曰⑪:张绪⑫口不言吉利⑬,有财⑭辄散⑮之。清谈端坐⑯,或竟日无食⑰。门生⑱见绪⑲饥⑳,为之办

---

① 山中何所食:在山里吃的是些什么。

② 赤米:发红之米,指质次的米,或指多年的陈米。

③ 绿葵:冬葵。或云为绿色向日葵。闻人倩(qiàn)《春日诗》:"绿葵向光转。"

④ 紫蓼:水蓼,又名胡辣蓼、水红花、川蓼等。一年生草本,茎红紫色,生水边。古时用以调味,味辛辣。全草及果实均可入药。

⑤ 文惠太子:萧长懋,见前注。

⑥ 菜食:佐饭的菜肴。

⑦ 何味最胜:哪一样味道最好。

⑧ 春初早韭:春初时节以早收韭菜为上品。

⑨ 秋末:深秋。

⑩ 晚菘:经霜后收获的白菜。

⑪ 此节选自《南齐书·张绪列传》。

⑫ 张绪:字思曼,善端坐清谈。官至齐国子祭酒。

⑬ 口不言吉利:又作"口不言利",嘴不说谋利之事。

⑭ 财:钱财。

⑮ 散:分送别人。

⑯ 清谈端坐:端坐清谈,无酒肴之设。

⑰ 竟日无食:整日不吃饭。

⑱ 门生:跟从老师或前辈求学的人。

⑲ 绪:张绪。

⑳ 饥:饥饿。

食①,然未尝求②也。

【0313】《梁书》曰③:沈顗④逢齐末⑤兵荒,与家人并日而食⑥。或⑦有馈⑧其粱肉⑨者,闭门不受⑩。唯采莼荇根供食⑪,以樵⑫采⑬自资⑭。怡怡然⑮恒⑯不改其乐⑰。

① 办食:置办饭食。

② 求:乞请。

③ 此节选自《梁书·处士列传》。

④ 沈顗(yǐ):字处默。征为著作郎、太子舍人,俱未就。

⑤ 齐末:南朝齐末年。

⑥ 并日而食:两天吃一天的饭。

⑦ 或:有人。

⑧ 馈:赠送食物。

⑨ 粱肉:饭食和肉食,泛称食物。

⑩ 不受:不接受馈赠。

⑪ 唯采莼荇(xìng)根供食:仅采集莼荇根茎充饥。莼,又称水葵,水生草本植物,叶可食。荇,多年生水草,叶嫩时可作菜。

⑫ 樵:打柴。

⑬ 采:采集野菜野果。

⑭ 自资:自给。

⑮ 怡怡然:快活之情。

⑯ 恒:常。

⑰ 不改其乐:快活心情不见改变。

【0314】又曰①：孔休源②到都③，寓④于宗人⑤少府⑥孔登⑦宅⑧，会以祠事⑨入庙⑩。侍中⑪范云⑫一与相遇，深加褒赏⑬，曰："不期⑭忽觏清风⑮，顿祛鄙吝⑯，观天披雾⑰，

---

① 此节选自《梁书·孔休源列传》。

② 孔休源：山阴人，字庆绪。历尚书左丞、御史中丞，授宣惠将军，监扬州事。

③ 都：京城，指建康（今江苏南京）。

④ 寓：住。

⑤ 宗人：同宗族人。

⑥ 少府：少府卿，官名。为九卿之一，掌山海池泽收入和皇室手工业制造，为皇帝的私府。

⑦ 孔登：人名。

⑧ 宅：私邸。

⑨ 祠事：在宗庙祭祀祖先。

⑩ 庙：家庙。祭祀同宗祖先的场所。

⑪ 侍中：官名。

⑫ 范云：南朝梁诗人。字彦龙（公元451—503年），南乡舞阴（今河南泌阳北）人。为"竟陵八友"之一，任吏部尚书、尚书右仆射，封霄城县侯。卒后诏赠侍中、卫将军。

⑬ 褒赏：赞扬。

⑭ 不期：没有预料到，不料想。

⑮ 忽觏（gòu）清风：《梁书》作"忽觏清颜"，忽睹尊颜。觏，遇见。

⑯ 顿祛鄙吝：谦词，顿时赶走了自己的粗俗与浅薄。鄙吝，庸俗；小气。

⑰ 观天披雾：披雾观天。观天本指观自然之道。

验之今日①!"后云②命驾到少府③,登④便拂筵整席⑤,谓当诣己⑥,备水陆之品⑦。云⑧驻箸⑨命⑩休源,及至⑪,取其常膳⑫,正有⑬赤仓米⑭饭、蒸鲍(音醃)鱼。云食休源食⑮,不尝主人之馔⑯,高谈竟日,同载还家⑰。登⑱深以为愧⑲。

① 验之今日:在今天得到应验。
② 云:范云。
③ 少府:孔登家。
④ 登:孔登。
⑤ 拂筵整席:大摆宴席。
⑥ 当诣己:言孔登猜度范云该到自己家来了,所以下文说已有准备。
⑦ 水陆之品:水陆所产的各种馔品,应有尽有之意。从此句到"主人之馔",不见于《梁书》,见于《南史》本传。
⑧ 云:范云。
⑨ 驻箸:停下筷子。箸,同"筯",筷子。
⑩ 命:叫唤。
⑪ 及至:孔休源到达宴席场所。
⑫ 取其常膳:孔登取来平时所吃的饭食。
⑬ 正有:只有。
⑭ 赤仓米:指清仓剩的陈米。赤,空。
⑮ 云食休源食:范云吃孔休源的赤仓米饭和咸鱼。
⑯ 不尝主人之馔:不吃主人所备的"水陆之品"。
⑰ 同载还家:一同坐车回家。
⑱ 登:孔登。
⑲ 愧:惭愧。

【0315】又曰①：临川王②萧宏③所幸④江无敌⑤，服玩⑥侔⑦于齐东昏⑧潘妃⑨，宝屐⑩（音燮）直千万⑪。好食鲫⑫（音鲫）鱼头，常日进三百⑬。他⑭珍膳盈溢⑮，后房⑯食之不尽，弃诸道路⑰。

---

① 此节选自《南史·梁宗室列传》。

② 临川王：封号。

③ 萧宏：南朝梁宗室王。字宣达（公元473—526年），梁武帝之弟。封临川王，历任司徒、司空、太尉、骠骑大将军等职。任期大量搜刮聚敛，积金钱、绢帛及珍奇异宝上百屋。

④ 幸：宠受。

⑤ 江无敌：又作"江无畏"，萧宏之妻。温庭筠《锦鞋诗》："金莲东昏之潘妃，宝屐（xiè）临川之江姬。"

⑥ 服玩：服饰玩物。

⑦ 侔（móu）：相等。

⑧ 齐东昏：南齐东昏侯萧宝卷，公元498—501年在位。字智藏。

⑨ 潘妃：齐东昏侯之妃，名玉儿。尝凿地为金莲花，妃止其上，言步步生莲花。梁武帝欲纳之，后赐，人不从，自缢死。

⑩ 宝屐：以宝石为饰的木头鞋。

⑪ 直千万：值千万钱。

⑫ 鲫（jì）：同"鲫"。鲫鱼体侧扁，头小。

⑬ 日进三百：一日吃食鲫鱼头达三百个。

⑭ 他：其他。

⑮ 盈溢：数量极多。

⑯ 后房：后宫，妃嫔居所。

⑰ 弃诸道路：弃置在路边。

【0316】又曰①：何远②为武昌③太守，江左④水族⑤甚贱⑥，远⑦每食不过干鱼数片而已。

【0317】又曰⑧：何裔⑨侈于味⑩，食必方丈。后稍去其甚者⑪，犹食白鱼鮨脯⑫、糖蟹⑬，以为非见生物⑭。疑食蚶蛎⑮，使门人⑯议⑰之。学生钟屼⑱曰："鮨之就脯，但骤于屈

---

① 此节选自《梁书·良吏列传》。

② 何远：字义方，官东阳太守，终征西谘议参军司马。为官廉明，百姓拥戴。

③ 武昌：郡名，治所在今湖北鄂城。

④ 江左：江东，古以东为左。也泛称东晋及南朝统治下的全部地区。

⑤ 水族：水产品，鱼虾等。

⑥ 甚贱：十分便宜。

⑦ 远：何远。

⑧ 此节选自《南史·何胤列传》。《梁书》本传无此文。

⑨ 何裔：人名，《南史》《梁书》均作"何胤"。

⑩ 侈于味：饮食很奢侈。

⑪ 稍去其甚者：略微减少了一些珍味。

⑫ 白鱼鮨（shàn）脯：白鱼又称"鲌（bó）"，属鲤科，产于河湖。鮨同"鳝"，即鳝鱼，形如蛇。这里指用白鱼和鳝鱼制作的鱼干。《御览》作"鲴"，误。

⑬ 糖蟹：用糖腌制的螃蟹肉。

⑭ 生物：活物。

⑮ 疑食蚶蛎：因吃蚶蛎而生疑问。蚶蛎，软体动物，外包两扇贝壳，肉味鲜美。

⑯ 门人：弟子。

⑰ 议：讨论蚶蛎能不能吃。

⑱ 钟屼（wán）：人名。

申①。蟹之将糖②，躁扰弥甚③。仁人用意，深怀如怛④，至于车螯⑤蚶蛎，眉目内阙⑥，惭浑沌之寄⑦，犷壳外缄⑧，非金人之慎⑨。不悴不荣⑩，曾草木之不若⑪；无香无臭⑫，与瓦砾其何算⑬？故宜长充疱厨⑭，永为口实⑮。"

【0318】《陈书》曰⑯：徐孝克⑰为国子祭酒⑱，每侍

---

① 鲍之就脯，但骤于屈申：鳝放在脯内，会很快地爬动。屈申，一屈一伸，指爬行翻滚。

② 将糖：放在糖里。

③ 躁扰弥甚：更加躁烦不安。弥，更。

④ 深怀如怛（dá）：怀悯物之心。怛，忧伤。

⑤ 车螯：贝壳类软体动物，即蚶蛎之类。

⑥ 眉目内阙：眼目要么藏在内里，要么根本就没有。内，通"纳"。阙，缺少。

⑦ 惭浑沌之寄：惭愧活在天地之间。浑沌，同"混沌"，我国古代传说中指天体未形成以前模糊一团的景象。寄，生存；依附。

⑧ 犷壳外缄：外面封有粗鄙的外壳。

⑨ 非金人之慎：并不是慎言语的铜人。金人之慎，典出《孔子家语·观周》：孔子在后稷庙内见一金人，三缄其口，背上铭文为"古之慎言人也"。金人，铜人。

⑩ 不悴不荣：没有草木那样的枯萎或繁荣。

⑪ 曾草木之不若：岂不是连草木都不如。曾，岂。

⑫ 无香无臭：没什么特别的味道。

⑬ 与瓦砾其何算：与残砖破瓦有什么两样？

⑭ 长充疱厨：厨房要经常做这些菜肴（指蚶砺之类）。

⑮ 永为口实：将它永作口中之食。口实，这里指放在口中的食物，不是引伸的"话柄"之意。

⑯ 此节选自《陈书·徐孝克列传》。

⑰ 徐孝克：能玄理，博经史。为奉母削发为沙门。在陈官国子祭酒。

⑱ 国子祭酒：学官名。汉代有博士祭酒，为博士之首。西晋改设国子祭酒，为国子监的主管官。

宴①，无所食啖②。至席散③，当其前膳羞损减④，帝⑤密记以问中书舍人⑥管斌⑦，斌自是⑧伺⑨之，见孝克取珍果⑩内⑪绅带⑫中，斌⑬当时莫识其意⑭，后寻访⑮，方知其以遗母⑯。斌以启⑰宣帝，嗟叹良久，乃敕自今⑱宴享，孝克前馔⑲，并遣将还⑳，以饷其母。时论美㉑之。

---

① 侍宴：这里指陪侍皇帝饮宴。
② 无所食啖：宴席上什么也没吃。
③ 至席散：到宴席散时。
④ 当其前膳羞损减：人们发现正当徐孝克面前的菜肴减少了。
⑤ 帝：陈宣帝陈顼，字绍世，小字师利。在位四十年。
⑥ 中书舍人：官名。魏于中书省置中书通事舍人，掌传诏命。晋及南朝历代沿置，至梁去"通事"二字，直称中书舍人，任起草诏令之职，参与机密，权力日重。
⑦ 管斌：人名。
⑧ 自是：于是。
⑨ 伺：悄悄观察。
⑩ 珍果：美味果品。
⑪ 内：通"纳"，装。
⑫ 绅带：士大夫腰系的大带。
⑬ 斌：管斌。
⑭ 莫识其意：不知徐孝克为什么这么做。
⑮ 寻访：查访。
⑯ 遗母：言徐孝克把宴席上的食物带回去给母亲吃了。
⑰ 启：上奏；报告。
⑱ 自今：从今以后。
⑲ 孝克前馔：摆在徐孝克面前的肴馔。
⑳ 并遣将还：一并都让带回去。将，拿。
㉑ 美：赞扬。

【0319】崔鸿①《后赵录》②曰：石虎③召姚弋仲④，弋仲轻骑⑤至邺⑥，引入领军省⑦，赐以御食⑧。仲⑨怒曰："国家有贼⑩，召我击之！官当见我问方略⑪，以破贼。而食我⑫，我来觅食耶⑬？"乃引见⑭。

【0320】又《后燕录》⑮曰：王凤⑯字道翔，宜都⑰王桓⑱

① 崔鸿：字彦鸾。东清河鄃（shū）（今山东高唐东北）人。北魏史学家。历任中散大夫、司徒长史、齐州大中正。撰《十六国春秋》一百卷，北宋时散佚，清人有辑本。

② 《后赵录》：为崔鸿所撰《十六国春秋》的一部，今存辑本。

③ 石虎（公元295—349年）：字季龙，上党武乡（今山西榆社北）羯族人。十六国时后赵皇帝。公元334—349年在位。石勒之侄。石勒死，杀太子石弘，自即帝位。死后，诸子夺权，互相残杀，后赵亡。

④ 姚弋仲（公元280—352年）：南安赤亭（今甘肃陇西西）人。十六国时羌族首领。附前赵、后赵，封西平郡公。后依于东晋，拜六夷大都督、车骑大将军、大单于。

⑤ 轻骑：快马，一般指装备轻便的骑兵。

⑥ 邺（yè）：石虎即帝位后，迁都于邺，在今河北磁县南。

⑦ 引入领军省：带到领军省。石虎因病未马上接见。领军省，指领军之府。

⑧ 御食：皇帝所用的食物，这里指石虎所食。

⑨ 仲：姚弋仲。

⑩ 贼：指梁犊领导的戍卒起义军。

⑪ 方略：谋略。

⑫ 食我：赐食给我。

⑬ 我来觅食耶：难道我是来寻找吃的吗？

⑭ 引见：带去见石虎。

⑮ 《后燕录》：为崔鸿所撰《十六国春秋》的一部，今存辑本。

⑯ 王凤：人名。

⑰ 宜都：地名。

⑱ 王桓：人名。事迹不详。

之子也。桓好修宫室①，凤年八岁，左右抱之，随桓周行殿观②。桓问之曰："此第③好不？"凤笑曰："此本石家④诸王故第⑤，今王⑥修之，室无常人⑦，何烦过好⑧？"桓大奇之⑨，每食必与之同案⑩。凤辞曰："今王之膳兼肴百品⑪，而外有糟糠之民⑫，非是小儿所可同大王之味也⑬。"桓弥加叹赏⑭。

【0321】又《南燕录》⑮曰：济南⑯尹鸾⑰身长九尺⑱，

---

① 好修宫室：喜欢修造宫室。

② 周行殿观：绕行宫殿一周。

③ 第：府第；宫室。

④ 石家：后赵石勒、石虎一族。

⑤ 故第：旧日府第。

⑥ 王：指其父桓。桓当封王，不可考。

⑦ 室无常人：宫室的主人并非固定不变。

⑧ 何烦过好：何必修得太好。

⑨ 大奇之：对王凤的话感到十分惊奇。

⑩ 每食必与之同案：每次吃饭都要王凤与自己同桌。案，指食案。

⑪ 百品：百种。指数量多。

⑫ 糟糠之民：贫苦人民。糟糠，指酒糟和糠皮，是古时贫苦人常用于充饥的食物，故有此称。

⑬ 非是小儿所可同大王之味也：如不是我这做小儿子的，又有谁能与大王同桌吃饭呢。

⑭ 弥加叹赏：更加赞赏。

⑮ 《南燕录》：崔鸿撰。今存辑本。

⑯ 济南：郡名，治所先在东平陵（今山东章丘西），后移治历城（今山东济南）。

⑰ 尹鸾：人名。

⑱ 九尺：为两米多一点。古代一尺约合今23厘米。

腰带十围①，贯甲②跨马不据鞍由蹬③。慕容德④见而奇其魁伟⑤，赐之以食，一进斛余⑥。德⑦惊曰："所噉如此⑧，非耕能饱⑨。且才貌不凡，堪为贵人⑩，可以一县试之⑪。"于是拜逢陵长⑫，政理修明⑬，大收民誉⑭。

【0322】《燕书》⑮曰：少帝⑯建熙六年⑰，上谷⑱人公

---

① 十围：两手大姆指与食指合拢的圆周长为一围，约30厘米，十围达3余米。

② 贯甲：披着铠甲。

③ 跨马不据鞍由蹬：跨上马时不用扶马鞍也不用踏马镫。

④ 慕容德：字玄明（公元336—405年），昌黎棘城（今辽宁义县西）白部鲜卑人。十六国时南燕建立者。

⑤ 奇其魁伟：对尹鸾魁伟的身材很感兴趣。

⑥ 一进斛余：一次就吃一斛有余。

⑦ 德：指慕容德。

⑧ 所噉如此：吃得如此之多。

⑨ 非耕能饱：不是种地所能吃得饱肚子的。

⑩ 贵人：指有贵人之貌。

⑪ 以一县试之：给一个县令当当，试试他的本事。

⑫ 逢陵长：逢陵县令。逢陵，县名。南朝宋置，故治在今山东淄川县西北。

⑬ 政理修明：治政有方。修，整治。明，廉明。

⑭ 大收民誉：大得人民的赞誉。收，获；得。誉，赞扬。

⑮ 《燕书》：燕时范亨撰，已佚。清人汤球辑一卷。

⑯ 少帝：指十六国时前燕皇帝慕容暐（wěi，公元350—384年），字景茂。公元360—370年在位。后被前秦灭国，被俘受封新兴侯。

⑰ 建熙六年：建熙为慕容暐在位年号。六年，即公元366年。

⑱ 上谷：郡名，治所在沮阳（今河北怀来东南）。

孙几①久隐昌黎之域②，冬衣单布③，寝土床④上。夏则并飱茹于一器⑤，停使蛆臭⑥，然后乃食。人咸异之⑦，莫能测之⑧。

【0323】《后魏书》曰⑨：裴安祖⑩年八、九岁，就师⑪讲《诗》，至《鹿鸣篇》⑫，语诸兄⑬曰："鹿得食相呼⑭，而况人乎⑮！"自此未曾独食⑯。

---

① 公孙几：人名。

② 昌黎之域：昌黎境内。昌黎，郡名，由三国魏所置辽东属国改置，治所在昌黎（今辽宁义）。

③ 冬衣单布：冬穿单布衣。

④ 土床：土炕，应指凉炕。

⑤ 夏则并飱茹于一器：夏天将所要吃的食物合装在一个容器内。

⑥ 停使蛆臭：放置到使饭食生蛆发臭。

⑦ 人咸异之：人们都感到惊异。

⑧ 莫能测之：没法猜度他这个人。测，预料；猜度。

⑨ 此节选自《后魏书·裴骏列传》。

⑩ 裴安祖：河东闻喜（今山西闻喜）人。辟州主簿，拜安邑令，以老病固辞。

⑪ 就师：拜师。

⑫ 《鹿鸣篇》：《诗·小雅·鹿鸣》，此篇写天子宴群臣嘉宾。

⑬ 语诸兄：对各位兄长说。

⑭ 鹿得食相呼：鹿捕得食物呼唤其他的鹿一起同食。《诗》中云："呦呦鹿鸣，食野之苹"，呦呦，即为鹿呼唤之音。

⑮ 而况人乎：更何况是人呢！意即人应比畜类更行仁义。

⑯ 自此未曾独食：自此没有一人独吃过食物。

【0324】又曰①：高闾②尝造③胡叟④家，遇⑤叟短褐⑥曳柴⑦，从田归舍⑧。为闾⑨设酒食，皆自手办索⑩。其馆宇⑪卑陋⑫，园畴⑬偏局⑭，而饭菜精洁⑮，醯酱调羹⑯。见其二妾⑰，并衰跛眇⑱，衣布穿弊⑲。闾见其贫，以衣物直十余匹⑳赠之，亦无辞愧㉑。

---

① 此节选自《魏书·胡叟列传》。

② 高闾：字阎士，本名驴。历官中书令给事中、太常卿。文章精妙，与高元齐名。

③ 造：探访。

④ 胡叟：字伦许，拜虎威将军。临泾（今甘肃镇原南）人。散财施善，不治产业，年八十而卒。

⑤ 遇：碰见。

⑥ 短褐：粗布短衣，指劳动者的衣装，不同于长袍。

⑦ 曳柴：拉柴草。

⑧ 从田归舍：从地里回家中。

⑨ 闾：指高闾。

⑩ 自手办索：亲自动手操办。

⑪ 宇：房舍。

⑫ 卑陋：低矮简陋。

⑬ 园畴：园圃。

⑭ 偏局：偏僻窄小。

⑮ 精洁：精美清洁。

⑯ 醯酱调羹：用酱醋等调和羹味，指吃法很讲究。

⑰ 二妾：两个妻妾。《御览》无"二"字。

⑱ 并衰跛眇（miǎo）：都有缺陷，一个是跛腿，另一个是瞎眼。眇，瞎了一只眼。

⑲ 衣布穿弊：穿着布衣还是破的。身无绸缎。

⑳ 衣物直十余匹：衣物折合成布匹长度有十多匹。直，同"值"。

㉑ 亦无辞愧：也不推辞和感到羞愧。

【0325】又曰①：卢叔彪②为太子詹事③，魏收④常来诣之。访以洛京⑤旧事，不待食而起⑥，云："难为子⑦费⑧。"叔彪留之，良久食至⑨，但有⑩粟飧葵菜⑪，木碗盛之，片脯⑫而已。所待⑬仆从，亦尽设食⑭，一与己同⑮。

---

① 此节选自《北齐书·卢叔武列传》。

② 卢叔彪：卢叔武，《御览》本作"卢彪"。官太子詹事，自奉俭约。北齐亡后，冻饿而死。

③ 太子詹事：官名，职掌皇后、太子家事，为太子官属之长。

④ 魏收：北齐史学家。字伯起（公元505—572年）。钜鹿下曲阳（今河北晋县西）人。官至中书令、著作郎，撰《魏书》一百三十卷。

⑤ 洛京：洛阳。唐人将东都洛阳称为"洛京"，这里《北齐书》作者以唐人说法而言，其实唐以前并无此说。

⑥ 不待食而起：不等到吃饭便起身告辞。

⑦ 子：尊称卢叔彪。

⑧ 费：花费，破费。

⑨ 良久食至：很久饭食才端上来。

⑩ 但有：只有。

⑪ 粟飧葵菜：粟米饭和葵叶菜。葵，指冬葵，一二年生草本植物。叶圆形，嫩时可作蔬菜。

⑫ 片脯：几片肉干。

⑬ 待：对待。《北齐书》作"将"。

⑭ 亦尽设食：指对仆从人等也都准备了饭食，同时进餐。

⑮ 一与己同：意即主仆饭食相同，平等对待。

【0326】又曰①：杨愔②幼时为季父③暐④大嗟异⑤，顾谓宾客曰："此儿恬⑥裕⑦，有我家风。"宅内有茂竹⑧，遂为愔⑨于林边别葺一室⑩，命独处其中⑪，常以铜盘⑫具⑬盛馔⑭以饭之⑮。因以督励⑯诸子曰："汝辈⑰但如遵彦⑱谨慎，自得竹林别室⑲，铜盘重肉之食⑳。"后椿㉑诫子孙曰：

---

① 此节选自《北齐书·杨愔（yīn）列传》。

② 杨愔：字遵彦。官尚书令，拜骠骑大将军。封开封王。后被杀。

③ 季父：四叔。

④ 暐：杨暐，字延季。累官安南将军，后遇害。

⑤ 大嗟异：大加赞叹。

⑥ 恬：安静。

⑦ 裕：言从容。

⑧ 茂竹：生长茂盛的竹林。

⑨ 愔：指杨愔。

⑩ 别葺（qì）一室：另建一间房屋。葺，修建。

⑪ 独处其中：一个人待在里面。

⑫ 铜盘：《御览》作"同盘"。

⑬ 具：装。

⑭ 盛馔：精美的肴馔。

⑮ 饭之：给他吃。

⑯ 督励：督促勉励。

⑰ 汝辈：你们。

⑱ 遵彦：杨愔字遵彦。

⑲ 自得竹林别室：也能像杨愔一样独得一间竹林房间。

⑳ 重肉之食：重样的肉食，指精美的肴馔。

㉑ 椿：杨椿，杨播之弟。字延寿。累官太保、侍中，后为尔朱氏所害。以下文字未见于《北齐书》，见于《北史·杨播列传》。

"吾兄弟若在家，必同盘而食①。若有近行②，不至③，必待其还④，亦有过中⑤不食，忍饥相待。吾兄弟八人⑥，今存者有三⑦，是故不忍别食⑧也。又愿毕吾兄弟不异居⑨、异财⑩，尔等眼见，非为虚假尔⑪。如闻汝等兄弟，时有别斋独食⑫，此人又不如吾等一世⑬也"。

【0327】又曰⑭：元钦⑮曾讬青州人高僧寿⑯为子求师，

---

① 同盘而食：在一起吃饭。

② 近行：出门不远办事。

③ 不至：没回家。

④ 还：回家。

⑤ 过中：午餐。

⑥ 兄弟八人：杨播（延庆）、椿（延寿）、颖（惠哲）、顺（延和）、津（罗汉）、暐（延季）、族弟钧，另一人据出土墓志推定是阿难，排行第七。

⑦ 存者有三：活着的还有三人，指播、椿、津。

⑧ 别食：单独而食。

⑨ 异居：分居，指独立门户。

⑩ 异财：分割钱财。

⑪ 尔等眼见，非为虚假：这都是你们亲眼所见，并不是假的。尔等，你们。

⑫ 别斋独食：别斋指异居，独食指单独进食。

⑬ 吾等一世：我们这一辈。

⑭ 此节选自《魏书·景穆十二王列传》。

⑮ 元钦：字思若。魏景穆帝之子。位尚书右仆射，因面黑，号"黑面仆射"。官至司空，后遇害。

⑯ 高僧寿：人名，本作"羊僧寿"。

师至，未几逃去①。钦②以让③僧寿，僧寿性④滑稽⑤，乃谓钦曰："凡人绝粒⑥，七日乃死⑦，始终五朝⑧，便尔逃遁。去食就信⑨，实有所阙⑩。"钦乃大惭⑪，于是待客稍厚。

【0328】又曰⑫：崔敬友⑬恭宽接下⑭，循身励节⑮。自景明已降⑯，频岁不登⑰，饥寒请丐者⑱，皆取足而去⑲。又置

---

① 未几逃去：指老师不久就逃走了。未几，没几天。

② 钦：元钦。

③ 让：责备；责怪。

④ 性：生性。

⑤ 滑稽：能言善辩，语言流畅。

⑥ 绝粒：绝食，不吃饭。粒，粮食。

⑦ 七日乃死：七天不吃饭便死。

⑧ 始终五期：从头到尾过了五天。终或作"经"。

⑨ 去食就信：去食指弃食而去。就信，留得信用在。就，留。

⑩ 实有所阙：指元钦确实也有缺点。阙，过错。意思是没给老师吃饱。

⑪ 大惭：深感惭愧。

⑫ 此节选自《魏书·崔光列传》。

⑬ 崔敬友：官本州治中，因受贿逃遁。后精心佛道，好施与。

⑭ 恭宽接下：对下属谦逊宽厚。

⑮ 循身励节：《魏书》作"修身励节"，严于律己之意。

⑯ 景明已降：景明以来。景明为北魏宣武帝元恪在位年号之一，即公元500—502年。

⑰ 频岁不登：连年收成不好。登，庄稼成熟。

⑱ 请丐者：乞丐，讨饭的人。

⑲ 取足而去：让乞丐取够食物离去。

逆旅①于萧然山②南大路之北，设食以供行者③。

【0329】又曰④：刁少雍⑤字季仲，少聪颖⑥，有孝行⑦，尤为祖父绍先⑧所爱。绍先性嗜羊肝⑨，常呼少雍共食。及绍先卒，少雍终身不食肝。

【0330】《北齐书》曰⑩：崔瞻⑪在御史台⑫，恒于宅中送食⑬，备尽珍羞，别室独飧⑭，处之自若⑮。有一河东人士⑯，姓裴，亦为御史，伺瞻食⑰，便往造⑱焉。瞻不与交

---

① 逆旅：客舍，旅店。

② 萧然山：山名。

③ 行者：行路人。

④ 此节出自《魏书》，何篇不详，似为《魏书》佚文。

⑤ 刁少雍：人名。其事迹不可考。

⑥ 聪颖：聪明。

⑦ 孝行：孝顺之举。

⑧ 绍先：刁绍先，人名。事迹不可考。

⑨ 羊肝：有明目之功。

⑩ 此节选自《北齐书·崔悛列传》。

⑪ 崔瞻：字彦通。累迁吏部郎中。有文集二十卷。《北史》又作"崔赡"，实为一人。

⑫ 御史台：官署名，又称御史府，掌秘书、纠察之责。

⑬ 恒于宅中送食：常常从家里送饭到御史台吃。

⑭ 别室独飧：单独在一个房间里吃。

⑮ 处之自若：这样做并不觉得难为情。

⑯ 河东人士：指原籍为河东的某人。

⑰ 伺瞻食：等到崔瞻开始吃饭时。

⑱ 造：到，前往。指裴某来到崔瞻吃饭的房间。

言①，又不命匕筯②。裴坐观瞻食罢而退③。明日，裴自携匕筯④，恣情⑤饮啖，瞻方⑥谓裴云："我初⑦不唤君⑧食，亦不共君语⑨，君遂能不拘小节。昔刘毅⑩在京口⑪，冒请鹅炙⑫，岂亦异于是乎⑬？君定名士⑭！"于是每与之同食。

【0331】又曰⑮：赵郡王⑯叡⑰十岁丧母，高祖⑱亲送

---

① 不与交言：不与之搭话，只管自己吃。

② 不命匕筯：意为也不请裴某动筷子吃。匕，指匙。筯，即筷子。

③ 坐观瞻食罢而退：坐在一旁看着崔瞻吃完才走开。

④ 自携匕筯：自己带来匙和筷子。

⑤ 恣情：尽情；任意。

⑥ 方：才。

⑦ 初：开始，最初。

⑧ 君：对裴某的尊称。

⑨ 亦不共君语：也没同你一起说话。

⑩ 刘毅：东晋将领。字希乐（？—公元412年），小字盘龙，彭城沛（今江苏沛县）人。任豫州刺史，拜卫将军。

⑪ 京口：古城名，故址在今江苏镇江。

⑫ 冒请鹅炙：刘毅贫困时向司徒长史庾悦讨吃剩的烤鹅充饥，衔恨在心，后图报复。

⑬ 岂亦异于是乎：意为与此没什么不同。

⑭ 君定名士：你一定能成为名士。名士，古代一般指有名气但不追求做官的人。

⑮ 此节选自《北齐书·赵郡王琛列传》。

⑯ 赵郡王：封号。

⑰ 叡：高叡，高欢之侄，小名须拔。初为定州刺史，累官太尉，后因罪被诛。

⑱ 高祖：高欢。

叡至领军府①发丧，举声殒绝②，哀感左右，三日水浆不入口③。高祖与武明娄皇后④殷勤敦譬⑤，方渐⑥顺旨⑦。由是高祖食必唤叡同案⑧，其见愍惜⑨如此。

【0332】又曰⑩：文宣⑪昏逸⑫，常山王⑬演⑭固谏⑮，大被殴挞⑯，闭口不食。太后⑰极忧之，常谓左右曰："倘小儿死，奈我老母何⑱？"于是每⑲问王⑳疾，谓曰："努力强

---

① 领军府：领军之府，为中央军队的统帅府。领军，为官名。
② 举声殒绝：哭得死去活来。悲哀之至。
③ 三日水浆不入口：三天之中连水都没有喝一口。
④ 武明娄皇后：高欢皇后，名昭君。文宣帝高洋天保初年，尊为皇太后。
⑤ 殷勤敦譬：恳切地敦促劝勉。敦譬，敦促劝勉。
⑥ 渐：慢慢。
⑦ 顺旨：顺从旨意。这里指听从节哀进食的劝告。
⑧ 同案：同桌而食，指一起进食。
⑨ 愍惜：怜惜。
⑩ 此节选自《北齐书·王昕列传》。
⑪ 文宣：北齐文宣帝高洋（公元529—559年），字子进，高欢第二子。代东魏自立为帝，建立北齐。
⑫ 昏逸：一味享乐。高洋即位后以功业自矜，酗酒淫暴，不久病死。
⑬ 常山王：封号。
⑭ 演：高演，后即皇位，为北齐孝昭帝。字延安，为神武帝第六子，在位一年。
⑮ 固谏：坚持谏争。
⑯ 大被殴挞：被大加殴打。
⑰ 太后：指高欢之妻娄氏。
⑱ 奈我老母何：叫我这老太婆怎么办？
⑲ 每：常常。
⑳ 王：高演。

食①,当以王晞②还汝。"乃释③晞④令往⑤,王抱晞曰:"吾气息惙然⑥,恐不能相见⑦。"晞⑧流涕⑨曰:"天道神明⑩,岂令陛下遂毙此舍⑪。至尊⑫亲为人兄⑬,尊为人主⑭,安可与校计⑮?殿下⑯不食,太后亦不食。殿下纵不自惜⑰,不惜

---

① 强食:尽力吃东西。

② 王晞:字叔朗,官太子太傅、太鸿胪。高演死时悲哀过甚,被武成帝高湛呵斥。北周武帝宇文邕时,官太子谏议大夫。

③ 释:释放。

④ 晞:王晞。

⑤ 令往:令王晞到高演那里去。

⑥ 惙(chuò)然:疲乏的样子。

⑦ 恐不能相见:担心见不着面了。

⑧ 晞:王晞。

⑨ 流涕:痛哭。

⑩ 天道神明:上天是神明的,即上天有眼之意。

⑪ 岂令陛下遂毙此舍:难道能让陛下就死在这里?陛下,尊称高演。

⑫ 至尊:皇帝,指高洋。

⑬ 亲为人兄:论亲缘关系是兄长。

⑭ 尊为人主:论地位是高高在上的皇帝。人主,皇帝。

⑮ 安可与校计:怎么能同他计较呢?《御览》无"校"字。

⑯ 殿下:尊称高演。

⑰ 纵不自惜:纵然自己不珍惜自己。

太后乎①？"言未卒②，王③强坐而饭④。晞由是⑤得免⑥，遂还，为王友⑦。

【0333】又曰⑧：杨休之⑨除⑩中山⑪太守，先是韦道建⑫、宋钦道⑬代⑭为定州⑮长史⑯，带⑰中山太守，并⑱立制⑲，礼之官⑳出行，不得过百姓饮食㉑，有者，即数钱酬

---

① 不惜太后乎：难道也不怜惜太后吗？

② 言未卒：话还没说完。

③ 王：高演。

④ 强坐而饭：强打精神坐起来吃饭。

⑤ 由是：因此。

⑥ 得免：免于治罪。

⑦ 为王友：成为高演至友。

⑧ 此节选自《北史·阳尼（附阳休之）列传》。

⑨ 杨休之：又作阳休之，字子烈，官吏部尚书。入周拜上开府和州刺史，撰有《幽州人物志》等。

⑩ 除：任命，授职。

⑪ 中山：郡名，治所在卢奴（今河北定州）。

⑫ 韦道建：人名。

⑬ 宋钦道：人名。

⑭ 代：轮流。

⑮ 定州：州名，治所在卢奴（今河北定州）。

⑯ 长史：官名。南北朝时带将军称号开府的刺史，设长史，多兼任首郡的太守。

⑰ 带：兼任。

⑱ 并：都。

⑲ 立制：立下制度。

⑳ 礼之官：今《北史》作"监临之官"。监临为官名，负监察临视之责。

㉑ 不得过百姓饮食：不准到老百姓家中吃饭。

之①。休之常以为非②,及至郡③,复相因循④,或问其故⑤。休之曰:"吾昔非之者⑥,为其失仁义⑦。今日行之者⑧,自欲避嫌疑⑨,岂是夙心⑩?直是⑪处世难耳!"

【0334】《后周书》曰⑫:长孙澄⑬雅⑭好宾客,接引忘疲⑮。虽不饮酒⑯,而好观人酗兴⑰,常恐座客请归⑱,每勤⑲

---

① 数钱酬之:以数倍的钱作为饮食的酬金。

② 常以为非:一向认为这样做不对。

③ 乃至郡:等到自己做了郡守。

④ 复相因循:还是照老规矩办。因循,守旧不变。

⑤ 或问其故:有人问这是为什么。

⑥ 吾昔非之者:我过去之所以对此有非议。

⑦ 为其失仁义:认为如此有失仁义。

⑧ 今日行之者:现在之所以还照老规矩办。

⑨ 自欲避嫌疑:为的是自己要避免嫌疑。指避贪占之嫌。

⑩ 夙心:本来的用心。

⑪ 直是:只是。

⑫ 此节选自《周书·长孙绍远列传》。

⑬ 长孙澄:字士亮。14岁从父征讨,勇冠诸将,孝闵帝时拜大将军,封义门公。自己并不饮酒,却十分好客,喜欢看着客人饮酒酗醉。

⑭ 雅:很;甚。

⑮ 接引忘疲:不知疲倦地接待客人。接引,同"接物",指与人交际。

⑯ 虽不饮酒:长孙澄自己并不饮酒。

⑰ 好观人酗兴:喜观看别人畅饮。

⑱ 恐座客请归:怕来客提出告辞回家。

⑲ 勤:《周书》作"敕",有吩咐之意。

中厨①别进异馔②，留之③。

【0335】《隋书》④曰：田翼⑤，不知何许人⑥也，性至孝⑦，养母以孝闻⑧。其母卧疾⑨岁余，翼亲易燥湿⑩。母食则食⑪，母不食则不食⑫。

【0336】《唐书》曰⑬：高祖⑭师⑮次⑯于古堆⑰，去⑱绛

---

① 中厨：厨房。

② 别进异馔：另献珍馔。

③ 留之：留客。

④ 《隋书》：二十四史之一。唐代魏征、令狐德棻（fēn）撰，共八十五卷，记载了隋朝三十八年的历史。

⑤ 田翼：人名。

⑥ 不知何许人：不知是哪里人氏。

⑦ 至孝：十分孝顺。

⑧ 以孝闻：因孝顺而出名。

⑨ 卧疾：因病卧床不起。

⑩ 亲易燥湿：亲自换洗病母衣褥。

⑪ 母食则食：母亲吃饭自己才吃饭。

⑫ 母不食则不食：母亲吃不下饭自己也不吃饭。

⑬ 此节为《旧唐书·高祖纪》佚文，见《旧唐书逸文》。

⑭ 高祖：李渊（公元566—635年），唐王朝的建立者。字叔德，祖籍陇西成纪（今甘肃秦安西北）人，或以为钜鹿郡人。本为隋太原留守，领兵攻入长安，后逼隋帝杨侑逊位，自立为帝，国号唐。九年后被迫传位给次子李世民，自称太上皇。

⑮ 师：军队。

⑯ 次：临时驻扎和住宿。

⑰ 古堆：地名。属绛郡。

⑱ 去：离。

郡①二十余里，有紫云如华盖楼阁之形②，正临高祖之上。时隋绛郡通守③陈叔达④坚守不下，高祖谓厨人⑤曰："吾明日下城⑥，然后早膳⑦。"辛卯⑧引兵攻城，自旦及辰⑨而破，高祖乃食。

【0337】又曰⑩：太宗⑪谓侍臣曰："夫仁义之道，当思之在心⑫，常令相继⑬，若斯须⑭懈怠⑮，则去之已远。犹如

---

① 绛郡：绛州，北周时置，治所在龙头城（今山西闻喜东北），后屡有迁移。

② 有紫云如华盖楼阁之形：这里是说李渊有当皇帝的预兆，所以天上有紫云。华盖，古代帝王的车盖。

③ 通守：官名。隋炀帝时设置，佐理郡务，职位次于太守。

④ 陈叔达：字子聪。陈宣帝第十七子。少封义阳王，入唐官礼部尚书。

⑤ 厨人：膳夫。

⑥ 下城：拔城，攻下城池。

⑦ 早膳：早饭（言攻下绛郡城然后吃早饭）。

⑧ 辛卯：古以干支纪年、日、时，这里指为辛卯日。

⑨ 自旦及辰：自一大早到辰时。旦，天明。辰，辰时，相当于上午7—9点。

⑩ 此节为《旧唐书·太宗纪》佚文。

⑪ 太宗：李世民（公元599—649年），公元627—649年在位。唐建国后任尚书令，封秦王。发动"玄武门之变"，杀死太子，争得帝位。

⑫ 思之在心：放在心上之意。

⑬ 常令相继：经常不断地想到它（仁义）。

⑭ 斯须：指时间短暂，一会儿。

⑮ 懈怠：松弛。

饮食资身①，恒令腹饱②，乃可存③其性命。

【0338】 又曰④：高宗⑤朝，诸宰臣⑥以政事堂⑦供馔⑧珍美⑨，议减其料⑩。东台侍郎⑪张文瓘⑫曰："此食⑬，天子所以重机务⑭待贤柬才⑮也，不可减削公膳以邀求名誉也⑯。国家之所费不在此⑰，苟⑱有益于公道⑲，斯亦不为多⑳也。"

---

① 资身：供给身体的营养。资，供给。

② 恒令腹饱：常常得让肚子吃饭。

③ 存：保存。

④ 此节为《旧唐书·高宗纪》佚文，亦略见载于《新唐书·张文瓘列传》。

⑤ 高宗：李治（公元628—683年），公元649—683年在位。唐太宗第九子，始封晋王。在位中后期，政权逐渐落入皇后武则天之手。

⑥ 宰臣：高级官吏，居宰相之职的臣属。

⑦ 政事堂：唐宋时指宰相的总办公处，后改称中书门下，因宰相名义上为中书门下省长官之故。

⑧ 供馔：大概是"工作午餐"之类。

⑨ 珍美：言饮食过于珍美。

⑩ 议减其料：建议减少肴馔用料。料，古时指官俸以外的食料钱。

⑪ 东台侍郎。官名。唐龙朔中改给事中为东台舍人，改黄门侍郎为东台侍郎。

⑫ 张文瓘（guàn）：字稚圭，累官黄门侍郎（即东台侍郎），兼大理卿。

⑬ 此食：指政事堂的供馔。

⑭ 重机务：注重枢要之政。机务，机要事务，多指国家枢要政务。

⑮ 待贤柬才：优待贤者选择人才。柬，同"拣"，选。

⑯ 不可减削公膳以邀求名誉也：不能用减少一顿供馔来获取好名声。

⑰ 国家之所费不在此：国家的花费不在乎这么一点点。

⑱ 苟：如果。

⑲ 有益于公道：办事对国家有益。

⑳ 斯亦不为多：吃这么一顿饭根本不算多。

众乃止①。

【0339】又曰②：高宗朝③，文武官④献食⑤，贺破高丽⑥。上⑦御⑧玄武门⑨之观德殿⑩，奏九部乐⑪，极欢而罢。

【0340】又曰⑫：高宗朝，皇太子⑬久在内不出⑭，稀⑮

---

① 众乃止：指众宰臣停止了减膳的动议。

② 此节亦为《旧唐书·高宗纪》佚文。

③ 高宗朝：高宗时。所录之事发生在总章元年，即公元668年。

④ 文武官：泛指满朝文武。

⑤ 献食：向天子进献食物。

⑥ 高丽：也称"高句丽""句丽"。古国名。辖境相当于今鸭绿江及其支流浑江流域一带。

⑦ 上：高宗李治。

⑧ 御：行幸。

⑨ 玄武门：唐长安大明宫北面正门，故址在今陕西西安城北龙首原上。

⑩ 观德殿：宫殿名。

⑪ 九部乐：唐因隋制，九部乐为清乐、西凉、龟兹、天竺、康国、疏勒、安国、高丽之乐。

⑫ 此节选自《旧唐书·邢文伟列传》。

⑬ 皇太子：高宗李治之子李弘。为孝敬太子。

⑭ 久在内不出：久居内室。

⑮ 稀：少。

与宦臣①接见②。典膳丞③邢文伟④减膳⑤，上书⑥启⑦曰："臣窃⑧见《大戴记》⑨曰：'太子既冠成人⑩，免保傅之严⑪，则有司过⑫之史⑬，亏膳⑭之宰⑮。史之义，不得书过⑯，不书则死之⑰。宰之义，不得撤膳⑱，不撤则死之⑲。'近者⑳以来，

---

① 宦臣：《旧唐书》又作"官臣"。

② 接见：会面。

③ 典膳丞：食官。主管膳食的长官。

④ 邢文伟：先为太子典膳丞，武后时累迁凤阁侍郎，后贬珍州刺史。

⑤ 减膳：言削减太子的膳食，这里指不给肉吃，供素食。

⑥ 上书：上奏章。

⑦ 启：奏。今《御览》本无"书"字。

⑧ 窃：谦辞。

⑨ 《大戴记》：《大戴礼》。此节引自《大戴礼·保傅》。

⑩ 既冠成人：举行冠礼而为成人。冠，古代的一种礼仪，男子二十岁行冠礼，以示已成人。

⑪ 免保傅之严：离开了保母和傅父的管护。保傅，保母（姆）和傅父，取傅训保养之意。枚乘《七发》："内有保母，外有傅父。"

⑫ 司过：指出错误。

⑬ 史：史官，记录皇帝言行和国事的官。

⑭ 亏膳：又作"撤膳"。撤膳，减损膳食。

⑮ 宰：膳宰。

⑯ 不得书过：《旧唐书》引作"不得不书过"，即指吏官应记下过错。书，记；写。

⑰ 不书则死之：不记过错便犯有死罪。《旧唐书》引作"不书过则死之"。

⑱ 不得撤膳：《旧唐书》引作"不得不撤膳"。

⑲ 不撤则死之：不减膳食便是犯了死罪。《旧唐书》引作"不撤膳则死之"。

⑳ 近者：最近。《旧唐书》作"近日"。

未甚延纳①，谈议不接②，谒见尚稀③。三朝④之后，但⑤与内人⑥独居，何由发挥圣智⑦，使⑧睿哲⑨文明者乎？今史⑩虽阙官⑪，宰当奉职⑫，忝备所司⑬，不敢逃死⑭。谨守⑮礼经⑯，遽⑰申⑱减膳。"其年⑲右史⑳员阙㉑，宰臣拟数人㉒，上㉓曰：

---

① 未甚延纳：不怎么见客人。延纳，又作"延接"，见客。

② 不接：不见。

③ 稀：少。

④ 三朝：朝见皇帝三次。一日三次。

⑤ 但：只。

⑥ 内人：妻妾。

⑦ 何由发挥圣智：怎么能发挥他的聪明才智？

⑧ 使：达到。

⑨ 睿哲：远见卓识，智慧超群。

⑩ 史：史官。

⑪ 阙官：缺员，指史官空缺。

⑫ 宰当奉职：我这膳宰理当奉行职守。

⑬ 忝（tiǎn）备所司：愧任此职。忝，愧。

⑭ 不敢逃死：不敢怕死而不进谏。

⑮ 谨守：严格遵守。

⑯ 礼经：指上面所言《大戴礼》。

⑰ 遽：就。

⑱ 申：陈述。

⑲ 年：当年。

⑳ 右史：官名，史官，同于太史，为记事之史。

㉑ 员（yuán）阙：空缺。

㉒ 拟数人：拟定几人准备推荐做史官。

㉓ 上：指高宗李治。

"文伟嫌我儿不读书,不肯与①肉吃,此人甚正直,可用②为右史。"遂拜③焉。

【0341】又曰④:卢怀慎⑤为黄门监⑥,兼吏部尚书⑦,卧病既久,宋璟⑧、卢从愿⑨常相与访⑩焉。怀慎卧于弊箦单席⑪,门无帘箔⑫,每风雨至,即以席蔽⑬焉。常器重璟⑭及从愿⑮,及见之,甚喜。留连⑯永日⑰。命设食,有蒸豆两瓯⑱,

---

① 与:给(这里指减膳之事)。

② 用:任,提拔。

③ 拜:授给官职。从"上曰"至结尾,《旧唐书》极略。

④ 此节为《旧唐书·卢怀慎列传》佚文。

⑤ 卢怀慎:滑州(今河南滑县东旧滑县)人,历官监察御史、右御史台中丞、黄门监,封渔阳县伯。

⑥ 黄门监:黄门令,掌给事内廷。

⑦ 吏部尚书:吏部在隋唐两代列为六部之首,主管全国官吏的任免、考课、升降、调动等事务,长官为吏部尚书。

⑧ 宋璟(公元663—737年):唐朝大臣。邢州南和(今河北南和)人。官监察御史、吏部尚书等职,后任至宰相。

⑨ 卢从愿:字子龚,临漳人。历官吏部侍郎、豫州刺史、工部侍郎、刑部尚书。

⑩ 访:探望。

⑪ 弊箦(zé)单席:破薄的竹席。箦,竹席。单,薄。

⑫ 帘箔:帘子。

⑬ 蔽:遮蔽(这里指以席当帘)。

⑭ 璟:宋璟。

⑮ 从愿:卢从愿。

⑯ 留连:也作"流连""留恋",即舍不得离开。

⑰ 永日:一整天。

⑱ 瓯:小盆。

菜数俎①而已，此外脩然②无办③。

【0342】又曰④：韦陟⑤性尚奢侈，于馔羞尤为精洁⑥，植⑦谷麦仍以鸟羽择米⑧。每食毕，视厨中委弃⑨，不啻万钱之直⑩。

【0343】又曰⑪：顺宗⑫时，宰臣郑珣瑜⑬、韦执谊⑭方与诸宰相会食⑮于中书⑯。故事⑰丞相⑱方食⑲，百寮⑳无敢通

---

① 俎：盛菜的方形容器，这里作量词"盘"用。

② 脩（xiū）然：《旧唐书逸文》引作"翛（xiāo）然"。翛，无拘无束。

③ 无办：没有准备（食物）。

④ 此节为《旧唐书·韦陟列传》佚文。

⑤ 韦陟：字殷卿，十岁授朝散大夫，累迁礼、吏二部尚书，袭封郇国公。

⑥ 于馔羞尤为精洁：对饮馔尤其讲究。精洁，精美清洁。

⑦ 植：这里通"置"。

⑧ 以鸟羽择米：用鸟的羽毛挑选米粒。

⑨ 委弃：抛弃。委，有抛弃之意。

⑩ 不啻（chì）万钱之直：不下于一万钱的价值（指抛弃的食物）。不啻，不只。直，同"值"。

⑪ 此节为《旧唐书·郑綮瑜列传》佚文，《新唐书》本传略载。

⑫ 顺宗：李诵（公元761—806年），805年在位。当年被迫传位给太子，次年病死。

⑬ 郑珣瑜：人名。

⑭ 韦执谊：京兆人，官尚书左丞、同中书门下平章事。

⑮ 会食：聚餐。

⑯ 中书：中书省，官署名，为秉承君主意旨、掌管机要、发布政令的机构。

⑰ 故事：故时；过去。

⑱ 丞相：指韦执谊。

⑲ 方食：进食之时。

⑳ 百寮：百官。

见①者。王叔文②是日③至中书④,欲与执谊计事⑤。令直省⑥通⑦执谊,直省以旧事⑧告叔文,叔文怒叱直省。直省惧,入白执谊⑨。执谊逡巡⑩惭赧⑪,竟起迎叔文就其閤⑫,语良久⑬。宰相杜佑⑭、高郢⑮、纂瑜皆停箸以待⑯。报者⑰云:

---

① 通见:谒见。

② 王叔文(公元753—806年):唐朝大臣。越州山阴(今浙江绍兴)人。任翰林学士,后贬为渝州司户参军,一年后被杀害。

③ 是日:当天。

④ 中书:指中书省。

⑤ 计事:商计政事。

⑥ 直省:值班人员。

⑦ 通:通报。

⑧ 旧事:旧有的规矩,指吃饭时不见来客。

⑨ 入白执谊:进去告诉了韦执谊。白,下对上告诉,陈述。

⑩ 逡(qūn)巡:有顾虑徘徊或退却。

⑪ 惭赧(nǎn):惭愧。赧,因惭愧而脸红。

⑫ 就其閤(gé):到韦执谊办公的官署。閤,通"阁",指官署。

⑬ 语良久:一起谈了很长时间。

⑭ 杜佑(公元735—812年):唐朝大臣、史学家。京兆万年(今陕西西安)人。拜司徒同平章事,封岐国公。以三十年编《通典》二百卷,成为我国第一部记述制度的专书。

⑮ 高郢:字公楚,卫州(今河南卫辉)人。累官兵部尚书,尚书右仆射。

⑯ 停箸以待:停下筷子等待。

⑰ 报者:通报的人。

"叔文索饭①,韦相公②已与之同食阁中矣。"佑③、郢④等心知其不可畏惧叔文⑤,莫敢出言⑥。綦瑜独叹曰:"吾岂可复处此乎⑦?"顾⑧左右取马径归⑨,遂不起⑩。

【0344】又曰⑪:永泰⑫中,军容使⑬鱼朝恩⑭加⑮内侍⑯,监判国子监⑰事。丁未⑱,诏鱼朝恩赴国子监视事⑲,将

---

① 索饭:要饭吃。

② 韦相公:韦执谊。相公,古时拜相者都封公,故此称丞相为"相公"。

③ 佑:杜佑。

④ 郢:高郢。

⑤ 心知其不可畏惧叔文:明知韦执谊不会害怕王叔文。

⑥ 莫敢出言:没有人敢说话。

⑦ 吾岂可复处此乎:我难道还能继续待在这里吗?

⑧ 顾:示意。

⑨ 径归:径直归家。

⑩ 不起:卧病不起。据《新唐书》本传,郑綦瑜因此而卧家不出,不几天罢为吏部尚书。加上疾病,几个月后即死去。

⑪ 此节选自《旧唐书·鱼朝恩列传》。

⑫ 永泰:为唐代宗李豫在位年号之一,即公元765—766年。

⑬ 军容使:《旧唐书》作"观军容使",官名,全称"观军容宣慰处置使"。唐后期为监视出征将帅的最高军职,以宦官之掌权者充任。

⑭ 鱼朝恩(公元722—770年):唐代宦官。泸州泸川(今四川泸州)人。玄宗末入内侍省,肃宗时为观军容宣慰处置使,后被诛。

⑮ 加:加官,兼职。

⑯ 内侍:官名,以宦者充任。

⑰ 监判国子监:国子监判,官名。国子监,古代教育管理机构和最高学府,简称"国学"。

⑱ 丁未:某日。今《旧唐书》无此二字。

⑲ 视事:办公。

令宰相、大臣及常参①,并六军将军②于国子监送上③,仍令京兆府④造食⑤,出教坊乐⑥以宠⑦之。是日,文武大臣以下子弟二百余人,皆以本官备章服⑧充附学生⑨,列⑩于学馆⑪廊,待诏⑫给钱一万贯⑬充食本⑭,以为附学生⑮厨食之资。朝恩自

---

① 常参:日常赴朝参拜之官。唐文官五品以上,及两省供奉官、监察御史、员外郎、太常博士、日参,为常参官。

② 六军将军:六军统帅。唐指左右龙武军、左右神武军、左右神策军为六军。

③ 送上:陪皇帝去。送,送行,陪着去。上,这里指皇帝。

④ 京兆府:府名。唐代改雍州置,治所在长安万年(今陕西西安)。

⑤ 造食:做饭。

⑥ 教坊乐:官廷乐队,唐代始置左右教坊,历代相因。女乐即隶属教坊。

⑦ 宠:骄纵。

⑧ 以本官备章服:穿上与自己官职相称的礼服。章服,官吏的礼服,有九章、七章、五章、三章之别。

⑨ 充附学生:充当国子监的学生。

⑩ 列:排列。

⑪ 学馆:国子监。

⑫ 待诏:官名。唐玄宗时置翰林待诏,掌关于文词之事。后改为翰林供奉。

⑬ 一万贯:铜钱一千个为一贯。

⑭ 食本:饮食费用。

⑮ 附学生:指上面说的文武大臣二百余人。

是①数诣国学②,从者③常数百人。京兆④率钱⑤以备⑥膳羞,一费或至数十万⑦。

【0345】又曰⑧:杨炎⑨与门下侍郎⑩卢杞⑪同执大政。杞⑫形神诡陋⑬,夙为人所亵⑭。而炎⑮器岸高峻⑯,罕防细

---

① 自是:从此。

② 数诣国学:数次到国学。此句至末不见于今《旧唐书》。

③ 从者:跟随的人。

④ 京兆:京兆府。

⑤ 率钱:开支。

⑥ 备:准备。

⑦ 数十万:数十万贯。

⑧ 此节文字略见于《旧唐书·杨炎列传》。

⑨ 杨炎:字公南(公元727—781年),凤翔天兴(今陕西凤翔)人。唐朝大臣。官至门下侍郎、同中书门下平章事。遭卢杞诬陷,贬谪崖州(今海南三亚东南),被杀。

⑩ 门下侍郎:官名。秦汉时名黄门侍郎,本为君主近侍。唐改称门下侍郎,为门下省长官侍中之副。唐宋多以门下侍郎或中书侍郎同平章事为宰相之称。

⑪ 卢杞:字子良,滑州灵昌(今河南滑县西南)人。唐大臣。与杨炎官职相同。他忌能妒贤,陷害大臣多人,后被贬。

⑫ 杞:卢杞。

⑬ 形神诡陋:为人奸猾狡诈。

⑭ 夙为人所亵:一向不被人敬重。亵,轻慢。

⑮ 炎:杨炎。

⑯ 器岸高峻:胸襟坦荡,风度高雅。

故①。方病②,饮膳无节③,或④为糜飧⑤,别食阁中⑥。每登堂会食⑦,辞不能偶⑧。谗者⑨乘之谓杞⑩曰:"杨公⑪鄙⑫,不欲同食⑬。"杞⑭衔恨⑮之。

【0346】又曰⑯:常衮⑰为相⑱,将⑲固让堂厨⑳,同列㉑

---

① 罕防细故:很少防备小事。细故,小事。

② 方病:正巧身体有了病。

③ 饮膳无节:进食不讲究礼节。节,礼节。

④ 或:有时。

⑤ 糜飧:粥食。

⑥ 别食阁中:在办公的地方自己单独吃饭。

⑦ 登堂会食:到政事堂聚宴。堂,这里指门下省官署,或即政事堂。

⑧ 辞不能偶:推辞说不能作陪。偶,陪伴,指一起参加会食。

⑨ 谗者:喜欢说闲话的人。谗,说别人的坏话。

⑩ 乘之谓杞:乘机对卢杞说。

⑪ 杨公:杨炎。

⑫ 鄙:看不起,轻视。

⑬ 不欲同食:不想在一起吃饭。

⑭ 杞:卢杞。

⑮ 衔恨:怀恨。《御览》无"恨"字,亦通。

⑯ 此节选自《旧唐书·常衮列传》。

⑰ 常衮:唐代宗时累拜门下侍郎,同平章事,封河内郡公。后贬潮州刺史,官终福建观察使。

⑱ 相:宰相。

⑲ 将:准备。

⑳ 固让堂厨:坚持推辞官厨所供膳食,主要指上朝时的午餐。固,坚持。让,辞。堂厨,这里指公厨。

㉑ 同列:同一班列;同等地位。亦指地位相同者。

以为不可而止①，议者②以为厚禄重赐③，所以④优贤⑤崇⑥国政⑦也。不能⑧，当辞位⑨，不宜辞禄食⑩。

---

① 止：停止。指不再提出减膳的动议。

② 议者：议论的人。

③ 厚禄重赐：优厚的俸禄和重重的赏赐。

④ 所以：用于。

⑤ 优贤：优遇贤才。

⑥ 崇：敬。

⑦ 国政：国家事务。

⑧ 不能：无能，没有本事。

⑨ 辞位：辞去职位。

⑩ 不宜辞禄食：不该推辞禄食。禄食，这里指朝廷供给的膳食。

卷第八百四十九

饮食部七

食（下）

【0347】《鬻子》①曰：禹②尝据一馈而七起③，日中不暇饱食④。曰："吾不畏士⑤留道路，吾恐⑥其留吾门庭⑦，四海民⑧不至也。"

【0348】《晏子》⑨曰：晏子⑩相景公⑪，食脱粟之

---

① 《鬻子》：传为商末楚人鬻熊所作，存辑本一卷。

② 禹：夏禹。

③ 据一馈而七起：吃一顿饭站起来七次。馈，吃饭。

④ 日中不暇饱食：一天之中顾不上吃一顿饱饭。不暇，没有空闲，顾不上。

⑤ 士：又作"四海之士"。

⑥ 恐：恐怕。

⑦ 门庭：住所。此节本记夏禹设法纳谏，频频接待来访者，但并不望其成为食客。

⑧ 四海民：四方人民。四海，《尔雅·释地》云："九夷、八狄、七戎、六蛮，谓之四海。"指中原以外的古代少数民族居住的地方。

⑨ 《晏子》：《晏子春秋》，八卷。作者无考。此节出自卷六。

⑩ 晏子：晏婴。

⑪ 相景公：任齐景公相。相，辅助君主掌管国事的最高官吏，后称宰相、丞相、相国。景公，齐景公，名姜杵臼，春秋时齐国国君，公元前547—前490年在位。

饭①，炙②三弋③五卵菜④耳。公⑤曰："嘻⑥！夫子家⑦如此甚贫乎，而寡人之罪⑧！"对曰："脱粟之食饱⑨，士之一足也⑩；炙三弋，士之二足也；菜五卵⑪，士之三足也。婴⑫无倍人之行⑬，而有三士之食⑭，君⑮之赐⑯厚矣！婴之家不贫⑰。"再拜而辞⑱。

---

① 脱粟之饭：用脱过壳的小米做的饭。

② 炙：烤。

③ 三弋：三种鸟。

④ 五卵菜：又作"五卵苔菜"，卵或为"茆"。

⑤ 公：指齐景公。

⑥ 嘻：叹词，表示惊奇、轻蔑等。

⑦ 夫子家：指晏子之家。

⑧ 罪：指不体察之罪。今本《晏子》还有"寡人不知"一语。

⑨ 脱粟之食饱：能吃饱这脱粟的饭。

⑩ 士之一足也：今本又作"士之一乞也"。乞，求。下文二足、三足均又作"乞"。

⑪ 菜五卵：食五卵菜。

⑫ 婴：晏婴。

⑬ 无倍人之行：没有超人的举动。倍人，倍于人，指超过常人。

⑭ 三士之食：三个人吃的东西。

⑮ 君：齐景公。

⑯ 赐：恩赐。

⑰ 婴之家不贫：我晏婴家并不算贫困。

⑱ 辞：谢。

【0349】又曰①：晏子相齐②三年，政平民悦③。中食④而肉不足。景公⑤曰："封⑥晏子以都⑦。"晏子辞不受。

【0350】又曰⑧：寡妇树兰⑨，生而不芳⑩。继子得食⑪，肥而不泽⑫。

【0351】《墨子》⑬曰：圣王⑭制饮食⑮，足以充虚

---

① 此节选自《晏子春秋·卷六》。
② 相齐：为齐国相。
③ 政平民悦：政治安定，民心欢悦。平，安定；太平。
④ 中食：饮食。或指中餐。
⑤ 景公：齐景公。
⑥ 封：帝王授予臣子土地或封号。
⑦ 都：大城市。
⑧ 此节出自《晏子春秋》何卷不详。
⑨ 树兰：种植兰花。树，种植。
⑩ 生而不芳：兰花即便活了也不会芬芳。
⑪ 继子得食：继子吃饱了食物。继子，指过房之子，非亲生之子。
⑫ 肥而不泽：即便长得肥壮也不会有神采。泽，流风余韵。
⑬ 《墨子》：战国时墨家学派的著作总集，现存五十三篇。此节选自《墨子·节用中》。
⑭ 圣王：圣明的帝王。这里指传说中的上古帝王尧、舜、禹等。
⑮ 制饮食：今《墨子》作"制饮食之法"。

继气①，强股肱②，使耳目聪明③。不极五味之调④、芬香之和⑤，不致远国珍怪异物⑥矣。

【0352】又曰⑦：不可衣短褐⑧，不可食糟糠⑨。饮食不美⑩，面目颜色不足视⑪也；衣服不美，身体从容不足观⑫也。是以食必粱肉⑬，衣必文绣⑭。

---

① 充虚继气：解除饥饿，保持元气。充虚，充饥。气，指人的元气或精神状态。

② 强股肱：增强人的肌体的力量。股肱，大腿和胳膊，代指人的体魄。这个词还用于比喻左右得力的帮手。

③ 耳目聪明：耳聪目明。聪，指听觉灵敏。

④ 不极五味之调：不过分追求饮馔的味道。五味，甘、酸、辛、苦、咸。调，调和食味。

⑤ 芬香之和：《御览》脱"香"字。和，调和。

⑥ 不致远国珍怪异物：不一味追求得到远方国家的珍异之物。致，取得；引来。

⑦ 此节选自《墨子·非乐上》。

⑧ 衣短褐：穿平民的衣服。短褐，贫者之衣。

⑨ 糟糠：酒糟和糠皮，指粗劣的食物。

⑩ 美：精美。

⑪ 面目颜色不足视：人的脸色不中看，指没有生气。

⑫ 身体从容不足观：人的形体丑陋猥琐，不值一看。从容，当同"纵容"；放纵。

⑬ 食必粱肉：吃就要吃好的。粱肉，粮食与肉类。

⑭ 衣必文绣：穿戴也必是上好的。文绣，绣有图案花纹的衣服。读者注意，这里节引的是指责齐康公为欣赏万人之乐，要求乐者吃好穿好的话，并非墨子主张如此。

【0353】《庄子》①曰：巧者劳②而智者③忧④，无能⑤而无所求⑥。饱食⑦而遨游⑧，泛若不系之舟⑨。

【0354】又曰⑩：秋禽⑪之肥⑫，易牙⑬和⑭之，非不美⑮也。彭祖⑯以为伤寿⑰，故不食之。

【0355】又曰⑱：廉者⑲不食不义之食⑳，不噉㉑不义之

---

① 《庄子》：又称《南华经》，道家经典之一。今本经晋人郭象编定，共三十三篇。本节选自《庄子·列御寇》。

② 巧者劳：巧者指有各种技艺的人。劳，劳作。

③ 智者：有学问的人。

④ 忧：这里是思考的意思。

⑤ 无能：指没什么本领的人。

⑥ 无所求：没什么想往、追求。

⑦ 饱食：指饮食充足的人。

⑧ 遨游：到处游历。

⑨ 泛若不系之舟：如同乘着一条没有绳牵的船。不系，没有系绳。

⑩ 此节出自《庄子》何篇不祥。

⑪ 秋禽：秋天的禽鸟。

⑫ 肥：肥壮。

⑬ 易牙：春秋时齐桓权的嬖（bì）臣，一作狄牙，即雍巫，擅长调味。

⑭ 和：烹调。

⑮ 非不美：并不能说不好吃。

⑯ 彭祖：传说人物，为尧之臣，年八百岁。

⑰ 伤寿：对寿命不利。

⑱ 此节出自《庄子》何篇不祥。

⑲ 廉者：不贪心而谦洁的人。

⑳ 不义之食：来路不正的食物。

㉑ 噉：吃，喝。

水①。

【0356】又曰②：孔子病，子贡③出卜④。孔子曰："汝待⑤也。吾坐席不敢先⑥，居处若齐⑦，食饮若祭⑧，吾卜之久矣⑨。"

【0357】《慎子》⑩曰：小人食于力⑪，君子食于道⑫。

【0358】又曰⑬：饮过度者生水⑭，食过度者生贪⑮。

---

① 水：饮料。

② 此节出自《庄子》何篇不祥，以上几节可能均为今《庄子》佚文。

③ 子贡：端木赐（公元前520—？年），春秋末卫国人。孔子的得意门人，利口巧辞，以言语见称。曾仕于卫、鲁，游说齐、吴等国，闻名诸侯。

④ 出卜：出去占卜，问病之吉凶。

⑤ 待：等。这里的意思是叫子贡不必去占卜了。

⑥ 坐席不敢先：不敢坐在前辈的位置上。先，指上代人。

⑦ 居处若齐：平日起居如做斋戒。齐，同斋。

⑧ 食饮若祭：每次饮食都要行祭。食饮时的祭先之礼。

⑨ 卜之久矣：早就卜过了。

⑩ 《慎子》：周慎到撰，存一卷。此节为《慎子》佚文。

⑪ 小人食于力：一般大众凭自己的体力吃饭。小人，古时对被统治阶级的称呼。

⑫ 君子食于道：做官的人凭统治人的本事吃饭。君子，古称贵族和做官的人，即统治者。

⑬ 此节亦为《慎子》佚文。

⑭ 饮过度者生水：饮水过多的人会患水肿。

⑮ 贪：贪心，贪得无厌。

【0359】《燕丹子》①曰：太子②常与荆轲③同案而食④，同床而寝⑤。

【0360】《公孙尼子》⑥曰：食甘者益于肉⑦，而骨不利⑧也。

【0361】又曰⑨：太古之人⑩，饮露⑪，食草木之实⑫。圣人⑬为火食⑭，号燧人⑮，饮食⑯以通血气⑰。

---

① 《燕丹子》：存三卷，清孙星衍校辑。

② 太子：燕太子丹（？—公元前226年），战国末燕王喜太子。派荆轲刺秦王事败后，被燕王喜斩首献秦。

③ 荆轲（？—公元前227年）：战国末卫国人。入燕拜上卿。被太子丹派遣，借献地图趁机行刺秦王嬴政，未遂被杀。

④ 同案而食：在一个食案上吃饭。

⑤ 同床而寝：在一张床上睡觉。喻亲密无间。

⑥ 《公孙尼子》：周公孙尼撰，佚。清人有辑本一卷。

⑦ 食甘者益于肉：吃得好的人容易长肉。这里的肉主要是指脂肪。

⑧ 骨不利：对骨骼的发育没有好处。

⑨ 此节出自《公孙尼子》。

⑩ 太古之人：远古时的人。

⑪ 饮露：以露水为饮料。

⑫ 实：果实。

⑬ 圣人：古时称能人，这里指燧人氏。

⑭ 为火食：发明用火熟食。

⑮ 燧人：神话传说人物，一称燧皇。史称远古人工取火的倡导者，发明钻木取火，烤烧食物。

⑯ 饮食：特指熟食。

⑰ 通血气：血脉通畅。

【0362】《阙子》①曰：义渠②之人，烹鼋③鳖不熟，臊秽腥臭④。中国⑤之民，虽饥饿三日不启口⑥，至死弗食⑦也。吴章庄吉⑧受而和⑨之，病人食之，为之轻体⑩；万乘⑪炊之，为之解怒⑫。故鼋鳖至腥臊不可加⑬，然而病人⑭为之轻体，万乘为之解怒，何⑮也？吴章庄吉之调⑯存⑰也。

【0363】《韩子》曰⑱：尧⑲之王天下⑳也，粝㉑粢之

① 《阙子》：周阙子撰，佚。清马国翰辑一卷。

② 义渠：古代民族名，为西戎之一，分布于陕甘接壤的地带，春秋时自称为王，有城廓。

③ 鼋（yuán）：大鳖。

④ 臊秽腥臭：味道极不好。

⑤ 中国：中原及发达地区。

⑥ 启口：张口，开口。

⑦ 至死弗食：饿死也不会吃。

⑧ 吴章庄吉：吴章和庄吉，指古时两个善于烹调之术的人，可能为传说人物。

⑨ 和：指烹调。

⑩ 轻体：身体轻松，指病情好转。

⑪ 万乘：天子、帝王的代称。周制，天子地方千里，出兵车万乘，因谓天子为万乘。

⑫ 解怒：怒气随之消散。

⑬ 至腥臊不可加：再没有比这更腥臊的了。

⑭ 病人：《御览》作"病之"。

⑮ 何：什么原因。

⑯ 调：烹调。

⑰ 存：存养，存心养性也。

⑱ 此节选自《韩非子·五蠹（dù）》。

⑲ 尧：传说上古时代的帝王之一。

⑳ 王天下：统治天下。王，读"旺"，指称王。

㉑ 粝（lì）粢（zī）：粗糙的粮、米。

食，藜藿之羹①。虽监门之养②，不厌于此③矣！

【0364】又曰④：吴起⑤出⑥，遇故人⑦而止之食⑧，故人有他故⑨，期反而食⑩。至暮不来⑪，起不食而待之⑫。明日使人求得⑬，乃与之食⑭。

【0365】又曰⑮：孙叔敖⑯相楚⑰，粝饭菜羹⑱、枯鱼⑲

---

① 藜藿之羹：以野菜为羹。藜，本指灰条菜，嫩茎叶可作蔬菜。藿，本指豆类作物的叶子。

② 监门之养：今本作"监门之服养"。监门之养，指守门小吏的生活，言其淡泊俭素。

③ 不厌于此：即便这些东西也不能吃饱。厌，饱。

④ 此节选自《韩非子·外储说左上》。

⑤ 吴起（？—公元前381年）：战国时军事家，卫国左氏（今山东曹县北）人。先后在鲁、魏、楚供职，在楚官至令尹（职同于相）。后楚宗室大臣作乱，他避入王宫，被乱箭射死。

⑥ 出：外出，出行。

⑦ 故人：旧相识，老朋友。

⑧ 止之食：留故人吃饭。止，留。

⑨ 他故：别的事，其他原因。

⑩ 期反而食：约定事完后再回来一起吃饭。期，约定；约。反，同"返"。

⑪ 至暮不来：到天黑时故人还没回来。

⑫ 起不食而待之：吴起自己也不吃，等着故人回来。

⑬ 使人求得：派人寻找到故人。求，寻找。

⑭ 与之食：同故人一起进食。

⑮ 此节选自《韩非子·外储说左下》。

⑯ 孙叔敖：蒍（wěi）敖，春秋时楚国令尹。字孙叔，一字艾猎，期思（今河南淮滨东南）人。自奉极俭。楚国能代晋国称霸，他起了很大作用。

⑰ 相楚：为楚国相。楚相称为"令尹"。

⑱ 粝饭菜羹：指吃粗饭素菜。粝，粗糙的米。

⑲ 枯鱼：干鱼。

之膳。

【0366】又曰①：管仲②束缚③，自鲁之齐④。路饥而泣⑤，过绮邑⑥乞食⑦。封人⑧跪飨之⑨，因窃⑩谓仲⑪曰："若用齐⑫，将何报我⑬？"曰："如子⑭之言，我且贤之用⑮、能之使⑯，我何报子⑰？"封人怨⑱之。

---

① 此节亦选自《韩非子·外储说左下》。

② 管仲：管夷吾（？—公元前645年），春秋初年政治家。颍上（今安徽颍上人）。齐桓公任他为上卿，执政四十余年，使齐桓公成为春秋时期的第一个霸主。今存《管子》七十六篇，多系伪托。

③ 束缚：自己把自己捆起来。管仲先助公子纠与公子小白（即齐桓公）争位，失败后经鲍叔牙推荐又去辅佐齐桓公，于是束缚以谢罪。

④ 自鲁之齐：从鲁国到达齐国。

⑤ 路饥而泣：在路途中因饥饿而哭。泣，又作"渴"。

⑥ 过绮邑：经过绮邑。绮邑，地名。

⑦ 乞食：讨饭吃。

⑧ 封人：官名，封疆守官。

⑨ 跪飨之：跪着奉食给管仲。

⑩ 窃：悄悄地。

⑪ 仲：管仲。

⑫ 若用齐：如果在齐国得到重用。

⑬ 将何报我：准备怎样报答我？

⑭ 子：您，古时对男子的尊称。

⑮ 我且贤之用：我将因贤能而受重用。且，将，将要。

⑯ 能之使：有才能而被使用。

⑰ 我何报子：我为什么要报答您呢？报，报答。

⑱ 怨：憎恨。

【0367】又曰①：季孙②相鲁③，子路④为都令⑤，鲁以五月起众⑥为长沟⑦。当此时，子路以其私秩粟⑧为浆饮⑨，要⑩沟者⑪于五衢⑫而飧之。孔子闻之⑬，使⑭子贡⑮往⑯覆其饮⑰，击毁其器⑱，曰："鲁君有民⑲，子奚为乃飧之⑳？"子

---

① 此节选自《韩非子·外储说右上》。

② 季孙：春秋鲁大夫，名肥，即季康子，卒谥为康。

③ 相鲁：为鲁国相。

④ 子路：仲由（公元前542—前480年），春秋末鲁国卞（今山东泗水东）人。孔子的得意门人，以政事见称。先在鲁任职，后在卫为卫大夫孔悝家宰，在内讧中被杀。

⑤ 为都令：担任一城之长官。今《韩非子》都又作"郈（hòu）"，郈为鲁叔孙氏邑，在今山东东平东南。

⑥ 起众：发动很多人。

⑦ 长沟：长渠。

⑧ 私秩粟：个人的俸禄。秩，官吏的俸禄。古代官俸以粮食计算，故有秩粟之称。

⑨ 浆饮：又作"浆饭"，指饮料和饭食。

⑩ 要：邀请。

⑪ 沟者：掘长沟的人。

⑫ 五衢（qú）：又作"五父之衢"，地名，在今山东曲阜东南。

⑬ 闻之：听说此事。

⑭ 使：派。

⑮ 子贡：端木赐，孔子的得意门人。

⑯ 往：前去。

⑰ 覆其饮：将子路准备的饮料倒掉。饮，又作"饭"。

⑱ 击毁其器：把盛浆饭的器皿打碎。

⑲ 鲁君有民：鲁君占有着人民，即这些民众是鲁君的。鲁君，鲁国君主。有，占有。

⑳ 子奚为乃飧之：你凭什么去送饭给他们吃？奚，为何。

路怒，攘肱①而入，请②曰："夫子③疾由之为仁义乎④？所学于夫子者⑤，仁义也。仁义者，与天下共而同其利者⑥也。今以由⑦之秩粟而飧民，其不可⑧也，何也⑨？"孔子曰："由之野也⑩！吾以女知之⑪，女徒未及⑫也，女故如是⑬之不知礼也！女之飧之⑭，为爱之⑮也。夫礼⑯，天子爱天下⑰，诸

---

① 攘肱（gōng）：挽起胳膊。肱，手臂。

② 请：谒见，拜见。子路气呼呼地去见孔子。

③ 夫子：学生称老师。这里是称孔子。

④ 疾由之为仁义乎：厌恶我子路所做的这件仁义之事吗？疾，厌恶，憎恨。由，子路名仲由。

⑤ 所学于夫子者：跟老师所学到的东西。

⑥ 共而同其利者：今本又作"共其所有而同其利者"。

⑦ 由：子路以名自称。

⑧ 其不可：这样做不行。

⑨ 何也：是何道理？

⑩ 由之野也：子路你太放肆了。野，野蛮，不驯顺。

⑪ 吾以女知之：我以为你真懂得其中的道理。女，通"汝"。

⑫ 女徒未及：你们这帮学生都还没弄懂。徒，门徒，或指同一类的人。

⑬ 如是：如此。

⑭ 女之飧之：你之所以送食物给他们吃。

⑮ 为爱之：为表示爱他们。

⑯ 夫礼：按礼仪的规定。夫，语气词，放在句首，表示将发议论。

⑰ 天子爱天下：天子爱普天下的人民。天子，周王朝最高统治者。天下，指全国。

侯①爱境内②，大夫爱官职③，士爱其家④。过其所爱⑤，曰'侵⑥'。今鲁君有民而子擅爱之⑦，是子侵也⑧，不亦诬乎⑨？"言未毕⑩，季孙使者至，让⑪曰："肥⑫也。起民而使⑬之，先生⑭令弟子从役止而飨之⑮，将夺肥民耶⑯？"孔子驾而去鲁⑰。

【0368】又曰⑱：凡人⑲上不属天⑳，下而不着地㉑，以

① 诸侯：汉初及以前指由帝王分封并受帝王统辖的列国国君。
② 境内：封国之内。
③ 大夫爱官职：大夫爱自己职位所属的人。大夫，泛指官吏。
④ 士爱其家：士爱自己的家人。士，这里指奴隶主贵族中最低的一级。
⑤ 过其所爱：超过了所爱的范围。
⑥ 侵：侵夺。指夺人之所爱。
⑦ 子擅爱之：你自作主张去表示爱抚他们。擅，擅自。
⑧ 是子侵也：这样你就是夺人之爱。
⑨ 不亦诬乎：是不是冤枉你了呢？不亦，用于反问句，表示委婉语气。
⑩ 言未毕：话音未落。
⑪ 让：责备，责怪。
⑫ 肥：季孙，名肥。
⑬ 使：使用。
⑭ 先生：使者称孔子。
⑮ 从役止而飨之：今本又作"徒役而飨之"。徒役，为"弟子"之意。
⑯ 将夺肥民耶：要争夺季孙的人吗？
⑰ 驾而去鲁：坐着车离开了鲁国。去，离。
⑱ 此节选自《韩非子·解老》。
⑲ 凡人：平常一般的人。
⑳ 上不属天：上面没挨着天。属，连接。
㉑ 下而不着地：下面的足也没生长在土地里。

筋骨为根本①，不食而不能活，是以不免于欲利之心②。欲利之心不除③，其身之忧④也。故圣人衣可⑤犯寒⑥，食足以充虚⑦，则不忧⑧矣。

【0369】又曰⑨：婴儿共戏⑩，以尘为饭⑪，以涂为黍⑫，以木为胾⑬。薄暮⑭必资饮食⑮者，尘不可食也。

【0370】又曰⑯：饿岁之春⑰，从弟不饷⑱。穰岁之

---

① 以筋骨为根本：今本又作"以肠胃为根本"。根本，事物的根源或最重要的部分。

② 是以不免于欲利之心：所以免不了有追求利益的欲望。欲利，贪图好处。

③ 除：去掉。

④ 其身之忧：是身体的一个祸害。忧，病害。

⑤ 可：又作"足以"。

⑥ 犯寒：抵御寒冷。

⑦ 充虚：充饥。

⑧ 不忧：无忧。

⑨ 此节选自《韩非子·外储说左上》。

⑩ 共戏：一同游戏玩耍。

⑪ 以尘为饭：用泥土作饭。

⑫ 以涂为黍：用泥作黍子。黍子碾米为黄黏米。

⑬ 以木为胾：用木块作肉块。

⑭ 薄暮：傍晚。又作"日晚"。

⑮ 必资饮食：必须供给真的饮食。资，供给。

⑯ 此节选自《韩非子·王蠹》。

⑰ 饿岁之春：饥荒之年的春季。指青黄不接时。

⑱ 从弟不饷：即便是堂弟也不给东西吃。从弟，堂弟，今本又作"幼弟"。饷，送饭。

秋①，疏客必食②。非疏骨肉③，少多之心异④也。

【0371】《孟子》曰⑤：饥者甘食⑥，渴者甘饮⑦，是未得饮食之正⑧也，饥渴害之⑨也。岂唯口腹为有饥渴之害⑩，人心亦皆有害⑪也。

【0372】《孙子》⑫曰：铄金洪炉⑬，盗隶不探⑭。鸩肉⑮在俎，饿徒不食⑯。

---

① 穰（ráng）岁之秋：丰年的秋天。穰，五谷丰登。

② 疏客必食：对疏远的客人也会供给食物。

③ 非疏骨肉：并不是有意疏远骨肉之亲。疏，疏远。今本作"非疏骨肉爱过客也"。

④ 少多之心异：是因为食物的多少而使人的心理发生了变化，今本又作"少多之实异也"。

⑤ 此节选自《孟子·尽心上》。

⑥ 饥者甘食：饥饿的人会觉得食物特别香甜。甘，味美。

⑦ 渴者甘饮：干渴的人饮水会感到特别甘甜。

⑧ 未得饮食之正：并没有获得饮食的本来的味道。

⑨ 饥渴害之：因为受了饥渴侵害的缘故。

⑩ 岂唯口腹为有饥渴之害：人的口腹会受到饥渴的危害。《御览》此句脱"口"字。

⑪ 人心亦皆有害：人的心也会受到类似的危害。言人有时难以认清事物的本质。《御览》"害"字前衍一"口"字。

⑫ 《孙子》：又称《孙子兵法》《孙武兵法》。中国现存最早的兵书，春秋末吴国孙武作，今存十三篇。本书总结了春秋末期及其以前的作战经验，历来被称为"兵经"。

⑬ 铄金洪炉：黄金熔化在洪炉里。铄，熔化。金，古时也泛指一般金属，多指铜。

⑭ 盗隶不探：盗贼不会去偷取。探，取；掏。

⑮ 鸩肉：有毒的肉。鸩，传说中一种有毒的鸟，喜欢吃蛇，羽毛为紫绿色，放在酒中能毒死人。

⑯ 饿徒不食：饿人也不会去吃它。

【0373】《淮南子》①曰：煎熬焚炙②，调齐和之适③，以穷④荆吴⑤甘酸之变⑥。

【0374】《符子》⑦曰：颜子⑧有疾⑨，三日不食。问之，曰："吾师⑩也，食非丹不餐⑪，茹非芝不食⑫，故七百岁⑬。子⑭何不吮瑶以延生⑮，咀蕊以养龄⑯也？"

---

① 《淮南子》：又称《淮南鸿烈》，西汉淮南王刘安及其门客编著。书中以道家思想为主，糅合了儒、法、阴阳五行等家思想，被认为是杂家著作。此节选自《淮南子·本经训》。

② 煎熬焚炙：分别指四种不同的烹饪方法。煎，用少量的油干烧食物。熬，长时间地煮。焚，用火灼食物。炙，烤食物。

③ 调齐和之适：调和各味恰到好处。适，恰好；适宜。

④ 穷：穷尽。

⑤ 荆吴：楚国和吴国故地，即今长江中下游地区。

⑥ 甘酸之变：指五味的变换，即调和五味。

⑦ 《符子》：汉代符子撰，佚。明人有辑本。

⑧ 颜子：人名，似非指颜回。

⑨ 疾：病。

⑩ 师：彭祖。

⑪ 食非丹不餐：进食不是仙丹就不吃。丹，古代方士用丹砂、汞炼制的所谓长生不老药。

⑫ 茹非芝不食：蔬菜不是灵芝就不吃。茹，蔬菜的总称。芝，灵芝草，一种菌类植物。

⑬ 七百岁：彭祖七百岁，一说八百岁。

⑭ 子：你。

⑮ 何不吮瑶以延生：为何不噆玉延长生命。吮，噆。瑶，美玉。延生，延年。

⑯ 咀蕊以养龄：咀嚼花芯用以延年。蕊，花之芯。

【0375】《礼含文嘉》①曰：燧人②始钻火③，炮生为熟④，使人无腹疾⑤。

【0376】《山海经》曰⑥：有参青马⑦，为西王母⑧取食。

【0377】《吕氏春秋》⑨曰：有娀氏⑩有二佚女⑪，为之九成之台⑫（成，犹重也），饮食必以鼓⑬。

【0378】又曰⑭：汤⑮得伊尹⑯，设朝见之⑰，说汤以

---

① 《礼含文嘉》：魏宋均注，明清均有辑本。

② 燧人：燧人氏，神话传说中人工取火的发明者。

③ 钻火：钻木取火。指人工取火，它标志着人类在劳动发展史上已从利用自然进到支配自然的阶段。

④ 炮生为熟：变生食为熟食。炮，烘；烤。

⑤ 腹疾：肠胃类疾病。

⑥ 此节选自《山海经·西山经》注。引文有误。

⑦ 参青马：神马名。原文作"三危之山三青鸟居之"，注"三青岛主为西王母取食者"。

⑧ 西王母：我国古代神话中的女神。传说住在昆仑山的瑶池，又称瑶池金母，也称王母娘娘。

⑨ 《吕氏春秋》：秦吕不韦宾客撰集，今本凡二十六卷。

⑩ 有娀（sōng）氏：《御览》作"有城氏"，误。有娀为古国名。

⑪ 二佚女：指有娀氏长女简狄及其妹。简狄为帝喾（kù）的次妃，生契，契是商部族的始祖。

⑫ 九成之台：九重高台。成，重叠。

⑬ 鼓：弹奏、敲击乐器。饮食时必得奏乐侑（yòu，在宴席旁助兴，劝人吃喝）食。

⑭ 此节选自《吕氏春秋·本味》。

⑮ 汤：商朝建立者。原名履、天乙，子姓。灭夏后又称武汤、成汤。先后经十一战而灭夏。

⑯ 伊尹：商汤辅佐。当媵臣时，受汤赏识，予以重用。后佐商灭夏，综理国事，连保商初三朝，被称为阿衡。传说因获罪于太甲，后被太甲所杀。

⑰ 设朝见之：设朝仪见他以示隆重。

至味①。汤曰："可得为之②乎？"对曰："君之国小③，不足以具之④。为天子⑤，然后可具⑥。三郡之虫⑦，水居者腥⑧，肉攫者臊⑨，草食者膻⑩。臭恶犹美⑪，皆有所以⑫。凡味之本⑬，水最为始⑭。五味⑮、三材⑯九沸⑰、九变⑱，火为

---

① 说汤以至味：给商汤谈美味。至味，最美之味。

② 可得为之：可以为我烹制这样的美味吗？

③ 君之国小：你现在的国家太小。指未灭夏前。

④ 不足以具之：还备办不了这样的美味。具，备办。

⑤ 为天子：当天子以后。指统一疆域以后。

⑥ 具：准备饭食或酒席。

⑦ 三郡之虫：又作"三群之虫"，指水里的、肉食的和草食的三类动物。虫，动物的通称。

⑧ 水居者腥：在水里的活物味腥。水居者，鱼类。

⑨ 肉攫（jué）者臊：吃肉的动物味臊。臊，腥臭味。

⑩ 草食者膻（shān）：吃草的动物味膻。膻，通"膻"，羊肉一类的气味。

⑪ 臭恶犹美：本味虽腥臭，却还能成为美味。

⑫ 皆有所以：各有所用。

⑬ 味之本：味道的本源。本，根本；基础。

⑭ 水最为始：水是最根本的。始，初。

⑮ 五味：甘（甜）、酸、苦、辛（辣）、咸。

⑯ 三材：指水、木、火。

⑰ 九沸：指反复烹煮。九，表示多次，非限九之数。

⑱ 九变：由九沸带来九变，指味道不断地改善变美。

之纪①。时疾时徐②，减腥去臊除膻③。鼎中之变④，精妙微纤⑤，口不能言⑥，志不能论⑦。若射御之微⑧、阴阳之化⑨、四时之数⑩，故久而不弊⑪。"

【0379】又曰⑫：赵襄子⑬攻翟⑭胜，左人⑮、中人⑯使者来谒⑰之（下⑱左人、中人城也）。襄子方食⑲抟饭⑳，有忧

---

① 火为之纪：由火候来决定。纪，治理；管理。

② 时疾时徐：时快时慢。《御览》作"时其疾徐"。

③ 减腥去臊除膻：意为用火可减除肉食的各种恶臭味。

④ 鼎中之变：烹饪的奥妙。鼎，烹煮用的三足器物。

⑤ 精妙微纤：精妙之处细微莫测。微纤，细小。

⑥ 口不能言：口中言语形容不了。

⑦ 志不能论：文字无法表述。志，记述。

⑧ 若射御之微：就好似射箭御马之术，十分微妙。

⑨ 阴阳之化：阴阳变化生万物。古代朴素唯物主义思想家把在矛盾运动中的万事万物概括为阴、阳两个对立的范畴，以阴阳的交错变化来阐述物质世界的运动和发展。

⑩ 四时之数：言万物春生、夏长、秋收、冬藏。四时，四季。

⑪ 弊：坏。此句后《吕氏春秋》还有"熟而不烂"等句。

⑫ 此节选自《吕氏春秋·慎大览》。

⑬ 赵襄子：赵无邮（？—公元前425年），春秋末晋国正卿。

⑭ 翟：又写作"狄"，古代民族名。春秋前，长期活动于齐、鲁、晋、卫、宋、邢等国之间，后分为赤狄、白狄、长狄三部，通称北狄。

⑮ 左人：古城名，在今河北唐县西北。

⑯ 中人：古城名，在今河北唐县西南。

⑰ 谒（yè）：拜见；请见。

⑱ 下：攻下。

⑲ 方食：正在吃饭。

⑳ 抟（tuán）饭：饭团。抟，通"团"，圆之意。

色①。左右②曰："一朝③而下两城，此人之所喜④。今君有忧色⑤，何也⑥？"襄子曰："江河之大⑦，也不过三日⑧。焱风⑨暴雨，日中不须臾⑩。今赵氏⑪之德行⑫，无所于积⑬，一朝而下两城，亡其及我乎⑭！"

【0380】《白虎通》⑮曰：王者四食何⑯？明有四方之物⑰，食四时之功⑱也。四方不平⑲，四时不顺⑳，有撤膳

---

① 忧色：忧虑的表情。

② 左右：近侍。

③ 一朝：一天；一日。

④ 此人之所喜：有这样的胜利，人人都会感到高兴。

⑤ 今君有忧色：现在您却表现出忧虑的神色。指赵襄子并没因胜利感到高兴。

⑥ 何也：为什么呢？问赵襄子为何不高兴。

⑦ 江河之大：说江河在汛期涨水时的情形。

⑧ 不过三日：江河洪水经三天便可退下去。

⑨ 焱风：热风，指夏日的风。焱，又作"飘"，飘风即大风、旋风。

⑩ 日中不须臾：一日之中顷刻即过。须臾，一会儿；片刻。

⑪ 赵氏：赵氏宗族。后与韩、魏三家分晋，建立赵国。

⑫ 德行：道德和品行。

⑬ 无所于积：一点也不积德。《御览》脱"于"字。

⑭ 亡其及我乎：就像两城被攻下一样，我赵氏也会被灭亡的呀！

⑮ 《白虎通》：又称《白虎通义》，东汉班固撰。今存四十三篇。此节选自《白虎通义·礼乐》。

⑯ 王者四食何：帝王为何一日分四次进食？

⑰ 四方之物：四方的物产（指食物）。

⑱ 四时之功：四季之物，各有异功，即所谓春生、夏长、秋收、冬藏。

⑲ 四方不平：四方中如有动乱。不平，不太平，指有战事等。

⑳ 四时不顺：四季中有天灾变异。顺，风调雨顺之意。《御览》四时误作"四方"。

之法①焉。所以明至尊②著③法戒④也。王者居中央⑤，制御⑥四方。平旦食⑦，少阳之始⑧也，昼食时，大阳⑨之始；哺时食⑩，少阴之始⑪，暮食⑫时，大阴⑬之如。

【0381】《说文》⑭曰：饔⑮，膳熟食也。餱⑯，干食也。籑⑰，具食⑱也（籑，士眷切）。飨⑲，中食⑳也（飨，

---

① 有撤膳之法：有减食的规定。有了事变，食物不能像以往一样丰盛。撤，除。这里有减损之意。

② 至尊：帝王，最高贵者。

③ 著：明。

④ 法戒：礼法。

⑤ 居中央：指王都之城居国土之中部。

⑥ 制御：统治。

⑦ 平旦食：早餐。平旦，拂晓之时。

⑧ 少阳之始：太阳初升。少阳，又有东方之意。

⑨ 大阳：太阳。此句《御览》脱"昼"字。

⑩ 哺时食：晚餐。哺时，申时，即现在的下午三时至五时。

⑪ 少阴之始：月亮初见。

⑫ 暮食：夜宵。《御览》脱"暮"字。

⑬ 大阴：又称太阴，指月亮。

⑭ 《说文》：东汉许慎的《说文解字》。

⑮ 饔（yōng）：熟食，又指早餐。

⑯ 餱（hóu）：又作"糇"，干粮。

⑰ 籑（zhuàn）：饭食。同"馔"。

⑱ 具食：备办饭食。

⑲ 飨（xiàng）：《说文》本释"昼食"，即午餐。

⑳ 中食：午餐。

貳文切）。餔①，日加申时食②也。饛③，盛器满貌（饛，音蒙）。餬④，寄食⑤也。飫⑥，饜食⑦也。餞⑧，送去食也。饪⑨，火熟⑩也。

【0382】《释名》⑪曰：食，殖⑫也，所以自生殖⑬也。

【0383】《盐铁论》⑭曰：古者⑮燔黍⑯而食，捭豚相

---

① 餔（bǔ）：下午晚宴前的加食。
② 申时食：晚餐。
③ 饛（méng）：食物装得满满的样子。
④ 餬（hú）：今通作"糊"。以粥糊口，借指靠别人生活。
⑤ 寄食：寄人门下食之。
⑥ 飫（yù）：饱。
⑦ 饜（yàn）食：饱食。饜，同"厌"，饱。
⑧ 餞：用酒食送行。
⑨ 饪：煮熟食物。
⑩ 火熟：用火煮熟食物。
⑪ 《释名》：汉刘熙撰，八卷。以同声相谐，推论称名辨物之意。别本题作《逸雅》。
⑫ 殖：生长；繁殖。
⑬ 生殖：生物延续种族和后代的现象。这里指人的自身繁衍须由食而来。
⑭ 《盐铁论》：汉桓宽编，共十卷七十篇。系根据西汉昭帝时桑弘羊与贤良文学争论的记录整理而成。此节选自《盐铁论·散不足》。
⑮ 古者：远古时代的人。
⑯ 燔黍：烤黍，指最早熟食谷类时的情形。

享①，宾婚相召②，豆羹白饭③。今则燔炙满案④，臑豚⑤、包鳖⑥、脍鲤⑦。

【0384】《说苑》曰⑧：晏子所与同衣食者百人⑨，而天下之士⑩至⑪也。

【0385】又曰⑫：晏子侍⑬，景公曰："朝寒⑭，请子⑮进⑯暖食⑰于寡人⑱。"对曰："臣非厨养之臣⑲，社稷之臣⑳

---

① 捭（bǎi）豚相享：擘开小猪供奉鬼神。捭，掰开；分开。豚，小猪。享，有食物祭鬼神。

② 宾婚相召：招待宾客和缔结婚姻时相互接引的礼仪。

③ 豆羹白饭：素菜粗饭。比喻食物极其简单之意。

④ 燔炙满案：美味佳肴摆满了一桌子。

⑤ 臑（nào）豚：炖小猪。臑，煮；炖。

⑥ 包鳖：煮鳖。包，同"炰"（páo），烹、煮。

⑦ 脍鲤：鲤鱼丝脍。脍，肉丝；鱼丝。

⑧ 此节出自《说苑》何卷不详。

⑨ 所与同衣食者百人：指与晏子衣食相同的有百多人。同衣食，即待遇相同。

⑩ 天下之士：各地的能人贤士。

⑪ 至：到；来到齐国。

⑫ 此节选自《说苑·卷二》。

⑬ 侍：陪，服侍。

⑭ 朝寒：早晨气温寒冷。

⑮ 子：称晏子。

⑯ 进：献。

⑰ 暖食：温热之食。

⑱ 寡人：古代帝王的自称。

⑲ 臣非厨养之臣：我不是管膳食的大臣。厨养之臣，司膳食之臣。

⑳ 社稷之臣：我是管理国家政务的大臣。社稷，社是土地神，稷是谷神，古代帝王因祭祀社稷，以后社稷便成了国家的代称。

也！"

【0386】又曰①：子思②居于卫③，缊袍④无里⑤，二旬九食⑥。

【0387】又曰⑦：鲁有俭者⑧，煮甂中之食⑨（甂，必眼切，小益⑩），食而美⑪，以遗孔子⑫。子受之⑬，如受犬马之遗⑭。弟子⑮曰："先生何为受之⑯熹如此⑰？"曰："非以煮

---

① 此节出自《说苑》何卷不详。

② 子思：孔伋（jí）（公元前483—前402年），孔子之孙。受业于曾子，先居卫、宋，后返鲁国，宣扬儒学。传到弟子孟轲，形成了思孟学派。

③ 居于卫：在卫国居住。卫国都城战国时在帝丘（今河南濮阳）。

④ 缊（yùn）袍：绵袍。缊，新旧混合的丝绵。

⑤ 里：内衣。别本又作"表"，指毛外套。

⑥ 二旬九食：20天才吃9顿饭。

⑦ 此节选自《说苑·卷二十》，与今本出入甚大。

⑧ 鲁有俭者：鲁国有一个俭朴的人。

⑨ 煮甂（biān）中之食：在陶盆中煮食物。甂，大口而矮的陶器。

⑩ 小益：《说文》本为"小瓿（bù）"。此处"益"似为"盆"之误。

⑪ 食而美：吃起来觉得味道很好。

⑫ 以遗（wèi）孔子：把这食物拿走送给孔子。遗，给予，赠送。

⑬ 子受之：孔子接受了这食物。

⑭ 犬马之遗：今本作"太牢之馈"。太牢，指以牛、羊、猪为祭献。犬马，意同"太牢"。

⑮ 弟子：孔子门徒。

⑯ 何为受之：为何接受它。

⑰ 熹如此：如此高兴。今本熹作"喜"。

甂瓦薄也①,食之美,故念吾②,亲③也。"

【0388】《杨子法言》④曰:或曰⑤:"食如蚁⑥,衣如华⑦,朱轮驷马⑧,金朱煌煌⑨,无已泰乎⑩?"曰:"由其德⑪。舜禹受天下⑫不为太,不由其德⑬,亦太矣⑭!"(李轨⑮注曰:蚁言精细⑯。)或曰:"北夷⑰,被我纯缋⑱,带我

---

① 非以煮甂瓦之薄也:并不因瓦盆里煮的食物不丰盛。薄,稀薄,指食物不美。

② 念吾:想起了我。他因为吃起来觉得味道好,所以想起了我。

③ 亲:亲近。

④ 《杨子法言》:杨子又作"扬子"。汉扬雄撰,司马光集注。几十卷,摹仿《论语》而编成。此节选自《杨子法言·孝至》。

⑤ 或曰:有人说。

⑥ 食如蚁:食物精细。蚁,又作"蛾(yǐ)",精细之意。

⑦ 衣如华:衣服很漂亮。华,古通"花"。

⑧ 朱轮驷马:四马驾的大红车。《御览》无此句。

⑨ 金朱煌煌:金光(红光)闪闪。

⑩ 无已泰乎:不是过分奢侈了吗?泰,又作"太",过分;过甚。

⑪ 由其德:由衣食者的德望(地位)决定过分还是不过分。

⑫ 受天下:得天下。这里指尧让位于舜,舜让位于禹。

⑬ 不由其德:如果不是因为他们德行高尚的缘故。

⑭ 亦太矣:那也算是过分了。太,同"泰"。

⑮ 李轨:人名。

⑯ 精细:这里指用"蚁"之细小言食物之精美。

⑰ 北夷:古代泛指北方少数民族。

⑱ 被我纯缋:用我们中原彩丝做衣被。纯缋,本作"纯缋"。纯,指丝。缋,指绘彩。

金犀①,珍膳曼糊②,不亦厚③乎?"曰:"社稷之灵④也,不可不厚⑤也。"

【0389】《论衡》⑥曰:王子乔⑦不食谷⑧,寿百岁⑨。按人生⑩禀饮食之性⑪,故形上有口齿⑫形⑬,下有孔窍⑭以注泻⑮,口齿以进食。王子乔形体与人同,何以独能度世⑯耶?

---

① 带我金犀:用我们中原的金带扣束腰带。旧释金为金印,犀为剑饰。金犀实为金犀比,犀比为束系腰带的带卡,今又称带扣。

② 珍膳曼糊:珍美的膳食。曼,美。糊,指粥糊,代言饭食。一说糊为糊口。

③ 厚:丰盛。今本又作"享"。

④ 社稷之灵:社稷之神。社稷,国家。灵,神灵。文句有省略,意当为:北夷是将珍膳用于祭社稷之灵……

⑤ 不可不厚:言祭社稷之神,不可不以盛礼待之。

⑥ 《论衡》:东汉王充撰,全书三十卷,历时三十多年而写成。本书总结了汉代自然科学的成果,阐述了"气"是万物本源的学说。此节选自《论衡·卷七》。

⑦ 王子乔:人名。

⑧ 不食谷:不吃饭。

⑨ 寿百岁:活到一百岁。

⑩ 人生:人活着。

⑪ 禀饮食之性:有饮食的本性。

⑫ 上有口齿:人体在上面有口齿。

⑬ 形:人的形体。

⑭ 孔窍:大小便的器官。

⑮ 注泻:大小便。

⑯ 度世:活在世上。

夫衣以温肤①，食以充腹②，衣温食饱，则精神明盛③。冻饿之人，安能久寿④？人之生⑤也，以食为气⑥。草木生⑦，以土为气⑧。闭口不食，拔草离土⑨，必不寿⑩矣！"

【0390】桓谭⑪《新论》⑫曰：太原郡⑬隆冬，不火食五日⑭，虽病不敢触犯⑮，王者宜应改易⑯。

【0391】《潜夫论》⑰曰：何知国之将乱⑱也？以其不

① 衣以温肤：衣服用于人体保暖。肤，肌肤，代指人体。

② 充腹：充饥。

③ 精神明盛：精神充足饱满。

④ 冻饿之人，安能久寿：衣食不足的人，怎么能活得长久呢？安能，怎么会。久寿，长寿。《御览》无此语，据今本《论衡》补入。此句为上面对文，当不得省去。

⑤ 生：活。

⑥ 气：古代哲学上指构成宇宙万物的物质性的东西。

⑦ 草本生：《御览》脱"生"字。

⑧ 以土为气：从土里获得生存的物质。

⑨ 拔草离土：比喻闭口不吃饭如同将草拔离土地一样。

⑩ 必不寿：必定活不久。

⑪ 桓谭：东汉初哲学家。字君山（约公元前40—32年），沛国相（今安徽淮北西北）人。任议郎给事中等职。

⑫ 《新论》：原为29篇，早佚。清人有辑本。

⑬ 太原郡：治所在晋阳（今山西太原西南）。

⑭ 不火食五日：五天不用火熟食。后来改在清明前一天起，三天不生火做饭，称作"寒食节"。

⑮ 虽病不敢触犯：即使病了也不敢触犯寒食的禁条。

⑯ 王者宜应改易：统治者应该改变这种风俗。

⑰ 《潜夫论》：汉王符撰，十卷三十六篇。此节选自《潜夫论·思贤》。

⑱ 何知国之将乱：怎么能得知国家将要发生动乱呢？何知，从何得知。

嗜贤①也。故病家之厨②，非无嘉馔③也，乃其人弗之能食④，故遂至于死⑤也。乱国之官⑥，非无贤⑦也，乃其君弗能存⑧，故遂亡⑨矣！

【0392】又曰⑩：欲知人且疾⑪，不嗜食⑫。欲知国将亡，不嗜贤。

【0393】《风俗通》⑬曰：俗说⑭，駸马唊宾客⑮，宴

---

① 以其不嗜贤：从国家不爱贤才而知国亡将乱。嗜，喜欢；爱好。
② 病家之厨：在病人的厨房里。
③ 非无嘉馔：并非没有好吃的食物。《御览》本脱"嘉"字。
④ 乃其人弗之能食：是病人吃不下去。
⑤ 故遂至于死：所以才会死去。
⑥ 乱国之官：使国家发生动乱的朝庭。官，官府。
⑦ 非无贤：并非没有贤能之士。
⑧ 乃其君弗能存：因为帝王没能任用这些人。存，留。
⑨ 亡：亡国。
⑩ 此节亦选自《潜夫论·思贤》。
⑪ 欲知人且疾：要想知道一个人将要生病。且，将要。
⑫ 不嗜食：只要从他不爱吃东西便可看出。
⑬ 《风俗通》：《风俗通义》，东汉应劭撰。全书三十一卷，今存十卷。此节为《风俗通义》佚文。
⑭ 俗说：俗话说。
⑮ 駸（zhěn）马唊宾客：招待宾客行动迅捷如快马。駸马，快马。

食已阙①，主意未尽②，欲复饮酒③，余无施④，更⑤出脯⑥、鲊⑦、椒⑧、姜、盐豉⑨。言其速疾⑩，如骐马之传命⑪。（骐，音"瑱"。）

【0394】又曰⑫：俗说，临日月⑬薄食而饮⑭，令人蚀口⑮。谨按：日，太阳之精⑯，君之像⑰也。日有蚀之⑱，天

---

① 宴食已阙：宴席上的馔品吃完了。阙，同"缺"。
② 主意未尽：主人盛情未得全尽。
③ 欲复饮酒：想接着请宾客继续饮酒。
④ 余无施：也没有其他什么食物摆上案子。施，设；放。
⑤ 更：换。
⑥ 脯：干肉。
⑦ 鲊（zhǎ）：腌鱼。
⑧ 椒：指花椒果实，调味品。
⑨ 盐豉：豆豉，用豆类泡透蒸（煮）熟后经发酵制成，古代用作调味品。
⑩ 速疾：速度很快。
⑪ 如骐马之传命：就像传递军命的快马一样，比喻行为之快。
⑫ 此节亦为《风俗通义》佚文。
⑬ 临日月：面对太阳月亮。临，面对。
⑭ 薄食而饮：少吃多饮。
⑮ 蚀口：伤口。蚀，败；创。
⑯ 太阳之精：太阳的光芒。精，明亮。
⑰ 君之像：指太阳明亮的光芒是帝王的象征。像，形象；象征。
⑱ 日有蚀之：有日食的时候。

子不举乐①。里语②：不救蚀者③，出行遇雨④。恐有安坐饮食⑤，重惧⑥也。

【0395】又曰⑦：《堪舆书》⑧云："上朔⑨会客，必斗争⑩。"按，刘君阳⑪为南阳牧⑫，尝上朔设盛馔⑬，了无斗者⑭。

【0396】蔡邕⑮《月令论》⑯曰：问者曰："春食麦、

---

① 不举乐：停止欣赏音乐。

② 里语：俗语。

③ 不救蚀者：不救日食月食的人。救蚀，古时在日月食时的各种神秘的做法，人们以为日月被天狗吃了，所以要出户举行一些"抢救"的举动。

④ 出行遇雨：出游会碰到下雨。这是一种迷信的说法。

⑤ 安坐饮食：指在日食时还稳坐在家里吃吃喝喝。

⑥ 重惧：加倍担心。惧，担心。

⑦ 此节为《风俗通义》佚文。

⑧ 《堪舆书》：书名，佚。

⑨ 上朔：月中的第一个朔日。朔指日月相会之时，通常指阴历每月初一。

⑩ 必斗争：宴席上必有争斗发生。

⑪ 刘君阳：人名。

⑫ 南阳牧：南阳郡太守。牧，本指一州的长官。南阳未设州，所以实指太守。

⑬ 尝上朔设盛馔：曾在上朔日盛宴会客。

⑭ 了无斗者：一个争斗的人也没有。了，全。

⑮ 蔡邕（yōng）：东汉文学家、书法家。字伯喈（jiē）（公元133—192年），陈留圉（今河南杞县南）人。董卓时被迫任侍御史，拜左中郎将，将高阳乡侯，后死于狱中。

⑯ 《月令论》：蔡邕所撰《月令章句》二卷，清人有多种辑本。

羊，夏食菽①、鸡、鱼之属②，但③以为时味④之宜，不合之于五行⑤。《月令论》服饰、所食器械⑥之制⑦，皆从五行者说⑧，所食独不以五行⑨，已略⑩乎？"曰："亦尝思之⑪矣。凡十二辰⑫之会，五时所食⑬者，必家所畜⑭丑牛⑮、未羊⑯、戌犬⑰、酉鸡⑱、亥豕⑲而已，其余虎以下非食也⑳。"

---

① 菽：豆类的名称。

② 属：类。

③ 但：只。

④ 时味：时令食物。

⑤ 五行：水、火、木、金、土五种物质，古代认为它们是构成万物的元素。

⑥ 所食器械：进食所用的工具等。

⑦ 制：规定。

⑧ 皆从五行者说：都服从五行家的说法。

⑨ 所食独不以五行：唯独食物不符合五行的规定。指不合于五行相生、相克的说法。

⑩ 略：忽略。

⑪ 亦尝思之：也曾考虑过这个问题。

⑫ 十二辰：十二属，以动物十二种分配十二支：子鼠、丑牛、寅虎、卯兔、辰龙、巳蛇、午马、未羊、申猴、酉鸡、戌狗、亥猪。

⑬ 五时所食：实指一年四季的食物。古以立春、立夏、大暑、立秋、立冬为五时。

⑭ 畜：养，饲养。

⑮ 丑牛：地支丑配以牛属。

⑯ 未羊：地支未配以羊属。

⑰ 戌犬：地支戌配以狗属。

⑱ 酉鸡：地支酉配以鸡属。

⑲ 亥豕：地支亥配以猪属。豕，猪。

⑳ 其余虎以下非食也：除上述五种动物以外，其余虎、兔、龙、蛇、马、猴、鼠都不是平时所吃的动物。

【0397】《汝南先贤传》①曰：周举②字宣光，为并州③刺史。太原④旧俗，以介子推⑤烧死⑥，至其亡时⑦，民为绝火食⑧，老少多死⑨。举⑩作书置子推庙⑪中说："民不宜⑫寒食，因勒使炊食如故⑬。"

【0398】《益部耆旧传》⑭曰：何祗⑮字君肃，为人宽

---

① 《汝南先贤传》：晋周斐撰，存一卷。

② 周举：人名，字宣光。

③ 并州：辖境是今山西大部和内蒙古、河北的一部分。东汉治所在晋阳（今山西太原西南）。

④ 太原：太原郡，属并州，治所在晋阳。

⑤ 介子推：春秋晋国人，一作介之推、介推。曾随公子重耳（晋文公）长期流亡，后偕老母隐居绵上（今山西介休东南）山中，至死不见文公。

⑥ 烧死：传说晋文公为搜求介子推出山并封赏，于是放火焚山，介子推抱木而死。

⑦ 至其亡时：每年到介子推死的那天。

⑧ 绝火食：不生火熟食。

⑨ 老少多死：老年少儿因不适应寒食死亡很多。

⑩ 举：周举。

⑪ 子推庙：纪念介子推的庙宇。

⑫ 宜：适应。

⑬ 勒使炊食如故：强令在寒食节依然火食。勒，强制。炊食，指火食。

⑭ 《益部耆旧传》：晋陈寿撰，一卷。益部或作益都。

⑮ 何祗：人名，字君肃。

厚通济①。体甚壮大②，能食饮③，好声色④，不治节俭⑤。时人⑥少贵之者⑦。

【0399】曹毗⑧《杜兰香传》⑨曰：兰香戒⑩张硕⑪，不露头食⑫。

【0400】《永昌郡传》⑬曰：獠民⑭口嚼食，并以鼻饮水⑮。

---

① 通济：通达。
② 体甚壮大：身体很是壮实高大。
③ 能食饮：能吃能喝。
④ 好声色：喜好女色和音声。
⑤ 不治节俭：不注意节俭。治，治理。
⑥ 时人：当时人。
⑦ 少贵之者：很少有崇敬他的人。
⑧ 曹毗（pí）：字辅佐，官至光禄勋，有文集十五卷。
⑨ 《杜兰香传》：晋曹毗撰，一卷。杜兰香，东汉传说中的仙女，长于渔夫之家，后降于洞庭包山张硕家，授之以道。渔夫亦从学道不食。
⑩ 戒：告诫。
⑪ 张硕：人名。
⑫ 不露头食：饮食时遮住脸面。
⑬ 《永昌郡传》：书名，佚。
⑭ 獠（liáo）民：魏晋以来对南方少数民族的泛称。獠又作"僚（liáo）"。
⑮ 以鼻饮水：用鼻孔喝水。鼻饮之俗在《汉书·贾捐之传》和《后汉书·杜笃传》均有记载。

【0401】《异苑》①曰：新野②苏卷③与妇④佃⑤于野舍⑥，每至饮时⑦，辄有一物来。其形似蛇，长七尺五寸⑧，光采⑨，卷⑩异而饴之⑪。遂经数载⑫，产业加焉⑬。妇后密打杀⑭，即得能食病⑮，日进三斛饭犹不饱⑯，少时而死⑰。

【0402】《幽明录》⑱曰：海中有金台⑲，出水百丈⑳，

---

① 《异苑》：南朝宋宗室刘敬叔撰，十卷，志怪小说集。

② 新野：郡、县名，治所在今河南新野。

③ 苏卷：人名。

④ 妇：妻子。

⑤ 佃：耕种土地。

⑥ 野舍：野外。

⑦ 每至饮时：每当吃饭时。

⑧ 七尺五寸：古代一尺约合今23厘米。

⑨ 光采：蛇形物体表有光彩。

⑩ 卷：苏卷。

⑪ 异而饴之：感到新奇并给它食物吃。饴，通"饲"，给人吃的。

⑫ 数载：几年。

⑬ 产业加焉：家产因此增加了很多。

⑭ 妇后密打杀：妻子后来悄悄地打死了这蛇形物。

⑮ 能食病：能吃能喝的病。

⑯ 日进三斛饭犹不饱：一天吃三斛饭还都不够饱。斛，十斗为一斛。

⑰ 少时而死：不久就死了。

⑱ 《幽明录》：南朝宋宗室刘义庆集门客所撰，已佚。清人及鲁迅均有辑本。

⑲ 金台：黄金所造台，常用作台的美称。或指铜铸台。

⑳ 出水百丈：高出海水面一百丈。

结构巧丽，穷尽神工①。台内有金机②，彫文备制③。上有百味之食，四丈力神④常立守护⑤。有一五通仙人⑥来，欲甘膳⑦，四神排击⑧，迁延⑨而退。

【0403】又曰⑩：河南⑪赵良⑫与其乡人诸生⑬到长安⑭界，遇霖雨⑮，粮乏⑯。相谓曰⑰："饥正⑱耳，当那得食

---

① 神工：指技艺精巧，非人工所为，常言"鬼斧神工"。

② 金机：金几案。

③ 彫（diāo）文备制：雕刻有相当精美的纹饰。彫，同"雕"。

④ 丈力神：疑为"大力神"。

⑤ 常立守护：一直站立守卫在旁边。

⑥ 五通仙人：传说神人之一，五通不死，故名。

⑦ 欲甘膳：想美美吃一顿几案上的百味之食。

⑧ 排击：推打。

⑨ 迁延：拖延，退却。

⑩ 此节亦选自《幽明录》。

⑪ 河南：南北朝时，今甘肃西南部黄河以南地区称河南。

⑫ 赵良：人名。

⑬ 诸生：人名。

⑭ 长安：今陕西西安。

⑮ 霖雨：连着下的大雨。

⑯ 粮乏：粮食缺乏。

⑰ 相谓曰：互相面对面地说。

⑱ 饥正：指非常饥饿。

耶①?"应时②美饭备在前③,两人惊愕④,不敢食。有人声⑤曰:"但食无嫌⑥也!"明日早,两人复⑦曰:"那复得美食⑧?"复在前⑨。遂至长安,无他祸福⑩。

【0404】祖台之⑪《志怪》⑫曰:建康⑬小吏⑭曹著⑮见庐山夫人⑯,夫人为设酒,噉⑰金鸟啄罂⑱,其中镂刻奇饰异

---

① 当那得食耶:到哪儿能找得到吃的呢?

② 应时:立刻;马上。

③ 美饭备在前:好吃的饭菜摆在面前。此为荒诞不经之言。

④ 惊愕:惊奇得直发愣。

⑤ 有人声:耳边听到人的说话声。

⑥ 但食无嫌:只管吃就是了,不必疑惑。嫌,疑惑、疑忌。

⑦ 复:又。

⑧ 那复得美食:哪儿还能得到好吃的?

⑨ 复在前:美味佳肴又出现在面前。

⑩ 无他祸福:没碰到其他吉凶之事。

⑪ 祖台之:晋人。

⑫ 《志怪》:已佚,鲁迅有辑本一卷。

⑬ 建康:东晋都城,今江苏南京。

⑭ 小吏:低级官吏。

⑮ 曹著:人名。

⑯ 庐山夫人:女仙人,居庐山。

⑰ 噉:吃。

⑱ 金鸟啄罂(yīng):用饰有金鸟的罂饮食。金鸟,金色之鸟。

形①,非人所名②。下③七子合盘④,盘中亦无俗中餚⑤。

【0405】《秦记》⑥曰:苻朗⑦甚别味。会稽王⑧道子⑨为朗⑩设盛馔,问曰:"关中⑪之食。孰如此⑫?"答曰:"皆好⑬,唯盐味少生⑭。"

【0406】《嵩高山记》⑮曰:山下岩中有一石屋⑯,亦有自然经书⑰、自然饮食⑱。

---

① 奇饰异形:奇异的形状和装饰。

② 非人所名:不是人所能叫得出名来的。名,称名;命名。

③ 下:吃佐饭的菜肴。

④ 七子合盘:七个小盘拼合成的大盘。

⑤ 无俗中餚(yáo):看不到凡世间的菜肴。餚,同"肴"。

⑥ 《秦记》:南朝宋裴景仁撰,清人汤球有辑本一卷。

⑦ 苻朗:本作苻朗,字元达。官镇东将军、青州刺史,封乐安县男。降晋官加员外散骑常侍。

⑧ 会稽王:封号。

⑨ 道子:司马道子,晋简文帝之子,位及丞相,封会稽王,后被毒杀。

⑩ 朗:苻朗。

⑪ 关中:今陕西关中平原地区。

⑫ 孰如此:哪一种有这么好吃。

⑬ 皆好:都不错,指"关中之食"。

⑭ 唯盐味少生:只是盐的味道觉得稍有些生。指盐的质量不好。

⑮ 《嵩高山记》:书名,著者不详。

⑯ 石屋:石头房子或山洞。

⑰ 自然经书:天然的经书,可能指刻在石上的文字。

⑱ 自然饮食:天然饮食,指非人工所成。

【0407】《博物志》①曰：魏明帝②时，京邑③有一人，食噉兼十人④，遂肥不能动⑤。其父尝为远方长吏⑥，送彼往县⑦，令故义⑧传食之⑨。一、二年间，一乡⑩为俭⑪。

【0408】《齐谐记》⑫曰：江夏郡⑬安陆⑭县有人，兄弟三人。其大儿忽得时行病⑮，病后遂大能食⑯，一日食斛⑰余米。其家供给五年，乃至罄贫⑱。语曰⑲："汝当自觅

---

① 《博物志》：晋张华撰，十卷。今本另辑有佚文一卷。
② 魏明帝：曹叡（公元205—239年），三国魏帝。字元仲，曹丕之子。
③ 京邑：京城。这里指河南洛阳。
④ 食噉兼十人：一个人的食量兼有十人之多。
⑤ 肥不能动：肥胖得不能动弹。
⑥ 长吏：指县令。
⑦ 送彼往县：将他送往父亲任职的那个县。
⑧ 故义：故旧与义友等。
⑨ 传食之：轮流供给食物。
⑩ 一乡：那一带地区。
⑪ 俭：俭省，这里有穷困之意。
⑫ 《齐谐记》：南朝宋东阳无疑撰。佚，清人及鲁迅有辑本。
⑬ 江夏郡：南朝治所在今湖北武昌。
⑭ 安陆：湖北孝感安陆。
⑮ 时行病：流行病。
⑯ 大能食：特能吃饭。
⑰ 斛：十斗为一斛。
⑱ 罄（qìng）贫：财空而致贫困。
⑲ 语曰：指家人对这能吃的人所说。

食①。"后至一家，门前已得筥饭，后门乞②，此家出语之③曰："汝已就④前门得⑤，那得复后门乞⑥？"其人答曰："实不知君有两门⑦。"腹大饥，不可忍。后门有三畦韭、一畦大蒜，因噉两畦，便大闷极⑧卧地。须臾⑨大吐⑩，吐一物似笼⑪，出地渐渐大⑫。及主人持饭出，不复能食⑬。遂撮饭内⑭着向所吐物上，即消成水⑮。此人于此⑯病遂得差⑰。

---

① 汝当自觅食：你该自己想法去找吃的。

② 后门乞：又到这家后门乞讨。

③ 出语之：主人出来对乞讨者说话。

④ 就：从。

⑤ 得：讨得饭食。

⑥ 那得复后门乞：怎么能又从后门讨乞呢？

⑦ 两门：前门、后门。

⑧ 大闷极：言烦闷之极。

⑨ 须臾：一会儿。

⑩ 大吐：大口呕吐。

⑪ 笼：箱笼，喻大之意。浅者为箱，深些的叫笼。

⑫ 出地渐渐大：指所吐之物落地后渐渐变得大起来。

⑬ 不复能食：再也吃不下去了。

⑭ 内：通"纳"。

⑮ 消成水：指所吐之物消化而成水。

⑯ 于此：从此。

⑰ 差：病愈。

【0409】袁准①《正书》②曰：方丈之食③，不过一饱。绨袍之绣④，不过一暖。

【0410】裴玄⑤《新言》⑥曰：管仲夺伯氏骈邑⑦三百，使之饭蔬食⑧，没齿无怨言⑨。若管氏⑩取以营私⑪，则一邑不可夺⑫也。

【0411】《神仙传》⑬曰：焦先⑭者，字孝然，河东⑮太阴⑯人。乡里⑰累世⑱云：百七十岁，常煮白石以与人，熟

---

① 袁准：字孝尼。忠信公正，不耻下问。官给事中，著述十余万言。

② 《正书》：又名《袁子正书》，晋袁准撰，清王仁俊有辑本一卷。

③ 方丈之食：十分丰盛的食物。方丈，指大案，言食物摆满一大案子。

④ 绨（tí）袍之绣：锦绣厚绸袍。指料子极好的衣服。绨，厚绸子。

⑤ 裴玄：三国吴人，字彦黄。官至太中大夫，有著述。

⑥ 《新言》：吴裴玄撰，清王仁俊辑一卷。

⑦ 骈（pián）邑：相邻的城邑。骈，并列；相连。邑，城镇。

⑧ 饭蔬食：吃素食。

⑨ 没齿无怨言：终身没有怨言。没齿，没世；终身。

⑩ 管氏：管仲。

⑪ 取以营私：拿来谋求私利。

⑫ 则一邑不可夺：那么一邑也夺不过来。

⑬ 《神仙传》：晋葛洪撰，十卷。

⑭ 焦先：人名。

⑮ 河东：郡名，东晋时起治所在蒲坂（今山西永济蒲州镇）。

⑯ 太阴：地名。

⑰ 乡里：焦先所居的乡间。

⑱ 累世：几代。

如大芋①者。日日入山伐薪②以布施③，先从村头一家起，周而复始④。担薪以置人门外，人见之时⑤，则铺席与坐，为设食。先⑥便就坐，亦不与人语⑦。若人不见⑧其担薪往时，乃置薪于人门间⑨便去，连年如此。结草庵⑩于河渚⑪，或数日一食⑫，欲食则为人赁作⑬。人以衣衣之⑭，乃限功受直⑮，足得一食辄去⑯。人欲多与⑰，终不肯取。亦有数日不食时⑱。

---

① 芋：芋头，多年生草本植物，作一年生栽培，地下茎可供食用。

② 伐薪：砍柴。

③ 布施：佛教用语，指把财物施舍给别人。

④ 周而复始：循环往复，继续不断地周转。这里指按顺序反复给每家送柴。

⑤ 人见之时：主人见他送柴来时。

⑥ 先：焦先。

⑦ 亦不与人语：也不同主人搭话。

⑧ 不见：没人看见。

⑨ 门间：门前。

⑩ 结草庵：盖草棚。

⑪ 河渚：河中的陆地。渚，水中的小块陆地。

⑫ 数日一食：几天吃一顿饭。

⑬ 欲食则为人赁作：想吃饭时就去帮人干活。赁作，给人做雇工。

⑭ 以衣衣之：给他衣服穿。

⑮ 限功受直：按所付的劳动接受报酬。直，同"值"，即钱。

⑯ 足得一食辄去：够了一顿饭的工钱就走。

⑰ 人欲多与：主人想多给些报酬。

⑱ 亦有数日不食时：也有几天吃不着东西的时候。

【0412】束皙①《发蒙记》②曰：廉颇③毕老④，日啖肉百斤。

【0413】曹植⑤《与吴季重⑥书》曰：食若填沟壑⑦，饭⑧若灌漏卮⑨，其人固难量⑩，岂非⑪大丈夫之乐⑫哉！

【0414】《世说》曰⑬：陈太丘⑭诣⑮荀朗陵⑯，贫俭

---

① 束皙：西晋史学家。字广微，阳平元城（今河北大名东）人。官至尚书郎，年四十而卒。有《束广微集》，今存辑本。

② 《发蒙记》：已佚，清人有几种辑本，存一卷。

③ 廉颇：战国时赵国将领。赵惠文王时拜为上卿，后任相国，封信平君。晚年抑郁不得志，愤而奔魏，后又适楚，死于寿春（今安徽寿县）。

④ 毕老：很老。毕，都。

⑤ 曹植：三国时魏国文学家。字子建（公元192—232年），曹操第三子。初封东阿王，不久改封陈王，最后忧郁而死。

⑥ 吴季重：吴质，字季重，三国魏济阴人。文帝时官震威将军，封列侯，为"建安七子"之一。

⑦ 食若填沟壑：吃起饭来像是在填沟河一样。比喻大吃大喝，无有饱时。

⑧ 饭：疑即"饮"之误。

⑨ 漏卮（zhī）：漏酒杯。比喻饮酒过甚。

⑩ 量：估量。

⑪ 岂非：难道不是。

⑫ 乐：乐趣。

⑬ 此节选自《世说新语·德行》。

⑭ 陈太丘：陈寔（shí）（公元104—187年），东汉名士。字仲弓，颍川许（今河南许昌东）人。曾任太丘长，后几次推辞任命。

⑮ 诣：拜访。

⑯ 荀朗陵：荀淑，字季和，出补朗陵侯相，故称荀朗陵。后弃官归家，有八子，时称八龙。

无仆从①，乃使元方②将车③，季方④持杖⑤从后⑥。长文⑦尚小⑧，载入车中。既至⑨，荀⑩使叔慈⑪应门⑫，慈明⑬行酒⑭，余⑮六龙⑯下食⑰。

① 无仆从：没有随身侍从。

② 元方：陈寔子，名纪。

③ 将车：驾车。

④ 季方：亦为陈寔之子，名谌。

⑤ 杖：仪仗。

⑥ 从后：跟随在后。

⑦ 长文：人名，亦为陈寔之子。

⑧ 尚小：年龄还小。

⑨ 既至：到达荀朗陵住所时。

⑩ 荀：荀朗陵。

⑪ 叔慈：人名，荀朗陵之子。

⑫ 应门：接门，在门口迎接。

⑬ 慈明：人名，荀朗陵之子。

⑭ 行酒：酌酒敬客。

⑮ 余：其余。

⑯ 六龙：荀朗陵的其余六个儿子。荀有八子，名为俭、鲲、靖、焘（tāo）、汪、爽、肃、敷，号曰"八龙"。

⑰ 下食：端饭菜。

【0415】又曰①：桓公②坐有参军③椅④，蒸薤⑤不得解⑥，共食者⑦又不助⑧，而椅⑨终不放⑩，举坐皆笑⑪。桓公曰："同盘⑫尚不相助，况复危难⑬？"敕令免官⑭。

【0416】又曰⑮：刘真长⑯、王仲祖⑰共行，日旰未

---

① 此节选自《世说新语·黜免》。

② 桓公：桓温（公元312—373年），东晋大将。字元子，谯国龙元（今安徽怀远西北）人。历官安西将军、荆州刺史、征西大将军等。

③ 参军：官名，参谋军之谓。

④ 椅：人名，姓氏不详。

⑤ 薤（xiè）：也称藠（jiào）头，多年生蔬菜作物。叶中空，稍扁平。鳞茎纺锤形，似蒜瓣。

⑥ 不得解：剥不开藠头。得，又作"时"。

⑦ 共食者：一同吃饭的人。

⑧ 不助：不帮忙。

⑨ 椅：人名。《御览》作"掎"，误。

⑩ 放：不明何指。或指"解"意。

⑪ 举坐皆笑：满坐的人都笑了起来。《御览》作"生者笑"，误。

⑫ 同盘：同食。

⑬ 况复危难：意为此时都不相助，更何况在危难之时？

⑭ 免官：免除椅的参军之职。

⑮ 此节选自《世说新语·方正》。

⑯ 刘真长：刘惔（tán），字真长。累迁丹阳尹，为政清静，门无杂宾。

⑰ 王仲祖：王濛（méng），字仲祖。哀靖皇后之父，初为司徒掾，官终左长史。

食①,有相识小人②贻其餐③者,肴案甚盛④。真长⑤辞⑥焉,仲祖曰:"聊以充虚⑦,何若⑧?"真长⑨曰:"小人都不可与作缘⑩。"

【0417】又曰⑪:羊曼⑫拜为丹阳尹⑬,客早者⑭并得佳设⑮,日晏⑯则渐罄⑰,不复及精⑱,随客早晚⑲,不问贵

---

① 日旰(gàn)未食:天很晚了还没吃上饭。旰,晚上。

② 小人:小民,一般平民。

③ 贻其餐:招待两人吃饭。贻,赠;送。

④ 肴案甚盛:肴馔十分丰盛。

⑤ 真长:刘真长。

⑥ 辞:谢而不食。

⑦ 聊以充虚:暂且用以充饥。聊,姑且;暂且。充虚,指充饥。

⑧ 何若:怎么样,行吗?《世说》又作"何苦辞"。

⑨ 真长:《御览》脱"长"字。

⑩ 作缘:交际;来往。

⑪ 此节选自《世说新语·雅量》。

⑫ 羊曼:晋人,字祖延。曾任丞相主簿,好酒。

⑬ 丹阳尹:丹阳郡守。丹阳郡治所在宛陵(今安徽宣城),后移治建业(今江苏南京)。

⑭ 客早者:宾客中来得早的人。东晋拜官后要举行盛宴,接待前来祝贺的客人,此处所言即指此。

⑮ 并得佳设:都能得到美味佳肴。

⑯ 日晏:天晚。

⑰ 罄:尽。指食物慢慢被吃光了。

⑱ 不复及精:馔品不再像开始时那么精美。

⑲ 随客早晚:随客人来的时间,指早来能吃到佳肴。

贱①。羊固②拜临海③,竟日饮食皆美④,虽晚至得,犹获其盛馔⑤。时论以固之丰腆⑥,乃不如曼之真率⑦也。

【0418】又曰⑧:王东亭⑨尝之⑩吴郡⑪,就汰公道人宿⑫,别脯⑬许府⑭家,往瓦棺寺⑮设幔屋⑯竟一寺。东亭将夕⑰,至夜后汰公设豆藿糜⑱,汰公自噉一大瓯⑲。东亭难⑳,

---

① 不问贵贱:不管客人的地位如何。
② 羊固:人名。
③ 拜临海:授给临海太守一职。临海,郡名,治所在浙江临海。
④ 竟日饮食皆美:招待宾客的饮食整日都很精美。《御览》无"竟日"二字,据《世说》补。
⑤ 犹获其盛馔:还能得到丰盛的肴馔。
⑥ 固之丰腆:羊固宴席之丰盛。
⑦ 不如曼之真率:不如羊曼宴会的真率。真率,坦率。
⑧ 此节为《世说新语》佚文。又见《俗说》。
⑨ 王东亭:王蕤,字元琳。曾任尚书右仆射,领吏部,累官散骑常侍,封东亭侯。
⑩ 之:到……去。
⑪ 吴郡:治所在吴县(今江苏苏州)。
⑫ 就汰公道人宿:在汰公道人那儿住。汰公,东晋僧人竺法汰,东莞(今山东沂水)人。
⑬ 别脯:别食,指与汰公道人不在一起吃饭。
⑭ 许府:应为人名。
⑮ 瓦棺寺:在南京凤凰台,又名瓦罐寺。
⑯ 幔屋:应为"幔屋",张幔为屋亭。此句不甚解。
⑰ 将夕:正要去拜见汰公。夕,夜见曰夕。
⑱ 豆藿糜:豆类嫩叶做的粥。藿,豆类作物的叶子。
⑲ 瓯:当是"瓯"的异体,小盆。
⑳ 难:惧怕,为难。

汰公遂强进半瑈。须臾①，东亭行帐②设名③饮食，果炙④毕备⑤，汰公都无所噉⑥。

【0419】《俗说》⑦曰：桓珹⑧（音域⑨）性噉犬⑩。每瞑⑪，珹⑫时使⑬从兄⑭索食⑮。

【0420】《黄帝八十一问》⑯曰：人不食七日而死⑰者，何也？然人胃中有留谷⑱三斗五升⑲、水三升，故平人⑳

---

① 须臾：过了一会儿。

② 行帐：临时住所。

③ 名：应为"茗"，即茶。

④ 果炙：水果和熟肉类。炙，指烤肉之类，这里泛指熟肉制品。

⑤ 毕备：全备，样样都有。指食物品类很多，应有尽有。

⑥ 都无所噉：一点也没吃。

⑦ 《俗说》：南朝梁沈约撰，早佚。清人及鲁迅有辑本。

⑧ 桓珹（yù）：人名。

⑨ 珹：《御览》误作"城"。

⑩ 性噉犬：喜欢吃狗肉。

⑪ 每瞑（míng）：每到天黑时。

⑫ 珹：桓珹。

⑬ 使：派人去。

⑭ 从兄：堂兄。

⑮ 索食：指讨要狗肉吃。索，求取。

⑯ 《黄帝八十一问》：《黄帝内经》的《灵枢经》，八十一篇，合十二卷。此节见第三十二篇《平人绝谷》。文字略有出入。

⑰ 不食七日而死：七天不吃东西就会死。

⑱ 留谷：存留的食物。

⑲ 三斗五升：又作"二斗"。

⑳ 平人：平常之人，一般的人。

一日再至①，清一行②二升半，日中五胜③，七日七五三斗五胜④，而水谷尽⑤矣。故平人不食饮七日而死者，水谷津液⑥俱尽故也。

【0421】弘君举⑦《食檄》⑧曰：又取溠湖⑨独穴之鳢⑩（溠音摄），赤山⑪后陂之莼⑫，伺滤冷豉⑬，及热应分，食毕作躁⑭。酒炙宜传⑮，酒便清香⑯。肉则豆不荸麞⑰，肶⑱

---

① 再至：又作"再后"，意不明。度意有"至少"之意。

② 清一行：上一次厕所。厕所在古时又名"行清"。又别本清作"圊（qīng）"，即厕也。

③ 日中五胜：《灵枢经》别本又作"一日中五升"。指人一天消耗的粮食和水分达五升。胜又有"过"之意。

④ 七日七五三斗五胜：别本又作"七日七五三斗五升"，言常人七天消耗粮食和水分共三斗五升。

⑤ 水谷尽：又作"留水谷尽"，人体内存留的水、谷消耗完了。

⑥ 津液：为体内一切正常水液的总称。

⑦ 弘君举：人名。

⑧ 《食檄》：弘君举所作的一篇论食的文字，已佚。这里所录的是其中的两个片段。

⑨ 溠（shè）湖：地名。

⑩ 鳢（lǐ）：黑鱼，体长可达50厘米以上，体黄褐色，有黑色斑块，性情凶猛。

⑪ 赤山：湖名，在今江苏句容南。

⑫ 莼（chún）：水葵，水生草本植物，叶浮水面，嫩叶做羹甚美。

⑬ 伺滤冷豉：等待过滤好、凉的豆豉。

⑭ 躁：急躁，不安静。

⑮ 酒炙宜传：温酒时要晃动酒器。传，转动。

⑯ 酒便清香：酒就会散发出更清香的气味。

⑰ 肉则豆不荸（bó）麞（zhāng）：此句文字有脱误，不解。原文已佚，无从校正。

⑱ 肶（bì）：股也，与"髀"同，指带肉骨。

若披繙①，急火中炙②，脂不得薰③。闻香者踯躅④，干咽者塞门⑤。罗莫椀子⑥，五十有余，牛脥擣⑦，炙鸭⑧䔧鱼⑨，熊白⑩麇脯⑪，糖蟹⑫濡⑬台，车螯⑭生甜⑮，滋味远来⑯。百醉⑰

---

① 披繙（fān）：飘动的样子。

② 急火中炙：在旺火上烧烤。

③ 脂不得薰：动物脂肪（肥肉）不能熏烤。

④ 闻香者踯（zhí）躅（zhú）：闻到烤肉香味的人都不想离开。踯躅，徘徊不前。

⑤ 干咽者塞门：指闻肉香咽干涎水的人不得已把自己的嘴捂起来。门，口；嘴。

⑥ 罗莫椀（wǎn）子：把小碗并排放好。罗，排列。莫，放置。椀，同"碗"。

⑦ 牛脥擣：别本作"牛脥口擣"。脥，同"䐑（zhé）"，指薄切肉。擣，同"捣"。

⑧ 炙鸭：烤鸭。

⑨ 䔧（sù）鱼：别本又作"脯鱼"。䔧，即为"鱐（sù）"，特指干鱼尾。

⑩ 熊白：熊背冬天长成的如玉白脂。夏天的时候没有。

⑪ 麇脯：獐肉脯。

⑫ 糖蟹：以糖渍蟹。

⑬ 濡：与"胹"通，烹后以汁调和。

⑭ 车螯：介壳类的一种，如蚶蛎。

⑮ 生甜：别本又作"主甜"。

⑯ 滋味远来：言所食很多都是远方所产。

⑰ 百醉：别本又作"日醉"。

之后,谈闷不除①,应有蔗姜②、木瓜③、元李④、杨梅⑤,五味橄榄⑥、石榴⑦、玄拘⑧,葵羹⑨脱煮⑩,各下一杯。

【0422】《明皇杂录》⑪曰:天宝⑫中,诸公主⑬相效进

---

① 谈闷不除:别本又作"闷下慷除"。

② 蔗姜:别本作"蔗将",指由甘蔗榨出的糖水。

③ 木瓜:又名"铁脚梨"。落叶灌木或小乔木,揪果椭圆形,清香味涩酸,蜜渍可食,又可入药。

④ 元李:李子,落叶乔木,春开白花,果实夏熟,呈黄或紫红色,圆形,味略酸,可食。

⑤ 杨梅:又名朱红、树梅。常绿乔木,花雌雄异株。核果呈球形,表面有很多小突起,果味酸,可食。

⑥ 五味橄榄:指经泡制后味道不同的橄榄。橄榄又名谏果,又称青果。常绿乔木,果实尖长,色青,可生食。

⑦ 石榴:本名安石榴,落叶灌木或小树。夏月开花,色深红,亦有白花。果实球形,熟时开裂,含种子特多,种子肉可食。

⑧ 玄拘:拘应为"枸",玄拘疑指枸杞,其浆果为红色,入药有滋肝补肾、安神明目之功。

⑨ 葵羹:葵叶所煮之羹。

⑩ 脱煮:略煮一下。

⑪《明皇杂录》:唐郑处诲撰,二卷。记唐玄宗李隆基的故事。

⑫ 天宝:唐玄宗李隆基在位年号之一,当公元742—756年。

⑬ 诸公主:指唐玄宗诸女。

食①,上②命中官③袁思艺④为检校进食使⑤。水陆珍羞⑥数千盘之费,盖中人⑦十家之产⑧。中书舍人窦华⑨尝因退朝,遇公主进食,方列于通衢⑩,乃传呵⑪按辔⑫行于其间⑬,宫苑小儿数百人奋挺而前⑭,华⑮仅以身免⑯。

【0423】《岭表录异》⑰曰:康州⑱悦城县⑲北百余里,

---

① 相效进食:争着给玄宗献食。

② 上:唐玄宗李隆基。

③ 中官:宦官。

④ 袁思艺:人名。唐玄宗时的宦官。

⑤ 检校进食使:官名。负责处理向皇帝献食的事务。

⑥ 水陆珍羞:山珍海味之意。

⑦ 中人:生活水平中等的人家。

⑧ 产:产业。

⑨ 窦华:人名。

⑩ 列于通衢(qú):把准备进献给唐玄宗的肴馔摆放在大街上。列,排列。通衢,大道,此处指大街。

⑪ 传呵:呵斥,怒责。

⑫ 按辔(pèi):勒着缰绳,言仍骑马行,未下马。辔,马嚼子和缰绳。意为一面吆喝着马匹赶快走,一面又勒着缰绳……

⑬ 行于其间:骑着马走在摆满食物的大街上。

⑭ 奋挺而前:争先恐后地向前奔跑。或指追赶窦华。

⑮ 华:窦华。

⑯ 免:罢免官职。

⑰ 《岭表录异》:唐代地理著作,三卷。刘恂撰。今存辑本,鲁迅有校本。

⑱ 康州:治所在今广东德庆县。

⑲ 悦城县:说城县,在今广东德庆东。

山中有樵石穴①，每岁乡人②琢为烧食器③（虔州④亦有，乃食牢⑤也）。但⑥烧令热彻⑦，以物衬阁⑧，置之盘中。旋⑨下⑩生鱼肉及葱、韭齑⑪、菹、醃⑫之类，顷刻即熟，而终席煎沸⑬。南中有亲朋聚会，多烧樵石，亦极热。疑石⑭中有火毒⑮。

① 樵石穴：有樵石的洞穴。樵石，指可烧之石，樵，即"焚"也。

② 乡人：乡里人，当地人。

③ 烧食器：烧饭的器具。指像锅的形状。

④ 虔州：以虔化水得名，治所在赣县（今江西赣县）。宋代改为赣州。

⑤ 食牢：食盆。

⑥ 但：只。

⑦ 烧令热彻：把用樵后雕琢成的烧食器先烧热至透。彻，透。

⑧ 衬阁：衬垫。

⑨ 旋：随即。

⑩ 下：把生的食物放到烧食器中。

⑪ 齑（jī）：捣碎的姜、蒜或韭菜的细末。

⑫ 菹、醃：酸菜和咸菜等。醃，同"腌"。

⑬ 终席煎沸：饭毕散席时烧食器内依然还在沸腾。

⑭ 石：樵石。

⑮ 火毒：能燃烧的物质。

卷第八百五十

饮食部八

饭

【0424】《周礼》①曰：黄帝②始蒸谷为饭③。

【0425】《周礼·天官·食医》曰：食齐眡春时④（饭宜温⑤也）。

【0426】《礼记》⑥曰：饭（曰诸饭⑦也）黍⑧、稷⑨、

---

① 《周礼》：为《周书》之误，曾称《汲冢周书》，即《逸周书》，共七十一篇。
② 黄帝：神话传说人物。轩辕氏（一作有熊氏）部落首领，后为炎黄部落联盟的组织者。其时创造发明甚多（如宫室、舟车、蚕丝、医药、棺椁以及文字、历法、算数、音律等），故后人说他"能成命百物"，赋予帝王形象。
③ 蒸谷为饭：蒸五谷为干饭之食。
④ 食齐眡（shì）春时：饭食调剂以温如春为适。齐，同"剂"，调剂。眡，同"视"。春时，温暖之谓。
⑤ 饭宜温：饭以温食为宜。
⑥ 此节选自《礼记·内则》。
⑦ 诸饭：各种各样的饭食。
⑧ 黍：黍子，碾成的米叫黏黄米。
⑨ 稷：谷子。

稻①、粱②、白黍③、黄粱④、稌穛⑤（熟获⑥曰稌，生获⑦曰穛。黍：黄黍也）。

【0427】又曰⑧：文王⑨有疾⑩，武王⑪不脱冠带⑫而养⑬（言常在侧）。文王一饭亦一饭⑭，文王再饭⑮亦再饭（欲知气力针药所胜⑯）。

---

① 稻：稻米。

② 粱：穗大粒粗的粟，又称"嘉谷"。此处指"白粱"。

③ 白黍：色白之黍。黍本有红、白、黄、黑数种。

④ 黄粱：色黄之粟。

⑤ 稌（xū）穛（zhuō）：庄稼成熟收割为稌，未成熟收割为穛。

⑥ 熟获：庄稼成熟后收获。

⑦ 生获：庄稼未成熟时收获。

⑧ 此节选自《礼记·文王世子》。

⑨ 文王：周文王，姬氏，名昌。受商封为西伯，又称伯昌。在任五十年间，东进翦（jiǎn）商，攻灭商的一些与国，建立根据地丰邑（今陕西西安西南），为武王灭商打下了基础。

⑩ 疾：生病。

⑪ 武王：周武王，西周建立者，文王次子，名姬发。继位第四年，联合各方国部落，攻下商都朝歌（今河南淇县），推翻了商王朝，建立了西周，定都于镐京（今陕西西安西南）。

⑫ 不脱冠带：指不脱衣服、尽心侍奉之意。

⑬ 养：保养、侍奉。

⑭ 文王一饭亦一饭：文王吃一次饭武王才吃一次饭。

⑮ 再饭：第二次吃饭。言文王吃多少，武王也吃多少。

⑯ 胜：能承担、承受。

【0428】又曰①：燕②侍食于君子③，则先饭④而后已⑤（所以劝⑥也）。毋放饭⑦，毋流歠⑧，小饭⑨而亟之（亟⑩，疾⑪也，备哕噎⑫若见问⑬也），数嚼⑭，毋为口容⑮（口容，弄口⑯）。

【0429】《论语》曰⑰：子曰："饭蔬食⑱饮水，曲肱而枕之⑲，乐亦在其中矣！"

---

① 此节选自《礼记·少仪》。

② 燕：同"宴"，宴享。

③ 侍食于君子：陪侍君子宴饮。君子，古指贵族、做官的人。

④ 先饭：先于君子吃饭，有尝饭之意。

⑤ 后已：虽是先吃，却要后于君子吃完。

⑥ 劝：劝食。

⑦ 毋放饭：盛好的饭不能再倒回去。

⑧ 毋流歠（chuò）：进饮时不能太快，跟流水似的。歠，饮。

⑨ 小饭：小口吃饭，防噎。

⑩ 亟：快点咽下去。

⑪ 疾：快速。

⑫ 备哕噎：防备噎住。

⑬ 见问：指饭间君子会有问话。

⑭ 嚼：同"嚼"。

⑮ 口容：指用手或工具剔牙等。

⑯ 弄口：拨弄口腔。

⑰ 此节选自《论语·述而》。

⑱ 蔬食：素食。

⑲ 曲肱而枕之：弯曲手臂枕头下而卧。肱，手臂。

【0430】《尔雅》①曰：饙②，馏③，稔④也（今呼馨饭⑤为饙，熟为馏。稔或作饪⑥也。饙，音甫云切。馏，力又切。馨，音脩）。食饐⑦谓之餲⑧（饭秽臭⑨）。抟者谓之糷⑩（糷，饭相着⑪也）。米者谓之檗⑫（饭中有未熟者）。

【0431】《春秋运斗枢》⑬曰：粟五变⑭而以阳化生为苗⑮，秀为禾⑯，三变而祭谓之粟，四变入白米出甲⑰，五变而蒸饭可食。

【0432】《说文》曰：饙，脩食（饷）饭也。馏，饭

---

① 《尔雅》：我国古代最早的一部解释词义和名物的工具书。大约成书于秦汉之际，为十三经之一。此节选自《尔雅·释言》《尔雅·释器》。
② 饙（fēn）：蒸饭。另见《说文解字》："夜半蒸为饙。"
③ 馏（liù）：把已凉的熟食蒸热。
④ 稔（rěn）：谷熟，熟。
⑤ 馨（xiū）饭：意指生米蒸饭。
⑥ 饪：煮熟食物。
⑦ 饐（yì）：饭臭变质。《御览》作"饙"，误。
⑧ 餲（ài）：食物经久变味。
⑨ 秽臭：又写作"臭秽"。
⑩ 糷（làn）：饭粘成团。当同"烂"。
⑪ 饭相着：饭粒彼此粘在一起。
⑫ 檗（bò）：米饭半生半熟叫檗。檗指夹生饭。
⑬ 《春秋运斗枢》：《春秋纬·运斗枢》，《春秋纬》已佚，明清有多种辑本。
⑭ 五变：五次变化，指由粟变苗、变禾、成粟、脱壳为米、米蒸为饭。
⑮ 苗：禾苗。
⑯ 秀为禾：长大而成禾。秀，茂盛，特指谷物吐穗开花。
⑰ 入白米出甲：舂粟脱壳为米。甲，指米皮。

气蒸也。饡①（音赞），以羹浇饭②也。馉③（一月切④），饭伤熟⑤也。饐⑥（一煎切），饭伤湿⑦也。

【0433】《释名》⑧曰：饭，分⑨也，使其粒⑩各自分也。干饭，饭而暴干之也⑪。

【0434】《史记》曰⑫：廉颇⑬之奔魏⑭也，魏不能用⑮也。而赵数困于秦⑯，赵人⑰思复得廉颇⑱，廉颇亦思复为赵

---

① 饡（zàn）：把汤羹浇在饭上。

② 以羹浇饭：如今之盖浇饭。

③ 馉（suì）：蒸饭过烂。《广韵》云同"饐"，饭伤湿。

④ 一月切：《说文解字》注音为"於废切"，岁声。此处《御览》注音当有误。

⑤ 伤熟：熟过劲了。

⑥ 饐：指蒸饭水分过多。《御览》作"饐"，据《说文》改。注音为"乙冀切"，一声。

⑦ 伤湿：水分过多。

⑧ 《释名》：汉刘熙撰，八卷，又题作《逸雅》。

⑨ 分：分开；分离。

⑩ 粒：饭粒。

⑪ 饭而暴干之也：此句《御览》脱"饭"字。暴，即晒。

⑫ 此节选自《史记·廉颇蔺相如列传》。

⑬ 廉颇：战国时战国将领。惠文王时拜为上卿，后任相国，封信平君。晚年抑郁不得志，愤而奔魏，后又离魏适楚，死于寿春（今安徽寿县）。

⑭ 奔魏：出奔到魏国。廉颇到魏国后，并不被任用，不得已又离魏到楚国。

⑮ 魏不能用：魏国并不任用廉颇。用，又作"信用"。

⑯ 赵数困于秦：赵国连续多次受到秦国的包围攻击。

⑰ 赵人：赵国人，或指赵王。

⑱ 思复得廉颇：希望再得到廉颇为将。

用①。赵王②因使使魏③,视颇尚可用不④。郭开⑤怨颇⑥(郭开,颇之仇⑦也),不欲令还⑧,多与使者金⑨,令毁之⑩。使者视颇⑪为一饭一斗米、十斤肉,被甲⑫上马,以示可用⑬。使者还报⑭曰:"廉将军年虽老,尚善饭⑮。然与臣⑯少顷⑰三遗尿⑱矣"。王以为老⑲,遂不召⑳。

① 复为赵用:重新得到赵国的重用。

② 赵王:赵孝成王,名丹,为赵惠文王之子。在位二十一年。

③ 因使使魏:因此派使者去魏国。前一个"使",意为派遣。后一个"使"指使臣。

④ 视颇尚可用不:看看廉颇还可不可以委以重任。

⑤ 郭开:人名。

⑥ 怨颇:憎恨廉颇。

⑦ 仇:仇敌,对头。

⑧ 不欲令还:不想让廉颇回赵国。

⑨ 多与使者金:给了使者很多钱。金,钱。

⑩ 令毁之:让使者回国讲廉颇的坏话。毁,诽谤。

⑪ 颇:廉颇。

⑫ 被甲:披上铠甲。

⑬ 以示可用:表示自己还能为国所用。

⑭ 还报:回赵国报告赵王。

⑮ 尚善饭:还很能吃饭。

⑯ 与臣:今《史记》作"与臣坐"。

⑰ 少顷:不大一会儿。

⑱ 三遗尿:小便了三次。以此说明体弱。尿,今《史记》又作"矢",即屎。

⑲ 王以为老:赵王认为廉颇已经衰老了。

⑳ 不召:没有召廉颇回国。

【0435】又曰①：孟尝君②待客夜食③，有人蔽④火光⑤。客怒⑥，以为饭不等⑦，辍食辞去⑧。孟尝君起⑨，自持其饭比之⑩。客惭⑪，自刎⑫。

【0436】《汉书》曰⑬：公孙弘⑭为丞相，食脱粟之饭⑮。

---

① 此节选自《史记·孟尝君列传》。

② 孟尝君：田文，战国时齐国宗室大臣。袭封于薛（今山东滕州东南），称薛公，为"战国四君子"之一。一度任秦相，后回国任齐相，后又任魏相。

③ 待客夜食：在夜晚招待客人吃饭。

④ 蔽：遮挡。

⑤ 火光：灯光。

⑥ 客怒：一个客人生起气来。

⑦ 以为饭不等：认为宾主的饭不一样。等，同。

⑧ 辍食辞去：停止进食而离去。

⑨ 起：站起身来。

⑩ 自持其饭比之：拿起自己的饭同这客人的饭比较。以示同样。

⑪ 惭：惭愧。

⑫ 自刎：自杀而死。割颈部，以此谢罪。

⑬ 此节选自《汉书·公孙弘传》。

⑭ 公孙弘（公元前200—前121年）：西汉大臣。菑（lín）川（今山东寿光南）人。六十岁以贤良征为博士，先后任左内史、御史大史、丞相，封平津侯。

⑮ 脱粟之饭：指粗糙的饭食。脱粟，小米。

【0437】又曰①：王莽②使中黄门③王业④领长安市买⑤，莽⑥闻城中饥馑⑦，以问业⑧。业取市所卖粱饭肉羹，持入视莽⑨，曰："民食咸如此⑩。"莽信之⑪。

【0438】《续汉书》曰⑫：羊陟⑬拜河南尹，常食干饭⑭。

---

① 此节选自《汉书·王莽传》。

② 王莽：新朝建立者。字巨君（公元前45—23年）。西汉末封新都侯，后称帝改国号为新。十年后爆发全国性农民起义，几年后被杀，新朝亡。

③ 中黄门：官名，给事内廷，由宦者充任。

④ 王业：人名。

⑤ 领长安市买：管理长安城采买事务。《御览》无"市买"二字，意不明。

⑥ 莽：王莽。

⑦ 饥馑：灾荒年庄稼无收成。《尔雅·释天》："谷不熟为饥，蔬不熟为馑。"

⑧ 业：王业。

⑨ 持入视莽：拿进宫里给王莽看。

⑩ 民食咸如此：城内人所吃的都是这些东西。咸，都。

⑪ 莽信之：王莽相信了这话。

⑫ 此节选自《后汉书·党锢（羊陟）列传》。

⑬ 羊陟：字嗣祖，梁父（今山东泰安东南）人。官冀州刺史，累拜尚书令、河南尹，常食干饭菇菜。

⑭ 干饭：晒干了的饭，见前注。

【0439】《后汉书》曰①：王郎②起③，光武④至南宫⑤，遇大风雨，引车⑥入道傍空舍⑦。冯异⑧抱薪⑨，邓禹爇火⑩，光武对灶燎衣⑪。异⑫时麦饭⑬、兔肩⑭。

【0440】谢丞《后汉书》曰：左雄⑮为冀州⑯刺史，长

---

① 此节选自《后汉书·冯异列传》。

② 王郎：王昌（？—公元4年），邯郸（今河北邯郸）人。西汉宗室刘林在邯郸立他为天子，后被刘秀破城，死于逃亡途中。

③ 起：起兵。

④ 光武：东汉皇帝刘秀（公元前6—57年），字文叔，南阳蔡阳（今湖北枣阳西南）人。公元5年称帝，定都洛阳，建立东汉王朝。

⑤ 南宫：县名。

⑥ 引车：引导车驾。

⑦ 空舍：无人居住的房子。

⑧ 冯异：东汉初将领。字公孙（？—公元34年），颍川父城（今河南宝丰东）人。封阳夏侯，任征西将军，后死军中。

⑨ 抱薪：准备柴火。

⑩ 爇（ruò）火：烧火。爇，燃烧。

⑪ 对灶燎衣：在灶边烤干浇湿了的衣服。

⑫ 异：冯异。

⑬ 麦饭：麦粒所蒸的饭。

⑭ 兔肩：兔腿。

⑮ 左雄：东汉学者。字伯豪（？—公元138年），南郡涅阳（今河南镇平南）人。任至尚书令。

⑯ 冀州：东汉治所在高邑（今河北柏乡北）。

食①干饭。司马苞②为太尉，常食滤饭③。李固④为太尉，常食麦饭。王畅⑤为南阳⑥太守，作饭盐豉菜茹⑦。羊茂⑧为东郡⑨太守，常食干饭。胡劭⑩为淮南⑪太守，使钤下⑫阁外炊⑬，曝⑭作干饭。

【0441】《汉旧仪》⑮曰：齐法⑯：二人施案⑰，陈三十六肉食⑱，九谷饭⑲。

---

① 长食：经常所食。

② 司马苞：字仲成，官太尉。食粗饭，穿布衣，妻子不厉官舍。

③ 滤饭：过水之饭。

④ 李固：东汉大臣。字子坚（公元94—147年），汉中南郑（今陕西汉中）人。官至太尉，参录尚书事。

⑤ 王畅：字叔茂。先拜南阳太守，后官长乐校尉，迁司空。

⑥ 南阳：郡名，治所在宛县（今河南南阳）。

⑦ 作饭盐豉菜茹：用咸豆豉和蔬菜佐饭。作，佐。茹，蔬菜的总称。

⑧ 羊茂：字季宝，官东郡太守。冬坐白羊皮，夏坐榆木板床，出郡界自买盐豉而食，常食干饭。

⑨ 东郡：汉代治所在濮阳（今河南濮阳西南）。

⑩ 胡劭（shào）：人名。

⑪ 淮南：郡名。

⑫ 钤（qián）下：下属。钤，本意为车辖、锁，转有辖、属之意。

⑬ 阁外炊：野炊。阁，古指官员的办公室。

⑭ 曝：晒。

⑮ 《汉旧仪》：汉卫宏撰，佚。清人有多种辑本，存二卷。

⑯ 齐法：排列之法。

⑰ 施案：摆放桌案。

⑱ 陈三十六肉食：陈放有三十六种肉食。陈，陈放。

⑲ 九谷饭：九种饭食。九谷指稷、秫、黍、稻、麻、大豆、小豆、大麦、小麦。

【0442】《魏书》曰①：卞太后②左右③，食菜粟饭④，无鱼肉⑤。

【0443】《魏略》⑥曰：王朗⑦会稽败⑧，太祖⑨盛会，嘲⑩之曰："不能效君昔在会稽折粳米饭⑪。"朗⑫曰："宜适难值⑬。如朗者⑭，未可折而折⑮。明公⑯今日，可折而不折⑰也。"

---

① 此节见《三国志·魏书·后妃传》注引。

② 卞太后：魏文帝曹丕之母，本出倡家。曹操时拜为王太后，文帝尊为皇太后。饮食俭节，不尚奢华。

③ 左右：随侍婢仆等。

④ 食菜粟饭：粗饭蔬食。

⑤ 无鱼肉：《御览》未引此句。

⑥ 《魏略》：书名，见前注。此节见《三国志·魏书·王朗传》注引。

⑦ 王朗（？—公元228年）：三国时魏国大臣。字景兴，东海（今山东郯城北）人。任司空、司封兰陵侯。

⑧ 会稽败：败于会稽，指败于吴国孙策。参见《三国志·魏书·王朗传》。

⑨ 太祖：曹操。

⑩ 啁（zhāo）：通"嘲"。

⑪ 不能效君昔在会稽折粳米饭：没法学你过去在会稽倾倒粳米饭的样子。指王朗会稽之败，仓促浮海去。效，仿效，重演之意。折，毁弃。粳米，粳稻米，米粒略圆，黏性较强，胀性小。

⑫ 朗：王朗。

⑬ 宜适难值：难得你这么样的批评。适，指责。

⑭ 如朗者：像我王朗这样的人。

⑮ 未可折而折：那饭本不该折的却让我折了。言会稽一战本不该败。

⑯ 明公：尊称曹操。

⑰ 可折而不折：该折的却没折。言可能要败却并没败。赞扬之词。

【0444】《吴书》曰：袁术①在寿春②，百姓饥穷，以桑椹③、蝗虫④为干饭。

【0445】又曰⑤：是仪⑥服不精细⑦，食不重膳⑧，家无储蓄⑨。孙权闻之，幸仪舍⑩，求视蔬饭⑪，亲尝⑫之。叹息，即增俸赐⑬。

【0446】《晋书》⑭曰：石崇⑮家稻米饭在地，经宿⑯皆

---

① 袁术：东汉末世族豪强。字公路（？—公元199年），汝南汝阳（今河南商水西南）人。于建安二年（197年）在寿春称帝，后被曹操击败，忧病而死。

② 寿春：县名，治所在今安徽寿县。

③ 桑椹：桑树果实，可入药。

④ 蝗虫：多食性害虫。能成群远飞的叫飞蝗，飞不远的叫土蝗。

⑤ 此节见《三国志·吴书·是仪传》。

⑥ 是仪：三国吴官吏。字子羽，营陵人。本姓"氏"，受孔融嘲，改作"是"。依刘繇（yáo），避乱江东，孙权徵典机密，使辅太子。以尚书仆射领鲁王傅。尽忠规谏，与人恭敬，不治产业。年81卒。

⑦ 服不精细：衣服不求精美。

⑧ 食不重膳：主食只有一种饭。重膳，多种多样的膳食。

⑨ 储蓄：积蓄。

⑩ 幸仪舍：来到是仪的住所。幸，特指皇帝到某处去。

⑪ 求视蔬饭：要求看看是仪家里所吃的饭菜。

⑫ 亲尝：亲口尝一尝。

⑬ 即增俸赐：马上增加了是仪的俸禄。

⑭ 此节选自《晋书·石崇列传》。

⑮ 石崇：西晋大臣。字季伦（公元249—300年），渤海南皮（今河北南皮北）人。官至太仆、征虏将军、都督徐州诸军事。"八王之乱"中，为孙秀所杀。

⑯ 经宿：过了一夜。

化为螺①,时人以为族灭之应②。

【0447】又曰③:卫瓘④家人炊饭,堕地⑤尽化为螺,岁余而及祸⑥也。

【0448】又曰⑦:殷仲堪⑧自在荆州⑨,连年水旱,百姓饥馑。仲堪食常五碗⑩,盘无余肴⑪,饭粒落席⑫间,则拾以啖之⑬。虽欲率物⑭,亦缘⑮其性⑯真素⑰也。

---

① 皆化为螺:都变成了螺蛳。

② 族灭之应:灭族的应兆。

③ 此节选自《晋书·卫瓘列传》。

④ 卫瓘:西晋大臣。字伯玉(公元220—291年),河东安邑(今山西夏县西北)人。西晋初,拜尚书令,迁司空。因对立司马衷为太子持有异议,为贾妃(南风)所怨,后被贾南风指使楚王司玮所杀。

⑤ 堕地:饭粒落在地上。

⑥ 岁余而及祸:过了一年多就遭了杀身之祸。见上注,卫瓘子孙九人一同被杀。

⑦ 此节选自《晋书·殷仲堪列传》。

⑧ 殷仲堪(?—公元399年):东晋将领。陈郡(今河南淮阳)人。先召为太子中庶子,复领黄门侍郎。后在同桓玄火拼中被逼令自杀。

⑨ 自在荆州:晋武帝曾授殷仲堪都督荆、益、宁三州军事、振威将军、荆州刺史,镇江陵。

⑩ 食常五碗:言一顿常吃五碗饭菜。

⑪ 盘无余肴:盘子里的菜肴一点不剩。

⑫ 席:座席。这里指饭桌。

⑬ 拾以啖之:把落下的饭粒捡起来吃掉。

⑭ 率物:惜物的意思。率,即敛。

⑮ 缘:因为。

⑯ 性:本性。

⑰ 真素:质朴。

【0449】《宋书》曰①：衡阳王②义季③都督荆州，尝大蒐于郊④。有野老⑤带苫而耕⑥，命左右斥⑦之。老人拥耒⑧对曰："昔有楚子⑨盘游⑩，受讥令尹⑪。今阳和扇气⑫，播厥之始⑬。一日不作⑭，人失其时⑮。大王⑯驰骋为乐⑰，驱斥

---

① 今本《宋书》无此文，见载于《南史·衡阳文王义季列传》。

② 衡阳王：封号。

③ 义季：刘义季，宋武帝第七子，封衡阳王。官安西将军、荆州刺史等。嗜酒。

④ 大蒐（sōu）于郊：又作"大蒐于郢（yīng）"。指在郊外大规模围猎。蒐，春天打猎。

⑤ 野老：老农。

⑥ 带苫而耕：披着蓑衣翻地。苫，本指草帘。

⑦ 斥：驱赶。

⑧ 拥耒（lěi）：拿着"铲"。拥，抱；持。耒，形状像叉的翻土农具。《御览》耒作"来"，误。

⑨ 楚子：楚王，何指不详。

⑩ 盘游：以打猎为乐，为"盘于游田"之省，见《尚书·无逸》。盘，乐。

⑪ 受讥令尹：受到令尹的讥讽。令尹，楚相国称为"令尹"。

⑫ 阳和扇气：风和日暖，地气发动。扇，动。

⑬ 播厥之始：春播开始。播厥，耕种。

⑭ 一日不作：一天不抓紧耕作。

⑮ 人失其时：人就会误了农时。

⑯ 大王：尊称刘义季。

⑰ 驰骋为乐：指以游猎为乐。

老夫①,非劝农之意②。"义季止马③曰:"此贤者④也!"命赐之食⑤。老人曰:"吁⑥!愿大王均其赐⑦也。苟不夺人时⑧,则一时皆享王赐⑨,老人不偏其私⑩矣。斯饭⑪也,弗敢当⑫。"问其名⑬,不言而退⑭。

【0450】《南史》曰⑮:宋初⑯,吴郡⑰人陈遗⑱,少

---

① 老夫:农夫的自称。

② 非劝农之意:不符合劝农的本意。劝农,鼓励农民,勤于耕作。

③ 止马:停止坐骑。

④ 此贤者:称赞老农为贤能之人。

⑤ 赐之食:赐给老农食物。

⑥ 吁(xū):叹气,表示惊异。

⑦ 均其赐:使大家都能得到恩赐。均,都。

⑧ 苟不夺人时:如果不耽误农夫的季节。苟,如果。

⑨ 则一时皆享王赐:这样,我们大家等于都享受到大王的恩赐了。一时,一季,代指一年。

⑩ 不偏其私:不想只自己得一点利益。偏,部分。

⑪ 斯饭:这饭。指刘义季赏给老农的饭食。

⑫ 弗敢当:不敢当。不受刘义季赏赐之意。

⑬ 问其名:指刘义秀问农夫名姓。

⑭ 不言而退:老农没告诉就走开了。

⑮ 此节选自《南史·孝义列传》。

⑯ 宋初:南朝刘宋初年,指公元420年以后。

⑰ 吴郡:治所在吴县(今江苏苏州)。

⑱ 陈遗:南朝宋初为郡吏,事母孝。

为郡吏①。母好食铛底饭②,遗③在役④,恒⑤带一囊⑥,每煮食则录其焦⑦以贻母⑧。后孙恩乱⑨,聚得数斗⑩,恒带自随⑪。及败逃窜,多有饿死,遗⑫因此得活⑬。母昼夜泣涕,目为失明⑭,耳无所闻⑮。遗还⑯,入户⑰,再拜号咽⑱,母豁然即明⑲。

---

① 少为郡吏:年轻时为本郡小吏。

② 铛(chēng)底饭:烧焦的锅巴。铛,平底锅。

③ 遗:陈遗。

④ 在役:当班;上班。

⑤ 恒:经常。

⑥ 囊:口袋。

⑦ 录其焦:挑出饭中烧焦的锅巴。

⑧ 贻母:送给母亲吃。

⑨ 孙恩乱:孙恩领导的农民起义。《御览》作"孙息",误。孙恩(?—公元402年),东晋末农民起义领袖,字灵秀,琅玡(今山东临沂北)人。世奉五斗米道,流亡翁州(今浙江舟山群岛),五次率农民起义军登陆与晋军作战,失败后自杀。

⑩ 聚得数斗:攒下几斗锅巴。

⑪ 恒带自随:常常都随身带着(指住在哪里就带到哪里)。

⑫ 遗:陈遗。

⑬ 因此得活:因锅巴而免于一死。

⑭ 目为失明:眼睛都哭瞎了。

⑮ 耳无所闻:耳朵一点儿也听不见了。

⑯ 遗还:陈遗在动乱之后回到家里。

⑰ 入户:进了家门。

⑱ 号咽:见母后伤心地大哭起来。

⑲ 豁然即明:顿时眼睛又看得见了。豁然,本形容开阔、通达。

【0451】《梁书》曰①：谢蔺②五岁时，父亡未食，乳媪③欲令饭④，蔺⑤终不进⑥。舅阮孝绪⑦闻之⑧，叹曰："此儿在家则曾子之流⑨，事君⑩则蔺生之匹⑪。"因名曰"蔺"。稍授以经史⑫，过目便能讽诵⑬。孝绪每曰⑭："吾家阳元⑮也！"（袁淑家阳元⑯）

---

① 此节选自《梁书·谢蔺列传》。

② 谢蔺：《御览》作"谢蘭"，误。谢蔺字希如。官至散骑侍郎。母亡悲伤过度，月余而卒。

③ 乳媪（ǎo）：奶母。

④ 欲令饭：想叫谢蔺吃饭。

⑤ 蔺：谢蔺，此处《御览》误作"蘭"。

⑥ 终不进：言坚持不先于父母吃饭。进，进食。

⑦ 阮孝绪：南朝梁目录学家。字士宗（公元479—536年），陈留尉氏（今河南尉氏）人。撰《七录》，将当时所见图书六千余种分为七录，已佚。

⑧ 闻之：听说了这件事。

⑨ 在家则曾子之流：在家侍奉父母，会成为像曾子那么孝顺的人。曾子，曾参，孔子的得意门人，以孝行见称。

⑩ 事君：为国家服务。君，皇帝，代指国家。

⑪ 蔺生之匹：与蔺生一样。蔺生，蔺相如，战国赵国大臣，随侍孝成王赴渑池之会，面斥强秦，不辱国体，以功任为上卿。

⑫ 经史：经典史籍。

⑬ 过目便能讽诵：看一遍就能背诵。讽诵，背诵。

⑭ 每曰：常常说。

⑮ 阳元：指南朝刘宋袁淑，字阳源。累迁太子左卫率，后被害。

⑯ 袁淑家阳元：应为"袁淑字阳元（源）"，家为"字"之误。

【0452】又曰①：齐苟儿之役②，临汝侯③嘲④罗研之⑤曰："卿蜀人⑥，乐祸贪乱⑦，一至于此⑧。"对曰："蜀中⑨积弊⑩，实非一朝⑪。百家为村⑫，不过数家有食⑬，穷迫之人十有八、九⑭。缚束之使⑮，旬有二三⑯。贪乱乐祸，无足多怪⑰。若令家畜五母之鸡⑱，一母之豕⑲，床上有百钱布

---

① 此节选自《南史·罗研列传》。

② 齐苟儿之役：当指发生在蜀地的一次战事。齐苟儿，今《南史》作"齐苟儿"。

③ 临汝侯：封号，姓氏不详。或指临汝公萧子卿，后封庐陵王。

④ 嘲：嘲笑。

⑤ 罗研之：罗研，字深微，广汉（今四川广汉北）人。官散骑侍郎、别驾从事。

⑥ 卿蜀人：你是蜀中人。卿，尊称"你"。蜀，指今四川一带。

⑦ 祸贪乱：喜欢祸乱，乐于闹事。

⑧ 一至于此：才弄到现在这个地步。

⑨ 蜀中：泛指今四川一带。

⑩ 积弊：长期形成延续下来的弊端。

⑪ 实非一朝：由来已久。

⑫ 百家为村：一百户组成一个村落。

⑬ 数家有食：一村中只几家能有饱饭吃。

⑭ 穷迫之人十有八、九：一村中十分之八九的人都很穷困。

⑮ 缚束之使：又作"束缚之使"，指抓人去服劳役。

⑯ 旬有二三：十天之内就要抓走两三人。

⑰ 无足多怪：不足为怪。

⑱ 五母之鸡：五只母鸡。一家养有五只母鸡。

⑲ 一母之豕：一头母猪。

被①，甑中有数升麦饭②，虽③苏张④巧说于前⑤，韩白⑥按剑于后⑦，将不能使一夫为盗⑧，况贪乱乎⑨？"

【0453】又曰⑩：鱼弘⑪为湘东王⑫镇西司马⑬，述职⑭西上。道中乏食⑮，缘路⑯采麦米⑰饭给所部⑱。弘度之所⑲，

---

① 百钱布被：价值百钱的被褥。比喻一般生活所需，不求很好。

② 甑中有数升麦饭：每顿都有几升麦米饭充饥。

③ 虽：即便。

④ 苏张：战国时的纵横家苏秦和张仪，言辞极富鼓动性。

⑤ 巧说于前：在面前巧语相劝。

⑥ 韩白：韩信和白起。韩信为西汉初军事家，后为吕后所杀。白起为战国秦的大将，后被逼自杀。两人都是领兵打仗的历史名将。

⑦ 按剑于后：比喻在身后督阵。

⑧ 将不能使一夫为盗：也无法使一个人变为盗贼。

⑨ 况贪乱乎：又何况会乐于战乱呢？

⑩ 此节本选自《南史·鱼弘列传》，不见于《梁书》本传。

⑪ 鱼弘：襄阳（今属湖北）人。性奢靡，侍妾百余人。累官新兴、永宁两郡太宋。

⑫ 湘东王：梁元帝萧绎（公元508—554年），字世诚，梁武帝第七子。封湘东王，讨平侯景后即帝位于江陵，后战败被杀。

⑬ 镇西司马：官名。

⑭ 述职：指派到外地担任要职的官员回朝报告任职情况。

⑮ 道中乏食：中途没有吃的。

⑯ 缘路：沿路。

⑰ 麦米：又作"菱米"。

⑱ 给所部：供给部下以为食粮。

⑲ 弘度之所：凡鱼弘到过的地方。度，过。

后人觅一麦不得①。又于穷洲②之上捕得数百猕猴③,以为脯④,以供酒食。

【0454】又曰⑤:傅翙⑥代⑦刘玄明⑧为山阴⑨令,问玄明曰:"愿以旧政造新令尹⑩。"答曰:"我有奇术⑪,卿家谱所不载⑫,临别当相示⑬。"既而曰:"作县唯日食一升饭而莫饮酒⑭,此第一策⑮也。"

---

① 觅一麦不得:要找到一粒麦子都很困难。麦,又作"菱"。

② 穷洲:地名。

③ 猕猴:又叫恒河猴,灰毛,腰下橙黄色,有光泽。

④ 脯:肉干。

⑤ 此节选自《南史·循吏列传》。

⑥ 傅翙(huì):南朝梁官吏,历山阴令、建康令,所至有能名。官至骠将谘议。

⑦ 代:取代。

⑧ 刘玄明:临淮人,为山阴令,有吏能,大著名绩。

⑨ 山阴:县名,治所在今浙江绍兴。

⑩ 愿以旧政造新令尹:希望把前任的为政经验传授给新上任的县令。旧政,指前任县令的治县经验。造,又作"告",可作"传授"解。

⑪ 奇术:奇妙的本领、办法。

⑫ 卿家谱所不载:你的家谱上不会记有这些办法。可能意指傅翙先祖中从没做官的。家谱,封建家族记载本族世系和事迹的书或图表。

⑬ 临别当相示:分别时一定给你看。

⑭ 作县唯日食一升饭而莫饮酒:一天只吃一升饭,不要饮酒。意为不要吃多饮醉。作县,当县令。

⑮ 此第一策:这是最要紧的一条办法。

【0455】又曰①：裴元礼②为西豫州③刺史，母忧居丧④，唯食麦饭。

【0456】又曰⑤：沈众⑥永定三年⑦，兼兵部尚书⑧，监起⑨太极殿⑩。恒衣布袍⑪、芒屩⑫，以麻绳为带⑬。又囊麦饭䴺⑭以噉之。朝士⑮咸共诮其所为⑯。

---

① 此节不见《梁书》和《南史》，《北史》本传不载。

② 裴元礼：人名。

③ 西豫州：北魏所置，治所在悬瓠城（今河南汝南）。

④ 母忧居丧：母亲死后服丧。忧，指父母的丧事。

⑤ 此节选自《南史·沈约列传》。

⑥ 沈众：字仲师。有文才，仕梁为太子舍人，累官左民尚书。武帝时迁中书令，因非毁朝政，获罪赐死。

⑦ 永定三年：公元559年。永定为南朝陈武帝在位的年号，为公元557—560年。

⑧ 兵部尚书：兵部长官为兵部尚书。兵部为古代政府机构六部之一，掌全国武官的选用和兵籍、军械、军令之政。

⑨ 监起：监造。

⑩ 太极殿：宫殿名。

⑪ 恒衣布袍：常常穿着布衣。喻俭朴之意。

⑫ 芒屩（juē）：麻鞋。

⑬ 带：腰带。

⑭ 囊麦饭䴺（bǎn）：用口袋装着麦饭䴺。可能作为午餐。䴺，古指碎米饼。

⑮ 朝士：在朝庭做官的人。

⑯ 咸共诮（qiào）其所为：都在一起讥讽他的这些行为。咸共，一起；共同。诮，责备；讽刺。

【0457】《陈书》①曰：孔奂②为武康③令，武帝④尅日决战。乃令奂⑤多营⑥麦饭，以荷叶⑦裹之，一宿之间，得数万裹⑧。军人食讫⑨，尽弃其余⑩。

【0458】崔鸿《前秦录》⑪曰：苻坚⑫以乞活夏点⑬为左镇郎⑭，胡人⑮护磨那⑯为右镇郎，奄人⑰申香⑱为拂盖郎⑲。

---

① 《陈书》：二十四史之一，唐姚思廉撰。共三十六卷，主要记载了南朝陈代（公元557—589年）三十三年的历史。

② 孔奂：字休文，官至吏部尚书、弘范宫卫尉等。

③ 武康：今本《陈书》作"建康"，即今江苏南京。

④ 武帝：陈武帝陈霸先（公元503—559年），南朝陈建立者。字兴国，吴兴长城（今浙江长兴）人。在位三年。

⑤ 奂：孔奂。

⑥ 多营：多多准备。

⑦ 荷叶：藕在水面的叶子，圆而大。

⑧ 裹：包。量词。

⑨ 食讫（qì）：食毕。讫，终了；完毕。

⑩ 尽弃其余：把没吃完的都扔了。

⑪ 《前秦录》：为《十六国春秋》之一部。记载前秦一代史事。

⑫ 苻坚：《御览》作"符坚"。苻坚（公元338—385年）为十六国时前秦国王。字永固，略阳临渭（今甘肃天水县东）氐人。公元357年自立，称大秦天王，先后攻灭前燕、前凉和代，在与东晋王朝的淝水一战中大败。后逃入山中，被俘杀。

⑬ 乞活夏点：人名。乞活为姓。

⑭ 左镇郎：军将名。

⑮ 胡人：古代指少数民族人。

⑯ 护磨那：人名。

⑰ 奄人：宦官。奄，通"阉"。

⑱ 申香：人名。

⑲ 拂盖郎：官名，当为侍从官一类。

点等①身长一丈八尺②,并多力善射③。每食饭一石④、肉三十斤。

【0459】《后魏书》曰⑤:杨播兄弟⑥雍睦⑦,播⑧每出⑨或日斜不至⑩,不先饭⑪,待还然后食⑫。

【0460】又曰⑬:卢义僖⑭为都官尚书⑮,性清俭⑯,不

---

① 点等:指上列乞活夏点、护磨那、申香等人。

② 一丈八尺:当今四米余,显然为夸大之辞。

③ 善射:射术高明。

④ 每食饭一石:一顿饭吃一石。十斗为一石。

⑤ 此节选自《魏书·杨播列传》。

⑥ 杨播兄弟:共八人,即杨播(延庆)、椿(延寿)、颖(惠哲)、顺(延和)、津(罗汉)、暐(延季)、族弟钧及阿难。

⑦ 雍睦:和睦。

⑧ 播:杨播。《魏书》作"椿",为播之弟。

⑨ 出:外出。

⑩ 日斜不至:太阳偏西不见人回。

⑪ 不先饭:兄长未回,兄弟们不先吃饭。

⑫ 待还然后食:等兄长回家后再吃。待,等候。还,回还。

⑬ 此节选自《魏书·卢玄列传》。

⑭ 卢仪僖:字远庆,历都官尚书、骠骑大将军等。

⑮ 都官尚书:官名。

⑯ 清俭:清廉俭朴。

营财利①。虽居显位②,每至困乏③,麦饭蔬食④,然亦甘之⑤也。

【0461】又曰⑥:阚骃⑦家甚贫弊⑧,不免饥寒⑨。性能多食⑩,一饭至三斗乃饱。卒⑪,无后⑫。

【0462】《唐书》曰⑬:太宗⑭谓侍臣曰:"朕⑮自皇太子立⑯也,遇物必诲⑰。见其将饭⑱,告稼穑⑲艰难,不夺农

---

① 不营财利:不追求财物谋求私利。

② 显位:要职。

③ 每至困乏:常常弄得生活很困难。困乏,这里指生活困难,非疲倦之意。

④ 麦饭蔬食:粗饭素菜。

⑤ 然亦甘之:又作"忻然甘之"。比喻吃得很香甜。

⑥ 此节选自《魏书·阚(kàn)骃(yīn)列传》

⑦ 阚骃:人名,字玄阴,官至尚书,撰有《十三州志等》。《御览》骃作"因"。

⑧ 家甚贫弊:家里十分贫穷。《御览》无"家"字。

⑨ 不免饥寒:免不了挨饿受冻。

⑩ 性能多食:生性吃得很多。

⑪ 卒:死。

⑫ 无后:没有后代。

⑬ 此节为《旧唐书·太宗纪》佚文。

⑭ 太宗:唐太宗李世民(公元599—649年)。公元626年发动杀死太子李建成和齐王李元吉的"玄武门之变",迫使李渊传让皇位。在位二十三年。

⑮ 朕:我,我的。秦始皇以后专用作皇帝的自称。

⑯ 自皇太子立:自从立了皇太子。皇太子,指太宗太子李承乾,后被废,又立李治为太子。李治即后来即皇位的唐高宗,为太宗第九子。

⑰ 遇物必诲:遇事都必定教诲一番。

⑱ 见其将饭:看到太子准备吃饭。

⑲ 稼穑(sè):耕种收获。泛指农业生产劳动。

时①，乃可常有②。"

【0463】又曰③：蒋沇④乾元⑤后授陆浑⑥、盩厔⑦、咸阳⑧、高陵⑨四令⑩。当军旋⑪之后，疮痍未平⑫。沇⑬竭心抚劳⑭，所至安辑⑮。副元帅⑯郭子仪⑰每统兵⑱由其县⑲，必诫⑳

---

① 不夺农时：不误农耕季节。

② 常有：常有吃的。

③ 此节出自《旧唐书》何卷不详，疑为佚文。

④ 蒋沇：人名。

⑤ 乾元：唐肃宗李亨在位年号之一，当公元758—760年。

⑥ 陆浑：县名。

⑦ 盩（zhōu）厔（zhì）：县名，即今陕西周至，音同。

⑧ 咸阳：县名，旧址在今陕西咸阳东北二十里。

⑨ 高陵：县名，旧址在今陕西高陵。

⑩ 四令：四县县令。《御览》中四作"西"，疑误。

⑪ 军旋：军队凯旋。当指平定"安史之乱"以后。

⑫ 疮痍未平：战争创伤尚未恢复。

⑬ 沇：蒋沇。

⑭ 竭心抚劳：尽心安抚民众。

⑮ 所至安辑：所到之处，人民安居乐业。安辑，安抚；安定。

⑯ 副元帅：本作"关内副元帅"，军职名。

⑰ 郭子仪（公元697—781年）：唐朝大臣。华州郑县（今陕西华县）人。镇压安史之乱的主要将领，进中书令，封汾阳郡王。德宗即位，尊之为尚父，罢兵权。

⑱ 统兵：领兵。

⑲ 由其县：经过蒋沇所管的几个县。

⑳ 诫：告诫。

军吏①曰:"蒋令②清严③,备办供亿④,固当有素⑤。士众⑥得蔬饭⑦,见馈则已⑧,无挠清政⑨。"其⑩为时人所知⑪如此。

【0464】《墨子·守备》曰:干饭人二升⑫,以备阴雨⑬。

【0465】《晏子春秋》曰⑭:晏子相齐,食脱粟之饭。

【0466】《尹文子》⑮曰:晋国⑯俗奢⑰,文公⑱俭以矫之⑲,因食脱粟之饭。

---

① 军吏:军官。

② 蒋令:蒋沅县令。

③ 清严:清廉严明。

④ 备办供亿:筹办军饷等。供亿,供其匮乏,使之安顿。

⑤ 固当有素:本当有一定的规矩。素,平素;旧。

⑥ 士众:士兵。

⑦ 蔬饭:素饭。

⑧ 见馈则已:只要给一点吃的就可以。馈,赠送食物。

⑨ 无挠清政:不要干扰了清政。言不可要求过高。

⑩ 其:蒋沅。

⑪ 知:了解。

⑫ 干饭人二升:每人备办干饭两升。指用于守城。

⑬ 以备阴雨:防备阴雨天。

⑭ 此节前已引,重复。

⑮ 《尹文子》:周尹文撰,一卷。疑为伪托。

⑯ 晋国:周代诸侯国(公元前十一世纪中叶至前四世纪中叶),在今山西、河北南部一带,后被韩、赵、魏三家所灭。

⑰ 奢:奢侈。

⑱ 文公:晋文公(?—公元前628年),名重耳。春秋时晋国君,曾出奔在外十九年。回国即位,经城濮一战,大败楚军,后成为霸主。

⑲ 俭以矫之:提倡节俭,以纠正奢侈的民风。矫,纠正。

【0467】《庄子》曰①：子舆②与子桑③友，而霖雨十日④。子舆曰："子桑殆⑤病矣！"裹饭而往食之⑥。

【0468】又曰⑦：宋钘尹文⑧其为人太多⑨，其自为太少⑩。日请置五升之饭足矣⑪（斯⑫明自为之太少也）。

【0469】《列子》⑬曰："楚灵王⑭好细腰⑮，臣皆以三

---

① 此节选自《庄子·大宗师》。

② 子舆：曾参，字子舆，为孔子的得意门人。

③ 子桑：人名。

④ 霖雨十日：连下了十天大雨。连日的大雨称为霖雨。

⑤ 殆：大概，恐怕。

⑥ 裹饭而往食之：包好饭送给子桑去吃。

⑦ 此节选自《庄子·天下》。

⑧ 宋钘（xíng）尹文：两人名。宋钘，战国思想家，又称宋荣，宋国人。与尹文同游稷下，提倡忘我精神。尹文，战国思想家，齐国人。今传《尹文子》上下篇，疑为伪托。

⑨ 为人太多：为别人想得、做得太多。

⑩ 自为太少：为自己想得太少。

⑪ 日请置五升之饭足矣：只求准备五升饭就认为足够了。今本《庄子》作："日请欲固置五升之饭足矣。"

⑫ 斯：此；这。

⑬ 《列子》：相传为战国列御寇撰，原书已佚。今本一般认为是晋人的作品，其中保留了许多民间故事、寓言和神话传说。

⑭ 楚灵王：春秋楚国国君。名围，即位改名熊虔。后因内乱奔走山中，自缢于旧臣之家。

⑮ 好细腰：宠爱腰细苗条的人。楚王好细腰的说法还见于《晏子春秋·外篇》和《荀子·君道》等。

饭为节①，期年②有黧黑③之色。

【0470】《孟子》曰④：齐人⑤有一妻一妾，其良人⑥出⑦，行则厌酒肉⑧而后返⑨。欺⑩其妻云："富贵人共饭食⑪也。"其后妻向其所之⑫，乃就郊外⑬乞人祭饭⑭。

【0471】《韩子》曰⑮：尧⑯，粝蒸之饭⑰。

【0472】又曰⑱：孙叔敖为令尹，粝饭菜羹，枯鱼⑲之膳。

---

① 以三饭为节：一天以吃三顿为限。古代有一天吃四顿、五顿的说法，三饭显然为节食之法。

② 期年：指一周年。

③ 黧（lí）黑：面目发黑。

④ 此节选自《孟子·离娄下》。所引非原文。

⑤ 齐人：齐国某人。

⑥ 良人：古时妻称丈夫曰"良人"。

⑦ 出：外出。

⑧ 厌酒肉：喝足酒吃饱肉。厌，饱。

⑨ 返：回家。

⑩ 欺：欺骗。

⑪ 富贵人共饭食：同富贵的人在一起吃的饭。以此抬高身价。

⑫ 向其所之：意为跟踪丈夫看他所去何处。向，去向。

⑬ 郊外：指野外。

⑭ 乞人祭饭：向人讨要祭祀用的食物吃。

⑮ 此节不详出《韩非子》何篇。

⑯ 尧：传说中炎黄联盟首领，名放勋，史称唐尧。

⑰ 粝蒸之饭：粗劣的饭食。粝，粗米。

⑱ 此节前文已录选，见《韩非子·外储说左下》。

⑲ 枯鱼：干鱼。

【0473】又曰①：婴儿之相与戏，以尘为饭，以水为饮，以泥为羹，以木为胾。

【0474】《淮南子》曰②：为客治饭③，而自食藜藿④，名尊于实⑤（仁义之名，重于治饭之实也）。

【0475】《六韬》⑥曰：尧王天下⑦，滋味重累⑧，不食温饭暖羹⑨，不酸馁不易⑩也。

【0476】《家语》曰⑪：孔子厄于陈蔡⑫，从者⑬七日

---

① 此节前文亦已录选，见《韩非子·外储说左下》。

② 此节选自《淮南子·说林训》。

③ 为客治饭：为客人准备饭食。这里的饭当指比较好的饮食。

④ 自食藜藿：自己吃普通的蔬菜。藜藿，泛指蔬菜。古代指贫穷人家的食物。

⑤ 名尊于实：把名誉看得很重。实，实际，指为客治饭之事。

⑥ 《六韬》：后人托周公吕望之名而作，分作文韬、武韬、龙韬、虎韬、豹韬、犬韬，为兵家谋略之书。

⑦ 尧王天下：尧统一天下。尧，见前注。

⑧ 滋味重累：指食物种类很多。

⑨ 温饭暖羹：热的肴馔。

⑩ 不酸馁不易：食物不变味腐败便不更换。馁，指鱼肉腐败变质。

⑪ 此节选自《孔子家语·颜回》。

⑫ 厄于陈蔡：在陈蔡十分困难。厄，穷困。陈，古国，建都宛丘（今河南淮阳）。蔡，古国，建都上蔡、新蔡等地。

⑬ 从者：跟随的门徒。

不食饭①。子贡②以所赍货③，窃④犯围⑤出，告籴于野人⑥，得米一斗焉。颜回⑦、仲由⑧炊之于坏屋之下⑨，有埃尘⑩堕饭中，颜回取而食之⑪。

【0477】《吕氏春秋》曰⑫：饭之美者⑬，玄山之禾⑭、不周之粟⑮、阳山之穄⑯、南海⑰之稻。

---

① 七日不食饭：七天没吃上饭。

② 子贡：姓端木，名赐。孔子的得意门人，以言语见称。

③ 以所赍（jī）货：用所携带的货物。赍，携带。

④ 窃：悄悄地。

⑤ 犯围：跳墙而出。

⑥ 告籴（dí）于野人：向农夫换取粮食。籴，买粮食。野人，乡人，农夫。

⑦ 颜回：字子渊，为孔子的得意门人，以德行见称，后人称为"复圣"。

⑧ 仲由：字子路（公元前542—前480年），孔子的得意门人，以政事见称。

⑨ 炊之于坏屋之下：在一个破屋子里做饭。

⑩ 埃尘：尘土。

⑪ 取而食之：将掉在饭锅里的尘土取出来吃了。

⑫ 此节选自《吕氏春秋·本味》。

⑬ 饭之美者：做饭最好的谷物。

⑭ 玄山之禾：玄山所产的禾谷。玄山，地名，当地北方。

⑮ 不周之粟：不周山的粟。不周山，在昆仑之西北。据《拾遗记》记载，不周之粟高三丈。

⑯ 阳山之穄（jì）：阳山即今内蒙古狼山，为阴山西端的一段。穄，糜（méi）子。

⑰ 南海：泛称南方。

【0478】《吴越春秋》①曰：勾践②载饭与羹③，以游于国中④，行子⑤戏⑥之。遇孤⑦，孤即脯而啜之⑧。

【0479】《神异经》⑨曰：东南⑩有人名黄父⑪，以鬼为饭⑫，以雾为浆⑬。

【0480】《说苑》曰⑭：吕望⑮行年⑯五十，卖饭棘津⑰也。

---

① 此节选自《吴越春秋·勾践伐吴外传》。

② 勾践（？—公元前465年）：春秋末越国国君。在和吴国争战受挫后，退保会稽山（今浙江绍兴南），假意乞和，卧薪尝胆，增强国力，后来一举灭吴。

③ 载饭与羹：把饭和羹装运在车（或船）上。

④ 游于国中：在越国四处游历。

⑤ 行子：今本作"僮子"。

⑥ 戏：嬉戏。

⑦ 遇孤：碰到孤儿、孤老。

⑧ 脯而啜之：让他们吃饭喝羹。脯，当作"哺"，或作"哺"，吃饭。啜，喝。此句首"孤"当为衍字。

⑨ 《神异经》：汉东方朔撰，疑后世托名伪作。

⑩ 东南：东南方。

⑪ 黄父：名赤郭，又名食邪，传说中的鬼，称"黄父鬼"。

⑫ 以鬼为饭：把小鬼当饭吃。

⑬ 以雾为浆：以雾露作为饮料。

⑭ 此节出自《说苑》何篇不祥，可能为佚文。

⑮ 吕望：太公望姜尚，即姜子牙。助武王灭商，后封于齐，建都营丘（今山东淄博东），地位在各封国之上。

⑯ 行年：历年，指所经历之年。这里指在五十岁时。

⑰ 卖饭棘津：在棘津卖饭。棘津，又名石济津，故址在今河南延津东北。

【0481】《论衡》曰①：鼠涉饭中②，捐而不食③。

【0482】《风俗通》曰④：俗说⑤不大饿⑥，不在车饭⑦，谓正得一车饭⑧，不复活⑨也。或曰："辅车上饭⑩，小小不足济⑪也。"按，吴郡⑫名酒杯为䲧⑬（音章），言大饿人⑭得一䲧饭无所益⑮也。"宁相六⑯，不守熟⑰。"按，蒸饭更泥⑱谓之馏，音与"六"相似⑲也。

---

① 此节出自《论衡》何篇不详，可能为佚文。

② 鼠涉饭中：老鼠跑到饭盆内。涉，入。

③ 捐而不食：饭要倒掉，不能吃。捐，弃。

④ 此节所引为《风俗通义》佚文。

⑤ 俗说：俗语说。

⑥ 不大饿：不是感到特别饥饿的时候。犹今言"不太饿"。

⑦ 不在车饭：指不在车上吃饭。即途中。

⑧ 正得一车饭：正好得到一车饭食。言不再有更多的食物。正，正好；恰好。

⑨ 不复活：吃完一车饭不再生存下去。

⑩ 辅车上饭：犹言牙缝的饭食，少之至也。辅车，颊辅及牙车，又称颔（hàn）车，实指牙床。

⑪ 小小不足济：太少不足为饱。济，接济，帮助。

⑫ 吴郡：治所在吴县（今江苏苏州）。

⑬ 名酒杯为䲧：把酒杯称作"䲧"。䲧，音"章"。

⑭ 大饿人：十分饥饿的人。

⑮ 得一䲧饭无所益：得一小杯饭无济于事。

⑯ 宁相六：宁可选馏的饭。能应急之意。相，选择。六，谐"馏"。

⑰ 不守熟：不守待新蒸的熟饭。饿不及待也。守，守候。

⑱ 更泥：再熟之意。

⑲ 音与"六"相似：指"馏"与"六"谐音。

【0483】《潜夫论》①曰：夫②粱饭食肉，有好于面目③，不若粝粱藜蒸之可食于口也④。

【0484】《物理论》⑤曰：忿⑥爨之未熟⑦，覆甑而弃之⑧，所害⑨亦多矣。

【0485】《西京杂记》⑩曰：公孙弘⑪起家徒步为丞

---

① 《潜夫论》：东汉王符撰，三十六篇。此节选自《潜夫论·实贡》。

② 夫：发语词。

③ 有好于面目：对人的面部颜色有好处。指能使人容光焕发。

④ 不若粝粱藜蒸之可食于口也：不如粗饭、蔬菜那么可口。粝粱，粗米。

⑤ 《物理论》：晋杨泉撰，一卷。清孙星衍辑校。

⑥ 忿：恨，怒。

⑦ 爨（cuàn）之未熟：饭没烧熟。爨，烧火做饭。

⑧ 覆甑而弃之：把甑中未熟的饭倒出扔掉。

⑨ 害：危害。

⑩ 《西京杂记》：六卷，作者不详，唐人认为是晋葛洪所作。此节内容参见《史记·平津侯列传》。

⑪ 公孙弘（公元前200—前121年）：西汉大臣，菑（zī）川（今山东寿光南）人。官至丞相，封平津侯。身行俭约，轻财重义。

相①，故人②齐贺③从之④。弘⑤食以脱粟⑥，覆以布被⑦。贺⑧怨⑨曰："何用故人富贵乎⑩？脱粟布被我自有之⑪。"弘大惭⑫。贺⑬乃告人⑭曰："公孙弘内服貂蝉⑮，外衣麻枲⑯；内厨五鼎⑰，外膳二肴⑱，岂可以示天下⑲哉？"于是朝廷⑳自此

① 起家徒步为丞相：公孙弘少时为狱吏，因罪免，家贫，以放牧为生，后任至丞相。徒步，有"平步青云"之意，比喻不费力而很快达到高位。

② 故人：旧相识，老朋友。

③ 齐贺：人名。

④ 从之：投靠了他。

⑤ 弘：公孙弘。

⑥ 食以脱粟：给他吃脱粟之饭（粗饭）。

⑦ 覆以布被：给他盖平常的布被。比喻待遇不高。

⑧ 贺：齐贺。

⑨ 怨：怨恨。

⑩ 何用故人富贵乎：拿什么来让我这老朋友得以富贵呀？

⑪ 我自有之：这些东西我本来就有。

⑫ 弘大惭：公孙弘感到十分羞愧。

⑬ 贺：齐贺。

⑭ 告人：对别人说。

⑮ 内服貂蝉：里面穿的是貂皮蝉衣。貂，水貂皮所做的裘。蝉，薄如蝉翼的帛衣。

⑯ 外衣麻枲（xǐ）：外面穿着麻布粗衣。枲，大麻雄株，借指麻布衣。

⑰ 内厨五鼎：在家里吃的是五鼎之食。内厨，家厨。

⑱ 外膳二肴：在外面吃饭只用两样菜。

⑲ 岂可以示天下：怎么能做全国的表率？指表里不一。

⑳ 朝廷：此处指皇帝。

疑矫①焉。弘闻之②，叹曰："宁逢恶宾③，不逢故人④。"

【0486】《风土记》⑤曰：精浙米⑥十取七八⑦，浙使香，蒸而饭色乃紫绀⑧，于东流水饭食⑨而洗除不祥⑩。

【0487】《通俗文》⑪曰：饭臭⑫曰膰，沙入饭⑬曰惨⑭。

【0488】《录异传》⑮曰：袁公路年十八，常饭乳食蜜饭⑯。

---

① 疑矫：疑忌公孙弘故作矫情。矫，即矫世、矫情，举止违异，以示高异。

② 弘闻之：公孙弘听说了此事。

③ 宁逢恶宾：宁可碰上一个厉害的来宾。

④ 不逢故人：不要碰上这种老朋友。

⑤ 《风土记》：晋周处撰，一卷。

⑥ 精浙米：精淘的米。浙，淘米。《淮南子·兵略训》"浙米而储之"，古时有把某一时期所要吃的米全都先淘洗干净的做法，这种米称"浙米"或"浙米"。

⑦ 十取七八：十成中只得七八成，指淘洗得极精。

⑧ 蒸而饭色乃紫绀（gàn）：蒸熟后饭的颜色呈紫红色。绀，黑里透红的颜色。

⑨ 于东流水饭食：在水流向东的地方吃下这种饭。

⑩ 洗除不祥：意为可消灾避难。

⑪ 《通俗文》：汉服虔撰，一卷。清人有辑本。

⑫ 饭臭：饭久放变质。

⑬ 沙入饭：饭中夹有沙子。

⑭ 惨：应作"碜"（chěn），食物内夹有沙子。又见《集韵》。

⑮ 《录异传》：无名氏撰，鲁迅有辑本一卷。

⑯ 乳食蜜饭：用乳、蜜为原料做成的食物。

【0489】《异苑》①曰：卫士度②苦行居士③也，其母常诵经④，曾出自斋⑤，空中下大钵⑥，满中香饭⑦。母分赋齐人⑧，皆七日不饥⑨。

【0490】《祢衡别传》⑩曰：刘表⑪尝作上事⑫极以为快⑬，衡⑭见之便灭以投地⑮曰：作此笔者为食饭不⑯？"

---

① 《异苑》：南朝宋刘敬叔撰，十卷。

② 卫士度：人名。

③ 苦行居士：卫士度的别号。

④ 诵经：念佛经。

⑤ 斋：斋房，敬佛念经处。

⑥ 空中下大钵：空中掉下一个大饭钵。迷信之传。

⑦ 满中香饭：钵中盛满了喷香的饭。

⑧ 分赋齐人：分送给斋人吃。齐人，吃斋之人。齐，通"斋"。

⑨ 七日不饥：吃了以后七天没感到饥饿。

⑩ 《祢（mí）衡别传》：早佚。祢衡，东汉末名士，此节所载参见《后汉书·文苑列传》。

⑪ 刘表：东汉末官吏。字景升（公元142—208年），山阳高平（今山东邹县西南）人。任至荆州牧，封成武侯。

⑫ 作上事：写奏章。

⑬ 极以为快：速度相当快。

⑭ 衡：祢衡。

⑮ 见之便灭以投地：看了刘表写的奏章便撕了扔在地上。灭，撕毁。投地，扔在地上。

⑯ 作此笔者为食饭不：写这种文章的人是为了混饭吃吧？

【0491】《孟宗别传》①曰：宗②为光禄勋③，大会醉吐麦饭④，察者以闻⑤，诏问食麦饭意⑥。宗答曰："臣家足⑦有米，麦饭直愚臣所安⑧，是以⑨食之。"

【0492】孔衍⑩《在穷记》⑪曰：彭城⑫王送橡⑬饭十斛⑭。

【0493】《葛仙公传》⑮曰：仙公与客对食⑯，吐口中饭尽成飞蜂⑰。良久乃张口，蜂皆飞还⑱，入口中成饭⑲。

---

① 《孟宗别传》：已佚。孟宗，三国吴官吏，字恭武。官至司空，事母至孝。

② 宗：孟宗。

③ 光禄勋：官名，有时又称郎中令，掌领宿卫侍从之官。

④ 大会醉吐麦饭：宴上饮醉，连带在家吃的麦饭都吐了出来。大会，宴会。

⑤ 察者以闻：有人把这事报告了皇上。察者，管纠察事务的官吏。

⑥ 诏问食麦饭意：召见孟宗问吃麦饭的用意。

⑦ 足：充足。

⑧ 直愚臣所安：麦饭一直受为臣所喜爱。直，一直。安，乐于。

⑨ 是以：因此。

⑩ 孔衍：字元舒（或作舒元），历官中书郎、太子中庶子、广陵太守。

⑪ 《在穷记》：孔衍撰，一卷。

⑫ 彭城：郡名，治所在今江苏徐州。

⑬ 王送橡：人名。

⑭ 饭十斛：一顿饭吃十斛之多。宋以前十斗为一斛。

⑮ 《葛仙公传》：已佚。葛仙公，指西晋葛洪。

⑯ 与客对食：同客人在一起吃饭。

⑰ 吐口中饭尽成飞蜂：把口里的饭粒吐出来变成了一个个飞蜂。

⑱ 飞还：飞回口中。

⑲ 入口中成饭：飞蜂到口里又变成了饭粒。

【0494】《安成记》①曰：安成郡②毛亭③，二十里田畴④膏腴⑤，厥稻馨香⑥，饭若凝脂⑦。

【0495】《四王起事》⑧曰：惠帝⑨还⑩洛阳，路中⑪作饮食，宫人⑫有持升余米饭⑬者，浇以供至尊⑭。

【0496】《世说》曰⑮：葛公⑯曾在武帝⑰坐，上食进

---

① 《安成记》：晋王孚撰，一卷。

② 安成郡：治所在平都，今江西安福东南。

③ 毛亭：地名。

④ 田畴：土地，田地。

⑤ 膏腴：肥沃。

⑥ 厥稻馨香：那里所产的稻米具有馨香气味。

⑦ 饭若凝脂：蒸出的饭如同凝固的脂肪一般。凝脂又用以形容人的肤色白嫩。

⑧ 《四王起事》：已佚。

⑨ 惠帝：晋惠帝司马衷（公元259—306年），字正度，河内郡温县（今河南温县西）人。贪图享乐，不理政事，后被毒死。

⑩ 还：回。

⑪ 路中：途中。

⑫ 宫人：宫女的通称。

⑬ 持升余米饭：拿着一升多的米饭，比喻米饭少而不够吃。

⑭ 浇以供至尊：把饭用汤水泡后给皇上吃。至尊，皇帝。

⑮ 此节选自《世说新语·术解》。

⑯ 葛公：《世说》本作"荀勖（xù）"，此节所述亦见《晋书·荀勖列传》。

⑰ 武帝：晋武帝司马炎（公元236—290年），晋朝建立者。字安世，河内温县（今河南温县西）人。公元265年，废魏帝曹奂自立，在位二十五年。

饭①，曰："此是劳薪炊②也。"帝密遣问③，外云④实是故车脚⑤。

【0497】《时镜新书》⑥曰：岁暮⑦家家具⑧有肴蔌⑨，谓为宿岁⑩之储，以入新年⑪也。相聚酣歌⑫，名为送岁⑬。留宿饭⑭至新年十二⑮，则弃于街衢⑯，以为去故取新⑰、除贫取

---

① 上食进饭：晋武帝吃膳夫端上来的饭。

② 此是劳薪炊：这饭是用劳薪烧出来的。劳薪，本为木制运载工具，劈而为柴火，故称劳薪。

③ 帝密遣问：武帝悄悄派人去打听。

④ 外云：外面的人说。外，当指厨夫。

⑤ 故车脚：废旧的车轮。

⑥ 《时镜新书》：已佚。

⑦ 岁暮：年末，年底。这里具体指的是除夕那一天。

⑧ 具：准备食物。

⑨ 肴蔌（sù）：肴馔。蔌，菜。

⑩ 宿岁：守岁。宿，守也。除夕之夜，通宿不眠，谓之守岁。见《东京梦华录》。

⑪ 以入新年：守岁达旦，迎来新年。

⑫ 相聚酣歌：人们聚集在一起，纵情歌唱。

⑬ 送岁：送别旧的一年。

⑭ 宿饭：夜饭，指除夕夜所食的饭菜。

⑮ 新年十二：新年正月十二日。

⑯ 弃于街衢（qú）：把除夕夜留的饭菜都倒在街旁路边。街衢，街道。衢，四通八达的大路。

⑰ 以为去故取新：以此来比喻去旧图新。

富①。陶朱公②猗留此事无辍③。又留此饭④,须惊蛰⑤雷鸣⑥掷之屋上⑦,令雷声远⑧。

【0498】焦赣⑨《易林》⑩曰:南箕⑪无舌⑫,饭多沙糖⑬。

【0499】《离骚》⑭曰:精琼靡以为饭⑮(精凿玉屑⑯以为饭也)。

---

① 除贫取富:驱走贫困,求取富裕。
② 陶朱公:范蠡,春秋楚国人。助越王勾践灭吴,后游齐国,改名鸱夷子皮,隐居在陶(今山东曹县东北),以经商致富,号陶朱公。
③ 猗留此事无辍:保留这种做法,没有废止。
④ 此饭:仍指除夕夜所食之饭。
⑤ 惊蛰:节气名。每年公历3月6日前后,冬眠动物将开始活动,渐有春雷。
⑥ 雷鸣:打雷时。
⑦ 掷之屋上:抛撒在房顶上。
⑧ 令雷声远:好让雷声远去。
⑨ 焦赣:人名。
⑩ 《易林》:今本十卷,原十卷。其书以一卦演为六十四卦,文句古奥。
⑪ 南箕:星座名,南七宿之一。
⑫ 无舌:南箕四星,二为踵,二为舌。无舌指见二星。
⑬ 沙糖:如沙之糖,沙指颗粒状。
⑭ 《离骚》:战国楚人屈原富有政治色彩的抒情长诗。作品中包含一些饮食烹饪方面的内容。
⑮ 精琼靡以为饭:研美玉末当作饭吃。精,凿。琼,美玉。靡,又作"糜",细屑。饭,又作"粮"。
⑯ 玉屑:玉之末。古有食玉,认为对身体有特别的益处。

【0500】宋玉①《风赋》曰：主人之女，为臣炊②彫胡之饭③。

【0501】潘尼④《钓赋》曰：红面⑤之饭，精⑥以菰粱。五味道洽⑦，余气芬芳。

【0502】枚乘⑧《七发》⑨曰：楚苗之食⑩，安胡之饭⑪。抟之不解⑫，一啜而散⑬。

【0503】桓麟⑭《七说》曰：香箕⑮为饭，杂⑯以粳菰，

---

① 宋玉：战国楚人，文学家。通晓辞赋、音律，因不得志，抑郁而死。

② 炊：做饭。

③ 彫胡之饭：菰米所做的饭。彫胡，菰米，为六谷之一，即茭白所结之籽，色白而滑彫，可以为饭。

④ 潘尼：字正叔。晋代官吏，封安昌公，累迁太常卿。有著述。

⑤ 红面：本指下等的面。

⑥ 精：精选。

⑦ 五味道洽：五味调和。道洽，和谐，融洽。

⑧ 枚乘：西汉辞赋家。字叔（？—公元前140年），淮阴（今江西清江西）人。曾任郎中、弘农都尉。有赋九篇，今存《七发》《柳赋》等。

⑨ 《七发》：见《文选·卷三十四》。说七事以启发楚太子，其体同《楚辞·七谏》，后人多仿为之，如《七激》《七辩》《七依》《七启》等。

⑩ 楚苗之食：南蛮所食。楚苗，泛指居住在南方的民族。

⑪ 安胡之饭：彫胡所做的饭。安胡即彫胡，菰米也。

⑫ 抟之不解：饭团粘在一起不易散开。抟，通"团"。

⑬ 一啜而散：放在嘴里一抿，饭团就散开了。

⑭ 桓麟：东汉人，字元凤。官至议郎、侍讲。母亡不胜丧而卒。

⑮ 香箕：箕或为萁，指豆茎。香箕，可能指某种稻米，不详解。

⑯ 杂：掺杂。

散如细蚳①，抟似凝肤②。

【0504】应璩③《薪诗》曰：灶下炊牛矢④，甑中庄⑤豆饭⑥。

【0505】孙子楚⑦《祀介子推⑧祝文》曰：枣饭⑨一盘。

【0506】王粲⑩《七释》曰：西旅⑪游梁⑫，御宿⑬素祭⑭，

---

① 散如细蚳：散开时如小蚁卵。蚳，蚁卵。

② 抟似凝肤：团在一起有如细嫩的皮肤一般。

③ 应璩（qú）：三国魏人，字休琏。官侍中、大将军长史、典著作。

④ 灶下炊牛矢：灶里烧的是牛屎。牛矢，即牛屎。牛粪干后可做燃料。

⑤ 庄：同"装"。

⑥ 豆饭：掺有豆子的饭。

⑦ 孙子楚：人名。本为孙楚，字子荆，官至冯翊太守。

⑧ 介子推：春秋晋国人。又作介之推、介推。曾随公子重耳长期流亡，尝尽艰辛。晋文公即位后，他偕老母隐居山中，自矢清白。文公论功封赏，他至死不见。

⑨ 枣饭：掺枣蒸的饭。

⑩ 王粲：《御览》误作王粲。王粲（公元177—217年），东汉末文学家，字仲宣，山阳高平（今山东邹县西南）人。"建安七子"之一。任曹魏侍中。

⑪ 西旅：地名，不考。

⑫ 游梁：应作"游粱"，为谷子的一种。

⑬ 御宿：地名，又名御羞，在陕西长安县南。肥沃出御物，汉武帝为离京别馆，取以为名。

⑭ 素祭：别本作"素粲"，指精白米。米之精凿者为粲。

瓜州①红秔②，参糅相半③，软滑膏润④，入口流散⑤。

【0507】傅选⑥《七诲》曰：孟冬香秔⑦，上秋⑧膏粱⑨，彫胡菰子⑩，丹贝⑪东墙⑫，濡润细滑⑬，流泽芬芳⑭。

飧

【0508】《释名》曰：飧⑮，散也。投⑯饭于水中各散⑰也（《通俗文》曰：水浇饭⑱曰飧，音孙）。

---

① 瓜州：州名，治所在敦煌（今甘肃瓜州西）。

② 红秔（jīng）：又名丹曲，是利用红曲霉的发酵作用制成的红色稻米。

③ 参糅（róu）相半：等量掺和在一起。

④ 膏润：润滑如膏。

⑤ 入口流散：一吃到口中就化散了。

⑥ 傅选：傅巽，三国魏人，字公悌。拜尚书郎，赐爵关内侯。

⑦ 孟冬香秔：初冬成熟的香稻。孟冬，冬天的首月。秔，指晚熟而不黏的稻，又作"粳"。

⑧ 上秋：去年秋天。

⑨ 膏粱：美谷。

⑩ 彫胡菰子：彫胡，即菰米，此处并列而提，实指为一。

⑪ 丹贝：不解。

⑫ 东墙：沙蓬、蒺藜梗，一年生草本植物，丛生如蓬，米似胡麻而小，做粥滑腻可食。有清热消风、益脾胃之功。

⑬ 濡润细滑：润滑细软之意。

⑭ 流泽芬芳：芬芳四溢。

⑮ 飧（sūn）：本指晚饭，又指熟食。飧，今通作"飱"。

⑯ 投：放。

⑰ 散：散开，指饭粒分开。

⑱ 水浇饭：以水和饭。此说亦见《玉篇》。

【0509】《春秋左氏传》曰①：晋公子重耳②及曹③，曹共公④闻共骈胁⑤，欲观其裸⑥。浴⑦，薄而观之⑧（薄，迫⑨也。骈胁，合干⑩）。僖负羁⑪之妻曰："吾观⑫晋公子之从者⑬，皆足以相国⑭。若以相⑮（若，遂以为傅相⑯），夫子⑰必反其国⑱，反其国必得志于诸侯⑲，得志于诸侯而诛无

---

① 此节选自《左传·僖公二十三年》。

② 晋公子重耳（？—公元前628年）：重耳为名，后为晋国君，即晋文公。曾出奔在外十九年，即位后经城濮一战，大败楚军，后成为霸主。

③ 及曹：到了曹国。曹，为周分封的诸侯国，建都陶丘（今山东定陶西南），后为宋所灭。

④ 曹共公：名襄，因慢待逃亡的重耳，后被晋文公虏。又命返国，在位三十五年。

⑤ 骈（pián）胁：肋骨挨得很近，如一块骨。

⑥ 欲观其裸：想看看他光着身子的情形。

⑦ 浴：洗浴时。《御览》本脱"浴"字。

⑧ 薄而观之：距离很近看晋公子的身体。

⑨ 迫：近。

⑩ 合干：肋骨连在一起。干，指肋骨。

⑪ 僖（xī）负羁：人名。

⑫ 吾观：依我看来。

⑬ 晋公子之从者：跟随晋公子的人。

⑭ 皆足以相国：都完全可以担任一国之相。

⑮ 若以相：如果任之为相。

⑯ 傅相：相国。傅，辅也，相也。

⑰ 夫子：晋文公。

⑱ 必反其国：必会回到晋国去。反，同"返"，回。

⑲ 得志于诸侯：受到诸侯国的信任。得志，如愿以偿。

礼①。曹其首②也，子盍早自贰③焉！"（自贰，自别异④）乃馈盘飧⑤，寘璧⑥焉（臣无境外之交⑦，故用盘藏璧飧中，不欲令人见⑧也）。公子⑨受飧反璧⑩。

【0510】又曰⑪：晋侯问原守于寺人勃鞮⑫，对曰："昔赵衰⑬以壶飧⑭从径⑮，馁而不食⑯。"遂使处原⑰。

---

① 诛无礼：讨伐无礼的诸侯。

② 曹其首：讨伐时曹国必定是第一个目标。

③ 子盍（hé）早自贰：你何不早些与曹国划清界限。子，你，指僖负羁。盍，何不。自贰，自己和曹区别开。

④ 别异：区别于曹。

⑤ 馈盘飧：送给晋公子一盘熟食。馈，赠送食物。

⑥ 寘（zhì）璧：在食物里埋着玉璧。寘，同"置"，放。

⑦ 臣无境外之交：臣民没有对境外的交际活动。

⑧ 不欲令人见：不想让人看到送的礼璧。

⑨ 公子：重耳。

⑩ 受飧反璧：接受了馈赠的食物，还回了玉璧。反，还。

⑪ 此节选自《左传·僖公二十五年》。

⑫ 晋侯问原守于寺人勃鞮（dī）：征求寺人勃鞮的意见，由谁作原的守丞。原守，原的守丞。原，本周时国名，姬姓。故城在今河南济源西北。后为晋文公所攻伐。寺人，君侧小臣，掌后宫之事，指宦官。又为周官名，掌王之内人及女官之戒令。勃鞮，人名。

⑬ 赵襄：为赵衰之误。为晋文公之臣，从文公出亡十九年，后佐文公称霸，子孙世为晋卿。这里所指即为出亡之事。

⑭ 壶飧：泛称饮料和食物。壶以盛饮，代言饮料。

⑮ 从径：从行；跟随。

⑯ 馁而不食：直到食物腐败，他也没有独自吃一口。以此言赵之忠贞。

⑰ 处原：住在原那个地方，指做原的守丞。

【0511】《韩子》曰①：晋文②出亡③，箕郑④挈⑤壶飨⑥而从⑥。迷失道，与公相失⑦。饥而道泣⑧，不敢食⑨。及公⑩反国⑪克原⑫，而使为原之守⑬，曰："夫经饥馁之患而必全壶飨⑭，是将不以原畔⑮也。"浑轩⑯闻而非⑰曰："以不动壶

① 此节选自《韩非子·外储说左下》。

② 晋文：晋文公重耳。

③ 出亡：出奔。

④ 箕郑：人名。

⑤ 挈（qiè）：提起。

⑥ 从：跟随。

⑦ 与公相失：与晋文公失散了。

⑧ 饥而道泣：因饥饿而在路上哭了起来。

⑨ 不敢食：没敢吃随身带的食物。

⑩ 公：晋文公。

⑪ 反国：回到晋国。

⑫ 克原：攻克占领了原。原，地名。

⑬ 使为原之守：让箕郑驻守在原。

⑭ 经饥馁（wèi）之患而必全壶飨：经过饥饿的患难而没吃随身带的食物。饥馁，饥饿。全，保全。

⑮ 不以原畔：不会在原这个地方叛乱。畔，同"叛"，背叛。

⑯ 浑轩：人名，晋大夫。

⑰ 非：非难；责怪。

殡之故①，怙其不以原畔②，不亦无术乎③？夫明主④不恃其不我畔⑤，恃吾不可畔⑥也；不恃其不我欺⑦，恃吾不可欺⑧也。"

【0512】《战国策》曰⑨：中山君⑩走⑪，有二人随其后曰："臣父尝哦⑫，君⑬下壶飧铺臣父⑭，故来死君⑮也。"

【0513】《国语》曰⑯：越王⑰召范蠡⑱而问焉。曰：

---

① 故：原因。

② 怙（hù）其不以原畔：凭借这一点认定箕郑不会在原判乱。怙，依仗；凭借。《御览》脱此字。

③ 不亦无术乎：那不是太没道理了吗？

④ 明主：贤明的君主。

⑤ 不恃其不我畔：不赖他不背叛我。恃，依靠。畔，通"叛"。

⑥ 恃吾不可畔：靠的是我不可背叛。

⑦ 欺：欺侮。《御览》作"畔"，据《韩非子》改。

⑧ 恃吾不可欺：靠的是我不可欺侮。

⑨ 此节选自《战国策·中山策》。

⑩ 中山君：中山国的君主。

⑪ 走：逃亡。司马子期说楚王伐中山，故中山君走。

⑫ 臣父尝哦：今本《战国策》作"臣有父尝饿且死"。哦，从"虚"，有饥饿之意，或为饿之误。

⑬ 君：中山君。

⑭ 铺臣父：给臣的父亲吃。铺，以食与人。今本《战国策》又作"饵"，大意同"铺"。

⑮ 故来死君：所以来为大王一死。死君，为君而死，报恩之志。

⑯ 此节选自《国语·越语下》。

⑰ 越王：越王勾践。

⑱ 范蠡（11）：又号陶朱公，助越王勾践灭吴。

"谚①有之（谚，俗之善语》曰：觥饭②不及壶飧。"（觥，大也。大饭，盛馔也。盛馔未具③，不能以虚待之④，不及壶飧之救饥疾⑤也。已欲灭吴⑥，取快意得之而已⑦，不能待有余力⑧。）

【0514】又曰⑨：敌国宾至⑩，关尹⑪以告⑫，膳宰⑬致飧⑭（熟食曰飧），廪人⑮献饩⑯。

---

① 谚：谚语。

② 觥（gōng）饭：丰盛的馔品。觥，大，盛大。

③ 未具：没准备好。

④ 不能以虚待之：不能空着肚子去等。指等着吃还没有做好的盛馔。

⑤ 不及壶飧之救饥疾：不如熟食解除饥饿来得快一些。疾，快。

⑥ 已欲灭吴：越王准备灭掉吴国。

⑦ 取快意得之而已：行动要快才能成功。

⑧ 不能待有余力：不能拖到吴国积聚更多的力量。

⑨ 此节选自《国语·周语中》。

⑩ 敌国宾至：敌对之国的宾客到了。

⑪ 关尹：边关的令守，守关之吏。

⑫ 以告：报告给上司。

⑬ 膳宰：食官。

⑭ 致飧：送上熟食。

⑮ 廪（lǐn）人：掌管粮食的官吏。

⑯ 饩（xì）：赠送人的谷物或饲料。

【0515】沈约①《宋书》②曰：文帝③为王玄谟④作《四时诗》曰："粟飱⑤充⑥夏餐⑦。"

【0516】顾和⑧《与蔡谟⑨书》曰：夏侯家⑩言："食浆酪飱⑪，犹胜于羹饭⑫耳。"

黍

【0517】《释名》曰：黍⑬，汝⑭也，相粘汝⑮也。

【0518】《礼记·曲礼上》曰：饭黍毋以箸⑯。

---

① 沈约：南朝梁大臣、文学家、史学家。字休文（公元441—513年），吴兴武康（今浙江德清西）人。官至侍中、中书令、尚书令。今存《沈隐侯集》，为明人辑本。

② 《宋书》：二十四史之一，梁沈约撰。全书一百卷，记载了南朝刘宋一代（公元420—479年）六十年的历史。

③ 文帝：宋文帝刘义隆，公元424—453年在位。

④ 王玄谟：南朝宋官吏，字彦德。官汝阴太守、豫州刺史。

⑤ 粟飱：谷物制作的干粮，如点心之类。

⑥ 充：当。

⑦ 夏餐：夏天所吃的食物。

⑧ 顾和：字君孝，历官御史中丞、侍中、吏部尚书、国子祭酒、尚书令等。

⑨ 蔡谟：字道明，封济阳男，迁太常，拜征北将军。官至侍中、司徒，后免为庶人。

⑩ 夏侯家：人名。

⑪ 食浆酪飱：吃水煮的奶酪制品。

⑫ 犹胜于羹饭：比羹汤泡饭还好吃。

⑬ 黍：黍子，碾出的米叫黏黄米。

⑭ 汝：以汝音谐黍。

⑮ 粘汝：黏连。

⑯ 饭黍毋以箸：吃米饭不要用筷子。古时吃饭用匙。箸，筷子。

【0519】又《曲礼下》①曰：祭宗庙②黍曰"芗合③"。

【0520】《论语·微子》曰：丈人④止子路宿⑤，杀鸡为黍⑥食之⑦。

【0521】《家语》曰⑧：孔子侍坐于哀公⑨，赐之⑩桃与黍。孔子先食黍而后食桃，左右⑪皆掩口而笑⑫。公⑬曰："黍者，所以雪桃⑭，非为食之⑮也。"孔子对曰："丘知

---

① 《曲礼下》：为《礼记》之一篇。

② 宗庙：供奉祭祀祖先的处所。

③ 芗（xiāng）合：芗指谷气，香也。香而粘合，故曰"芗合"。

④ 丈人：老翁。《御览》作"文人"，误。

⑤ 止子路宿：叫子路过夜住宿。子路，孔子门人。

⑥ 为黍：做黄米饭。

⑦ 食之：给子路吃。

⑧ 此节选自《孔子家语·颜回》。

⑨ 侍坐于哀公：陪哀公一起坐。哀公，鲁哀公，定公之子。名蒋。为三桓所攻，奔于卫、邹、越，国人迎归，卒于有山氏，在位二十七年。

⑩ 赐之：指赐给孔子。

⑪ 左右：哀公的陪侍。

⑫ 掩口而笑：用于遮挡住嘴笑起来。

⑬ 公：鲁哀公。

⑭ 所以雪桃：用来擦拭桃子。指黍米饭是用于拭桃的。雪，揩拭；洗刷。

⑮ 非为食之：所赐的黍米饭并不是用于吃的。

之①矣。夫黍者五谷之长②也，郊祀③宗庙以为上盛④。果属有六⑤，而桃为其下⑥，祭祀不登庙⑦。丘闻之⑧也，君子⑨以贱雪贵⑩，不闻以贵雪贱⑪。今以五谷之长，雪果之下者⑫，是从上雪下⑬也。臣以为妨于教、害于义⑭，故不敢⑮。"公⑯曰："善⑰！"

【0522】谢承《后汉书》⑱曰：范式⑲与张元伯⑳为

① 丘知之：我知道这事。丘，孔子的名字，这里用作自称。
② 黍者五谷之长：黍是五谷中居首位的粮食。古将黍排在五谷的第一位。
③ 郊祀：帝王冬至在南郊祭天的活动。
④ 上盛：最好的谷物。盛，指放在容器内用于祭祀的谷类。
⑤ 果属有六：果品有六种。指李、梅、橘、柰、栗、桃之类。
⑥ 桃为其下：桃在果品中属下品。
⑦ 祭祀不登庙：桃不用于宗庙的祭祀。
⑧ 丘闻之：我听说。丘为孔子以名自称。
⑨ 君子：指贵族的官吏。
⑩ 以贱雪贵：用贱品拭贵物。
⑪ 不闻以贵雪贱：没听说过用贵物来拭贱品。
⑫ 今以五谷之长，雪果之下者：现在却用五谷中的上品来拭六果中的下品。
⑬ 从上雪下：上文的以贱雪贵之意。
⑭ 妨于教、害于义：有伤教义。教义指当时奉行的一些基本思想、原则。
⑮ 故不敢：所以没敢以黍米饭拭桃。
⑯ 公：鲁哀公。
⑰ 善：妙极。
⑱ 谢承《后汉书》：已佚。有辑本。今本《后汉书·独行列传》有记载与此节略同。
⑲ 范式：东汉官吏。又名汜，字臣卿，山阳（今山东金乡西北）人。初任郡功曹，后迁庐江太守。
⑳ 张元伯：人名。

友①,春别京师②,以秋为期③。至九月十五日杀鸡为黍,言未绝④而巨卿⑤至⑥。

【0523】《魏略》曰⑦:沐并⑧字德信,名有志介⑨。尝过姊⑩,姊为杀鸡为黍而不留⑪。

【0524】《北齐书》曰⑫:李士谦⑬自以少孤⑭,未尝饮酒食肉,口无杀害之言⑮。亲宾⑯至,辄陈樽俎⑰,对之危

---

① 为友:交为知己。

② 春别京师:春天在京春分别。京师,京城,指河南洛阳。

③ 以秋为期:约定在秋天再会。期,约会。

④ 言未绝:话音未落,话没说完。

⑤ 巨卿:范式,字巨卿。

⑥ 至:到了。

⑦ 此节引自《魏略·清介传》。

⑧ 沐并:人名,字德信。

⑨ 志介:志气刚勇。介,坚定。

⑩ 尝过姊:曾去探望姊姊。过,探望,访。

⑪ 不留:未留下吃饭。

⑫ 此节选自《北齐书·李孝伯列传》。

⑬ 李士谦:字子约。曾辟参军,北齐、隋徵辟皆不就。好施舍。

⑭ 自以少孤:自从小时成了孤儿以后。李士谦父母早丧。

⑮ 口无杀害之言:口中没有伤害别人的话。比喻文雅之意。

⑯ 亲宾:亲朋好友。

⑰ 陈樽俎(zǔ):陈放酒食用具。樽,酒器。俎,盛肉食的器具。

坐①，终日不倦。李氏宗族②豪盛③，每春、秋二社④，必高会极宴⑤，无不沉醉⑥喧乱⑦。尝集士谦所⑧，盛馔盈前⑨，而先为设黍⑩。谓群从⑪曰："孔子称黍为五谷之长⑫，荀卿⑬亦云'食先黍稷⑭'。古人所尚⑮，宁可违乎⑯？"少长⑰肃然⑱，

---

① 危坐：端端正正地坐立。危，正；端正。

② 李氏宗族：李士谦所属的一族。

③ 豪盛：强盛。

④ 春秋二社：春播秋收时祭祀土地神的仪式。

⑤ 高会极宴：大会宾客，欢宴至极。

⑥ 沉醉：酣饮过度。

⑦ 喧乱：大声说笑吵嚷。喧《御览》作"谊"，误。

⑧ 集士谦所：在李士谦的住所聚会。

⑨ 盛馔盈前：面前摆满了美味佳肴。

⑩ 先为设黍：首先准备的是黍米饭。

⑪ 群从：大家。

⑫ 孔子此说见《孔子家语·颜回》，《御览》前已引述。

⑬ 荀卿（约公元前298—前238年）：战国末哲学家。又称孙卿，本赵国人，在楚任兰陵令，著有《荀子》三十二篇。

⑭ 食先黍稷：句出《荀子·礼论》。

⑮ 尚：崇尚。

⑯ 宁可违乎：怎么可以违背呢？

⑰ 少长：老少。

⑱ 肃然：恭敬的样子。

无敢弛惰①。退而相谓②曰:"既见君子,方觉吾徒③之不德④也。"

【0525】又曰⑤:卢道虔⑥为尚书⑦会⑧同僚⑨于草屋下,设鸡黍之膳⑩,谈者⑪以为高⑫。

【0526】《幽明录》曰:汉武帝与近臣宴于未央殿⑬,噉黍臛⑭也。

【0527】《襄阳记》⑮曰:司马德操⑯尝造⑰庞德公⑱,

---

① 无敢弛惰:没一人敢怠慢。大家都抢先吃黍米饭。

② 退而相谓:退席后相互议论说。

③ 吾徒:我们。

④ 不德:没有德行。

⑤ 《北齐书》不见此文,参见《北史·卢玄列传》。

⑥ 卢道虔:字庆祖,尚孝文女济南长公主。历任都官尚书、幽州刺史,好礼学。

⑦ 尚书:指卢所任都官尚书。

⑧ 会:聚宴。

⑨ 同僚:同班官吏。

⑩ 设鸡黍之膳:准备的膳食是鸡、黍。指农家之食。

⑪ 谈者:议论的人。

⑫ 高:高尚。

⑬ 未央殿:故址在今陕西西安西北长安故城内西南隅,周围二十八里,为朝见之所。

⑭ 噉黍臛:黍与肉汁。臛,带汁的肉。

⑮ 《襄阳记》:《襄阳耆旧传》,东晋习凿齿撰。

⑯ 司马德操:人名。

⑰ 造:拜访。

⑱ 庞德公:襄阳(今属湖北)人,居岘山南,与诸葛亮常相来往。后隐居鹿门,一生不仕。

值①其渡沔②上先人墓③，径入④上堂⑤呼德公⑥妻子，使速作黍⑦。

【0528】《祢衡别传》曰：黄祖⑧在蒙衝舟⑨宾客⑩，作黍臛，衡⑪得便自饱食⑫，不顾左右⑬，复抟弄以戏⑭。

【0529】《竹林七贤论》曰⑮：阮咸⑯兄子⑰简⑱亦旷

---

① 值：遇上。

② 沔（miǎn）：沔水，即今汉水。

③ 上先人墓：祭扫祖先墓。

④ 径入：直接进入。

⑤ 上堂：上房。

⑥ 德公：庞德公。

⑦ 使速作黍：让他们快些做饭。

⑧ 黄祖：东汉末先为江夏太守，事刘表，后被孙权陷城，为下属杀害。

⑨ 蒙衝舟：又写作"艨（méng）艟"（chōng），古代的一种战船。

⑩ 宾客：招待客人。

⑪ 衡：祢衡。

⑫ 自饱食：自己只顾自己饱餐一顿。

⑬ 不顾左右：指旁若无人。

⑭ 复抟弄以戏：又做饭团开玩笑。抟，通"团"。

⑮ 《竹林七贤论》：著者不详。

⑯ 阮咸：魏晋间名士。字仲容，陈留尉氏（今河南尉氏）人。阮籍之侄，为"竹林七贤"之一。曾任散骑常侍、始平太守。

⑰ 兄子：侄子。

⑱ 简：阮简，人名。

达①自居。大丧行过②,大雪寒冻③,遂诣④浚仪令⑤,令⑥为他宾⑦设黍臛,简又食之⑧,以致清议⑨废顿⑩三十年。

【0530】《孟子》曰⑪:葛伯⑫率其民⑬,要⑭其⑮有酒肉黍稻者而夺⑯之。有一童子⑰以黍肉饷⑱,又杀而夺之⑲。

---

① 旷达:心胸开阔,遇事想得开。

② 大丧行过:服丧期满。大丧,指父或母丧亡之事。

③ 寒冻:寒冷。

④ 诣:拜见。

⑤ 浚仪令:浚仪县令。浚仪县治所在今河南开封。

⑥ 令:县令。

⑦ 他宾:其他宾客。

⑧ 简又食之:阮简吃了为别的客人准备的饭。

⑨ 清议:清流(名士)所持的议论。傅玄《举清远疏》:"虚无放诞之论盈于朝野,使天下无复清议。"

⑩ 废顿:废弛。指名士们的高论因此而沉寂了三十年之久。《汉书·五行志》:"王者失道,纲纪废顿。"

⑪ 此节选自《孟子·滕文公下》。

⑫ 葛伯:葛国的君主。葛当在今河南东部,为商汤所灭。

⑬ 率其民:带领葛国之民。

⑭ 要:要挟。

⑮ 其:商汤所派帮助葛伯农耕的亳地农人。葛伯不祭先祖,说是没有粮食,商汤就把自己的人派去帮助耕种。葛伯无道,把帮助耕作的人所带的酒肉粮食都夺走了。

⑯ 夺:夺取食物。

⑰ 童子:未成的少年。

⑱ 以黍肉饷:将饭和肉送给耕地的农夫吃。饷,给在田间劳动的人送饭。

⑲ 杀而夺之:杀死了这送食的少年,并抢走了他的饭与肉。

【0531】《淮南子·万毕术》曰：取冢墓黍①啖儿②，不思母③（取新冢④前祠黍⑤用啖儿，则不思母也）。

【0532】《风俗通》曰⑥：今宴饮大会，皆先黍臛⑦。

【0533】卢谌⑧《祭法》⑨曰：祠⑩用黄黍⑪、白黍⑫。

---

① 冢墓黍：祭祀死者在坟墓前放的黍饭。

② 啖儿：给孩子吃。

③ 不思母：孩子吃了后不想念母亲。这里当指远足时。

④ 新冢：新埋的坟墓。

⑤ 祠黍：墓前用作祭礼的黍饭。

⑥ 此节为《风俗通义》佚文。

⑦ 皆先黍臛：都要先吃黍饭肉羹。

⑧ 卢谌：晋人，字子谅。晋时为司空从事中郎，后任石虎中书侍郎、国子祭酒。

⑨ 《祭法》：又名《杂祭法》，清有辑本一卷。

⑩ 祠：祭祀。

⑪ 黄黍：黄米。黍有黄、白、红、黑数种。

⑫ 白黍：白色的黍米。

卷第八百五十一

饮食部九

粽

【0534】《晋书》曰①：广州②刺史卢循③，遣使遗刘裕④"益智粽子⑤"，裕⑥答⑦以"续命汤⑧"。

【0535】《宋书》曰⑨：后魏⑩太武⑪至彭城⑫，求⑬酒

---

① 此节为今本《晋书》佚文，另见于《十六国春秋》。

② 广州：治所在番禺（今广东广州）。

③ 卢循：东晋末农民起义领袖。字于先（？—公元411年），范阳涿郡（今河北涿州）人。受抚为征虏将军、广州刺史、平越中郎将。后败在刘裕（宋武帝）之手，投水自杀。

④ 刘裕：宋武帝，南朝宋建立者。

⑤ 益智粽子：粽子取"益智"之名，为增智慧之意。这里指卢循讥讽刘裕缺乏智谋。一说"益智"为药名。

⑥ 裕：刘裕。

⑦ 答：回送。

⑧ 续命汤：刘裕讥讽卢循命已不长，故送此汤回报。续命汤本治中风不省人事。

⑨ 此节并见《宋书·张邵列传》及《张畅列传》。

⑩ 后魏：南北朝时的北魏，为鲜卑族拓跋珪所建（公元386—534年）。

⑪ 太武：魏太武帝拓跋焘（公元404—452年），一名佛狸。统一北方后，南下攻宋未能成功，后为宦官宗爱所杀。

⑫ 彭城：南朝宋时为彭城郡治，在今江苏徐州。

⑬ 求：乞求。

及甘桔①。张畅②宣孝武帝③旨:"致④螺杯⑤杂粽⑥,南土所珍⑦。"

【0536】《齐书》曰⑧:范云⑨永明十年⑩使魏⑪,魏人李彪⑫宣命⑬,至云所⑭,甚见称美⑮。彪⑯为设甘蔗⑰、黄

---

① 甘桔:柑橘。

② 张畅:字少微,累官吏部尚书,封夷道县侯。

③ 孝武帝:南朝宋皇帝刘骏,字休龙,文帝第三子,小字道人。初封武陵王,在位十一年(公元454—465年)。

④ 致:送给。

⑤ 螺杯:大螺壳做的酒杯,当指海螺之类。

⑥ 杂粽:各种各样原料做的粽子,指不是纯用大米包的粽子。

⑦ 南土所珍:为南方人所珍爱。南土,南方。

⑧ 《南齐书》无范云传,此节见载于《南史·范云列传》。

⑨ 范云:南朝梁诗人,字彦龙(公元451—503年),南阳舞阴(今河南泌阳北)人。南齐时任广州刺史、国子博士。南梁时官至尚书右仆射。

⑩ 永明十年:公元492年,永明为南齐武帝萧赜年号。

⑪ 使魏:出使北魏。

⑫ 李彪:字道固,官至御史中尉,通直散骑常侍。

⑬ 宣命:宣读诰命。

⑭ 至云所:到达范云的住处。

⑮ 甚见称美:十分赞美。

⑯ 彪:李彪。

⑰ 甘蔗:热带和亚热带糖料作物,可生吃,吸其水分。

甘①、粽,随尽复益②。彪谓曰③:"范散骑④小俭⑤之,一尽不可复得⑥。"

【0537】《梁书》曰⑦:张缵⑧初往雍州⑨,资产⑩悉留江陵⑪。性⑫既贪婪⑬,南中⑭赀贿填积⑮。及死⑯,湘东王⑰皆使收⑱之。书二万卷并撵⑲还斋⑳(撵音辇),珍宝财货悉付

---

① 黄甘:柑橘之类。

② 随尽复益:随吃随添。指一下拿出的量不是太多。这几类食品都属南味。

③ 彪谓曰:李彪对范云说。

④ 范散骑:以官职称范云。散骑,官名,全称散骑常侍。

⑤ 小俭:俭省。让范云省着点吃。

⑥ 一尽不可复得:一下子吃光了,再就没有了。此为戏语。

⑦ 此节今见《南史·张缵列传》,《梁书》佚本传。

⑧ 张缵:字伯绪,累官平北将军,宁蛮校尉,后为岳阳王萧詧(chá)所害。

⑨ 雍州:南朝时治所在襄阳(今属湖北)。

⑩ 资产:家产;财产。

⑪ 悉留江陵:都存留在江陵。江陵今属湖北。

⑫ 性:禀性。

⑬ 贪婪:贪得无厌。贪指贪财,婪指贪食。

⑭ 南中:泛指南方。

⑮ 赀(zī)贿填积:资财积累不计其数。赀贿,资财。填积,累积。

⑯ 及死:到死时。

⑰ 湘东王:梁元帝萧绎(公元508—554年),字世诚,即位前封湘东王。西魏军破江陵时被杀。后人辑有《梁元帝集》。

⑱ 收:收存。

⑲ 并撵(niǎn):一同运走。《广韵》:"撵,担运物也。"

⑳ 斋:《御览》写作"齐"。

库①,以粽密之②,属还③其家④。

【0538】《风土记》曰:俗以菰叶⑤裹黍米,以淳浓灰汁⑥煮之,令烂熟⑦。于五月五日⑧及夏至⑨啖之。一名粽,一名角黍⑩,盖取阴阳尚相复⑪,未分散之时像⑫也。

【0539】《续齐谐记》⑬曰:屈原以五月五日投汨罗⑭而死,楚人哀⑮之。每至此日⑯,取竹筒贮米,投水以祭

---

① 付库:当指文付国库。后文又说"属还家",那么这"库"当只作"房"解。

② 以粽密之:用粽子的黏米密封起水。

③ 属还:交还。

④ 其家:指张缵初家。

⑤ 菰叶:茭白的叶子。

⑥ 灰汁:石灰水,或指草木灰汁。

⑦ 烂熟:熟透。

⑧ 五月五日:端午节。

⑨ 夏至:节气名。每年公历6月21日前后。

⑩ 角黍:粽子形状有角,故名。粽又并名"裹蒸",今粤语即为此名。

⑪ 阴阳尚相复:阴与阳还复合在一起。阴阳,这里似指地和天。指天为粽子外壳,地为内瓤,如天地包在一起。

⑫ 未分散时像:如天地未分开时的样子。

⑬ 《续齐谐记》:一卷,吴筠撰。

⑭ 汨(mì)罗:汨罗江,在湖南东北部。

⑮ 哀:哀怜。

⑯ 每至此日:每年到了这一天(五月五日)。

之①。汉建武②中，长沙区迴③白日忽见士人④，自称三闾大夫⑤，谓迴⑥曰："君常见祭甚诚⑦，但常年所遗⑧俱为蛟龙⑨所窃⑩。今君惠⑪，可以楝树叶⑫塞筒上，以彩丝⑬缠缚之，此二物⑭蛟龙所惮⑮也。"迴谨依旨⑯。今世人五日⑰作粽，并带楝叶及五彩丝，皆汨罗之遗风⑱（《异苑》云：粽，屈原妇⑲所作也）。

---

① 投水以祭之：把贮米的竹筒投在江水中，用来祭奠屈原。

② 建武：为东汉光武帝刘秀在位年号之一，即公元25—56年。

③ 区迴：人名。别本又作"区曲"。

④ 士人：官吏模样的人。

⑤ 三闾大夫：官名，屈原曾黜为三闾大夫，掌管昭、屈、景三姓贵族。

⑥ 迴：区迴。

⑦ 君常见祭甚诚：常见你祭奠，十分虔诚。

⑧ 遗（wèi）：给予；赠送。

⑨ 蛟龙：传说中的能发洪水的龙。这里当泛指水族一类。

⑩ 窃：偷。

⑪ 今君惠：今年你再施惠时。惠，指祭奠。

⑫ 楝树叶：楝树为落叶乔木，叶小。楝《御览》作"练"。

⑬ 彩丝：彩色丝带。

⑭ 二物：指楝树叶和五彩丝带。

⑮ 惮（dàn）：畏惧。

⑯ 依旨：照此办理。

⑰ 五日：五月五日。

⑱ 遗风：过去遗留下来的风俗、特征。

⑲ 妇：妻子。

粄①

【0540】《宋书》曰②：文帝③崩④，郭原平⑤号恸⑥，日食麦䬱一枚⑦，如此五日。人曰："谁非王臣⑧，何独如此⑨？"原平泣而答曰⑩："吾家见异先朝⑪，蒙褒赞之赏⑫，不能报恩⑬，私心感恸⑭耳。"

【0541】《齐书》曰⑮：衡阳王⑯钧⑰年五岁，所生区贵

---

① 粄（bǎn）：同"䬱（bǎn）"，即用米粉或麦面做的饼。

② 此节选自《宋书·孝义列传》。

③ 文帝：南朝宋文帝刘义隆。

④ 崩：帝王、王后死曰崩。宋文帝被其子刘劭所杀。

⑤ 郭原平：字长泰，至孝。举为太学博士，未果而卒。

⑥ 号恸（tòng）：号为大哭；恸，指极度悲哀。

⑦ 日食麦䬱一枚：一天只吃一个麦䬱。

⑧ 谁非王臣：谁不是皇上的臣民。

⑨ 何独如此：为何只有你如此悲痛。

⑩ 泣而答曰：哭着回答说。

⑪ 吾家见异先朝：我家受到先皇的宠遇。异，特别的待遇。先朝，先皇，指宋文帝刘义隆。

⑫ 褒赞之赏：赞赏。指郭原平父亲郭世道，因淳行受到过宋文帝的嘉勉，并榜表闾（lǘ）门，改其所居住的独枫里为孝行里。事见《宋书·孝义列传》。

⑬ 不能报恩：没法报答恩德。

⑭ 私心感恸：自己心里感到很悲痛。

⑮ 此节见《南史·齐宗室列传》，《南齐书》本传无此文。

⑯ 衡阳王：封号。

⑰ 钧：萧钧，字宣礼，齐高帝第十一子。出继伯父衡阳王，历位秘书监，抚军将军，后为明帝所杀。

人①病，便知惨悴②。左右依常③以五色饼④饴⑤之，不肯食。曰："须等姨差⑥。"

【0542】又曰⑦：虞悰⑧少以孝闻⑨。父病不欲见人⑩，虽子弟亦不得前⑪。时⑫悰⑬年十二、三，昼夜伏户外⑭，问内竖消息⑮，未知⑯，辄呜咽流涕，如此者百余日⑰。及亡终丧⑱，唯日食麦饼二枚。

---

① 所生区贵人：生萧钧的区贵人。区，姓，《御览》作"姁"。

② 惨悴：忧伤悲痛。

③ 依常：照常。

④ 五色饼：涂有各种颜色的饼。

⑤ 饴：给……吃。

⑥ 须等姨差（chài）：应当等到母亲病好了再吃。姨，这里指萧钧的母亲。差，病愈。

⑦ 此节见《南史·虞悰（cóng）列传》，《南齐书》本传无此文。

⑧ 虞悰：余姚（今属浙江）人，字景豫。善烹调，累迁祠部尚书。

⑨ 少以孝闻：年少时便以孝行而闻名。

⑩ 父病不欲见人：父亲病倒不愿见别人。

⑪ 子弟亦不得前：子女兄弟也不能前往探病。

⑫ 时：当时。

⑬ 悰：虞悰。

⑭ 伏户外：趴伏在门外。户，门。

⑮ 问内竖消息：向内竖打听消息。内竖，童仆。

⑯ 未知：今本作"问未知"，问而未知父病消息。

⑰ 如此者百余日：就这样过了一百多天。

⑱ 及亡终丧：等到父亲故去，一直到丧期满了的时候。

【0543】《南史》曰①：沈众②陈武帝③时兼起部尚书④，监起⑤太极殿⑥，恒⑦布袍⑧芒履⑨，以麻绳为带。又囊囊，用口袋装。麦饼以噉。

【0544】《范汪祠制》⑩曰：仲夏⑪荐⑫角黍⑬、粰。

【0545】《夏统别传》⑭注曰：蔹⑮初生合米捣⑯作粰。

---

① 此节选自《南史·沈约列传》。

② 沈众：字仲师，仕梁为太子舍人，累官左民尚书，迁中书令，后坐罪赐死。

③ 陈武帝：陈霸先（公元503—559年），南朝陈建立者，字兴国，吴兴长城（今浙江长兴）人。公元557—559年在位。

④ 起部尚书：官名。起部主营造宗庙、宫室，事毕即撤销。

⑤ 监起：监造。

⑥ 太极殿：宫殿名。

⑦ 恒：常常。

⑧ 布袍：穿布做的衣服（不用绸缎）。

⑨ 芒履：草鞋。

⑩《范汪祠制》：又名《祭典》，已佚。清人马国翰有辑本一卷。

⑪ 仲夏：夏季的第二月，即五月。

⑫ 荐：进献祭品。

⑬ 角黍：粽子。

⑭《夏统别传》：已佚。夏统，晋永兴人，字仲御，以孝闻。终不及仕，后归会稽。

⑮ 蔹（liǎn）：同"蘞"，多年生蔓生草本植物，根、茎、叶汁可入药。初生：指新长出的嫩草。

⑯ 合米捣：与米混合一起捣碎。

䭔①

【0546】《埤苍》②曰：䭔，膏䭔③也。

【0547】《笑林》④曰：南方人至京师⑤者，人戒之曰⑥："汝得物唯食⑦，慎勿问主人⑧。"入门内见马屎便食之，觉臭乃止⑨。后诣贵官⑩，为设䭔，因视曰⑪："戒故昔⑫，且当勿食⑬。"

【0548】《时镜新书》曰：粔籹⑭蜜饵⑮即糖䭔⑯，龙山⑰食有糖䭔、菊酒⑱。

---

① 䭔（duī）：饼饵的俗称，又称蒸饼。

② 《埤苍》：魏张揖撰，三卷，早佚。清马国翰有辑本一卷。

③ 膏䭔：加有油脂的饼类。

④ 《笑林》：魏邯郸淳撰，佚。今有辑本一卷。

⑤ 京师：京城。

⑥ 人戒之曰：有人告诫他说。

⑦ 汝得物唯食：你得到东西只管吃就是了。

⑧ 慎勿问主人：千万别向主人打听。慎，表示告诫，相当于"千万"。

⑨ 觉臭乃止：觉出臭味才不吃了。

⑩ 诣贵官：拜访高级官员。

⑪ 因视曰：看了后说。

⑫ 戒故昔：以过去的教训为戒。

⑬ 且当勿食：暂且先别吃。怕上过去吃马屎的当。且，暂且。

⑭ 粔（jù）籹（nǚ）：旧释作寒具，以为即馓子。疑为年糕一类的黏性甜食。

⑮ 蜜饵：将粔籹再拌上蜜糖，作更进一步加工。

⑯ 糖䭔：这里指糖化后的年糕等。

⑰ 龙山：地名，不详。

⑱ 菊酒：菊花酒。

卷第八百五十二

饮食部十

麰䴺①

【0549】束皙②《饼赋》曰：麰䴺髓烛③。

甘脆

【0550】《范汪祠制》曰：孟夏④祭下甘脆⑤。

安乾特⑥

【0551】束皙《饼赋》曰：安乾⑦粔籹之伦⑧。

【0552】卢谌《祭法》曰：四时⑨祠⑩，皆用安乾特⑪。

---

① 麰（bù）䴺（tōu）：饼，见《广韵》。也可能是油煎饼。

② 束皙（xī）：西晋史学家。字广微，阳平元城（今河北大名东）人。官佐著作郎、尚书郎。有《束广微集》，今存辑本。

③ 髓烛：以髓脂和面所做的饼类。《齐民要求》有麰䴺及髓饼（烛）制法。

④ 孟夏：夏季的首月，即农历四月。

⑤ 甘脆：甘美爽口之味。《吕氏春秋·遇合》："若人之于滋味，无不说甘脆。"枚乘《七发》："甘脆肥醲，命曰腐肠之药。"《战国·韩策》："可旦夕得甘脆以养亲。"

⑥ 安乾特：可能指油炸的酥面点之类的食品。

⑦ 安乾：安乾特。

⑧ 伦：类。

⑨ 四时：四季，春、夏、秋、冬。

⑩ 祠：祭祀。

⑪ 皆用安乾特：以安乾特作不可少的祭品。

饧①

【0553】《礼记·内则》曰：枣栗②饴蜜以甘之③。

【0554】《方言》曰：饧，谓之张皇④（即干饴⑤也）。饴⑥，谓之餃⑦（音该）。饧，谓之餹⑧（江东⑨皆言餹也）。凡饴谓之饧，自关而东⑩，陈⑪、魏⑫、宋⑬、楚⑭、卫⑮之间通语⑯。

---

① 饧（xíng）：糖稀。同"饴"，即麦芽糖。

② 枣栗：大枣、板栗。

③ 饴蜜以甘之：渍以蜜糖使其甘甜。如今之蜜饯。

④ 张皇：又作"餦餭"，糖稀干后所成。《集韵》："黍捣为饧，谓之餦餭。"

⑤ 干饴：干糖。麦芽糖块。

⑥ 饴：糖稀，糖浆。

⑦ 餃：对糖的另一种称法。

⑧ 餹（táng）：同"糖"。

⑨ 江东：长江在芜湖、南京间作西南—南、东北—北流向，隋唐以前，习惯上称自此以下的长江南岸地区为江东。

⑩ 自关而东：指函谷关（或潼关）以东的地区，泛指今河南省及周围地区，即下文所说陈、魏、宋、楚、卫诸国故地。

⑪ 陈：周诸侯国，这里指陈国故地，指今河南东和安徽西一带。

⑫ 魏：魏国故地，指今河南北和山西西南一带。

⑬ 宋：宋国故地，指今河南商丘一带。

⑭ 楚：楚国故地，指今湖南湖北一带。

⑮ 卫：卫国故地，指今河北南部和河南北部一带。

⑯ 通语：通行的词语。即都么说。

【0555】《说文》曰：饴，米蘖①煎也。饧②，饴和馓③也。

【0556】《释名》曰：饧，洋④也。煮米消烂⑤，洋洋然⑥也。饴，小弱⑦于饧，形怡怡然⑧也。哺⑨，餔也，如饧而浊⑩，可哺⑪也。

【0557】《后汉书》曰⑫：明德马皇后⑬报章帝⑭曰："吾但当含饴弄孙⑮，不能复关政⑯矣。"

---

① 米蘖：米芽，即麦芽。

② 饧：《御览》此处误作"饴"，据《说文》臆改。

③ 饴和馓：用糖拌馓子，即为鳝。此处饴字《御览》误作"饧"。

④ 洋：将米熬成浆。

⑤ 消烂：将米熬成浆的意思。

⑥ 洋洋然：流动充满之状。

⑦ 小弱：稍柔软一些。弱，柔；软。

⑧ 怡怡然：柔软的样子。

⑨ 哺：口中含嚼的食物。

⑩ 浊：不透明。言饴与饧相近，但比饧干而不透明，不像饧那么透亮。

⑪ 可哺：可放在口中含嚼。不像糖浆那样的饧。

⑫ 此节选自《后汉书·皇后纪》。

⑬ 明德马皇后：东汉明帝刘庄皇后，章帝刘炟（dá）之母。

⑭ 章帝：东汉章帝刘炟，明帝第五子，在位十三年。

⑮ 吾但当含饴弄孙：我只嚼嚼糖抱抱孙子便了。含饴，吃糖，泛指饮食享乐。

⑯ 不能复关政：不再过问政事。关政，亲政。

【0558】《东观汉记》曰①：野王②献甘胶③膏饧④，每作大发⑤，吏⑥以为饶利⑦。樊闳⑧知之，临毙⑨奏⑩焉。

【0559】《四王起事》曰：惠帝⑪到华阴⑫，河间王⑬遣使，上⑭甘果餔⑮二幡⑯。

---

① 此节选自《东观汉记·樊矶列传》。

② 野王：指少数民族首领、头人。

③ 甘胶：糖。

④ 膏饧：成块的糖。

⑤ 每作大发：《后汉书·樊儵(tiáo)列传》作"每辄扰人"。大发，大量分发、发送。

⑥ 吏：官吏。

⑦ 饶利：多利。

⑧ 樊闳：《东观汉记》和《后汉书》均作"樊儵"，儵为樊闳之子。

⑨ 临毙：临死前。

⑩ 奏：奏明朝廷。

⑪ 惠帝：晋惠帝司马衷（公元259—306年），字正度，河内温县（今河南温县西）人。不理政事，由贾后专权，在"八王之乱"中被赵王司马伦篡夺帝位，后被东海王司马越毒死。

⑫ 华阴：县名，今陕西华阴。

⑬ 河间王：封号，司马颙(yóng)，字文载（？—公元306年），司马懿族孙，受封河间王。在"八王之乱"中被南阳王司马模所杀。

⑭ 上：进献。

⑮ 甘果餔：蜜饯。

⑯ 幡：本为长条形旗，这里意作口袋。

【0560】《幽明录》曰：王胤①、祖安国②、张显③等，以太元④中乘舡⑤见仙人，赐糖饴三饼⑥，大如比轮钱⑦，厚二分⑧。

【0561】《淮南子》曰⑨：柳下惠⑩见饴，曰："可以养老⑪。"盗跖⑫见饴，曰⑬："可以粘牡⑭。"见物同而用之异⑮也。（牡⑯，门户籥⑰，牡也）

---

① 王胤（yìn）：人名。

② 祖安国：人名。

③ 张显：人名。

④ 太元：晋孝武帝司马曜在位年号，即公元376—396年。

⑤ 乘舡（chuán）：乘船。舡，同"船"。

⑥ 三饼：三块（如饼状）。

⑦ 大如比轮钱：如铜钱一般大。轮钱，圆钱。

⑧ 分：十分为一寸。

⑨ 此节选自《淮南子·说林训》。

⑩ 柳下惠：名展获，字禽。春秋时鲁国大夫，以贤能著称。

⑪ 养老：奉养老人。

⑫ 盗跖（zhí）：人名，柳下惠之弟，世以为大盗，又说为奴隶起义领袖。

⑬ 曰：《御览》脱此字。

⑭ 粘牡：粘住锁簧，开锁取物的意思。牡，锁簧。《御览》牡误作"牝（pìn）"。

⑮ 见物同而用之异：所见的物体一样，所派的用场却不同。

⑯ 牡：《御览》误作"壮"。

⑰ 籥（yào）：同"钥"，锁钥，代指锁。

【0562】《盐铁论》曰①：洗爵②以盛水③，升降而进糖④，礼虽备⑤。然非其贵也⑥。

【0563】《世说》曰⑦：王君夫⑧饴餔澳釜⑨。

【0564】《楚辞·招魂》曰⑩：粔籹蜜饵有张皇（张皇，饧⑪也）。

【0565】张衡⑫《七辨》曰：沙饴⑬石蜜⑭，远国贡储⑮。

---

① 此节选自《盐铁论·孝养》。

② 洗爵：洗刷酒杯。爵，酒杯。

③ 盛水：装水。

④ 升降而进糖：今本作"进粝"。升降指跪拜礼仪。

⑤ 礼虽备：礼仪虽很完备。

⑥ 然非其贵也：本意是，宁可食物有余而礼仪不足，也无须虚礼。非其贵，指这并不算是对礼仪的崇尚。

⑦ 此节选自《世说新语·汰侈》。

⑧ 王君夫：王恺，字君夫，东海郯（今山东郯城西北）人。西晋贵戚，任散骑常侍、后军将军等职。

⑨ 饴餔澳釜：比喻王恺富有。指糖把锅都漫过了。或说用糖水洗锅。

⑩ 《楚辞·招魂》：一般认为是屈原所作，也有人认为作者是宋玉或刘安。

⑪ 饧：《御览》误作"赐"。

⑫ 张衡：东汉科学家、文学家。字平子（公元78—139年），南阳西鄂（今河南南阳北）人。任太史令，创浑天仪、候风地动仪。后迁侍中、尚书等职，著述甚丰。

⑬ 沙饴：砂糖。

⑭ 石蜜：蔗糖。

⑮ 远国贡储：由遥远的国度贡来。

【0566】崔寔①《四民月令》②曰：十月先水冻③作煮饧④，煮暴饴⑤。

【0567】卢谌《祭法》曰：冬祠⑥用荆饧⑦。

---

① 崔寔：东汉官吏，政论家。字子真（？—约公元170年），一名台，字元始，涿郡安平（今河北安平）人，历任五原、辽东太守、尚书等职，有《政论》等文。
② 《四民月令》：汉崔寔撰，佚。清人有辑本多种，存一卷。
③ 先水冻：冻冰之前。又作"洗冰冻"，疑误。
④ 煮饧：或作"煮京饧"。
⑤ 煮暴饴：指煮制干饴。暴，即干。
⑥ 冬祠：冬天祭祀。
⑦ 荆饧：荆楚之地产的糖。

卷第八百五十三

饮食部十一

䭴

（于月切）

【0568】《方言》曰：䭴①，谓之餚②（以豆屑杂饧③也）。

【0569】《苍颉解诂》④曰：䭴，饴中着⑤豆屑也。

【0570】《说文》曰：䭴，豆饴⑥也。

馓

（先但切）

【0571】《广雅》⑦曰：浮䊋⑧，粰⑨也（䊋，音流）。

【0572】《说文》曰：馓，熬稻张䉤⑩也。

---

① 䭴：杂豆的糖。《集韵》："䭴，饴和豆也。"又云："登，豆饴也，或作䭴、飧。"

② 餚：同"肴"。

③ 以豆屑杂饧：用豆粉掺和在糖稀里。

④ 《苍颉解诂》：晋郭璞撰，已佚。清有辑本二种，存一卷。

⑤ 着：掺。

⑥ 豆饴：上文所说掺有豆屑的饴。今本《说文解字》不载"䭴"字。

⑦ 《广雅》：魏张揖撰，十卷。又名《博雅》，清王念孙有《广雅疏证》十卷。

⑧ 浮䊋（liú）：粰（fú）䊋。《广雅·释器》："粰䊋，粰（xǔ）馓也。"今米花糖之类的食品。

⑨ 粰：通指粮米。

⑩ 张䉤：《说文解字》本作"粻䉤"，即馓饵。

【0573】《急就篇》①曰：馓、饴、饧。

【0574】卢谌《祭法》曰：四时皆用馓②。

麴蘖③

【0575】《书》④曰：若作酒醴⑤，尔惟麴蘖⑥。

【0576】《记》⑦曰：仲冬之月⑧，乃命有司⑨秫稻⑩必齐⑪，麴蘖必时⑫。

【0577】《左传》曰⑬：楚子⑭伐萧⑮，还无社⑯与司马

---

① 《急就篇》：又称《急就章》，西汉史游撰。是一部教授学童识字的七言韵语字书。全书三十四章，有姓名、衣服、饮食、器用等分类。

② 四时皆用馓：应为"四时祠皆用馓"。

③ 麴蘖：酒母米芽等。蘖，应为糵，下同。

④ 《书》：《尚书》，此节选自《尚书·说命》。

⑤ 若作酒醴：如果要酿酒。酒醴，泛指酒类。

⑥ 尔惟麴蘖：必须有酒母才可酿酒。

⑦ 《记》：《礼记》，《御览》省称《礼记》为《记》，不合惯例。此节选自《礼记·月令》。

⑧ 仲冬之月：冬季的第二月，即阴历十一月。

⑨ 有司：《礼记》又作"大酋"，为酒官之长，掌酿酒。

⑩ 秫稻：黏稻。

⑪ 齐：熟。

⑫ 麴蘖必时：不失时节地准备好酒母。

⑬ 此节选自《左传·宣公十二年》。

⑭ 楚子：楚庄王芈（mǐ）旅（？—公元前591年），春秋时楚国国君。任用孙叔敖，大败晋军，成为代晋而起的霸主。

⑮ 萧：春秋古国之一，为宋国的附庸，在今安徽萧县西北。公元前597年灭于楚。

⑯ 无社：萧之大夫。与楚大夫司马卯、申叔展相善。楚攻萧时为二大夫所救，藏于枯井中，免于死难。

卯①言还，号②申叔展③（还无社，萧人也。司马卯、申叔展皆楚大夫）。叔展曰："有麦麹④乎（麦麹所以御湿也）？有山芎䓖⑤乎？"曰："无。"

【0578】《方言》曰⑥：䴷⑦（音器）、䵃⑧（音才）、䴺⑨（于八切）、䴢⑩（音牟，大麦麹⑪也）、䴰⑫（音脾，细面麹也）、䵎⑬（音蒙，有衣麹⑭）、䵂⑮、麹（小麦为麹⑯，

---

① 司马卯：楚之大夫。

② 号：呼喊。通过司马卯喊叫申叔展。

③ 申叔展：楚之大夫。

④ 麦麹：御湿之药，又为酿酒的发酵剂。

⑤ 山芎（xiōng）䓖（qióng）：川芎，又名香果。多年生草本植物。根茎入药，可治月经不调、头痛、风湿等症。

⑥ 此节故事见于《国语·晋语五》。申叔展用隐语使还无社逃避泥水之中。

⑦ 䴷（qì）：酒母的名称之一。

⑧ 䵃（cái）：《说文解字》："䵃，饼麹也。"《方言》："䵃，饼䵃麹也、晋之旧都曰䵃。"

⑨ 䴺（huá）：《说文解字》："䴺，饼麹也。"《方言》："齐右河济曰䴺。"

⑩ 䴢（móu）：大麦。大麦所做的酒母也称䴢。

⑪ 大麦麹：大麦所做的酒母。大麦，古称䴢麦，叶宽于小麦，种子较小麦大且皮厚。

⑫ 䴰（pí）：麹也。《方言》："北鄙曰䴰。"

⑬ 䵎（méng）：《广雅·释器》："䵎，麦麹也"，䵎，同"䵎"。《玉篇》："有衣麹也。"

⑭ 有衣麹：有一层外壳的酒母。

⑮ 䵂（guǒ）：小麦麹。

⑯ 小麦为麹：以小麦做麹。

䵃即麴耳）。自关而西①，秦幽之间②曰麰，晋之旧都③曰䴷，齐右④河济⑤曰䴺，北燕⑥曰䵃，麴其通语⑦也。

【0579】《说文》曰：麴，酒母⑧也。䤈⑨，熟麴⑩也。糵，牙米⑪也。

【0580】《通俗文》曰：䅌麦⑫麴曰䴳⑬（䅌音壶）。（䴳音故版切）。

【0581】《释名》曰：麴，朽⑭也，郁⑮之使生衣⑯朽败

---

① 自关而西：今潼关（或函谷关）以西的地区，又称关右。
② 秦幽之间：秦幽一带。秦指关中地区，因东周时地属秦国而得名。幽指古幽州，即今河北北部及辽宁一带。
③ 晋之旧都：晋国的旧都，指绛地，即今山西翼城东南。
④ 齐右：齐国西部，古以西为右。
⑤ 河济：黄河与济水流经的一带地区，大概相当于今黄河中下游地区。
⑥ 北燕：古时燕国北部地区。
⑦ 麴其通语：麴为以上地区对酒母的通称。
⑧ 酒母：酒曲（麴），酿酒的发酵剂。
⑨ 䤈（cén）：《广韵》为"䤈，熟麴"，制好的酒母。
⑩ 熟麴：成熟的酒母。
⑪ 牙米：米出芽，如麦芽。牙，同"芽"。
⑫ 䅌麦：麦的一种。
⑬ 䴳（guǎn）：麴的异称之一。
⑭ 朽：腐朽，使之发朽。
⑮ 郁：暖、热。
⑯ 生衣：生霉衣。

也。糵，缺①也，渍麦覆之②，使生牙③关缺也。

【0582】《史记》曰④：文帝⑤遗⑥匈奴⑦秫糵⑧。

【0583】又曰⑨：通邑大都⑩，……糵麹盐豉⑪千荅⑫也。

【0584】《东观汉记》曰⑬：顺帝⑭诏⑮：禁民无得⑯酤卖⑰酒麹。

---

① 缺（quē）：同"缺"。残缺。

② 渍麦覆之：将麦子泡过后，再用东西盖起来。渍，泡。覆，盖。

③ 牙：同"芽"。

④ 此节选自《史记·匈奴列传》。

⑤ 文帝：西汉文帝刘恒（公元前202—前157年），公元前180—前157年在位。

⑥ 遗：赠送。

⑦ 匈奴：古民族名，汉前分布在燕、赵、秦以北地区。

⑧ 秫糵：《史记》又作"米糵"，指黏米和酒母。

⑨ 此节选自《史记·货殖列传》。

⑩ 通邑大都：通都大邑，指四通八达的城市。

⑪ 盐豉：豆豉。

⑫ 荅（dá）：计量单位。通"合（gě）"，十合为一升。

⑬ 此节选自《东观汉记·顺帝纪》。

⑭ 顺帝：东汉顺帝刘保，汉安帝长子，初封济阳王，在位十九年。

⑮ 诏：下令。特指皇帝的命令。

⑯ 无得：不准。

⑰ 酤（gū）卖：买卖酒。酤，打酒，买酒。

【0585】《汉晋春秋》①曰：愍帝②在长安为刘粲③所攻，粮尽。太仓④有麹数十饼⑤，屑之为粥⑥，以供奉帝。麹屑尽⑦，遂降。

【0586】《列子》曰⑧：子产⑨有兄公孙朝⑩，聚酒千钟⑪，积麹成封⑫。

【0587】刘伶⑬《酒德颂》曰：枕麹藉糟⑭。

【0588】崔寔《四民月令》曰：七月七日作麹。

---

① 《汉晋春秋》：晋习凿齿撰，已佚。清人有辑本三种。《御览》作《汉晋阳春秋》。此节见于《晋书·愍帝纪》。

② 愍帝：西晋愍帝司马邺（公元270—317年），西晋末代皇帝。字彦旗。在刘聪攻下长安后不久被杀。

③ 刘粲：字士光，刘聪之子。嗣位后，荒耽酒色，后被靳准所杀。

④ 太仓：粮库。

⑤ 饼：压制成块的麹饼。

⑥ 屑之为粥：把麹饼破碎后煮粥。

⑦ 尽：吃光了。

⑧ 此节选自《列子·杨朱》。

⑨ 子产：公孙侨，春秋郑国正卿。

⑩ 公孙朝：子产之兄。

⑪ 聚酒千钟：积聚千钟酒。钟，似壶的酒器。

⑫ 积麹成封：贮存的酒母堆如山包。封，本指墓上的坟包。

⑬ 刘伶：魏晋间名士，字伯伦，沛国（今江苏沛县）人。"竹林七贤"之一，嗜酒。除作《酒德颂》，还有诗集《北芒客舍》等。

⑭ 枕麹藉糟：睡觉枕酒母，坐酒糟之上。

麸

【0589】《苍颉解诂》曰：面，细麸①也。

【0590】《说文》曰：麸，小麦皮屑②也。

【0591】《史记》曰③：陈平④为人长大美色⑤，或谓⑥："陈平贫⑦，何食而肥若是⑧？"其嫂⑨疾陈平之不视家产⑩，曰："亦食糠覈⑪。"（孟康⑫曰：麦糠中之不破者。晋灼⑬曰：京师⑭谓粗屑⑮为纥头⑯）

---

① 麸：麦皮磨碎的细末。

② 屑：细末。

③ 此节选自《史记·陈丞相世家》。

④ 陈平（？—公元前178年）：西汉初大臣，阳武（今河南阳武东南）人。封曲逆侯，任至丞相。

⑤ 长大美色：身体高大壮实且肤色健康。

⑥ 或谓：有人问。

⑦ 贫：出身贫穷。

⑧ 何食而肥若是：吃的什么长得如此壮实？若是，如此。

⑨ 其嫂：陈平之嫂。

⑩ 疾陈平之不视家产：厌恶陈平不理家财。疾，憎恨；厌恶。

⑪ 亦食糠覈（hú）：他只配吃糠。或谐语说陈平同猪一样，食糠而已。糠覈，未破碎的糠皮。

⑫ 孟康：三国魏广宗（今河北威城东）人，字公休。明帝时为散骑待郎、弘农太守，后至中书监、封广陵亭侯。曾注《汉书》。

⑬ 晋灼：河南郡人，仕为尚书郎，著有《汉书音义》。

⑭ 京师：京城。

⑮ 粗屑：粗糠。

⑯ 纥头：纥，通"核"，这里指糠核，指粗糠皮。

【0592】《吴书》曰①：袁术②既为雷薄③等所距④，留住三日，士众⑤绝粮⑥。乃还⑦至江亭⑧，去寿春⑨八十里。问厨下⑩，尚有麦屑⑪三十斛⑫。

【0593】刘谦之⑬《晋记》⑭曰：王莽诛⑮，童谣曰："昔年⑯食麦屑⑰，今年食荁豆⑱"，荁豆不可食⑲，使我枯⑳

---

① 此节见《三国志·魏书·袁术传》所引《吴书》。

② 袁术：东汉末世族豪强。字公路（？—公元199年），汝南汝阳（今河南商水西南）人。袁绍之弟。东汉末官至虎贲中郎将、后将军，后在寿春称帝，被曹操击败，忧病而死。

③ 雷薄：人名。

④ 距：同"拒"，抵御；抵抗。

⑤ 士众：兵士们。

⑥ 绝粮：断了口粮。

⑦ 还：退兵。

⑧ 江亭：地名，因江边之亭而得名，在寿春。

⑨ 寿春：县名，治所在今安徽寿县。

⑩ 厨下：厨房。

⑪ 麦屑：麦麸。

⑫ 斛：十斗为一斛。

⑬ 刘谦之：刘简之弟，博闻好学，官至广州刺史，撰有《晋记》等。

⑭ 《晋记》：已佚，清有辑本二种，存一卷。

⑮ 王莽诛：王莽被杀。

⑯ 昔年：往年。

⑰ 麦屑：麦麸。

⑱ 荁（láo）豆：野豆。《集韵》："野豆谓之荁豆。"

⑲ 不可食：没法吃。

⑳ 枯：干。

咙喉①。

【0594】崔寔《四民月令》曰：五月五日至后②可籴③麸，至冬以养马④。

---

① 咙喉：喉咙。

② 至后：夏至以后。

③ 籴：买进粮食。

④ 至冬以养马：买麸放到冬天喂马。

卷第八百五十四

饮食部十二

糟

【0595】《说文》曰：糟，酒滓①也。糠，谷皮②也。

【0596】《春秋后语》③曰：张仪④说⑤韩惠王⑥曰："韩地⑦多阨恶⑧山居⑨，五谷所生非菽而麦⑩，民之食大抵⑪菽饭藿羹⑫。一岁不收⑬，民不厌糟糠⑭。"

---

① 酒滓：滤出酒后的渣，即酒糟。

② 谷皮：谷壳。

③ 《春秋后语》：晋孔衍撰，今存辑本一卷。

④ 张仪（？—公元前310年）：战国时纵横家。魏国人，游说入秦，首创连横。秦惠王以为相，封武信君。又相魏，后奉秦命使楚，施反间计破齐楚联盟。

⑤ 说（shuì）：劝说；说服。

⑥ 韩惠王：韩桓惠王，韩厘王之子，在位三十四年。

⑦ 韩地：韩国。战国七雄之一，与魏、赵瓜分晋国，建都阳翟（今河南禹县），后迁新郑。公元前230年为秦所灭。

⑧ 阨（è）恶：困苦、阻隔。阨，通"厄"。

⑨ 山居：居住山区。

⑩ 非菽而麦：不是豆子就是麦子。菽，豆类通称。

⑪ 抵：《御览》误为"板"。

⑫ 菽饭藿羹：豆饭菜羹。

⑬ 一岁不收：如果一年没有收成。

⑭ 民不厌糟糠：人们连糟糠都吃不饱。厌，饱。

【0597】又曰①：秦急围邯郸②，邯郸且欲降③，传舍吏④子李同⑤说⑥平原君⑦曰："邯郸之民析骨而炊⑧，易子而食⑨，可谓急⑩矣！而君之后宫⑪以百数婢妾，被绮縠⑫余粱肉，而民弊衣不完⑬，糟糠不厌⑭。君⑮器物钟鼓自若⑯，使秦破赵⑰，安得而有此哉⑱？"

---

① 此节亦见《史记·平原君列传》。

② 邯郸：赵国都城，在今河北邯郸西南。

③ 且欲降：准备要投降。

④ 舍吏：舍人，官名。

⑤ 李同：战国赵邯郸舍人吏子，本名谈，司马迁以父讳故，改为李同。

⑥ 说：劝说。

⑦ 平原君：封号，赵胜（？—公元前251年），战国时赵国宗室大臣。惠文王之弟，任赵相。为"战国四君"之一。本节所叙：秦军围邯郸，他从李同之说，尽散家财，发动士兵坚守城池三年之久，亲率门客毛遂去楚求援，魏、楚兵至，遂解邯郸之围。

⑧ 析骨而炊：劈开骨头当柴烧。析，劈。

⑨ 易子而食：互换孩子拿来吃。指断粮后吃人。

⑩ 急：紧迫。

⑪ 后宫：妻妾妃嫔居住的地方。

⑫ 被绮（qǐ）縠（hú）：穿的是绫罗绸缎。绮，有花纹的丝织品。縠，有皱纹的纱。

⑬ 弊衣不完：衣服破得不能穿了。

⑭ 糟糠不厌：连糟糠也吃不饱。

⑮ 君：平原君。

⑯ 钟鼓自若：像没有事似的欣赏乐曲。

⑰ 使秦破赵：如果秦军攻破了赵国。使，假使。

⑱ 安得而有此哉：哪里还会有现在这样的享乐生活呢？

【0598】《后汉书》曰①：明帝②姊湖阳公主③新寡，帝与共论朝臣④，微观其意⑤。公主曰："宋公⑥威容德器⑦，群臣莫及⑧。"帝曰："方且图之⑨。"后弘⑩被引见⑪，帝令主⑫坐屏风后，因谓弘曰："谚言⑬：贵易交⑭，富易妻⑮。人情乎⑯？"弘曰："臣闻贫贱之知不可忘⑰，糟糠之妻⑱不下

---

① 此节选自《后汉书·宋弘列传》。

② 明帝：汉明帝刘庄，光武帝第四子。遣使至天竺（古印度）求取佛法，为佛教传入中国之始。在位十年。

③ 湖阳公主：汉明帝之姐姐，名黄。

④ 帝与共论朝臣：明帝同湖阳公主在一起议论朝中大臣。

⑤ 微观其意：悄悄观察湖阳公主对谁有意。

⑥ 宋公：宋弘，字仲子，长安人。官至大司空，封宣平侯。

⑦ 威容德器：仪容威武，德才兼具。

⑧ 群臣莫及：没有一个大臣能超过他。

⑨ 方且图之：正想方设法促成这事。指想让湖阳公主同宋弘结婚。

⑩ 弘：宋弘。

⑪ 引见：通过旁人去拜见某人。

⑫ 主：公主，指湖阳公主。

⑬ 谚言：有谚语说。

⑭ 贵易交：地位高了，结交的朋友会与以往不同。

⑮ 富易妻：发了财后，就会另娶新欢。

⑯ 人情乎：这是人之常情吧？

⑰ 贫贱之知不可忘：贫贱的朋友不能忘记。知，知己；交好。

⑱ 糟糠之妻：同甘共苦的妻子。后因此以糟糠代指妻子。

堂①。"帝顾谓主②曰:"事不谐③矣。"

【0599】华峤④《后汉书》⑤曰:药崧⑥家贫,为郎⑦无被食糟⑧。自此诏给大官食⑨。

【0600】《魏志》曰⑩:李通⑪禽⑫黄巾大师⑬吴霸⑭而降其属⑮。遭岁大饥⑯,通⑰倾家振施⑱,与士⑲分糟糠,皆争

---

① 不下堂:不离异的意思。

② 主:公主。

③ 事不谐:事情不那么妙。指与宋弘成婚的事,希望不大。谐,和谐,融洽。

④ 华峤:西晋史学家。字叔骏(?—公元293年),平原高唐(今山东高唐东北)人。官至侍中,因不满《东观后记》,撰《后汉书》九十七卷,早佚。

⑤ 《后汉书》:指华峤所撰,永嘉之乱后散佚。

⑥ 药崧:人名。

⑦ 为郎:任郎官。郎为帝王侍从官的通称。

⑧ 无被食糟:没衣穿,吃酒糟。

⑨ 给大官食:由太官供食。大官,即太官,食官之一。

⑩ 此节选自《三国志·魏书·李通传》。

⑪ 李通:三国魏人,字文达。起兵归曹操,累封都亭侯。

⑫ 禽:通"擒"。

⑬ 黄巾大师:黄巾起义的首领。

⑭ 吴霸:人名。

⑮ 降其属:招降了他的部属。指农民起义军。

⑯ 遭岁大饥:逢大饥荒的一年。

⑰ 通:李通。

⑱ 倾家振施:尽散家财,救济贫民。振施,救济施舍。振,救。

⑲ 士:兵士。

为用①，由是②盗贼③不敢犯④。

【0601】《六韬》曰：太公⑤曰："古之乱君⑥夏桀、殷纣，积糟为丘⑦，以酒为池⑧，饮者常三千人。"

糠

【0602】《尔雅》曰：糠，谓之蠱⑨（米皮⑩）。

【0603】《广志》⑪曰：糠，谓之秮⑫。

【0604】《通俗文》曰：碎糠⑬曰䊳⑭（牟皮切）。

【0605】《史记》曰⑮：吴⑯中大夫⑰应高⑱说胶西王⑲

---

① 皆争为用：都争着为李通效力。

② 由是：因此。

③ 盗贼：农民起义军。

④ 犯：侵犯。

⑤ 太公：姜太公姜子牙，名吕望。

⑥ 乱君：乱国的君主，亡国之君。

⑦ 积糟为丘：因酿酒之多，积累的酒糟都堆成了山。

⑧ 以酒为池：以池盛酒，比喻酒多。

⑨ 蠱：米糠。

⑩ 米皮：米外壳。

⑪ 《广志》：晋郭义恭撰，已佚，清人有辑本一卷。

⑫ 秮（hé）：糠。

⑬ 碎糠：细糠。

⑭ 䊳（mí）：《集韵》曰："碎糠曰䊳。"

⑮ 此节选自《史记·吴王濞列传》。

⑯ 吴：指汉初吴王濞（bì）的封国。

⑰ 中大夫：官名，后改称光禄大夫，掌顾问应对。

⑱ 应高：人名，官吴王刘濞中大夫。

⑲ 胶西王：封号。

卯①曰:"舐糠及米②。"

【0606】《汉魏春秋》曰:甄后③之诛,由郭后④之宠。及殡⑤,令以糠塞口⑥。后明帝⑦逼杀⑧郭后,使殡如甄后⑨。

【0607】《晋书》曰⑩:王戎子万⑪,有美名⑫而太肥⑬,戎⑭令食糠而肥愈甚⑮。

【0608】又曰⑯:孙绰⑰性通率⑱,好讥调⑲。尝与习凿

---

① 卯:刘卯,《御览》作"母"。刘卯,本汉初齐王之子。

② 舐糠及米:这是当时的一句俗语,说糠皮要是没了就要露出米粒了,有"唇亡齿寒"的意思。

③ 甄后:三国魏文帝曹丕皇后,生明帝与东乡公主。后因郭后受宠而生怨言,文帝怒而赐死。明帝时追谥为文昭皇后。

④ 郭后:初为魏文帝贵嫔,甄后死,立为皇后。

⑤ 殡:殡葬。

⑥ 以糠塞口:把糠皮塞在甄后口里。

⑦ 明帝:魏明帝曹叡(公元205—239年),字元仲,公元226—239年在位。

⑧ 逼杀:逼其自尽。

⑨ 使殡如甄后:殡葬同甄后一样。指也往口中塞有糠皮。

⑩ 此节选自《晋书·王戎列传》。

⑪ 万:王万,王戎之子。

⑫ 美名:名声很好。

⑬ 太肥:身体过胖。

⑭ 戎:王戎。

⑮ 肥愈甚:越来越胖。

⑯ 此节选自《晋书·孙楚列传》。

⑰ 孙绰:字兴公,官廷尉卿,领著作,有《天台山赋》等。

⑱ 通率:直率。

⑲ 好讥调:喜欢挖苦调笑别人。

齿共行①,绰在前②,顾谓凿齿③曰:"沙之汰之④,瓦石在后⑤。"凿齿曰:"簸之扬之⑥,糠秕在前⑦。"

【0609】《齐书》曰⑧:顾欢⑨所居乡中有学舍⑩,欢⑪贫无以受业⑫,于舍⑬壁后倚听⑭,无遗忘者⑮。夕⑯则燃松节⑰读书,或燃糠自照⑱。

---

① 共行:同行。

② 绰在前:孙绰走在前面。

③ 顾谓凿齿:回过头对习凿齿说。

④ 沙(shà)之汰之:沙沙淘淘。沙,经摇动把东西里的杂物集中,以便清除。如沙米里的沙子。汰,淘洗。

⑤ 瓦石在后:沙汰之后,瓦块石头子就留在了上面。这里把习凿齿比作瓦石,是调笑之言。

⑥ 簸之扬之:簸簸扬扬。

⑦ 糠秕(bǐ)在前:簸米时由于风力把糠秕簸在前面。这里是把孙绰比作糠秕,为互贬之词。秕,同"粃",子实不饱满。

⑧ 此节选自《南齐书·高逸列传》。

⑨ 顾欢:字景怡,性孝。好黄老之学,官扬州主簿,称为山谷臣。曾献齐高帝《政纲》一卷。

⑩ 学舍:学堂;学校。

⑪ 欢:顾欢。

⑫ 贫无以受业:因家里贫穷上不了学。受业,指为弟子受其学业,又用为弟子的自称。

⑬ 舍:学堂。

⑭ 倚听:把耳朵贴在墙壁后听室内老师的讲课。

⑮ 无遗忘者:老师讲的每一句都记住了。

⑯ 夕:傍晚。

⑰ 松节:松枝。今《南齐书》无后两句。

⑱ 燃糠自照:烧糠为自己照明。

【0610】《墨子》曰①：备城②皆收藏灰穅马矢③。

【0611】又曰④：人衣短褐⑤，食糠糟⑥。

【0612】《庄子》曰⑦：播糠眯目⑧，则天地四方易位⑨矣。

【0613】《韩子》曰⑩：糟糠不厌者⑪，不待粱肉而饱⑫。短褐不完者⑬，不须文绣而好⑭。

【0614】《潜夫论》曰⑮：不命大将以讨⑯叛羌⑰，州郡

---

① 此节选自《墨子·备城门》。语句略异。

② 备城：守卫城池。

③ 灰穅马矢：灰穅即穅烧后的草木灰。马矢指马屎。这两样东西也是守城的武器，用以眯攻城者的眼睛。

④ 此节选自《墨子·非乐上》。语句有异。

⑤ 衣短褐：穿破衣。短褐，指贫贱者之衣。

⑥ 食糠糟：吃粗劣的食物。

⑦ 此节选自《庄子·天运》，所引为老子之语。

⑧ 播糠眯目：扬起糠灰眯人眼睛。

⑨ 天地四方易位：辨不清东南西北。

⑩ 此节选自《韩非子·五蠹》。

⑪ 糟糠不厌者：连糟糠都没法吃饱的人。厌，饱。

⑫ 不待粱肉而饱：不必有美味佳肴便能吃饱。

⑬ 短褐不完者：破衣服都穿不上的人。完，完备。

⑭ 不须文绣而好：不必穿上好的衣服就会感到很温暖。文绣，饰有花纹图案的织品。

⑮ 此节选自《潜夫论·救边》。

⑯ 讨：讨伐。

⑰ 叛羌：发动叛乱的西羌。

稍兴兵①，若排糠障风②，掏沙壅河③。

【0615】《抱朴子》④曰：上世⑤玄水⑥结而不寒⑦，肴糠绝而不饥⑧。

【0616】刘欣期⑨《交州记》⑩曰：合浦⑪海口有为糠头山⑫，传云越王⑬舂米于此，积糠而成⑭。

---

① 州郡稍兴兵：单靠州郡的有限的兵力解决不了问题，非命大将出马不可。

② 若排糠障风：就像扬起糠来挡风一样，无济于事。糠，《潜夫论》今又作"帘"。

③ 掏沙壅河：掏来沙子堵挡河水。即无用之功。

④ 《抱朴子》：西晋葛洪著，分内外篇。外篇论世事得失，内篇系神仙家言。此节选自《抱朴子·外篇·诘鲍》。

⑤ 上世：上古。

⑥ 玄水：北方之水名，所指不详。

⑦ 结而不寒：结了冰而不觉寒冷。

⑧ 肴糠绝而不饥：没有饭吃也不觉得饥饿。肴糠，又作"肴粮"，泛指食物。饥，《御览》误作"饱"。《御览》所引此节文意不全，《抱朴子》所说本是一种假设句，即上古之人要同木石一样，就会在冰天也不觉寒冷，断了粮也不觉得饥饿。

⑨ 刘欣期：人名。

⑩ 《交州记》：晋刘欣期撰，已佚。清人有辑本二卷。

⑪ 合浦：郡名，治所在合浦（今广东合浦东北）。

⑫ 糠头山：地名。

⑬ 越王：汉南越王赵陀（？—公元前137年），真定（今河北正定）人，自立为南越武王，汉高祖刘邦正式封为南越王。

⑭ 积糠而成：糠多堆积成山。

卷第八百五十五

饮食部十三

豉

【0617】《释名》曰：豉①，嗜②也。五味调和须之而成③，乃可甘嗜④也。故齐人⑤谓豉声如"嗜"⑥。

【0618】《史记》曰⑦：蘖面⑧盐豉⑨千荅⑩（徐广⑪曰：或作"合"⑫，器名⑬）。

【0619】谢承《后汉书》曰：羊续⑭为南阳⑮太守，盐

---

① 豉：豆豉，用豆子泡后蒸熟，再发酵而成。加盐为盐豉，无盐为淡豉。
② 嗜：有好之意。这里指嗜音近豉。
③ 五味调和须之而成：必须有豆豉才能调和好五味。
④ 甘嗜：好吃。味道好。
⑤ 齐人：齐国故地的人。
⑥ 谓豉声如"嗜"：把豉的音读作"嗜"。
⑦ 此节见《史记·货殖列传》，前已选录。
⑧ 蘖面：《史记》本作："蘖曲（麴）。"
⑨ 盐豉：加盐的豆豉。
⑩ 荅：通"合"。容量单位，十合为一升。
⑪ 徐广：东晋著作家。字野民，东莞姑幕（今山东安丘东南）人。官至大司农，撰《晋纪》四十六卷，以编年体记海西公至孝武帝三朝史事，后散佚。
⑫ 或作"合"：指荅或写作"合"，见前注。
⑬ 器名：器物之名。以此句猜测"合"为"盒"。
⑭ 羊续：东汉官吏。字光祖，官至南阳太守。后征为太常，未到任而卒。
⑮ 南阳：郡治在宛县（今河南南阳）。

盐豉共壶①。

【0620】袁宏②《汉记》③曰：李傕④数设酒请郭汜⑤，或留汜⑥。汜妻⑦惧与傕婢妾私⑧而夺己爱，思有以离间⑨之。傕送馈⑩，汜妻乃以豉为药⑪，汜将食⑫，妻曰："食从外来⑬，倘或有故⑭。"遂摘药示之⑮，曰："一栖不两雄⑯，我

---

① 盐豉共壶：用盐豉佐饭，节俭之意。壶为酒器，或代指酒，此句意或为以盐豉下酒。

② 袁宏：东晋史学家。字彦伯（公元328—376年），陈郡阳夏（今河南太康）人。任桓温大司马府记室、掌书记。仿荀悦《汉记》，撰《后汉记》三十卷。

③ 《汉记》：为荀悦作。袁宏作本为《后汉记》。

④ 傕（jué）：人名。据《三国志》和《后汉记》，傕均作"傕（jué）"，下同。

⑤ 郭汜：人名。

⑥ 或留汜：有时让郭汜在家留宿。

⑦ 汜妻：郭汜之妻。

⑧ 私：私通。

⑨ 离间：从中挑拨，使关系分裂。

⑩ 傕送馈：李傕给郭汜送来食物。

⑪ 以豉为药：在食物上撒上豆豉当毒药。或原来食物中就有豆豉。

⑫ 汜将食：郭汜正准备进食。指吃李傕送来的食物。

⑬ 食从外来：食物是由外送来的。

⑭ 倘或有故：小心有意外。倘或，假如，要是。故，变故。

⑮ 摘药示之：挑出药（豆豉）给郭汜看。

⑯ 一栖不两雄：一个窝里不能有两只雄（鸟）。喻两雄必相争。

固①疑将军②之信李公③也。"明日，傕请汜④，大醉。汜疑傕药之⑤，绞⑥粪汁饮之乃解⑦。于是遂相疑猜⑧也。

【0621】《三辅决录》曰：南阳旧语⑨曰："前队大夫⑩范仲公⑪，盐豉蒜果⑫共一筩⑬。"言其廉俭也。

【0622】《豫章烈士传》⑭曰：羊茂⑮为东郡⑯太守。出界⑰买盐豉。

---

① 固：本来。

② 将军：郭汜。

③ 李公：李傕。

④ 傕请汜：李傕又宴请郭汜。

⑤ 汜疑傕药之：郭汜怀疑李傕在酒肴里下了毒药。

⑥ 绞：急切；急忙。

⑦ 解：解毒；解酒。

⑧ 相疑猜：互相猜忌。

⑨ 旧语：古语，古话。

⑩ 前队大夫：先遣队的领队。前队为前锋、先锋、前部之意。

⑪ 范仲公：人名。

⑫ 蒜果：大蒜蒜头。这里指的是腌制过的盐蒜。

⑬ 筩：通"筒"。

⑭ 《豫章烈士传》：书名，已佚。

⑮ 羊茂：三国魏人，字季宝，官至东郡太守。

⑯ 东郡：治所最早在濮阳（今河南濮阳西南），后屡迁。

⑰ 出界：出郡界之外。

【0623】《博物志》曰①：外国有豉法②，以苦酒③溲豆④，暴令极燥⑤，以油麻⑥蒸讫复暴⑦，三过乃止⑧。然后细捣椒屑⑨筛下，随多少⑩合投⑪之。

【0624】《金楼子》⑫曰：五色茄⑬，一名金盐⑭；地榆⑮，一名玉豉⑯。惟此二物可以煮石。

【0625】《广志》曰：苦⑰，秦豉⑱也。

---

① 此节为《博物志》佚文。

② 豉法：做豆豉的方法。这里所述的做法与中原不同。

③ 苦酒：醋。见《魏名臣传》"官贩苦酒"注。

④ 溲豆：泡豆子。

⑤ 暴令极燥：晒得极干。

⑥ 油麻：油与芝麻。

⑦ 蒸讫复暴：蒸好后再晒干。

⑧ 三过乃止：三次蒸晒才罢。

⑨ 椒屑：椒粉。

⑩ 随多少：可多可少，随意为之。

⑪ 合投：把椒粉投入豆豉中。

⑫ 《金楼子》：梁元帝萧绎撰，六卷，萧绎曾自号"金楼子"，因以为书名。书中多中外逸闻。

⑬ 五色茄：又名天茄子、刺茄、金钮头等，多年生小灌木。果入药治牙痛、祛风、止头疼。

⑭ 金盐：五色茄别名。

⑮ 地榆：又名玉豉、枣儿红、水槟榔等，多年生草本。根入药有清热解毒、止痛止血之功。

⑯ 玉豉：地榆别名之一。

⑰ 苦：过咸为苦。

⑱ 秦豉：秦指关中一带，即关中豆豉。

【0626】《楚辞·招魂》曰：大苦酸咸①（大苦谓豉②）辛甘③行（言取豉调和以椒姜④、咸、酢⑤、酪⑥，则辛甘之味皆发而行⑦）。

【0627】《古歌》⑧曰：美豉⑨出鲁门⑩。

齑

【0628】《周礼》曰⑪：醢人⑫掌共五齐⑬（昌本⑭、脾析⑮、蜃⑯、豚拍⑰、深蒲⑱也）。

---

① 大苦酸咸：本句所云正为五味。大苦，有说为甘草别名，恐只是言苦味而已。

② 大苦谓豉：大苦指的是豆豉。豆豉甚咸而苦，故有此名。

③ 辛甘：辣、甜味。

④ 椒姜：花椒和生姜。泛指通用调味品。

⑤ 酢：为"醋"的本字。

⑥ 酪：果酱之类。

⑦ 皆发而行：都散发出来。

⑧ 《古歌》：古诗，所出不详。

⑨ 美豉：优质豆豉。

⑩ 鲁门：地名，当属今山东一带。又据《茶经》曰："美豉出鲁渊。"

⑪ 此节选自《周礼·天官·醢人》。

⑫ 醢（xī）人：食官之一，掌五齐七菹等。五齐见下注。七菹即韭菹、芹菹、菁菹、茆菹、葵菹、箈（tái）菹、笋菹。

⑬ 五齐：齐应为"齑"。指昌本、脾析、蜃、豚拍、深蒲。

⑭ 昌本：菖蒲根。菖蒲为多年生水草，香味浓烈，根可入药。

⑮ 脾析：牛之百叶，胃也。

⑯ 蜃：大蛤。泛指蛤蜊，软体动物，有两扇贝壳。肉味鲜美。

⑰ 豚拍：猪的肩，肉味最美。或曰为猪肋，排骨。

⑱ 深蒲：香蒲子。或指蒲初生柔弱者。一说为桑。

【0629】《记》曰①：卒食②，客③自前跪，彻饭齑以授相者④。

【0630】《释名》曰：蟹齑⑤，去其匡⑥，熟⑦捣⑧合如齑也。

【0631】《通俗文》曰：淹⑨韭曰齑，淹薤⑩曰虀⑪。

【0632】《东观汉记》曰⑫：王莽将败⑬，北海⑭逢萌⑮

---

① 此节选自《礼记·曲礼上》。

② 卒食：食毕。

③ 客：来客。

④ 彻饭齑以授相者：撤走饭菜给侍者。彻，通"撤"。相者，端肴馔的侍者。

⑤ 蟹齑：蟹肉所做的齑。

⑥ 匡：同"钳"，即蟹钳。

⑦ 熟：先蒸熟。

⑧ 捣：捣碎。

⑨ 淹：同"腌"。

⑩ 薤（xiè）：又叫藠头，多年生蔬菜作物。鳞茎纺锤形，似蒜瓣，供食用。

⑪ 虀（duì）：齑、菹之类。

⑫ 此节选自《东观汉记·逢萌列传》。

⑬ 将败：将要被推翻。

⑭ 北海：郡、国名，西汉治所在营陵（今山东昌乐东南）。东汉移治剧县（今山东昌乐西）。

⑮ 逢萌：北海人，字子庆。初为亭长，王莽时挂冠东都城门，后入崂山修道，累召不起。

载齑器①于市②,曰:"辛乎③?"因潜藏④不见。

【0633】《魏志》此节⑤:华佗⑥尝见病咽塞者⑦,语之曰:"向来⑧道隅⑨有卖饼人,蒜齑⑩甚酸,可取三升饮之。"如言⑪,立⑫吐一蛇。

【0634】王隐《晋书》曰⑬:袁甫⑭曰:"谷中之美⑮,美莫过稻⑯,不可以为齑⑰"。

---

① 齑器:捣齑用的臼。

② 市:街市。

③ 辛乎:辣吗?

④ 潜藏:隐居。

⑤ 选自《三国志·魏书·华佗传》。

⑥ 华佗:东汉末医学家。别名旉(fū),字元化,沛国谯(今安徽亳县)人。擅长外科,作"五禽之戏",发明"麻沸散(麻醉剂)"。因不肯为曹操治病而被杀死。

⑦ 病咽塞者:患咽喉阻梗的人。

⑧ 向来:一直。

⑨ 道隅:道路拐弯处。

⑩ 蒜齑:以大蒜为主的齑。

⑪ 如言:按华佗说的做了。

⑫ 立:立刻。

⑬ 此节见房玄龄《晋书·袁甫列传》。

⑭ 袁甫:淮南人,字公胄。历官松滋令、淮南国大农郎中令,年八十卒于家。

⑮ 谷中之美:谷类中最好的谷。《御览》无此句,语意不全,据《晋书》增补。

⑯ 美莫过稻:再好也没有超过稻谷的了,言稻谷最好。

⑰ 不可以为齑:稻谷虽好,却不能用来做齑。

【0635】《语林》①曰：石崇②尝冬月③得韭蓱，王恺货崇帐下督④云："是捣韭根⑤，杂以麦苗⑥耳。"

【0636】《楚辞》⑦曰：惩于羹者而吹蓱⑧。

【0637】又曰⑨：吴⑩酸毛蓱⑪不沾薄⑫（毛，菜也。言吴人善为致美⑬，其菜若蓱，味无沾薄，言有调⑭也。又曰

---

① 《语林》：晋裴启撰，已佚。清人辑一卷。

② 石崇：西晋大臣、巨富。

③ 冬月：冬天。有时专指阴历十一月。

④ 王恺货崇帐下督：王恺想法收买了石崇手下的一个帐下督，为的是弄清石崇冬天从哪儿弄来的韭菜。王恺，西晋贵戚，曾得武帝之助，与石崇斗富。货，收买，行贿之意。崇，石崇。帐下督，官名，在幕下监督兵卒者。

⑤ 韭根：韭菜根须。

⑥ 杂以麦苗：掺杂麦苗。指韭蓱是假的。

⑦ 此节选自《楚辞·九章·惜诵》。

⑧ 惩于羹者而吹蓱：大意为被热羹烫过的人，见了冷蓱也不由自主地用口吹。形容过分戒惧。

⑨ 此节选自《楚辞·大招》。《御览》所引注脱漏甚多。

⑩ 吴：吴人：

⑪ 酸毛蓱：泡毛蓱为酸菜。毛又作"蒿"，即香蒿。蓱指蓱蒿，均可为蔬菜。

⑫ 不沾薄：不浓不淡。沾，浓。薄，淡。

⑬ 善为致美：善于调制美味。原注为"善为羹"。

⑭ 有调：适度。

蒿①也，蒌不沾薄②，繁草③也。蒌，香④。沾⑤，多汗⑥也。薄，无味也。言吴人工调咸酸⑦，使偷⑧蒿蒌以为齑，味酸又不薄⑨，适甘美人⑩也）。

【0638】弘君举⑪《食檄》⑫曰：大市⑬覆罂之蒜⑭，东里⑮独姥⑯之醯⑰，大盐杂以姜、椒，叛奴⑱使之舂齑⑲。

【0639】《岭表录异》曰：容南⑳土风㉑好食水牛肉，

---

① 蒿：香蒿。可入药。
② 蒌不沾薄：《文选注》原无此四字。
③ 繁草：本释"蒌"为繁草。这里所引错落太多。
④ 香：原注为"香草"，《御览》脱"草"字。
⑤ 沾：通"霑（zhān）"，湿也。
⑥ 多汗：湿也。
⑦ 工调咸酸：善于泡渍咸菜酸菜。
⑧ 偷：《文选注》本作"爚（yuè）"。爚，通"铄"，销毁。这里为捣碎之意。
⑨ 不薄：味不淡。
⑩ 适甘美人：指味合适可口。
⑪ 弘君举：人名。
⑫ 《食檄》：已佚，仅存数千文字。
⑬ 大市：大街，这里指大店铺。
⑭ 覆罂（yīng）之蒜：盖着口的瓶装大蒜。罂，小口大腹的瓶。
⑮ 东里：泛指一个地名，或意指城东。
⑯ 独姥：孤身老太太。
⑰ 醯：醋。
⑱ 叛奴：逃奴。
⑲ 舂齑：捣碎为齑。舂，《御览》误作"春"。
⑳ 容南：地名。
㉑ 土风：当地的风俗。

言其脆美①，则柔毛肥豢②不足比③也。每军衙④有局筵⑤，必先此物⑥，或炮或炙⑦。尽此一牛既饱⑧，即以圣虀⑨销之⑩（圣虀如有菘⑪，云是牛肠胃中已化草⑫）。既至⑬，即以盐，酪⑭、姜、桂⑮调⑯而啜之，腹遂不胀⑰。北客⑱到彼⑲，多赴此筵⑳，但能食肉㉑，罔有啜虀者㉒。

---

① 言其脆美：说水牛肉的味道香脆可口。

② 柔毛肥豢：软毛肥猪，指家猪。

③ 不足比：比不上。

④ 军衙：军府。

⑤ 局筵：宴会。古时凡聚集宴游之事皆可称为"局"。

⑥ 必先此物：必定先上这一道菜。

⑦ 或炮或炙：牛肉不是炮就是烤。炮，旺火急炒。炙，烤。

⑧ 尽此一牛既饱：吃完这一道牛肉菜就饱了。

⑨ 圣虀：牛胃中未完全消化的草做成的虀。

⑩ 销之：消食，使牛肉消化。

⑪ 有菘：白菜。

⑫ 已化草：已经消化后的草渣。

⑬ 既至：圣虀一端上来。

⑭ 酪：果酱一类。

⑮ 桂：肉桂树皮做的调料，有香味。

⑯ 调：调和。

⑰ 胀：鼓胀。

⑱ 北客：北方去的客人。

⑲ 到彼：到了那里（南方）。

⑳ 此筵：指这种水牛肉宴席。

㉑ 但能食肉：只能吃牛肉。

㉒ 罔有啜虀者：没有吃圣虀的人。罔，无。

卷第八百五十六

饮食部十四

茹

【0640】《史记》曰①：公仪休②食茹而美③，拔其园葵而弃之④。

【0641】《后汉书》曰⑤：孔奋⑥为姑臧长⑦，时⑧每居县者⑨不盈⑩数月，辄致丰积⑪。奋⑫在职⑬四年，财产无所

---

① 此节选自《史记·循吏列传》。

② 公仪休：战国鲁穆公国相。奉法循礼，拔葵出妇，令勿夺园夫红女之利。

③ 食茹而美：吃自己家所产的蔬菜，觉得味道很好。茹，蔬菜的泛称。

④ 拔其园葵而弃之：将自己园圃的冬葵拔去扔掉。葵，冬葵，嫩叶可做菜吃。公仪休这样做，为的是怕断了以种菜为生者的活路。

⑤ 此节选自《后汉书·孔奋列传》。

⑥ 孔奋：茂陵人，字君鱼，拜武都太守，为政清平。

⑦ 姑臧长：姑臧县令。姑臧，县名，治所在今甘肃武威。

⑧ 时：当时。

⑨ 每居县者：每个在那里当过县令的人。

⑩ 盈：满。

⑪ 丰积：财富积累很多。

⑫ 奋：孔奋。

⑬ 在职：指在任县令期间。

增①。事母②孝谨，虽自俭约③，而奉养④极求珍膳⑤，躬率妻、子⑥，同甘菜茹⑦。

【0642】沈约《宋书》曰⑧：文帝⑨为王玄谟⑩作"四时茹⑪"。

【0643】《诗》云⑫：堇茹⑬供春膳，粟飱⑭充夏餐。

---

① 无所增：一点没有增加。

② 事母：侍奉母亲。

③ 虽自俭约：虽然自己很俭省。

④ 奉养：奉养老母。

⑤ 珍膳：美味的膳食。

⑥ 躬率妻、子：自己领着妻子、儿女。躬，亲自。

⑦ 同甘菜茹：一起吃素食。茹，原注为"食"。

⑧ 此节选自《宋书·王玄谟列传》。

⑨ 文帝：宋文帝刘义隆（公元407—453年），公元424—453年在位。为武帝刘裕第三子，少帝遇害后，被大臣拥立为帝。后为子刘劭所杀。《宋书》本作"孝武帝"。

⑩ 王玄谟：南朝宋将领。字彦德（公元388—468年），太原祁（今山西祁县）人。文帝时任至彭城太守，明帝时官至车骑将军、南豫州刺史，加都督。

⑪ 四时茹：《宋书》本为"作《四时茹诗》"，见下注。

⑫ 此节本连接上节，为"作《四时茹诗》"，《御览》将之割裂为两段，不妥。四时茹即指四季菜食。原诗为："堇茹供春膳，粟飱充夏餐，飑（páo）酱调秋菜，白醝（cuō）解冬寒。"

⑬ 堇茹：旱芹。茹，《宋书》作"荼"。

⑭ 粟飱：《宋书》又作"粟浆"。

【0644】《傅玄诗》①云：厨人进藿茹②，有酒不盈杯③。

【0645】枚乘《七发》④曰：白露之茹⑤。

菹

【0646】《周礼》曰⑥：朝事之豆⑦，其实⑧韭菹⑨、昌本⑩、菁菹⑪、茆菹⑫（昌本，昌蒲根⑬也，切之四寸为之。菁菹，韭菹，郑大夫⑭读茆为"茅"。或曰：茆⑮，水

---

① 《傅玄诗》：所引为傅玄《杂诗》。傅玄（公元217—278年），西晋大臣、文学家。字休奕，北地泥阳（今陕西耀县东南）人。官至太仆、司隶校尉。著《傅子》，已佚。《御览》作"传玄"，误。

② 藿茹：豆叶菜。

③ 不盈杯：不满杯，即酒少的意思。

④ 《七发》：仿骚体文，见前注。

⑤ 白露之茹：秋季的蔬菜。白露，节气名，在公历9月8日前后。

⑥ 此节选自《周礼·天官·醢人》。省略较多。

⑦ 朝事之豆：朝事所设豆。豆，高足盘，用以盛食物。

⑧ 其实：豆盘中盛的东西。

⑨ 韭菹：韭菜所做的菹。菹，这里指酸菜，腌菜。

⑩ 昌本：菖蒲根，详见前注。

⑪ 菁菹：蔓菁所做的菹。或认为"菁"指韭菜花，见后注。

⑫ 茆菹：茆似莼菜，水生草本植物。可食。详见后注。或云茆即茅。

⑬ 昌蒲根：《御览》作"昌蒲祖"。

⑭ 郑大夫：郑众，东汉经学家，称"先郑"。

⑮ 茆：通"茅"。

草。杜子春①读茆为"卯"。玄②谓：菁③，蔓菁④也；茆，凫葵⑤也）。馈食之豆⑥，其实葵⑦菹。加豆⑧之实，芹⑨菹、深蒲⑩、箈⑪菹、笋⑫菹（芹，楚葵⑬也。郑司农⑭云：深蒲，蒻⑮入水深，故曰深蒲。或曰：深蒲，桑⑯耳。箈，水中鱼衣⑰也。玄⑱谓：深蒲，蒲始生水中子也；箈，箭萌⑲；笋，

---

① 杜子春：东汉缑氏（今河南偃师东南）人。受《周礼》于刘歆，郑众、贾逵并受学于他。

② 玄：郑玄，见前注。

③ 菁：韭花。或认为是蔓菁。

④ 蔓菁：芜菁，两年生草本植物，块根肉质，可作为蔬菜。

⑤ 凫葵：又名水葵、苻（fū）菜，多年生草本植物，生水中，与莼相似。

⑥ 馈食之豆：馈食所用的豆。豆为容器。馈食，荐熟之礼。

⑦ 葵：葵类蔬食，如兔葵、楚葵等。

⑧ 加豆：食后再加的盛菜的豆。

⑨ 芹：芹菜，又名楚葵。

⑩ 深蒲：香蒲子。详见前注。

⑪ 箈：小竹笋。

⑫ 笋：竹笋。

⑬ 楚葵：芹菜之名，又有水芹、旱芹之分。

⑭ 郑司农：郑众，东汉经学家，曾任大司农，详见前注。

⑮ 蒻（ruò）：嫩的香蒲，初生者。

⑯ 桑：或指桑葚。后人多不从此说。

⑰ 鱼衣：水苔，即水藻类。

⑱ 玄：郑玄，见前注。

⑲ 箭萌：小竹笋。

竹萌①）。王②举③则共七菹④（韭、菁、茆、葵、芹、箔、笋菹。凡醯醢⑤所和⑥，细切为齑。今⑦物若牒⑧为菹。齑、菹之称，菜肉通称⑨矣）。

【0647】《记》曰⑩：麋鹿⑪为菹，野豕⑫为轩⑬，皆聂而不切⑭。麕⑮为辟鸡⑯，兔为宛脾⑰，皆聂而切之⑱。切葱若

---

① 竹萌：竹笋。草木始生皆曰萌。

② 王：君王。

③ 举：吃一次。杀牲盛馔曰举。

④ 七菹：七种菹，即韭菹、菁菹、茆菹、葵菹、芹菹、箔菹、笋菹。分别见前注。

⑤ 醯醢：醋与肉酱。醢，今《周礼》又作"酱"。

⑥ 和：调和。

⑦ 今：今本作"全"。

⑧ 牒（zhé）：或作"腏"，同"聂"，细切也。

⑨ 通称：泛称。

⑩ 此节选自《礼记·少仪》。

⑪ 麋鹿：四不像，角似鹿，头似马，体似驴，蹄似牛。性温驯，为我国特产。野生种已不可见。

⑫ 野豕：野猪。

⑬ 轩：大肉片。

⑭ 聂而不切：《礼记》作"聂而切之"。聂，通"聂"，或作"牒"，即薄切肉片。切，指切为丝。

⑮ 麕（jūn）：獐子，一种小型鹿。雌雄都没有角，雄的有獠牙露在嘴外，故又称牙獐，是我国长江流域的特有动物。

⑯ 辟鸡：菹类。

⑰ 兔为宛脾：兔肉做的菹称"宛脾"。

⑱ 聂而切之：细切的意思。聂又作"聂"，见上注。

蕰实之①，醯以柔之②（此轩、辟鸡、宛脾，皆菹类也。其作之状③，以醯与薰菜④淹⑤之，杀肉及腥气⑥也）。

【0648】又曰⑦：水草之菹⑧，陆产之醢⑨，小物⑩备⑪矣。三牲⑫之俎，八簋之实⑬，美物⑭备矣。昆虫之异⑮，草木之实⑯，阴阳之物⑰备矣（水草之菹，芹茆属⑱。陆产之醢，

---

① 实之：装起来，放在容器内。

② 醯以柔之：倒上醋让它泡软。

③ 其作之状：菹的制作方法。

④ 薰菜：《礼记·少仪》又作"荤菜"。荤菜，古指大蒜，见《说文解字》。后来荤菜指肉食类馔品，相对素菜而言。

⑤ 淹：同"腌"，渍，泡。

⑥ 杀肉及腥气：去掉肉类的腥气。杀，降低；减少。《御览》此句作"杀肉及醒气"，醒为腥之误。

⑦ 此节选自《礼记·祭统》。

⑧ 水草之菹：水中生的蔬菜，可用作菹者。

⑨ 陆产之醢：陆生的可做醢的食物。醢，《御览》作"醯"，误。

⑩ 小物：平常所食之物。

⑪ 备：齐全。

⑫ 三牲：牛、羊、豕（猪）。

⑬ 八簋（guǐ）之实：八种美食。簋，用于祭祀的一种容器。

⑭ 美物：美味之食。

⑮ 昆虫之异：异化的昆虫，如蝉之为蛹。

⑯ 草木之实：水果、干果等。

⑰ 阴阳之物：天上所生、地上所长的食物。

⑱ 芹茆属：芹茆之类。泛指水生蔬菜类。

蚳蝝①之属。天子之祭八簋②。昆虫，谓温生寒死③之虫也。《内则》④：可食之物，有蜩⑤范⑥；草木之实，菱茨⑦、榛栗⑧之属）。

【0649】《传》曰⑨：王⑩使⑪周公阅⑫来聘⑬，饷有昌歜⑭（昌菹）。

【0650】《毛诗》曰⑮：中田有庐⑯，疆埸有瓜⑰，是剥是菹⑱（剥瓜为菹也。《笺》云：中田，土⑲也，农人作庐

---

① 蚳（chí）蝝（yuán）：蚳指蚁卵，古代取以制酱。蝝指未生翅的蝗虫子。
② 天子之祭八簋：天子祭祀用八簋。此为最高等级，所谓"九鼎八簋"。
③ 温生寒死：温暖季节活动，冬季冬眠。
④ 《内则》：为《礼记》之一篇。
⑤ 蜩（tiáo）：蝉。
⑥ 范：蜂。
⑦ 菱茨：菱角和茨菇，泛指水草果实。
⑧ 榛栗：榛子和板栗，泛指果树所结的果实。
⑨ 此节选自《左传·僖公三十年》。
⑩ 王：周王，周襄王，名郑，在位三十二年。
⑪ 使：派遣。
⑫ 周公阅：人名。
⑬ 聘：古代诸侯和天子之间派使节问候、访问。
⑭ 昌歜（chù）：菖蒲菹，见前注。
⑮ 此节选自《诗经·小雅·信南山》。
⑯ 中田有庐：田中盖茅棚，便于农作。中田，田中。庐，窝棚之类。
⑰ 疆埸（yì）有瓜：在田边种瓜。埸，田界，田边。
⑱ 是剥是菹：剥瓜制成菹。
⑲ 土：田。

焉，以便其田事①。于畔②上种瓜，瓜成③，又入其税④，天子剥削⑤淹渍⑥以为菹，贵四时之异物⑦）。

【0651】《毛诗义疏》⑧曰：蒲，《周礼》以为菹⑨，谓蒲始生，取其中心入地蒻⑩，大如指白⑪，生噉之甘脆⑫。又煮，以苦酒⑬受之，如食笋法，大美⑭。今吴人以为菹。

【0652】《广雅》曰：齑，墬⑮，酿䤈⑯菹也（墬，大内切。䤈，口故切）。

【0653】《苍颉解诂》曰：䤈，酢菹⑰也。

---

① 以便其田事：以便于农作。

② 畔：田界，田边。

③ 瓜成：瓜熟。

④ 税：以物送人。这里不是租、税的意思。据《周礼》："瓜不税民。"

⑤ 剥削：切开。

⑥ 淹渍：淹同"腌"。

⑦ 异物：珍味。

⑧ 《毛诗义疏》：北周沈重撰，佚。清人有辑本二卷。此节引自《毛诗义疏·大雅·韩奕》，本为孔颖达《毛诗正义》所引。

⑨ 此说见《周礼·天官·醢人》，见前注。

⑩ 蒻：嫩的香蒲，初生者。

⑪ 大如指白：原作"大如匕柄，正白"。

⑫ 甘脆：甜且脆。比喻味之美。

⑬ 苦酒：醋。

⑭ 大美：味道十分好。

⑮ 墬（zhuì）：为"鬷"之误。《玉篇》：鬷，齑，菹也，均酸菜之类。

⑯ 䤈（kù）：这里可能指短时间泡成的酸菜。

⑰ 酢菹：酸菹。

【0654】《说文》曰：菹，菜酢①也。虀②，瓜菹③也（虀，力甘切）。

【0655】《释名》曰：菹，阻④也，生酿⑤之，遂使阻于寒温之间⑥，不得烂⑦也。

【0656】《吕氏春秋》曰⑧：文王⑨好菹⑩，孔子⑪闻之⑫，蹴頞⑬而食之三年⑭，然后美之⑮。

---

① 菜酢：今《说文解字》作"酢菜"，即酸菜。

② 虀（lán）：泡酸瓜之类。

③ 瓜菹：瓜做的菹。

④ 阻：止。

⑤ 生酿：在不煮熟时泡制。

⑥ 阻于寒温之间：保持在不冷不热的状态下。

⑦ 不得烂：不会腐烂变质。

⑧ 此节选自《吕氏春秋·遇合》。

⑨ 文王：周文王，详见前注。

⑩ 好菹：喜欢吃昌本之菹。昌本菹见前注。

⑪ 孔子：孔丘，详见前注。

⑫ 闻之：知道了这事。

⑬ 蹴（cù）頞（è）：皱缩着鼻梁。言不敢闻其味。蹴，皱缩。《吕氏春秋》又作"缩"。頞，鼻梁。

⑭ 食之三年：吃了三年昌本菹。

⑮ 然后美之：三年之后才觉得昌本菹确实好吃。

【0657】贾谊①《新书》②曰：楚惠王③食寒菹④而得蛭⑤，因遂吞之⑥，腹有病而不能食之⑦。令尹⑧入问⑨曰："王安得此疾⑩？"王曰："我食寒菹而得蛭，念谴之⑪而不得其罪乎⑫？是法废而威不立⑬，非所以使国闻⑭也。谴而行其诛乎⑮？则疱宰⑯监者⑰皆当死⑱，心又弗忍⑲也。故吾恐蛭

---

① 贾谊（公元前200—前168年）：西汉大臣、政论家。雒（luò）阳（今河南洛阳）人。官至太中大夫，年三十二岁抑郁而死。

② 《新书》：西汉贾谊撰，十卷，五十八篇。今佚三篇。

③ 楚惠王：昭王之子，名章，在位五十七年。

④ 寒菹：凉酸菜。

⑤ 蛭（zhì）：水蛭，即蚂蟥。

⑥ 吞之：顺口将蚂蟥吞了下去。

⑦ 腹有病而不能食之：因吃蚂蟥而得病，不能进食。

⑧ 令尹：官名，相当于宰相。此时令尹为楚惠王之弟子良。

⑨ 入问：入卧室问病。

⑩ 安得此疾：怎么得的这个病？

⑪ 念谴（qiǎn）之：责问厨人等。谴，责问，责备。

⑫ 不得其罪乎：不治他们的罪吗？此句为假设，意为：我若是责问而不治他们的罪，能行吗？

⑬ 是法废而威不立：那样等于有法不依，威信就树立不了。

⑭ 非所以使国闻：就不能使国家强大。闻，闻名。

⑮ 谴而行其诛乎：若是责问并把有关人杀掉。

⑯ 疱宰：食官。

⑰ 监者：食监，即食官。

⑱ 皆当死：又作"法皆当死"，指按法均得处死。

⑲ 心又弗忍：这样又于心不忍。

之见①也，因遂吞之②。"令尹避席③，再拜而贺④曰："臣闻天道⑤无亲⑥，唯德是辅⑦。王有仁德，天之所奉⑧也。"是昔⑨也，惠王之后⑩而蛭出⑪，其夕⑫病心腹之积⑬皆愈。

【0658】《晋书》曰⑭：吴隐之⑮年十余岁，丁父忧⑯，食咸菹⑰，以其味甘⑱，掇而弃之⑲。

---

① 故吾恐蛭之见：所以我才怕别人看见有蚂蟥。
② 因遂吞之：因此就吃了下去。
③ 避席：离开座位，以示敬重。
④ 贺：祝贺。
⑤ 天道：苍天，又作"皇天"。
⑥ 无亲：无亲疏之分。
⑦ 唯德是辅：谁有德行就帮助谁。辅，助。
⑧ 天之所奉：为老天所与。奉，与。
⑨ 是昔：当晚。昔，同"夕"。
⑩ 之后：如厕。
⑪ 蛭出：蚂蟥随粪便排出体外。
⑫ 夕：《新书》又作"久"，未知孰是。
⑬ 心腹之积：食积，积食之病。全句大意为：长久所患的心腹病症都痊愈了。
⑭ 此节选自《晋书·良吏列传》。
⑮ 吴隐之：字处默，事母至孝。累迁晋陵太守、广州刺史，卒官中领军。
⑯ 丁父忧：当为父服丧时。丁，即当、逢。忧，特指父母之丧。《御览》作"父母忧"，多一字。
⑰ 咸菹：咸菜。
⑱ 以其味甘：因为咸菜的味道有些发甜。
⑲ 掇而弃之：将发甜的咸菜拣出扔掉。

【0659】卢谌《祭法》曰：秋祠有菹消①（《食经》②有此法也）。

【0660】范汪《祠制》曰：孟冬③不咸菹④。

瓮

【0661】《释名》曰：生瀹葱薤⑤曰兊⑥，言柔滑兊兊然⑦也。

---

① 菹消：用盐豉汁和酸菜等泡制的肉酢，味酸，制法见《齐民要术》。
② 《食经》：谢讽撰，今存辑本一卷。所记菹消法又见《齐民要术》引述。
③ 孟冬：冬季的头月，即阴历十月。
④ 不咸菹：不做腌咸菜。
⑤ 生瀹（yuè）葱薤：腌渍生葱头。瀹，同"渰"，腌渍。
⑥ 兊（duì）：今本作"兑"，孙诒让认为即"錞"，酸菜类。
⑦ 兊兊然：柔滑的样子。

卷第八百五十七

饮食部十五

蜜

【0662】张璠①《易注·序》②曰：蜜蜂以兼采为味③。

【0663】《韵集》④曰：蜜蜂，百草华⑤所作也。

【0664】《汉武帝故事》⑥曰：西王母⑦曰："太上之药⑧有中华紫蜜⑨、云山⑩朱蜜。"

【0665】《续汉书》⑪曰：天竺国⑫出石蜜⑬。

---

① 张璠（fán）：人名。

② 《易注》：注《易经》之书，已佚。清人辑一卷。

③ 兼采为味：经过多次采蜜酿为美味。兼，累积。

④ 《韵集》：晋吕静撰，清人辑一卷。

⑤ 百草华：百草之华，百花。华，古通"花"。

⑥ 《汉武帝故事》：又名《汉武故事》，一卷，汉班固撰。

⑦ 西王母：我国古代神话中的女神，传说住在昆仑瑶池，又称为瑶池金母，也称王母娘娘。

⑧ 太上之药：皇帝所用的药。太上，有太古、帝王、太上皇等意思。这里或为"最佳"之意。

⑨ 紫蜜：仙药。《酉阳杂俎》作"中央紫蜜"。

⑩ 云山：今湖南武冈云山，有七十二峰，道家认为是第六十九福地。

⑪ 《续汉书》：司马彪撰，其中八志被补入今《后汉书》。

⑫ 天竺国：古印度的别称。古时又称身毒、贤豆。

⑬ 石蜜：白砂糖，又指冰糖。

【0666】《东观汉记》曰①：世祖②尝与朱祜③买蜜合药④。后上⑤追念⑥之，即赐祜⑦白蜜⑧一石，问："何如⑨在长安时共买蜜乎？"

【0667】《吴书》曰⑩：袁术⑪为雷薄等⑫所距⑬，士众⑭绝粮⑮。时盛暑，欲得蜜浆⑯，又无蜜。坐床叹息良久，乃大咤⑰曰："袁术至于此乎⑱？"

---

① 此节选自《东观汉记·朱祜列传》。
② 世祖：东汉光武帝刘秀。
③ 朱祜：《御览》作"朱岭"。字仲先，事光武帝为护军，拜建义大将军，封鬲（1i）侯。
④ 合药：调制药品。
⑤ 上：光武帝刘秀。
⑥ 追念：回想。
⑦ 祜：朱祜。
⑧ 白蜜：白糖或冰糖。
⑨ 何如：怎么样。
⑩ 此节见《三国志·魏书·袁术传》注引。
⑪ 袁术：东汉末世族豪强，曾自立为帝。详见前注。
⑫ 雷薄等：指雷薄、陈兰等人，本是袁术私人军队的首领。
⑬ 距：通"拒"，拒绝，这里指不被收留。
⑭ 士众：兵士们。
⑮ 绝粮：粮食吃完了。
⑯ 欲得蜜浆：指袁术想喝点糖水。
⑰ 大咤：大声喊叫。咤，生气时喊叫。
⑱ 袁术至于此乎：我袁术何至于落得如此下场？

【0668】《吴历》①曰：孙亮②使黄门③至中藏④，取蜜渍梅⑤。蜜中有鼠矢⑥，召问藏吏⑦曰："黄门从汝求蜜耶⑧？"吏⑨曰："向求蜜⑩，实不敢与⑪。"黄门不服⑫。亮⑬曰："此易知⑭耳。"令破⑮鼠矢，矢里燥⑯。亮⑰曰："若久在蜜中⑱，中外当俱湿⑲，里燥必是黄门所为⑳。"黄

---

① 《吴历》：书名。今不传。此节见《三国志·吴书·孙亮传》注引。

② 孙亮：孙权少子，字子明。立为太子，后废为会稽王，又黜为候官侯。在位七年。

③ 黄门：官名，因以宦官充任，黄门又指宦官。

④ 中藏：官中内库。

⑤ 取蜜渍梅：用蜜糖泡渍酸梅。

⑥ 鼠矢：老鼠屎。矢，同"屎"。

⑦ 藏吏：府库的管理官员。

⑧ 黄门从汝求蜜耶：黄门是从你那儿取的蜜吗？

⑨ 吏：府库官吏。

⑩ 向求蜜：意为是跟我要过蜜。向，表示此前。

⑪ 实不敢与：实际上并没敢给黄门蜜。

⑫ 黄门不服：意为黄门确认蜜是从府库取来的。服，服气。

⑬ 亮：孙亮。

⑭ 此易知：此事很容易弄清楚。

⑮ 破：打碎。把鼠屎打开。

⑯ 矢里燥：鼠屎里面是干的。

⑰ 亮：孙亮。

⑱ 若久在蜜中：如果鼠屎在蜜中的时间很长。

⑲ 中外当俱湿：那么鼠屎里外都会湿透。

⑳ 里燥必是黄门所为：鼠屎里面是干的，说明一定是黄门把鼠屎放在蜜里的。

门首服①。

【0669】《晋令》②曰：蜜工③收蜜十斛，有能增煎二升者，赏谷十斛。

【0670】《晋太康起居注》④曰：尚书令⑤荀勖⑥羸毁⑦，赐石蜜伍斤⑧。

【0671】《齐书》曰⑨：明帝⑩元⑪好⑫蝩蛜⑬，以银钵盛蜜渍之，一食数钵⑭。

---

① 首服：同"首伏"，自首服罪。

② 《晋令》：书名。今不传。

③ 蜜工：养蜂酿蜜的人。

④ 《晋太康起居注》：书名，已佚。

⑤ 尚书令：官名。

⑥ 荀勖（xù）：西晋大臣、著作家。字公曾，颍川颍阴（今河南许昌）人。官至侍中、尚书令，创图书经、史、子、集四部分类法。

⑦ 羸（yíng）毁：应为"羸（léi）毁"，指身体瘦弱。

⑧ 赐石蜜伍斤：赐者为晋武帝司马炎，见前注。

⑨ 此节未详出《南齐书》何篇。又见于《南史·循吏列传》。

⑩ 明帝：南齐明帝萧鸾，字景栖，小字玄度。初封西昌侯，在位五年。

⑪ 元：通"原"，一向。

⑫ 好：喜食之意。

⑬ 蝩（zhú）蛜（yí）：虫名。《集韵》："蛜，蝩蛜，虫名"，未知其详。《齐民要术》记有"作鳢（zhú）鲼（yí）法"，鳢鲼系指鱼肠做的酱。蝩蛜或即鳢鲼，不得而知。

⑭ 一食数钵（bō）：一次吃好几钵。钵，即钵。

【0672】又曰①：陶弘景②永明十年③，脱朝服④挂神武门⑤，上表辞禄⑥。诏许之⑦，赐以束帛⑧，勅所在⑨月给茯苓⑩五斤、白蜜二斤，以供服饵⑪。

【0673】《梁书》曰⑫：任昉⑬为新安⑭太守，郡⑮有蜜岭⑯及杨梅，旧为太守所采⑰。昉⑱以冒险多物故⑲，即时停

---

① 《南齐书》无此节文字，见于《南史·隐逸列传》。

② 陶弘景：南朝齐梁间道教徒、医药学家。字通明（？—公元536年），丹阳秣陵（今江苏南京南）人。撰《真诰》，被看作道教经典。另有《本草经集注》等。

③ 永明十年：公元493年。永明为齐武帝萧赜在位年号。

④ 朝服：官服。

⑤ 神武门：皇宫门名。

⑥ 辞禄：辞官、辞职。

⑦ 诏许之：齐武帝下诏准予辞官。

⑧ 束帛：布匹。

⑨ 所在：陶弘景定居的处所，他隐居在茅山（即句曲山，在江苏句容东南）。

⑩ 茯苓：菌类植物。多寄生在松树根上，形似瓜、拳，入药益气利水，主治小便不利、水肿等。

⑪ 饵：吃。

⑫ 《梁书》本传无此文，见于《南史·任昉列传》。

⑬ 任昉：南朝梁大臣、学者。字彦升（公元460—508年），乐安博昌（今山东寿光）人。梁时任黄门侍郎、御史中丞等职。著述近四百卷，均佚。明人辑有《任彦升集》。

⑭ 新安：治所在始新（今浙江淳安西）。

⑮ 郡：新安郡。

⑯ 蜜岭：产蜜的山岭。

⑰ 旧为太守所采：过去被太守派人采集。

⑱ 昉：任昉。《御览》本无"昉"字。

⑲ 物故：死亡。

绝①。

【0674】又曰②：傅昭③为临海④太守，郡有蜜岩⑤，前后太守⑥皆自封固⑦，专收其利⑧。昭⑨以周文之囿⑩，与百姓共之⑪，大可喻小⑫，乃教勿封⑬。

【0675】《梁四公记》⑭曰：高昌国⑮遣使贡⑯刺蜜⑰，

---

① 停绝：停止上山采蜜等。

② 此节选自《梁书·傅昭列传》。

③ 傅昭：字茂远，灵州（今宁夏灵武）人。仕齐为尚书左丞，入梁累迁散骑常侍、金紫光禄大夫。

④ 临海：郡治在临海（今浙江临海），后移治章安（今临海东南）。

⑤ 蜜岩：产蜜之山岩。

⑥ 前后太守：傅昭以前和以后的临海太守。

⑦ 皆自封固：都是独自派人封山，不让别人去采。

⑧ 专收其利：独得此利。

⑨ 昭：傅昭。

⑩ 周文之囿：周文王的苑囿。周文王，详见前注。

⑪ 共之：共同享有。

⑫ 大可喻小：以大比小，指用周文王苑囿来比太守的蜜岩。

⑬ 教勿封：教人不要封山，令民自由上山去采蜜。

⑭ 《梁四公记》：有梁沈约、唐张说及梁载言所撰三种，此处指沈约所撰，一卷。

⑮ 高昌国：公元五世纪中叶建国，国都高昌城（今新疆吐鲁番东）。公元640年为唐朝所灭。

⑯ 贡：进献。

⑰ 刺蜜：羊刺蜜，又名草蜜、刺糖。

帝①命杰（音竭）公②迓之。谓其使③曰："刺蜜是盐城④所生，非南平城者⑤。"使者曰："其年⑥风灾，刺蜜不熟故⑦尔。"帝问杰公："何得知⑧？"对⑨曰："南平城羊刺⑩无叶，其蜜色明白⑪而味甘⑫。盐城羊刺叶大，其蜜色青而味薄⑬。以是⑭知蜜之伪⑮耳。"

【0676】《唐书》曰⑯：蕃胡国⑰出石蜜，中国贵之⑱。

---

① 帝：南朝梁武帝萧衍，公元502—547年在位。详见前注。

② 杰公：梁四公之一，名魌（nóu）杰。

③ 谓其使：对高昌来使说。

④ 盐城：地名，在新疆吐鲁番附近。

⑤ 非南平城者：蜜不是南平城所出产。南平城，地名，在新疆吐鲁番附近。

⑥ 其年：这一年。

⑦ 故：原因。

⑧ 何得知：从何得知刺蜜为盐城所产。

⑨ 对：回答。

⑩ 羊刺：骆驼刺，为有刺落叶灌木。夏季收采子粒，味甜。可治痢疾、腹泻。

⑪ 明白：透明。

⑫ 味甘：蜜味很甜。

⑬ 味薄：蜜味不怎么甜。薄，淡。

⑭ 以是：因此。

⑮ 伪：假。

⑯ 此节为《旧唐书》佚文，参见《新唐书·西域列传上》。

⑰ 蕃胡国：蕃国和胡国，泛指外国。

⑱ 贵之：言把石蜜看得很珍贵。

上①遣使往摩伽池国②，取其法③。令扬州④煎诸蔗⑤之汁，于中厨自造⑥焉。色、味愈于西域所出⑦。

【0677】《神仙传》曰：飞黄子⑧服中岳⑨石蜜及紫粱⑩得仙⑪。

【0678】王孚⑫《安成记》曰：郡⑬东有山，百姓呼曰"蜜岗蜜"焉（《仙经》⑭云：蜜为众口芝⑮）。

【0679】《荆州图记》⑯曰：赤马山⑰有蜜房⑱二百所，

---

① 上：皇上，这里指唐太宗李世民，公元627—649年在位，详见前注。

② 摩伽池国：印度国名，为中天竺属国，又译为摩伽陀、摩河陀。这里的池疑为"陀"之误。

③ 取其法：求取熬糖（石蜜）的方法。

④ 扬州：治所在江都（今江苏扬州）。

⑤ 诸蔗：甘蔗。

⑥ 自造：国中自己熬制。

⑦ 色、味愈于西域所出：熬出的糖无论颜色和味道，比西域各国所产的要好。愈，超过。西域，地区名，详见前注。

⑧ 飞黄子：传说中的仙人名，或指黄父鬼，见前注。

⑨ 中岳：嵩山，在今河南登封一带。

⑩ 紫粱：仙药，或指某种谷类。

⑪ 得仙：得道成仙。

⑫ 王孚：人名。撰有《安成记》。

⑬ 郡：指安成郡，治所在平都（今江西安福东南）。

⑭ 《仙经》：书名。已佚。

⑮ 芝：灵芝，菌类，见前注。

⑯ 《荆州图记》：佚，清人有辑本一卷。

⑰ 赤马山：地名。

⑱ 蜜房：蜂箱。

罗缀相望①，因名曰"百房"。

【0680】《异物志》②曰：交阯③草滋④，大者数寸⑤，煎之凝如冰⑥，破如博棊⑦，谓之石蜜。

【0681】《凉州异物志》⑧曰：石蜜之兹⑨，甜于浮萍⑩，非石之类⑪，假石之名⑫，实出甘柘⑬，变而凝轻（甘柘似竹，味甘，煮而曝之，则凝如石而甚轻⑭）。

【0682】《范子》⑮曰：白蜜出陇西⑯、天水⑰。

---

① 罗缀相望：房子散布山间，相互都能看得见。

② 《异物志》：汉杨孚撰，清人有辑本一卷。

③ 交阯（zhǐ）：泛指五岭以南的地区，又称南交。后置郡，辖境相当于今越南北部。

④ 滋：汁液。

⑤ 大者数寸：高的长几寸。

⑥ 煎之凝如冰：煎出草汁，凝固后像冰块一样。

⑦ 破如博棊（qí）：破碎后像棋子一样。博棊，棋子。古代一种棋叫"博"。

⑧ 《凉州异物志》：后凉段龟龙撰。已佚，清张澍（shù）有辑本一卷。

⑨ 兹：同"滋"，汁液。此句或作"石蜜之滋味"。

⑩ 浮萍（píng）：浮萍。浮萍为一年生草本植物，浮生在水面，可入药。此处似非指水浮萍。

⑪ 非石之类：并不属于石头之列。

⑫ 假石之名：假借"石"以为名。

⑬ 实出甘柘：实际上是由甘蔗为原料做成的。甘柘，甘蔗的异写。

⑭ 凝如石而甚轻：凝如石块，但分量很轻。

⑮ 《范子》：已佚，清有辑本三卷。

⑯ 陇西：郡名，治所先在狄道（今甘肃临洮南），三国时移治襄武（今甘肃陇西南）。

⑰ 天水：郡名，治所先在平襄（今甘肃通渭西北），西晋移治上邽（今甘肃天水）。

【0683】《本草经》①曰：石蜜一名饴②。

【0684】《吴氏本草》③曰：食蜜④生武都谷⑤。

【0685】刘根⑥《墨子枕中记钞》⑦曰：百花醴蜜⑧。

【0686】《楚辞·招魂》曰：瑶浆蜜勺⑨（勺，沙⑩也）实羽觞⑪。

【0687】左思⑫《蜀都赋》⑬曰：蜜防⑭郁毓⑮被其阜⑯（汉昌县⑰多野蜂蜜蝎⑱）。

---

① 《本草经》：《神农本草经》，见前注。

② 饴：糖。

③ 《吴氏本草》：魏吴普等述，即《神农本草经》，三卷。

④ 食蜜：石蜜的异写。

⑤ 武都谷：武都郡，治所在武都（在今甘肃西和西南），后屡有移徙。

⑥ 刘根：东汉颍川（今河南禹州）人。成帝时隐居嵩山中，会道术。

⑦ 《墨子枕中记钞》：书名，已佚。

⑧ 百花醴蜜：百花酿成蜜。醴，甘甜。

⑨ 瑶浆蜜勺：像玉一样透明的加蜜美酒。《御览》脱一"蜜"字。勺，通"酌"。

⑩ 沙：为"沾"之误。此注不确定，见上注。

⑪ 实羽觞：盛满了酒杯。羽觞，酒杯。

⑫ 左思：西晋文学家。字太冲，临淄（今山东淄博东北）人。官仅秘书郎，以十年构思写成《三都赋》，士人竞相传写，一时洛阳为之纸贵。

⑬ 《蜀都赋》：《三都赋》之一，咏成都景物。

⑭ 蜜防：本作"蜜房"，指蜂箱。

⑮ 郁毓：甚多。

⑯ 被其阜：满山遍野都是蜂箱。阜，山丘。

⑰ 汉昌县：古治在今四川苍溪北。

⑱ 蝎：《文选》作"蜡"。

【0688】郭珍①《蜜赋》曰：繁②布③金房④，叠称⑤王室⑥。咀嚼滋液⑦，酿以为蜜。散似甘露⑧，凝如割肪⑨，冰鲜玉润⑩，髓滑兰香⑪。

【0689】魏文帝⑫《与孙权⑬书》曰：今因⑭赵咨⑮奉五蜜五饼⑯。

【0690】又《与朝臣诏》⑰曰：南方龙眼⑱、荔支⑲，宁

---

① 郭珍：人名。

② 繁：多。

③ 布：排列。

④ 金房：蜂房。

⑤ 叠称：重累。

⑥ 王室：蜂王所在的蜂箱。

⑦ 咀嚼滋液：蜜蜂咀嚼花蜜。

⑧ 散似甘露：蜂蜜化散时如甘露一般。

⑨ 凝如割肪：凝固时像切好的脂肪一样。

⑩ 冰鲜玉润：像冰一样鲜亮，如玉一般光滑。

⑪ 髓滑兰香：像髓一样润泽，如兰一样芳香。

⑫ 魏文帝：三国魏文帝曹丕，公元220—226年在位，详见前注。

⑬ 孙权：三国吴大帝，公元222—252年在位，详见前注。

⑭ 因：通过，由。

⑮ 赵咨：人名。

⑯ 饼：块。

⑰ 《与朝臣诏》：魏文帝曹丕诏之一，又见《艺文类聚》卷八十七。

⑱ 龙眼：也叫桂圆，常绿乔木。果实球形，果肉多汁味甜。

⑲ 荔支：荔枝，常绿乔木。果皮有瘤状突起，果实多汁味甜。

比①西国②蒲桃③、石蜜。

【0691】又曰④：新城⑤孟太守⑥道⑦，蜀⑧睹⑨豚鸡鹜⑩味皆淡，故蜀人⑪作食⑫，喜着饴蜜⑬。

沙饧

【0692】张衡⑭《七辩》曰：沙饧⑮、饴、石蜜，远国⑯贡储。

【0693】盛翁子⑰《与刘颂⑱书》曰：沙饧，西陲⑲之产。

---

① 宁比：难道比不上。

② 西国：西域各国。

③ 蒲桃：葡萄。

④ 此节亦为魏文帝诏之一，又见《北堂书钞》卷一百四十七。

⑤ 新城：郡名，三国魏置，治所在房陵（今湖北房县）。

⑥ 孟太守：名不可考。

⑦ 道：说。

⑧ 蜀：蜀地，这里指三国蜀国，其地与新城郡为邻。

⑨ 睹：视。

⑩ 鹜（wù）：鸭。

⑪ 蜀人：蜀地人。

⑫ 作食：做肴馔。

⑬ 喜着饴蜜：喜欢在肉食中放糖、蜜。

⑭ 张衡：东汉科学家、文学家，详见前注。

⑮ 沙饧：颗粒状的糖。

⑯ 远国：远方国家，指西域。

⑰ 盛翁子：人名。应为别号。

⑱ 刘颂：晋广陵（今江苏扬州）人，字子雅。累迁廷尉，官至吏部尚书、光禄大夫。

⑲ 西陲（chuí）：指西域。陲，边疆。

卷第八百五十八

饮食部十六

酪酥附酕醐

（酕音低）

【0694】《通俗文》曰：温羊乳曰酪①，酥②曰酕醐③。

【0695】《释名》曰：酪，泽④也，乳汁⑤所作，使人肥泽⑥。

【0696】《汉书》曰⑦：武帝太初元年⑧，更名家马为挏马⑨（应劭⑩曰：主⑪乳马，取其汁挏⑫治之，味酢⑬可饮，

---

① 酪：牛羊乳皆曰酪。古时并指果汁。
② 酥：用牛羊奶凝成的薄皮制作的食物。
③ 酕醐：今写作"醍（tí）醐（hú）"，精制的奶酪。
④ 泽：润泽。
⑤ 乳汁：牛、羊乳。
⑥ 肥泽：肥壮有光泽。
⑦ 此节选自《汉书·百官公卿表》。
⑧ 太初元年：公元前104年。太初为汉武帝在位年号之一，公元前104—前100年。
⑨ 挏马：官名，挏马令，管乳马及制马酒。《御览》挏全作"桐"。
⑩ 应劭：东汉官吏、学者。
⑪ 主：主管。
⑫ 挏：撞捣、推引。
⑬ 酢：醋，借为"酸"。

因以名官①。如淳②曰：挏音箾，主乳马，以韦革③为夹兜④，受⑤数斗。盛⑥马乳，挏取其上肥⑦，因名曰：挏马。今梁州⑧亦名马酪为马酒⑨。晋灼⑩曰：挏音挺挏之挏）。

【0697】又曰⑪：丞相孔光⑫奏省⑬乐官⑭七十二人，给太官⑮挏马酒（李奇⑯曰：以马乳为酒也，撞挏乃成）。

---

① 名官：作为官名。《御览》作"为官"。

② 如淳：三国魏冯翊郡人，官陈郡守，有《汉书注》。

③ 韦革：兽皮。

④ 兜：袋子。

⑤ 受：承受，装。

⑥ 盛：《御览》误作"咸"。

⑦ 取其上肥：收集上面养料丰富的乳汁。

⑧ 梁州：晋时治所在南郑（今陕西汉中）。

⑨ 马酒：马乳酒。

⑩ 晋灼：晋人，官至尚书郎。著有《汉书音义》。

⑪ 此节选自《汉书·礼乐志》。

⑫ 孔光：西汉大臣。字子夏（公元前65—5年），曲阜（今山东曲阜）人。孔子十四世孙。初任谏大夫，举为博士、尚书令，掌管枢密十余年。后任御史大夫、丞相等职。

⑬ 省：减削。

⑭ 乐官：主奏乐之官。

⑮ 太官：宫廷食官。

⑯ 李奇：人名。

【0698】又曰①：乌孙公主歌曰②："以肉为食兮酪为浆③。"

【0699】又曰④：王莽时饥⑤，教民煮草木为酪⑥，不可食⑦，重为烦费⑧（受曰木实为酪也⑨，或曰如今⑩饵术⑪属）。

【0700】《后魏书》曰⑫：神瑞二年⑬，秋谷不登⑭。

---

① 此节选自《汉书·西域传》。

② 乌孙公主歌曰：此为细君（乌孙公主）在乌孙悲愁之歌，全歌为："吾家嫁我兮天一方，远托异国兮乌孙王。穹庐为室兮旃（zhān）为墙，以肉为食兮酪为浆。居常土兮心内伤，愿为黄鹄（hú）兮归故乡。"乌孙公主，为江都王刘建之女，名细君。汉武帝时封公主远嫁乌孙。乌孙昆莫以为右夫人，后又为昆莫孙岑陬（zōu）之妻。

③ 以肉为食兮酪为浆：意即肉当饭，乳作酒。

④ 此节同见于《汉书·王莽传》及《食货志》。

⑤ 饥：饥荒。

⑥ 煮草木为酪：煮草木汁以为食。《御览》脱"草"字。

⑦ 不可食：没法吃。

⑧ 重为烦费：《御览》作"重为烦扰"，言为此更加烦恼。

⑨ 受曰木实为酪也：此注所引为服虔语，原文为："煮木实，或曰如今饵术之属也。"又如淳注曰："作杏酪之属也。"实，果实。

⑩ 今：《御览》误为"令"。

⑪ 饵术：《御览》误为"饵木"。

⑫ 此节选自《魏书·崔浩列传》。

⑬ 神瑞二年：公元415年。神瑞为北魏明元帝拓跋嗣在位年号之一，公元414—416年。

⑭ 秋谷不登：秋季粮食收成不好。

太史令①王亮②等言："谶书③云：国家当都邺④，大乐⑤五十年。劝帝⑥迁都⑦，可救⑧今年之饥。"帝以问崔浩⑨，浩曰："非长久之策也。今留守旧都⑩，分家南徙⑪，不便水土⑫，疾疫死伤，情见事露⑬，则百姓意沮⑭。四方⑮闻之，有轻侮⑯之意。今居北方，至春草生⑰，乳酪将出⑱，兼有菜果⑲，足

---

① 太史令：官名。魏晋以后太史仅掌管推算历法。

② 王亮：人名。

③ 谶（chèn）书：载预言之书。谶，预言；预兆。

④ 当都邺：应当迁都邺城。邺，古都之一，故址在河南安阳和河北临漳之间。

⑤ 大乐：享乐之意。

⑥ 帝：北魏明元帝拓跋嗣，道武帝拓跋珪之子，公元409—416年在位。

⑦ 迁都：迁都到邺城。北魏开始时定都在平城（今山西大同市东北）。

⑧ 救：解救。

⑨ 崔浩：北魏大臣，官至司徒，以三朝元老受封为东郡公。后被杀害。

⑩ 旧都：平城。

⑪ 分家南徙：《御览》作"十分家南从"，从误。意为分出一部分人迁移到南方（邺城）。

⑫ 不便水土：水土不服，指不适应新的环境。

⑬ 情见事露：事情闹大以后。

⑭ 意沮：神情沮丧。沮，《御览》作"阻"。

⑮ 四方：指北魏以外的其他割据政权。

⑯ 轻侮：轻蔑，不放在眼里。

⑰ 至春草生：到了春天畜草会生长出来。

⑱ 乳酪将出：有了草，也就有了吃的喝的。乳酪，泛指食物，即牛羊乳制品。

⑲ 兼有苹果：同时还有蔬菜果品。

接来秋①,可不迁都②也。"

【0701】又曰③:临淮王④谭⑤孙孚⑥持白虎幡⑦,劳⑧阿那瓌⑨于柔玄⑩、怀荒⑪二镇间。阿那瓌众号⑫三十万,阴有异意⑬,遂拘留孚⑭,载以辒车⑮,日给⑯酪一升、肉一段。

【0702】《唐书》曰⑰:高宗⑱朝,太仆⑲以患疥马乳⑳

---

① 足接来秋:足够可以维持到来年秋天。

② 可不迁都:劝明元帝不必迁都到邺城。

③ 此节选自《魏书·临淮王列传》。

④ 临淮王:封号。

⑤ 谭:拓跋谭,北魏太武帝之子,初封燕王,改封临淮王,官至中军大将军。

⑥ 孚:拓跋孚,即元孚,拓跋谭之孙,字秀和。累迁尚书右丞,拜冀州刺史,封万年么男。

⑦ 白虎幡:饰有白虎的条形旗帜。《御览》作"白武"。

⑧ 劳:慰问。

⑨ 阿那瓌(guī):柔然可汗,后被突厥人击败,被迫自杀。

⑩ 柔玄:军镇名,北魏六镇之一,故址在今内蒙古兴和西北。

⑪ 怀荒:军镇名,亦为北魏六镇之一,故址在今河北张北。

⑫ 号:号称。

⑬ 阴有异意:暗地里有背叛北魏的举动。

⑭ 拘留孚:把拓跋孚拘禁起来。

⑮ 载以辒(wēn)车:禁闭在辒车上。辒车,古代的一种卧车。

⑯ 日给:每天供给。

⑰ 此节为《旧唐书·高宗纪》佚文。

⑱ 高宗:唐高宗李治(公元628—683年),公元649—683年在位。始封晋王,即位后国力强盛,后来政权逐渐落入皇后武则天之手。

⑲ 太仆:官名,掌皇帝的舆马和马政。

⑳ 患疥马乳:患疥疮马所产的奶。指用病马乳造酪。

造酪供进，署承①罪当死，上②特免③之。

【0703】《晋太康起居注》曰：尚书令荀勖④羸毁⑤，赐乳酪，太官⑥随日给之⑦。

【0704】《汉武内传》⑧曰：西王母⑨曰："次药⑩有太玄之酪⑪。"

【0705】《西河旧事》⑫曰：祁连山⑬宜牧牛、羊⑭，羊肥乳酪好，不用器物⑮，刈草着其上⑯，不解散⑰。一斛酪升

---

① 署承：署丞，泛指有关官员。

② 上：皇上，高宗李治。

③ 免：赦免。

④ 荀勖（xù）：西晋大臣、著作家。

⑤ 羸毁：应作"羸毁"，指身体瘦弱。

⑥ 太官：主管宫廷膳食的官员。

⑦ 随日给之：逐日供给。此节前面已选，但文字略不同。

⑧ 《汉武内传》：《汉武故事》，一卷，汉班固撰。

⑨ 西王母：神话人物，即王母娘娘。

⑩ 次药：其次之药。

⑪ 太玄之酪：传说中的仙药名。

⑫ 《西河旧事》：书名，佚。清张澍有辑本一卷。

⑬ 祁连山：也称南山，在甘肃河西走廊与青海之间，主峰天梯山海拔高6400米。一般海拔高度4000米。

⑭ 宜牧牛、羊：适宜放牧牛、羊。

⑮ 不用器物：羊奶不必用容器盛。

⑯ 刈（yì）草着其上：割下草做成容器样，可把羊奶放在草上。刈，割。

⑰ 不解散：指羊奶在草上并不流散。

余酥①。

【0706】《邺中记》②曰：并州③之俗④，以冬至后百五日⑤介子推断火冷食⑥，作醴⑦酪，煮粳米⑧或大麦作之。又投大麦于其中，酪捣杏子仁⑨煮作之，亦投之大麦中。

【0707】《郭子》⑩曰：王武子⑪有数斗羊酪，指示⑫陆机⑬曰："卿东吴⑭，何以敌此⑮？"机⑯曰："千里莼羹，未

---

① 一斛酪升余酥：十升酪可煎出一升多酥。
② 《邺中记》：东晋陆翙（huì）撰，二卷，记载石虎事迹。早佚，清人辑本一卷。
③ 并州：治所在晋阳（今山西太原西南）。
④ 俗：风俗。
⑤ 冬至后百五日：这里指寒食节，在清明节前后。冬至，节气名，在每年公历12月22日前后。
⑥ 断火冷食：不生火，吃冷食，所以称寒食。
⑦ 醴：甜酒；米酒。
⑧ 粳米：黏性米。
⑨ 杏子仁：杏仁，杏核里的仁。
⑩ 《郭子》：晋郭澄之撰，今存清人辑本一卷。
⑪ 王武子：人名。
⑫ 指示：指着给人看。
⑬ 陆机：西晋文学家。字士衡（公元261—303年），吴郡吴县华亭（今上海松江西）人。吴丞相陆逊之子。历任相国参军、中书郎、后将军、河北大都督等职。因作战不力被处死。
⑭ 卿东吴：你本是东吴人。东吴指吴国故地。
⑮ 何以敌此：东吴什么食物比得过这羊酪。
⑯ 机：陆机。

下盐豉①"。

【0708】《世说》曰②：杨德祖③为主簿④，侍坐⑤。人有饷酪者⑥，魏武啖少许⑦，乃盖头⑧上题作"合"字⑨，致坐中人⑩，并不解⑪。修⑫即啖之⑬，云："公⑭教令'人一口'⑮，复何疑⑯？"

---

① 千里莼羹，未下盐豉：千里指东吴距洛阳有千里之遥。莼羹，水葵叶所做的羹。或以"千里""未下"为地名，意即东吴莼羹及盐豉就比羊酪味好。参见吴曾《能改斋漫录》卷十五。

② 此节选自《世说新语·捷悟》。

③ 杨德祖：名修（公元175—219年），东汉末文学家，弘农华阴（今陕西华阴东）人。任曹操主簿，后遭诛杀。原有集，已佚，今存三赋载《艺文类聚》。

④ 主簿：官名。汉魏之时主典领文书，办理事务。

⑤ 侍坐：指陪曹操坐。

⑥ 人有饷酪者：有人送来乳酪。

⑦ 啖少许：喝了一点儿。

⑧ 盖头：杯盖上头。《御览》脱此二字。

⑨ 题作"合"字：写了一个"合"字。

⑩ 致坐中人：把杯子交给了在座的人。

⑪ 并不解：大家都不理解曹操的用意。

⑫ 修：杨修。

⑬ 即啖之：杨修拿起杯子就喝。

⑭ 公：曹公，曹操。

⑮ 教令"人一口"：让每人都喝一口。指把"合"字拆开，正为"人一口"之意。古书竖行，应当说还是比较好理解的。

⑯ 复何疑：还有什么迟疑的？

【0709】曰①：陆太尉②诣③王丞相④，公食之以酪⑤，陆⑥还遂病⑦。明日有笺⑧与⑨王⑩曰："昨食酪过⑪，通夜⑫委顿⑬。民虽吴人⑭，几为伧鬼⑮。"

【0710】《笑林》曰：吴人⑯至京师⑰，为设食者有酪

---

① 此节选自《世说新语·排调》。

② 陆太尉：陆玩，字士瑶，功封兴平伯，累迁侍中、司空、太尉。

③ 诣：到……去。

④ 王丞相：王导（公元276—339年），东晋大臣。字茂弘，琅邪临沂（今山东临沂北人）。他联合南北士族拥立司马睿为帝，建立东晋政权。官居宰辅，总揽元、明、成三朝国政。后以司徒进位太保。

⑤ 公食之以酪：王导用奶酪招待陆玩。

⑥ 陆：陆玩。

⑦ 还遂病：一回家就病了。

⑧ 笺（jiān）：信，指写给尊贵者的信。

⑨ 与：给。

⑩ 王：王导。

⑪ 过：过量。吃多了。

⑫ 通夜：一整夜。

⑬ 委顿：指积食不舒服。陆玩为南方人，对食乳酪不适应。

⑭ 民虽吴人：我虽然是吴地人。

⑮ 几为伧（cāng）鬼：几乎成了伧鬼了。伧鬼，伧人，吴人谓中州人为伧，为鄙贱之称。

⑯ 吴人：吴地某人，不确指。

⑰ 京师：京都。

酥①，未知是何物②也。强而食之③，归吐④，遂至困⑤。顾谓其子⑥曰：与伧人同死，亦无所恨⑦，汝故宜慎之⑧"。

【0701】《魏文帝集》⑨载钟繇⑩书曰：属⑪赐甘酪⑫及樱桃⑬。

【0712】孙楚⑭《祠介子推祝文》曰：枣饭⑮一盘，醴酪二盂⑯，清泉甘水，充君之厨⑰。

---

① 为设食者有酪酥：招待他的人用了酪酥。

② 未知是何物：不知酪酥是什么东西。

③ 强而食之：勉强吃了下去。

④ 归吐：回到住处就吐了。

⑤ 至困：特别疲乏。

⑥ 顾谓其子：对他的儿子说。

⑦ 亦无所恨：也没什么可怨恨的。

⑧ 汝故宜慎之：你以后可要小心为是。告诫儿子不要吃奶酪。

⑨ 《魏文帝集》：魏文帝曹丕撰，原二十三卷，已佚，明人有辑本。

⑩ 钟繇（公元151—230年）：三国魏国大臣、书法家。字元常，颍川长社（今河南长葛东北）人。官至太傅，封平阳乡侯。精工书法，后人将他与王羲之并举。

⑪ 属：嘱。

⑫ 甘酪：甜乳。

⑬ 樱桃：落叶乔木，核果，略呈球形，红色。

⑭ 孙楚：晋中都（今山西平遥西南）人，字子荆。官佐著作郎、梁令、冯翊太守等。

⑮ 枣饭：掺有大枣的饭。

⑯ 盂：盛液体的容器。

⑰ 充君之厨：作为你的饮食。君，指介子推。

【0713】《傅咸集①·杨济②与咸③书》曰：酥治疮上急④。

【0714】范汪《祠制》曰：仲夏⑤荐⑥杏酪⑦。

【0715】慕容晃⑧《与顾和⑨书》曰：今致⑩酕醐十斤。

【0716】《唐书》曰⑪：武德二年⑫，凉州⑬刺史安修仁⑭献百年酥⑮，云："饵之可延寿⑯。"

---

① 《傅咸集》：早佚，明人辑有《傅中丞集》。傅咸（公元239—294年），西晋官吏。字长虞，北地泥阳（今陕西耀县东南）人。官至尚书左丞、司隶校尉。

② 杨济：字文通，累官太子太傅，后被害。

③ 咸：傅咸。《御览》误作"传咸"。

④ 酥治疮上急：酥治疮有明显疗效。

⑤ 仲夏：夏季的第二个月，即阴历五月。

⑥ 荐：献，进献祭品。

⑦ 杏酪：杏所煮的汁。

⑧ 慕容晃：前燕国王慕容皝（huàng），字元真，小字万年，在位十五年。谥文明皇帝。

⑨ 顾和：字君孝，初拜御史中丞，迁侍中，转吏部尚书，领国子祭酒，官至尚书令。

⑩ 致：送。

⑪ 此节为《旧唐书·高祖纪》佚文。

⑫ 武德二年：公元619年。武德为唐高祖李渊在位的年号。

⑬ 凉州：东汉时治所在陇县（今甘肃张家川）。三国魏起移治姑臧（今甘肃武威）。

⑭ 安修仁：人名。

⑮ 百年酥：存放百年之久的乳酥。

⑯ 饵之可延寿：吃了以后可延年益寿。饵，吃。延寿，长寿。

卷第八百五十九

饮食部十七

糁　䬦薋　麸（丘与切）　肺䐿（苏本切）

血𦞦（苦滥切）　热洛河　羌煮　胡饭

糜粥

【0717】《周书》曰①：黄帝②始烹谷为粥③。

【0718】《记》曰④：仲秋⑤养衰老⑥，授几杖⑦，行⑧糜粥⑨饮食（行，犹赐⑩也）。

【0719】又曰⑪：公叔文子⑫卒，其子戌⑬请谥于君⑭。

---

① 《周书》：今称《逸周书》。此节所出不详。

② 黄帝：神话传说人物，轩辕氏部落首领。

③ 始烹谷为粥：发明煮谷米为粥。烹，煮。

④ 此节选自《礼记·月令下》。

⑤ 仲秋：秋季的第二个月，即阴历八月。

⑥ 养衰老：扶养老弱之人。

⑦ 授几杖：授给老弱者几案和拐杖。几，矮而小的桌子，用以陈放东西或靠着休息。杖，拐杖。

⑧ 行：赐。

⑨ 糜粥：糜即粥也。《御览》作"糜粥"。

⑩ 赐：《御览》误作"酒"。

⑪ 此节选自《礼记·檀弓下》。

⑫ 公叔文子：春秋卫献公之孙，名拔，或作"发"。

⑬ 其子戌：公叔文子的儿子戌。《御览》本无"戌"字。

⑭ 请谥于君：请国君给他父亲一个称号。谥（shì），古代帝王、大臣或有地位的人死后被加封的带有褒贬意义的称号。君，指卫国国君灵公。

君①曰："昔者②卫国凶饥③，夫子④为粥与国之饿者⑤，是不亦惠乎⑥？"

【0720】又曰⑦：悼公⑧之丧⑨，季昭子⑩问于孟敬子⑪曰："为君何食⑫？"（悼公，鲁哀公之子。昭子，康子⑬之曾孙⑭，名强。敬子，武伯⑮之子，名捷）敬子曰："食粥⑯，天下之达礼⑰也。"

---

① 君：卫灵公。

② 昔者：过去。

③ 凶饥：严重的饥荒。

④ 夫子：公叔文子。

⑤ 为粥与国之饿者：做好粥给国中饥饿者吃。

⑥ 是不亦惠乎：这不是很贤惠的举动吗？后谥公叔文子曰"贞惠文"。

⑦ 此节亦选自《礼记·檀弓下》。

⑧ 悼公：鲁悼公，鲁哀公之子，名宁，在位三十七年。

⑨ 丧：服丧。

⑩ 季昭子：季康子之曾孙，名强。

⑪ 孟敬子：武伯之子，名捷。

⑫ 为君何食：国君亡后该吃什么？指在丧期所食。

⑬ 康子：春秋鲁大夫，即季孙肥，卒后谥曰康子。

⑭ 曾孙：孙子的儿子。

⑮ 武伯：春秋鲁大夫，即季武子，名宿。卒谥武。

⑯ 食粥：在丧期只有食粥，以尽臣事君之礼也。

⑰ 达礼：通行的礼仪规范。

【0721】又曰①：穆公②之母卒（穆公，鲁哀公之曾孙），使人问于曾子③曰："如之何④？"（问居丧之礼⑤。曾子，曾参⑥之子，名申）对曰："申⑦也，闻诸申之父⑧曰：'哭泣之哀⑨，齐斩之情⑩，饘粥⑪之食，自天子达⑫。'"（子丧父母，尊卑同⑬）

【0722】又曰⑭：亲始死⑮，三日不举火⑯。故乡里⑰为

---

① 此节选自《礼记·檀弓上》。

② 穆公：鲁穆公姬显（？—公元前376年），战国初鲁国君，公元前407—前376年在位。

③ 曾子：曾申，曾参之子，字子西，又名曾西。受《诗》于子夏，受《春秋传》于左丘明。

④ 如之何：问如何服丧。服丧时吃什么、穿什么，当时都有严格的礼仪条款。

⑤ 居丧之礼：服丧的礼仪。

⑥ 曾参：春秋末鲁国人，字子舆。孔子的得意门人，以孝行见称，后世称为"述圣"。

⑦ 申：曾申以名自称。

⑧ 闻诸申之父：我从我的父亲（父即指曾参）那儿听说过。

⑨ 哭泣之哀：有声为哭，无声为泣，哭泣均以表哀伤之情。

⑩ 齐斩之情："齐"是为母，"斩"是为父，丧服之重者以粗麻布为之，下不缝边，谓之斩哀。下缝边为齐哀，规格略次于斩哀。

⑪ 饘粥：稠为饘，稀为粥。泛指粥食。

⑫ 自天子达：上自天子都一样。达，皆，同。

⑬ 尊卑同：不论地位尊卑如何，父母死了，儿子都按这些礼仪服丧。

⑭ 此节选自《礼记·问丧》。

⑮ 亲始死：父母刚死。亲，指父母。

⑯ 三日不举火：三天不做饭。《礼记》原文为"水浆不入口三日，不举火"。

⑰ 乡里：又作"邻里"，邻居。

之糜粥以饮食之①。

【0723】又曰②：君之丧③，子④、大夫⑤、公子⑥、众士⑦，皆三日不食⑧。子、大夫、公子食粥。纳财⑨，朝⑩一溢米⑪，莫⑫一溢米，食之无筭⑬。

【0724】又曰⑭：大夫之丧⑮，主人⑯、室老⑰、子姓⑱皆食粥。

---

① 为之糜粥以饮食之：做好粥送给死了父母的人在丧期吃。糜粥，《御览》作"糜粥"。

② 此节选自《礼记·丧大礼》。

③ 君之丧：服国君之丧。

④ 子：君之子。这里可能特指世子（太子）。

⑤ 大夫：一般任官职者之称。大夫既为职官等级名，又是爵位名。

⑥ 公子：太子以外的子称公子，女也称为公子。

⑦ 众士：众臣。

⑧ 三日不食：三天不吃饭，但食粥。并不是一点东西也不吃。

⑨ 纳财：食谷。财，谷。

⑩ 朝：早餐。

⑪ 一溢米：二十（或说二十四）两为一镒，溢，通"镒"。

⑫ 莫：通"暮"，指晚餐。

⑬ 食之无筭（suàn）：指居丧期间因病不能一顿吃的，就在需要吃的时候吃，以一日两镒米计算。筭，同"算"，计算。

⑭ 此节亦选自《礼记·丧大礼》。

⑮ 大夫之丧：服大夫之丧。

⑯ 主人：主妇，夫人。

⑰ 室老：贵臣。

⑱ 子姓：孙子。

【0725】《左传》曰①：晋人②执③卫侯④，归⑤之于京师⑥，置诸深室⑦，甯子⑧职纳⑨橐⑩饘焉（饘，粥饼⑪也）。

【0726】又曰⑫：齐晏桓子⑬卒，晏婴粗缞斩⑭，苴绖带⑮，杖菅履⑯，食鬻⑰；居⑱倚庐⑲，寝苫枕草⑳。其老㉑曰：

① 此节选自《左传·僖公二十八年》。

② 晋人：晋国人。

③ 执：拘捕。

④ 卫侯：卫成公，卫文公之子，名郑，遭晋攻伐出奔入周，后归国，在位三十五年。

⑤ 归：回。

⑥ 京师：晋国都城绛，在今山西翼城东南。后又迁至新田，在今侯马西南。

⑦ 置诸深室：关在囚室里。深室，囚室。

⑧ 甯（nìng）子：春秋卫大夫，即武子，名俞。卫成公无道失国，周旋其间，卒保其身，以济其君。

⑨ 职纳：献、贡。

⑩ 橐（tuó）：口袋，大曰囊，小曰橐。

⑪ 饼：字当有误，粥饼费解。

⑫ 此节选自《左传·桓公十七年》。

⑬ 晏桓子：晏婴之父。

⑭ 粗缞（cuī）斩：粗麻布丧服。缞，丧服。斩，丧服不缝下边，为重丧，为父丧所用。

⑮ 苴（jū）绖（dié）带：麻的丧带。苴，借指麻。绖，用麻做的丧带，系在腰上和头上。

⑯ 杖菅（jiān）履：丧杖草鞋。菅，一种多年生草。

⑰ 鬻（yù）：通"粥"。

⑱ 居：居住。

⑲ 倚庐：坐在草棚里。庐，指守墓的棚子。

⑳ 寝苫（shān）枕草：睡草垫，枕草把。苫，草帘，草垫。

㉑ 老：家老，家臣。

"非大夫之礼①也。"

【0727】又曰②：正考父鼎③铭④云"饘于是⑤，粥于是。以糊余口⑥（饘，饩⑦也）。"

【0728】《尔雅》曰⑧：鬻，糜也（薄糜⑨）。糊⑩，饘也（糜⑪也）。

【0729】《释名》曰：糜⑫，煮米使糜烂也。粥，濯于糜⑬，粥粥然⑭也。寒粥⑮，米投寒水中也。

---

① 非大夫之礼：说晏子所行丧礼不符合大夫之礼，或为士之礼。

② 此节选自《左传·昭公七年》。

③ 父鼎：正考父庙中的鼎。正考父，为宋国上卿，历佐戴、武、宣三公，生孔父嘉，别为公族，以字为孔氏，即孔子所祖。

④ 铭：铭文。这里指鼎上铭刻的文字。

⑤ 饘于是：意为鼎中不过是盛粥而已，以示节俭，鼎，本是盛肉食所用。

⑥ 以糊余口：用来充饥。

⑦ 饩（xì）：这里指禾米。

⑧ 此节见《尔雅·释言》。

⑨ 薄糜：比较稀的粥。

⑩ 糊：通"糊"，实指米粉和面粉做的糊。

⑪ 糜：《御览》作"糜"。

⑫ 糜：烂。

⑬ 濯（zhuó）于糜：比糜要稠。濯，借为"浊"，稠之意。糜，通"糜"。

⑭ 粥粥然：柔弱之貌。

⑮ 寒粥：凉粥。

【0730】《史记》曰①：左师②触龙③见赵太后④，曰："食得无衰乎⑤？"太后曰："恃粥耳⑥。"

【0731】又曰⑦：阳虚侯⑧赵章⑨病，淳于意⑩诊其脉曰："迵（音洞）风⑪。"迵风者五日而死⑫。后七日乃死⑬，曰："其人⑭嗜粥⑮，故中藏实⑯，实故过期⑰。"

---

① 此节选自《史记·赵世家》。

② 左师：官名，同右师均为执政官。

③ 触龙：战国时赵国大臣。官左师。

④ 赵太后：赵惠文王王后，孝成王之母。

⑤ 食得无衰（cuī）乎：每天饮食没减少吧？衰，减少。

⑥ 恃粥耳：只是喝点粥罢了。恃，依赖。

⑦ 此节选自《史记·扁鹊仓公列传》。

⑧ 阳虚侯：封号。《御览》作"阳卢侯"。

⑨ 赵章：人名。

⑩ 淳于意：临淄人，为齐太仓长，世称"仓公"。有"少好医术，师同郡元里公乘阳庆，为人治病，决死生多验。尝获罪，少女缇（tí）萦（yíng）上书，请代父赎罪，汉文帝免之。后章帝召定礼制"的故事。

⑪ 迵（dòng）风：风洞彻五脏，绝症。迵，过。

⑫ 迵风者五日而死：患有迵风症的人不出五天便会死亡。

⑬ 后七日乃死：后过了七天才死。《史记》作"十日"。

⑭ 其人：患迵风的那人。

⑮ 嗜粥：平日爱吃粥。

⑯ 中藏实：内里有些底气，指身体内部还有些强健之力。中，内，体内。实，充实。

⑰ 实故过期：因为内里强健，所以才过了本来五天的期限而死。期，指"五日而死"的死期。原文有"安谷者过期，不安谷者不过期"之语。

【0732】《后汉书》曰①：光武为王郎②所追，至无蒌亭③，冯异④上⑤豆粥⑥一碗。明日⑦上⑧谓诸将⑨曰："昨得公孙⑩豆粥，饥寒俱解⑪。"

【0733】又曰⑫：樊儵⑬事后母至孝⑭，及母卒，哀思过礼⑮，毁病不自支⑯。世祖常遣⑰中黄门⑱朝暮送饘粥。

---

① 此节选自《后汉书·冯异列传》。

② 王郎：王昌（？—公元24年），新莽末赵国邯郸（今河北邯郸）人。西汉宗室刘林在邯郸立他为天子，后被刘秀攻破，死于逃亡途中。

③ 无蒌亭：地名，在今河北饶阳东北。

④ 冯异：东汉初将领。字公孙（？—公元34年），颍川父城（今河南宝丰东）人。从刘秀破王郎后，封应侯。后又封阳夏侯，任征西大将军，死于进军西北的途中。

⑤ 上：进献。

⑥ 豆粥：加豆煮的粥。

⑦ 明日：第二天。

⑧ 上：刘秀。

⑨ 诸将：各位将领。

⑩ 公孙：冯异，字公孙。

⑪ 饥寒俱解：饥饿寒冷的感觉都没有了。解，散。

⑫ 此节选自《后汉书·樊儵列传》。

⑬ 樊儵：东汉官吏，字长鱼。官复土校尉，主葬事。

⑭ 至孝：十分孝顺。

⑮ 哀思过礼：悲哀之情超出丧礼的规范。

⑯ 毁病不自支：悲伤致病，自己支撑不住。毁，哀痛过度而伤害身体。

⑰ 遣：派遣。

⑱ 中黄门：官名，汉代给事内廷有黄门令、中黄门等，均以宦官充任。

【0734】《东观汉记》曰①：曹褒②迁③将作大匠④，上⑤闻褒病，使⑥致医药、糜粥⑦。

【0735】谢承《后汉书》曰⑧：南阳陆续⑨仕郡户曹吏⑩，时饥荒，太守尹兴⑪使⑫续⑬于都亭赋⑭民饘粥。续悉令简阅⑮其人，讯以名氏⑯。事毕，兴⑰问所食几何⑱，续因口说

---

① 此节选自《东观汉记·曹褒列传》。

② 曹褒：字叔通，初官博士，累迁至侍中，有撰述。

③ 迁：升任。

④ 将作大匠：官名，职掌宫室、宗庙、陵寝及其他土木营建。

⑤ 上：皇帝。

⑥ 使：派人。

⑦ 糜粥：《东观汉记》作"饘粥"。

⑧ 此节见范晔《后汉书·陆续列传》。

⑨ 陆续：字智初，会稽吴（今江苏苏州）人，官郡门下掾（yuàn，佐助）。

⑩ 郡户曹吏：官名。郡县属官之一，掌户籍文书等。

⑪ 尹兴：人名。

⑫ 使：派遣。

⑬ 续：陆续。

⑭ 赋：给予。这里指分发食物。

⑮ 简阅：检视，考察，指亲自过问。

⑯ 讯以名氏：问受粥者的姓名。讯，问。

⑰ 兴：太守尹兴。

⑱ 所食几何：问粥分食给了多少人。几何，多少。

六百余人①,皆分别姓字②,无有差谬③,兴④异之⑤。

【0736】《汉献帝传》曰⑥:帝⑦在长安,谷一斛五十余万⑧,帝使侍御史⑨侯汶⑩出太仓⑪米豆,为饥民作糜粥,死者不绝⑫。帝疑廪赋⑬不实⑭,敕⑮取米豆五升,于御前作糜⑯,得满两盆。诏杖汶五十⑰。

---

① 因口说六百余人:凭着口就说出了六百多人的姓名。指都记在心里,不用看名册。

② 姓字:姓名。

③ 差谬:差错。

④ 兴:尹兴。

⑤ 异之:对陆续的记忆感到很惊奇。异,惊奇;惊异。

⑥ 《汉献帝传》:书名,已佚。此节所记又见《后汉书·献帝纪》。所记为兴平元年(公元194年)之事。

⑦ 帝:汉献帝刘协(公元181—234年),公元190—220年在位。董卓废少帝,立他为帝,迁都长安。后又随曹操迁都于许(今河南许昌东),曹操死后,曹丕称帝,他被废为山阳公,东汉亡。

⑧ 谷一斛五十余万:粮谷一斛值五十余万钱。斛,十斗为一斛。南宋末年又改五斗为一斛。

⑨ 侍御史:官名,位在御史大夫下。

⑩ 侯汶:人名。

⑪ 太仓:京师积谷之仓。

⑫ 死者不绝:仍然不断有饿死之人。

⑬ 廪(lǐn)赋:《后汉书》作"赋邮(xù)"。廪,与赋一样,均有给予之意。

⑭ 不实:与报领数不符。

⑮ 敕:专指皇帝的命令。

⑯ 于御前作糜:当着皇帝的面煮成粥。

⑰ 杖汶五十:杖打侯汶五十大板。杖,古时五刑之一,即打板子。

【0737】《九州春秋》①曰：臧洪②为青州③刺史，为袁绍所围，粮食已尽。初尚掘鼠④，煮筋角⑤，后无可复食⑥。厨有米三升，主簿⑦启进内，稍⑧以为糜粥。洪⑨叹曰："吾独食此何为⑩？"命作薄粥⑪，与众共啜之⑫。

【0738】《魏末传》⑬曰：曹爽⑭等令李胜⑮辞⑯司马

---

① 《九州春秋》：晋司马彪撰，清人有辑本一卷。
② 臧洪（公元160—195年）：东汉官吏。字子源，广陵射阳（今江苏宝应东）人。袁绍时任青州刺史，后为袁绍所杀。
③ 青州：东汉治所在临菑（今山东淄博临菑北）。
④ 初尚掘鼠：开始时还可以挖鼠洞里的粮食吃。
⑤ 煮筋角：煮食皮革筋腱类食用。
⑥ 后无可复食：后来就再没什么可吃的了。
⑦ 主簿：官名。汉代中央与郡县均置此官，以典领文书，办理事务。
⑧ 稍：少。
⑨ 洪：臧洪。
⑩ 吾独食此何为：就让我一人吃这干什么？
⑪ 薄粥：稀粥。
⑫ 与众共啜之：同大家一起喝粥。此节又见《后汉书·臧洪列传》，并有"又杀其妻，以食兵将"之语。
⑬ 《魏末传》：已佚。此节见《三国志·魏书·曹爽传》注引。
⑭ 曹爽（？—公元249年）：三国魏国大臣。字昭伯，曹操侄孙，任侍中，封武安侯。后被司马懿夷灭三族。
⑮ 李胜：人名。
⑯ 辞：谢。

宣王①，并伺察②焉。宣王③见胜④，自陈⑤无他劳效⑥，横蒙圣恩⑦。当为本州⑧，诣阁⑨拜辞⑩，不悟⑪加恩，得蒙引见。宣王令两婢侍边⑫，持衣⑬，衣落⑭。复⑮上指口言渴，求饮⑯，婢进⑰粥。宣王持杯饮粥，粥皆流出沾胸⑱。胜⑲愍⑳然者久之。

---

① 司马宣王：曹魏丞相司马懿，曾封宣王，故有此称。详见前注。

② 伺察：伺机观察。

③ 宣王：司马懿。

④ 胜：李胜。

⑤ 陈：述说。

⑥ 无他劳效：没有别的功劳。

⑦ 横蒙圣恩：出乎意料地得到皇上恩典。谦辞。

⑧ 本州：本官。《广雅·释器》："州，官也"。

⑨ 诣阁：到官署中请见。阁，官署。

⑩ 拜辞：拜谢。

⑪ 不悟：未曾想到。

⑫ 两婢侍边：叫两个婢女在身边扶持。《御览》脱"边"字。

⑬ 持衣：撩起衣服。《御览》脱"持"字。

⑭ 衣落：拿衣襟的力气也没有。

⑮ 复：又。

⑯ 求饮：要人给饮料。求，《御览》作"主"。

⑰ 进：送上。

⑱ 粥皆流出沾胸：粥都从口边流出，沾满胸前。

⑲ 胜：李胜。

⑳ 愍（mǐn）：同"悯"，怜悯。

【0739】《吴录》曰：李寿①作糜，以食饥者②，而不自名③。

【0740】又曰④：朱桓⑤除⑥余姚长⑦，遇疫疠⑧，谷食荒贵⑨。桓⑩分部⑪良吏⑫，隐亲⑬医药、食粥相继⑭，士民感戴⑮之。

【0741】王隐《晋书》曰：贼⑯杜弢⑰下蜀⑱，蜀人饥，

---

① 李寿：人名。

② 以食饥者：给饥民吃。

③ 不自名：不自为名，不明说是自己施的粥。

④ 此节又见《三国志·吴书·朱桓传》。

⑤ 朱桓：人名。

⑥ 除：任命。

⑦ 余姚长：余姚县令。余姚在今浙江。

⑧ 疫疠：瘟疫。

⑨ 荒贵：昂贵。荒，即大。

⑩ 桓：朱桓。

⑪ 分部：分率，分别带领。部，统率。

⑫ 良吏：品行端正的官吏。

⑬ 隐亲：亲自隐恤。

⑭ 相继：相接济。

⑮ 感戴：感恩戴德。

⑯ 贼：这里指流民。

⑰ 杜弢（tāo）：西晋流民起义领袖。字景文（？—公元315年），成都人。自称梁州、益州牧、平难将军、湘州刺史，后被陶侃镇压。

⑱ 下蜀：占领蜀地。

陶侃①多作粥以待②之,于是悉降③。

【0742】《晋安帝纪》④曰:桓玄⑤败走,左右进以粗粥⑥,咽不能下⑦。

【0743】《郭林宗传》⑧曰:林宗⑨尝止⑩陈国⑪文学⑫,见童子⑬魏德公⑭,知其有异⑮。德公求近其房止⑯,供

---

① 陶侃:东晋大臣。字士行(公元259—334年),庐江寻阳(今湖北黄梅西南)人。参与镇压张昌、杜弢起义,官侍中、太尉。

② 待:接待。

③ 悉降:全都投降。

④ 《晋安帝纪》:刘宋王韶之撰,佚。清有辑本。

⑤ 桓玄:东晋将领。字敬道(公元369—404年),一名灵宝,谯国龙亢(今安徽怀远西北)人。桓温之子。公元403年自立为帝,国号楚。后兵败被杀。

⑥ 粗粥:粗粮所煮的粥。

⑦ 咽不能下:咽不下去。

⑧ 《郭林宗传》:已佚。《后汉书》有《郭太(林宗)列传》。

⑨ 林宗:郭太,太又作"泰"(公元128—169年),东汉名士。太原界休(今山西介休东南)人。居乡授学,弟子数千。卒于家,千人会葬,蔡邕为其撰碑文。

⑩ 止:居住。

⑪ 陈国:东汉改淮阳国置,治所在陈县(今河南淮阳)。

⑫ 文学:官名。汉代于州郡及王国置文学,或称文学掾、文学吏,为后世教官之由来。

⑬ 童子:未成年的男子。

⑭ 魏德公:人名,不知何许人。

⑮ 有异:与众不同。

⑯ 求近其房止:请求住在离郭林宗近的房子里。

给洒扫①。林宗尝不佳②,夜中命作粥③,德公为之进④焉。林宗一啜,怒而呵⑤之曰:"高明⑥为长者⑦作粥,不如意⑧,使沙不可食⑨!"以杯擿地⑩。德公更为粥⑪,三进三呵⑫。德公姿无变容⑬,颜色殊悦⑭。林宗乃曰:"始见子之面⑮,今乃知卿心⑯。"遂友善之⑰,卒为妙士⑱。

---

① 供给洒扫:侍奉的意思。

② 不佳:身体欠佳。

③ 夜中命作粥:半夜叫魏德公起来煮粥。

④ 进:进粥。

⑤ 呵:斥责。

⑥ 高明:指聪明人。

⑦ 长者:年长者。

⑧ 不如意:问魏德公是否心里不乐意。

⑨ 使沙不可食:把粥里掺上沙子,叫人没法吃下去。

⑩ 以杯擿(tī)地:把盛粥的碗摔到地上。擿,通"掷",投也。

⑪ 更为粥:第二次又煮好了粥。

⑫ 三进三呵:煮了三次粥,被责难了三次。

⑬ 姿无变容:脸色一点没有改变,无为难之色。

⑭ 颜色殊悦:表情还特别高兴。

⑮ 始见子之面:起初只看到你的外表。

⑯ 今乃卿心:现在才了解了你的内心。

⑰ 友善之:对魏德公友好相待。

⑱ 卒为妙士:终于成为高士。

【0744】《宋书》曰①：戴颙②与兄勃③，并隐遁④有高名⑤。中书令⑥王绥⑦尝携客造⑧之，勃等⑨方进豆粥，绥⑩曰："闻卿善琴⑪，试欲一听⑫。"不答⑬，绥恨而去⑭。

【0745】又曰⑮：何子平⑯大明⑰末，东土⑱饥荒，继以师旅⑲，家有大丧⑳，八年不得营葬㉑。昼夜号哭，常如袒括

---

① 此节选自《宋书·隐逸列传》。

② 戴颙：字仲若，初隐桐庐。著有《逍遥论》，注《礼记》《中庸》，屡征不就。

③ 勃：戴勃，善琴，父亡不忍复奏。征为散骑常侍，不就。

④ 并隐遁：一起隐居。

⑤ 高名：盛名，即名气很大。

⑥ 中书令：官名。掌传宣诏命，南北朝时多以有文学名望的人任此职。

⑦ 王绥：人名。晋时累拜荆州刺史，官至中书令。坐父王愉谋乱被诛。

⑧ 造：拜访。《御览》脱此字。

⑨ 勃等：戴勃兄弟等人。

⑩ 绥：王绥。

⑪ 善琴：善于弹琴。

⑫ 试欲一听：想试听一番。

⑬ 不答：不理会，指戴氏兄弟不搭理王绥。

⑭ 绥恨而去：王绥怀恨离去。

⑮ 此节选自《宋书·孝义列传》。

⑯ 何子平：事母至孝。曾任吴郡海虞令，因母丧去职，昼夜哭丧八年之久。

⑰ 大明：宋孝武帝刘骏在位年号之一，即公元457—464年。

⑱ 东土：指江东地区。

⑲ 继以师旅：接着又是战祸。师旅，指战事，兵荒马乱。

⑳ 大丧：父母之丧。这里指母丧。

㉑ 营葬：安葬。

之日①。冬不衣絮②，暑避清凉③。一日以数合④米为粥，不进盐菜⑤。

【0746】《齐书》曰⑥：宣孝⑦陈皇后⑧生高帝，高帝年二岁，乳人⑨乏乳⑩。后梦人以两瓯⑪麻粥⑫与之，觉而乳惊⑬，因此丰足⑭。

【0747】《梁书》曰⑮：昭明太子⑯统⑰母丁贵嫔⑱薨，

---

① 袒括之日：重丧之时。袒括，衣衫不整，边幅不修。
② 冬不衣絮：冬天不穿寒衣。
③ 暑避清凉：热天不在清凉之处。
④ 合（gě）：十合为一升。
⑤ 不进盐菜：连咸菜都不吃。古时丧礼重素食。
⑥ 此节选自《南齐书·皇后列传》。
⑦ 宣孝：《御览》作"宣考"。指齐高帝萧道成之父萧承之，高帝追尊为宣帝。
⑧ 陈皇后：名道正，临淮东阳人。嫁萧承之，生齐高帝萧道成，后追尊为孝皇后。
⑨ 乳人：乳母。
⑩ 乏乳：乳汁不足。
⑪ 瓯：杯子。
⑫ 麻粥：大麻子所煮的粥。或为"糜粥"之误。
⑬ 觉而乳惊：醒来而乳汁流出。惊，动。
⑭ 丰足：乳汁富足。
⑮ 此节选自《梁书·昭明太子列传》。
⑯ 昭明太子：为萧统谥号。
⑰ 统：萧统（公元501—531年），南朝梁文学家，字德施，梁武帝之子。公元502年立为太子，后病死。辑《文选》三十卷，是我国现存最早的文章总集。
⑱ 丁贵嫔：名令光，梁武帝纳之，生简文帝。笃信佛道、受戒茹素。嫔，《御览》误作"殡"。

水浆不入口①，每哭恸绝②。武帝③命中书舍人④顾协⑤宣旨曰："毁不灭性⑥。圣人之制⑦，不胜丧比于不孝⑧，有我在⑨，那得自毁如此⑩耶？即强⑪进饮粥。"太子⑫奉敕⑬，乃进数合。自是至葬⑭，日进麦粥一升。武帝又敕曰："闻汝所进食过少，转就⑮羸瘦⑯，我比更无余病⑰，正为汝⑱，胸⑲

---

① 水浆不入口：不吃饭，连水也不喝。

② 恸绝：哀痛至极。

③ 武帝：梁武帝萧衍（公元464—549年），字叔达，南兰陵（今江苏常州西北）人。公元502—549年在位，饿死于"侯景之乱"。

④ 中书舍人：官名。任起草诏令之职，参与机密事务。

⑤ 顾协：顾和六世孙，字正礼。历官掌书记、通直散骑侍郎、鸿胪卿等。

⑥ 毁不灭性：悲哀过度不可有伤性命。毁，哀痛过度而伤害身体。语出《礼记》。

⑦ 圣人之制：圣人崇尚的礼仪。

⑧ 不胜丧比于不孝：出自《礼记·曲礼上》，指承受不了丧事的悲哀等于是不孝。原文为"不胜丧乃比于不慈不孝"。

⑨ 有我在：我还活着。

⑩ 那得自毁如此：怎么能这样伤害自己的身体。

⑪ 强：尽心，竭力。

⑫ 太子：萧统。

⑬ 奉敕：奉命；遵旨。

⑭ 自是至葬：从此日至殡葬之日。

⑮ 转就：转瞬，短时内。

⑯ 羸瘦：瘦弱。羸，原本作"赢"，误。

⑰ 我比更无余病：我本来没有别的什么疾病。《御览》无"余"字。

⑱ 正为汝：正是为了你的原因，指对萧统放心不下。

⑲ 胸：《御览》又作"脑"。

中亦圮塞①成疾。故应加②饘粥，不使我恒悬心③。"虽屡奉敕④劝逼⑤，终丧⑥日止一溢米⑦，不尝菜果之味⑧。

【0748】又曰⑨：张弘策⑩幼以孝闻⑪，母尝有疾⑫，五日不食，弘策亦不食。母强⑬为进粥，弘策乃食母所余⑭。

【0749】又曰⑮：萧景⑯为南兖州⑰刺史，会年荒⑱，计

---

① 圮塞：壅塞。

② 加：增加，指要多吃一些。

③ 不使我恒悬心：不要老是让我放心不下。

④ 奉敕：奉皇帝之命。

⑤ 劝逼：强劝进食。

⑥ 终丧：服丧完毕。

⑦ 日止一溢米：一天只吃一溢米。溢，通"镒"，二十两为一镒，或说二十四两为一镒。

⑧ 不尝菜果之味：蔬菜水果一概不吃。

⑨ 此节选自《梁书·张弘策列传》。

⑩ 张弘策：人名。

⑪ 幼以孝闻：小时候便因孝顺而知名。

⑫ 有疾：生病。

⑬ 强：勉强。

⑭ 食母所余：把母亲没吃完的粥吃了。

⑮ 此节选自《梁书·萧景列传》。

⑯ 萧景：梁武帝从父弟，字子昭。八岁居丧以毁闻。官南兖州刺史，转安右将军、监扬州诸军事。

⑰ 南兖州：南朝治所先在京口（今江苏镇江），后移治广陵（今江苏扬州西北）。

⑱ 会年荒：遇到饥荒之年。

口振恤①。又为饘粥于路②，以赋之③。

【0750】又曰④：任昉⑤为义兴⑥太守，岁荒⑦，散⑧私俸⑨米豆为粥，活⑩三千余人。

【0751】又曰⑪：王志⑫天监⑬初为丹阳尹⑭，时年饥，每旦⑮为粥于郡门⑯，以赋⑰百姓，众悉称惠⑱。

---

① 计口振恤：按人口发放救济。

② 为饘粥于路：煮好粥放在道路旁边。

③ 以赋之：用来给饥民吃。赋，给予。

④ 此节不载《梁书·任昉列传》，见《南史·任昉列传》。

⑤ 任昉：南朝梁大臣、学者。字彦升（公元460—508年），乐安博昌（今山东寿光）人。任御史中丞、秘书监等职。

⑥ 义兴：郡名，治所在阳羡（今江苏宜兴）。

⑦ 岁荒：荒年。

⑧ 散：散发。

⑨ 私俸：个人所得的俸禄。

⑩ 活：救活。

⑪ 此节选自《梁书·王志列传》。

⑫ 王志：王僧虔次子，字次道。累官丹阳尹、散骑常侍。

⑬ 天监：为梁武帝萧衍在位年号之一，即公元502—519年。

⑭ 丹阳尹：丹阳郡守。丹阳郡治所先在宛陵（今安徽宣城），后移治建业（今江苏南京市）。

⑮ 每旦：每天早晨。

⑯ 郡门：郡守公署大门。

⑰ 赋：给予。

⑱ 众悉称惠：百姓都称颂王志为仁爱之官。

【0752】又曰①：刘览②字孝智，十六③通④《老》⑤《易》⑥。位中书郎⑦，以所生母忧⑧，庐于墓⑨。再朞⑩，不尝⑪盐酪，食麦粥而已。

【0753】又曰⑫：有河南⑬孝廉⑭秦绵⑮，遭母丧⑯，送葬不忍复还⑰。乡人为作茅菴⑱，仍止⑲其中。若遇有米，食粥；无米，食菜而已。

---

① 此节选自《梁书·刘览列传》。

② 刘览：字孝智，位中书郎，守母丧至孝。后除尚书左丞，出为始兴内史。

③ 十六：十六岁。

④ 通：懂。

⑤ 《老》：《老子》，又称《道德经》或《德道经》。为道家的主要经典，传为老子著。

⑥ 《易》：《周易》，儒家经典之一，传为文王、周公、孔子作。

⑦ 中书郎：官名，即中书侍郎，为中书省长官监、令的副职。

⑧ 忧：古指父母之丧。

⑨ 庐于墓：在墓边搭棚居其中，用以守墓。

⑩ 再朞（jī）：服丧过期，超过丧礼规定的时间。

⑪ 不尝：不吃。

⑫ 此节见《南史·孝义列传》，《梁书》无本文。

⑬ 河南：郡名，治所在雒阳（今河南洛阳东北）。

⑭ 孝廉：汉代开始为选拔官吏的科目之一，由各郡国在所属吏民中荐举。

⑮ 秦绵：人名。

⑯ 遭母丧：逢母亲亡故。

⑰ 送葬不忍复还：送葬后不忍心回家。

⑱ 茅菴（ān）：茅草棚。盖在墓边，用于守墓。

⑲ 止：住。指住在茅草棚内。

【0754】又曰①：庾沙弥②母刘氏亡，水浆不入口累日③，初进大麦薄饮④，经十旬⑤方为薄粥，终丧⑥不食盐酢⑦。

【0755】《陈书》曰⑧：张昭⑨弟乾⑩，字玄明⑪，聪敏好学，亦有至性⑫。父卒，兄弟日唯食一升麦屑粥⑬。

【0756】《后魏书》曰⑭：崔浩道武季年⑮，威风严峻⑯，官省左右⑰以微过⑱得罪，莫不逃避隐匿⑲。目下之

---

① 此节略见于《梁书·孝行列传》，全文见《南史·孝义列传》。

② 庾沙弥：父佩玉为内史坐诛，终身布衣蔬食，事母至孝。官参军、长城令等。

③ 累日：数天。

④ 薄饮：这里指稀米汤。

⑤ 十旬：百余日。

⑥ 终丧：服丧到期。

⑦ 盐酢：盐与醋，泛指常用的调味品。

⑧ 此节略见《陈书·孝行列传》，全文见《南史·孝义列传》。

⑨ 张昭：吴郡人，字德明，与弟乾均孝。父母亡，哀毁过度。举孝廉不就。

⑩ 乾：张乾。

⑪ 玄明：《南史》作"玄明"，《陈书》作"德明"。

⑫ 至性：至孝之性。

⑬ 日唯食一升麦屑粥：一天只吃一升麦麸煮的粥。麦屑，麦麸皮。

⑭ 此节选自《魏书·崔浩列传》。

⑮ 季年：末年。

⑯ 威风严峻：声势气势令人敬畏。

⑰ 官省左右：官署中的下属。

⑱ 微过：微小的过错。

⑲ 隐匿：隐藏。

变①，浩②独恭勤不怠③，或终日不归④。帝知之，辄命赐以御粥⑤。

【0757】又曰⑥：薛真度⑦为豫州⑧刺史，景明⑨初豫州大饥⑩，真度则表⑪曰："日别⑫出仓米五十斛为粥，救其甚者⑬。"诏⑭曰："真度所表，甚有忧济⑮百姓之意，宜在拯恤⑯也。"

---

① 目下之变：《御览》为"自下皆变"。

② 浩：崔浩。

③ 恭勤不怠：尽心勤于政事，毫不怠慢。

④ 或终日不归：有时忙得整日不回家。

⑤ 御粥：帝王吃的粥。

⑥ 此节见《魏书·薛真度列传》。

⑦ 薛真度：字号不详，河东汾阴（今山西万荣）人。北魏官吏。进爵河北侯，历荆州刺史，累官金紫光禄大夫，改封敷西县开国公。

⑧ 豫州：北魏治所在悬瓠城（今河南汝南）。

⑨ 景明：北魏宣武帝元恪在位年号之一，为公元500—504年。

⑩ 大饥：严重的饥荒。

⑪ 表：臣下给皇帝的奏章。

⑫ 别：另外。

⑬ 救其甚者：救济那些饿得厉害的人。

⑭ 诏：指宣武帝元恪下的诏书。

⑮ 忧济：忧思，救助。

⑯ 拯恤：救济抚恤。拯，《御览》作"极"。

【0758】又曰①：文明太后②崩③，孝文④五日不食。杨椿⑤谏⑥曰："圣人之礼⑦，毁不灭性⑧。纵⑨陛下欲自贤于万代⑩，其若宗庙何⑪？"帝感其言⑫，乃一进粥⑬。

【0759】又曰⑭：杨逸⑮为光州⑯刺史，时灾俭连岁⑰。

---

① 此节选自《魏书·杨播列传》，并略见载于《魏书·皇后列传》。

② 文明太后：冯氏，长乐信都（今河北冀州）人。为孝文帝元宏祖母。

③ 崩：死。

④ 孝文：北魏孝文帝元宏（公元467—499年），公元471—499年在位。

⑤ 杨椿：字延寿，性宽谨友爱。历任济州刺史，累官太保，侍中，后为尒朱天光所害。

⑥ 谏：规劝君主纠正过失。

⑦ 圣人之礼：圣人制定的礼仪。

⑧ 毁不灭性：哀伤不可有损于生命。

⑨ 纵：纵使，纵然。

⑩ 自贤于万代：使自己的贤名传之万世。

⑪ 其若宗庙何：这样对国家又怎么样呢？言外之意指没什么益处。宗庙，指国家。

⑫ 感其言：受杨椿话语的感动。

⑬ 乃一进粥：于是开始食粥。

⑭ 此节选自《魏书·杨播列传》。

⑮ 杨逸：字遵道。赐爵华阴男，任光州刺史。后为尒朱仲远所害。

⑯ 光州：治所在光城（今河南光山）。

⑰ 灾俭连岁：连年灾荒。俭，歉收，年景不好。

逸①欲以仓粟②赈给③，而所司惧罪不敢④。逸⑤曰："国以人为本⑥，人以食为命⑦。假令以此获戾⑧，吾所甘心⑨。"遂出粟⑩，然后申表⑪。右仆射元罗⑫以下谓公储难阙⑬，并执不许⑭。尚书令、临淮王⑮彧⑯以为宜贷⑰二万⑱，诏听贷五万⑲。逸⑳既出粟之后，其老小残疾不能存活㉑者，又于州

① 逸：杨逸。
② 仓粟：国库的粮米。
③ 赈给：救济。
④ 所司惧罪不敢：仓库经管官吏怕因此获罪而不敢开仓放粮。所司，管理粮库的官员。
⑤ 逸：杨逸。
⑥ 国以人为本：国家以人为根基。
⑦ 人以食为命：人类把食物作为生命。
⑧ 假令以此获戾（11）：假如因为开仓放粮救饥民而获罪。戾，罪，罪过。
⑨ 吾所甘心：我也心甘情愿。
⑩ 遂出粟：于是开仓取粟。
⑪ 申表：上奏朝廷。
⑫ 元罗：人名。
⑬ 公储难阙：国家储备不可缺少。
⑭ 并执不许：一致坚持不同意放粮。执，坚持。
⑮ 临淮王：封号。
⑯ 彧（yù）：元彧，拓跋谭曾孙，字文若，封临淮王。奔梁为武帝所爱，还魏为司徒公。
⑰ 贷：借出。
⑱ 二万：两万石。
⑲ 诏听贷五万：皇帝同意贷出五万石。听，听从。
⑳ 逸：杨逸。
㉑ 存活：活命。

门①造粥饲之②,将死而得济者以万数③。帝④闻而善逸⑤。

【0760】又曰⑥:韦朏⑦字遵显,少有志业⑧。年十八辟⑨州主簿,时属岁俭⑩,朏⑪以家粟⑫造粥,以饲饥人⑬,所活者甚众⑭。

【0761】又曰⑮:房景远⑯字升遐,重然诺⑰,好施

---

① 州门:州衙门前。

② 饲之:给老小残疾者吃。

③ 将死而得济者以万数:快要死去而得救的人以万计算。将,就要。

④ 帝:北魏皇帝孝庄帝拓跋子攸,公元528—530年在位。

⑤ 闻而善逸:听说这事后,对杨逸表示赞赏。

⑥ 此节选自《魏书·韦阆列传》。

⑦ 韦朏:字遵显。累迁左军将军,以破齐军功封杜县开国子。

⑧ 少有志业:年少时便有志于事业。

⑨ 辟:征召。

⑩ 时属岁俭:当时连年歉收。属岁,连年。俭,年景不好。

⑪ 朏:韦朏。

⑫ 家粟:自家的粮食。

⑬ 以饲饥人:用来给饥饿的人吃。

⑭ 所活者甚众:救活的人很多。

⑮ 此节选自《魏书·房法寿列传》。

⑯ 房景远:字升遐,今《魏书》作"叔遐"。益州刺史启为昭武府功曹参军,以母老不就。

⑰ 重然诺:重视诺言,不失信于人。然诺,许诺。

与①。频岁凶俭②,分赡③宗亲④,又于通衢⑤以粥食饿者,存济甚众⑥。平原⑦刘郁⑧行造兖境⑨,忽遇劫贼⑩,已杀十余人,次至⑪郁⑫。郁曰:"与君乡近⑬,何忍见杀⑭?"贼曰:"若言乡里,亲亲⑮是谁?"郁曰:"齐州⑯主簿房阳是我姨兄⑰。"阳⑱是景远小字⑲。贼曰:"我食其粥得活⑳,何得杀

---

① 好施与:喜欢施舍。

② 频岁凶俭:连年遭到严重饥荒。俭,粮食歉收。此句《御览》无"频岁凶"三字。

③ 赡:赡养。

④ 宗亲:同宗亲人。

⑤ 通衢(qú):指四通八达的大道。

⑥ 存济甚众:被救活的人很多。

⑦ 平原:郡、国名,治所在平原(今山东平原西南)。

⑧ 刘郁:人名。

⑨ 行造兖境:旅行到兖州地界。兖,指兖州,东汉对治所在昌邑(今山东金乡东北),后屡有迁移。

⑩ 劫贼:拦路强盗。

⑪ 次至:轮到。

⑫ 郁:刘郁。

⑬ 乡近:乡亲。

⑭ 何忍见杀:怎么忍心杀我。

⑮ 亲亲:亲戚。

⑯ 齐州:北魏改冀州置,治所在历城(今山东济南)。

⑰ 姨兄:姨家的表兄。

⑱ 阳:房阳。

⑲ 小字:乳名。

⑳ 我食其粥得活:我是吃了房景远的粥才活下来的。

其亲①?"遂还衣服②,蒙活者二十余人③。

【0762】又曰④:李搔⑤妹曰法行⑥,幼出家为尼⑦。后遭时大俭⑧,施糜粥于路。

【0763】《北齐书》曰⑨:李士谦⑩遇年饥⑪,多有死者⑫。士谦罄⑬家资⑭为之糜粥,赖以全活者万计⑮。

【0764】《后周书》曰⑯:皇甫遐⑰字永贤⑱,河东汾

---

① 何得杀其亲:怎么能杀害他的亲戚呢?

② 还衣服:把抢劫的衣物还给刘郁。

③ 蒙活者二十余人:因之得以活命的有二十多人。同行共三十多人。

④ 此节见《北史·李灵列传》,《魏书》无本传。

⑤ 李搔:李远忠之子,字德况。通音律,累官尚书仪曹郎。

⑥ 法行:李法行,李元忠之女。

⑦ 尼:尼姑。

⑧ 大俭:大灾荒。

⑨ 此节见《北史·李孝伯列传》,《北齐书》无本传。

⑩ 李士谦:人名。

⑪ 年饥:饥荒之年。

⑫ 多有死者:因灾荒而死的人很多。

⑬ 罄:尽,用尽。

⑭ 家资:家产。

⑮ 全活者万计:救活的人数以万计。

⑯ 此节选自《周书·孝义列传》。

⑰ 皇甫遐:人名。

⑱ 永贤:《周书》今作"永览"。

阴①人。性至孝，遭母丧，乃庐于墓侧②，食粥枕苫③，栉风沐雨④，形容枯悴⑤，家人不识⑥。

【0765】《隋书》曰⑦：陆让母⑧者，上党⑨冯氏女也。性仁爱，有母仪⑩。让⑪即其孽子⑫也，仁寿⑬中为番州⑭刺史，赃货⑮狼籍⑯，为司马⑰所奏，上⑱遣使按⑲之，皆

---

① 汾阴：县名，北周时治所在今山西万荣西南宝鼎。
② 庐于墓侧：在墓旁盖茅棚住其中，服丧守墓。
③ 枕苫：《周书》作"枕块"，枕着土块睡觉。
④ 栉（zhì）风沐雨：雨洗发，风梳头。见于《庄子·天下》："沐甚雨，栉疾风。"
⑤ 形容枯悴：面目憔悴。
⑥ 家人不识：连家里人都认不出他了。
⑦ 此节选自《隋书·列女列传》。
⑧ 陆让母：上党冯氏女，其子陆让为番州刺史，坐赃罪当死，她上朝堂求哀，情辞恳切，隋文帝减其死罪，除名为民。
⑨ 上党：县名，隋开皇年置，治所在今山西长治。
⑩ 有母仪：具有她母亲一样的风范。
⑪ 让：陆让。
⑫ 孽子：不肖之子。
⑬ 仁寿：为隋文帝杨坚在位年号之一，为公元601—604年。
⑭ 番州：治所在今广东广州。
⑮ 赃货：贪赃所得财物。
⑯ 狼籍：同"狼戾"，如狼一样贪心。这里不作杂乱不堪解。
⑰ 司马：官名，隋唐时为州、郡、府的佐使，位在别驾、长史之下。
⑱ 上：隋文帝杨坚（公元541—604年），弘农华阴（今陕西华阴）人。袭父爵为北周隋国公，公元581年代周自立，建立隋朝。公元604年，为次子杨广所杀。
⑲ 按：巡视，考察。

验①。乃命公卿百僚②议③之，咸曰④："让罪当死⑤！"诏可其奏⑥。让将就刑⑦，冯氏⑧蓬头垢面⑨诣朝堂⑩，数让⑪曰："无汗马之劳，致位刺史⑫，不能尽诚奉国⑬，以答鸿恩⑭，而反违犯宪章⑮，赃货狼籍。若言司马诬汝⑯，百姓百官不应亦皆诬汝⑰。言至尊⑱不怜愍⑲汝，百姓何故治书覆汝⑳？汝

---

① 皆验：都证明是事实。

② 公卿百僚：文武百官。

③ 议：讨论。

④ 咸曰：异口同声地说。咸，都。

⑤ 让罪当死：陆让罪该处死。

⑥ 诏可其奏：隋文帝下诏，允准百官所奏，处陆让死刑。

⑦ 让将就刑：在陆让将被执行死刑时。

⑧ 冯氏：陆让母。

⑨ 蓬头垢面：头发散乱，脸面很脏。

⑩ 诣朝堂：上了公堂。

⑪ 数让：数落陆让。

⑫ 致位刺史：位到刺史。刺史，官名，州府长官。

⑬ 尽诚奉国：竭诚为国效力。

⑭ 以答鸿恩：报答皇上的大恩。

⑮ 宪章：国法。

⑯ 若言司马诬汝：如果说是司马诬陷了你。若，假如。

⑰ 百姓百官不应亦皆诬汝：那百姓百官也不该都诬陷你，指犯罪属实。

⑱ 至尊：皇帝。

⑲ 怜愍：怜惜。

⑳ 何故治书覆汝：为什么要写状子告倒你？

岂诚臣①？岂孝子②？不诚不孝，何以为人③？"于是流涕呜咽，亲持盂粥④劝⑤让⑥令食。既而上表求哀⑦，词情甚切⑧。上⑨愍然⑩为之改容⑪。献皇后⑫甚奇其意⑬。致请于上⑭，遂下诏："可减死为民⑮"。

【0766】《太公金匮》⑯曰：武王伐纣⑰，都洛邑⑱，而

---

① 汝岂诚臣：你难道是忠良之臣？

② 岂孝子：你难道算是忠孝之子？

③ 何以为人：怎样做人？

④ 盂粥：一碗粥。

⑤ 劝：劝食。

⑥ 让：陆让。

⑦ 求哀：请求忘哀。

⑧ 切：恳切。

⑨ 上：隋文帝。

⑩ 愍然：哀怜之情。

⑪ 改容：脸色为之一变。

⑫ 献皇后：隋文帝独孤皇后（公元544—602年），名伽罗，洛阳人，北周大臣独孤信之女。

⑬ 甚奇其意：对陆让母的用心极感新奇。奇，异；惊异。

⑭ 致请于上：替陆让母在隋文帝面前说情。

⑮ 减死为民：免于死刑，削职为民。

⑯ 《太公金匮》：传周吕望撰，已佚。清洪颐煊有辑本一卷。

⑰ 伐纣：讨伐商纣王。

⑱ 洛邑：周公所筑洛阳王城，故址在今河南洛阳王城公园一带。

雪深丈余①，不知何②。五大夫乘马车从两骑③，止王门外④，师尚父⑤使人持一器粥⑥出，开门而进曰："先生大夫在内，方对天子⑦，未有出⑧。时天寒，故进热粥以御寒。"

【0767】《庄子》曰⑨：颜回⑩有负廓之田⑪五十亩，足以供饘粥⑫。

【0768】《七略》⑬曰：宣帝⑭诏徵⑮被公⑯，见诵⑰《楚辞》，被公年衰母老，每一诵辄与粥⑱。

---

① 雪深丈余：大雪下了一丈多深。

② 不知何：不知是何原因。

③ 从两骑：随从有两骑士。

④ 止王门外：停在武王门外。

⑤ 师尚父：姜尚姜子牙。

⑥ 一器粥：一碗粥。

⑦ 方对天子：正与天子谈话。天子指周武王。

⑧ 未有出：话没完，没出来。

⑨ 此节选自《庄子·让王》。

⑩ 颜回：春秋鲁国人。字子渊，一作颜渊，孔子的得意门人，以德行见称。贫而好学，笃于存仁，虽箪食瓢饮，不改其乐。年三十二岁死，后人称为"复圣"。

⑪ 负廓之田：离城不远的田地，为较好的地。廓，城。

⑫ 足以供饘粥：维持生活没有问题。

⑬ 《七略》：汉刘歆撰，佚。清人有辑本三种。

⑭ 宣帝：汉宣帝刘询（公元前90—前49年），字次卿，武帝曾孙。公元前74—前49年在位。

⑮ 徵：征召。

⑯ 被公：江西九江人，能诵《楚辞》，又在宣帝时撰《汉武故事》。

⑰ 诵：朗读。

⑱ 每一诵辄与粥：每朗读一次都给粥吃。

【0769】《风俗通》曰①：范滂②父字叔矩③，遭母忧④，既葬之后，饘粥不赡⑤。司徒⑥召滂⑦，滂曰："老父年尊⑧，绝意世仕⑨。"遂不得辟⑩也。

【0770】《魏武遗令》⑪曰：吾夜半觉小不佳⑫，至明日饮粥汗出，服当归⑬汤。

【0771】《谯子法训》⑭曰：或曰⑮："母有疾，使

---

① 此节选自《风俗通义·十反》。
② 范滂：东汉名士。字孟博（公元137—169年），汝南征羌（今河南郾城东南）人。任功曹，死于狱中。
③ 叔矩：范叔矩，名显。范滂之父。
④ 遭母忧：逢母亲去世。
⑤ 饘粥不赡：连粥也不吃。指悲哀至极。
⑥ 司徒：司徒盛永，字子翱。司徒为官名，掌国土及人民。
⑦ 召滂：征召范滂，欲委以官职。
⑧ 年尊：年高，年纪太大。
⑨ 绝意世仕：不愿进入仕途。今《风俗通义》世仕作"世事"，意大致同，指范滂无意去做官。
⑩ 不得辟：没有做官。辟，征召为官。辟《御览》误作"避"。
⑪ 《魏武遗令》：曹操的遗令。
⑫ 小不佳：身体有点不适。
⑬ 当归：多年生草本植物，有异香。根肥大，可入药，有补血活血、调经止痛之功效。
⑭ 《谯子法训》：蜀谯周撰，今存清人辑本一卷。
⑮ 或曰：有人说。

其妻为粥者，妻不可①。以力击②之，夷其面③，可以为孝④乎？"曰⑤："以刀刃妻，其亲必骇⑥，而有忧及之⑦，何有于孝⑧？"

【0772】《郭子》⑨曰：许允⑩为吏部郎⑪，多用其乡里⑫，帝⑬遣虎贲⑭收之⑮，妇⑯云："无忧⑰。"寻还⑱，作粟粥待之。

【0773】《语林》⑲曰：石崇为客作豆粥，咄嗟便

---

① 妻不可：指妻不愿为婆婆煮粥。

② 击：砍杀。

③ 夷其面：削掉了鼻子。夷，平。

④ 可以为孝：能认为这是孝义之举吗？

⑤ 曰：虚拟回答。

⑥ 其亲必骇：他妻子的亲人一定不会饶过他。骇，骚乱。

⑦ 有忧及之：这样就会发生让母亲担忧的事。

⑧ 何有于孝：从哪方面看能表明他的孝心呢？

⑨ 《郭子》：晋郭澄之撰，已佚。清人有辑本一卷。

⑩ 许允：人名。

⑪ 吏部郎：官名，吏部侍郎，为吏部副长官。吏部主管全国官吏的任免、调动等事务。

⑫ 多用其乡里：提拔的官员大多是同乡。

⑬ 帝：皇帝。未详。

⑭ 虎贲：勇士。

⑮ 收之：拘捕许允。

⑯ 妇：许允之妻。

⑰ 无忧：不必害怕。

⑱ 寻还：不一会就放回家。

⑲ 《语林》：晋裴启撰，清人有辑本一卷。此节又见《晋书·石崇列传》。

办①。王恺乃密货②崇③帐中都督曰:"豆难煮④,唯预⑤作熟豆,以白粥投之⑥。"

【0774】《续搜神记》⑦曰:刘他苟⑧家⑨在夏口⑩,忽有鬼来,喜偷食。刘即于他家煮治葛⑪,取二升汁密⑫赍⑬还家。向夜⑭,令举家糜食⑮。余一瓯⑯,因泻治葛汁着中⑰,于

---

① 咄(duō)嗟(jiē)便办:马上就办好了。咄嗟,形容迅速,犹在一呼一吸之间。

② 密货:暗中贿赂。货,贿赂。

③ 崇:石崇。

④ 豆难煮:豆子不易煮烂。

⑤ 预:预先。事先将豆子煮熟。

⑥ 以白粥投之:临吃时再煮白米粥放进熟豆里去。

⑦ 《续搜神记》:晋陶潜撰,十卷。

⑧ 刘他苟:人名。又作"刘池苟"。

⑨ 家:《御览》作"蒙"。

⑩ 夏口:古城名,故址在夏水(古称汉水下游)入长江处对岸的黄鹄山。

⑪ 治葛:或作"冶葛"。又名野葛、全勾吻、毒根等,常绿藤本。根、茎、叶均有剧毒,根入药可治跌打损伤等。

⑫ 密:悄悄。

⑬ 赍(jī):携带。

⑭ 向夜:天黑时分。

⑮ 举家糜食:全家都吃粥。糜,粥。

⑯ 余一瓯:剩下一碗粥。

⑰ 泻治葛汁着中:把煮好的治葛汁倒在粥里。

几上以瓮覆①。至人定②后,闻鬼发瓮啖糜③。须臾④,在屋头吐⑤,至四更⑥中寂然⑦,于此遂绝⑧也。

【0775】徐广⑨《晋记》⑩曰:愍帝建兴四年⑪,京城⑫粮尽,屑麴为粥⑬,以供帝食。

【0776】《录异传》⑭曰:周时尹氏⑮贵盛⑯,五世不别⑰,会食数千人⑱。遭饥荒,罗鼎⑲作糜啜之⑳,声闻数十

---

① 于几上以瓮覆:把粥放在桌上,再用大瓮扣起来。几,小桌案。

② 人定:人都入睡以后。

③ 发瓮啖糜:揭开大瓮吃粥。发,揭开。

④ 须臾:不大一会儿。

⑤ 吐:鬼开始呕吐。

⑥ 四更:后半夜时。

⑦ 寂然:平静无声。

⑧ 于此遂绝:从此再也不闹鬼了。

⑨ 徐广:东晋著作家。字野民,东莞姑幕(今山东安丘东南)人。官至大司农,撰《晋记》。

⑩ 《晋记》:原四十六卷,以编年体例记海西公至孝武帝三朝史事,后散佚。

⑪ 建兴四年:公元316年。建兴为西晋愍帝司马邺在位年号。

⑫ 京城:长安。

⑬ 屑麴为粥:把酒曲粉碎后煮粥吃。麴,同"曲",即酒母。

⑭ 《录异传》:隋无名氏撰,佚。鲁迅有辑本一卷。

⑮ 尹氏:尹氏家族。不明所指。

⑯ 贵盛:家族繁盛。

⑰ 五世不别:五代不分居。五世同堂。

⑱ 会食数千人:合族一起吃饭,达数千人。

⑲ 罗鼎:饭锅罗列成行,比喻多。鼎,指釜,锅。

⑳ 啜之:几千人在一块吃粥。

里①。

【0777】《邺中记》②曰：并州③之俗，以冬至后百五日④，为⑤介子推断火⑥冷食三日，作干粥食之⑦，中国⑧为"寒食"。

【0778】《凉州异物志》⑨曰：高昌⑩僻土⑪，有异于华⑫。寒服冷水⑬，暑啜罗阇⑭（阇，受车切。此郡人作糜粥啜之，俗号"阇"也）。

【0779】《南越志》⑮曰：陵庐⑯城中有井，半清半

---

① 声闻数十里：喝粥的声音传至几十里之外。

② 《邺中记》：东晋陆翙撰，二卷，所记皆石虎事。早佚，清人有辑本一卷。

③ 并州：治所在晋阳（今山西太原市西南）。

④ 百五日：或作"百六日""百七日"，指清明前后。

⑤ 为：《御览》无"为"字。

⑥ 断火：不生火行炊事。

⑦ 作干粥食之：《御览》仅录"干粥"二字。

⑧ 中国：指中原地区。

⑨ 《凉州异物志》：书名，已佚。清张澍有辑本一卷。

⑩ 高昌：郡名，治所在高昌城（今新疆吐鲁番以东约20余公里）。

⑪ 僻土：偏远之地。

⑫ 有异于华：与华夏相区别。

⑬ 寒服冷水：冬天喝凉水。

⑭ 暑啜罗阇（shé）：热天吃烫粥。罗阇，热粥。

⑮ 《南越志》：沈怀远撰，已佚，清人有辑本一卷。

⑯ 陵庐：地名。

黄①。黄者甜滑②，宜作粥，色如金③，似灰汁④，甚芬馨⑤。

【0780】《世说》⑥曰：郗嘉宾⑦三伏之月⑧诣谢公，炎暑重赫⑨，虽当风交扇⑩，犹霑汗流离⑪。谢⑫着故练衣⑬，食白粥⑭。郗谓谢曰⑮："自非君体⑯，几不堪此⑰。"

【0781】又曰⑱：宾客诣陈太丘⑲，宿⑳，使元方、季

---

① 半清半黄：井水一半为清水，一半发黄。

② 黄者甜滑：黄色的井水甜而润滑。

③ 色如金：煮成的粥色黄如金。

④ 灰汁：石灰汁，细腻之喻。

⑤ 甚芬馨：气味十分芳香。馨，指散布很远的香气。

⑥《世说》：《世说新语》，此处出自何篇不详。

⑦ 郗嘉宾：郗超，字嘉宾（公元336—377年），东晋官吏。高平金乡（今山东金乡北）人。历任散骑侍郎、中书侍郎、司徒左长史等。

⑧ 三伏之月：炎夏。三伏指农历夏至后第三个庚日起，到立秋后第二个庚日的前一天止，共三十天（或四十天）。

⑨ 炎暑重赫：暑热非常。

⑩ 当风交扇：乘风打扇。

⑪ 霑（zhān）汗流离：汗流不止。霑，同"沾"。流离，通"淋漓"。

⑫ 谢：谢安。

⑬ 着故练衣：穿着一件旧白绢衣。练，白色的熟绢。

⑭ 白粥：没有其他掺和料的白米粥。或作"热白粥"。

⑮ 郗谓谢曰：郗超对谢安说。

⑯ 自非君体：假如不是您谢公这样的体魄。自非，假如不是。

⑰ 几不堪此：几乎受不了这炎热。堪，忍受；禁得起。

⑱ 又曰：这里指《世说新语》，但出自何篇不详。

⑲ 陈太丘：陈寔，字仲弓（公元104—187年），东汉名士。曾任太丘长。

⑳ 宿：夜。或为留、止之意。

方①炊②。太丘问："炊何迟留③？"元方长跪曰："君④与客语，乃俱窃听⑤，炊忘着米⑥，今皆成糜⑦。"太丘曰："尔颇有所识不⑧？"二子⑨长跪俱说⑩，言无遗失⑪。太丘曰："如此俱成糜自可⑫，何必饭耶⑬？"

【0782】《俗说》曰⑭：王东亭⑮尝之⑯吴郡⑰，就汰公

---

① 元方、季方：两人均为陈寔之子。

② 炊：做饭。

③ 炊何迟留：饭怎么做得这么慢？别本作"炊何不馏"。

④ 君：称父亲。别本作"大人"。

⑤ 俱窃听：两人都在旁偷听。

⑥ 忘着米：依下文之意是忘记放多少米，指米没放够。别本作"忘著箪（dān）"。

⑦ 皆成糜：饭都煮成粥了。

⑧ 尔颇有所识不：你还记得我和客人谈的是些什么话吗？识，记忆；记住。

⑨ 二子：元方、季方。

⑩ 俱说：把偷听到的话都说了出来。

⑪ 言无遗失：一句话都没忘记。

⑫ 如此俱成糜自可：要是这样的话，饭煮成了粥倒也没什么关系。

⑬ 何必饭耶：何必非吃饭呢？指吃粥也可以。

⑭ 此节前已引作《世说新语》，实出《俗说》。

⑮ 王东亭：王珣，字元琳。曾任尚书右仆射，领吏部，累官散骑常侍，封东亭侯，故称王东亭。

⑯ 之：去。

⑰ 吴郡：治所在吴县（今江苏苏州）。

宿①。别②，汰公设豆藿糜③，自啖一大瓯④。东亭有难色⑤，汰公强进半瓯⑥。

【0783】《王荟别传》⑦曰：荟⑧为吴郡内史⑨，其年大饥，荟出私财，为百姓饘粥⑩。

【0784】《风土记》曰：天正日南⑪，黄钟⑫践长，粥饘追萌⑬，微纳休昌⑭。（是以阳始牙动⑮，为饘粥以养幼扶

---

① 宿：住宿。指住在汰公的寺院。

② 别：告别；告辞。

③ 豆藿糜：豆类嫩叶煮的粥。豆藿，豆类作物的叶子。

④ 自啖一大瓯：汰公自己吃了一大碗。

⑤ 有难色：有为难的表情，指不想吃豆叶粥。

⑥ 强进半瓯：强迫王珣吃了半碗。

⑦《王荟别传》：书名，已佚。

⑧ 荟：王荟，晋王导之子，字敬文，历官吴国内史，转会稽内史。

⑨ 内史：官名，掌管地方民政。

⑩ 为百姓饘粥：做粥给饥民吃。

⑪ 天正日南：古有天正、地正、人正三正之说。《汉书·律历志上》："黄钟子为天正。"又见《后汉书·章帝纪》注：三正（天、地、人）之始，万物皆微，物色不同，故王者取法焉。十一月时阳气始施于黄泉之下，色皆赤，赤者为阳气，故周为天正，色尚赤。十二月万物始牙而色白，白者阴气，故殷为地正，色尚白。十三月万物莩甲而出，其色皆黑，人得加工展业，故夏为人正，色尚黑。

⑫ 黄钟：古代十二律之一。《礼记·月令》："仲冬之月，……律中黄钟"，黄钟，又为仲冬（十一月）的异名。

⑬ 粥饘追萌：用粥救济幼小。追，救。

⑭ 休昌：昌盛。

⑮ 牙动：萌动。牙，萌发。

微①。俗尚以赤豆②为糜，所以象色③也。）

【0785】《广志》曰：辽东④赤粱⑤，魏武帝以为御粥⑥。

【0786】《天文要集》⑦曰：玉井⑧主粥厨⑨。

【0787】《殷康集》⑩曰：康⑪为武康⑫县，教⑬曰："郭邑⑭居民有死丧者，可令送两坩⑮粥。"

---

① 养幼扶微：救济弱小之人。微，弱，体衰弱者。

② 赤豆：红豆。

③ 象色：像红日的颜色。

④ 辽东：郡国名，东汉安帝时分辽东、辽西两郡地置辽东属国都尉，治所在昌黎（今辽宁义县）。

⑤ 赤粱：粱之一种，通常指好谷。

⑥ 御粥：帝王所食的粥。

⑦ 《天文要集》：书名，不详。

⑧ 玉井：星座名，为二十八宿之一。《晋书·天文志》："玉井四星，左参左足下，主水浆给以厨。"

⑨ 主粥厨：主厨中粥水之事。

⑩ 《殷康集》：书名，殷康著作集，今不见传。

⑪ 康：殷康，晋时陈郡人，字唐子。官吴兴太守，开荻塘（兴水利），灌溉农田千余顷。

⑫ 武康：县名，今属浙江。

⑬ 教：命令，教令。天子之命曰诏，王侯及以下之命曰教。

⑭ 郭邑：地名。

⑮ 坩（gān）：瓦锅。

【0788】《时镜新书》曰：齐①魏收②当寒食饷③，王元景④与收书曰："始知令节⑤，须御⑥麦粥，加之以糖⑦，弥觉香冷⑧。"

【0789】《荆楚岁时记》⑨曰：正月十五日，作豆糜⑩，加油骨⑪其上，以祠门户⑫。

【0790】魏武帝《苦寒行》⑬曰：行行日已远⑭，人马同时饥⑮。担橐以取薪⑯，斧冰持作糜⑰。

---

① 齐：北齐。

② 魏收：北齐史学家。字伯起（？—公元572年），钜鹿下曲阳（今河北晋州西）人。官至中书令、著作郎，撰《魏书》一百三十卷。

③ 当寒食饷：正准备寒食节的食物。

④ 王元景：人名。

⑤ 令节：节令，指寒食节。

⑥ 御：进，进食。

⑦ 加之以糖：粥中拌入糖。

⑧ 弥觉香冷：更觉凉里透着香甜。弥，更；更加。

⑨ 《荆楚岁时记》：梁宗懔撰，今存一卷。记载楚地岁时节令、风物故事。

⑩ 作豆糜：《御览》脱"作"字。豆糜，加豆所煮的粥。

⑪ 油骨：别本又作"油膏"，即油脂。

⑫ 以祠门户：用来祭祀门户。祠，祭祀。以粥祭门户，以求丰产。

⑬ 《苦寒行》：曲名，乐府相和歌。此所引为曹操名作中的几句。

⑭ 行行日已远：徘徊途中，天色已晚。行行，徘徊途中。

⑮ 人马同时饥：人饿马也饥。

⑯ 担橐（tuó）以取薪：从行囊里取出柴火。橐，口袋。

⑰ 斧冰持作糜：用斧砍冰，拿来煮粥。

【0791】《唐新语》①曰：李勣②既贵③，其姊病，必亲为煮粥④，火爇其须⑤。姊曰："仆妾⑥多，何自苦若是⑦？"勣⑧对⑨曰："岂为无人耶⑩？顾姊年老⑪，勣亦年老⑫，虽欲久为姊煮粥⑬，其可得乎⑭？"

膏糜

【0792】《国语》曰⑮：勾践载稻与脂于舟以行⑯（稻

---

① 《唐新语》：书名，所引见《隋唐嘉话》。

② 李勣（jì）：唐初大将。本姓徐，字懋功（公元594—669年），曹州离狐（今山东东明东北）人，官至尚书佐仆射、司空。

③ 贵：地位改变，上升了。指贵为仆射。

④ 亲为煮粥：亲手为姐姐煮粥。

⑤ 火爇（ruò）其须：柴火烧着了胡须。爇，点燃；焚烧。须，胡须。

⑥ 仆妾：仆人婢妾。

⑦ 何自苦若是：何必要亲自动手做这事呢？

⑧ 勣：李勣。

⑨ 对：回答。

⑩ 岂为无人耶：难道是因没人吗？

⑪ 顾姊年老：我看着姐姐年纪越来越大。顾，念。

⑫ 勣亦年老：李勣我也年纪不小了。

⑬ 虽欲久为姊煮粥：尽管我想永远为姐姐煮粥。

⑭ 其可得乎：这怎么办得到呢？

⑮ 此节选自《国语·越语上》。

⑯ 载稻与脂于舟以行：在船内装载稻米和油脂游历国中。

旨①，膏糜②），国之孺子③之游④者，无不餔⑤，无不歠⑥也，必问其名⑦（为后将之用⑧）。

【0793】《续齐谐记》⑨曰：吴县⑩张成⑪夜起⑫，忽见一妇人，立于宅⑬东南角，举手招成⑭，成便往就之⑮。妇人曰："此地是君家蚕室⑯，我即是此地之神。明日是正

---

① 稻旨：《御览》作"稻有"。稻旨，实指舟中所载的稻与脂。

② 膏糜：加油的粥。

③ 孺子：小孩，幼儿。

④ 游：流浪无家可归的人。指孤儿，流浪儿。

⑤ 餔（bù）：以食与人。

⑥ 歠（chuò）：饮。

⑦ 必为其名：问接受食物的孤儿的姓名。

⑧ 为后将之用：准备在向吴国复仇时用这些人。

⑨ 《续齐谐记》：南梁吴均撰，志怪小说集。因刘宋东阳无疑曾撰《齐谐记》，故名之为《续齐谐记》。

⑩ 吴县：古县名，治所在今江苏苏州。

⑪ 张成：人名。

⑫ 夜起：起夜，或指夜里起床外出大小便。

⑬ 宅：宅院。

⑭ 招成：招呼张成。

⑮ 成便往就之：张成于是就向妇人走去。就，接近；靠近。

⑯ 此地是君家蚕室：这里是您家养蚕的处所。君，您。

月半①,宜作白粥②,泛膏于上③以祭④也,当令⑤君蚕桑百倍⑥。"言绝失所⑦。成如言⑧为作膏白粥⑨,自此以后年年大得蚕⑩。今世人⑪正月半作膏糜像此⑫。

糁

【0794】《周易》曰⑬:鼎折足⑭,覆⑮公餗⑯。(郑玄曰:糁⑰谓之餗,震又为竹⑱,竹萌⑲曰笋,笋者餗之米⑳也。

---

① 明日是正月半:《荆楚岁时记》引作"明年正月半"。正月半,正月十五。
② 白粥:白米粥,无其他掺和料。
③ 泛膏于上:在粥上倒些油膏。
④ 祭:祭地神。
⑤ 令:使。
⑥ 蚕桑百倍:蚕桑收入超过往年百倍。
⑦ 言绝失所:说完话就不见了身影。失所,失其所在。
⑧ 成如言:张成按妇人的话去做了。
⑨ 膏白粥:上面倒有油膏的米粥。
⑩ 大得蚕:养蚕大丰收。
⑪ 今世人:当今之人。
⑫ 像此:与此类似,指均为求养蚕丰收。
⑬ 此节选自《周易·鼎》。
⑭ 鼎折足:鼎的足断了。鼎有三足,断足必倾。
⑮ 覆:翻倒。
⑯ 餗(sù):鼎中的食物。指鼎足一断,鼎中的食物就撒出来了。
⑰ 糁(sǎn):用米屑两份和肉一份合煎而成的食品。
⑱ 震又为竹:震为竹也。这里所引注本出郑玄注《周礼·天官·醢人》,多有错漏。
⑲ 竹萌:竹之初生芽,即为笋。
⑳ 餗之米:原注为"笋者,餗之为菜也"。

《诗》云①:"其簌唯何②?")

【0795】《周礼》曰③:醢人④掌羞豆⑤之实,酏食⑥糁食⑦。

【0796】《记》曰⑧:犬羹⑨兔羹⑩,和糁不蓼⑪(凡羹齐,宜五味之和⑫米屑⑬为糁,蓼则不也⑭)。

【0797】又曰⑮:糁,取牛、羊、豕⑯之肉,三如一⑰,

---

① 《诗》云:此句出自《诗经·大雅·韩奕》。

② 其簌唯何:原为"其蔌维何",问蔬菜有哪些。

③ 此节选自《周礼·天官·醢人》。

④ 醢人:食官之一,掌菜肴。

⑤ 羞豆:盛菜肴的容器。豆,高足的盘子。

⑥ 酏(yí)食:稀粥。

⑦ 糁食:糁为米肉合煎的食品。

⑧ 此节选自《礼记·内则》。

⑨ 犬羹:狗肉羹。

⑩ 兔(tù)羹:兔肉羹。《礼记》兔本作"兔"。

⑪ 和糁不蓼(liǎo):犬兔之羹,宜以五味调和米屑为糁,不须加蓼。蓼,指辛辣的调味品。

⑫ 和:调和。

⑬ 米屑:《御览》作"朱屑",误。

⑭ 蓼则不也:不必加蓼。

⑮ 此节选自《礼记·内则》。

⑯ 豕:猪。

⑰ 三如一:三种肉等量。

小切之①，与稻米②。稻米二，肉一③，合以为饵④煎之（此《周礼》"糁食"也）。

【0798】《说文》曰：糂⑤，以米和⑥羹也（糂与"糁"同）。

【0799】宗躬⑦《孝子传》⑧曰：桑虞⑨丧父，十四日食百粒糁⑩、藜藿⑪。

【0800】《墨子》曰⑫：孔子穷⑬陈蔡⑭之间，藜蒸⑮不糂⑯十日。

---

① 小切之：把肉切成小块（细末）。
② 与稻米：把肉放在稻米内搅和。
③ 稻米二，肉一：稻米与肉的比例为二比一。
④ 饵：糕饼。
⑤ 糂（sǎn）：同"糁"，以米和羹。
⑥ 和：拌和。
⑦ 宗躬：人名，本为"宋躬"。
⑧ 《孝子传》：已佚，清人辑一卷。
⑨ 桑虞：人名。
⑩ 百粒糁：比喻少吃。糁，米粒。
⑪ 藜藿：藜叶和豆叶，可作为蔬菜。藜藿古时常指贫困者之食。
⑫ 此节选自《墨子·非儒下》。
⑬ 穷：走投无路。
⑭ 陈蔡：陈国与蔡国。
⑮ 藜蒸：今《墨子》又作"藜羹"。
⑯ 不糂：没有米了。《御览》本无"十日"二字。

糁

（所戟切）

【0801】《通俗文》曰：煮米糁①食经日，作粨②法近水则涩③。

麷蕡

【0802】《周礼》曰④：笾人⑤掌朝食⑥之笾，其食⑦麷⑧蕡⑨、白黑⑩形盐⑪。（蕡，熬枲实⑫也。郑司农云：麦曰麷⑬，麻曰蕡⑭，稻曰白⑮，黍曰黑⑯。郑玄曰：今河间⑰以北

---

① 糁：《广韵》曰："糁，煮米多水。"据《食经》载"作糁法"云，"取蒸米一升，置沸汤，勿令过热，出著新箩内"。

② 粨（biān）：《集韵》："粨，米也，烧稻取米曰粨。"

③ 近水则涩：沾上水味道就不好了。

④ 此节选自《周礼·天官·笾人》。

⑤ 笾（biān）人：食官。掌点心及果品等。笾，竹编高足盘，用于盛果实干肉等。

⑥ 朝食：《周礼》作"朝事"，郑司农释为清晨之食，或认为是祭祀所用食品。

⑦ 食：又作"实"。

⑧ 麷（fèng）：煮麦。

⑨ 蕡（fén）：大麻的种子，这里指煮好的麻子。

⑩ 白黑：分指稻米和黍米。

⑪ 形盐：形为虎样的盐称形盐。

⑫ 枲（xǐ）实：大麻种子。枲，大麻的雄株。

⑬ 麦曰麷：煮麦称麷。

⑭ 麻曰蕡：煮麻子称蕡。

⑮ 稻曰白：称稻为"白"。

⑯ 黍曰黑：称黍为"黑"。

⑰ 河间：郡、国名，治所在乐城（今河北献县东南）。

煮穜麦①卖之，名曰逢②。）

【0803】《仪礼》曰③：黍稷坐设④于豆西，当外列⑤，黍在东方⑥。妇赞者⑦执⑧白黑⑨以授⑩主妇⑪。

【0804】又曰⑫：主妇荐⑬韭菹醢⑭，坐奠⑮于筵⑯前，醢在南方⑰，妇赞者执二簠黍稷，以授主妇，主妇不兴⑱受之，奠黍于醢南⑲，稷在黍东⑳。

---

① 穜（tóng）麦：先种后熟的麦子。穜，先种后熟的谷类。

② 逢：通"麷"，音近。《御览》脱此字。

③ 此节选自《仪礼·有司徹》。

④ 坐设：摆设。

⑤ 当外列：靠外排成行。

⑥ 黍在东方：盛黍的簠放在东端。

⑦ 妇赞者：主妇之助手。

⑧ 执：拿。

⑨ 白黑：稻与黍。

⑩ 授：给。

⑪ 主妇：妻，正室。

⑫ 此节选自《仪礼·有司彻》。

⑬ 荐：献，进献祭品。

⑭ 韭菹醢（hǎi）：无骨之醢。醢，指用肉、鱼等制的酱。

⑮ 奠：祭奠，献。

⑯ 筵：竹制的垫席，又代指酒席。

⑰ 醢在南方：醢摆在南边。

⑱ 不兴：不起。兴，起。

⑲ 奠黍于醢南：把黍放在醢南边。

⑳ 稷在黍东：稷放在黍东边。

【0805】《礼》曰①：芼羹②、菽③、麦、蕡、稻、黍、粱④。

麮
（丘与切）

【0806】《苍颉解诂》⑤曰：麮⑥，煮麦⑦也。

【0807】《说文》曰：麮，麦甘粥⑧也。

【0808】《释名》曰：煮麦曰麮，麮炙齲⑨也，熟煮之⑩齲坏也。

【0809】《急就》⑪曰：甘麮⑫殊美⑬奏⑭诸君⑮。

---

① 此节选自《礼记·内则》。

② 芼（máo）羹：以菜杂肉为羹。芼，菜。

③ 菽：豆类的总称。

④ 粱：小米。

⑤ 《苍颉解诂》：《御览》误作"苍颉"。

⑥ 麮（qù）：煮麦为粥。《广韵》："麮，麦汁。"

⑦ 煮麦：《周礼·天官·笾人》郑司农注煮麦为麷。

⑧ 甘粥：粥，《说文解字》本作"䉼"，意思相同。

⑨ 炙齲（qǔ）：此节出自《释名·释饮食》，别本作"麮亦齲也"。齲，古时泛指病，见《广雅·释诂》："齲，病也。"

⑩ 之：或作"则"。

⑪ 《急就》：《急就章》，西汉史游撰，是一部教学童识字的七言韵语字书。

⑫ 甘麮：甜麦粥。

⑬ 殊美：味美异常。殊，非常。

⑭ 奏：进献。

⑮ 君：君王。

肺䐊

（苏本切）

【0810】《说文》曰：䐊①，切熟肉②，内③于血中和④也。

【0811】《释名》曰：肺䐊⑤，儹⑥也，全⑦米糁之如膏钻⑧也。

【0812】《卢谌祭法》曰：四时祠皆用肺䐊。

血䃀⑨

（苦滥切）

【0813】《说文》曰：羊血曰䃀。

【0814】《释名》曰：血䃀⑩，以血作之，增其酸豉之

---

① 䐊（sǔn）：《广雅·释器》："䐊，膗也"，切熟肉和于血中。

② 熟肉：今《说文解字》作"䐈肉"，意思相同。

③ 内：通"纳"，放。

④ 和：拌和。

⑤ 肺䐊：此节出《释名》，其制作不甚了了。

⑥ 儹（zàn）：以羹浇饭。

⑦ 全：又作"以"。

⑧ 膏钻：为"膏儹"之误。消膏并加菹其中，可消酒。

⑨ 䃀（kàn）：血羹。《说文解字》："䃀，羊凝血也。"《韵会》："䃀，血羹也。"

⑩ 血䃀：血脂（xiàn），以羊血为羹，可消酒。

味①，使甚苦而消膏②，加菹其中③，以消酒④也。

【0815】《卢谌祭法》曰：春、夏、秋祠⑤，皆用䤴血⑥。

热洛河

【0816】《唐书》曰⑦：安禄山⑧、思顺翰⑨并来朝⑩，玄宗使⑪骠骑大将军⑫、内侍⑬高力士⑭及中贵人⑮供奉官⑯，于京

---

① 增其酸豉之味：增加血的酸咸味。豉，指咸味。

② 消膏：消化油质。

③ 加菹其中：加些酸菜进去。菹，酸菜；菹菜。

④ 消酒：解酒。

⑤ 祠：祭祀。

⑥ 䤴（xián）血：应指血䀊，即咸血。《广韵》释䤴为车声。

⑦ 此节出自《旧唐书》何卷不详。所记"热洛河"之食，又见《卢氏杂说》。

⑧ 安禄山：唐朝叛将，原名轧荦山（？—公元757年），居营州柳城（今辽宁朝阳）。官三镇节度使，公元755年在范阳（今河北涿州）举兵叛变，称帝，国号燕。又遣军入潼关，占领长安。后被其子庆绪杀死。

⑨ 思顺翰：人名。

⑩ 并来朝：一同来朝见皇帝。

⑪ 使：派。

⑫ 骠骑大将军：官名，为武散官，无实职。

⑬ 内侍：官名，掌官廷内部事务。

⑭ 高力士：唐宦官，高州良德（今广东高州东北）人，本姓冯（公元684—762年）。唐玄宗时知内侍省事，进封渤海郡公，权力极大。后放逐巫州，赦归，病死途中。

⑮ 中贵人：贵幸之内官，宦官亦有此称。

⑯ 供奉官：在皇帝左右供职者的称呼。

城东驸马①崔惠童②池亭③宴会，使射生官④射鲜鹿⑤取其血，煮其肠⑥，谓之"热洛河⑦"，以赐之，为翰⑧好⑨故⑩也。

羌煮

【0817】《搜神记》曰⑪：羌煮⑫、貊炙⑬，翟⑭之食也。自太始⑮以来，中国尚⑯之，戎翟⑰侵中国之前兆⑱也。

---

① 驸马：本为近侍官，全名驸马都尉，后为皇婿称号。

② 崔惠童：人名。

③ 池亭：地名。

④ 射生官：又名供奉射生官，掌射取生物。

⑤ 鲜鹿：活鹿。

⑥ 煮其肠：煮鹿肠。

⑦ 热洛河：疑为突厥语的音译。

⑧ 翰：思顺翰。

⑨ 好：喜好。

⑩ 故：原因。

⑪ 此节见今《搜神记》卷七。

⑫ 羌煮：指古羌人之食。即大块煮肉。

⑬ 貊（mò）炙：貊指"北狄"。《释名·释饮食》："全体炙之，各自以刀割。出于胡貊之为也。"

⑭ 翟：又作"狄"，古对少数民族的蔑称。

⑮ 太始：应为"泰始"，为西晋武帝司马炎在位年号之一，当公元265—274年。

⑯ 尚：崇尚。

⑰ 戎翟：北方少数民族。

⑱ 前兆：预兆。指"五胡乱华"。

胡饭

【0818】《续汉书·五行志》①曰：灵帝②好胡服③、胡饭④，京师贵戚皆竞为之⑤。

---

① 《续汉书》：本为西晋史学家司马彪所撰，有纪、志、传，八十篇，记东汉一代史事。后人将其八志补入范晔《后汉书》，余篇早佚。

② 灵帝：东汉灵帝刘宏（公元156—189年），公元168—189年在位。在位时受宦官挟持，禁锢"党人"，公开标价卖官，田野凋敝，仓廪耗空，终于激发黄巾军大起义。

③ 胡服：胡人所穿的衣服。胡，指北方少数民族，衣饰与中原不同。

④ 胡饭：胡食，指北方少数民族的食品。

⑤ 竞为之：争相穿胡服、吃胡饭。